Wommelsdorff | Albert

Stahlbetonbau
Teil 2

Prof. Dr.-Ing. Otto Wommelsdorff

STAHLBETONBAU
BEMESSUNG UND KONSTRUKTION
TEIL 2

Stützen
Sondergebiete des Stahlbetonbaus

9., neu bearbeitete und erweiterte Auflage

Mit Beiträgen von Prof. Dr.-Ing. Andrej Albert

Werner Verlag 2012

1. Auflage 1973
2. Auflage 1974
3. Auflage 1980
4. Auflage 1986
5. Auflage 1993
6. Auflage 2003
7. Auflage 2006
8. Auflage 2009
9. Auflage 2012

Bibliografische Information Der Deutschen Bibliothek
Die Deutsche Bibliothek verzeichnet diese Publikation in der Deutschen
Nationalbibliografie; detaillierte bibliografische Daten sind im Internet
über **http://dnb.ddb.de** abrufbar.

ISBN 978-3-8041-5031-7

www.werner-verlag.de
www.wolterskluwer.de

© 2012 Wolters Kluwer Deutschland GmbH, Köln.
Werner Verlag – eine Marke von Wolters Kluwer Deutschland.
Alle Rechte vorbehalten.

Umschlag: futurweiss kommunikationen, Wiesbaden
Fotografie auf dem Umschlag: Dipl.-Ing. R. Müller, Marl: Haus am Seestern, Düsseldorf
Satz: Satz-Offizin Hümmer GmbH, Waldbüttelbrunn
Druck und Weiterverarbeitung: Poligrafia Janusz Nowak, Posen, Polen

Vorwort zur 9. Auflage

Die Europäische Norm DIN EN 1992-1-1 (Eurocode 2) liegt zusammen mit dem Nationalem Anhang (NA.) seit Januar 2011 als Weißdruck vor. Zum 1. Juli 2012 wird die Anwendung dieser Norm verbindlich. Von diesem Termin an sind alle Nachweise im Stahlbetonbau nach den Vorschriften in den Eurocodes zu führen, die korrespondierenden Nationalen Normen werden aus der Liste der Technischen Baubestimmungen gestrichen.

In der vorliegenden Neuauflage wurde der gesamte Text auf die Angaben in EC 2 und EC 2/NA. umgestellt. Dies machte umfangreiche Änderungen und Ergänzungen sowohl im Text als auch in den Abbildungen erforderlich. Neu gefasst und teilweise erweitert wurden in dieser Auflage die Abschnitte zum Stabilitätsnachweis von Stützen, zum Brandschutz von Stützen und zum Durchstanznachweis. Neu aufgenommen wurden die von Prof. Dr.-Ing. *A. Albert* bearbeiteten Abschnitte zur Begrenzung der Verformung mit direkter Berechnung.

Zusammen mit Teil 1 dieses Buches liegt damit ein Buch vor, in dem die Ermittlung von Schnittgrößen sowie die Bemessung und die Konstruktion von Stahlbetonbauteilen für alle wichtigen Beanspruchungsfälle entsprechend der Europäischen Norm EC 2 ausführlich und umfassend dargestellt wird.

Ich möchte den Fachkollegen, die meine Arbeit durch Zuschriften oder Hinweise unterstützt haben, herzlich danken. Dieser Dank gilt in besonderem Maße meinem langjährigem Kollegen Prof. *G. Leven* für die kritische Durchsicht des gesamten Textes und für häufige, stets anregende Diskussionen. Dem Werner Verlag danke ich für die große Sorgfalt bei der Berücksichtigung der umfangreichen Korrekturen, Einschübe und Änderungen und für die wieder sehr angenehme Zusammenarbeit.

Über einen Zeitraum von mehr als 40 Jahren wurde das Buch der technischen Entwicklung des Stahlbetonbaus angepasst. Da dies die letzte Neubearbeitung des Buches durch den Unterzeichnenden sein wird, möchte ich den Lesern, die über einen so langen Zeitraum die stetige Weiterentwicklung des Buches ermöglicht haben, herzlich danken.

Oer-Erkenschwick, im Februar 2012

Otto Wommelsdorff

Aus dem Vorwort zur 1. Auflage

Vor nunmehr zwei Jahren ist der Teil 1 dieses Buches erschienen, der sich vorwiegend mit biegebeanspruchten Bauteilen befasst. Im vorliegenden Band wird die Bemessung und Konstruktion von Stützen gezeigt. Daneben werden Scheiben, Konsolen, Treppen und Fundamente behandelt und besondere Beanspruchungsfälle (Torsion) besprochen. Durch viele, häufig ausführliche Berechnungs- und Konstruktionsbeispiele wird das Einarbeiten in die nicht immer einfache Materie erleichtert.

Recklinghausen, im Juni 1973   *Otto Wommelsdorff*

Inhaltsverzeichnis

Inhaltsübersicht Teil 1

Grundlagen – Biegebeanspruchte Bauteile

12 Grenzzustand der Tragfähigkeit (GZT): Bemessung für Biegung mit Normalkraft ohne Berücksichtigung von Bauteilverformungen

12.1 Allgemeines

12.1.1 Kombination der Einwirkungen

Die für den Grenzzustand der Tragfähigkeit anzusetzenden Bemessungswerte der Einwirkungen sind im Abschnitt 2.2.2 besprochen worden. Für ständige und vorübergehende Bemessungssituationen gilt die Grundkombination (2.3):

$$E_\mathrm{d} = E\left[\sum_{j \geq 1} \gamma_{\mathrm{G,j}} \cdot G_{\mathrm{k,j}} + \gamma_{\mathrm{Q,1}} \cdot Q_{\mathrm{k,1}} + \sum_{i > 1} \gamma_{\mathrm{Q,i}} \cdot \psi_{0,\mathrm{i}} \cdot Q_{\mathrm{k,i}}\right]$$

Bei vorwiegend biegebeanspruchten Bauteilen des üblichen Hochbaus brauchen gem. EC 2/ NA., 5.1.3 (4) Bemessungssituationen mit günstigen ständigen Einwirkungen nicht berücksichtigt zu werden, wenn die Vorschriften bezüglich der Mindestbewehrung eingehalten werden. In diesen Fällen ist somit eine Ermittlung von Schnittgrößen mit $\gamma_{\mathrm{G,inf}} = 1,0$ entbehrlich, Einzelheiten hierzu vgl. Abschn. 2.2.2.

Bei vorwiegender Beanspruchung durch Drucknormalkräfte kann die Normalkraft N_{Ed} sowohl günstig wie auch ungünstig wirken. In Abb. 12.1a ist eine Stütze dargestellt, die vorwiegend durch eine Eigenlast G_{Ed} im Lastschwerpunkt beansprucht wird. Die Wirkungslinie dieser Last verbleibt im Bemessungsquerschnitt zwischen den Wirkungslinien der Zugkraft F_{sd} und der Druckkraft F_{cd} des Stahlbetonquerschnitts. Bezüglich der Kraft F_{sd} und damit der erforderlichen Bewehrung wirkt die ständige Einwirkung G_{Ed} günstig: durch große Lasten G_{Ed} wird die erforderliche Bewehrung vermindert, bei der Ermittlung der Bewehrung ist mit $\gamma_{\mathrm{G,inf}} = 1,0$ zu rechnen. Auf der Druckseite wirkt die Last G_{Ed} ungünstig, die Druckkraft F_{cd} des Bemessungsquerschnitts wird durch die ausmittige Last G_{Ed} vergrößert. Bei der Ermittlung der maßgebenden Betonbeanspruchung ist mit $\gamma_{\mathrm{G,sup}} = 1,35$ zu rechnen.

Die Abb. 12.1b zeigt eine Stahlbetonstütze, die im Grenzzustand der Tragfähigkeit größere Verformungen erfährt. Im dargestellten Fall greift eine Last G_{Ed} am Stützenkopf an. An der Einspannstelle liegt die Wirkungslinie dieser Kraft außerhalb der Wirkungslinie der Druckkraft F_{cd}. Die Last G_{Ed} wirkt sowohl für die Zugkraft F_{sd} wie für die Druckkraft F_{cd} ungünstig, G_{Ed} ist mit $\gamma_{\mathrm{G,sup}} = 1,35$ anzusetzen.

Die Ermittlung der maßgebenden Einwirkungskombination ist bei mehreren unabhängigen veränderlichen Einwirkungen aufwendig. Wenn nicht vorab erkannt wird, ob die ständigen Einwirkungen günstig oder ungünstig wirken, wird der Arbeitsablauf entsprechend größer. Mit den obigen Überlegungen kann jedoch nach *Kordina/Quast* [1.6] eine Einschränkung der zu untersuchenden Einwirkungskombinationen erfolgen. Hierzu werden im maßgebenden Querschnitt die Fasern der Stahlzugkraft und der Betondruckkraft z_i festgelegt. Bei überwiegender Normalkraftbeanspruchung erfolgt praktisch immer eine Konstruktion mit Druckbewehrung ($A_{\mathrm{s1}} = A_{\mathrm{s2}}$), vgl. Abschn. 12.2. Für die Bestimmung der maßgebenden Einwirkungskombination wählt man auf der Zugseite die Wirkungslinie der Stahlzugkraft F_{s1d}. Auf der Druckseite liegt die maßgebende Wirkungslinie zwischen der Stahldruckkraft F_{s2d} und der Betondruckkraft F_{cd}. Hier kann die Lage der Wirkungslinie geschätzt werden oder man nimmt vereinfachend als maßgebende Wirkungslinie die Stahldruckkraft F_{s2d} an, vgl. Abb. 12.2.

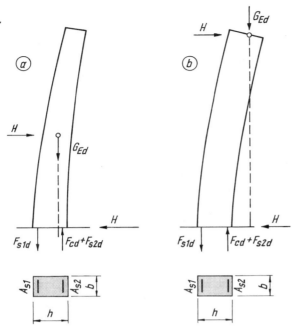

Abb. 12.1 Einfluss der Wirkungslinie der einwirkenden Normalkraft für die Ermittlung der maßgebenden Einwirkungskombination (nach [1.6])

Die Einwirkungen werden auf die Wirkungslinie z der Zugbewehrung zur Bestimmung der Auswirkung auf der Druckseite und in einem zweiten Rechengang auf die Wirkungslinie der Druckkraft zur Bestimmung der Auswirkung auf die Biegezugkraft F_{s1d} bezogen. Für alle *ständigen* Einwirkungen ist mit einem einheitlichen Sicherheitsbeiwert $\gamma_{G,sup}$ *oder* $\gamma_{G,inf}$ gem. Abb. 2.6 zu rechnen. Ausgenommen hiervon sind Nachweise bezüglich der Lagesicherheit. Ständige Einwirkungen wirken in Bezug auf die maßgebende Faser z insgesamt ungünstig, wenn die Momentensumme $M_{Gk,z}$ positiv ist (Rechnung mit $\gamma_G = 1{,}35$). Hierbei weist der Index z darauf hin, dass die Momente in Bezug auf die maßgebende Faser z zu ermitteln sind. Wenn die Momentensumme $M_{Gk,z}$ negativ ist, wirken die ständigen Einwirkungen insgesamt günstig, sie sind dann mit $\gamma_G = 1{,}0$ zu berücksichtigen. Für die Ermittlung der Summe der Momente gilt

$$M_{Gk,z} = M_{Gk,tot} - N_{Gk} \cdot z \tag{12.1}$$

Hierin ist:

$$M_{Gk,tot} = M_{Gk,1} + M_{Gk,2} + \dots$$

Für alle *veränderlichen* Einwirkungen mit positiven Werten $(1 - \psi_0) \cdot M_{Qk,z}$ ist auch $\psi_0 \cdot M_{Qk,z}$ positiv. Diese Einwirkungen wirken ungünstig, sie sind bei der maßgebenden Einwirkungskombination mit ihrem repräsentativen Wert $\psi_0 \cdot M_{Qk}$ zu berücksichtigen. Veränderliche Einwirkungen mit negativen Werten $(1 - \psi_0) \cdot M_{Qk,z}$ wirken günstig, sie bleiben bei der Bestimmung der maßgebenden Einwirkungskombination außer Ansatz. Die vorherrschende Einwirkung (*Leiteinwirkung* gem. Abschn. 2.2.2) wird ohne Kombinationsbeiwert ψ_0 mit ihrem charakteristischen Wert Q_k berücksichtigt. Leiteinwirkung ist die Einwirkung mit dem größten Anteil $(1 - \psi_0) \cdot M_{Qk,z}$. Für die Ermittlung der Momentensumme der veränderlichen Einwirkung gilt nach [1.6]

$$(1 - \psi_0) \cdot M_{Qk,z} = (1 - \psi_0) \cdot (M_{Qk,tot} - N_{Qk} \cdot z) \tag{12.2}$$

Hierin ist:

$$M_{Qk,tot} = M_{Qk,1} + M_{Qk,2} + \ldots$$

In vielen Fällen kann die maßgebende Einwirkungskombination aus der Größe der Lastausmitte im Bemessungsquerschnitt bestimmt werden. Hierzu wird für die einzelnen Einwirkungen die Lastausmitte nach Abb. 12.2 bestimmt.

$$e = M_{Ed} / |N_{Ed}| \tag{12.3}$$

Für jede Einwirkung, bei der die Lastausmitte innerhalb des Querschnitts liegt, ist eine Kombination mit günstiger und eine zweite Kombination mit ungünstiger Wirkung zu bilden. Wenn die Lastausmitten *aller* Einwirkungen außerhalb des Querschnitts liegen, wirken alle Einwirkungen ungünstig. Die maßgebende Einwirkung kann dann aus einer einzigen Kombination bestimmt werden: Ständige Einwirkungen mit $\gamma_G = 1,35$; die Leiteinwirkung der veränderlichen Einwirkung ergibt sich aus dem Vergleich der Werte $(1 - \psi_0) \cdot M_{Qk,z}$.

12.1.2 Anwendungsbeispiele: Kombination der Einwirkungen

Aufgabe

Für die in Abb. 12.2 dargestellten Stützen sind die maßgebenden Schnittgrößen mit der Grundkombination (2.3) für eine Innenstütze (ohne Windeinwirkung) und für eine Außenstütze unter Ansatz der angegebenen Windlast zu bestimmen.

Durchführung

Teilsicherheitsbeiwerte gem. Abb. 2.6

$$\gamma_{G,inf} = 1,0 \qquad \gamma_{G,sup} = 1,35 \qquad \gamma_Q = 1,5$$

a) Innenstütze: Windbelastung $w_k = 0$

Die Wirkungslinie der Lasten G_k und Q_k liegt innerhalb des Querschnitts: $e = 10\,\text{cm} < h/2$.

Die Auswertung der Gleichungen (12.1) und (12.2) ist daher hier entbehrlich, es ist eine Kombination mit der Annahme günstiger und eine andere mit der Annahme ungünstiger ständiger Einwirkungen zu bilden. Da nur eine veränderliche Einwirkung vorhanden ist, entfällt der Ansatz von Kombinationsbeiwerten.

Kombination 1 ($\gamma_G = 1,0$)

$$N_{Ed} = -1,0 \cdot 1800 \qquad\qquad = -1800\,\text{kN}$$
$$M_{Ed} = 1,0 \cdot 180 + 1,5 \cdot 110 \quad = 345\,\text{kNm}, \; |e| = M_{Ed}/N_{Ed} = 0,19\,\text{m} < h/2$$

Kombination 2 ($\gamma_G = 1,35$)

$$N_{Ed} = -1,35 \cdot 1800 \qquad\qquad = -2430\,\text{kN}$$
$$M_{Ed} = 1,35 \cdot 180 + 1,5 \cdot 110 \quad = 408\,\text{kNm}, \; |e| = M_{Ed}/N_{Ed} = 0,17\,\text{m} < h/2$$

Kombination 1 ist maßgebend für die Beanspruchung auf der Zugseite (A_{s1}), Kombination 2 für die Beanspruchung auf der Druckseite.

Aus Übungsgründen folgt hier eine Kontrollrechnung mit (12.1) und (12.2). Die maßgebenden Fasern sind in Abb. 12.2 eingetragen, auf der Druckseite wurde wegen des Zusammenwirkens von Druckkraft in der Bewehrung und Betondruckkraft ein Randabstand von 6 cm gewählt.

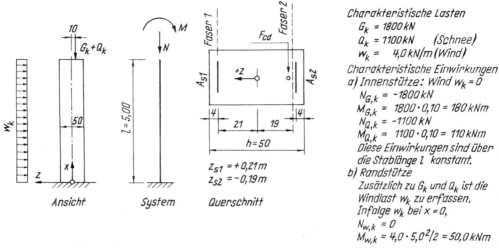

Charakteristische Lasten
$G_k = 1800\,kN$
$Q_k = 1100\,kN$ (Schnee)
$w_k = 4{,}0\,kN/m$ (Wind)
Charakteristische Einwirkungen
a) Innenstütze: Wind $w_k = 0$
$N_{G,k} = -1800\,kN$
$M_{G,k} = 1800 \cdot 0{,}10 = 180\,kNm$
$N_{Q,k} = -1100\,kN$
$M_{Q,k} = 1100 \cdot 0{,}10 = 110\,kNm$
Diese Einwirkungen sind über
die Stablänge l konstant.
b) Randstütze
Zusätzlich zu G_k und Q_k ist die
Windlast w_k zu erfassen.
Infolge w_k bei $x = 0$,
$N_{w,k} = 0$
$M_{w,k} = 4{,}0 \cdot 5{,}0^2/2 = 50{,}0\,kNm$

Abb. 12.2 Ermittlung der maßgebenden Einwirkungskombination: Anwendungsbeispiele

Nach (12.1):

$$M_{Gk} = M_{Gk,tot}$$

$$M_{Gk,z} = M_{Gk,tot} - N_{Gk} \cdot z$$

$$z = +0{,}21: \quad M_{Gk,z} = 180 - (-1800) \cdot 0{,}21 \quad = +558\,\text{kNm}$$

$$z = -0{,}19: \quad M_{Gk,z} = 180 - (-1800) \cdot (-0{,}19) = -162\,\text{kNm}$$

$z = 0{,}21$: $M_{Gk,z}$ ist positiv; für die Beanspruchung auf der Druckseite ist mit $\gamma_G = 1{,}35$ zu rechnen.

$z = -0{,}19$: $M_{Gk,z}$ ist negativ; für die Beanspruchung auf der Zugseite ist mit $\gamma_G = 1{,}0$ zu rechnen.

b) Außenstütze: Windbelastung $w_k = 4{,}0$ kN/m

Schnittgrößen im Bemessungsquerschnitt bei $x = 0$ vgl. Abb. 12.2

Kombinationsbeiwerte vgl. Abb. 2.5

         Für Windlasten: $\psi_0 = 0{,}6$

         Für Schneelasten: $\psi_0 = 0{,}5$

Kombination 1: $\gamma_G = 1{,}0$, Leiteinwirkung Wind

$$N_{Ed} = -1{,}0 \cdot 1800 - 1{,}50 \cdot 0 - 1{,}50 \cdot 0{,}5 \cdot 1100 \quad = -2625 \quad \text{kN}$$

$$M_{Ed} = 1{,}0 \cdot 180 + 1{,}50 \cdot 50 + 1{,}50 \cdot 0{,}5 \cdot 110 \quad = 337{,}5\,\text{kNm}$$

Kombination 2: $\gamma_G = 1{,}0$, Leiteinwirkung Schnee

$$N_{Ed} = -1{,}0 \cdot 1800 - 1{,}50 \cdot 0{,}6 \cdot 0 - 1{,}50 \cdot 1100 \quad = -3450 \quad \text{kN}$$

$$M_{Ed} = 1{,}0 \cdot 180 + 1{,}50 \cdot 0{,}6 \cdot 50 + 1{,}50 \cdot 110 \quad = 390 \quad \text{kNm}$$

Kombination 3: $\gamma_G = 1{,}35$, Leiteinwirkung Wind

$$N_{Ed} = -1{,}35 \cdot 1800 - 1{,}50 \cdot 0 - 1{,}50 \cdot 0{,}5 \cdot 1100 = -3255 \quad \text{kN}$$

$$M_{Ed} = 1{,}35 \cdot 180 + 1{,}50 \cdot 50 + 1{,}50 \cdot 0{,}5 \cdot 110 \quad = \quad 400{,}5 \quad \text{kNm}$$

Kombination 4: $\gamma_G = 1{,}35$, Leiteinwirkung Schnee

$$N_{Ed} = -1{,}35 \cdot 1800 - 1{,}50 \cdot 0{,}6 \cdot 0 - 1{,}50 \cdot 1100 = -4080 \quad \text{kN}$$

$$M_{Ed} = 1{,}35 \cdot 180 + 1{,}50 \cdot 0{,}6 \cdot 50 + 1{,}50 \cdot 110 \quad = \quad 453 \quad \text{kNm}$$

Für alle vier Kombinationen ist an der Einspannstelle $|e| = |M_{Ed}/N_{Ed}| < h/2$. Die Bemessung ist daher grundsätzlich für alle angeführten Kombinationen durchzuführen. Die für die Druck- und die Zugseite maßgebende Kombination ist aus dem Bemessungsergebnis ablesbar, vgl. hierzu das ausführliche Anwendungsbeispiel im Abschn. 13.8.

12.1.3 Zur Angabe von Schnittgrößen und Dehnungsbereichen

Die Ermittlung von Schnittgrößen erfolgt in der statischen Berechnung im Regelfall in Bezug auf die Schwerlinie des Querschnitts. Für die Bemessung kann es zweckmäßig sein, statt der einwirkenden Schnittgrößen $M_{Ed} + N_{Ed}$ die gleichwertige Angabe $N_{Ed} + e_z$ zu wählen, vgl. Abb. 12.3. Bei Beanspruchung durch Normalkräfte N_{Ed} und zweiachsige Biegung erhält man dann die Ausmitten e_z und e_y.

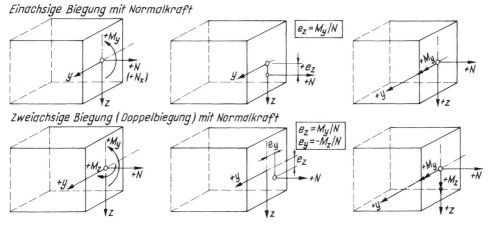

Abb. 12.3 Zur Angabe von Schnittgrößen

Gelegentlich erfolgt die Darstellung von Momenten auch in vektorieller Schreibweise, die Vorzeichenregelung hierzu ist in Abb. 12.3 mit aufgenommen. In Abb. 12.4 sind die im Kapitel 5 bereits besprochenen möglichen Dehnungsverteilungen noch einmal mit kleinen Ergänzungen zusammengestellt. Eine Beanspruchung durch überwiegende Biegung führt im Regelfall zu Dehnungsverteilungen innerhalb der Dehnungsbereiche 2 oder 3. Im Kapitel 5 sind die Bemessungsverfahren für Rechteckquerschnitte bei Biegung besprochen worden, im Kapitel 9 wurde die Bemessung für gegliederte Querschnitte (Plattenbalken) gezeigt. Eine Beanspruchung durch überwiegende Drucknormalkraft führt zu Dehnungsverteilungen innerhalb der Dehnungsbereiche 4 oder 5, bei überwiegender Zugnormalkraft wird sich eine Dehnungsverteilung innerhalb des Bereiches 1 einstellen. In den folgenden Abschnitten werden zunächst die für Stützen zu beachtenden konstruktiven Grundlagen besprochen, danach wird die Bemessung bei überwiegendem Normalkrafteinfluss gezeigt.

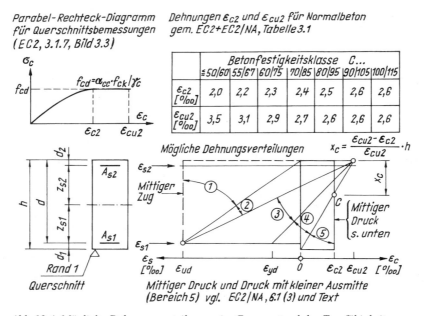

Abb. 12.4 Mögliche Dehnungsverteilungen im Grenzzustand der Tragfähigkeit

12.2 Vorschriften und konstruktive Gestaltung bügelbewehrter Stützen

Für die konstruktive Gestaltung stabförmiger Druckglieder (*Stützen*) gilt EC 2/NA., 9.5. Die wichtigsten Regeln für die Konstruktion bügelbewehrter Stützen aus Ortbeton sind in Abb. 12.5 zusammengestellt. Für vom Rechteck abweichende Querschnittsformen gelten die Angaben sinngemäß, in Stützen mit Kreisquerschnitt sollen jedoch mindestens 6 Längsstäbe angeordnet werden (EC 2/NA., 9.5.2). Fertigteilstützen werden im Regelfall waagerecht betoniert, dann gilt die in Abb. 12.5 angeführte Mindestabmessung von 120 mm (EC 2/NA., 10.9.8). Bei Geschosshöhen von mehr als etwa $l_{col} = 3,00$ m sollten die Betonabmessungen unabhängig von der Belastung größer als $h/b = 20/20$ cm gewählt werden, um ein ordnungsgemäßes Einbringen und Verdichten des Betons zu ermöglichen. Aus Gründen des Brandschutzes müssen die Betonabmessungen häufig größer als die Mindestabmessungen sein, vgl. Abschn. 13.11.

Die Stahleinlagen sind möglichst gleichmäßig über den Stützenumfang zu verteilen. Durch die Bewehrung (Längsstäbe + Bügel) wird ein plötzlicher Bruch, wie er bei unbewehrten Stützen möglich ist, verhindert. Im Erschöpfungszustand platzt ein Teil der Betonschale außerhalb der Bügel ab, die Längsstäbe knicken meist aus.

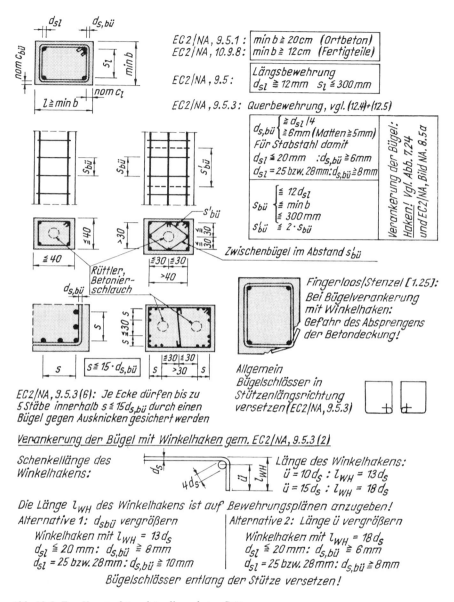

Abb. 12.5 Zur Konstruktion bügelbewehrter Stützen

Durch das Kriechen des Betons erfolgt zeitabhängig eine Kraftumlagerung von dem Beton in den Betonstahl, nach *Fingerloos/Stenzel* [1.25] erreichen die Druckspannungen in den Stahleinlagen von Stützen hierdurch bereits unter Gebrauchslast Spannungen bis zu 400 N/mm^2. Die Gefahr des Ausknickens der Stahleinlagen wird durch das Betonkriechen vergrößert. Quer zur Druckrichtung wirken in Stützen Zugspannungen, die bei sehr hoher Längsdruckspannung zu einer Längsrissbildung parallel zur Stützenbewehrung führen können. Zur Begrenzung der Rissbreiten infolge dieser Querzugspannungen und zur Knicksicherung der Längsstäbe ist in Stützen daher eine Querbewehrung gem. EC 2/NA., 9.5.3 anzuordnen. In

7

Abb. 12.5 ist das Versagen eines Stützenbügels dargestellt, wie es beim Ausknicken eines Längsstabes in Diagonalrichtung über Eck möglich ist. Der durch Winkelhaken geschlossene Bügel sprengt unter der im Bügel vorhandenen Zugbeanspruchung die Betondeckung im Bereich des Bügelschlosses ab. Dieses Versagen kann insbesondere auftreten bei Stützen, die mit geringen Betondeckungen und einer geringen Betonfestigkeitsklasse (geringe Betonzugfestigkeit) konstruiert werden. Ein solches Absprengen wird bei einem Schließen der Bügel durch nach innen gerichtete Haken vermieden. Nach EC 2/NA., 9.5.3 sind die Stützenbügel *in der Regel* mit Haken gem. EC 2/NA., Bild 8.5 DE (vgl. auch Abb. 7.24) zu schließen.

Bei der Bauausführung werden Winkelhaken wegen der einfacheren Herstellung und wegen des einfacheren Einbaus gegenüber Haken bevorzugt. Nach EC 2/NA., 9.5.3 (2) dürfen die Stützenbügel auch durch Winkelhaken geschlossen werden, wenn der Widerstand gegen Abplatzen der Betondeckung im Bereich der Bügelschlösser erhöht wird. Hierfür kommt eine der folgenden Maßnahmen infrage:

– Vergrößerung der in (12.4) angegebenen Mindestbügeldurchmesser um mindestens 2 mm
– Vergrößerung der Winkelhakenlänge von $\geqq 10\,d_s$ auf $\geqq 15\,d_s$, vgl. EC 2/NA., Bild 8.5 DE und Abb. 7.24
– Halbierung der in EC 2/NA., 9.5.3, Absatz 3 und 4 angeführten Bügelabstände
– Verwendung von Bügelmatten mit angeschweißten Querstäben

Für die übliche Baupraxis kommen vorwiegend die beiden erstgenannten Maßnahmen infrage. Die für diese Alternativen erforderlichen Bügeldurchmesser sind in Abb. 12.5 zusammengestellt. Die Bügelschlösser sind in Stützenlängsrichtung zu versetzen. Wenn mit Winkelhaken konstruiert wird, soll auf dem Bewehrungsplan das Außenmaß der Länge der Winkelhaken (l_{WH} gem. Abb. 12.5) angegeben werden [1.25].

Für Bügel, die durch Haken verankert werden, gelten damit bezüglich der Bügeldurchmesser und der Bügelabstände die folgenden Bestimmungen:

$$d_{s,bü} \left\{ \begin{array}{l} \geqq d_{s,l}/4 \\ \geqq 6\,\text{mm (Stabstahl)} \\ \geqq 5\,\text{mm (Betonstahlmatten)} \end{array} \right\} \tag{12.4}$$

$$s_{bü} \left\{ \begin{array}{l} \leqq 12 \cdot d_{s,l} \\ \leqq \min l \\ \leqq 300\,\text{mm} \end{array} \right\} \tag{12.5}$$

In (12.4) und (12.5) ist (vgl. Abb. 12.5):

$d_{s,bü}$ Durchmesser der Bügel (Bügel mit Haken geschlossen)
$d_{s,l}$ Durchmesser der Längsbewehrung
$s_{bü}$ Abstand der Bügel
$\min l$ kleinste Stützenabmessung oder Stützendurchmesser

Bei Stabbündeln ist mit d_n statt mit $d_{s,l}$ zu rechnen, für $d_n > 28$ mm und bei Längsstäben mit $d_s > 32$ mm sind Bügel mit einem Durchmesser $d_{s,bü} \geqq 12$ mm vorgeschrieben (EC 2/NA., 9.5.3).

Der Beton darf sich beim Einbringen in die Schalung nicht entmischen, insbesondere bei größeren Geschosshöhen werden daher Fallrohre eingesetzt, die den Frischbeton zusammenhalten. Bei der Anordnung der Bügel ist auf den Platzbedarf für das Einbringen des Innenrüttlers und gegebenenfalls eines Fallrohres (oder des Hosenrohres einer Betonierpumpe) zu achten. Hierfür ist ein Freiraum von etwa 15 cm Durchmesser erforderlich.

Der Abstand der Längsstäbe darf 300 mm nicht übersteigen, für Querschnitte mit $b \leqq 400$ mm und $h \leqq b$ genügt ein Bewehrungsstab je Ecke (EC 2/NA., 9.5.2). Je Ecke dürfen bis zu

5 Längsstäbe durch einen Bügel gegen Ausknicken gesichert werden. Wenn mehr als drei Längsstäbe in einer Ecke durch einen Bügel gegen Ausknicken gesichert werden, müssen die Bügelschlösser in Stützenlängsrichtung versetzt werden [9]. Der Abstand der Längsstäbe vom Eckbereich ist dabei auf den 15fachen Bügeldurchmesser zu beschränken ($s \leqq 15 \cdot d_{s,bü}$, vgl. Abb. 12.5). Weitere Längsstäbe sind durch Zwischenbügel zu sichern, der Abstand dieser Zwischenbügel $s'_{bü}$ darf bis zu dem zweifachen Wert der Abstände $s_{bü}$ gem. (12.5) vergrößert werden ($s'_{bü} \leqq 2 \cdot s_{bü}$, vgl. Abb. 12.5).

Zur Berücksichtigung von rechnerisch nicht erfassten Einflüssen und zur Abgrenzung gegenüber unbewehrten Stützen ist in EC 2 eine Mindestbewehrung vorgeschrieben. Beispiele für nicht erfasste Einflüsse sind:

– Biegemomente in Innenstützen von unverschieblichen, rahmenartigen Tragwerken, vgl. Abb. 1.6 und EC 2, 5.3.2,
– Vernachlässigung von Kriechauswirkungen des Betons gem. EC 2/NA., 5.8.4 (4).

Für die Größe der Mindestbewehrung gilt gem. EC 2/NA., 9.5.2 (2):

$$A_{s,min} = 0,15 \cdot |N_{Ed}| / f_{yd} \tag{12.6}$$

Hierin ist:

N_{Ed} die vom Querschnitt aufzunehmende, einwirkende Längskraft
f_{yd} $= f_{yk} / \gamma_S$, siehe Abb. 5.3
f_{yd} $= 434,8\,\text{N/mm}^2$ für B 500.

Unabhängig von der Größe des vorhandenen Betonquerschnitts ist gem. (12.6) somit bei Stützen immer mindestens 15 % der einwirkenden Last durch Bewehrung abzudecken. Ein bestimmter Mindestbewehrungssatz in Abhängigkeit vom vorhandenen Betonquerschnitt ist nicht vorgeschrieben.

Eine Höchstgrenze des Bewehrungsanteils in Stützen ist erforderlich, um das ordnungsgemäße Einbringen und Verdichten des Betons sicherzustellen. Für den maximalen Bewehrungsquerschnitt gilt gem. EC 2/NA., 9.5.2

$$A_{s,max} \leqq 0,09 \cdot A_c \tag{12.7}$$

Hierin ist A_c die Gesamtfläche des Betonquerschnitts. Der Maximalwert $A_{s,max}$ darf auch im Bereich von Übergreifungsstößen nicht überschritten werden.

Die möglichen Stoßformen sind in EC 2, 8.7 beschrieben. Unterschieden wird zwischen direkten Stößen durch Schweißung oder Verschraubung und indirekten Stößen durch Übergreifen. Die zulässigen Schweißverfahren sind in EC 2/NA., Tabelle 3.4 und Tabelle NA. 3.4.1, angeführt. In Abb. 12.5a sind zwei Beispiele für geschweißte Stoßausführungen angegeben. Beide Stoßarten dürfen mit der vollen Kraft des gestoßenen Stabes beansprucht werden, bei nicht vorwiegend ruhender Belastung sind Einschränkungen zu beachten. Bei dem Stoß durch Übergreifen der zu stoßenden Stäbe entstehen Abtriebskräfte V, diese Kräfte sind durch Querbewehrung aufzunehmen, nur bei sehr großer vorhandener Betondeckung kann zur Aufnahme dieser Kräfte die Zugfestigkeit des Betons in Ansatz gebracht werden. Für die Ausführung von auf Betonbaustellen erforderlichen Schweißarbeiten werden entsprechend ausgebildete Facharbeiter benötigt, die nur für diese Arbeiten zur Verfügung stehen müssen. Im Hochbau werden daher geschweißte Stöße von Betonstählen nur selten ausgeführt.

Eine ausführliche Zusammenstellung von Betonstahl-Verbindungselementen mit bauaufsichtlicher Zulassung findet man bei *Brameshuber/Raupach/Leißner* [3.1]. Fast alle im Handel erhältlichen Verbindungen sind auch für nicht vorwiegend ruhende Beanspruchung (EC 2/NA., 1.5.2) und für einen 100-%-Vollstoß für Druck und Zug geeignet. Der Außendurchmesser der Verbindungselemente ist etwa doppelt so groß wie der Durchmesser des zu stoßenden Stabes, dies erfordert entsprechend große Querschnittsabmessungen an den Stoßstellen.

9

Für den in Abb. 12.6a dargestellten GEWI-Muffenstoß wird ein Sonderstahl B 500 verwendet, bei dem die Rippen gewindemäßig ausgebildet sind. Die Verarbeitung an der Baustelle ist einfach, die Stäbe können beliebig abgelängt werden. Der Sonderstahl ist teurer als ein normaler Rippenstahl B 500.

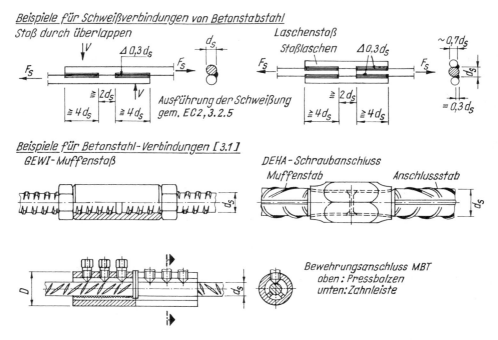

Abb. 12.6a Verbindung von Betonstählen durch Schweißung und durch Verbindungselemente mit bauaufsichtlicher Zulassung

Beim DEHA-Schraubanschluss (B 500, d_s bis zu 32 mm) werden die Muffenstöße in der gewünschten Länge werkseitig mit aufgerolltem Gewinde versehen. Der Anschlussstab wird an der Baustelle in die Stoßlasche eingedreht. Für den Einsatz an Arbeitsfugen können die Muffenstäbe auch mit einer Kunststoff-Verschlussabdeckung versehen werden, hierdurch wird das Eindringen von Feuchtigkeit und Mörtel in die Stoßmuffe verhindert.

Beim DEHA-MBT-Bewehrungsanschluss (B 500, d_s bis zu 28 mm) werden die zu verbindenden Stäbe in eine Rohrmuffe eingeschoben. Die Verbindung erfolgt durch Schraubenbolzen mit gehärteter Spitze, diese Bolzen drücken den Bewehrungsstab gegen zwei auf der gegenüberliegenden Seite angeordnete Zahnleisten. Die Bolzen sind mit einer Sollbruchstelle versehen, wenn der erforderliche Anpressdruck erreicht ist, scheren die Bolzen an der Muffenaußenseite ab. Für kleine Stabdurchmesser sind zwei Anpressbolzen ausreichend, für den Stoß von Stäben mit $d_s = 28$ mm sind 5 Bolzen und entsprechend lange Anschlusselemente erforderlich.

Ein Kontaktstoß der Bewehrungsstäbe ist bei Druckstäben mit $d_s \geqq 20$ mm gem. EC 2/NA., 8.7.2 bei unverschieblich gelagerten Stützen ebenfalls zulässig. Es darf höchstens die Hälfte der Bewehrung durch Kontakt gestoßen werden, der nicht gestoßene Teil der Bewehrung muss mindestens 0,8 % des statisch erforderlichen Betonquerschnitts betragen. Die Stirnflächen der Stäbe müssen rechtwinklig zur Stabachse hergestellt werden, an den Stoßstellen sind Stoßlaschen erforderlich, um den Kontakt der Stäbe auch beim Betonieren zu gewährleisten. Diese Art der Stoßausbildung erfordert große Sorgfalt und entsprechend ausgebildete Fachkräfte und kann bei Stützen mit großem Bewehrungsanteil sinnvoll oder auch notwendig sein im Hinblick auf die Begrenzung der in Stützen zulässigen Bewehrungsmenge gem. Gl. (12.7).

Im Regelfall wird im Hochbau bei Stützen ein Übergreifungsstoß der Längsbewehrung ausgeführt. Die Stöße werden dabei aus baupraktischen Gründen vorzugsweise oberhalb einer Deckenplatte (Arbeitsfuge!) ausgeführt. Haken oder Winkelhaken vergrößern bei Druckbeanspruchung die Gefahr von Betonabplatzungen, diese Verankerungselemente sind daher bei Druckbeanspruchung unzulässig (EC 2/NA., 8.4.1), auch Schlaufen sind als Verankerungselemente für druckbeanspruchte Stäbe nicht zulässig. Für Stöße von Druckstäben gilt gem. EC 2/NA., Tabelle 8.3 DE unabhängig vom Stoßanteil und für alle Stahldurchmesser der Beiwert $\alpha_6 = 1,0$. Damit erhalten wir für die Größe der Übergreifungslänge l_0 von druckbeanspruchten Stäben bei Verankerung mit geradem Stabende ($\alpha_1 = 1,0$) mit Gl. (7.48) und $l_{bd} = l_{b,rgd}$, vgl. Gl. (7.43):

$$l_0 = \alpha_1 \cdot \alpha_6 \cdot (A_{s,erf}/A_{s,vorh}) \cdot l_{bd}$$

$$l_0 = (A_{s,erf}/A_{s,vorh}) \cdot k_\oslash \cdot d_s \tag{12.8}$$

Bei Stützen ist in sehr vielen Fällen $A_{s,erf} \approx A_{s,vorh}$. Dann ergibt sich für die Übergreifungslänge l_0 von Druckstäben der einfache Ansatz

$$l_0 = l_{bd} = k_\oslash \cdot d_s \qquad \boxed{A_{s,erf} = A_{s,vorh}} \tag{12.9}$$

Die Faktoren $k_\oslash$ sind in Abb. 7.37 für Betonfestigkeitsklassen $\leqq$ C 50/60 angeführt. Für gute Verbundbedingungen, wie sie bei Ortbetonstützen fast immer vorliegen, sind die Werte für $k_\oslash$ in Abb. 12.6b mit aufgenommen.

Gemäß EC 2, 8.7.2 *sollen* Übergreifungsstöße möglichst versetzt angeordnet werden, Vollstöße *sollen* möglichst nicht in hochbeanspruchten Bereichen liegen, alle Druckstäbe dürfen jedoch gem. EC 2, 8.7.2 (4) in einem Querschnitt gestoßen werden. Ein Versetzen der Stoßmitten innerhalb eines Geschosses erschwert die Bauausführung, weil die weiterzuführenden Stäbe nicht auf einer bereits hergestellten Deckenplatte aufgestellt werden können. Ein Übergreifungsstoß aller Stäbe in einem Querschnitt ist theoretisch möglich bis zu einem Bewehrungsverhältnis $\varrho_l = A_{sl}/A_c = 0,045$. Im Stoßbereich ist dann gerade der Grenzwert $\varrho_l = 0,09$ gem. (12.7) erreicht. Der Einbau der Bewehrungsstäbe erfordert bei so großen Bewehrungsverhältnissen besondere Sorgfalt. Die Lage der Stäbe im Querschnitt ist in den Bewehrungszeichnungen anzugeben, auf den Platzbedarf der Balkenbewehrung im Kreuzungsbereich mit Unterzügen ist besonders zu achten. Wenn die Bemessung erforderliche Bewehrungsverhältnisse tot $\varrho_l > 4,5\,\%$ ergibt, sind die Stöße versetzt anzuordnen.

Bei Bewehrungssätzen $0,045 < \varrho_l < 0,06$ wird empfohlen, etwa die Hälfte der Bewehrung ohne Stoß durch zwei Geschosse zu führen. Diese Art der Bewehrung ist auch bei Bewehrungssätzen $3\,\% < \varrho_l < 4,5\,\%$ zu empfehlen. Einzelheiten der Bewehrungsführung können für beide Stoßarten (Vollstoß oder Teilstoß) aus Abb. 12.6b entnommen werden.

Wenn statische Bewehrungssätze $\varrho_l > 6\,\%$ benötigt werden und eine eigentlich sinnvolle Vergrößerung der Betonabmessungen nicht möglich ist, sind Stoßausbildungen mit versetzt angeordneten Schraubverbindungen möglich. Auf den erforderlichen Platzbedarf ist hierbei zu achten. Auch ein Teilstoß der Stützenlängsbewehrung über Kontakt kann bei sehr großer erforderlicher Bewehrung sinnvoll sein.

Die Querzugspannungen im Bereich von Übergreifungsstößen erfordern eine Querbewehrung, die bei Stützen bügelförmig ausgebildet wird. Gemäß EC 2/NA., 9.5.3 sind die Bügelabstände (12.5) im Bereich von Übergreifungsstößen mit dem Faktor 0,6 zu vermindern, wenn der Längsstabdurchmesser $d_{s,l} > 14$ mm ist. Der Faktor 0,6 bei den Bügelabständen ist auch (unab-

11

hängig vom Durchmesser der Längsbewehrung) über und unter Decken oder Balken auf einer Höhe gleich der größeren Abmessung des Stützenquerschnittes anzusetzen. Unterhalb eines Balkens werden damit Querzugspannungen infolge der Lasteinleitung aus dem Balken in die Stütze abgedeckt. Da oberhalb der Deckenplatte im Regelfall ein Übergreifungsstoß der Stützenlängsbewehrung vorhanden ist, greift diese Vorschrift vorwiegend für Stützenbereiche *unter* Balken oder Platten. Zur Aufnahme von Querzugspannungen infolge des Spitzendrucks auf endende Stäbe muss außerhalb des Übergreifungsbereiches in einem Abstand von $\leq 4\ d_{sl}$ ein Zusatzbügel angeordnet werden (EC 2, 8.7.4.2), dies gilt somit für den Übergreifungsbereich *oberhalb* eines Unterzuges oder einer Platte. Für die verringerten Bügelabstände gilt damit:

$$ s''_{bü} \quad \left\{ \begin{array}{l} \leq 0,6 \cdot 12 \cdot d_{s,l} = 7,2 \cdot d_{s,l} \\ \leq 0,6 \cdot \min l \\ \leq 0,6 \cdot 300\,\mathrm{mm} = 180\,\mathrm{mm} \end{array} \right\} \tag{12.10} $$

Für $d_{s,l}$ und min l gelten die Hinweise bei (12.5).

Wenn der Stützenquerschnitt im Bereich eines Übergreifungsstoßes *überwiegend* durch Biegemomente beansprucht wird, ist die Querbewehrung entsprechend den im Abschn. 7.8.7 besprochenen Regeln für Übergreifungsstöße von zugbeanspruchten Stabstählen auszubilden. Eine solche Beanspruchung ist z. B. möglich bei rahmenartigen Tragwerken, wenn die Stütze nur geringe Drucknormalkräfte aufzunehmen hat. Eine überwiegende Biegebeanspruchung liegt nach EC 2/NA., 1.5.2 vor für bezogene Ausmitten im Grenzzustand der Tragfähigkeit $e_d/h > 3{,}5$, hierin ist $e_d = M_{Ed}/N_{Ed}$.

Kröpfungen der Längsstäbe werden häufig erforderlich bei Querschnittsänderungen des Stützenstranges. Bei geringen und mittleren Bewehrungssätzen (etwa bis $\varrho_1 \approx 2{,}0\,\%$) und gleichbleibenden Stützenabmessungen sind Kröpfungen entbehrlich, im Stoßbereich können die Stahleinlagen *nebeneinander* angeordnet werden. Bei höheren Werten ϱ_1 werden die endenden Stäbe in das Bauteilinnere abgekröpft, die neu angesetzten Stäbe werden an der Stützenaußenseite angeordnet und von Bügeln umfasst. Die Kröpfungen sollen möglichst gestreckt ausgeführt werden, um die Umlenkkräfte an den Abbiegestellen gering zu halten, sie werden daher vorzugsweise innerhalb von Balken angeordnet. Nach außen gerichtete Umlenkkräfte an den Abbiegestellen werden durch zusätzliche Bügel aufgenommen, vgl. Abb. 12.6b.

In Abb. 12.7 sind Beispiele für die Anordnung der Längsstäbe im Bereich von Übergreifungsstößen skizziert. Bei der Konstruktion der Stützenbewehrung ist auf den erforderlichen Platzbedarf für die Anschlussbewehrung im folgenden Geschoss und für den Platzbedarf für die durchzuführende Bewehrung der Unterzüge zu achten. Die Stützen werden häufig bis zur Unterkante der Unterzüge vorbetoniert, da ein ordnungsgemäßes Einbringen und Verdichten des Stützenbetons nach dem Verlegen der Unterzugbewehrung vor allem bei stärkerer Unterzugbewehrung sehr schwierig ist. Ein Änderung der Lage der Stützenbewehrung nach dem Einbringen des Betons für die Stütze unterhalb des Unterzuges ist nicht mehr möglich. Bei einer Anpassung der Stützenabmessungen an die aufzunehmenden Kräfte wird ein Teil der Längsbewehrung unterhalb der Querschnittsverminderung verankert, eine Kröpfung wird so vermieden.

Für die Verankerung von Druckstäben gilt gem. Abschn. 7.8.2:

$$ l_{bd} = \alpha_1 \cdot l_{b,rqd} \cdot (A_{s,erf}/A_{s,vorh}) \geqq l_{b,min} $$

Bei Druckstäben aus Stabstahl ist $\alpha_1 = 1{,}0$, damit ergibt sich für die Verankerung von druckbeanspruchten Stäben:

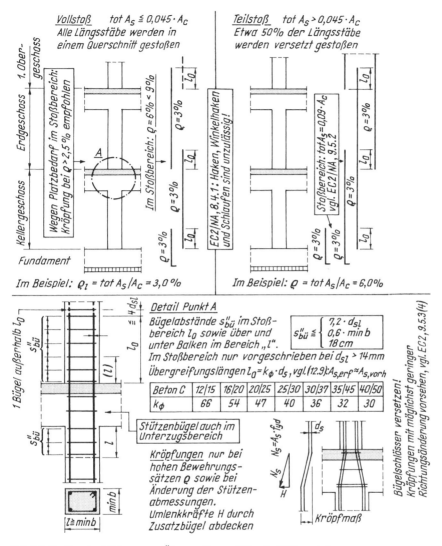

Abb. 12.6b Zur Ausbildung von Übergreifungsstößen in Stützensträngen

$$l_{\mathrm{bd}} \;=\; l_{\mathrm{b,rqd}} \cdot (A_{\mathrm{s,erf}}/A_{\mathrm{s,vorh}}) \geqq l_{\mathrm{b,min}} \tag{12.11}$$

Hierin ist:

$$l_{\mathrm{b,rqd}} \;=\; k_\varnothing \cdot d_{\mathrm{s}}, \quad k_\varnothing \text{ vgl. Abb. 7.37}$$

$$l_{\mathrm{b,min}} \;=\; 0{,}6 \cdot l_{\mathrm{b,rqd}} \geqq 10 \cdot d_{\mathrm{s}}$$

Im Verankerungsbereich ist zur Aufnahme der Querzugspannungen eine Querbewehrung anzuordnen. Diese Anforderung gilt i. Allg. als erfüllt, wenn die Vorschriften bezüglich der Bügeldurchmesser und der Bügelabstände eingehalten sind, vgl. hierzu (12.4) und (12.5). Bei Stabdurchmessern $d_{\mathrm{s}} > 32$ mm (oder $d_{\mathrm{sV}} > 32$ mm) sind die Besonderheiten in EC 2/NA., 8.8 zu beachten. Bei sehr niedrigen Unterzügen im obersten Geschoss oder bei dünnen Fundamentplatten können die Stäbe nicht immer voll innerhalb des betreffenden Bauteils verankert werden. Dann darf in begrenztem Umfang ein Teil der Stütze als ergänzende Verankerungslänge in Ansatz gebracht werden. Hier ist dann eine sehr enge Umbügelung zur Behinderung der Querdehnung anzuordnen. Diese Verbügelung führt zu Querdruck im Verankerungsbereich, der Beton ist dadurch in der Lage, örtlich höhere Druckkräfte zu übernehmen [1.11]. Eine Verstärkung der Bügelbewehrung ist nicht erforderlich, wenn die Stäbe im anschließenden Bauteil zuzüglich einer Länge von $0,5\,b$ verankert sind [9]. In Abb. 12.7 sind Hinweise zur Verankerung von druckbeanspruchten Stützenstäben mit aufgenommen.

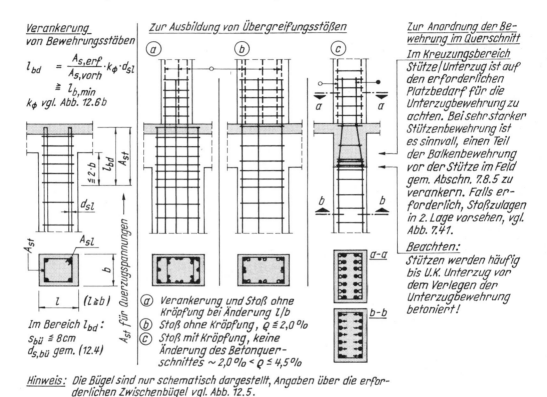

Abb. 12.7 Zur Anordnung der Längsbewehrung von Stützen in Stoß- und Verankerungsbereichen

12.3 Bemessung bei zentrischem Druck ohne Knickgefahr

12.3.1 Grundlagen

Gemäß EC 2, 6.1 (4) ist bei der Bemessung von Querschnitten unter Drucknormalkraft eine Mindestausmitte von $e_0 = h/30 \geqq 20$ mm anzusetzen. Mit dieser Mindestausmitte sollen nicht erfasste, aber unvermeidliche Exzentrizitäten, z. B. infolge einer nicht erfassten ausmittigen Lasteinleitung oder infolge einer nicht planmäßigen Lage der Bewehrung, berücksichtigt werden. Nach EC 2/NA., 6.1 (4) muss diese Mindestausmitte nicht angesetzt werden, wenn das betreffende Bauteil planmäßig durch Biegemomente beansprucht wird. Bei schlanken Bauteilen sind die für diese Bauteile maßgebenden Imperfektionen anzusetzen. Hieraus folgt, dass die

Bemessung von Stahlbetonbauteilen, für die ein Stabilitätsnachweis nicht erforderlich ist, auch dann für Biegung mit Normalkraft vorzunehmen ist, wenn im Standsicherheitsnachweis für das betreffende Bauteil eine zentrisch wirkende Normalkraft ermittelt wurde. Wenn hier trotzdem zunächst auf die Bemessung für eine zentrisch wirkende Normalkraft eingegangen wird, hat dies zwei Gründe:

a) Es soll die Bemessung von Stahlbetonquerschnitten für alle Belastungsfälle zwischen den Extremfällen „zentrischer Druck" und „zentrischer Zug" erfasst werden.
b) Für die Bestimmung der erforderlichen Querschnittsabmessungen von Bauteilen, die planmäßig keine oder nur geringe Biegemomente abzutragen haben, kann die Kenntnis des Bemessungsganges für eine zentrisch wirkende Druckkraft hilfreich sein.

Bei zentrischem Druck ist für den Grenzzustand der Tragfähigkeit nach Abb. 12.4 für alle Querschnittsfasern die Dehnung auf $\varepsilon = \varepsilon_c = \varepsilon_s = \varepsilon_{c2}$ zu beschränken. Bei geringen Lastausmitten bis $e_d/h \leqq 0{,}10$ darf für Normalbeton jedoch für alle Betonfestigkeitsklassen vereinfachend mit $\varepsilon_{c2} = -0{,}022$ gerechnet werden. Hierbei ist $e_d = M_{Ed}/N_{Ed}$, vgl. Abb. 12.3. Für $\varepsilon_{c2} = -0{,}022$ erhält man nach Abb. 12.8 für die Betonspannungen

$$\sigma_{cd} = f_{cd} = \alpha_{cc} \cdot f_{ck}/\gamma_C$$

In Abb. 12.8 sind die Werte σ_{cd} für Betonfestigkeitsklassen $\leqq$ C50/60 mit angegeben.

Für den Betonstahl ergibt sich mit dem Elastizitätsmodul $E_s = 200\,000\,\text{N/mm}^2$ bei $\varepsilon_s = 2{,}175\,\text{‰}$ die Stahlspannung $\sigma_{sd} = f_{yd}/\gamma_S = 500/1{,}15 = 434{,}8\,\text{N/mm}^2$. Es wird voller Verbund zwischen Beton und Betonstahl angesetzt, mit $\varepsilon_s = \varepsilon_{c2}$ folgt für die Stahlspannung bei zentrischem Druck

$$\sigma_{sd} = f_{yd} = f_{yk}/\gamma_S$$

Für Betonstahl B 500 sind die Spannungen σ_{sd} aus Abb. 12.8 ersichtlich.

Bei zentrisch belasteten Bauteilen gilt für das Nachweisformat analog zu (2.1) der Ansatz

$$|N_{Ed}| \leqq |N_{Rd}| \tag{12.12}$$

Der Bauteilwiderstand N_{Rd} wird aus der Summe der Traganteile von Beton und Betonstahl ermittelt. Hierbei wird i. Allg. mit dem vollen Betonquerschnitt A_c gerechnet, die Verminderung des tatsächlich vorhandenen Betonquerschnitts durch die Querschnittsfläche der Bewehrung bleibt damit unberücksichtigt. Bei normalfesten Betonen, etwa bis zur Betonfestigkeitsklasse C 40/50, führen die durch diese Vereinfachung bedingten Fehler zu einer zu gering ermittelten Druckbewehrung in der Größenordnung unter 5 %. Dieser Fehler wird als tolerierbar angesehen. Bei hochfesten Betonen sollte jedoch mit den Netto-Betonflächen gerechnet werden. Bemessungsansätze und Tragfähigkeitstafeln für mittig gedrückte Stahlbetonquerschnitte auch unter Berücksichtigung der Netto-Betonflächen findet man bei *Goris* [3.3]. Für N_{Rd} gilt bei Ansatz des vollen Betonquerschnitts damit

$$N_{Rd} = (A_c \cdot f_{cd} + A_{s,tot} \cdot f_{yd}) \tag{12.13}$$

Für die Festlegung der Betonabmessungen (Entwurf) kann es zweckmäßig sein, mit ideellen Spannungen σ_{id} zu arbeiten. Hierbei ist σ_{id} von dem vorliegenden oder gewählten Bewehrungsverhältnis der Längsbewehrung ϱ_l abhängig:

$$\begin{aligned} N_{Rd} &= (A_c \cdot f_{cd} + A_{s,tot} \cdot f_{yd}) \\ &= A_c\,[f_{cd} + (A_{s,tot}/A_c) \cdot f_{yd}] = A_c\,(f_{cd} + \varrho_l \cdot f_{yd}) \end{aligned}$$

$$N_{Rd} = A_c \cdot \sigma_{id} \tag{12.14}$$

In (12.14) ist:

$$\sigma_{id} = f_{cd} + \varrho_l \cdot f_{yd}, \quad \varrho_l = A_{s,tot}/A_c$$

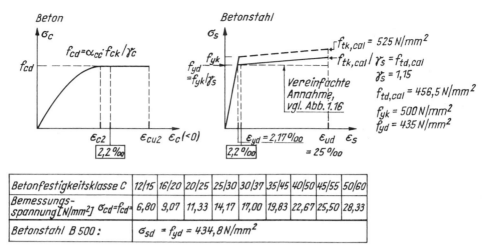

Betonfestigkeitsklasse C	12/15	16/20	20/25	25/30	30/37	35/45	40/50	45/55	50/60
Bemessungs- spannung [N/mm²] $\sigma_{cd} = f_{cd} =$	6,80	9,07	11,33	14,17	17,00	19,83	22,67	25,50	28,33
Betonstahl B 500 :	$\sigma_{sd} = f_{yd} = 434,8 \, N/mm^2$								

Ideelle Spannungen $\sigma_{id} = f_{cd} + \varrho_l \cdot f_{yd}$ in N/mm², $\varrho_l = A_{s,tot}/A_c$

Betonfestigkeitsklasse C		12/15	16/20	20/25	25/30	30/37	35/45	40/50	45/55	50/60
$\varrho_l = \dfrac{A_{s,tot}}{A_c}$	$\varrho_l = 0,01$	11,15	13,42	15,68	18,52	21,35	24,18	27,02	29,85	32,68
	$\varrho_l = 0,02$	15,50	17,77	20,03	22,87	25,70	28,53	31,37	34,20	37,03
$f_{yd} = 434,8 \, N/mm^2$	$\varrho_l = 0,03$	19,84	22,11	24,37	27,21	30,04	32,87	35,71	38,54	41,37
	$\varrho_l = 0,04$	24,19	26,46	28,72	31,56	34,39	37,22	40,06	42,89	45,72

Abb. 12.8 Tragfähigkeitsnachweis von Stützen bei zentrischem Druck

In Abb. 12.8 sind die ideellen Spannungen σ_{id} für Betonfestigkeitsklassen bis C 50/60 und für ausgewählte Bewehrungsverhältnisse ϱ_l mit angegeben. Zu beachten ist der sehr starke Anstieg der ideellen Spannungen mit anwachsendem Bewehrungsgehalt.

12.3.2 Anwendungen

Anwendungsbeispiel 1

Für den in Abb. 12.9 dargestellten Stahlbetonquerschnitt ist der Bauteilwiderstand N_{Rd} zu bestimmen.

Durchführung:

Nach (12.13) mit Abb. 12.8:

$$N_{Rd} = (A_c \cdot f_{cd} + A_s \cdot f_{yd})$$
$$= (0,30 \cdot 0,40 \cdot 14,17 + 25,1 \cdot 10^{-4} \cdot 434,8)$$
$$N_{Rd} = 2,79 \, MN = 2790 \, kN$$

Der Bauteilwiderstand beträgt $N_{Rd} = 2790$ kN.

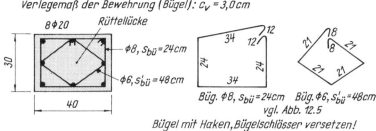

Betonfestigkeitsklasse $C\,25/30$, Betonstahl $B\,500$
$h/b = 40/30\,\text{cm}$ Bewehrung $8\,\phi\,20$ $A_s = 25,1\,\text{cm}^2$ $M_{Ed} = 0$
Verlegemaß der Bewehrung (Bügel): $c_v = 3,0\,\text{cm}$

Büg. $\phi\,8$, $s_{bü} = 24\,\text{cm}$ Büg. $\phi\,6$, $s'_{bü} = 48\,\text{cm}$
vgl. Abb. 12.5
Bügel mit Haken, Bügelschlösser versetzen!

Abb. 12.9 Ermittlung des Bauteilwiderstandes

Zur Konstruktion:

Bewehrungsgehalt $\varrho_1 = 25,1/(30 \cdot 40) = 0,021$

 Es ist $\varrho_1 = 2,1\,\% < 4,5\,\%$; Vollstoß an einer Stelle ist zulässig.

Bügeldurchmesser, Bügelabstand:

Nach Abb. 12.5 sowie (12.4) und (12.5)

$$d_{s,bü} \begin{cases} \geqq d_{s,1}/4 = 20/4 = 5\,\text{mm} \\ \geqq 6\,\text{mm} \end{cases}$$

$$s_{bü} \begin{cases} \leqq 12 \cdot d_{s,1} = 12 \cdot 2,0 = 24\,\text{cm} \\ \leqq \min l = 30\,\text{cm} \\ \leqq 300\,\text{mm} \end{cases}$$

Gewählt werden Bügel mit Haken gem. EC 2/NA., Bild 8.5 DE, Hakenform a)

 Außenbügel $\varnothing\,8\,\text{mm}$, $s_{bü} = 24\,\text{cm}$

 Zwischenbügel $\varnothing\,6\,\text{mm}$, $s'_{bü} = 48\,\text{cm}$

Anwendungsbeispiel 2

Gegeben:

 Stahlbetonquerschnitt $h/b = 55/35\,\text{cm}$

 Betonfestigkeitsklasse C 30/37

 Betonstahl B 500

 Einwirkend $N_{Ed} = 4770\,\text{kN}$ (Druck), $M_{Ed} = 0$

Aufgabe: Bestimmung von erf A_s, Wahl von A_s, Ermittlung von N_{Rd}

Durchführung:

Traganteil Beton nach (12.13)

$$F_{cd} = A_c \cdot f_{cd} = 0,35 \cdot 0,55 \cdot 17,0 = 3,273\ \text{MN}$$

Vom Stahl aufzunehmen

$$F_{sd} = N_{Ed} - F_{cd} = 4{,}770 - 3{,}273 = 1{,}497\,\text{MN}$$

Erforderliche Bewehrung

$$\text{erf } A_s = F_{sd}/\sigma_{sd} = 1{,}497 \cdot 10^4/434{,}8 = 34{,}4\,\text{cm}^2$$

Gewählte Bewehrung (vgl. Abb. 12.5)

8 ⌀ 25, $A_s = 39{,}3\,\text{cm}^2$

Bügel ⌀ 8, $s_{bü} = 30\,\text{cm}$

Zwischenbügel ⌀ 8, $s'_{bü} = 60\,\text{cm}$

Die Bügel werden mit Winkelhaken verankert, die Schenkellänge beträgt mindestens 18 d_s, vgl. hierzu Abb. 12.5.

Bewehrungsverhältnis

$$\varrho_l = 100 \cdot A_s/A_c = 100 \cdot 39{,}3/(35 \cdot 55) = 2{,}0\,\% < 4{,}5\,\%; \qquad \text{Vollstoß zulässig}$$

Tragwiderstand gem. (12.13)

$$N_{Rd} = (0{,}35 \cdot 0{,}55 \cdot 17{,}0 + 39{,}3 \cdot 10^{-4} \cdot 434{,}8)$$

$$N_{Rd} = 4{,}98\,\text{MN} > |N_{Ed}| = 4{,}77\,\text{MN}$$

Der Stahlbetonquerschnitt ist in Abb. 12.10 dargestellt.

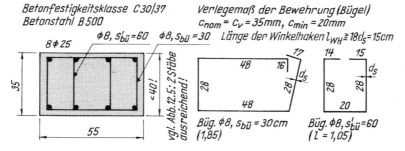

Abb. 12.10 Stahlbetonquerschnitt mit Bewehrungsangabe

Anwendungsbeispiel 3

Gegeben (vgl. Abb. 12.11):

Stahlbetonquerschnitt $h/b = 55/35\,\text{cm}$

Betonfestigkeitsklasse C 30/37

Betonstahl B 500

Einwirkend $N_{Ed} = 509\,\text{kN}$ (Druck), $M_{Ed} = 0$

Aufgabe: Bestimmung von erf A_s, Wahl von A_s

Durchführung:

Analog zum Rechengang im vorhergehenden Beispiel:

$$F_{cd} = 3{,}273\,\text{MN}$$

Es ist $F_{cd} \gg N_{Ed}$, die Stütze ist stark überbemessen, z. B. aus architektonischen Gründen. Die erforderliche Bewehrung wird mit (12.6) bestimmt:

$$A_{s,min} = 0{,}15 \cdot |N_{Ed}|/f_{yd} = 0{,}15 \cdot 509 \cdot 10/434{,}8$$

$$A_{s,min} = 1{,}76\,\text{cm}^2$$

Gewählte Bewehrung (vgl. Abb. 12.5)

$6 \oslash 12$,	$A_s = 6{,}8\,\text{cm}^2$
Bügel $\oslash$ 8,	$s_{bü} = 14\,\text{cm}$
Zwischenbügel $\oslash$ 8,	$s'_{bü} = 28\,\text{cm}$.

Es wurden Bügel $\oslash$ 8 statt $\oslash$ 6 gewählt, um die Gefahr des Herausdrückens aus der Solllage beim Betonieren zu vermindern und weil dann nach Abb. 12.5 eine Verankerung der Bügel mit Winkelhaken zulässig ist.

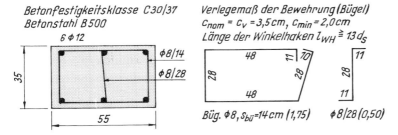

Abb. 12.11 Stahlbetonquerschnitt mit Bewehrungsangabe

12.4 Bemessung bei Normalkraft mit großer Ausmitte

12.4.1 Ansätze zur Bemessung

Die Bemessungsansätze für Biegung mit Normalkraft bei überwiegender Biegebeanspruchung wurden bereits im Kapitel 5 besprochen. Hier erfolgt eine kurze Zusammenfassung, um die Bemessungsverfahren für Biegung mit Normalkraft im Zusammenhang darstellen zu können.

Einwirkende Schnittgrößen: N_{Ed}, M_{Ed}

Schnittgrößen in Bezug auf die Schwerlinie der Zugbewehrung, vgl. (5.4):

$$M_{Eds} = M_{Ed} - N_{Ed} \cdot z_{s1}$$

Bemessung mit Tafel 2 (Anhang Teil 1) – Tafel mit dimensionslosen Beiwerten:

$$\mu_{Eds}\ \frac{M_{Eds}}{b \cdot d^2 \cdot f_{cd}} = \ \to \omega, \xi, \zeta, \varepsilon_{c2}/\varepsilon_{s1}, \sigma_{sd}$$

$$A_{s1} = \frac{1}{\sigma_{sd}} \cdot (\omega \cdot b \cdot d \cdot f_{cd} + N_{Ed})$$

Bemessung mit Tafel 3 (Anhang Teil 1) – Tafel mit dimensionsgebundenen Beiwerten:

$$k_d = \frac{d}{\sqrt{M_{Eds}/b}} \quad \rightarrow \xi, \kappa_s, \varepsilon_{c2}/\varepsilon_{s1}, k_s$$

$$A_s = \kappa_s \cdot k_s \cdot M_{Eds}/d + N_{Ed}/43{,}5$$

Die Bemessung kann auch mit dem „Allgemeinen Bemessungsdiagramm" (Anhang, Tafel 1) durchgeführt werden, vgl. hierzu die Beispielrechnungen im Abschn. 5.5.

Eine große Ausmitte liegt vor, wenn sich bei der Bemessung Dehnungsverteilungen innerhalb der Dehnungsbereiche 2 oder 3 einstellen, vgl. Abb. 12.4. Hiermit kann i. Allg. gerechnet werden, wenn die resultierende Normalkraft außerhalb des Querschnitts angreift. Die Bemessungsverfahren für große Ausmitte (Kapitel 5) sind somit anwendbar bei folgenden Einwirkungen (h: Querschnittshöhe):

$$\left.\begin{array}{l} \text{Beanspruchung durch } M_{Ed} \\ \text{Beanspruchung durch } M_{Ed} + N_{Ed} \quad (N_{Ed} > 0) \\ \text{Beanspruchung durch } M_{Ed} + N_{Ed}, \text{ wenn} \\ \quad N_{Ed} < 0 \;\; und \;\; e_d = M_{Ed}/N_{Ed} > h/2 \end{array}\right\} \qquad (12.15)$$

12.4.2 Anwendungen

Anwendungsbeispiel

Für den in Abb. 12.12 dargestellten Querschnitt ist die Bemessung durchzuführen. Baustoffe, Bauteilabmessungen und einwirkende Schnittgrößen vgl. Abb. 12.12.

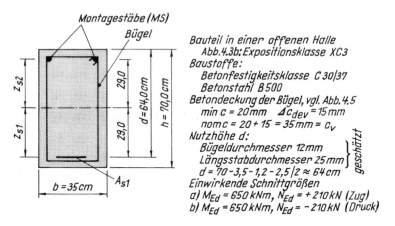

Abb. 12.12 *Querschnitt und einwirkende Schnittgrößen*

Durchführung:

Bemessung mit Tafel 3 (Anhang, Teil 1)

a) Normalkraft: $N_{Ed} = +210\,kN$ (Zug)

   Mit (12.15):

   $N_{Ed} > 0 \rightarrow$ Große Ausmitte

$$M_{\mathrm{Eds}} = 650 - 210 \cdot 0{,}29 = 589\ \mathrm{kNm}$$

$$k_{\mathrm{d}} = 64/\sqrt{589/0{,}35} = 1{,}56 \qquad \xi < 0{,}356$$

$$A_{\mathrm{s}} = 0{,}99 \cdot 2{,}70 \cdot 589/64 + 210/43{,}5 = 29{,}4\ \mathrm{cm}^2$$

b) Normalkraft $N_{\mathrm{Ed}} = -210\ \mathrm{kN}$ (Druck)

Mit (12.15):

$$e_{\mathrm{d}} = M_{\mathrm{Ed}}/|N_{\mathrm{Ed}}| = 650/210 = 3{,}10\ \mathrm{m} \gg h/2$$

Bemessung für große Ausmitte:

$$M_{\mathrm{Eds}} = 650 - (-210) \cdot 0{,}29 = 711\ \mathrm{kNm}$$

$$k_{\mathrm{d}} = 64/\sqrt{711/0{,}35} = 1{,}42 \qquad \xi = 0{,}443$$

$$A_{\mathrm{s}} = 2{,}82 \cdot 711/64 - 210/43{,}5 = 26{,}5\ \mathrm{cm}^2$$

12.5 Biegung mit überwiegender Druck-Normalkraft (Normalkraft mit kleiner Ausmitte)

12.5.1 Dehnungsbereiche, Ansätze zur Bestimmung von Bemessungshilfen

Eine kleine Ausmitte liegt vor, wenn durch das Zusammenwirken von Biegemomenten M_{Ed} und Normalkräften N_{Ed} in einem Stahlbetonquerschnitt Dehnungslinien innerhalb der Dehnungsbereiche 4 oder 5 (Abb. 12.4) hervorgerufen werden. Für Bauteile, die durch wesentlichen Längsdruck beansprucht werden, ist eine symmetrische Bewehrung $A_{\mathrm{s}1} = A_{\mathrm{s}2}$ sinnvoll, eine unsymmetrische Bewehrung kann zu Verlegefehlern an der Baustelle führen. Eine symmetrische Bewehrung $A_{\mathrm{s}1} = A_{\mathrm{s}2}$ ist auch in allen Bauteilen zweckmäßig, die durch größere Wechselmomente beansprucht werden, Abb. 12.13 zeigt einige Beispiele.

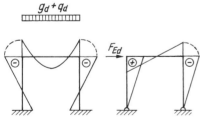

Beispiele für den Verlauf von Biegemomenten in Rahmenstielen. Im Regelfall werden die Stiele durch N_{Ed} und Momente $\pm M_{\mathrm{Ed}}$ beansprucht. | Momente infolge ungewollt exzentrischer Lasteinleitung oder ungerader Stabachse ($M_{\mathrm{Ed}} = \pm N_{\mathrm{Ed}} \cdot e_{\mathrm{d}}$) | Momente infolge Verformung nach Theorie II. Ordnung: $M_{\mathrm{Ed}} = \pm N_{\mathrm{Ed}} \cdot e_2$

Abb. 12.13 Beispiele für Stützen, die durch Momente mit wechselnden Vorzeichen beansprucht werden

In Abb. 12.14 sind Dehnungslinien dargestellt, wie sie in den Dehnungsbereichen 4 oder 5 möglich sind. Angegeben ist für beide Dehnungslinien der Verlauf der Betonspannungen über die Querschnittshöhe. Bei voll überdrückten Querschnitten (Dehnungsbereich 5) ist es zweckmäßig, die Größe der Betondruckkraft auf die Querschnittshöhe h zu beziehen. Zur Vereinheitlichung wird dies auch im Dehnungsbereich 4 beibehalten.

Für die Ausarbeitung von Bemessungshilfen ergibt sich der folgende, hier für den Dehnungsbereich 5 vereinfacht beschriebene Arbeitsablauf:

1. Variation der Randdehnungen innerhalb der in Abb. 12.4 dargestellten Grenzen.
2. Variation der Bewehrungsverhältnisse bis zu dem durch (12.7) begrenzten Höchstwert. Hierbei wird die Bewehrung durch die mechanischen Bewehrungsgrade ω ausgedrückt, vgl. hierzu die Erläuterungen zum mechanischen Bewehrungsgrad im Abschn. 5.2.3.

$$\omega_1 = \frac{A_{s1}}{A_c} \cdot \frac{f_{yd}}{f_{cd}} \, ; \qquad \omega_2 = \frac{A_{s2}}{A_c} \cdot \frac{f_{yd}}{f_{cd}}$$

$$\omega_{tot} = \omega_1 + \omega_2;$$

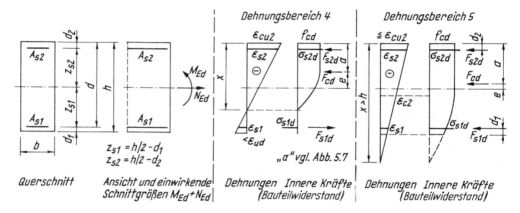

Abb. 12.14 Verlauf von Dehnungen, Spannungen und Kräften in den Dehnungsbereichen 4 und 5

3. Für die Bauteilwiderstände erhalten wir (vgl. auch Abschn. 5.2.2)

$$F_{cd} = b \cdot h \cdot \alpha_R \cdot f_{cd}$$

$$F_{s1d} = A_{s1} \cdot \sigma_{s1d} = \omega_1 \cdot b \cdot h \cdot \sigma_{s1d} \cdot \frac{1}{f_{yd}/f_{cd}}$$

$$F_{s2d} = A_{s2} \cdot \sigma_{s2d} = \omega_2 \cdot b \cdot h \cdot \sigma_{s2d} \cdot \frac{1}{f_{yd}/f_{cd}}$$

$$N_{Rd} = -|F_{cd}| - |F_{s1d}| - |F_{s2d}|$$

$$M_{Rd} = |F_{cd}| \cdot e + |F_{s2d}| \cdot (h/2 - d_2) - |F_{s1d}| \cdot (h/2 - d_1)$$

4. Die einwirkenden Schnittgrößen müssen mit den Bauteilwiderständen im Gleichgewicht stehen. Analog zu (2.1) lauten die Bedingungsgleichungen hierfür

$$N_{Ed} \leqq N_{Rd}, \qquad M_{Ed} \leqq M_{Rd}$$

Die Schnittgrößen werden in dimensionsloser Form angeschrieben:

$$\nu_{Ed} = \frac{N_{Ed}}{b \cdot h \cdot f_{cd}} = \frac{N_{Rd}}{b \cdot h \cdot f_{cd}}$$

$$= -|\alpha_R| - |\omega_1 \cdot \frac{\sigma_{s1d}}{f_{yd}}| - |\omega_2 \cdot \frac{\sigma_{s2d}}{f_{yd}}|$$

$$\mu_{Ed} = \frac{M_{Ed}}{b \cdot h^2 \cdot f_{cd}} = \frac{M_{Rd}}{b \cdot h^2 \cdot f_{cd}}$$

$$= |\alpha_R \cdot e/h| + \left| \omega_1 \cdot \frac{\sigma_{s1d}}{f_{yd}} \cdot \left(\frac{1}{2} - \frac{d_1}{h} \right) \right| + \left| \omega_2 \cdot \frac{\sigma_{s2d}}{f_{yd}} \cdot \left(\frac{1}{2} - \frac{d_2}{h} \right) \right|$$

5. Auf der Widerstandsseite sind alle Größen abhängig von der angesetzten Dehnungslinie, von den Bewehrungsverhältnissen ω_1 und ω_2, von der Betonfestigkeitsklasse und Betonstahlsorte (erfasst durch f_{cd} und f_{yd}) und von den bezogenen Randabständen der Bewehrungen d_1/h und d_2/h.

Damit können Bemessungsdiagramme hergestellt werden, die den erforderlichen Bewehrungsgrad ω_{tot} in Abhängigkeit von den *zwei* einwirkenden Schnittgrößen N_{Ed} und M_{Ed} zeigen. Die Bezeichnung *Interaktionsdiagramme* weist auf die Abhängigkeit von zwei einwirkenden Schnittgrößen hin. Diese Diagramme können grundsätzlich für jedes beliebige Bewehrungsverhältnis ω_1/ω_2 erarbeitet werden. In den Dehnungsbereichen 4 und 5 ist aus den oben angeführten Gründen bei Rechteckquerschnitten mit einachsiger Biegung eine Bewehrung mit $A_{s1} = A_{s2}$ zweckmäßig. In Handbüchern ([1], [4], [8]) findet man daher Interaktionsdiagramme für symmetrische Bewehrungsanordnungen ($\omega_1 = \omega_2 = \omega_{tot}/2$). Die Diagramme sind aufgestellt für eine Bemessung gem. den Angaben in DIN 1045-1, da die Grundlagen für die Biegebemessung in EC 2 und DIN 1045-1 identisch sind, gelten diese Interaktionsdiagramme auch für eine Bemessung nach EC 2. Für Rechteckquerschnitte mit allseitig symmetrischer Bewehrung und für Kreisquerschnitte sind ausführliche Interaktionsdiagramme in [4] enthalten.

12.5.2 Interaktionsdiagramme

In Abb. 12.15 ist ein Interaktionsdiagramm in grundsätzlicher Form dargestellt. Der Bereich der kleinen Ausmitte (Dehnungsbereiche 4 und 5, Abb. 12.4) ist hervorgehoben. Die Diagramme gelten für Betonstahl B 500 und einen Teilsicherheitsbeiwert $\gamma_S = 1,15$. Für alle Betonfestigkeitsklassen $\leqq$ C 50/60 ist nur ein Diagramm erforderlich, für höhere Betonfestigkeitsklassen sind wegen der unterschiedlichen Form des Parabel-Rechteck-Diagramms (vgl. Abb. 1.12) Diagramme für jede einzelne Betonfestigkeitsklasse notwendig. Die Diagramme in [1.5] sind aufgestellt unter Ansatz der Betonstauchung $\varepsilon_{c2} = -2,0‰$. In [4] findet man Interaktionsdiagramme, in denen die nach EC 2/NA., 6.1 bei Ausmitten $e_d/h \leqq 0,1$ zugelassene größere Betonstauchung $\varepsilon_{c2} = -2,2‰$ erfasst wird. Hierdurch wird die günstige Wirkung des Betonkriechens vereinfacht berücksichtigt. Dies führt bei bezogenen Ausmitten $e/h < 0,1$ zu einer etwas geringeren erforderlichen Bewehrung wegen der höheren ansetzbaren Stahlspannung.

Bei zentrisch wirkenden Längskräften ($M_{Ed} = 0$) oder bei reiner Biegung ($N_{Ed} = 0$) kann mit den Diagrammen gearbeitet werden, wenn eine symmetrische Bewehrung $A_{s1} = A_{s2}$ angestrebt wird.

Bei der in Abb. 12.15 hervorgehobenen bezogenen Normalkraft $\nu_{bal} = -0,4$ wird auf der Zugseite die Streckgrenze der Bewehrung ε_{yd} erreicht. Der Querschnitt erreicht hier die größte Momententragfähigkeit. ν_{bal} charakterisiert den Übergang vom Dehnungsbereich 4 in den Dehnungsbereich 3, vgl. Abb. 12.4. Bei Werten $v_{Ed} > v_{bal} = -0,4$ wachsen die Stahldehnungen rasch an, bei bezogenen Normalkräften $v_{Ed} < -0,4$ werden sie stetig geringer. Man erkennt aus Abb. 12.15 auch, dass bei geringer Normalkraftbeanspruchung ($v_{Ed} > -0,4$) der erforderliche Bewehrungsgehalt ω_{tot} bei *konstanter* Momentenbeanspruchung μ_{Ed} und betragsmäßig *abnehmender* bezogener Normalkraft v_{Ed} größer wird. Hieraus wird noch einmal deutlich, dass bei Stützen häufig mehrere Einwirkungskombinationen zu betrachten sind, vgl. Abschn. 12.1.

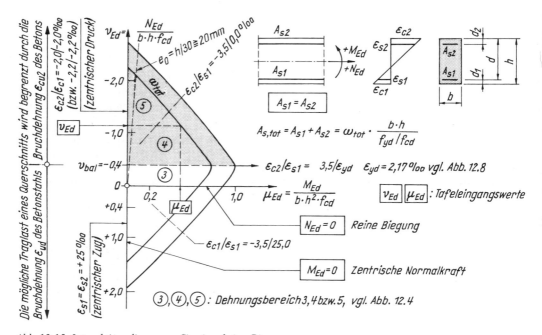

Abb. 12.15 *Interaktionsdiagramm für einachsige Biegung*

12.5.3 Durchführung der Bemessungsaufgabe

Die Interaktionsdiagramme sind aufgestellt für vorgegebene bezogene Randabstände der Bewehrung. Hierbei wurde mit $d_1 = d_2$ gearbeitet. In Handbüchern (z. B. [4], [8]) findet man Interaktionsdiagramme für bezogene Abstände

$$d_1/h = 0,05 / 0,10 / 0,15 / 0,20$$

Eine Interpolation zwischen den einzelnen Tafeln ist meist überflüssig, die jeweils vorliegenden Werte d_1/h werden auf- oder abgerundet. Damit ergibt sich für die Bemessung folgender Rechengang:

Gegeben (bzw. vorab ermittelt):

M_{Ed}, N_{Ed}, h, d_1, Betonstahlsorte,

Betonfestigkeitsklasse

Gesucht: $A_{s1} = A_{s2}$

Durchführung:

1. Tafelauswahl, abhängig von C ..., B ..., d_1/h

2. Tafeleingangswerte

$$v_{Ed} = \frac{N_{Ed}}{b \cdot h \cdot f_{cd}}$$

$$\mu_{Ed} = \frac{M_{Ed}}{b \cdot h^2 \cdot f_{cd}}$$
(12.16)

3. Aus Tafel entnehmen: ω_{tot}

4. Errechnen

$$A_{s,tot} = \omega_{tot} \cdot \frac{b \cdot h}{f_{yd}/f_{cd}}$$

$$A_{s1} = A_{s2} = A_{s,tot}/2$$

Die anzusetzenden Einheiten sind beliebig, empfohlen wird mit den Einheiten MN, MNm und MN/m^2 zu arbeiten.

Als Tafel 7 ist im Anhang dieses Teils ein Interaktionsdiagramm für Betonfestigkeitsklassen $\leq$ C 50/60, Betonstahl B 500 und $d_1/h = 0,10$ abgedruckt. Zur Vereinfachung der Bearbeitung sind die Werte f_{yd}/f_{cd} mit angegeben. Das ebenfalls erkennbare Dehnungsverhältnis $\varepsilon_{c2}/\varepsilon_{s1}$ bzw. $\varepsilon_{c2}/\varepsilon_{c1}$ gibt Hinweise auf die Ausnutzung des Querschnitts.

12.5.4 Anwendungsbeispiel

Aufgabe

Für den in Abb. 12.16 dargestellten Stützenquerschnitt ist die Bemessung durchzuführen, eine geeignete Bewehrung ist zu wählen. Baustoffe, Bauteilabmessungen, Umgebungsbedingungen und Expositionsklasse vgl. Abb. 12.16.

Einwirkende Schnittgrößen

$$N_{Ed} = -2300\,\text{kN}, \quad M_{Ed} = 350\,\text{KNm}$$

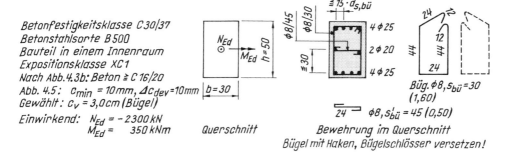

Abb. 12.16 Stützenquerschnitt: Bemessung bei kleiner Ausmitte

Durchführung:

Zu bemessen ist ein Stützenquerschnitt, es wird mit $A_{s1} = A_{s2}$ konstruiert.

Mit (12.16):

$$d_1 = c_v + d_{s,bü} + d_{s,l}/2 = 3,0 + 0,8 + 2,5/2 \approx 5,0 \, cm$$

Längsstabdurchmesser $d_{s,l} = 25$ mm (geschätzt)

$$\left.\begin{array}{l} d_1/h = 5,0/50 = 0,10 \\ \text{Beton C 30/37} \\ \text{Betonstahl B 500} \end{array}\right\} \quad \text{Tafel 7 (Anhang)}$$

$$v_{Ed} = \frac{N_{Ed}}{b \cdot h \cdot f_{cd}} = \frac{-2,30}{0,30 \cdot 0,50 \cdot 17,0} = -0,90$$

$$\mu_{Ed} = \frac{M_{Ed}}{b \cdot h^2 \cdot f_{cd}} = \frac{0,35}{0,30 \cdot 0,50^2 \cdot 17,0} = 0,27$$

Aus Tafel 7: $\omega_{tot} = 0,65$

$$A_{s,tot} = \omega_{tot} \cdot \frac{b \cdot h}{f_{yd}/f_{cd}} = 0,65 \cdot \frac{0,30 \cdot 0,50 \cdot 10^4}{25,6}$$

$$A_{s,tot} = 38,1 \, cm^2$$

$$A_{s1} = A_{s2} = A_{s,tot}/2 = 19,1 \, cm^2$$

Gewählte Bewehrung:

Innen + außen je 4 $\varnothing$ 25, $A_{s1} = A_{s2} = 19,6 \, cm^2$

Seitlich je 1 $\varnothing$ 20

$$A_{s,tot} = 2 \cdot (19,6 + 3,14) = 45,5 \, cm^2$$

$$\varrho_{l,tot} = 100 \cdot 45,5/(30 \cdot 50) = 3,0\,\%$$

Vollstoß der Längsbewehrung ist zulässig, vgl. Abb. 12.6.

$$\left.\begin{array}{ll} \text{Außenbügel } \varnothing\,8, & s_{bü} = 30 \, cm \\ \text{Zwischenbügel } \varnothing\,8, & s'_{bü} = 45 \, cm \end{array}\right\} \quad \text{vgl. Abb. 12.5}$$

Bügelverankerung mit Haken

Die Bewehrungsanordnung im Querschnitt ist in Abb. 12.16 dargestellt.

12.6 Bemessung für zweiachsige Biegung mit und ohne Längsdruck

12.6.1 Ansätze zur Entwicklung von Bemessungshilfen

Wenn Querschnitte durch zweiachsige Biegung (schiefe Biegung) mit oder ohne Normalkraft beansprucht werden, wird die Ermittlung der Bauteilwiderstände wesentlich schwieriger. Die Nulllinienlage und die Neigung der Nulllinie zu den Hauptachsen y und z ist zunächst unbekannt, dies erfordert in der Regel eine iterative Berechnung des Dehnungszustandes. Für den allgemeinen Fall einer beliebigen Querschnittsform bei Beanspruchung durch schiefe Biegung mit Normalkraft findet man bei *Zilch/Rogge* [1.5] Grundlagen für ein geeignetes Rechenprogramm auf iterativer Grundlage. Wenn nur eine geringe Abweichung von der Rechteckform vorliegt, sind Näherungsverfahren unter Verwendung des Spannungsblocks gem. Abb. 5.2 möglich, vgl. hierzu *Zilch/Zehetmaier* [23].

In Abb. 12.17 ist ein Rechteckquerschnitt unter Einwirkung von zweiachsiger Biegung und Drucknormalkraft dargestellt. Für zwei mögliche Nulllinienlagen ist der Dehnungszustand angegeben. Wenn dieser Dehnungsverlauf bekannt ist, lassen sich die zugehörigen Stahl- und Betonspannungen bei vorgegebenen Werkstoffgesetzen (vgl. Abb. 5.1 bis Abb. 5.3) eindeutig bestimmen. Damit sind auch die vom Querschnitt aufnehmbaren inneren Schnittgrößen zu errechnen, vgl. [1.5]:

$$
\left.
\begin{aligned}
N_{\mathrm{Rd}} &= \int\limits_{A_{\mathrm{c}}} \sigma_{\mathrm{c}}\,(\varepsilon) \cdot \mathrm{d}A_{\mathrm{c}} + \int\limits_{A_{\mathrm{s}}} \sigma_{\mathrm{s}}\,(\varepsilon) \cdot \mathrm{d}A_{\mathrm{s}} \\[2mm]
M_{\mathrm{Rdy}} &= \int\limits_{A_{\mathrm{c}}} \sigma_{\mathrm{c}}\,(\varepsilon) \cdot z \cdot \mathrm{d}A_{\mathrm{c}} + \int\limits_{A_{\mathrm{s}}} \sigma_{\mathrm{s}}\,(\varepsilon) \cdot z \cdot \mathrm{d}A_{\mathrm{s}} \\[2mm]
M_{\mathrm{Rdz}} &= \int\limits_{A_{\mathrm{c}}} \sigma_{\mathrm{c}}\,(\varepsilon) \cdot y \cdot \mathrm{d}A_{\mathrm{c}} + \int\limits_{A_{\mathrm{s}}} \sigma_{\mathrm{s}}\,(\varepsilon) \cdot y \cdot \mathrm{d}A_{\mathrm{s}}
\end{aligned}
\right\} \tag{12.17}
$$

Hierin sind $\sigma_{\mathrm{c}}\,(\varepsilon)$ und $\sigma_{\mathrm{s}}\,(\varepsilon)$ die vom örtlich vorliegenden Dehnungszustand abhängigen Beton- bzw. Stahlspannungen. Ausreichende Tragfähigkeit des Gesamtquerschnitts ist gegeben, wenn

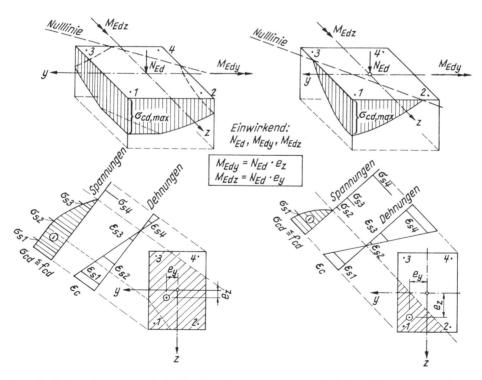

Abb. 12.17 *Beispiele für mögliche Nulllinienlagen sowie für mögliche Verteilungen von Dehnungen und Spannungen bei zweiachsiger Biegung*

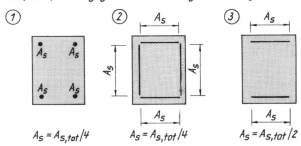

Abb. 12.18 Zweiachsige Biegung: Schnittgrößen sowie Beispiele für Bewehrungsanordnungen im Querschnitt

entsprechend der allgemein gültigen Sicherheitsanforderung (2.1) die Bedingung $E_d \leqq R_d$ erfüllt ist. Bei zweiachsiger Biegung mit Normalkraft gilt somit

$$N_{Ed} \leqq N_{Rd}, \quad M_{Edy} \leqq M_{Rdy}, \quad M_{Edz} \leqq M_{Rdz}$$

Ähnlich wie bei den im Abschn. 12.5 besprochenen Interaktionsdiagrammen ist es auch bei zweiachsiger Biegung mit Normalkraft möglich, den Nachweis einer ausreichenden Tragfähigkeit, also den Nachweis $E_d \leqq R_d$ für Rechteckquerschnitte in Form einer Querschnittsbemessung zu führen. Die Randdehnungen sind durch die möglichen Dehnungslinien gem. Abb. 12.4 begrenzt; die Bewehrung wird durch die mechanischen Bewehrungsgrade ω beschrieben. Wegen der schiefen Lage der Nulllinie haben die einzelnen Bewehrungsstränge jedoch stark unterschiedliche Abstände von der Nulllinie und somit auch entsprechend unterschiedliche Dehnungen und Spannungen. Bei der Ausarbeitung von Bemessungshilfen musste daher die Bewehrungsanordnung als zusätzlicher Parameter berücksichtigt werden. In Abb. 12.18 sind einige Bewehrungsverteilungen angegeben, für die Bemessungshilfen vorliegen.

Die Tafelauswahl ist vom bezogenen Verhältnis der Randabstände der Bewehrung $b_1/b = d_1/h$, von der Bewehrungsanordnung im Querschnitt und von der Betonfestigkeitsklasse abhängig. Die Diagramme sind aufgestellt für Drucknormalkräfte und Betonstahl B 500 mit $\gamma_S = 1{,}15$. Bei der Auswahl der Tafeln orientiert man sich am Verhältnis der einwirkenden Momente M_{Edy} und M_{Edz} und am Verhältnis der Querschnittsabmessungen b/h. Wenn infolge der einwirkenden Schnittgrößen eine Nulllinienlage etwa parallel zur y-Achse erwartet wird ($M_{Edy} \gg M_{Edz}$, $h > b$), wird man eine Bewehrungsanordnung 1 oder 3 gem. Abb. 12.18 wählen. Bei annähernd gleich großer Beanspruchung in beiden Richtungen mit entsprechend schräg liegender Nulllinie ist die Bewehrungsanordnung 2 sinnvoll. Als Tafel 8 ist im Anhang eine Bemessungstafel für schiefe Biegung wiedergegeben.

12.6.2 Anwendungsbeispiel

Aufgabe

Für den in Abb. 12.19 dargestellten Stützenquerschnitt ist die Bemessung durchzuführen; eine geeignete Bewehrung ist zu wählen. Baustoffe, Bauteilabmessungen und Expositionsklasse vgl. Abb. 12.19.

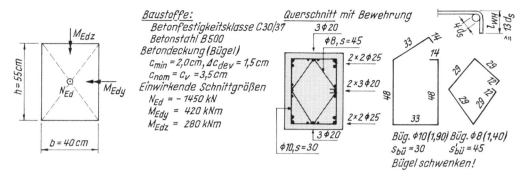

Abb. 12.19 Stahlbetonquerschnitt: Bemessung bei Doppelbiegung mit Normalkraft

Einwirkende Schnittgrößen

$$N_{Ed} = 1450\,kN\ (Druck)$$

$$M_{Edy} = 420\,kNm$$

$$M_{Edz} = 280\,kNm$$

Durchführung: (mit Tafel 8, Anhang)

$$d_1 = c_v + d_{s,bü} + d_{s,l}/2 = 3,5 + 0,8 + 2,5/2 = 5,5\,cm$$

$$d_1/h = 5,5/55 = 0,10 \approx b_1/b$$

Beton C 30/37: $f_{cd} = 17,0\,MN/m^2$

$$\mu_{Edy} = \frac{M_{Edy}}{b \cdot h^2 \cdot f_{cd}} = \frac{0,42}{0,40 \cdot 0,55^2 \cdot 17,0} = 0,204$$

$$\mu_{Edz} = \frac{M_{Edz}}{b^2 \cdot h \cdot f_{cd}} = \frac{0,28}{0,40^2 \cdot 0,55 \cdot 17,0} = 0,187$$

$$\nu_{Ed} = \frac{N_{Ed}}{b \cdot h \cdot f_{cd}} = \frac{-1,45}{0,40 \cdot 0,55 \cdot 17,0} = -0,39$$

$$\mu_1 = \max |\mu_{Edy}, \mu_{Edz}|$$

$$\mu_2 = \min |\mu_{Edy}, \mu_{Edz}|$$

$$\mu_1 = \max |0,204;\ 0,187| = 0,204$$

$$\mu_2 = \min |0,204;\ 0,187| = 0,187$$

Aus Interaktionsdiagramm:

$$\left.\begin{array}{l} \nu \approx -0,40 \\ \mu_1 \approx 0,20 \\ \mu_2 \approx 0,19 \end{array}\right\} \quad \omega_{tot} = 0,78$$

$$A_{s,tot} = \omega_{tot} \cdot \frac{b \cdot h}{f_{yd}/f_{cd}}\ ; \quad f_{yd}/f_{cd} = 25,6 \quad (\text{vgl. Tafel 7 im Anhang})$$

$$A_{s,tot} = 0,78 \cdot 0,40 \cdot 0,55 \cdot 10^4 / 25,6 = 67,0\,cm^2$$

29

Gewählte Bewehrung:

In jeder Ecke 2 $\varnothing$ 25		$A_s = 9,8 \, \text{cm}^2$
In der Mitte jeder Seite 3 $\varnothing$ 20		$A_s = 9,4 \, \text{cm}^2$

Je Seite der Stütze damit ansetzbar

$$2 \times 1 \, \varnothing \, 25 + 3 \, \varnothing \, 20, \qquad A_s = 19,2 \, \text{cm}^2$$

Gesamtbewehrung:

$$A_{s,tot} = 4 \cdot (9,8 + 9,4) = 76,8 \, \text{cm}^2$$

$$\varrho_l = 100 \cdot 76,8 / (40 \cdot 55) = 3,5\,\% < 4,5\,\%$$

Ein Vollstoß der Bewehrung ist nach Abb. 12.6b noch zulässig, zu empfehlen ist jedoch eine Konstruktion mit versetzten Stößen gem. Abb. 12.6b. Die Lage der Bewehrungsstäbe im Stoßbereich sollte in den Bewehrungsplänen dargestellt werden.

Bügel (vgl. Abb. 12.5)

Außenbügel $\varnothing$ 10,	$s_{bü} = 30 \, \text{cm}$	
Zwischenbügel $\varnothing$ 8,	$s'_{bü} = 45 \, \text{cm}$	(zul $s'_{bü} = 2 \cdot 12 \cdot 2,0 = 48 \, \text{cm}$)

Die Konstruktion ist aus Abb. 12.19 zu ersehen. Die Verankerung der Bügel erfolgt mit Winkelhaken. Die Bügeldurchmesser werden 2 mm größer als die Mindestabmessungen bei einer Bügelverankerung mit Haken gewählt, Länge der Winkelhaken von der Außenseite des Stabes mindestens 13 d_s, vgl. Abb. 12.5.

12.7 Bemessung für Zugkräfte bei kleiner Ausmitte

12.7.1 Dehnungsbereich, Grundlagen

Der in Abb. 12.4 skizzierte Dehnungsbereich 1 stellt sich ein, wenn eine Zugkraft N_{Ed} innerhalb der beiden Bewehrungslagen A_{s1} und A_{s2} angreift. In diesen Fällen ist keine Betondruckzone vorhanden, die Zugkraft muss ausschließlich von der Bewehrung aufgenommen werden. Eine Bemessung für diesen Fall der kleinen Ausmitte ist somit vorzunehmen für Ausmitten

$$e_d = M_{Ed} / N_{Ed} \leqq z_{s1} \tag{12.18}$$

Bei Beanspruchung durch eine mittig wirkende Zugkraft ist nach Abb. 12.4 in beiden Bewehrungssträngen die gleiche Dehnung und damit auch die gleiche Stahlspannung σ_{sd} anzusetzen.

$$\varepsilon_{s1} = \varepsilon_{s2} = \varepsilon_{ud}$$

$$\sigma_{s1d} = \sigma_{s2d} = f_{tk,cal} / \gamma_S = f_{td,cal} > f_{yd} = f_{yk} / \gamma_S$$

Für die Stahlspannung darf, nach [23], der ansteigende Ast der rechnerischen Spannungs-Dehnungs-Linie des Betonstahls angesetzt werden, vgl. Abb. 5.3.

Bei einer exzentrisch angreifenden Zugkraft und $e_d < z_{s1}$ erhalten die beiden Bewehrungslagen ungleiche Dehnungen, am geringer gedehnten Rand kann $\varepsilon_{s2} < \varepsilon_{ud}$ sein. Die Stahlspannung in der Bewehrung f_{yk} / γ_S bzw. $f_{tk,cal} / \gamma_S$ wird in diesem Bewehrungsstrang nicht mehr erreicht. Ohne spezielle Bemessungshilfen (Interaktionsdiagramme für Zugkräfte bei kleiner Ausmitte) ist eine exakte Bemessung nicht möglich. Es ist daher zulässig, bei Zugkräften mit kleiner Ausmitte *unabhängig* von dem tatsächlichen Dehnungszustand für beide Bewehrungsstränge eine Grenzdehnung $\varepsilon_{s1} = \varepsilon_{s2} = \varepsilon_{ud}$ anzusetzen [80.3].

Die Vorschriften und Regeln zur Beschränkung der Rissbreite sind bei zugbeanspruchten Bauteilen und kleiner Ausmitte besonders sorgfältig zu beachten, da wegen des Fehlens einer Biegedruckzone die Gefahr von durchgehenden Trennrissen besteht.

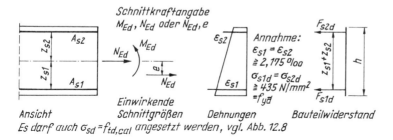

Abb. 12.20 Biegung mit Längszug bei kleiner Ausmitte

Für die Herleitung von Bemessungsregeln gehen wir gem. Abb. 12.20 von einem vollständig gerissenen Querschnitt aus, die Form des Querschnitts ist hierbei ohne Bedeutung. Es wird empfohlen, bei der Bemessung von einem Ansatz des ansteigenden Astes der Spannungs-Dehnungs-Linie gem. Abb. 1.16 abzusehen und mit der in Abb. 1.16 angegebenen zulässigen Vereinfachung zu rechnen, weil mit zunehmender Stahlspannung auch die Gefahr von durchgehenden Trennrissen bei vollständig unter Zug stehenden Querschnitten ansteigt. Dann gilt für die Stahlspannung in beiden Bewehrungssträngen $\sigma_{sd} = f_{yk}/\gamma_S$. Mit den Bezeichnungen der Abb. 12.20 erhalten wir

$$F_{s1d} = A_{s1} \cdot \sigma_{sd}, \quad F_{s2d} = A_{s2} \cdot \sigma_{sd}$$

Aus $\Sigma M = 0$ in Bezug auf den Angriffspunkt von F_{s2d} bzw. F_{s1d} folgt mit $\sigma_{sd} = f_{yk}/\gamma_S$

$$N_{Ed}(z_{s2} + e) = F_{s1d}(z_{s1} + z_{s2}) = A_{s1} \cdot \sigma_{sd} \cdot (z_{s1} + z_{s2})$$

$$\left. \begin{aligned} A_{s1} &= \frac{N_{Ed}}{\sigma_{sd}} \cdot \frac{z_{s2} + e}{z_{s1} + z_{s2}} \\ A_{s2} &= \frac{N_{Ed}}{\sigma_{sd}} \cdot \frac{z_{s1} - e}{z_{s1} + z_{s2}} \end{aligned} \right\} \tag{12.19}$$

Hierin ist für B 500 und $\gamma_S = 1,15$ (vgl. Abb. 1.16)

$$\sigma_{sd} = f_{yk}/\gamma_S = 500/1,15 = 435 \, \text{N/mm}^2$$

Für den Sonderfall einer zentrisch angreifenden Zugkraft folgt mit $e = 0$

$$A_{s1} = A_{s2} = N_{Ed}/(2 \cdot \sigma_{sd})$$

Für den Fall einer ausmittig im Abstand $e = z_{s1}$ einwirkenden Längskraft ergibt sich

$$A_{s1} = N_{Ed}/\sigma_{sd}, \quad A_{s2} = 0$$

Im Grenzzustand der Gebrauchstauglichkeit ist nach den Hinweisen im Abschn. 6.2.2 bei Ansatz der seltenen Einwirkungskombination die Stahlspannung auf $\sigma_s = 0,8 \cdot f_{yk}$, für B 500 also auf $0,8 \cdot 500 = 400 \, \text{N/mm}^2$ zu beschränken.

12.7.2 Anwendungsbeispiel

Aufgabe

Zu bemessen ist das in Abb. 12.21 dargestellte Zugband eines Hallenbinders. Der Querschnitt liegt unterhalb einer statisch nicht ansetzbaren Bodenplatte im Erdreich, es erfolgt daher nach Abb. 4.3b Einordnung in die Expositionsklasse XC 2. Eine Verformungsbehinderung durch angrenzende Bauteile (z. B. Erdreich) ist nicht auszuschließen, eine Mindestbewehrung für Zwang ist daher vorzusehen.

Baustoffe, Abmessungen und charakteristische Einwirkungen vgl. Abb. 12.21.

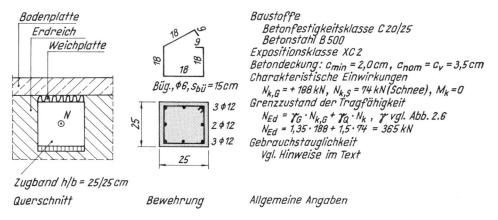

Abb. 12.21 Zugband eines Hallenbinders

Durchführung:

1. Bemessung

Grundkombination (2.3), vgl. Abb. 2.6

$$N_{Ed} = \gamma_G \cdot N_{k,G} + \gamma_Q \cdot N_{k,Q} = 1{,}35 \cdot 188 + 1{,}5 \cdot 74 = 364{,}8\,\text{kN}, \quad M_{Ed} = 0$$

Mit (12.19): $e = 0, \quad \sigma_{sd} = 43{,}5\,\text{kN/cm}^2 = f_{yd}$

$$A_{s,tot} = N_{Ed} / \sigma_{sd} = 364{,}8 / 43{,}5 = 8{,}4\,\text{cm}^2$$

Gewählt 8 ⌀ 12 $A_{s,tot} = 9{,}1\,\text{cm}^2$

Anordnung der Bewehrung im Querschnitt vgl. Abb. 12.21.

2. Rissbreitenbeschränkung

Abb. 6.3: Expositionsklasse XC 2
         Quasi-ständige Kombination
         Rechenwert $w_{max} = 0{,}3$ mm

Abb. 2.5: Schneelasten: $\psi_2 = 0$

Mit Einwirkungskombination (2.7)

$$N_{Ed,perm} = N_{k,G} + \psi_2 \cdot N_{k,Q} = 188 + 0 \cdot 74 = +188\,\text{kN}$$

Stahlspannung

$$\sigma_s = N_{Ed,perm}/A_s = 188/9,1 = 20,7 \text{ kN/cm}^2 \triangleq 207 \text{ N/mm}^2$$

Abb. 6.12: $\left.\begin{array}{l} w_k = 0,3 \text{ mm} \\ \sigma_s \approx 200 \text{ N/mm}^2 \end{array}\right\}$ $\qquad d_s^* = 26 \text{ mm} > 12 \text{ mm}$

Der gewählte Stahldurchmesser $d_s = 12$ mm kann beibehalten werden.

3. Mindestbewehrung zur Beschränkung der Rissbreite

Mit (6.26): $A_s = k_c \cdot k \cdot f_{ct,eff} \cdot A_{ct}/\sigma_s$

$$k_c = 0,4 \cdot \left(1 - \frac{\sigma_c}{k_1 \cdot (h/h^*) \cdot f_{ct,eff}} \right) \leqq 1,0$$

$$\sigma_c = N_{Ed}/A_c = -0,188/0,25^2 = -3,0 \text{ N/mm}^2$$

Gemäß den Erläuterungen zum Beiwert k_1 in Abschn. 6.3.8 ist die Betonspannung negativ anzusetzen, wenn die einwirkende Normalkraft eine Zugkraft ist. Bei Bauteilhöhen bis 1,0 m gilt bei Zugkräften $k_1 = 2/3$. Damit folgt hier:

$$k_1 = 2/3 \text{ (Zugnormalkraft)}, \quad h/h^* = 1,0$$

$f_{ct,eff} = 3,0 \text{ N/mm}^2$ (Zwang im späten Betonalter)

$$k_c = 0,4 \cdot \left(1 - \frac{-3,0}{(2/3) \cdot 1,0 \cdot 3,0} \right) = 1,0$$

$$k = 1,0 \text{ (Äußerer Zwang)}$$

Abb. 6.12: $\left.\begin{array}{l} w_k = 0,3 \text{ mm} \\ d_s = 12 \text{ mm} \end{array}\right\}$ $\qquad \sigma_s = 304 \text{ N/mm}^2$

$$A_s = 1,0 \cdot 1,0 \cdot 3,0 \cdot 0,25^2 \cdot 10^4/304 = 6,17 \text{ cm}^2$$

$$\text{erf } A_s = 6,17 \text{ cm}^2 < \text{vorh } A_s = 9,1 \text{ cm}^2$$

Die gewählte Bewehrung reicht aus, um breite Risse bei Erstrissbildung zu verhindern, vgl. hierzu Abschn. 6.3.8.

12.8 Überblick über die Bemessungsverfahren

In Abb. 12.22 sind die besprochenen Bemessungsverfahren zusammengestellt. Der bearbeitende Bauingenieur kann das für die Lösung der anstehenden Aufgabe am besten geeignete Verfahren fast immer an wenigen Auswahlkriterien erkennen:

Balken und Platten sind auch bei geringer oder mäßiger Normalkraftbeanspruchung vorwiegend biegebeanspruchte Bauteile. Die Stahldehnung wird möglichst weitgehend ausgenutzt, um den Stahlbedarf gering zu halten. Wenn Druckbewehrung erforderlich wird, sind häufig die im Abschn. 5.3 besprochenen Grenzwerte ξ_{lim} für die Auswahl der Bemessungshilfe maßgebend. Ob mit dimensionslosen oder mit dimensionsgebundenen Bemessungshilfen gearbeitet wird, ist dem Ingenieur überlassen. Bei dimensionslosen Tabellen besteht eher die Notwendigkeit zur Interpolation zwischen benachbarten Werten, der Vorteil liegt in der dimensionsreinen Darstellung.

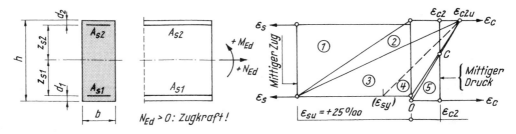

Querschnitt	Schnitt-größen	Dehnungs-bereich	Bemessungshilfen		Text, vgl. Abschnitt	Tafel-Nr. (Anhang)
A_{s2} A_{s1} b h x	M_{Ed} oder $M_{Ed} + N_{Ed}$ $(N_{Ed} \lesseqgtr 0)$	② oder ③ Große Ausmitte	Allgemeines Bemessungsdiagramm		5.2	1
			Tabellen mit dimensionslosen Beiwerten	$A_{s2} = 0$	5.2 + 12.4	2
				$A_{s2} \neq 0$	8	5
			Tabellen mit dimensionsgebundenen Beiwerten	$A_{s2} = 0$	5.2 + 12.4	3
				$A_{s2} \neq 0$	8	6
	$N_{Ed} + M_{Ed}$ $(N_{Ed} < 0)$	④ oder ⑤ Kleine Ausmitte	Interaktionsdiagramm: $A_{s1} = A_{s2}$ Für $N_{Ed} > 0$ und $M_{Ed} + N_{Ed}$ $(N_{Ed} > 0)$ geeignet, wenn Bewehrung $A_{s1} = A_{s2}$ erforderlich.		12.5	7
b_{eff} h_f x A_{s1}	M_{Ed} oder $M_{Ed} + N_{Ed}$ $(N_{Ed} \lesseqgtr 0)$	② oder ③ Große Ausmitte	$x \leq h_f$: Tabellen mit dimensionslosen oder mit dimensionsgebundenen Beiwerten und Nachweis $x \leq h_f$.		9.3.1	2 oder 3
			$x > h_f$: Lösungsansätze vgl. Text oder Bemessungshilfen in Handbüchern [4], [8].		9.3.2	–
	$M_{Edy} + M_{Edz}$ $+ N_{Ed}$ $(N_{Ed} \lesseqgtr 0)$	⑤	Interaktionsdiagramm für zweiachsige Biegung mit Längsdruck. Tafelauswahl abhängig von der Bewehrungsanordnung		12.6	8
Form beliebig	$N_{Ed} < 0$	⑤ Mittiger Druck	Interaktionsdiagramm mit $\mu_{Ed} = 0$		12.3.1	7
			oder Nachweis $N_{Ed} \leq N_{Rd}$ mit (12.12)			–
$-N_{Ed}$ e z_{s1}	$N_{Ed} + M_{Ed}$ $(N_{Ed} > 0)$	① Kleine Ausmitte $e = \dfrac{M_{Ed}}{N_{Ed}} \leq z_{s1}$	Überwiegender Längszug $e \leq z_{s1}$: Ermittlung der Bewehrung nach Hebelgesetz.		12.7	–

Abb. 12.22 Zusammenstellung der Bemessungsverfahren bei unterschiedlichen Beanspruchungsfällen

Stützen sind vorwiegend druckbeansprucht. Bei einachsiger Biegung erfolgt eine Konstruktion mit $A_{s1} = A_{s2}$, bei schiefer Biegung wird die Bewehrungsanordnung vorab gewählt. Die Bemessung erfolgt mit Interaktionsdiagrammen.

Bei Plattenbalken, insbesondere im Hochbau, liegt die Nulllinie fast immer innerhalb der Platte ($x \leqq h_f$). Die Bemessung erfolgt mit den Bemessungshilfen für Rechteckquerschnitte. Die Grundlagen für eine Plattenbalkenbemessung bei Nulllinienlage im Steg sind im Abschn. 9.3.2 besprochen worden. Bemessungshilfen für diesen, im Hochbau nur sehr selten anzutreffenden Fall, findet man in Handbüchern ([4], [8]).

Bei vorwiegend biegebeanspruchten Bauteilen führt eine Längsdruckkraft zu einer Verringerung der Biegezugbewehrung und zu einer meist nur geringen zusätzlichen Beanspruchung der Druckzone (Vergrößerung von $|\varepsilon_{c2}|$ und/oder x). Eine Beanspruchung durch sehr geringe Längskräfte bleibt bei der Bemessung meist unberücksichtigt. So werden in durchlaufenden Plattenbalkenkonstruktionen die aus der Randeinspannung herrührenden Normalkräfte im Riegel im Regelfall vernachlässigt. Nach [80.3] dürfen geringe Längs*druck*kräfte bei der Bemessung vernachlässigt werden. Als Grenzwert gilt

$$\left. \begin{array}{ll} v_{Ed} = \dfrac{N_{Ed}}{b \cdot h \cdot f_{cd}} & \geqq -0{,}08 \\[2mm] & \leqq \quad 0 \\[2mm] N_{Ed} \quad \text{vernachlässigbar} \end{array} \right\} \tag{12.20}$$

In diesen Fällen der geringen Längsdruckbeanspruchung darf somit für reine Biegung bemessen werden.

Abb. 12.22 enthält Hinweise auf das anzuwendende Bemessungsverfahren und Verweise auf Abschnitte, in denen das betreffende Verfahren erläutert wird sowie Hinweise auf Bemessungshilfen.

13 Stabförmige Bauteile unter Längsdruck (Theorie II. Ordnung)

13.1 Überblick und Grundlagen

13.1.1 Allgemeines

Bei Bauteilen, die vorwiegend durch Druck-Normalkräfte beansprucht werden, sind gem. EC 2, 5.8.2 die Auswirkungen einer Berechnung nach Theorie II. Ordnung i. Allg. zu berücksichtigen. Hierbei werden gem. den Erläuterungen im Abschn. 3.7.1 die Schnittgrößen unter Berücksichtigung der Bauteilverformungen *und* des nichtlinearen Verhaltens der Baustoffe Beton und Betonstahl *und* unter Berücksichtigung der Rissbildung im Bereich von Betonzugzonen ermittelt. Dabei ist nachzuweisen, dass

– im kritischen Querschnitt für die jeweils ungünstigste Einwirkungskombination der ermittelte Bemessungswert der Einwirkungen nicht größer ist als der Bemessungswert des Tragwiderstandes: $E_d \leqq R_d$, vgl. (2.1);
– das statische Gleichgewicht im kritischen Querschnitt und am Gesamtsystem gesichert ist.

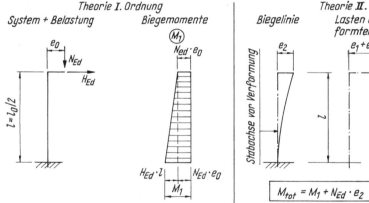
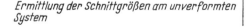
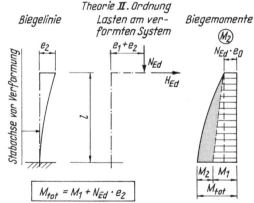

Abb. 13.1 Unterscheidung zwischen Theorie I. Ordnung und Theorie II. Ordnung

Im Regelfall sind für die Bemessung eines Tragwerks oder eines Tragwerkteils die Schnittgrößen ohne Berücksichtigung von Tragwerksverformungen zu bestimmen (Theorie I. Ordnung). Wenn jedoch die Bauteilverformungen die Tragfähigkeit *wesentlich* beeinflussen, muss der Gleichgewichtszustand unter Berücksichtigung der Verformungen nachgewiesen werden. Eine wesentliche Beeinflussung ist gem. EC 2, 5.8.2 (6) zu erwarten, wenn bei stabförmigen Bauteilen unter Längsdruck infolge einer Berechnung nach Theorie II. Ordnung eine Tragfähigkeitsverminderung um mehr als 10 % gegenüber einer Berechnung nach Theorie I. Ordnung eintritt. In Abb. 13.1 werden die Begriffe erläutert, man erkennt deutlich den durch die Bauteilverformung hervorgerufenen Anstieg des Biegemomentes um den Betrag $M_2 = N_{Ed} \cdot e_2$. Es ist weiter sofort zu erkennen, dass M_2 von der Steifigkeit des betrachteten Stabes abhängig ist: mit zunehmender Steifigkeit verringert sich unter sonst gleichen Bedingungen die Auslenkung e_2 und somit auch M_2.

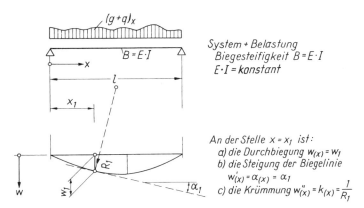

Abb. 13.2 Zusammenhang zwischen Durchbiegung und Stabkrümmung nach der Elastizitätstheorie

Zwischen Stabkrümmung und Biegemoment besteht nach der Elastizitätstheorie die Beziehung

$$k_{(x)} = w''_{(x)} = \frac{M_{(x)}}{E \cdot I}$$

Durch Integration erhält man die Steigung der Tangente an die Biegelinie

$$w'_{(x)} = \int \frac{M_{(x)}}{E \cdot I}\, dx + c_1$$

und durch eine zweite Integration die Größe der Durchbiegung w

$$w_{(x)} = \int \left[\int \frac{M_{(x)}}{E \cdot I}\, dx + c_1 \right] dx + c_2$$

Die angegebenen Beziehungen zwischen Krümmung, Moment und Durchbiegung werden in Abb. 13.2 erläutert, sie gelten für Bauteile aus homogenem und isotropem Material.

Für die Ermittlung der Verformung von Stahlbetonbauteilen sind diese Ansätze ungeeignet, weil

– für Beton und Betonstahl ein nichtlinearer Zusammenhang zwischen Spannungen und Dehnungen anzusetzen ist,
– der wirksame Querschnitt des Betons in Abhängigkeit vom Dehnungszustand durch Rissbildung verändert wird,
– die effektive Steifigkeit vom zunächst unbekannten Bewehrungsgrad und vom Grad der Mitwirkung des Betons auf Zug zwischen den Rissen abhängt, vgl. Abb. 6.7.

Es ist im Stahlbetonbau zweckmäßiger, die im Grenzzustand der Tragfähigkeit auftretenden Krümmungen $1/r$ unmittelbar aus dem für diesen Grenzzustand maßgebenden Dehnungszustand $\varepsilon_{c2}/\varepsilon_{c1}$ bzw. $\varepsilon_{c2}/\varepsilon_{s1}$ zu ermitteln. Aus Abb. 13.3 ist der Zusammenhang zwischen Grenzdehnungen und zugehörigen Krümmungen abzulesen:

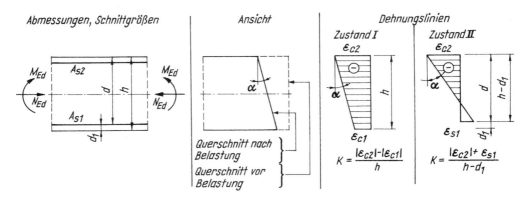

Abb. 13.3 *Ermittlung der Stabkrümmung K aus den Randdehnungen*

$$
\left.
\begin{array}{ll}
\text{Zustand I:} \quad K = \dfrac{|\varepsilon_{c2}| - |\varepsilon_{c1}|}{h} \\[3mm]
\text{Zustand II:} \quad K = \dfrac{|\varepsilon_{c2}| + \varepsilon_{s1}}{h - d_1}
\end{array}
\right\}
\tag{13.1}
$$

Für die bezogenen Krümmungen $k = K \cdot h$ bzw. $k = K \cdot (h - d_1)$ folgt

$$
\left.
\begin{array}{ll}
\text{Zustand I:} \quad k = |\varepsilon_{c2}| - |\varepsilon_{c1}| \\[3mm]
\text{Zustand II:} \quad k = |\varepsilon_{c2}| + \varepsilon_{s1}
\end{array}
\right\}
\tag{13.2}
$$

13.1.2 Momenten-Krümmungslinien

Der Zusammenhang zwischen Moment, Normalkraft und Krümmung kann in bezogener Form tabellarisch (vgl. z. B. [80.15]) oder in Form von Linienzügen dargestellt werden. Abb. 13.4 zeigt Momenten-Krümmungslinien für Rechteckquerschnitte und einen mechanischen Bewehrungsgrad $\omega_{tot} = 0,5$. Hierbei gilt der linke Teil der Abbildung für eine kleine bezogene Normalkraft ν_{Ed}, bei dem Linienzug im rechten Teil liegt eine große Normalkraftbeanspruchung vor. Die Linien zeigen folgende charakteristischen Merkmale:

– Der nichtlineare Zusammenhang der σ_c-ε_c-Linie des Betons gem. EC 2, Bild 3.2, vgl. auch Abb. 1.9, führt zu einer gekrümmten Momenten-Krümmungs-Beziehung. Bei geringen Bewehrungssätzen ist dies stark ausgeprägt, bei großen Bewehrungssätzen dominiert der – bis zur Streckgrenze – lineare Anteil des Betonstahls.
– Die Punkte C_r kennzeichnen die Rissbildung im Querschnitt,
– die Punkte YZ kennzeichnen das Erreichen der Streckgrenze der Zugbewehrung; an den Punkten YD wird die Streckgrenze der Druckbewehrung bzw. die Randstauchung des Betons ε_{c2u} erreicht,
– die Punkte u zeigen den Grenzdehnungszustand des Querschnitts.

In den Punkten C_r, YZ und YD erfolgt eine schlagartige Verminderung der Querschnittssteifigkeit, dies führt zu einer flacheren Steigung des Kurvenverlaufs.

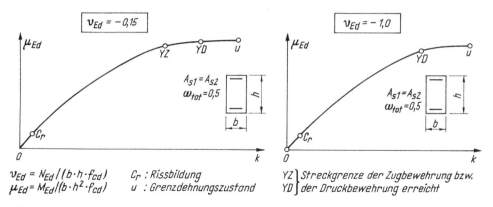

$v_{Ed} = N_{Ed}/(b \cdot h \cdot f_{cd})$ C_r : Rissbildung

$\mu_{Ed} = M_{Ed}/(b \cdot h^2 \cdot f_{cd})$ u : Grenzdehnungszustand

YZ $\}$ Streckgrenze der Zugbewehrung bzw.
YD $\}$ der Druckbewehrung erreicht

Abb. 13.4 Momenten-Krümmungslinien bei unterschiedlicher Normalkraftbeanspruchung

Bei geringer Normalkraftbeanspruchung (z. B. $v_{Ed} = -0,15$; Abb. 13.4) erfolgt nur noch eine geringe Steigerung des bezogenen Momentes, nachdem am Punkt YZ die Streckgrenze der Bewehrung erreicht wurde. Der Punkt YZ gibt praktisch die Grenztragfähigkeit des Querschnitts an, der Tragfähigkeitszuwachs im Bereich YZ bis u ist trotz stark anwachsender Krümmung k gering. Der Querschnitt versagt auf der Zugseite (*Zugbruchbereich*).

Bei größerer Normalkraftbeanspruchung (z. B. $v_{Ed} = -1,0$; Abb. 13.4) wird im Punkt YD die Streckgrenze der Druckbewehrung erreicht, auf der Zugseite wird die Streckgrenze der Bewehrung nicht erreicht. Der Zuwachs an Tragfähigkeit im Bereich YD bis u ist gering. Das Erreichen der Streckgrenze der Druckbewehrung kennzeichnet praktisch die Tragfähigkeitsgrenze, der Querschnitt versagt auf der Druckseite (*Druckbruchbereich*).

Die mathematischen Zusammenhänge zur Ermittlung der bezogenen Momente μ in Abhängigkeit von der Krümmung k und der bezogenen Normalkraft v_{Ed} sind bei *Duddeck* [1.19] zu finden.

13.1.3 Ermittlung der Schnittgrößen nach Theorie II. Ordnung

Wie im Abschn. 3.7.2 erläutert, wird bei einer nichtlinearen Schnittgrößenermittlung gem. EC 2, 5.8.6 zwischen Schnittgrößenermittlung und Bemessung unterschieden. Nach Bestimmung der Schnittgrößen wird die Bemessung mit den Bemessungswerten der Baustofffestigkeiten (z. B. $\alpha_{cc} f_{ck}/\gamma_C$) durchgeführt. Das im Abschn. 3.7.2 beschriebene nichtlineare Verfahren gem. EC 2/NA., 5.7 ist demgegenüber sowohl zur Schnittgrößenermittlung als auch zur Bemessung geeignet. Durch die Festlegung der Bewehrung nach Lage und Größe enthält eine nichtlineare Berechnung gem. EC 2/NA., 5.7 sowohl die Bemessung für Biegung mit Längskraft als auch den Nachweis der Formänderungen und der Schnittgrößen (vgl. Absatz NA. 8 zu EC 2/NA., 5.7).

Eine Ermittlung der Schnittgrößen nach Theorie II. Ordnung ist sinnvoll nur programmgesteuert durchführbar. An der in Abb. 13.5 dargestellten, am Fuß eingespannten Kragstütze soll der Rechengang in schematischer Form erläutert werden. Die Stütze wird durch vertikale und horizontale Kräfte sowie durch ein Kopfmoment beansprucht. Für die Ermittlung der Formänderungen und der Schnittgrößen ergibt sich folgender Rechenablauf:

– Bestimmung der einwirkenden Schnittgrößen nach Theorie I. Ordnung: M_1, N
– Schätzung der Bewehrung, z. B. durch eine Bemessung für $M + N$ nach dem im Abschn. 12.5 besprochenen Verfahren

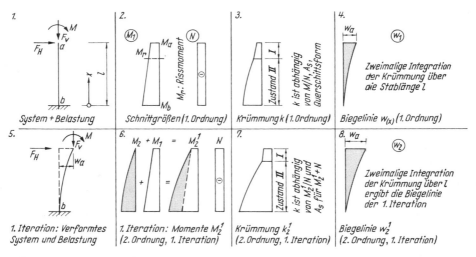

Abb. 13.5 Iterative Ermittlung der Momente nach Theorie II. Ordnung

- Ermittlung der von der Querschnittsform, der Bewehrung, der Normalkraft und dem Biegemoment abhängigen Krümmung k über die Stablänge l
- Ermittlung der Biegelinie $w_{(x)}$ durch zweimalige numerische Integration der Krümmung
- Bestimmung des Zusatzmomentes M_2 infolge $N \cdot w_{(x)}$ und des Gesamtmomentes $M\,{}^1_2$ an jeder Stelle des Stabes. Der Kopfzeiger „1" weist auf den 1. Iterationsschritt hin.
- Falls erforderlich: Verbesserung der Bewehrungswahl im Hinblick auf die Momentenänderung
- Ermittlung der Krümmung über die Stablänge l
- Ermittlung der Biegelinie usw.

Die Iteration wird so lange fortgesetzt, bis sich das Moment nach Theorie II. Ordnung nicht mehr ändert. Die beim letzten Iterationsschritt gewählte Bewehrung darf nachträglich nicht mehr verringert werden, weil dies zu einer Steifigkeitsverminderung und damit zu größeren Formänderungen führen würde.

Der skizzierte Rechengang wird programmgesteuert durchgeführt. Für die Kontrolle von elektronisch ermittelten Schnittgrößen nach Theorie II. Ordnung und zur unmittelbaren Anwendung in vielen Bemessungsfällen werden vereinfachte Bemessungsverfahren benötigt.

In EC 2 sind zwei Näherungsverfahren angegeben. Bei dem Verfahren mit *Nennsteifigkeiten* gem. EC 2, 5.8.7 werden die Auswirkungen einer Berechnung nach Theorie II. Ordnung dadurch berücksichtigt, dass die Biegemomente nach Theorie I. Ordnung um einen Faktor K vergrößert werden. Dieser Faktor ist abhängig von der Knicklänge sowie von der Knicklast und der Nennsteifigkeit des Systems. Die Bewehrung muss vorab geschätzt werden, sie ist erforderlichenfalls im Laufe der Berechnung iterativ anzupassen. Der Einfluss der Bewehrung auf das Bemessungsergebnis ist groß, schon kleine Änderungen der Größe oder der Lage der Bewehrung können zu großen Veränderungen des Ergebnisses führen. Einzelheiten hierzu sind in [60.13] zu finden. Das Verfahren mit Nennsteifigkeiten ist u. a. wegen der notwendigen Iteration für Deutschland nicht übernommen worden, aus diesem Grunde wird hier auf dieses Verfahren nicht weiter eingegangen.

Das Näherungsverfahren auf der Grundlage einer *Nennkrümmung* entspricht im Wesentlichen dem in DIN 1045-1 beschriebenen *Modellstützenverfahren*. Dieses Verfahren wird in den folgenden Abschnitten ausführlich dargestellt.

13.2 Das Näherungsverfahren auf der Grundlage von Nennkrümmungen (Modellstützenverfahren)

13.2.1 Grundlagen

Die Bezeichnungen „Verfahren mit Nennkrümmung" und „Modellstützenverfahren" sind gleichwertig. Die Bezeichnung „Modellstütze" wird in der DIN 1045-1 und der zugehörigen Literatur (z. B. [1.6.1]) verwendet, in EC 2 wird hierfür die Bezeichnung „Verfahren mit Nennkrümmung" gewählt. Eine Modellstütze ist eine Kragstütze mit der Länge $l = l_0/2$, die am Fußpunkt voll eingespannt und am Stützenkopf frei verschieblich ist. Unter der Wirkung von Längskräften und Momenten erhält die Modellstütze die in Abb. 13.6 skizzierte, einfach gekrümmte Verformungslinie, das Maximalmoment tritt am Fußpunkt auf. Das Zusatzmoment M_2 nach Theorie II. Ordnung wird bestimmt aus der Größe der Kopfverschiebung e_2. Die Größe von e_2 ist vom Krümmungsverlauf über die gesamte Stablänge abhängig, nach Abb. 13.6 können hierfür drei Grenzfälle angegeben werden:

– Bei einer großen, am Stützenkopf angreifenden Horizontalkraft H ergibt sich ein annähernd dreiecksförmiger Krümmungsverlauf,
– bei geringerer Horizontalkraft H und größeren Stützenabmessungen oder bei einer Konstruktion mit gestaffelter Bewehrung ist ein annähernd konstanter Krümmungsverlauf zu erwarten,
– bei schlanken Stützen mit entsprechend großen Ausmitten e_2 wird sich eine annähernd parabelförmige Verkrümmung der Stütze einstellen.

Die Größe der Kopfauslenkung e_2 erhält man für diese Grenzfälle durch Auswertung des Integrals

$$e_2 = \int\limits_{x=0}^{l} \overline{M}_{(x)} \cdot (1/r)_{(x)} \cdot \mathrm{d}x$$

Hierin ist $\overline{M}_{(x)}$ das Moment infolge der virtuellen Kraft $F = 1$ in Richtung der gesuchten Verschiebungsgröße. Die Auswertung des Integrals erfolgt mit den bekannten Integraltafeln, vgl. z. B. [8].

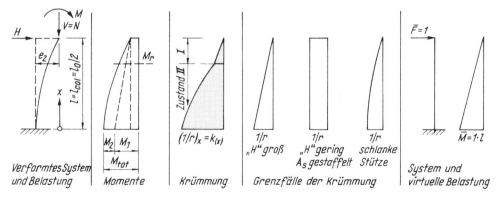

Abb. 13.6 Grenzfälle des Krümmungsverlaufes beim Verfahren mit Nennkrümmungen (Modellstützenverfahren)

Für die in Abb. 13.6 skizzierten Grenzfälle der Krümmungen erhält man als horizontale Kopfauslenkung mit $l = l_0/2$:

Krümmungsverlauf ist dreiecksförmig

$$e_2 = \frac{1}{3} \cdot l \cdot \frac{1}{r} \cdot l = \frac{1}{3} \cdot l^2 \cdot \frac{1}{r} = \frac{1}{3} \cdot \frac{l_0^2}{4} \cdot \frac{1}{r}$$

$$e_2 = \frac{1}{12} \cdot l_0^2 \cdot (1/r)$$

Krümmungsverlauf ist rechteckförmig

$$e_2 = \frac{1}{2} \cdot l \cdot \frac{1}{r} \cdot l = \frac{1}{2} \cdot l^2 \cdot \frac{1}{r} = \frac{1}{2} \cdot \frac{l_0^2}{4} \cdot \frac{1}{r}$$

$$e_2 = \frac{1}{8} \cdot l_0^2 \cdot \frac{1}{r}$$

Krümmungsverlauf wird parabelförmig angenommen

$$e_2 = \frac{5}{12} \cdot l \cdot \frac{1}{r} \cdot l = \frac{5}{12} \cdot l^2 \cdot \frac{1}{r} = \frac{5}{12} \cdot \frac{l_0^2}{4} \cdot \frac{1}{r}$$

$$e_2 = \frac{5}{48} \cdot l_0^2 \cdot \frac{1}{r} \approx \frac{1}{10} \cdot l_0^2 \cdot \frac{1}{r}$$

Für das Verfahren mit Nennkrümmungen wird der für schlanke Stützen zu erwartende parabelförmige Krümmungsverlauf zugrunde gelegt, dies ist auch der Mittelwert aller drei Grenzfälle. Für das Gesamtmoment nach Theorie II. Ordnung erhält man

$$M_{tot} = M_1 + |N| \cdot e_2 \tag{13.3}$$

$$M_{tot} = M_1 + N \cdot (1/r) \cdot l_0^2 / c \tag{13.4}$$

Hierin ist:

$$e_2 = (1/r) \cdot l_0^2 / c$$

Gemäß EC 2, 5.8.8.2 wird im Regelfall bei konstanten Stützenabmessungen mit $c = 10$ ($\approx \pi^2$) gerechnet, es wird somit ein annähernd parabelförmiger Verlauf der Krümmung angenommen. Wenn das Moment nach Theorie I. Ordnung konstant über die Stützenlänge ist, wird sich bei konstanten Querschnittsabmessungen auch eine konstante Krümmung einstellen. Dann ist ein niedrigerer Wert $10 \geqq c \geqq 8$ anzusetzen. Der Wert $c = 8$ beschreibt einen konstanten Krümmungsverlauf. Ein solcher Verlauf ist auch bei einer Konstruktion mit gestaffelter Bewehrung zu erwarten.

Wenn M_{tot} in dimensionsloser Form angeschrieben wird, ergibt sich mit $c = 10$, vgl. [1.6]:

$$\mu_{Ed,tot} = \frac{M_{tot}}{b \cdot h^2 \cdot f_{cd}} = \frac{M_1}{b \cdot h^2 \cdot f_{cd}} + 0{,}1 \cdot \frac{|N|}{b \cdot h \cdot f_{cd}} \cdot \frac{l_0^2}{h^2} \cdot \frac{h}{r}$$

$$\mu_{Ed,tot} = \mu_{Ed,1} + 0{,}1 \cdot |v_{Ed}| \cdot (l_0/h)^2 \cdot (h/r) \tag{13.5}$$

$$\mu_{Ed,tot} = \mu_{Ed,1} + |v_{Ed}| \cdot (e_2/h) \tag{13.6}$$

Hierin ist:

$$e_2/h = 0{,}1 \cdot (l_0/h)^2 \cdot (h/r)$$

In (13.5) und (13.6) sind μ_{Ed} die bezogenen Momente, v_{Ed} die bezogenen Normalkräfte, h/r ist die bezogene Krümmung. $\mu_{Ed,tot}$ lässt sich als Gerade darstellen. Hierbei kennzeichnet $\mu_{Ed,1}$ im Momenten-Krümmungs-Diagramm den Abschnitt auf der Achse der bezogenen Momente, der Faktor $0{,}1 \cdot |v_{Ed}| \cdot (l_0/h)^2$ gibt den Anstieg der Geraden an, vgl. [1.6]. Mit (13.5) wird der Bemessungswert des *einwirkenden* Momentes angegeben. Mit anwachsenden Werten $M_{Ed,1}$ und N_{Ed} ergeben sich auch anwachsende Werte $\mu_{Ed,1}$ und anwachsende Steigungen.

Das vom Querschnitt aufnehmbare, widerstehende Moment M_R kann analog zu Abb. 13.4 durch Momenten-Krümmungs-Linien dargestellt werden. Hierbei wird M_R ermittelt als Resultierende aller Spannungen im Querschnitt über die Querschnittshöhe h.

$$M_R = \int z \cdot \sigma_{(\varepsilon)} \cdot dA$$

Der Index ε weist auf die Abhängigkeit der Beton- und Stahlspannungen vom angesetzten Dehnungszustand hin.

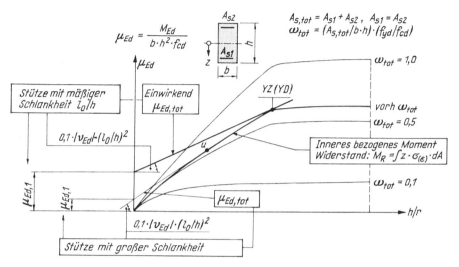

Abb. 13.7 Zusammenhang zwischen den Momenten-Krümmungslinien bei unterschiedlichen Bewehrungsgraden mit den einwirkenden Momenten (nach [1.6])

In Abb. 13.7 sind die den Bauteilwiderstand charakterisierenden Momenten-Krümmungs-Linien für unterschiedliche rechnerische Bewehrungsgrade ω_{tot} aufgetragen. Eingetragen ist auch die sich aus den einwirkenden Schnittgrößen $\mu_{Ed,tot}$ ergebende Gerade gem. (13.5). Im Berührungspunkt der beiden Linienzüge besteht Gleichgewicht zwischen einwirkenden und widerstehenden Schnittgrößen ($E_d = R_d$), der vorhandene Querschnitt mit diesem Bewehrungsgrad ist gerade ausreichend zur Aufnahme der einwirkenden Schnittgrößen. Wenn die Gerade die Kurve schneidet, ist der Querschnitt überbemessen, wenn die Gerade die Kurve weder schneidet noch berührt, besteht kein Gleichgewicht zwischen einwirkenden und widerstehenden Schnittgrößen, die Querschnittsabmessungen (b/h, A_s) müssen vergrößert werden.

Der Berührungspunkt der einwirkenden Geraden $\mu_{Ed,tot}$ mit den den Bauteilwiderstand charakterisierenden Momenten-Krümmungs-Linien gem. Abb. 13.4 liegt nach *Kordina/Quast* [1.6] für ganz unterschiedliche Abszissen-Werte μ_{Ed} und ganz unterschiedliche Steigungen $0,1 \cdot v_{Ed} \cdot (l_0/h)^2$ im Bereich der Punkte YZ oder YD. Dies sind nach Abb. 13.4 die Punkte, an denen im Querschnitt die Streckgrenze der Bewehrung an der Zug- bzw. an der Druckseite erreicht wird. Die flachere Steigung der m-k-Linie kennzeichnet eine abnehmende Steifigkeit, vgl. hierzu Abschn. 13.1.2. Für das Verfahren mit Nennkrümmungen wird angenommen, dass die den Gleichgewichtszustand beschreibende Krümmung $1/r$ erreicht ist, wenn in *beiden* Bewehrungssträngen die Dehnung ε_{yd} erreicht ist. Für die Krümmung $1/r$ folgt dann nach Abb. 13.8

$$\frac{1}{r} = \frac{2 \cdot \varepsilon_{yd}}{0,9 \cdot d} \tag{13.7}$$

Mit $\varepsilon_{yd} = (f_{yk}/\gamma_S)/E_s$ ergibt sich für die Krümmung $1/r$ für Betonstahl B 500

$$\frac{1}{r} = \frac{2 \cdot 500}{0,9 \cdot d \cdot 1,15 \cdot 200\,000}$$

$$\frac{1}{r} = \frac{1}{207 \cdot d} \tag{13.8}$$

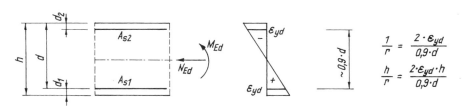

Abb. 13.8 Modell für die Ermittlung der Grenzkrümmung beim Verfahren mit Nennkrümmungen

Statt einer „genauen" Verformungsberechnung wird beim Verfahren mit Nennkrümmungen die Verformungsberechnung nach Theorie II. Ordnung auf eine Querschnittsbemessung im kritischen Querschnitt unter Ansatz einer Zusatzausmitte e_2 zurückgeführt. Die Gesamtbeanspruchung im kritischen Querschnitt wird dabei ersatzweise so festgelegt, dass diese *Querschnittsbemessung* eine ausreichende *Stützentragfähigkeit* ergibt [1.6.1]. Die Zusatzausmitte wird in Abhängigkeit von der Schlankheit und unter Ansatz eines vorgegebenen Grenzdehnungsverhältnisses bestimmt.

13.2.2 Abweichungen beim Verfahren mit Nennkrümmungen

Mit dem Verfahren mit Nennkrümmungen werden die Schnittgrößen nach Theorie II. Ordnung näherungsweise bestimmt. Wie jedes Näherungsverfahren bestehen auch hier Unterschiede zu genaueren Rechenmethoden. Eine wesentliche Abweichung ist aus Abb. 13.7 unmittelbar ablesbar. Wenn die Gerade des einwirkenden Momentes die Momenten-Krümmungs-Linie vor Erreichen des Punktes YZ tangiert, ist die tatsächliche Krümmung $1/r$ kleiner als angenommen. Die Verformung e_2 wird zu groß ermittelt, das Verfahren liegt also auf der sicheren Seite. Fehler dieser Art sind zu erwarten bei schlanken Stützen mit geringer Lastausmitte nach Theorie I. Ordnung. Gemäß EC 2, 5.8.8.1 eignet sich das Verfahren mit Nennkrümmungen (Modellstützenverfahren) für Einzelstützen mit konstanter Normalkraftbeanspruchung und einer definierten Knicklänge. Es liefert nach [9] befriedigende Ergebnisse nicht nur für Druckglieder mit runden oder rechteckigem Querschnitt, sondern auch für Druckglieder mit anderer Querschnittsform bei annähernd symmetrischer Anordnung der Bewehrung ($A_{s1} = A_{s2}$). Für Lastausmitten $e_0 < 0,1\,h$ und Knicklängen $l_0 > 15\,h$ (h: größere Querschnittsabmessung) erhält man mit dem Verfahren mit Nennkrümmungen zunehmend unwirtschaftlichere Ergebnisse. Dies ist bei einem Vergleich mit genaueren Verfahren zu beachten.

Über Abweichungen zur unsicheren Seite findet man Hinweise bei *Kordina/Quast* [1.6]. In dieser Arbeit wird auch darauf hingewiesen, dass in der Praxis die Berechnung von Stützen unter Berücksichtigung von Tragwerksverformungen häufig programmgesteuert durchgeführt wird. Bei einer solchen genaueren Berechnung unter Berücksichtigung des tatsächlich vorhandenen Steifigkeitsverlaufes über die Stützenlänge können die Zusatzausmitten e_2 deutlich kleiner sein als die Zusatzausmitten nach dem Verfahren mit Nennkrümmungen. Dies ist bei einem Vergleich der Ergebnisse des Näherungsverfahrens „Modellstütze" mit genaueren Rechenverfahren zu beachten.

13.3 Versagensmöglichkeiten von Einzeldruckgliedern

Ein zentrisch belasteter Stab bleibt bei zunehmender Belastung zunächst gerade. Wird diesem Stab unterhalb der Verzweigungslast F_k eine Auslenkung *aufgezwungen*, wird er nach Wegnahme dieser Störung in die vorherige Gleichgewichtslage zurückfedern. Bei Erreichen der kritischen Last F_k knickt der Stab aus, eine weitere Laststeigerung über F_k hinaus führt zu großen Formänderungen, die äußeren Momente wachsen rascher an als die vom Querschnitt ausgehenden inneren Momente (Bauteilwiderstände): die Knicklast F_k gibt die Grenze der Tragfähigkeit an. In Abb. 13.9 sind für vier verschiedene Lagerungsfälle die Knicklängen s_k angegeben. Alle vier Stützen haben bei gleich großen Knicklängen s_k und gleichen Steifigkeiten $E \cdot I =$ konstant auch gleich große Knicklasten F_k. Durch die Bestimmung der Knicklänge eines zentrisch belasteten Stabes können somit die Knicklasten bei ganz unterschiedlichen Lagerungsbedingungen über einen einheitlichen Ansatz bestimmt werden.

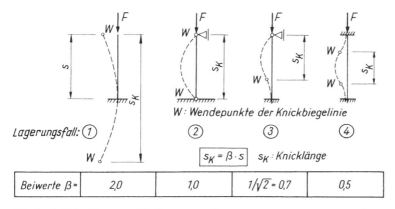

Abb. 13.9 Knicklängen s_k für Stützen aus homogenen, isotropen Werkstoffen

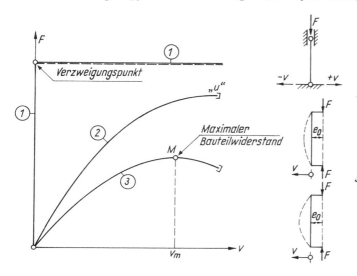

Abb. 13.10 Last-Verformungslinien von unterschiedlich beanspruchten Druckstäben

Bei ausmittiger Belastung ist stets ein Biegemoment vorhanden, das zu einer Stabkrümmung führt. Bei Laststeigerung wachsen die Randdehnungen und die Randspannungen kontinuierlich an. Die Tragfähigkeitsgrenze ist erreicht, wenn das einwirkende Moment gerade im Gleichgewicht mit dem inneren Moment steht. In Abb. 13.7 ist dies der Punkt, in dem die Gerade des einwirkenden Momentes die Traglastkurve des inneren Momentes berührt (YZ oder YD). Es liegt somit bei Beanspruchung durch eine ausmittig angreifende Normalkraft kein Stabilitätsproblem, sondern ein Spannungsproblem vor: der Traglastzustand wird i. Allg. durch die Querschnittstragfähigkeit M_R beschrieben. Bei sehr schlanken Stützen erhält man mit (13.5) für die Gerade des einwirkenden Momentes $\mu_{Ed,tot}$ wegen der großen Schlankheit l_0/h eine sehr große Steigung bei gleichzeitig sehr geringen Abszissenwerten $\mu_{Ed,1}$. Die Gerade des einwirkenden Momentes kann dann die Widerstandslinie M_R weit vor den Fließpunkten der Bewehrung YZ oder YD schneiden (dann ist $\omega <$ erf ω) oder tangieren (dann ist $\omega =$ erf ω). In Abb. 13.7 ist die Linie des einwirkenden Momentes für eine sehr schlanke Stütze mit angegeben. Durch das Tangieren weit vor dem Erreichen des Fließpunktes wird ein Stabilitätsversagen infolge beanspruchungsbedingter Steifigkeitsabnahme angezeigt. Die Steigung der Widerstandslinie M_R wird mit zunehmender bezogener Krümmung h/r stetig geringer, die Steigung des einwirkenden Momentes $\mu_{Ed,tot}$ bleibt konstant. Bei einer gedachten Vergrößerung der Krümmung um den Betrag $\Delta(h/r)$ wächst das einwirkende Moment $\mu_{Ed,tot}$ stärker als der Bauteilwiderstand M_R. Der Berührungspunkt u (Abb. 13.7) zwischen einwirkendem Moment $\mu_{Ed,tot}$ und Widerstandsmoment M_R kennzeichnet damit die indifferente Gleichgewichtslage. Für bezogene Krümmungen h/r, die größer sind als diejenige, die zum Berührungspunkt u gehört, kann kein Gleichgewicht zwischen Einwirkungen und Bauteilwiderständen gefunden werden. Die anwachsenden Randdehnungen führen nicht mehr zu anwachsenden Randspannungen, vgl. Abb. 1.9 und 1.14. Es treten große Verformungen v auf, der Stab entzieht sich weiterer Lastaufnahme, er knickt aus. Eine weitere Laststeigerung ist nicht mehr möglich.

In Abb. 13.10 wird durch die Linie 1 das Verzweigungsproblem einer zentrisch belasteten Stütze aus homogenem, isotropem Material beschrieben. Für den Stahlbetonbau ist diese Linie ohne Bedeutung. Die Linie 2 zeigt den Zusammenhang zwischen Last und Verformung nach Theorie II. Ordnung. Der Traglastzustand wird durch Ausschöpfen der Querschnittstragfähigkeit erreicht. Bei Linie 3 ist der Bauteilwiderstand erschöpft, wenn diese Linie ihr Maximum erreicht hat. Durch den Fließzustand tritt bei zunehmender Verformung eine Steifigkeitsabnahme ein, ein Gleichgewicht zwischen inneren und äußeren Kräften ist nicht mehr möglich, die Querschnittstragfähigkeit wird nicht erreicht: Stabilitätsversagen infolge beanspruchungsbedingter Steifigkeitsabnahme [1.6].

13.4 Einzelheiten zum Verfahren mit Nennkrümmungen (Modellstützenverfahren)

13.4.1 Knicklänge und Schlankheit

Im Anschluss an Abb. 13.10 wurde erläutert, dass bei schlanken Stahlbetonstützen ein Stabilitätsversagen infolge beanspruchungsbedingter Steifigkeitsabnahme erfolgen kann. Der in Abb. 13.10 angegebene Verzweigungspunkt als Maßstab für die „Knicklast" bei einem zentrisch gedrückten Stab ist bei diesem Stabilitätsversagen nicht vorhanden. Aus diesem Grunde wurde in der Vorgängernorm und in der zughörigen Fachliteratur (z. B. [1.6.1]) der Begriff „Knicken" vermieden. In EC 2, 5.8.1 wird „Knicken" allgemein als Stabilitätsversagen beschrieben, in diesem Buch werden daher für alle Bezeichnungen, die mit Stabilitätsversagen in Zusammenhang stehen, die Bezeichnungen gem. EC 2 verwendet.

Bei Eindruckgliedern darf gem. EC 2, 5.8.3.1 durch einen Vergleich der Schlankheit mit bestimmten Grenzwerten entschieden werden, ob die Auswirkungen nach Theorie II. Ordnung zu berücksichtigen sind. Als Schlankheit λ eines Druckgliedes gilt dabei der Ansatz

$$\lambda = l_0/i \tag{13.9}$$

Hierin ist:

l_0	$= \beta \cdot l$	Knicklänge
β	$= l_0/l$	Verhältnis der Knicklänge zur Stützenlänge
l		Stützenlänge zwischen den Einspannstellen
i	$= \sqrt{I/A}$	Trägheitsradius; bei Rechteckquerschnitten ist
		$i = (1/\sqrt{12}) \cdot h = 0,289 \cdot h$

(h: Stützenabmessung in der betrachteten Richtung).

Für die Bestimmung der Knicklänge l_0 gilt, dass sich unter sonst gleichen Bedingungen für unterschiedliche Systeme gleich große Verformungen nach Theorie II. Ordnung ergeben. Die Knicklänge des Einzeldruckgliedes ist von den Steifigkeiten der Einspannungen an den Enden des Einzeldruckgliedes und von der Verschieblichkeit der Enden des Druckgliedes abhängig (EC 2, 5.8.3.2). Die Knicklänge kann als Länge zwischen den Wendepunkten der Biegelinie interpretiert werden.

In Abb. 13.11 sind die Knicklängen l_0 für ausgewählte verschiebliche und unverschiebliche Systeme zusammengestellt. Verschieblich sind dabei Systeme, bei denen die gegenseitige Verschiebung der Stabenden von Bedeutung ist. Die Einspannung an den Stabenden wird in dieser

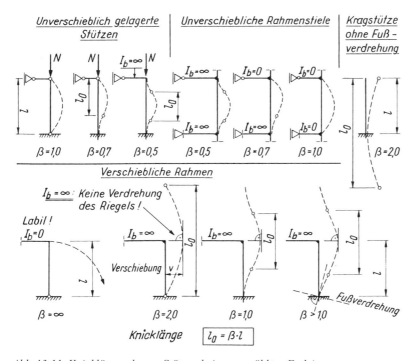

Abb. 13.11 Knicklängen l_0 von Stützen bei ausgewählten Endeinspannungen

Abbildung durch die Angaben der Trägheitsmomente der Riegel I_b charakterisiert. Ein Wert $I_b = \infty$ steht für starre Einspannung des Druckgliedes, bei $I_b = 0$ ist der Druckstab an der betrachteten Stelle frei verdrehbar. Die Werte β in dieser Abbildung geben einen Anhalt für die Größenordnung der anzusetzenden Verhältniszahlen $\beta = l_0/l$.

Für Stützen mit elastischer Einspannung an den Stützenenden findet man in EC 2, 5.8.3.2 Angaben, mit denen die Knicklängen l_0 in verschieblichen und in unverschieblichen Rahmensystemen bestimmt werden können. Die elastische Einspannung an den Enden der Stützen wird dabei durch Beiwerte k_1 und k_2 berücksichtigt. Für Druckglieder in unverschieblichen Rahmen kann die Ersatzlänge bestimmt werden über den Ansatz

$$l_0 = 0{,}5 \cdot l \cdot \sqrt{\left(1 + \frac{k_1}{0{,}45 + k_1}\right) \cdot \left(1 + \frac{k_2}{0{,}45 + k_2}\right)}$$

Für die Beiwerte k_1 und k_2 gilt

$$k_j = (\Theta/\Sigma M) \cdot \Sigma(E_{cm} \cdot I/l) \qquad j = 1 \text{ oder } 2$$

mit

Θ Knotendrehung

ΣM Momente aller einspannenden Stäbe am Knoten infolge der Knotendrehung Θ

$\Sigma EI/l$ Steifigkeit aller am Knoten elastisch eingespannten oder angeschlossenen Druckglieder

l Lichte Länge des Druckgliedes zwischen den Endeinspannungen

Für einen frei drehbar an beiden Knoten angeschlossenen Stab entstehen infolge einer Knotendrehung keine Momente, für beide Stabenden ist $M = 0$, damit $k_1 = k_2 = \infty$. Für die Ersatzlänge erhält man

$$l_0 = 0{,}5 \cdot l \cdot \sqrt{(1+1) \cdot (1+1)} = 0{,}5 \cdot l \cdot \sqrt{4} = \underline{1{,}0} \cdot l$$

Bei einer vollen Einspannung an beiden Stabenden ist die Knotendrehung $\Theta = 0$ und damit auch $k_1 = k_2 = 0$. Für die Ersatzlänge folgt

$$l_0 = 0{,}5 \cdot l \cdot \sqrt{1 \cdot 1} = \underline{0{,}5} \cdot l$$

Bei einer vollen Einspannung an einem Stabende und einer frei drehbaren Lagerung am zweiten Knoten ist $k_1 = \infty$ und $k_2 = 0$. Für die Ersatzlänge folgt

$$l_0 = 0{,}5 \cdot l \cdot \sqrt{(1+1) \cdot 1} = 0{,}5 \cdot l \cdot \sqrt{2} = \underline{0{,}71} \cdot l$$

Die vorstehend unterstrichenen Werte entsprechen den Beiwerten β in Abb. 13.11.

Für beliebige Einspanngrade sind in [60.32] Nomogramme zur Bestimmung der Knicklängen l_0 für unverschiebliche und für verschiebliche Rahmensysteme ausgearbeitet worden, vgl. hierzu Abb. 13.12. Die Einspannung der Druckglieder an den Knoten wird beschrieben durch die Parameter

$$k_j = \frac{\Sigma E_{cm} \cdot I_{col}/l_{col}}{\Sigma M_{R,j}} \qquad j: 1 \text{ oder } 2 \qquad (13.10)$$

Hierin ist:

$$\Sigma M_{\mathrm{R,j}} = n \cdot E_{\mathrm{cm}} \cdot I_{\mathrm{R}}/l_{\mathrm{R}}$$
mit $n = 2, 3, 4$ oder 6 gem. Abb. 13.12

E_{cm} Elastizitätsmodul des Betons, vgl. Abb. 1.8

$I_{\mathrm{col}}, I_{\mathrm{R}}$ Flächenmoment 2. Grades der Stützen (I_{col}) bzw. der Riegel (I_{R})

$l_{\mathrm{col}}, l_{\mathrm{R}}$ Systemlänge der Druckglieder (l_{col}) bzw. der Riegel (l_{R}).

In (13.10) wird durch $M_{\mathrm{R,j}}$ der Drehwiderstand der einspannenden Bauteile an den Knoten 1 bzw. 2 beschrieben. Dieser Widerstand ist abhängig von der Biegesteifigkeit der einspannenden Riegel $E_{\mathrm{cm}} \cdot I_{\mathrm{R}}$ und von den Lagerungsbedingungen, Einzelheiten vgl. Abb. 13.12.

Die Ausrichtung der Skalen in Abb. 13.12 erfolgt von links nach rechts. Hierbei gilt die obere, *waagerechte* Skala für das obere Ende der im Regelfall *lotrechten* Stütze, die untere Skala gilt entsprechend für das untere Stützenende. Ein Wert $k_{\mathrm{j}} = 0$ bezeichnet eine starre Einspannung der Stütze. Da eine volle Einspannung wegen der unvermeidlichen Rissbildung in überwiegend biegebeanspruchten Bauteilen kaum zu erreichen ist, sollen Werte $k_{\mathrm{j}} < 0{,}1$ nicht verwendet werden. Der entsprechende Bereich ist in Abb. 13.12 schattiert. Im Regelfall wird für Stützen und Riegel in benachbarten Geschossen keine Änderung der Betonfestigkeitsklasse erfolgen. In (13.10) setzt man dann $E_{\mathrm{cm}} = 1{,}0$. Gemäß EC 2, 5.8.3.2 (5) sind bei der Bestimmung von Knicklängen die Auswirkungen einer Rissbildung auf die Steifigkeit der einspannenden Bauteile zu berücksichtigen. Dies kann entsprechend den Angaben in Heft 525 dadurch erfolgen, dass für die Druckglieder die Steifigkeit des vollen, ungerissenen Betonquerschnitts, für die einspannenden Riegel jedoch nur die Hälfte der Steifigkeit des ungerissenen Betonquerschnitts in Ansatz gebracht wird. Nach [60.32] sind die mit den Nomogrammen ermittelten Ersatzlängen für die praktische Anwendung voll ausreichend. Ausführliche Hilfstafeln für unterschiedliche Lagerungsbedingungen und unterschiedliche Rahmenformen findet man bei *Petersen* [35].

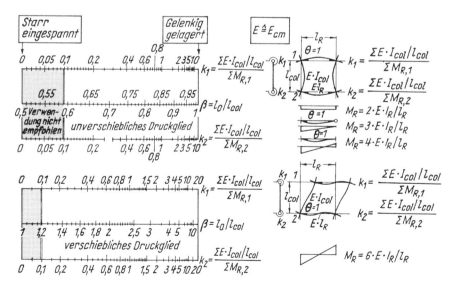

Abb. 13.12 Nomogramme für die Ermittlung der Knicklängen (nach [60.32])

Anwendungsbeispiel

Für den in Abb. 13.13 dargestellten Stützenstrang sind die Knicklängen l_0 zu bestimmen.

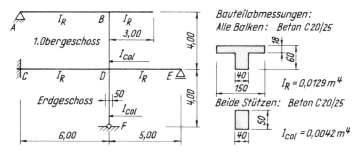

Abb. 13.13 *System und Abmessungen zur Bestimmung von Knicklängen*

Erdgeschoss

Für die Einspannung des Stützenstranges D–F (Abb. 13.13) werden die Werte β aus dem Nomogramm Abb. 13.12 entnommen. Der Parameter k_1 beschreibt die Einspannung am Knoten D, k_2 gilt für die Lagerung am Punkt F. Für alle Balken und Stützen ist die gleiche Betonfestigkeitsklasse vorgesehen, es wird daher $E_{cm} = 1{,}0$ gesetzt.

Am Knotenpunkt D:

$$k_1 = \frac{\Sigma I_{col}/l_{col}}{\Sigma M_{R,1}}$$

$$\Sigma M_{R,1} = 4 \cdot I_R/l_R + 3 \cdot I_R/l_R$$

$$k_1 = \frac{2 \cdot 0{,}0042/4{,}0}{4 \cdot 0{,}0129/6{,}0 + 3 \cdot 0{,}0129/5{,}0} = \frac{0{,}0021}{0{,}0163} = 0{,}13$$

Am Knotenpunkt F:

Die Stütze ist hier gelenkig gelagert, damit ist hier $k_2 = \infty$

Aus Nomogramm Abb. 13.12 $\beta = 0{,}77$

Knicklänge $l_0 = \beta \cdot l_{col} = 0{,}77 \cdot 4{,}0 = 3{,}08$ m

Wenn die Riegelsteifigkeit nur zu 50 % angesetzt wird, erhält man

$k_1 = 0{,}0021/(0{,}0163 \cdot 0{,}5) = 0{,}26$; $\quad k_2 = \infty$

Aus Nomogramm

$\beta = 0{,}82$, $\quad l_0 = 0{,}82 \cdot 4{,}0 = 3{,}28$ m

Obergeschoss

Am Knotenpunkt B:

Der Kragarm mit $l = 3{,}0$ m liefert keinen Beitrag zum Verdrehwiderstand des Knotens, er bleibt bei der Ermittlung des Beiwertes k_1 außer Betracht.

$$k_1 = \frac{0{,}0042/4{,}0}{3 \cdot 0{,}0129/6{,}0} = \frac{0{,}0011}{0{,}0065} = 0{,}17$$

Am Knotenpunkt D:

Beiwert k_2 wie k_1 im Erdgeschoss: $k_1 = 0,13$

Aus Nomogramm $\quad \beta = 0,62 \quad$ damit $l_0 = 2,48$ m

Bei Ansatz von 50 % der Riegelsteifigkeit ergibt sich

$k_1 = 0,0011/(0,0065 \cdot 0,5) = 0,34$

$k_2 = 0,26$, vgl. Erdgeschoss!

$\beta = 0,71, \quad l_0 = 0,71 \cdot 4,0 = 2,84$ m

13.4.2 Imperfektionen

Zusätzlich zur Lastausmitte nach Theorie I. Ordnung $e_0 = M_{Ed}/N_{Ed}$ ist gem. EC 2/NA., 5.2 eine ungewollte Ausmitte e_i anzusetzen. Hiermit werden im Wesentlichen die folgenden Unsicherheiten abgedeckt:

– Ungerade Stabachse und ungewollt exzentrische Lasteinleitung,
– Abweichungen zwischen der Achse des bewehrten Querschnittes von der Achse des unbewehrten Querschnittes, z. B. bei unsymmetrischer Bewehrungsanordnung $A_{s1} \neq A_{s2}$,
– nicht erfasste Einspannungen von Rahmenriegeln und
– Kriecheinflüsse bei gedrungenen Stützen.

In EC 2 wird bezüglich der anzusetzenden Imperfektionen unterschieden zwischen Einzeldruckgliedern und Nachweisen am Tragwerk als Ganzem. Einzelheiten für die Nachweise am Gesamtsystem werden im Kapitel 14 besprochen, hier folgen die notwendigen Angaben für Einzeldruckglieder.

Bei Einzeldruckgliedern dürfen die Auswirkungen von Imperfektionen gem. EC 2/NA., 5.2 (7) durch Ansatz einer zusätzlichen Lastausmitte e_i berücksichtigt werden:

$$e_i = \theta_i \cdot l_0 / 2 \tag{13.12}$$

Hierin ist:

$\quad l_0 \quad$ Knicklänge (13.9)

$\quad \theta_i \quad$ Schiefstellung gegen die Sollachse

Für θ_i gilt der Ansatz

$$\theta_i = \theta_0 \cdot \alpha_h \cdot \alpha_m \tag{13.13}$$

mit

$\quad \theta_0 = 1/200 \quad$ Grundwert

$\quad \alpha_h \qquad$ Abminderungsbeiwert für die Höhe: $\quad \alpha_h = 2/l$
$\qquad\qquad\qquad\qquad\qquad\qquad\qquad\qquad\quad 0 \leqq \alpha_h = 2/\sqrt{l} \leqq 1,0$

$\quad \alpha_m \qquad$ Abminderungsbeiwert für die Anzahl der Bauteile

$$\alpha_m = \sqrt{0,5 \cdot (1 + 1/m)} = \sqrt{\frac{1 + 1/m}{2}}$$

Hierzu folgen Ergänzungen im Abschnitt 14.4.1.

Bei der Ermittlung der geometrischen Ersatzimperfektionen e_i für *Einzelstützen* ist gem. EC 2, 5.2 (5) bei der Ermittlung der Beiwerte für l die tatsächliche Höhe l des Bauteils einzusetzen und der Beiwert $m = 1$ zu setzen, hieraus folgt dann $\alpha_m = 1$.

Damit erhält man für die anzusetzende Schiefstellung θ_i bei Einzelstützen:

$$\theta_i = \frac{1}{200} \cdot \frac{2}{\sqrt{l}} = \frac{1}{100} \cdot (1/\sqrt{l}) \tag{13.14}$$

Vereinfachend darf bei Einzelstützen in ausgesteiften Systemen auch mit $e_i = l_0/400$ gerechnet werden, bei dieser Vereinfachung wird somit $\alpha_h = 1{,}0$ gesetzt.

Für Nachweise am Gesamtsystem sowie für die erforderlichen Nachweise bei aussteifenden horizontalen und vertikalen Bauteilen folgen die notwendigen Ergänzungen im Abschn. 14.4.

Imperfektionen nach Gl. (13.12) müssen gem. EC 2, 5.2 in allen Bemessungssituationen im GZT berücksichtigt werden, dies gilt auch für außergewöhnliche Bemessungssituationen (z. B. den Brandfall). Die anzusetzende Schiefstellung θ_i ist von der Gesamthöhe des Bauwerks bzw. bei Einzelstützen von der Stützenlänge l (nicht von der Knicklänge l_0) abhängig. Als Stützenlänge darf der lichte Abstand der Stütze zwischen den Einspannstellen angesetzt werden. Häufig wird zur Vereinfachung und auf der sicheren Seite liegend mit der Geschosshöhe h_{col} gerechnet. Die Ausmitte e_i ist zusätzlich zur Lastausmitte nach Theorie I. Ordnung in ungünstigster Richtung wirkend anzusetzen. Bei Nachweisen nach Theorie II. Ordnung beträgt damit die im kritischen Querschnitt anzusetzende Ausmitte nach Theorie I. Ordnung

$$e_0 + e_i = M_{Ed}/N_{Ed} + \theta_i \cdot l_0/2 \tag{13.15}$$

Anwendungsbeispiel

Für eine Stütze mit $l_{col} = l_0 = 3{,}50\,\text{m}$ ist die ungewollte Ausmitte e_i zu bestimmen.

Nach (13.14)

$$\theta_i = \frac{1}{200} \cdot \frac{2}{\sqrt{3{,}50}} = \frac{1}{100 \cdot \sqrt{3{,}50}} = 1/187$$

Nach (13.12)

$$e_i = \theta_i \cdot l_0/2 = (1/187) \cdot 350/2 = 0{,}94\,\text{cm}$$

13.4.3 Nachweisverfahren

Der Einfluss von Auswirkungen einer Rechnung nach Theorie II. Ordnung ist zu berücksichtigen, wenn hierdurch die Tragfähigkeit um mehr als 10 % verringert wird, vgl. Abschnitt 13.1.1. Bei Einzeldruckgliedern darf gem. EC 2/NA., 5.8.3 durch einen Vergleich der Schlankheit mit Grenzschlankheiten entschieden werden, ob Auswirkungen nach Theorie II. Ordnung zu berücksichtigen sind. Für die Grenzschlankheiten gilt

$$\left.\begin{aligned} \lambda_{max} &= \lambda_{lim} = 25 && \text{für } |n| \geqq 0{,}41 \\ \lambda_{max} &= \lambda_{lim} = 16/\sqrt{|n|} && \text{für } |n| < 0{,}41 \end{aligned}\right\} \tag{13.16}$$

Hierin ist:

$$\begin{aligned} \lambda &= l_0/i \quad \text{Schlankheit gem. (13.9)} \\ n &= N_{Ed}/(A_c \cdot f_{cd}) \end{aligned}$$

Mit dem Grenzwert $16/\sqrt{|n|}$ wird berücksichtigt, dass bei sehr geringer Normalkraftbeanspruchung die Momente $N_{Ed} \cdot e_2$ nach Theorie II. Ordnung vernachlässigbar klein bleiben. Unverschiebliche Tragwerke oder Einzeldruckglieder mit Schlankheiten $\lambda < \lambda_{lim}$ gelten nicht als schlanke Bauteile, eine Bemessung nach Theorie II. Ordnung ist nicht erforderlich, vgl. EC 2, 5.8.3.1 (1).

Der Einfluss der Schlankheit λ auf die Größe der Momente nach Theorie II. Ordnung ist aus Abb. 13.14 erkennbar. Bei geringer Schlankheit ($\lambda = 25$) tritt nur ein geringfügiger Momentenzuwachs gegenüber einer Rechnung nach Theorie I. Ordnung ein. Die Tragfähigkeit wird um weniger als 10 % gemindert. Bei mäßigen Schlankheiten ($\lambda = 75$) ist eine ausgeprägte Tragfähigkeitsminderung erkennbar. Der Einfluss einer Rechnung nach Theorie II. Ordnung muss erfasst werden, die Grenztragfähigkeit des Querschnitts ist jedoch für die Bemessung maßgebend. Bei schlanken Druckgliedern ($\lambda = 125$) mit geringer Lastausmitte $e_0 + e_i$ wird die Querschnittstragfähigkeit R_d nicht erreicht, der Querschnitt versagt infolge beanspruchungsbedingter Abnahme der Steifigkeit, vgl. Linie 3 in Abb. 13.10.

In Abb. 13.15 sind *unverschieblich* gelagerte Einzeldruckglieder dargestellt. Die Stützen werden durch konstante Druckkräfte N_{Ed} beansprucht, aus den Lastausmitten nach Theorie I. Ordnung e_{01} bzw. e_{02} an den Stabenden resultieren die Stabendmomente M_{01} bzw. M_{02}. Eine Querbelastung der Stützen ist nicht vorhanden, der Momentenverlauf über die Stablänge ist somit geradlinig, da V_{Ed} konstant ist.

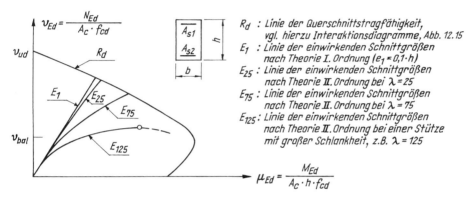

Abb. 13.14 *Möglichkeiten des Versagens von Stahlbetondruckgliedern bei unterschiedlichen Schlankheiten (nach [1.6])*

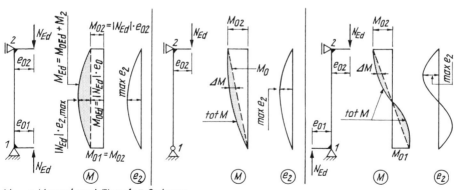

M_{0Ed} : *Moment nach Theorie I. Ordnung*
e_0 $= M_{0Ed}/N_{Ed}$: *Ausmitte nach Theorie I. Ordnung*
M_{Ed} $= M_{0Ed} + M_2$: *Bemessungsmoment nach Theorie II. Ordnung*
M_2 $= N_{Ed} \cdot e_2$: *Kernmoment nach Theorie II. Ordnung*
e_2 : *Ausmitte (Verformung) bei Rechnung nach Theorie II. Ordnung*

Abb. 13.15 *Einfluss der Momentenverteilung auf Ort und Größe der Momente nach Theorie II. Ordnung bei unterschiedlich großen Stabendmomenten*

Bei konstantem Momentenverlauf über die Stablänge ergibt sich die größte Lastausmitte e_2 in Stabmitte. Ein Nachweis nach Theorie II. Ordnung ist nicht erforderlich, wenn die Grenzwerte gem. (13.16) eingehalten sind. Bei unterschiedlichen Lastausmitten an den Stabenden e_{01} und e_{02} ergeben sich unter sonst gleichen Bedingungen wesentlich geringere Ausmitten e_2 bei einer Rechnung nach Theorie II. Ordnung, vgl. hierzu Abb. 13.15. Ein Nachweis nach Theorie II. Ordnung ist daher bei unverschieblich gelagerten Druckgliedern mit unterschiedlich großen Stabendmomenten grundsätzlich erst bei Grenzschlankheiten erforderlich, die größer sind als die in (13.16) angegebenen Grenzwerte λ_{lim}. In der Vorgängernorm DIN 1045-1 wurde dies durch entsprechende Grenzschlankheiten berücksichtigt. In EC 2 ist eine solche Anhebung der Grenzschlankheiten in Abhängigkeit vom Momentenverlauf nicht mehr enthalten, es gelten die Grenzschlankheiten gem. (13.16). Dieser Verzicht auf eine Berücksichtigung des Momentenverlaufes bei der Festlegung von Grenzschlankheiten erfolgte, um die Norm zu vereinfachen und weil in der Baupraxis der Stabilitätsnachweis bei Stützen zunehmend mit EDV-Unterstützung erfolgt. In diesen Fällen wird der Nachweis nach dem „Allgemeinen Verfahren" gem. EC 2, 5.8.6 geführt, Näherungen wie beim hier behandelten Verfahren unter Ansatz einer Nennkrümmung sind entbehrlich.

Bei einem konstanten Momentenverlauf nach Theorie I. Ordnung über die Stablänge erhält man bei einer Rechnung nach Theorie II. Ordnung das Maximalmoment in Stabmitte. Aus Abb. 13.15 ist zu erkennen, dass bei unterschiedlich großen Stabendmomenten der Ort des Maximalmomentes bei einer Rechnung nach Theorie II. Ordnung nicht exakt angegeben werden kann. In diesen Fällen dürfen daher beim Verfahren mit Nennkrümmung die unterschiedlich großen Stabendmomente durch ein äquivalentes Moment nach Theorie I. Ordnung ersetzt werden, Einzelheiten hierzu folgen im Abschn. 13.4.4.

13.4.4 Lastausmitte im kritischen Querschnitt

Beim Verfahren mit Nennkrümmungen wird entsprechend den Ausführungen im Abschn. 13.2.1 der Gleichgewichtszustand durch eine Bemessung im kritischen Querschnitt nachgewiesen. Für das Bemessungsmoment im kritischen Querschnitt gilt gem. EC 2, 5.8.8.2

$$M_{\text{Ed}} = M_{0\text{Ed}} + M_2 \tag{13.17}$$

Hierin ist:

$M_{0\text{Ed}}$ Das Moment nach Theorie I. Ordnung einschl. der Auswirkungen von Imperfektionen gem. (13.12)

M_2 Das Nennmoment nach Theorie II. Ordnung.

Statt mit den Biegemomenten zu arbeiten, ist es i. Allg. zweckmäßiger, die Biegemomente durch gleichwertige Ausmitten zu ersetzen. Hierfür gilt:

$$e_{\text{tot}} = e_0 + e_i + e_2 \tag{13.18}$$

Hierin ist:

e_{tot} Gesamtausmitte zur Ermittlung des Bemessungsmomentes M_{Ed} im kritischen Querschnitt
$$M_{\text{Ed}} = N_{\text{Ed}} \cdot (e_0 + e_i + e_2)$$

N_{Ed} Bemessungswert der Normalkraft

e_0 Ausmitte nach Theorie I. Ordnung; bei verschieblichen Stützen e_0 gem. Abb. 13.17, bei unverschieblichen Stützen e_0 gem. (13.19)

e_i Zusatzausmitte zur Berücksichtigung von Imperfektionen (ungewollte Ausmitte) gem. (13.12)

e_2 Ausmitte infolge der Auswirkungen einer Rechnung nach Theorie II. Ordnung
$M_2 = N_{Ed} \cdot e_2$

Der maßgebende *kritische* Querschnitt eines Druckstabes ist derjenige mit der größten Krümmung. Bei auskragenden Stützen ist dies nach Abb. 13.5 die Einspannstelle. Allgemein sind bei *verschieblich* gelagerten Druckgliedern mit linear veränderlichem Momentenverlauf, also bei Stützen ohne wesentliche Querlasten, die Stabenden die maßgebenden Querschnitte, vgl. Abb. 13.17. Bei unterschiedlich großen Stabendmomenten ist bei verschieblichen Stützen das betragsmäßig größere der beiden Stabendmomente für die Bestimmung von e_0 einzusetzen. Diese in Abb. 13.17 zusammengestellten Angaben gelten für Einzeldruckglieder mit konstantem Betonquerschnitt und konstanter Bewehrung über die Stablänge.

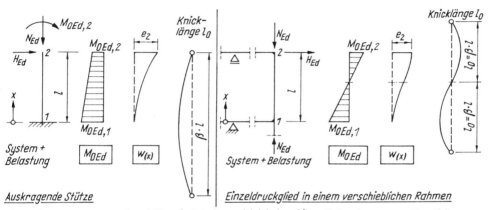

Abb. 13.17 *Maßgebende Querschnittsstelle zur Bestimmung der zusätzlichen Lastausmitte bei verschieblichen Systemen*

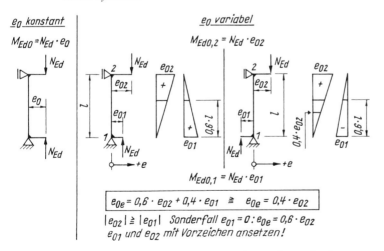

Abb. 13.18 *Bemessungsmodelle zur Bestimmung der resultierenden Lastausmitte e_{0e} bei unverschieblichen Einzeldruckgliedern*

55

Beispiele für mögliche Momentenverteilungen in Druckgliedern von *unverschieblichen* Rahmentragwerken sind in Abb. 13.18 angegeben. Die genaue Lage des maßgebenden kritischen Querschnitts ist nur schwer zu bestimmen. Vereinfachend darf mit einer wirksamen Lastausmitte e_0 im mittleren Drittel der Knicklänge l_0 gerechnet werden, die zu annähernd gleichen Auswirkungen e_2 führt. Bei linear veränderlichem Momentenverlauf dürfen gem. EC 2, 5.8.8.2 die Stabendmomente durch ein äquivalentes Moment M_{0e} nach Theorie I. Ordnung ersetzt werden

$$M_{0e} = 0{,}6 \cdot M_{02} + 0{,}4 \cdot M_{01} \geqq 0{,}4 \, M_{02}$$

Statt mit einem äquivalenten Moment kann auch mit einer äquivalenten Ersatzausmitte gearbeitet werden. Hierfür erhält man M_{0e}

$$\left.\begin{array}{l} e_{0e} = 0{,}6 \cdot e_{02} + 0{,}4 \cdot e_{01} \text{ oder} \\ e_{0e} \geqq 0{,}4 \cdot e_{02} \end{array}\right\} \tag{13.19}$$

Hierin ist:

e_{01}, e_{02} Ausmitten der Längskraft nach Theorie I. Ordnung an den beiden Stabenden mit $|e_{02}| \geqq |e_{01}|$.

Anzusetzen ist der größere der beiden Werte e_0, in (13.19) sind die Ausmitten mit Vorzeichen einzusetzen. In Abb. 13.18 sind die Bemessungsmodelle zur Bestimmung der wirksamen Lastausmitte e_0 bei unverschieblichen Stützen skizziert.

Vergrößerungen der Ausmitte e infolge des Kriechens des Betons sind möglich, hierauf wird im Abschn. 13.7.2 eingegangen.

13.4.5 Ermittlung der Lastausmitte e_2 beim Verfahren mit Nennkrümmungen

Für die zusätzliche Lastausmitte e_2 infolge von Auswirkungen nach Theorie II. Ordnung wurde im Abschn. 13.2.1 für eine auskragende Stütze abgeleitet:

$$e_2 = (1/r) \cdot l_0^2 / c \quad \text{vgl. (13.3)}$$

Bei Druckgliedern mit konstantem Querschnitt wird i. Allg. gem. EC 2, 5.8.8.2 (4) mit $c = 10$ gerechnet. Wenn das Moment nach Theorie I. Ordnung konstant ist, sollte ein kleinerer Wert innerhalb der Grenzen $10 \geqq c \geqq 8$ angesetzt werden, vgl. hierzu die Angaben über die Größe der Kopfauslenkung bei verschiedenen Krümmungsverläufen im Abschn. 13.2.1. Wir beschränken uns hier auf Druckglieder mit konstantem Querschnitt und setzen $c = 10$.

Um einen gleitenden Übergang von der Querschnitttragfähigkeit bei $\lambda = 25$ zu der Stützentragfähigkeit bei Schlankheiten $\lambda \geqq 35$ zu schaffen, wurde in EC 2 / NA., 5.8.8.2 für Druckglieder mit Schlankheiten $25 \leqq \lambda \leqq 35$ der interpolierende Korrekturfaktor K_1 eingeführt. Damit erhält man für die Lastausmitte e_2:

$$e_2 = K_1 \cdot (1/r) \cdot l_0^2 / 10 \tag{13.20}$$

Hierin ist, vgl. EC 2 / NA., 5.8.8.2:

$$K_1 = \lambda / 10 - 2{,}5 \quad \text{für } 25 \leqq \lambda \leqq 35$$

$$K_1 = 1{,}0 \qquad\qquad \text{für } \lambda > 35$$

Zur Berechnung der Krümmung $1/r$ wurde angenommen, dass in beiden Bewehrungssträngen die Streckgrenze der Bewehrung erreicht ist. Nach Abschn. 12.5.2 und Abb. 12.15 ist hierbei die größte Krümmung und die größte Momententragfähigkeit bei einer bezogenen Längskraft $\nu = -0{,}4$ erreicht. Mit einem Beiwert K_r wird die abnehmende Krümmung bei ansteigender

Längsdruckkraft erfasst. In Abb. 13.19 bezeichnet N_{bal} den Ort der größten Momententragfähigkeit, hierbei entspricht N_{bal} etwa 40 % der maximal vom Querschnitt aufnehmbaren Druckkraft N_{ud}. Die Normalkraft N_{ud} ist die vom Querschnitt ohne Beanspruchung durch Biegemomente, aufnehmbare Druckkraft, für die Krümmung gilt dann $1/r = 0$. Zur Bestimmung des Korrekturbeiwertes K_r wird nach Abb. 13.19 angenommen, dass die Krümmung im Druckbruchbereich linear vom Maximalwert bei N_{bal} auf null bei N_{ud} abnimmt:

$$\frac{N_{ud} - N_{Ed}}{N_{ud} - N_{bal}} = \frac{K_r \cdot k_{bal}}{k_{bal}}$$

$$K_r = \frac{N_{ud} - N_{Ed}}{N_{ud} - N_{bal}} \leqq 1,0$$

Erläuterungen hierzu findet man in [3.3] und [8].

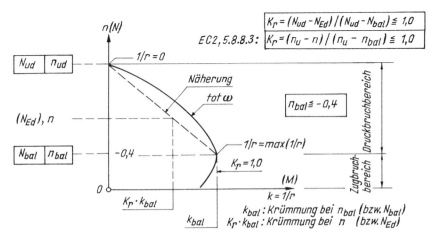

Abb. 13.19 *Interpolation des Krümmungsverlaufes in Abhängigkeit von der Normalkraftbeanspruchung*

Statt mit den Normalkräften N kann diese Gleichung auch mit den bezogenen Normalkräften $n = N/(A_c \cdot f_{cd})$ angeschrieben werden. Dann erhält man den in EC 2, 5.8.8.3 angegebenen Ausdruck für K_r in folgender Form:

$$K_r = (n_u - n)/(n_u - n_{bal}) \leqq 1,0 \qquad (13.21)$$

Hierin ist, vgl. auch EC 2, Gl. (5.36):

$n =$ $|N_{Ed}|/(A_c \cdot f_{cd})$ bezogene Normalkraft
N_{Ed} Bemessungswert der Normalkraft
$\omega =$ $A_s \cdot f_{yd}/(A_c \cdot f_{cd})$
$n_u =$ $1 + \omega$
n_{bal} der Wert von n bei maximaler Biegetragfähigkeit, hierfür darf 0,4 gesetzt werden
A_s Querschnittsfläche der Bewehrung
A_c Betonquerschnittsfläche des Druckstabes

Mit (13.7) erhält man für die Krümmung unter Berücksichtigung von K_r:

$$(1/r) = 2 \cdot K_r \cdot \varepsilon_{yd} / (0{,}9 \cdot d) \tag{13.22}$$

oder für B 500 mit $\varepsilon_{yd} = f_{yd} / E_s$

$$(1/r) = K_r / (207 \cdot d) \tag{13.22a}$$

Hierin ist:

d Nutzhöhe des Querschnitts in der betrachteten Richtung

Der Korrekturfaktor K_r gilt für den *Druckbruchbereich*, also für Werte $n < -0{,}4$. Im Zugbruchbereich wird mit $K_r = 1{,}0$ gearbeitet. Wenn im Druckbruchbereich mit $K_r = 1{,}0$ gerechnet wird, liegt man stets auf der sicheren Seite, die Ausmitte e_2 wird etwas zu groß ermittelt. Wenn im Druckbruchbereich die Krümmung unter Ansatz von K_r und unter Ansatz der Bewehrung A_s gem. (13.21) bestimmt wird, ist eine iterative Rechnung erforderlich. Die Bewehrung A_s zur Bestimmung von n_u muss zunächst geschätzt und gegebenenfalls im Zuge des Nachweises korrigiert werden.

13.4.6 Zusammenfassung

Bei Einzeldruckgliedern mit $\lambda > \lambda_{lim}$ sind die Auswirkungen einer Rechnung nach Theorie II. Ordnung zu erfassen.

$$\begin{aligned} \lambda &= l_0 / i & \text{gem. Abschn. 13.4.1} \\ \lambda_{lim} &= 25 & \text{für } |n| \geqq 0{,}41 \\ \lambda_{lim} &= 16 / \sqrt{|n|} & \text{für } n < 0{,}41 \end{aligned} \right\} \quad \text{vgl. (13.16)}$$

Beim Verfahren mit Nennkrümmung erfolgt der Nachweis des Gleichgewichts auf der Grundlage der Krümmung $(1/r)$ unter der maximalen Auslenkung nach Theorie II. Ordnung. Der Nachweis wird geführt durch eine *Bemessung* im kritischen Querschnitt gem. Abschn. 13.4.4.

Die Bemessung erfolgt unter Ansatz einer Gesamtausmitte

$$e_{tot} = e_0 + e_i + e_2 \quad \text{vgl. (13.18)}$$

Hierin ist:

$$e_0 = M_{Ed0} / N_{Ed}$$

$$e_i = \theta_i \cdot l_0 / 2 \quad \text{vgl. (13.12)}$$

Für die Zusatzausmitte e_2 gilt

$$e_2 = K_1 \cdot (1/r) \cdot l_0^2 / 10 \quad \text{vgl. (13.20)}$$

Hierbei ist $K_1 = \lambda / 10 - 2{,}5$ für $25 \leqq \lambda \leqq 35$

Die Krümmung $1/r$ wird bei symmetrisch bewehrten, runden oder rechteckigen Querschnitten bestimmt über den Ansatz

$$1/r = 2 \cdot K_r \cdot \varepsilon_{yd} / (0{,}9 \cdot d) \quad \text{vgl. (13.22)}$$

oder über

$$1/r = K_r / (207 \cdot d) \quad \text{vgl. (13.22a)}$$

Der Korrekturbeiwert K_r berücksichtigt die abnehmende Krümmung bei anwachsender Normalkraft:

$$K_r = (n_u - n)/(n_u - n_{bal}) \leqq 1{,}0 \quad \text{vgl. (13.21)}$$

$K_r = 1{,}0$ ist eine auf der sicheren Seite liegende Näherung.

Wenn bei verschieblichen Tragwerken eine Einspannung der Stabenden des Druckgliedes durch anschließende Bauteile angenommen wird, ist für diese einspannenden Bauteile auch das Zusatzmoment nach Theorie II. Ordnung zu berücksichtigen. Dies gilt somit beispielsweise für die Verbindung einer verschieblichen Stütze mit einem Rahmenriegel und für die Einspannung einer verschieblichen Stütze im Fundament. Die Zusammenstellung Abb. 13.19a zeigt im Zusammenhang, in welchen Fällen bei Einzeldruckgliedern die Auswirkung einer Rechnung nach Theorie II. Ordnung zu berücksichtigen ist. Die weitere Bearbeitung erfolgt dann nach dem Verfahren mit Nennkrümmung. In allen anderen Fällen sind die Auswirkungen einer möglichen Verformung von Druckgliedern im Grenzzustand der Tragfähigkeit so gering, dass sie unberücksichtigt bleiben dürfen. Die Bemessung erfolgt im Grenzzustand der Tragfähigkeit für die nach Theorie I. Ordnung ermittelten Schnittgrößen mit einem der im Kapitel 12 besprochenen Verfahren.

Einteilung der Tragwerke und der Bauteile	
EC 2, 5.8.3: Einzeldruckglieder Einzeldruckglieder als Teil eines Tragwerks	
Gl. (13.16) Vergleich der Schlankheit: Ist $\lambda > 25$ und $|n| \geqq 0{,}41$ oder $\lambda > 16/\sqrt{|n|}$ und $|n| < 0{,}41$	
Ja	Nein
Das Druckglied ist schlank!	Das Druckglied ist nicht schlank!
Auswirkungen einer Rechnung nach Theorie II. Ordnung sind zu berücksichtigen: Verfahren mit Nennkrümmung: a) Nachweis mit Bemessungshilfen gem. Abschn. 13.5 oder b) Bemessung für N_{Ed} und $M_{Ed} = N_{Ed} \cdot e_{tot}$	Schnittgrößenermittlung nach Theorie I. Ordnung Bemessung im kritischen Querschnitt für N_{Ed} und M_{Ed} mit einem der in Abschn. 12 angeführten Verfahren

Abb. 13.19a Einteilung der Tragwerke und der Bauteile

13.5 Bemessungshilfen

In Heft 425 [80.3] sind im Abschnitt 9 Bemessungshilfen für die Bemessung nach Eurocode 2 enthalten. Diese Bemessungshilfsmittel wurden etwa 1990 entwickelt, um ein Arbeiten mit der bereits zum damaligen Zeitpunkt geplanten Einführung von Eurocode 2 zu ermöglichen. Die Grundlagen der Bemessung und insbesondere die Grundlagen des Stabilitätsnachweises für Einzeldruckglieder haben sich seit dieser Zeit nicht verändert, die Bemessungshilfen aus Heft 425 können daher auch für Nachweise nach EC 2, Fassung Januar 2011, benutzt werden. In der Baupraxis erfolgt zunehmend eine Verwendung von Bemessungsprogrammen, mit den Bemessungshilfen ist dann erforderlichenfalls eine rasche Kontrollrechnung möglich.

Mit den zur Verfügung stehenden Bemessungshilfen wird der erforderliche Bewehrungsgehalt direkt aus Nomogrammen entnommen. Es entfällt somit die Ermittlung der Zusatzausmitte e_2

infolge von Auswirkungen nach Theorie II. Ordnung und die anschließende Bemessung mit Interaktionsdiagrammen für die Schnittgrößen

$$M_{Ed} = M_{0Ed} + M_2 \text{ und } N_{Ed}, \text{ vgl. (13.17)}$$

Die Beiwerte K_1 und K_r sind in die Bemessungshilfen eingearbeitet, die maßgebende Krümmung $1/r$ wurde gem. (13.7) in Ansatz gebracht.

Das Arbeiten mit den verschiedenen Nomogrammen wird in den „Anwendungen" in den folgenden Abschnitten gezeigt. Hier soll auf grundsätzliche Unterschiede hingewiesen werden. Die in Abb. 13.20 dargestellten Arbeitsanweisungen sind auch in einigen Handbüchern (z. B. [1.6]) enthaltenen Bemessungshilfen enthalten. Als Tafel 9 und 10 sind im Anhang dieses Buches ein e/h-Diagramm und ein μ-Nomogramm abgedruckt.

Die Tafeln gelten für alle Betonfestigkeitsklassen bis C 50/60 und für Betonstahl B 500 sowie für die Teilsicherheitsbeiwerte $\gamma_C = 1,5$ und $\gamma_S = 1,15$. Die Tafelauswahl erfolgt über die Querschnittsform, über die Bewehrungsanordnung und über den bezogenen Randabstand der Bewehrung d_1/h.

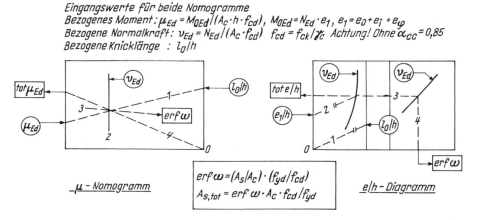

Abb. 13.20 Bemessungshilfen zur Ermittlung der Bewehrung nach dem Verfahren mit Nennkrümmung

Die Eingangswerte für die Anwendung der Tafeln sind in Abb. 13.20 in Kreisen angegeben:

– das bezogene Moment $\mu_{Ed} = M_{0Ed}/(A_c \cdot h \cdot f_{cd})$
– die bezogene Normalkraft $v_{Ed} = N_{Ed}/(A_c \cdot f_{cd})$
– die bezogene Knicklänge l_0/h.

Das Eingangsmoment M_{0Ed} ist unter Berücksichtigung der ungewollten Lastausmitte e_i und gegebenenfalls unter Einschluss einer zu berücksichtigenden Ausmitte e_φ infolge Kriechen zu bestimmen. Im Abschn. 13.7.2 folgen Ergänzungen bezüglich der Berücksichtigung des Kriecheinflusses.

$$M_{0Ed} = N_{Ed} \cdot (e_0 + e_i + e_\varphi)$$

Zu beachten ist, dass der Bemessungswert der Betondruckfestigkeit beim Arbeiten mit diesen Bemessungshilfen abweichend von den Angaben in EC 2, 3.1.6 *ohne* den Dauerstandsbeiwert $\alpha_{cc} = 0,85$ anzusetzen ist:

e/h-Diagramm
μ-Nomogramm $\left.\vphantom{\begin{array}{c}a\\b\end{array}}\right\}$ $\boxed{f_{cd} = f_{ck}/\gamma_C}$

Mit den μ-Nomogrammen wird der Bereich der überwiegenden Biegung abgedeckt. Am Schnittpunkt der Geraden „1" mit der ν_{Ed}-Linie „2" wird erf ω_{tot} aus den Nomogrammen entnommen. Bei verschieblichen Systemen muss das Moment nach Theorie II. Ordnung auch von den anschließenden Bauteilen aufgenommen werden. Man erhält tot μ_{Ed} über die Linie 4 an der μ_{Ed}-Ordinate.

Im Druckbruchbereich, also im Bereich kleiner Lastausmitten, ist ein Arbeiten mit den μ-Nomogrammen wegen der eng beieinander liegenden ν_{Ed}- und ω-Linien nicht mehr möglich. In diesen Fällen kleiner Lastausmitten wird mit dem e/h-Diagramm gearbeitet. Die Anwendung ist aus der schematischen Skizze in Abb. 13.20 ablesbar:

- Gerade 1 durch „0" und l_0/h
- Parallele 2 hierzu ausgehend von e_1/h bis ν_{Ed}
- Vom Schnittpunkt der Linie 2 mit ν_{Ed} ergibt eine Linie 3 parallel zur Abszissenachse an der e/h-Ordinate des linken Diagrammteils die Gesamtausmitte tot e/h
- Die Linie 3 wird bis zur ν_{Ed}-Linie im rechten Diagrammteil verlängert. Die Linie 4 liefert den mechanischen Bewehrungsgrad erf ω.

Die Ablesewerte sind in Abb. 13.20 in Kästen angeschrieben.

Ein vereinfachtes, rechnerisches Bemessungsverfahren für den Zugbruchbereich wird im Abschn. 13.7.4 besprochen.

Bemessungsdiagramme auf der Grundlage des Modellstützenverfahrens wurden u. a. von *Schmitz/Goris* [4] entwickelt, vgl. auch [8]. Als Tafel 11 sind einige dieser Diagramme im Anhang wiedergegeben. Die Tafelauswahl erfolgt über die Betonfestigkeitsklasse, die Bewehrungsanordnung, den bezogenen Randabstand der Bewehrung und die Schlankheit $\lambda = l_0/i$.

Tafeleingangswerte sind

- das bezogene Moment $\mu_{Ed1} = M_{Ed}/(b \cdot h^2 \cdot f_{cd})$
- die bezogene Normalkraft $\nu_{Ed} = N_{Ed}/(b \cdot h \cdot f_{cd})$

Hierbei ist der Bemessungswert der Betondruckfestigkeit wie üblich unter Berücksichtigung des Dauerstandsfaktors einzusetzen:

$$f_{cd} = \alpha_{cc} \cdot f_{ck}/\gamma_C$$

Das Moment nach Theorie I. Ordnung ist wie zuvor unter Einschluss von e_i und gegebenenfalls e_φ anzusetzen.

Abgelesen wird ω_{tot}. Das jeweils vorliegende Dehnungsverhältnis kann aus den Diagrammen erkannt werden. Wenn bei verschieblichen Bauteilen das Gesamtmoment nach Theorie II. Ordnung benötigt wird, kann dies aus dem Diagramm bei $\lambda = 25$ ermittelt werden. Dieses Diagramm gilt somit für die reine Querschnittsbemessung ohne Berücksichtigung von Verformungen nach Theorie II. Ordnung. Ein Anwendungsbeispiel hierzu folgt später. Der Vorteil dieser Diagramme ist in der sehr einfachen Handhabung zu sehen, eine Interpolation zwischen den einzelnen Diagrammen in Abhängigkeit von der Schlankheit λ ist meist entbehrlich: wenn man für die Bemessung nicht das Diagramm mit der tatsächlich vorhandenen Schlankheit λ verwendet, sondern das Diagramm mit der nächst größeren Schlankheit, liegt man bezüglich der erforderlichen Bewehrung und bezüglich der Größe der Ausmitte e_2 stets auf der „sicheren Seite".

13.6 Anwendungen: Unverschiebliche Stützen

13.6.1 Aufgabenstellung und Lastermittlung

In Abb. 13.21 sind die Systemangaben eines mehrgeschossigen Tragwerks dargestellt. Die Horizontalkräfte werden in y- und z-Richtung von aussteifenden Scheiben aufgenommen, die Stützen sind somit in Deckenhöhe horizontal unverschieblich gehalten. Für die Stützen Pos. 1, 2 und 3 ist im Rahmen dieses Beispiels die Bemessung durchzuführen, die Konstruktion ist darzustellen. Für die Randstütze Pos. 3 wurden die Biegemomente in einer Vergleichsrechnung bestimmt, hierbei wurden auch Exzentrizitäten der Gebäudefassade berücksichtigt.

Lastermittlung:

Für Pos. 1 und 2 werden nur die Maximalwerte der Normalkräfte bestimmt, die minimalen Einwirkungen ($\gamma_G = 1,0$) sind hier nicht relevant. Die Last der Dachkonstruktion oberhalb der letzten Massivdecke bleibt im Rahmen dieses Beispiels unberücksichtigt.

Riegelbelastung, vgl. Abb. 13.21

$$g_k = 6,5 \cdot 6,0 + 0,4 \cdot 0,45 \cdot 25,0 = 43,5 \, \text{kN/m}$$

$$q_k = 5,0 \cdot 6,0 = 30,0 \, \text{kN/m}$$

Stützeneigenlast je Geschoss: $\qquad \Delta G_k \approx 12,0 \, \text{kN}$

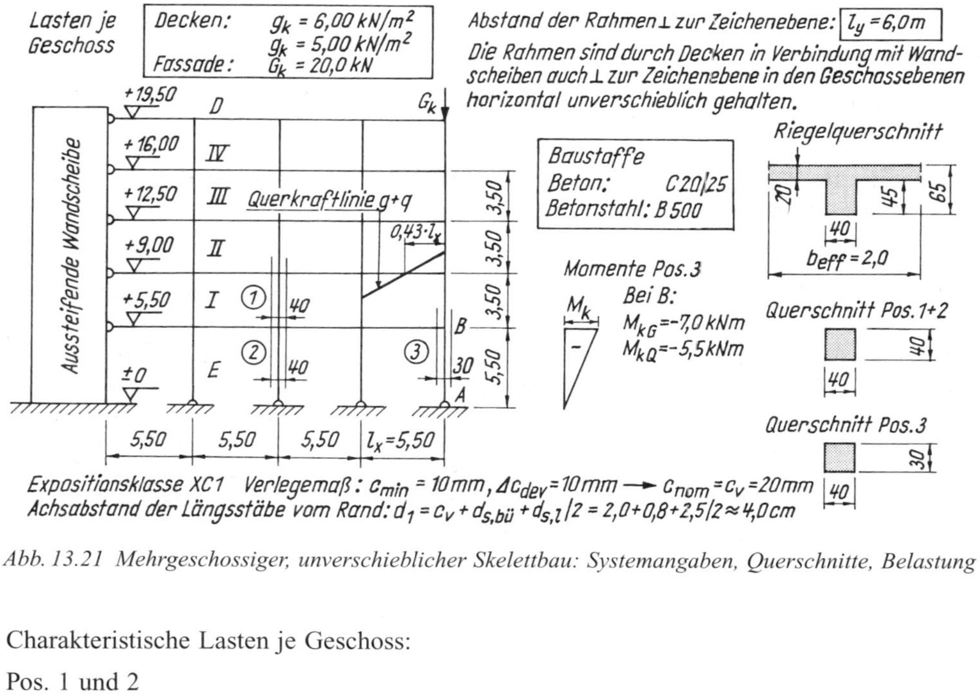

Abb. 13.21 Mehrgeschossiger, unverschieblicher Skelettbau: Systemangaben, Querschnitte, Belastung

Charakteristische Lasten je Geschoss:

Pos. 1 und 2

$$G_k = 43,5 \cdot 5,50 + 12,0 = 251,0 \, \text{kN}$$

$$Q_k = 30,0 \cdot 5,50 = 165,0 \, \text{kN}$$

Pos. 3

$$G_k = 43{,}5 \cdot 5{,}50 \cdot 0{,}43 + 20{,}0 + 12{,}0 = 135{,}0\,\text{kN}$$

$$Q_k = 30{,}0 \cdot 5{,}50 \cdot 0{,}43 \qquad\qquad = 71{,}0\,\text{kN}$$

Teilsicherheitsbeiwerte gem. Abb. 2.6

$$\gamma_G = 1{,}35 \quad \text{bzw.} \quad \gamma_G = 1{,}0; \quad \gamma_Q = 1{,}5$$

Bemessungslasten mit der Grundkombination (2.3):

Bei Pos. 2 wird der Abminderungsbeiwert α_n gem. (2.11) in Ansatz gebracht:

$$\alpha_n = 0{,}7 + 0{,}6\,/\,n = 0{,}7 + 0{,}6\,/\,4 = 0{,}85$$

Pos. 1: $\quad N_{Ed,G} = -1{,}35 \cdot 251{,}0 \cdot 4 \quad = -1355\,\text{kN}$

$\qquad\quad N_{Ed,Q} = -1{,}5 \cdot 165{,}0 \cdot 4 \quad = -990\,\text{kN}$

Pos. 2: $\quad N_{Ed,G} = -1{,}35 \cdot 251{,}0 \cdot 5 \qquad\qquad = -1694\,\text{kN}$

$\qquad\quad N_{Ed,Q} = -1{,}5 \cdot 165{,}0 \cdot 0{,}85 \cdot 4 - 1{,}5 \cdot 165 \quad = -1089\,\text{kN}$

Pos. 3: $\quad N_{Ed,G} = -1{,}35 \cdot 135{,}0 \cdot 5 \quad = -911\,\text{kN}$

bzw. $\qquad N_{Ed,G} = -1{,}0 \cdot 135{,}0 \cdot 4 \quad = -540\,\text{kN}$

$\qquad\quad N_{Ed,Q} = -1{,}5 \cdot 71{,}0 \cdot 5 \quad = -533\,\text{kN}$

$\qquad\quad M_{Ed,G} = 1{,}35 \cdot 7{,}0 \qquad\quad = 9{,}5\,\text{kNm}$

$\qquad\quad M_{Ed,Q} = 1{,}5 \cdot 5{,}5 \qquad\quad = 8{,}3\,\text{kNm}$

13.6.2 Nachweis Pos. 1: Innenstütze

Abmessungen, vgl. Abb. 13.21:

$$b/h = 40\,/\,40\,\text{cm}, \quad l_{col} = 3{,}50\,\text{m (Geschosshöhe)}$$

Innenstütze in einem unverschieblichen Tragwerk. Momente aus Rahmenwirkung bleiben unberücksichtigt (EC 2, 5.3.2.2).

Einwirkende Schnittgrößen:

$$N_{Ed} = -(1355 + 990) = -2345\,\text{kN} \qquad (g + q)$$

Knicklänge (Abb. 13.12)

Es wird frei drehbare Lagerung an beiden Stabenden angenommen. Die Knicklänge darf mit der *lichten* Höhe zwischen den Einspannstellen bestimmt werden, hier wird mit der Geschosshöhe gerechnet. Damit erhält man:

$$\beta = 1{,}0$$

$$l_0 = \beta \cdot l_{col} = 3{,}50\,\text{m}$$

Schlankheit und Grenzschlankheit mit (13.16), vgl. Abb. 13.19a

$$\lambda = l_0\,/\,i = 350\,/\,(0{,}289 \cdot 40) = 30$$

$$\nu_{Ed} = N_{Ed}\,/\,(A_c \cdot f_{cd})$$

Beton C 20/25: $\quad f_{cd} = 0{,}85 \cdot 20{,}0\,/\,1{,}5 = 11{,}33\,\text{N/mm}^2$

$$|\nu_{Ed}| = 2{,}345\,/\,(0{,}40^2 \cdot 11{,}33) = 1{,}29 > 0{,}41$$

$\lambda_{\text{lim}} = 25 < \lambda = 30$

Die Stütze gilt als schlankes Druckglied.

Imperfektionen gem. (13.12) und (13.14)

$$e_i = \theta \cdot l_0 / 2$$
$$\theta_i = 1 / (100 \cdot \sqrt{l}) = 1 / (100 \cdot \sqrt{3{,}50})$$
$$\theta_i = 1 / 187$$

Bei Einzelstützen in unverschieblichen (ausgesteiften) Tragwerken darf immer vereinfachend mit $e_i = l_0 / 400$ gerechnet werden, vgl. (13.14). Damit hier:

$$e_i = 350 / 400 = 0{,}88 \text{ cm}$$

Bemessung mit dem e/h-Diagramm (Tafel 9, Anhang)

Bemessungsschnittgrößen

$$N_{\text{Ed}} = -2345 \text{ kN}$$
$$M_{\text{Ed}} = |N_{\text{Ed}}| \cdot e_i = 2345 \cdot 0{,}0088 = 20{,}6 \text{ kNm}$$

Kriecheinwirkungen bleiben außer Ansatz.

Tafelauswahl:

$$A_{s1} = A_{s2}, \quad d_1 / h = 4{,}0 / 40 = 0{,}10$$

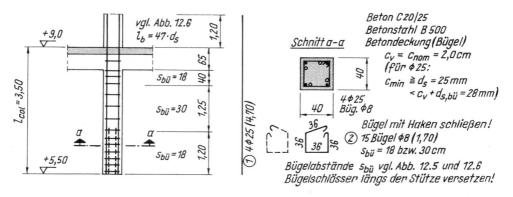

Abb. 13.22 Bewehrung Stütze Pos. 1 (Abschn. 13.6.2)

Tafeleingangswerte

$$l_0 / h = 350 / 40 = 8{,}75$$
$$e_1 / h = e_i / h = 0{,}88 / 40 = 0{,}022$$
$$v_{\text{Ed}} = N_{\text{Ed}} / (A_c \cdot f_{\text{cd}}) = -2{,}345 / (0{,}40^2 \cdot 20{,}0 / 1{,}5) = -1{,}10$$

Aus Tafel 9: erf $\omega \approx 0{,}40$

Bewehrung:

$$A_{s,\text{erf}} = \text{erf } \omega \cdot A_c \cdot f_{\text{cd}} / f_{\text{yd}} = 0{,}40 \cdot 0{,}40^2 \cdot 13{,}33 \cdot 10^4 / 435 = 19{,}6 \text{ cm}^2$$

Ein Nachweis für die Mindestbewehrung gem. (12.6) erübrigt sich.

Gewählte Bewehrung

$4 \oslash 25, \quad A_s = 19,6 \, \text{cm}^2$

$\varrho_l = 100 \cdot 19,6 / 40^2 = 1,22\% < 4,5\%$

Vollstoß zulässig

Bügel $\oslash 8, \quad s_{\text{bü}} = 30 \, \text{cm}, \quad$ vgl. Abb. 12.5

Konstruktion, vgl. Abb. 13.22.

Die Längsbewehrung wird jeweils oberhalb einer Geschossdecke gestoßen, für die zulässigen Bügelabstände gelten die Angaben in Abb. 12.6b. Die Bügel werden durch Haken geschlossen, die Bügelschlösser werden in Stützenlängsrichtung verschwenkt.

13.6.3 Nachweis Pos. 2: Innenstütze

Abmessungen, vgl. Abb. 13.21

$b/h = 40/40 \, \text{cm}, \quad l_{\text{col}} = 5,50 \, \text{m}$

Einwirkende Schnittgrößen

$N_{\text{Ed}} = -1694 - 1089 = -2783 \, \text{kN}$

$M_{\text{Ed}} = 0 \, \text{kNm}$

Knicklänge

$l_0 = \beta \cdot l_{\text{col}} = 1,0 \cdot 5,50 = 5,50 \, \text{m}$

Schlankheit

$\lambda = l_0 / i = 550 / (0,289 \cdot 40) = 48$

$\lambda > \lambda_{\text{lim}}: \quad$ Schlankes Druckglied

Imperfektionen

$e_i = 1 / \left(100 \cdot \sqrt{l} \right) = 1 / \left(100 \cdot \sqrt{5,50} \right)$

$e_i = 1 / 234$

$e_i = (1 / 234) \cdot 550 / 2 = 1,18 \, \text{cm oder } e_i = l_0 / 400 = 1,38 \, \text{cm}$

Bemessung mit dem e/h-Diagramm (Anhang, Tafel 9)

$N_{\text{Ed}} = -2783 \, \text{kN}$

$M_{\text{Ed}} = M_{\text{0Ed}} + M_2 = N_{\text{Ed}} \cdot e_{\text{tot}} = |N_{\text{Ed}}| \cdot (e_0 + e_i) = 2783 \cdot (0 + 0,0118) = 33 \, \text{kNm}$

Tafelauswahl:

$A_{s1} = A_{s2}, \quad d_1 / h = 4,0 / 40 = 0,10$

Tafeleingangswerte

$l_0 / h = 550 / 40 = 13,75$

$e_i / h = 1,18 / 40 = 0,03$

Hier: $f_{\text{cd}} = 20,0 / 1,5 = 13,33 \, \text{N/mm}^2$

$\nu_{\text{Ed}} = -2,783 / (0,40^2 \cdot 13,33) = -1,30$

Aus Tafel entnommen: $\quad$ erf $\omega \approx 0,65$

Erforderliche Bewehrung

$$A_{s,erf} = 0,65 \cdot 0,40^2 \cdot 13,33 \cdot 10^4 / 435 = 31,8 \, \text{cm}^2$$

$$A_{s1} = A_{s2} = A_{s,erf} / 2 = 15,9 \, \text{cm}^2$$

Vergleichsrechnung, gem. Abschn. 13.4.6:

$$e_{tot} = e_0 + e_i, \quad e_0 = 0, e_i = 1,18 \, \text{cm}$$

$$e_2 = K_1 \cdot (1/r) \cdot l_0^2 / 10$$

$$K_1 = \lambda / 10 - 2,5 \quad \text{für} \quad 25 \leqq \lambda \leqq 35$$

$$K_1 = 1 \quad \text{für} \quad \lambda > 35$$

$$\text{Hier ist } \lambda = 48: K_1 = 1,0$$

$$K_r = \frac{N_{ud} - N_{Ed}}{N_{ud} - N_{bal}} \leqq 1,0$$

oder mit (13.21): $K_r = (n_u - n) / (n_u - n_{bal}) \leqq 1,0$

Geschätzt: $A_s = 31,8 \, \text{cm}^2$ (siehe oben!)

Mit (12.13) für $M_{Ed} = 0$:

$$N_{Rd} = N_{ud} = A_c \cdot f_{cd} + A_s \cdot f_{yd} = 0,40^2 \cdot 11,33 + 31,8 \cdot 10^{-4} \cdot 435$$

$$N_{ud} = 3,20 \, \text{MN}, \quad N_{bal} \approx 0,40 \cdot N_{ud} \quad \text{(vgl. Abb. 13.19)}$$

$$K_r = \frac{3,20 - 2,783}{3,20 - 0,4 \cdot 3,20} = 0,22$$

Vergleichsrechnung mit (13.21):

$$K_r = (n_u - n) / (n_u - n_{bal})$$

$$n = |N_{Ed}| / (A_c \cdot f_{cd}) = 2,783 / (0,40^2 \cdot 11,33) = 1,54$$

$$\omega = A_s \cdot f_{yd} / (A_c \cdot f_{cd}) = (31,8 \cdot 10^{-4} \cdot 435) / (0,40^2 \cdot 11,33) = 0,76$$

$$n_u = 1 + \omega = 1,76, \quad n_{bal} = 0,4$$

$$K_r = (1,76 - 1,54) / (1,76 - 0,4) = 0,16$$

Für die weitere Berechnung wird $K_r = 0,22$ angesetzt.

$$e_2 = K_1 \cdot (1/r) \cdot l_0^2 / 10 \qquad \text{vgl. (13.20)}$$

$$1/r = K_r / (207 \cdot d) \qquad \text{vgl. (13.22a)}$$

$$e_2 = 1,0 \cdot \frac{0,22}{207 \cdot 0,36} \cdot 5,50^2 / 10 = 0,0089 \, \text{m}$$

$$e_{tot} = e_0 + e_i + e_2 = 0 + 1,18 + 0,89 = 2,07 \, \text{cm}$$

Bemessung mit Tafel 7 (Anhang)

$$\left. \begin{aligned} \mu_{Ed} &= \frac{2,783 \cdot 0,0207}{0,40 \cdot 0,40^2 \cdot 11,33} = 0,08 \\ \nu_{Ed} &= \frac{-2,783}{0,40^2 \cdot 11,33} = -1,54 \end{aligned} \right\} \quad \omega_{tot} = 0,80$$

$$A_{s,tot} = 0,80 \cdot 0,40^2 \cdot 10^4 / 38,4 = 33,3 \, \text{cm}^2$$

$$A_{s1} = A_{s2} = A_{s,tot} / 2 = 16,65 \, \text{cm}^2$$

Die Unterschiede zwischen den beiden Bemessungsgängen liegen im Rahmen der mit den Diagrammen erreichbaren Ablesegenauigkeit.

Gewählte Bewehrung (vgl. Abb. 13.23)

$$4 \oslash 25 + 4 \oslash 28 \qquad A_{s,tot} = 44,2\,\text{cm}^2$$

An jeder Stützenseite

$$1 \oslash 28 + 2 \oslash 25 \qquad A_{s1} = A_{s2} = 16,0\,\text{cm}^2$$

Bügel $\oslash 10$, $\quad s_{bü} = 30\,\text{cm} \quad$ bzw. $\quad s_{bü} = 18\,\text{cm}$

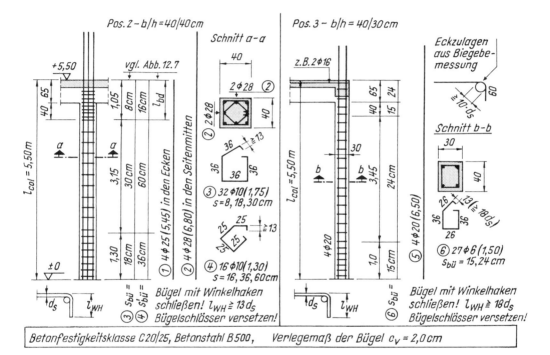

Abb. 13.23 Bewehrung Pos. 2 (Abschn. 13.6.3) und Pos. 3 (Abschn. 13.6.4)

Für Längsstäbe $d_{sl} = 28\,\text{mm}$ sind nach Abb. 12.5 zur Knicksicherung Bügel mit einem Durchmesser $d_{s,bü} = 8\,\text{mm}$, geschlossen durch Haken, ausreichend. Gewählt werden Bügel mit $d_{s,bü} = 10\,\text{mm}$. Die Bügel dürfen gem. den Hinweisen in Abb. 12.5 durch Winkelhaken mit einer Winkelhakenlänge $l_{WH} \geqq 13\,d_s$ geschlossen werden.

Gesamtbewehrung

$$\text{tot}\ \varrho = 100 \cdot 44,2 / 40,0^2 = 2,76\,\% < 4,5\,\%$$

Vollstoß der Bewehrung an einer Stelle ist zulässig, vgl. Abb. 12.6b. Von der Bewehrung werden 4 $\oslash$ 28 als Anschlussbewehrung in das 1. Obergeschoss geführt, 4 $\oslash$ 25 werden unterhalb der Erdgeschossdecke verankert, vgl. hierzu Abb. 13.23. Am Stützenkopf erhält man für zentrischen Druck:

Vom Stahl aufzunehmen

$$N_s = N_{vorh} - N_c = 2{,}783 - 0{,}40^2 \cdot 11{,}33$$
$$= 0{,}97\,\text{MN} = A_s \cdot f_{yd}$$
$$A_s = 0{,}97 \cdot 10^4 / 435 = 22{,}3\,\text{cm}^2$$

Vorhanden sind mindestens $4 \oslash 28 \quad A_s = 24{,}6\,\text{cm}^2$.

Für die Stütze im Obergeschoss wurde im Abschn. 13.6.2 unter Ansatz der ungewollten Ausmitte e_i eine erforderliche Gesamtbewehrung von $A_s = 19{,}6\,\text{cm}^2$ ermittelt. Ein weiterer Rechengang unter Ansatz einer Mindestausmitte $e_0 = h\,/\,30 \geqq 20\,\text{mm}$ gem. EC 2, 6.1 (4) wird nicht für erforderlich gehalten, vgl. hierzu auch Abschn. 12.3.1.

13.6.4 Nachweis Pos. 3: Randstütze

Abmessungen, vgl. Abb. 13.21

$$b\,/\,h = 40\,/\,30\,\text{cm}, \quad l_{col} = 5{,}50\,\text{m}$$
$$h = 30\,\text{cm in der Rahmenebene}$$

Einwirkende Schnittgrößen

Moment am Stützenkopf (I. Ordnung)

$$M_{Ed} = -9{,}5 - 8{,}3 = -17{,}8\,\text{kNm}$$
(Teilsicherheitsbeiwerte angesetzt: $\gamma_G = 1{,}35$, $\gamma_Q = 1{,}5$)

Moment im kritischen Querschnitt, vgl. Abschn. 13.4.4 und Abb. 13.18:

$$M_{0e} = -0{,}6 \cdot 17{,}8 = -10{,}7\,\text{kNm}$$

Normalkräfte:

Ungünstig wirkend ($\gamma_G = 1{,}35$, $\gamma_Q = 1{,}50$)

Alle Geschosse mit $g_d + q_d$ belastet

$$N_{Ed} = -911 - 533 = -1444\,\text{kN}$$

Günstig wirkend

1.–4. Obergeschoss: $\gamma_G = 1{,}0$; $\quad \gamma_Q = 0$

Erdgeschoss: $\quad \gamma_G = 1{,}35$; $\quad \gamma_Q = 1{,}50$

$$N_{Ed} = -540 - 1{,}35 \cdot 135 - 1{,}5 \cdot 71 = -829\,\text{kN}$$

Bei den Lasten aus dem Erdgeschoss wurden die Teilsicherheitsbeiwerte wie bei der Bestimmung der Momente $M_{Ed,G}$ und $M_{Ed,Q}$ angesetzt.

Knicklänge mit Abb. 13.12

Einspannung bei B (obere Skala in Abb. 13.12)

$$k_1 = \frac{\Sigma E \cdot I_{col}/l_{col}}{\Sigma M_{R,1}}$$

Trägheitsmomente (Nebenrechnung)

Riegel $I_R = 175\,\text{dm}^4$, Stützen $I_{col} = 9\,\text{dm}^4$

Der Elastizitätsmodul ist konstant, es wird $E = 1,0$ gesetzt.

$\Sigma I_{col} / l_{col} = 9,0 / 5,50 + 9,0 / 3,50 = 4,21$

$\Sigma M_{R1} = 4 \cdot I_R / l_R = 4 \cdot 175 / 5,50 = 127,3$

$k_1 = 4,21 / 127,3 = 0,033 \qquad < 0,1$

Am Fußpunkt (untere Skala in Abb. 13.12)

Die Stütze ist gelenkig gelagert: $k_2 = \infty$

Aus Nomogramm: $\beta = 0,75$

In Rahmenebene: $l_0 = 0,75 \cdot 5,50 = 4,13\,\mathrm{m}$

Senkrecht hierzu: $l_0 = 1,0 \cdot 5,50 = 5,50\,\mathrm{m}$

Schlankheit

$\lambda_z = 413 / (0,289 \cdot 30) = 48$

$\lambda_y = 550 / (0,289 \cdot 40) = 48$

Im Rahmen dieses Beispiels wird nur die Bemessung in Rahmenebene gezeigt, die Bemessung für zweiachsige Biegung wird im Abschn. 13.9.3 durchgeführt.

Imperfektionen (vgl. Abschn. 13.4.2)

$\theta_i = 1 / (100 \cdot \sqrt{5,50}) = 1 / 234$

$e_i = (1 / 234) \cdot 4,13 / 2 = 0,0088\,\mathrm{m}$

Bemessung mit e / h-Diagramm

$N_{Ed} = -1444\,\mathrm{kN}, \quad |M_{0e}| = 10,7\,\mathrm{kNm} \quad$ bzw.

$N_{Ed} = -\ 829\,\mathrm{kN}, \quad |M_{0e}| = 10,7\,\mathrm{kNm}$

Ausmitte nach Theorie I. Ordnung

$e_1 = 10,7 / 1444 = 0,0074\,\mathrm{m}$ (ungünstig)

$e_1 = 10,7 / \ 829 = 0,0129\,\mathrm{m}$ (günstig)

$e_1 + e_i = 0,0074 + 0,0088 = 0,0162\,\mathrm{m}$ (ungünstig)

$e_1 + e_i = 0,0129 + 0,0088 = 0,0217\,\mathrm{m}$ (günstig)

Tafelauswahl

$A_{s1} = A_{s2}, \quad d_1 / h = 4,0 / 30,0 \approx 0,15$

Tafeleingangswerte

$l_0 / h = 413 / 30 = 13,8$

$(e_1 + e_i) / h = 0,0162 / 0,30 = 0,05 \quad$ bzw.

$(e_1 + e_i) / h = 0,0217 / 0,30 = 0,07$

Hier ist $f_{cd} = 20,0 / 1,5 = 13,3\,\mathrm{MN/m}^2$

$\nu_{Ed} = -1,44 / (0,40 \cdot 0,30 \cdot 13,3) = -0,90 \quad$ bzw.

$\nu_{Ed} = -0,829 / (0,40 \cdot 0,30 \cdot 13,3) = -0,52$

Aus e/h-Diagramm, vgl. Anhang, Tafel 9

Normalkraft wirkt ungünstig: erf $\omega \approx 0{,}3$

Normalkraft wirkt günstig: erf $\omega < 0{,}3$

Erforderliche Bewehrung

$$A_s = 0{,}3 \cdot 0{,}30 \cdot 0{,}40 \cdot 13{,}3 \cdot 10^4 / 435 = 11{,}0\,\text{cm}^2$$

Gewählte Bewehrung

$4\ \varnothing 20,\quad A_s = 12{,}6\,\text{cm}^2$

$\text{tot}\ \varrho = 100 \cdot 12{,}6 / (30 \cdot 40) = 1{,}05\,\% < 4{,}5\,\%$

Bügel $\varnothing 6,\quad s_{\text{bü}} = 24\,\text{cm}$

Die Konstruktion ist in Abb. 13.23 dargestellt. Die Bügel werden durch Winkelhaken geschlossen, der gerade Teil des Winkelhakens wird auf mindestens 15 d_s festgelegt, damit folgt für die Winkelhakenlänge nach Abb. 12.5 $l_{\text{wH}} \geqq 18\ d_s$.

Der Bügeldurchmesser wurde hier so gering wie möglich gewählt, um die in EC 2/NA. gegebenen Möglichkeiten aufzeigen zu können. Bügel $d_s = 6$ mm lassen sich auch besser schließen als Bügel mit größerem Durchmesser. Eine bessere Konstruktion ergibt sich jedoch bei der Wahl eines Bügeldurchmessers $d_s = 8$ mm. Der Bewehrungskorb ist dann steifer, er steht besser in der Schalung und die Gefahr einer zu geringen Betondeckung infolge einer möglichen Verkantung beim Aufstellen und beim Betonieren ist geringer. Nach [9] sollen bei Stützen mit einem Verlegemaß der Bügel $c_v = 20$ mm (Expositionsklasse XC 1, Innen) und einer erforderlichen Feuerwiderstandsklasse $\geqq$ R 90 bei Verwendung von 90°-Winkelhaken grundsätzlich Bügel mit einem Durchmesser $d_s = 10$ mm verwendet werden.

Am Stützenkopf ist die Stütze für einachsige Biegung und Normalkraft nach Theorie I. Ordnung zu bemessen ($N_{\text{Ed}} = -1440$ kN, $M_{\text{Ed}} = -17{,}8$ kNm). Im vorliegenden Fall ist dieser Bemessungsschritt für die Größe der erforderlichen Stützenbewehrung nicht maßgebend.

13.7 Berücksichtigung besonderer Einflüsse

13.7.1 Gestaffelte Bewehrung

Die Grundlagen des Verfahrens unter Ansatz von Nennkrümmungen wurde für Einzeldruckstäbe mit konstanter Bewehrung im Abschn. 13.2.1 besprochen, hierbei wurde nach Abb. 13.6 ein parabelförmiger Verlauf der Krümmung $1/r$ über die Stützenlänge l zugrunde gelegt. Dies führt zu der im weiteren Verlauf angesetzten Lastausmitte nach Theorie II. Ordnung

$$e_2 = (1/10) \cdot l_0^2 \cdot (1/r)$$

Wenn die Bewehrung entsprechend dem Momentenverlauf fein gestaffelt wird, stellt sich ein annähernd konstanter Krümmungsverlauf über die Stablänge l ein. Der Stab ist nicht nur an der Einspannstelle, sondern auf ganzer Stablänge bis zur Grenztragfähigkeit beansprucht. Für die Ausmitte e_2 wurde im Abschn. 13.2.1 für einen rechteckförmigen Krümmungsverlauf ermittelt

$$e_2 = (1/8) \cdot l_0^2 \cdot (1/r)$$

Ein Vergleich der beiden Ausdrücke für e_2 ergibt

$$(1/8) \cdot l_0^2 = \mathbf{0{,}125} \cdot l_0^2 \approx (1{,}1 \cdot l_0)^2 / 10 = \mathbf{0{,}121} \cdot l_0^2$$

Hieraus folgt, dass mit den Bemessungshilfen für schlanke Druckglieder auch bei gestaffelter Bewehrung gearbeitet werden darf, wenn mit um 10 % vergrößerten Knicklängen l_0 gearbeitet wird. Für die Bemessung mit dem e/h-Diagramm und dem μ-Nonogramm gilt damit

$$\left.\begin{array}{l} \text{Gestaffelte Bewehrung} \\[4pt] \text{Eingangswerte } l_0'/h \\[4pt] l_0' = 1,1 \cdot l_0 \end{array}\right\} \tag{13.23}$$

Wenn der Nachweis in Form einer Bemessung mit $e_{\text{tot}} = e_0 + e_i + e_2$ gem. Abschn. 13.4.6 erfolgt, ist bei gestaffelter Bewehrung zu setzen

$$e_2 = \frac{1}{8} \cdot l_0^2 \cdot (1/r) \quad \text{statt} \quad e_2 = \frac{1}{10} \cdot l_0^2 \cdot (1/r)$$

Die Zusatzausmitte e_2 gem. (13.20) wird bei gestaffelter Bewehrung also etwa 25 % größer als bei konstanter Bewehrung über die Stablänge l_{col}.

Für e_2 gilt somit:

$$\left.\begin{array}{l} \text{Gestaffelte Bewehrung} \\[4pt] e_2 = 1,25 \cdot K_1 \cdot (1/r) \cdot l_0^2/10 \end{array}\right\} \tag{13.23a}$$

13.7.2 Einfluss des Kriechens

Durch die plastische Verformung des Betons unter Dauerlast werden die Dehnungen am Druckrand „2" im Laufe der Zeit vergrößert vom Anfangswert $\varepsilon_{c2,0}$ auf $\varepsilon_{c2,\infty}$. Da der Querschnitt auch während des Betonkriechens eben bleibt, verschiebt sich die Nulllinie während dieses Zeitraums in Richtung Zugrand. Die Betonrandspannungen σ_{c2} sind nach Abschluss des Kriechens geringer als zur Zeit $t = 0$, weil zur Aufnahme der Biegedruckkraft F_{cd} eine größere Druckfläche zur Verfügung steht. Die Stahlspannungen σ_{s1d} wachsen infolge des Kriechens, weil der Hebelarm der inneren Kräfte von z_0 auf z_∞ abnimmt. Die Krümmung $1/r$ und damit die Durchbiegung wird durch das Kriechen vergrößert. In Abb. 13.24 werden diese Zusammenhänge erläutert.

Nach EC 2, 5.8.2 (6) muss der Gleichgewichtszustand von Tragwerken unter Längsdruck unter Berücksichtigung der Bauteilverformung nachgewiesen werden, wenn hierdurch die Tragfähigkeit um mehr als 10 % verringert wird: Theorie II. Ordnung, vgl. Abschn. 13.1.1. Durch das Kriechen des Betons kann die Verformung wesentlich vergrößert werden. Eine merkbare Verminderung der Tragfähigkeit durch das Kriechen ist nach [80.15] zu erwarten bei Druckgliedern mit großer Schlankheit und einfach gekrümmter Biegelinie. Eine solche Stütze ist z. B. im linken Teil der Abb. 13.17 skizziert. Mit zunehmender Lastausmitte und mit zunehmendem Bewehrungsgehalt wird der Kriecheinfluss geringer. Auch für die Berücksichtigung des Kriecheinflusses bei der Größe der Bauteilverformungen gilt die 10-%-Regel. Gem. EC 2/NA., 5.8.4 (4) dürfen daher Kriechauswirkungen in der Regel vernachlässigt werden, wenn

– die Stützen an beiden Enden monolithisch mit den lastabtragenden Bauteilen (Unterzüge) verbunden sind oder
– bei verschieblichen Tragwerken die Schlankheit der Einzeldruckglieder $\lambda < 50$ und gleichzeitig die bezogene Lastausmitte $e_0/h > 2$ ist.

Hierin ist $e_0 = M_{0Ed}/N_{Ed}$

M_{0Ed} ist das Bemessungsmoment nach Theorie I. Ordnung im GZT, in der Regel somit das für die Bemessung maßgebende Moment nach der Grundkombination (2.3).

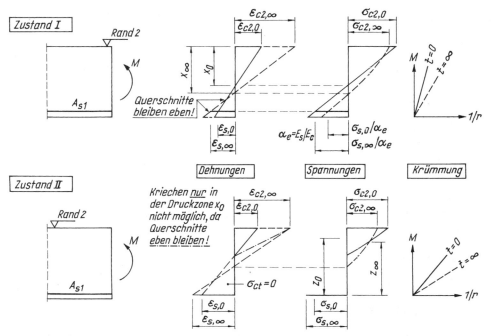

Abb. 13.24 *Einfluss des Betonkriechens auf Dehnungen, Spannungen und Krümmungen bei bewehrten Stahlbetonquerschnitten*

Man kann die Auswirkungen des Kriechens durch Ermittlung der Verformungen unter der quasi-ständigen Einwirkungskombination (Dauerlast) ermitteln. Die sich hieraus ergebenden Zusatzschnittgrößen infolge des Kriechens werden in einem zweiten Rechengang zu den Schnittgrößen unter der Bemessungskombination addiert. Durch Einführung der „effektiven Kriechzahl" kann die Auswirkung des Kriechens in *einem* Bemessungsschritt erfasst werden. Einzelheiten zur Bestimmung der Verformung unter Ansatz einer effektiven Kriechzahl findet man bei *Fingerloos* [90.4]. Nach EC 2/NA., 5.8.4 darf in allen Fällen, in denen bei einer Rechnung nach Theorie II. Ordnung der Einfluss des Kriechens zu berücksichtigen ist, vereinfacht mit einer effektiven Kriechzahl φ_{eff} gerechnet werden. Hierfür gilt

$$\varphi_{\text{eff}} = \varphi\,(\infty, t_0) \cdot M_{\text{1perm}} / M_{\text{0Ed}} \tag{13.24}$$

Hierin ist:

$\varphi(\infty, t_0)$ die Endkriechzahl, vgl. hierzu Abschn. 1.8

$M_{\text{1,perm}}$ das Biegemoment nach Theorie I. Ordnung unter der quasi-ständigen Einwirkungskombination (2.7) unter Einschluss der Imperfektionen im Grenzzustand der Gebrauchstauglichkeit

M_{0Ed} das Biegemoment nach Theorie I. Ordnung unter der für die Bemessung maßgebenden Einwirkungskombination und unter Einschluss der Imperfektionen im Grenzzustand der Tragfähigkeit. Die maßgebende Einwirkungskombination für die Bemessung ist im Regelfall die Grundkombination (2.3).

Bei dem Verfahren mit Nennkrümmung erfolgt der Nachweis des Gleichgewichtes auf der Grundlage der Krümmung $1/r$ unter der maximalen Auslenkung nach Theorie II. Ordnung. Für die maximale Auslenkung ist dabei nach (13.20)

$$e_2 = K_1 \cdot (1/r) \cdot l_0^2 / 10$$

Für die Krümmung $1/r$ gilt nach (13.22) hierbei

$$1/r = 2 \cdot K_r \cdot \varepsilon_{yd} / (0,9 \cdot d)$$

oder für Betonstahl B 500

$$1/r = K_r / (207 \cdot d)$$

Wenn das Kriechen berücksichtigt werden muss, darf dies nach EC 2, 5.8.8.3 durch eine Vergrößerung der Krümmung $1/r$ mit dem Faktor K_φ erfolgen:

$$K_\varphi = 1 + \beta \cdot \varphi_{eff} \geqq 1,0 \tag{13.25}$$

Hierin ist:

φ_{eff}	die effektive Kriechzahl nach Gl. (13.24)
β	$= 0,35 + f_{ck} / 200 - \lambda / 150$
λ	Schlankheit des Druckgliedes gem. Abschn. 13.4.1

Die zusätzliche Lastausmitte e_2 infolge von Auswirkungen einer Rechnung nach Theorie II. Ordnung kann somit vereinfacht über folgenden Ansatz ermittelt werden:

$$e_2 = K_\varphi \cdot K_1 \cdot K_r \cdot \frac{2 \cdot \varepsilon_{yd}}{0,9 \cdot d} \cdot l_0^2 / 10 \tag{13.26}$$

oder für Betonstahl B 500 über den Ansatz

$$e_2 = K_\varphi \cdot K_1 \cdot K_r \cdot \frac{1}{207 \cdot d} \cdot l_0^2 / 10 \tag{13.26a}$$

Der Faktor K_φ wird hierbei über (13.25) bestimmt, für K_1 gilt (13.20), der Korrekturbeiwert K_r zur Berücksichtigung der abnehmenden Krümmung bei ansteigender Längsdruckkraft wird gem. (13.21) berechnet.

Bei schlanken Stützen ist nach den Ausführungen im Abschn. 13.7.2 eine *Zunahme* der Verformung bei Berücksichtigung des Kriechens zu erwarten. Im Gegensatz zu dieser Erwartung wird durch den Beiwert β in (13.25) wegen des Summanden $\lambda/150$ der Faktor K_r und damit auch die Zusatzausmitte e_2 in Abhängigkeit von der Schlankheit *vermindert*. Nach *Fingerloos/Zilch* [60.4] haben Vergleichsrechnungen gezeigt, dass bei Schlankheiten ab etwa $\lambda = 70$ das Verfahren mit Nennkrümmung sehr konservative Ergebnisse liefert. Dies wird auf den Faktor $K_r = 1,0$ im Zugbruchbereich gem. Abb. 13.19 zurückgeführt. Dieser Ansatz führt dazu, dass für bezogene Normalkräfte $n > n_{bal} = -0,4$ keine Verringerung der Krümmung in Abhängigkeit von der Größe der einwirkenden Normalkraft im Zugbruchbereich in Ansatz gebracht wird. Das Verfahren mit Nennkrümmung liefert daher in diesem Bereich Ergebnisse, die stark von den Ergebnissen einer korrekten Berechnung abweichen. Durch den Summanden $\lambda/150$ im Ansatz für β in (13.25) wird dieser Einfluss teilweise kompensiert.

Mit zunehmender Betonfestigkeit ergeben sich unter sonst gleichen Bedingungen ansteigende Kriechverformungen, dies wird durch $f_{ck} / 200$ erfasst.

Wenn bei einem durch zweiachsige Biegung beanspruchten Druckstab der Einfluss des Kriechens berücksichtigt werden muss, kann dies nach *Fingerloos/Zilch* [60.4] dadurch erfolgen, dass bei der Ermittlung der effektiven Kriechzahl die resultierenden Momente aus beiden Achsrichtungen eingesetzt werden. In (13.24) ist dann:

$$M_{1perm} = \sqrt{M_{1perm,y}^2 + M_{1perm,z}^2}$$
$$M_{0Ed} = \sqrt{M_{0Ed,y}^2 + M_{0Ed,z}^2}$$

13.7.3 Gekoppelte Stützensysteme, Modellstützenbeiwerte

Im Hallenbau werden häufig eingespannte Stützen durch Rahmenriegel miteinander verbunden. Die Riegel erzwingen dann eine gleichmäßige Verformung der Stützen in Höhe der Riegel. Durch die Kopplung werden die stärker belasteten Stützen entlastet, die geringer belasteten Stützen erhalten entsprechende Mehrbelastungen. Ein ausführliches Beispiel hierzu findet man in [7.1], für das in Abb. 13.25 dargestellte einfache Beispiel mit zwei gekoppelten Stützen erhält man mit den Verformungsgrößen f für Kragträger (vgl. z. B. [8]):

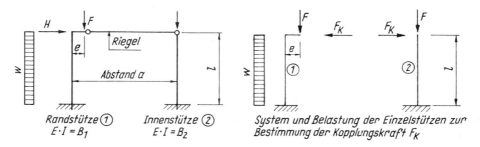

Abb. 13.25 Ermittlung der Kopplungskräfte bei gekoppelten Stützensystemen

Stütze 1

$$B_1 \cdot f = w \cdot l^4 / 8 + H \cdot l^3 / 3 + F \cdot e \cdot l^2 / 2 - F_K \cdot l^3 / 3$$

Stütze 2

$$B_2 \cdot f = F_K \cdot l^3 / 3$$

Die Verformungen f müssen gleich groß sein, für den Sonderfall $B_1 = B_2$ folgt für die Größe der Kopplungskraft

$$F_K = (w \cdot l^4 / 8 + H \cdot l^3 / 3 + F \cdot e \cdot l^2 / 2) / (2 \cdot l^3 / 3)$$

Bei der Ermittlung der einwirkenden Schnittgrößen wird F_K für beide Stützen wie eine von außen auf das System wirkende Kraft betrachtet.

Die dem Verfahren mit Nennkrümmung zugrunde liegende Modellstütze ist gem. Abb. 13.6 eine am Fuß eingespannte Kragstütze mit einer konstanten Längsdruckbeanspruchung und einem konstanten Bewehrungsquerschnitt A_s. *Quast* [1.6.1] zeigt, wie das für Einzelstützen entwickelte Verfahren auch beim Nachweis von Druckgliedern in Tragsystemen angewendet werden kann. Der Grundgedanke des Verfahrens mit Nennkrümmungen bleibt unverändert: Statt einer Stützenbemessung nach Theorie II. Ordnung erfolgt eine Querschnittsbemessung im kritischen Querschnitt. Das im Einspannquerschnitt der Modellstütze vorhandene Moment nach Theorie II. Ordnung $M_2 = N \cdot e_2$ wird zur Bestimmung von Modellstützenbeiwerten K_M dem Zusatzmoment des jeweils dargestellten Systems im Einspannquerschnitt gleichgesetzt. Dabei entspricht die Kopfverschiebung w des betrachteten Systems der Kopfverschiebung der Modellstütze. Die Bestimmung des Einspannmomentes M_2 kann z. B. durch numerische Integration der Biegelinie erfolgen. Für eine Stütze, die durch in gleichen Abständen angreifende Einzellasten beansprucht wird, ist die Herleitung nach *Simpson* in Abb. 13.26 angegeben. Eine solche Belastung ist beispielsweise bei schlanken, aussteifenden Wandscheiben denkbar, wenn die Eigenlast geschossweise als Einzellast idealisiert wird. Für andere Systeme findet man Modellstützenbeiwerte in [1.6.1], für eine Aussteifungsstütze mit angekoppelter Pendelstütze ist K_M in Abb. 13.26 mit angegeben.

Unter Berücksichtigung der Modellstützenbeiwerte erhält man für die Ausmitte e_2 nach Theorie II. Ordnung

$$e_{2,\text{KM}} = K_\text{M} \cdot \left(K_\varphi \cdot K_1 \cdot K_\text{r} \cdot \frac{1}{207 \cdot d} \cdot l_0^2/10 \right) \qquad (13.26\text{b})$$

Hierin ist der Klammerausdruck die Ausmitte e_2 für die Modellstütze gem. (13.26a). Der weitere Rechengang erfolgt dann wie in der Zusammenfassung im Abschn. 13.4.6 dargestellt.

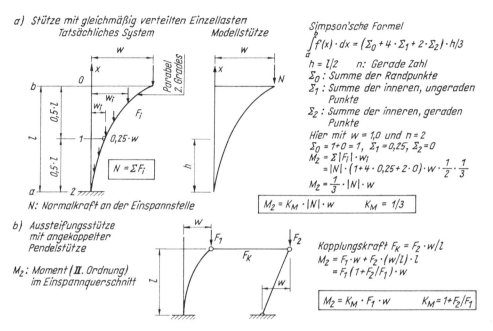

Abb. 13.26 Zur Ermittlung von Modellstützenbeiwerten

Die Modellstütze nach Abb. 13.6 mit $l = l_{\text{col}} = l_0/2$ ist zur Berechnung der Auswirkungen der zusätzlichen Lastausmitte aus Verformungen nach Theorie II. Ordnung gut geeignet. Nicht zutreffend werden die Auswirkungen von Horizontallasten und Schiefstellungen erfasst. Eine solche Horizontallast ist z. B. die Kopplungskraft F_K in Abb. 13.26, die von der auszusteifenden Stütze auf die aussteifende Stütze ausgeübt wird. Die Ursache für diese nicht zutreffende Berechnung ist dadurch zu erklären, dass die Verformung bei einer Rechnung nach Theorie II. Ordnung bei gleicher Verkrümmung $1/r$ vom Quadrat der Länge abhängig ist, vgl. hierzu die Ermittlung von e_2 im Abschn. 13.2.1. Auswirkungen von Horizontallasten ändern sich dagegen nur proportional zur Länge. Wenn ein Druckglied auch aussteifendes Bauteil in einem Tragwerk ist, sind daher besondere Untersuchungen erforderlich, das nachfolgende einfache Beispiel verdeutlicht dies. Ausführliche Erläuterungen hierzu findet man bei *Quast* [1.6.1] und in Heft 525 [80.6].

Das in Abb. 13.27 skizzierte Tragwerk besteht aus einer eingespannten Stütze und zwei angekoppelten, auszusteifenden Stützen. Alle Druckglieder werden durch eine Einzellast F am Stützenkopf belastet.

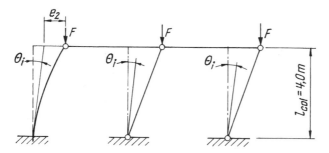

Abb. 13.27 Aussteifende, eingespannte Stütze mit zwei angekoppelten auszusteifenden Stützen

Angesetzt wird zunächst die Schiefstellung θ_i gem. Gl. (14.9) auf das Gesamtsystem. Es sind drei nebeneinander liegende Bauteile vorhanden, die Schiefstellung darf daher mit α_m gem. Gl. (14.10) abgemindert werden. Damit erhält man für die anzusetzende Schiefstellung des Systems mit $h_{ges} = h_{col}$:

$$\theta_i \cdot \alpha_m = \sqrt{\frac{1 + 1/n}{2}} \cdot \frac{1}{100 \cdot \sqrt{l_{col}}}$$

$$= \sqrt{\frac{1 + 1/3}{2}} \cdot \frac{1}{100 \cdot \sqrt{4,0}} = 0,8165 \cdot (1/200) = 1/245$$

Aus dieser Schiefstellung des Gesamtsystems folgt ein zusätzliches Moment an der Einspannstelle der aussteifenden Stütze von

$$M_a = (1 + 2) \cdot \theta_i \cdot F \cdot l_{col}$$

Hieraus lässt sich die zusätzliche Lastausmitte, die bei der Bemessung des Einzeldruckgliedes anzusetzen ist, ermitteln:

$$e_i = M_a/F = (1 + 2) \cdot (1/245) \cdot F \cdot l_{col}/F$$

$$= (3/245) \cdot 4000 = 49 \text{ mm}$$

Die Lastausmitte e_2 führt in der aussteifenden Stütze gem. (13.4) und mit $l_0 = 2 \cdot l_{col}$ zu dem Moment

$$M_2 = (1 + 2) \cdot F \cdot e_2 = 3 \cdot F \cdot 0,1 \cdot (2 \cdot l_{col})^2/r = 3 \cdot F \cdot (4/10) \cdot l_0^2/r$$

$$= F \cdot 0,1 \cdot (\mathbf{3,46} \cdot l_{col})^2/r$$

Ohne angekoppelte, auszusteifende Stützen erhält man nach (13.4) ein Moment

$$M_2 = F \cdot 0,1 \cdot (\mathbf{1,0} \cdot l_0)^2/r$$

Aus dem Vergleich der Momente M_2 ist die Knicklänge für das aussteifende Einzeldruckglied mit zwei angekoppelten Stützen ablesbar:

$$l_0 = 3,46 \cdot l_{col} = 3,46 \cdot 4,0 = 13,84 \text{ m}$$

Wenn die aussteifende Stütze als Einzeldruckglied mit der Knicklänge l_0 und nicht das Tragwerk insgesamt betrachtet wird, gilt folgender Rechengang:

Anzusetzen ist gem. (13.12) als geometrische Ersatzimperfektion

$$e_i = \theta_i \cdot l_0/2$$

Für die Schiefstellung ist hierbei gem. (13.14) zu rechnen mit

$$e_i = 1/(100 \cdot \sqrt{l_{col}}) = 1/(100 \cdot \sqrt{4,0}) = 1/200$$

Für die Einzelstütze folgt als anzusetzende ungewollte Ausmitte

$$e_i = (1/200) \cdot 13\,840/2 = 34,6 \text{ mm}$$

Wenn die Schiefstellung des gesamten Tagwerks angesetzt wird, erhält man für das behandelte Tragsystem eine anzusetzende ungewollte Ausmitte von $e_i = 49\,\text{mm}$, wird nur das Einzeldruckglied als aussteifend angesehen, ist eine ungewollte Lastausmitte von $e_i = 34,6\,\text{mm}$ zu berücksichtigen. Einzelne, aussteifende Bauteile sind daher gem. EC 2/NA., 5.2 (1) für Schnittgrößen zu bemessen, die sich aus der Berechnung am Gesamttragwerk ergeben. Die Auswirkungen von Imperfektionen am Gesamttragwerk sind dabei zu erfassen.

13.7.4 Vereinfachung der Stützenbemessung im Zugbruchbereich

Bei aussteifenden Stützen ist im Regelfall die aufzunehmende Druckkraft gering, die Bemessung ist im Zugbruchbereich (vgl. Abb. 13.19) durchzuführen. Dann ist die nachfolgend beschriebene Vereinfachung der N-M-Beziehung nach *Quast* [1.6.1] möglich. Vorausgesetzt wird eine symmetrische Bewehrung der Stütze mit $A_{s1} = A_{s2}$, ein bezogener Randabstand der Bewehrung $d_1/h \leqq 0,15$. Als Begrenzung des Zugbruchbereiches wird angesetzt

$$N_{ED} \leqq |N_{0c}|/2$$

mit

$$N_{0c} = -A_c \cdot 0,85 \cdot f_{ck}/\gamma_C = -A_c \cdot f_{cd}$$

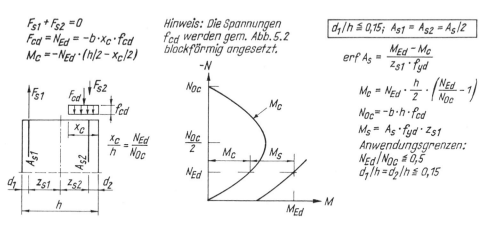

Abb. 13.28 Vereinfachte N-M-Beziehungen für die Bemessung von symmetrisch bewehrten Stützen im Zugbruchbereich (nach Quast [1.6.1])

Für den Verlauf der Betondruckspannungen wird der Spannungsblock gem. Abb. 5.2 gewählt. Damit erhält man den in Abb. 13.28 dargestellten Spannungs- und Kräftezustand im Querschnitt. Es wird davon ausgegangen, dass in beiden Bewehrungssträngen die Stahlspannung f_{yd} erreicht wird, damit ergibt sich $F_{s1d} = |F_{s2d}| = A_{s1} \cdot f_{yd}$. Wegen der angesetzten gleichen Stahlspannung und des gleichen Stahlquerschnitts $A_{s1} = A_{s2}$ wird $F_{s1d} + F_{s2d} = 0$. Die Resultierende der Betondruckspannungen muss daher die gleiche Größe haben wie die einwirkende Normalkraft

$$N_{Ed} = F_{cd} = b \cdot x_c \cdot f_{cd}$$

Der Abschnitt x_c der Betondruckzone kann bestimmt werden aus der Bedingung

$$x_c/h = N_{Ed}/N_{0c} \Rightarrow x_c = (N_{Ed}/N_{0c}) \cdot h$$

Die Kraft F_{cd} greift im Abstand $h/2 - x_c/2$ von der Schwerlinie des Querschnitts an. Vom einwirkenden Gesamtmoment M_{Ed} wird damit von der Betondruckkraft das Teilmoment M_c aufgenommen, der Verlauf von M_c ist in Abb. 13.28 mit eingetragen.

$$M_c = -N_{Ed} \cdot \left(\frac{h}{2} - \frac{x_c}{2} \right)$$

$$= N_{Ed} \cdot \frac{h}{2} \cdot \left(\frac{N_{Ed}}{N_{0c}} - 1 \right)$$

Vom Betonstahl muss das Differenzmoment $M_s = M_{Ed} - M_c$ abgetragen werden.

$$M_s = F_{s1d} \cdot z_{s1} + F_{s2d} \cdot z_{s2} = A_{s,tot} \cdot f_{yd} \cdot z_{s1}$$

Für die Bewehrung erhält man

$$\text{erf } A_{s,tot} = \frac{M_{Ed} - M_c}{z_{s1} \cdot f_{yd}} \qquad \text{erf } A_{s,tot} = A_{s1} + A_{s2}$$

Ein Anwendungsbeispiel hierzu folgt im Abschn. 13.8.

13.7.5 Berücksichtigung einer Fundamentverdrehung

Die bisher vorausgesetzte starre Einspannung einer Stütze am Stützenfußpunkt ist eine Idealisierung, die in vielen Fällen unzutreffend ist. Infolge der nachgiebigen Fundamentbettung im Baugrund, stellt sich im Regelfall eine Fundamentverdrehung ein. Hierdurch kann es bei verschieblichen Systemen und insbesondere bei auskragenden Einzelstützen zu einer deutlichen Vergrößerung der Kopfauslenkung der betreffenden Stützen kommen. Für die Verdrehung des Stützenfußpunktes erhält man in Abhängigkeit von den Fundamentabmessungen und von den vorliegenden Bodenverhältnissen nach *Kordina/Quast* [1.6], 1990, Teil 1, vgl. Abb. 13.28a, Teil a:

$$\alpha = \frac{\sqrt{A_F}}{4 \cdot E_s \cdot I_F} \qquad (13.27)$$

Hierin ist

A_F Fundamentfläche
I_F Trägheitsmoment des Fundamentes um die betrachtete Drehrichtung
E_s Steifemodul des Bodens

Werte für den Steifemodul E_s bei vorwiegend ruhender Belastung sind für ausgewählte Bodenarten nach *Hahn* [33] in Abb. 13.28a, Teil b angeführt, bei dynamischer Belastung (Glockentürme, Maschinenfundamente) ergeben sich wesentlich größere Werte für den Steifemodul E_s.

Im Abschn. 13.3 wurde erläutert, dass bei zentrisch belasteten Stützen durch die Einführung des Begriffs der Knicklänge die Knicklasten von Stützen mit ganz unterschiedlichen Lagerungsbedingungen über einen einheitlichen Ansatz behandelt werden können. *Pflüger* [22] hat für eine elastisch eingespannte Kragstütze unter zentrischer Belastung eine allgemeine Lösung für die Knicklasten angegeben, vgl. Abb. 13.28a, Teil c. Man erkennt, dass die Größe der Knicklasten abhängig ist vom Verhältnis der Steifigkeit der Stütze zu derjenigen der Gründung.

a) Elastisch gebettetes Fundament [1.6]

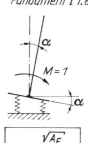

$$\alpha = \frac{\sqrt{A_F}}{4 \cdot E_S \cdot I_F}$$

b) Beispiele für E_S [33]

Bodenart	E_S [MN/m^2]
Sand, $D \geqq 0,5$	40 – 100
Kiessand, $D \geqq 0,5$	80 – 150
Ton $\}$ halbfest Lehm $\}$ bis fest	3 – 30
Ton, Lehm steifplastisch	5 – 20
Mischboden halbfest bis fest	20 – 100
$D \geqq 0,5$: dichte Lagerung	

A_F Fläche bzw. Trägheitsmoment
I_F des Fundamentes

d) Knicklänge l_0 von elastisch eingespannten Kragstützen [80.15]

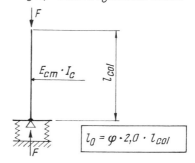

$$l_0 = \varphi \cdot 2,0 \cdot l_{col}$$

c) Elastisch eingespannte Kragstütze [22]

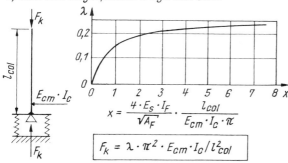

$$x = \frac{4 \cdot E_S \cdot I_F}{\sqrt{A_F}} \cdot \frac{l_{col}}{E_{cm} \cdot I_c \cdot \pi}$$

$$F_k = \lambda \cdot \pi^2 \cdot E_{cm} \cdot I_c / l_{col}^2$$

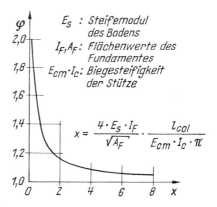

E_S : Steifemodul des Bodens
I_F, A_F: Flächenwerte des Fundamentes
$E_{cm} \cdot I_c$: Biegesteifigkeit der Stütze

$$x = \frac{4 \cdot E_S \cdot I_F}{\sqrt{A_F}} \cdot \frac{l_{col}}{E_{cm} \cdot I_c \cdot \pi}$$

Abb. 13.28a Knicklängen l_0 von elastisch eingespannten Kragstützen

In Heft 220 [80.15] sind Angaben enthalten, mit denen die Vergrößerung der Knicklänge l_0 von zentrisch belasteten Kragstützen bei elastischer Fußeinspannung (Drehbettung) gegenüber einer starr eingespannten Kragstütze bestimmt werden kann. In Abb. 13.28a, Teil b sind diese Angaben mit den Bezeichnungen nach EC 2 zusammengefasst. Für die Knicklänge einer elastisch eingespannten Kragstütze gilt danach

$$l_0 = \varphi \cdot 2,0 \cdot l_{\text{col}}$$

Der Beiwert φ ist in Abhängigkeit von x angeführt, für x gilt der Ansatz

$$x = \frac{4 \cdot E_s I_F}{\sqrt{A_F}} \cdot \frac{l_{\text{col}}}{E_{\text{cm}} \cdot I_c \cdot \pi}$$

Hierin ist

E_s	Steifemodul, vgl. Abb. 13.28a, Teil b
I_F, A_F	Flächenwerte der Gründung
l	Stützenlänge (Geschosshöhe)
$E_{\text{cm}} \cdot I_c$	Biegesteifigkeit der Stütze

Beispiel

Für die in Abb. 13.29 dargestellte Kragstütze ist die Knicklänge l_0 unter Berücksichtigung einer elastischen Fußeinspannung zu bestimmen.

Angaben für die Gründung:

Fundamentgröße $b/l = 1,0/2,50$ m

Bodenverhältnisse: a) Sand, dicht gelagert b) Lehm, steif-plastisch

Durchführung

Bodenart: Sandboden, dicht gelagert

Hierfür aus Abb. 13.28a, Teil b: $E_s \approx 70$ MN/m^2

Angaben für die aufgehende Konstruktion gem. Abb. 13.29:

Stütze: $b/h = 30/50$ cm, $l = l_{col} = 5,0$ m,

Betonfestigkeitsklasse C 25/30: $E_{cm} = 31\,000$ MN/m^2

Ermittlung von x für die Bodenart „Sand":

$$x = \frac{4 \cdot 70 \cdot (1,0 \cdot 2,50^3/12)}{\sqrt{1,0 \cdot 2,50}} \cdot \frac{5,0}{31\,000 \cdot (0,30 \cdot 0,50^3/12) \cdot \pi}$$

$$x = 3,80 \rightarrow \varphi \approx 1,05$$

Damit erhält man

$$l_0 = 1,05 \cdot 2,0 \cdot l_{col} = 2,10 \cdot 5,0 = 10,50 \text{ m}$$

Ermittlung von x für Bodenart „steif-plastischer Lehm":

Hierfür aus Abb. 13.28a: $E_s \approx 16$ MN/m^2

$$x = \frac{4 \cdot 16 \cdot (1,0 \cdot 2,50^3/12)}{\sqrt{1,0 \cdot 2,50}} \cdot \frac{5,0}{31\,000 \cdot (0,30 \cdot 0,50^3/12) \cdot \pi}$$

$$x = 0,87 \rightarrow \varphi \approx 1,30$$

Damit ergibt sich

$$l_0 = 1,3 \cdot 2,0 \cdot 5,0 = 13,0 \text{ m}$$

Man erkennt, dass insbesondere bei schlechten Bodenverhältnissen durch die elastische Bettung des Fundamentes eine deutliche Vergrößerung der Knicklänge l_0 eintritt. Die damit verbundenen größeren Momente nach Theorie II. Ordnung führen zu einer entsprechend größeren erforderlichen Bewehrung.

13.8 Anwendung: Verschiebliche Hallenstütze

13.8.1 Aufgabenstellung

Für die in Abb. 13.29 angegebene Hallenstütze ist die Bemessung im Grenzzustand der Tragfähigkeit durchzuführen. Im Rahmen dieses Beispiels bleiben Nachweise im Grenzzustand der Gebrauchstauglichkeit außer Betracht. Die Konstruktion ist darzustellen.

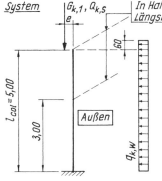

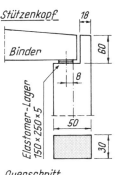

<u>System</u> | $G_{k,1}$, $Q_{k,S}$

In Hallenlängsrichtung ist die Stütze durch Längsriegel unverschieblich ausgesteift

1. Umgebungsbedingung:
   Bauteil „im Inneren"
   Expositionsklasse XC 1

2. Betondeckung
   c_{min} = 10 mm, Δc_{dev} = 10 mm, c_{nom} = 20 mm
   Angesetzt: $c_v = c_{nom}$ = 25 mm (Bügel)

3. Baustoffe
   Betonfestigkeitsklasse C 25/30
   Betonstahl B 500

4. Charakteristische Lasten
   $G_{k,1}$ = 506 kN (Binder)
   $Q_{k,S}$ = 90 kN (Schnee)
   $q_{k,W}$ = 4,4 kN/m (Wind)

l_{col} = 5,00

3,00

Außen

$q_{k,W}$

<u>Stützenkopf</u>

Binder

Elastomer-Lager 150 × 250 × 5

<u>Querschnitt</u>

Abb. 13.29 Hallenstütze: System, Abmessungen, Baustoffe

13.8.2 Durchführung

Teilsicherheitsbeiwerte (günstig/ungünstig)

    Vgl. Abb. 2.6:

    Ständige Einwirkung: γ_G = 1,0; 1,35

    Veränderliche Einwirkung: γ_Q = 0;   1,5

Kombinationsbeiwerte

    Vgl. Abb. 2.5:

    Schneelast ψ_0 = 0,5

    Windlast ψ_0 = 0,6

Charakteristische Lasten (vgl. Abb. 13.29)

Die Eigenlast der Stütze und die ständige Last des Binders werden zu einer gemeinsamen charakteristischen Last G_k zusammengefasst.

$$G_k = 0,30 \cdot 0,50 \cdot 25,0 \cdot 5,0 + 506 = 525\,\text{kN}$$

$$Q_{k,S} = 90,0\,\text{kN (Schnee)}$$

$$q_{k,W} = 4,4\,\text{kN/m (Wind)}$$

Schnittgrößen infolge der charakteristischen Lasten an der Einspannstelle

$$N_{k,G} = -G_k = -525,0\,\text{kN}$$
$$M_{k,G} = G_{k,1} \cdot e = 506 \cdot 0,08 = 40,5\,\text{kNm}$$
$$N_{k,S} = -Q_{k,S} = -90,0\,\text{kN}$$
$$M_{k,S} = Q_{k,S} \cdot e = 90,0 \cdot 0,08 = 7,2\,\text{kNm}$$
$$N_{k,W} = 0\,\text{kN}$$
$$M_{k,W} = q_{k,W} \cdot (l_{col} + 0,60)^2/2 = 4,4 \cdot 5,6^2/2 \approx 68,8\,\text{kNm}$$

Der Lastfall Windsog wird im Rahmen dieses Beispiels nicht untersucht, weil ein positives Moment $M_{k,G}$ vorhanden ist und weil mit $A_{s1} = A_{s2}$ konstruiert wird.

Bemessungsschnittgrößen (Theorie I. Ordnung) an der Einspannstelle

Grundkombination (2.3):

$$N_{\text{Ed}} = \gamma_G \cdot N_{k,G} + \gamma_{Q,1} \cdot N_{Q,1} + \gamma_{Q,i} \cdot \psi_{0,i} \cdot N_{Q,i}$$

$$M_{\text{Ed}} = \gamma_G \cdot M_{k,G} + \gamma_{Q,1} \cdot M_{Q,1} + \gamma_{Q,i} \cdot \psi_{0,i} \cdot M_{Q,i}$$

Untersucht werden folgende Kombinationen

Kombination 1: min $|N|$, zugehöriges max M

Kombination 2: max $|N|$, zugehöriges max M

Kombination 3: max $|M|$, zugehöriges N

Kombination 1:

Ständige Last wirkt günstig ($\gamma_G = 1{,}0$)

Ohne Schnee, mit Winddruck

$$N_{\text{Ed}} = -1{,}0 \cdot 525{,}0 = -525{,}0\,\text{kN}$$

$$M_{\text{Ed}} = 1{,}0 \cdot 40{,}5 + 1{,}5 \cdot 68{,}8 = 143{,}7\,\text{kNm}$$

Kombination 2:

Ständige Last wirkt ungünstig ($\gamma_G = 1{,}35$)

Mit Schnee und Wind, Schneelast ist Leitwert

$$N_{\text{Ed}} = -1{,}35 \cdot 525{,}0 - 1{,}5 \cdot 90 - 1{,}5 \cdot 0{,}6 \cdot 0 = -844{,}0\,\text{kN}$$

$$M_{\text{Ed}} = 1{,}35 \cdot 40{,}5 + 1{,}5 \cdot 7{,}2 + 1{,}5 \cdot 0{,}6 \cdot 68{,}8 = 127{,}4\,\text{kNm}$$

Kombination 3:

Ständige Last wirkt ungünstig ($\gamma_G = 1{,}35$)

Mit Schnee und Wind, Windlast ist Leitwert

$$N_{\text{Ed}} = -1{,}35 \cdot 525{,}0 - 1{,}5 \cdot 0 - 1{,}5 \cdot 0{,}5 \cdot 90{,}0 = -776{,}0\,\text{kN}$$

$$M_{\text{Ed}} = 1{,}35 \cdot 40{,}5 + 1{,}5 \cdot 68{,}8 + 1{,}5 \cdot 0{,}5 \cdot 7{,}2 = 163{,}3\,\text{kNm}$$

Schlankheit, Grenzschlankheit

Knicklänge l_0, vgl. Abb. 13.11: $l_0 = \beta \cdot l_{\text{col}}$

Wegen der möglichen Drehbettung am Fußpunkt wird mit $\beta = 2{,}1$ statt $\beta = 2{,}0$ gerechnet, auf einen genaueren Nachweis gemäß den Angaben im Abschn. 13.7.5 wird im Rahmen dieses Beispiels verzichtet. In Querrichtung ist die Stütze durch Längsriegel unverschieblich gehalten, vgl. Abb. 13.29. In dieser Richtung beträgt die Knicklänge weniger als 3,0 m, ein rechnerischer Nachweis in Querrichtung wird daher nicht für erforderlich gehalten.

$$l_0 = 2{,}1 \cdot 5{,}0 = 10{,}50\,\text{m}$$

Schlankheit gem. (13.9)

Eine gegenseitige Verschiebung der Stabenden ist möglich, vgl. auch Abb. 13.19a.

$$\lambda = l_0 / i = 10{,}50 / (0{,}289 \cdot 0{,}50) = 73$$

Grenzschlankheit gem. (13.16)

$$n = N_{\text{Ed}} / (A_c \cdot f_{\text{cd}}); \quad f_{\text{cd}} = 14{,}17\,\text{MN/m}^2$$

$$n = -0,884 / (0,30 \cdot 0,50 \cdot 14,17) = -0,416$$

$$\lambda_{\max} = \max \begin{cases} 25 & \text{für } |n| \geqq 0,41 \\ 16 / \sqrt{|n|} & \text{für } |n| < 0,41 \end{cases}$$

$$\lambda_{\text{vorh}} = 73 > 16 / \sqrt{0,416} = 25$$

Die Stütze gilt als schlankes Einzeldruckglied, die Auswirkungen einer Berechnung nach Theorie II. Ordnung sind zu berücksichtigen.

Imperfektionen gem. (13.12) und (13.14)

$$\theta_i = 1 / (100 \cdot l) = 1 / (100 \cdot \sqrt{5,0}) = 1 / 224$$

$$e_i = \theta_i \cdot l_0 / 2 = (1 / 224) \cdot 1050 / 2 = 2,34 \, \text{cm}$$

Ermittlung der Ausmitten

Die Ausmitten werden tabellarisch ermittelt, vgl. Abb. 13.30.

Vorwerte hierzu:

$$b/h/d = 30/50/45,5 \, \text{cm}$$

$$K_1 = 1,0 \quad \text{wegen } \lambda > 35, \qquad \text{vgl. (13.20)}$$

$$K_r = (n_u - n) / (n_u - n_{\text{bal}}) \leqq 1 \qquad \text{vgl. (13.21)}$$

$$n = |N_{\text{Ed}}| / (A_c \cdot f_{cd})$$

$$\omega = A_s \cdot f_{yd} / (A_c \cdot f_{cd})$$
$$\quad A_s = 29,45 \, \text{cm}^2 \ (6 \oslash 25) \text{: Geschätzt}$$
$$\quad f_{cd} = 14,17 \, \text{MN/m}^2, f_{yd} = 435 \, \text{MN/m}^2$$

$$\omega = (29,45 \cdot 10^{-4} \cdot 435) / (0,30 \cdot 0,50 \cdot 14,17) = 0,60$$

$$n_u = 1 + \omega = 1,60$$

$$n_u - n_{\text{bal}} = 1,20$$

$$1/r = K_r / (207 \cdot d) \qquad \text{vgl. (13.22a)}$$

$$e_2 = K_1 \cdot (1/r) \cdot l_0^2 / 10 \qquad \text{vgl. (13.20)}$$

Ermittlung der Kriechzahl

Der Einfluss des Kriechens wird gem. Abschn. 13.7.2 erfasst.

Endkriechzahl

Bei der Stütze handelt es sich um ein Bauteil „im Inneren". Die Endkriechzahl wird gem. Abb. 1.18 für RH = 50 % und $t_0 = 50$ Tage zu $\varphi(\infty, t_0) \approx 2,5$ angesetzt.

Ermittlung von $M_{1,\text{perm}}$ mit der quasi-ständigen Einwirkungskombination (2.7)

$$E_d = \sum_{j \geqq 1} G_{k,j} + \sum_{i \geqq 1} \psi_{2,i} \cdot Q_{k,i}$$

Kombinationsbeiwerte gem. Abb. 2.5 für Schnee und Wind: $\psi_2 = 0$

Imperfektionen wie im Grenzzustand der Tragfähigkeit: $e_i = 2,34$ cm

Damit ergibt sich für die Kombinationen 1 bis 3:

$$N_{1\text{perm}} = -525 \, \text{kN}$$

$$M_{1\text{perm}} = 506 \cdot 0,08 + 525 \cdot 0,0234 = 52,8 \, \text{kNm}$$

Ermittlung des Biegemomentes nach Theorie I. Ordnung

Die Werte $e_0 + e_i$ werden aus Abb. 13.30 entnommen. Damit ist für Kombination 1:

$$M_{0,Ed} = |N_{Ed}| \cdot (e_0 + e_i) = 525 \cdot 0{,}297 = 156 \text{ kNm}$$

Für die Kombination 1 erhält man als effektive Kriechzahl mit (13.24)

$$\varphi_{eff} = \varphi(\infty, t_0) \cdot M_{1perm} / M_{0Ed} = 2{,}5 \cdot 52{,}8 / 156 = 0{,}84$$

Für die Kombinationen 2 und 3 sind die entsprechenden Werte in Abb. 13.30 eingetragen.

Ermittlung des Beiwertes K_φ gem. Gl. (13.25):

Ansatz: $\quad K_\varphi = 1 + \beta \cdot \varphi_{eff} \geqq 1{,}0$
Hierin ist: $\quad \beta = 0{,}35 + f_{ck} / 200 - \lambda / 150 \geqq 0$

Für das vorliegende Beispiel folgt mit $f_{ck} = 25{,}0$ und $\lambda = 73$:

$$\beta = 0{,}35 + 25{,}0 / 200 - 73 / 150 = -0{,}012$$

$$\beta = 0: K_\varphi = 1{,}0$$

Der weitere Rechnungsgang ist aus Abb. 13.30 ersichtlich.

		Kombination 1		Kombination 2		Kombination 3	
		N_{Ed} [kN]	M_{Ed} [kNm]	N_{Ed} [kN]	M_{Ed} [kNm]	N_{Ed} [kN]	M_{Ed} [kNm]
		−525	143,7	−844	127,4	−776	163,3
$|e_0| = M_{Ed}/N_{Ed}$	[cm]	27,4		15,1		21,0	
e_i	[cm]	2,34		2,34		2,34	
$e_1 = e_0 + e_i$	[cm]	29,7		17,4		23,3	
$n = |N_{Ed}| / (A_c \cdot f_{cd})$		0,25		0,40		0,36	
$K_r = \dfrac{1{,}60 - n}{1{,}20} \leqq 1{,}0$		1,0		1,0		1,0	
$\dfrac{1}{r} = \dfrac{1}{207 \cdot d}$	$\left[\dfrac{1}{m}\right]$	$1{,}06 \cdot 10^{-2}$		$1{,}06 \cdot 10^{-2}$		$1{,}06 \cdot 10^{-2}$	
$K_1 \cdot K_r \cdot \dfrac{1}{r} \cdot \dfrac{l_0^2}{10} \cdot 100$	[cm]	11,7		11,7		11,7	
$\varphi_{eff} = \varphi(\infty, t_0) \dfrac{M_{1,perm}}{M_{0Ed}}$		0,81		1,44		1,08	
$\beta = 0{,}35 + \dfrac{f_{ck}}{200} - \dfrac{\lambda}{150} \geqq 0$		−0,01 < 0		0		0	
$K_\varphi = 1 + \beta \cdot \varphi_{eff} \geqq 1{,}0$		1,0		1,0		1,0	
$e_2 = K_\varphi \cdot K_1 \cdot K_r \cdot \dfrac{100}{r} \cdot \dfrac{l_0^2}{10}$ [cm]		11,7		11,7		11,7	
$e_{tot} = e_1 + e_2$	[cm]	41,4		29,1		35,0	

Abb. 13.30 Ermittlung der Ausmitten für die Einwirkungskombinationen 1 bis 3

Hinweis zur Größe von K_φ

Bei diesem Beispiel ist $K_\varphi = 1{,}0$, *rechnerisch* wird die Ausmitte nach Theorie II. Ordnung durch das Kriechen nicht vergrößert, vgl. hierzu die Erläuterungen im Anschluss an Gl. (13.26a).

Bemessung mit dem Interaktionsdiagramm

Tafelauswahl:

$$d_1 = c_v + d_{s,bü} + d_{sl}/2 = 2{,}5 + 1{,}0 + 2{,}5/2 = 4{,}7\,\text{cm}$$

$$\left.\begin{array}{l} d_1/h = 4{,}7/50 \approx 0{,}10 \\ A_{s1} = A_{s2} \end{array}\right\} \text{ Tafel 7, Anhang}$$

Vorwerte

$$b \cdot h \cdot f_{cd} = 0{,}30 \cdot 0{,}50 \cdot 14{,}17 = 2{,}126\,\text{MN}$$

$$b \cdot h^2 \cdot f_{cd} = 0{,}30 \cdot 0{,}50^2 \cdot 14{,}17 = 1{,}063\,\text{MNm}$$

$$f_{yd}/f_{cd} = 435/14{,}17 = 30{,}7$$

Kombination 1

$$N_{Ed} = -525\,\text{kN}$$

$$M_{Ed} = |N_{Ed}| \cdot e_{tot} = 525 \cdot 0{,}414 = 217\,\text{kNm}$$

$$\left.\begin{array}{l} \nu_{Ed} = \dfrac{N_{Ed}}{b \cdot h \cdot f_{cd}} = \dfrac{-0{,}525}{2{,}126} = -0{,}25 \\[2ex] \mu_{Ed} = \dfrac{M_{Ed}}{b \cdot h^2 \cdot f_{cd}} = \dfrac{0{,}217}{1{,}063} = 0{,}20 \end{array}\right\} \omega_{tot} = 0{,}28$$

Kombination 2

$$N_{Ed} = -844\,\text{kN}, \quad M_{Ed} = 844 \cdot 0{,}291 = 246\,\text{kNm}$$

$$\left.\begin{array}{l} \nu_{Ed} = \dfrac{-0{,}844}{2{,}126} = -0{,}40 \\[2ex] \mu_{Ed} = \dfrac{0{,}246}{1{,}063} = 0{,}23 \end{array}\right\} \omega_{tot} = 0{,}30$$

Kombination 3

$$N_{Ed} = -776\,\text{kN}, \quad M_{Ed} = 776 \cdot 0{,}35 = 272\,\text{kNm}$$

$$\left.\begin{array}{l} \nu_{Ed} = \dfrac{-0{,}776}{2{,}126} = -0{,}37 \\[2ex] \mu_{Ed} = \dfrac{0{,}272}{1{,}063} = 0{,}26 \end{array}\right\} \omega_{tot} = 0{,}36$$

$$A_{s,tot} = \omega_{tot} \cdot \frac{0{,}30 \cdot 0{,}50}{f_{yd}/f_{cd}} = 0{,}36 \cdot \frac{0{,}30 \cdot 0{,}50}{30{,}7} \cdot 10^4$$

$$A_{s,tot} = 17{,}5\,\text{cm}^2, \quad A_{s1} = A_{s2} = 8{,}8\,\text{cm}^2$$

$A_{s,tot}$ ist wesentlich kleiner als der bei der Bestimmung von K_r geschätzte Wert. Eine Neurechnung ist jedoch nicht erforderlich, weil für alle drei Kombinationen eine Bemessung im Zugbruchbereich erfolgte, hier wird stets $K_r = 1{,}0$ gesetzt, vgl. Abb. 13.19.

Aus Übungsgründen wird die Bemessung, hier für die Einwirkungskombination 3, mit dem in Abschn. 13.7.4 besprochenen „vereinfachten Verfahren" wiederholt.

$$N_{Ed} = -776 \text{ kN}$$

$$M_{Ed} = |N_{Ed}| \cdot e_{tot} = 776 \cdot 0,35 = 272 \text{ kNm}$$

$$N_{0c} = -A_c \cdot f_{cd} = -0,30 \cdot 0,50 \cdot 14,17 = -2,13 \text{ MN}$$

$$M_c = N_{Ed} \cdot \frac{h}{2} \cdot \left(\frac{N_{Ed}}{N_{0c}} - 1 \right)$$

$$= -0,776 \cdot \frac{0,50}{2} \cdot \left(\frac{0,776}{2,13} - 1 \right) = 0,123 \text{ MNm}$$

$$\text{erf } A_s = \frac{M_{Ed} - M_c}{z_{s1} \cdot f_{yd}} \qquad z_{s1} = h/2 - d_1$$

$$\text{erf } A_s = \frac{272 - 123}{(0,25 - 0,047) \cdot 43,5} = 16,9 \text{ cm}^2$$

Man erkennt, dass mit diesem Verfahren eine Bemessung von Stützen im Zugbruchbereich ohne Hilfstafeln und ohne Umrechnung der Schnittgrößen in bezogene Werte möglich ist.

Gewählte Bewehrung

      Innen und außen je 2 $\varnothing$ 25, $A_{s1} = A_{s2} = 9,8 \text{ cm}^2$

      Seitlich je 1 $\varnothing$ 14

      Bügel $\varnothing$ 10, $s_{bü} = 30 \text{ cm}$

      Zwischenbügel (S-Haken) $\varnothing$ 8, $s'_{bü} = 30 \text{ cm}$

      Die Bügel werden mit Winkelhaken geschlossen, Schenkellänge der Winkelhaken $l_{WH} \geqq 13 \, d_s$, vgl. Abb. 12.5.

Gesamtbewehrung

      $\Sigma A_s = 2 \cdot (9,8 + 1,54) = 22,7 \text{ cm}^2$

      $\varrho_1 = 100 \cdot 22,7 / (30 \cdot 50) = 1,5 \%$

      Vollstoß wäre zulässig, vgl. Abb. 12.6.

Mindestbewehrung gem. (12.6)

      $A_{s,min} = 0,15 \cdot |N_{Ed}| / f_{yd} = 0,15 \cdot 844 / 43,5 = 2,9 \text{ cm}^2$

Nachweis für Querkräfte

Auf einen Nachweis wird hier verzichtet, die Querkraftbeanspruchung ist sehr gering

$(V_{Ed} \ll V_{Rd,c})$.

Konstruktion, vgl. Abb. 13.31

Für die Stäbe mit $d_s = 25 \text{ mm}$ wird ohne Übergreifungsstoß konstruiert. Für diese Stabdurchmesser würde sich nach Abschn. 7.8.6 eine Übergreifungslänge $l_0 = 2,0 \text{ m}$ ergeben, die Bügelbewehrung müsste verstärkt werden. Für $d_s = 14 \text{ mm}$ ergibt sich $l_0 = 1,4 \cdot 40 \cdot 1,4 \approx 80 \text{ cm}$, eine Verstärkung der Bügelbewehrung ist nicht erforderlich, EC 2, 8.7.4. Die Längsbewehrung wird symmetrisch zur Stützenachse ausgebildet, dann können auch mögliche Momente aus Beanspruchung infolge Windsog aufgenommen werden.

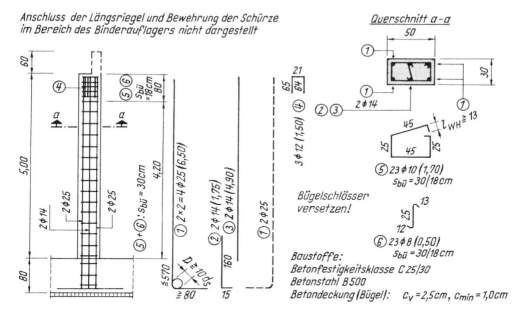

Abb. 13.31 Hallenaußenstütze: Konstruktion

13.9 Druckglieder mit zweiachsiger Lastausmitte

13.9.1 Allgemeines, Nachweisverfahren

Gemäß EC 2, 5.8.2 (4) muss eine ausreichende Tragfähigkeit von Druckgliedern in *jeder* Richtung nachgewiesen werden, in der ein Versagen nach Theorie II. Ordnung möglich ist. Bei Einzeldruckgliedern wird durch einen Vergleich der Schlankheit mit Grenzschlankheiten entschieden, ob die Auswirkungen nach Theorie II. Ordnung zu berücksichtigen sind. Bei Druckgliedern mit zweiachsiger Lastausmitte wird dieser Vergleich für jede der beiden Hauptachsenrichtungen geführt, vgl. (13.16).

Allgemein

$$\lambda_{\max} = \max\left(25; \frac{16}{\sqrt{|n|}}\right) \tag{13.28}$$

Wenn in einer der beiden Richtungen $\lambda \leq \lambda_{\max}$ ist, wird der Nachweis in der jeweils anderen Richtung nach dem Verfahren mit Nennkrümmung für Normalkraft und einachsige Ausmitte geführt.

Wenn für ein Druckglied mit zweiachsiger Ausmitte ein Nachweis nach Theorie II. Ordnung erforderlich wird, ist dies zutreffend im allgemeinen Fall, also für beliebige Querschnittsformen und beliebige Lagerungsbedingungen nur programmgesteuert möglich [1.6]. Auch bei Rechteckquerschnitten ist die Verformungsrichtung und damit die richtige Ermittlung der Zusatzausmitte e_2 nach Theorie II. Ordnung i. Allg. nur mit einer entsprechenden EDV-Einrichtung möglich. Einfache Näherungslösungen sind kaum anzugeben, weil die Verformungsrichtung und die Verformungsgröße abhängig ist vom Seitenverhältnis der Querschnittsabmessungen h/b, vom Verlauf der Ausmitten über die Stützenlänge und vom Verhältnis der Ausmitten zueinander sowie von den Lagerungsbedingungen an den Stützenenden.

Wenn keine geeignete Software vorhanden ist, darf nach *Quast* [1.6.1] stark vereinfachend die ungewollte Ausmitte e_i und die Zusatzausmitte e_2 jeweils getrennt für die beiden Hauptachsenrichtungen ermittelt werden. Danach erfolgt dann eine Querschnittsbemessung für zweiachsige Biegung mit Längsdruck nach dem im Abschn. 12.6 beschriebenen Verfahren. Der Rechengang ist in Abb. 13.32 skizziert, für die Bemessungsschnittgrößen gilt mit den in Abb. 13.32 angegebenen Bezeichnungen

$$\left.\begin{array}{l} N_{Ed} \\ M_{Ed,y} = |N_{Ed}| \cdot e_{tot,z} \\ M_{Ed,z} = |N_{Ed}| \cdot e_{tot,y} \end{array}\right\} \qquad (13.29)$$

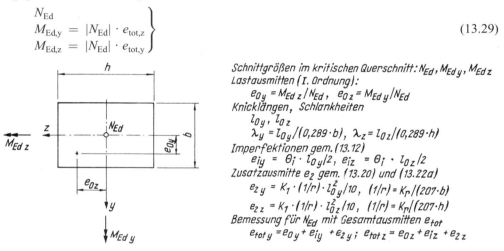

Schnittgrößen im kritischen Querschnitt: N_{Ed}, M_{Edy}, M_{Edz}
Lastausmitten (I. Ordnung):
$e_{0y} = M_{Edz}/N_{Ed}, \quad e_{0z} = M_{Edy}/N_{Ed}$
Knicklängen, Schlankheiten
l_{0y}, l_{0z}
$\lambda_y = l_{0y}/(0,289 \cdot b), \quad \lambda_z = l_{0z}/(0,289 \cdot h)$
Imperfektionen gem. (13.12)
$e_{iy} = \Theta_i \cdot l_{0y}/2, \quad e_{iz} = \Theta_i \cdot l_{0z}/2$
Zusatzausmitte e_2 gem. (13.20) und (13.22a)
$e_{2y} = K_1 \cdot (1/r) \cdot l_{0y}^2/10, \quad (1/r) = K_r/(207 \cdot b)$
$e_{2z} = K_1 \cdot (1/r) \cdot l_{0z}^2/10, \quad (1/r) = K_r/(207 \cdot h)$
Bemessung für N_{Ed} mit Gesamtausmitten e_{tot}
$e_{toty} = e_{0y} + e_{iy} + e_{2y}; \quad e_{totz} = e_{0z} + e_{iz} + e_{2z}$

Abb. 13.32 *Druckglied mit zweiachsiger Ausmitte: Vereinfachte Ansätze zur Bemessung, wenn getrennte Nachweise in Richtung der beiden Hauptachsen nicht zulässig sind*

Mit (13.29) werden die Lastausmitten e_{0y} und e_{0z} so ungünstig vergrößert, wie es überhaupt möglich ist. Das Verfahren liegt daher stets auf der sicheren Seite, die Bewehrung wird zu groß ermittelt. In EC 2, 5.8.9 (4) ist für Stützen mit zweiachsiger Lastausmitte ein Näherungsverfahren für den Fall angegeben, dass getrennte Nachweise in den beiden Hauptachsenrichtungen unzulässig sind.

13.9.2 Getrennte Nachweismöglichkeit bei Rechteckquerschnitten

Bei Druckgliedern mit Rechteckquerschnitt und zweiachsiger Biegung weicht der Querschnitt in Richtung einer der beiden Hauptachsen aus, wenn der Lastangriffspunkt nach Abb. 13.33 in der Nähe einer der beiden Hauptachsen liegt. Das Verformungsverhalten entspricht dann dem bei einachsiger Biegung. Hiermit kann gerechnet werden, wenn das Verhältnis der bezogenen Lastausmitten zueinander kleiner als 0,2 ist. In EC 2, 5.8.9 findet man diese Bedingung in folgender Form

$$\left.\begin{array}{l} (e_y/h)/(e_z/b) \leqq 0,2 \\ \text{oder} \\ (e_z/b)/(e_y/h) \leqq 0,2 \end{array}\right\} \qquad (13.30)$$

Außerdem muss das Verhältnis der Schlankheiten eine der beiden folgenden Bedingungen erfüllen:

$$\lambda_y/\lambda_z \leqq 2 \quad \text{oder} \quad \lambda_z/\lambda_y \leqq 2 \qquad (13.30a)$$

In (13.30) und (13.30a) ist für Recheckquerschnitte zu setzen:

b, h Querschnittsabmessungen, vgl. Abb. 13.33

λ_y, λ_z Schlankheit l/i, bezogen auf die y- bzw. z-Achse

$e_z = M_{Edy}/N_{Ed}$ Lastausmitte in Richtung der z-Achse

$e_y = M_{Edz}/N_{Ed}$ Lastausmitte in Richtung der y-Achse

M_{Edy} Moment nach Theorie I. Ordnung um die y-Achse

M_{Edz} Moment nach Theorie I. Ordnung um die z-Achse

N_{Ed} Bemessungswert der Normalkraft

Hinweis:

Nach EC 2 sind die Lastausmitten e_y und e_z mit den Bemessungsmomenten um die y-Achse bzw. um die z-Achse *einschließlich der Momente nach Theorie II. Ordnung* zu ermitteln. Nach *Quast* [1.6.1] sind getrennte Nachweise in Richtung der beiden Hauptachsen immer dann ausreichend, wenn der Querschnitt nicht aufreißt. Hiermit kann bei Rechteckquerschnitten gerechnet werden, wenn die nach Theorie I. Ordnung ermittelten Ausmitten e/h kleiner als 0,2 sind, eine Berücksichtigung der Zusatzausmitten gem. Abschn.13.4.2 ist nicht erforderlich. Die aufwändige Bestimmung der Ausmitten nach Theorie II. Ordnung gem. den Ansätzen in EC 2 wird damit vermieden, vgl. hierzu auch [9].

In EC 2, Gl. (5.38) wird b_{eq} statt b und h_{eq} statt h gesetzt, mit $b_{eq} = i_y \cdot \sqrt{12}$ und $h_{eq} = i_z \cdot \sqrt{12}$. Damit kann EC 2, Gl. (5.38b) auch auf vom Rechteck abweichende Querschnittsformen angewendet werden.

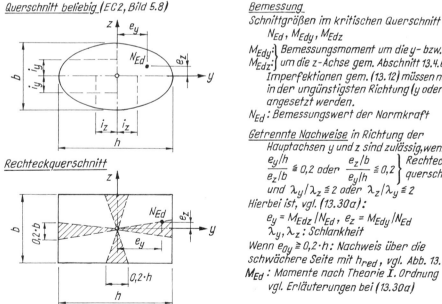

Abb. 13.33 Druckglied mit zweiachsiger Lastausmitte: Ansätze zur Bemessung und Hinweise für getrennte Nachweismöglichkeiten in Richtung der beiden Hauptachsen

Wenn (13.30) mit (13.30a) eingehalten ist, dürfen getrennte Nachweise in Richtung der beiden Hauptachsen für *einachsige* Biegung nach dem Verfahren mit Nennkrümmung geführt werden.

Der Lastangriffspunkt liegt dabei innerhalb der in Abb. 13.33 schraffierten Bereiche. Bei Rechteckquerschnitten mit $h > b$ und einer großen Ausmitte e_0 in Richtung der längeren Querschnittsseite kann der Querschnitt teilweise aufreißen. Die Stütze verformt sich in diesen Fällen umso mehr normal zur längeren Querschnittsseite, je kleiner das Verhältnis b/h ist. Gemäß EC 2/NA., 5.8.9 (3) muss bei getrennter Nachweisführung in Richtung der beiden Hauptachsen der Nachweis der Biegung über die schwächere Hauptachse mit einer reduzierten Breite h_{red} geführt werden. Die reduzierte Breite h_{red} entspricht der Größe der Druckzone bei Annahme einer linearen Spannungsverteilung im Querschnitt. Für die Bestimmung von h_{red} gilt mit den Bezeichnungen in Abb. 13.34 der folgende Ansatz. In Abb. 13.34 wurde das y-z-System wie in EC 2/NA., Abb. NA. 5.8.1 festgelegt.

$$\sigma_c = 0 = \frac{|N_{Ed}|}{A_c} - \frac{|N_{Ed}| \cdot (e_{0z} + e_{iz})}{I_{cy}} \cdot (h_{red} - h/2)$$

Mit $A_c = b \cdot h$ und $I_{cy} = b \cdot h^3 / 12$ erhält man

$$\frac{N_{Ed}}{b \cdot h} - N_{Ed} \cdot (e_{0z} + e_{iz}) \cdot \frac{12 \cdot (h_{red} - h/2)}{b \cdot h^3} = 0$$

$$\frac{N_{Ed}}{b \cdot h} \cdot \left[1 - (e_{0z} + e_{iz}) \cdot \frac{12 \cdot h_{red}}{h^2} + (e_{0z} + e_{iz}) \cdot \frac{6}{h} \right] = 0$$

$$1 - (e_{0z} + e_{iz}) \cdot \frac{12 \cdot h_{red}}{h^2} + (e_{0z} + e_{iz}) \cdot \frac{6}{h} = 0$$

$$h_{red} = \frac{h}{2} \cdot \left(1 + \frac{h}{6 \cdot (e_{0z} + e_{iz})} \right) \leq h \tag{13.31}$$

Hierin sind (vgl. EC 2/NA., 5.8.9 (3)):

h die größere Querschnittsseite $h > b$

e_{iz} Zusatzausmitte zur Berücksichtigung von geometrischen Imperfektionen in Richtung der größeren Querschnittsseite nach Gleichung (13.12)

e_{0z} Lastausmitte nach Theorie I. Ordnung in Richtung der größeren Querschnittsseite:

        $e_{0z} = M_{Edy} / |N_{Ed}|$

In Abb. 13.34 sind die Bedingungen für getrennte Nachweismöglichkeiten bei großer Lastausmitte zusammengestellt.

Von *Allgöver/Avak* [70.6] wurden Interaktionsdiagramme nach Theorie II. Ordnung für die Bemessung von Stahlbetondruckgliedern unter zweiachsiger Biegung entwickelt. Mit diesen Diagrammen ist eine direkte Stützenbemessung bei zweiachsiger Biegung mit Normalkraft nach Theorie II. Ordnung möglich.

13.9.3 Anwendungsbeispiel

Aufgabe

Für die in Abschn. 13.6.4 bemessene Randstütze Pos. 3 ist die Bemessung für zweiachsige Lastausmitte durchzuführen.

Durchführung:

Abmessungen (vgl. Abb. 13.21): $b/h = 30/40$ cm

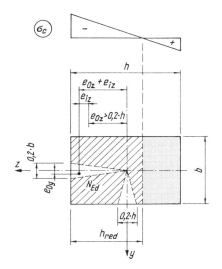

Verlauf der Betonspannungen σ_c infolge der Ausmitte $e_{0z} + e_{iz}$ in Richtung der längeren Seite

Getrennte Nachweise in Richtung der Haupt-achsen y und z sind zulässig, wenn die Bedingungen gem. (13.30) und (13.30a) eingehalten sind.

Wenn dabei $e_{0z} > 0,2 \cdot h$:
Nachweis in y-Richtung mit der Breite h_{red}
Bestimmung von h_{red} mit (13.31):

$$h_{red} = \frac{h}{2} \cdot \left(1 + \frac{h}{6\,(e_{0z} + e_{iz})}\right) \; \leqq h$$

$e_{0z} = M_{Ed} / N_{Ed}$: Lastausmitte
e_{iz} : Zusatzausmitte gem. (13.12) und (13.14)

Abb. 13.34 Druckglied mit zweiachsiger Lastausmitte: Reduzierung der Querschnittsdicke h bei getrenn-ten Nachweisen und $e_0 > 0,2 \cdot h$, vgl. EC 2/NA., Bild NA. 5.8.1.

Einwirkungen im kritischen Querschnitt gem. Abschn. 13.6.4 (vgl. Abb. 13.35):

$$N_{Ed} = -1444\,\text{kN}$$
$$M_{0e} = 10,7\,\text{kNm} = M_{0ey}$$
$$M_{0ez} = 0\,\text{kNm}$$

Knicklängen, vgl. Abschn. 13.6.4

In Rahmenebene: $l_{0z} = 4,13\,\text{m}$

Senkrecht dazu: $l_{0y} = 5,50\,\text{m}$

Schlankheiten

$$\lambda_z = 413 / (0,289 \cdot 30) = 48$$
$$\lambda_y = 550 / (0,289 \cdot 40) = 48$$

Imperfektionen

$$\theta_i = 1 / (100 \cdot \sqrt{5,50}) = 1 / 234$$
$$e_{iy} = (1 / 234) \cdot 550 / 2 = 1,18\,\text{cm}$$
$$e_{iz} = (1 / 234) \cdot 413 / 2 = 0,88\,\text{cm}$$

Momente und Ausmitten nach Theorie I. Ordnung, vgl. Legende zu (13.30a):

$$M_{Edy} = M_{0ey} = 10,7\,\text{kNm} \qquad \text{vgl. Abschn. 13.6.4}$$
$$M_{Edz} = M_{0ez} = 0$$
$$|N_{Ed}| = 1444\,\text{kN}$$
$$e_z = M_{Edy}/|N_{Ed}| = 10,7/1444 = 0,0074\,\text{m}$$
$$e_y = M_{Edz}/|N_{Ed}| = 0$$

Bedingungsgleichung (13.30) und (13.30a):

$$(e_y/h)/(e_z/h) = (0/0,40)/(0,0074/0,30) = 0$$

$$\lambda_y/\lambda_z = \lambda_z/\lambda_y = 1,0 < 2$$

Getrennte Nachweise in den Hauptrichtungen y und z sind zulässig.

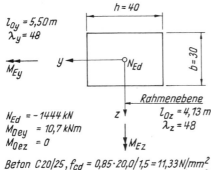

$l_{0y} = 5,50\,m$
$\lambda_y = 48$

$h = 40$

$b = 30$

y

M_{Ey}

N_{Ed}

Rahmenebene

$N_{Ed} = -1444\,kN$
$M_{0ey} = 10,7\,kNm$
$M_{0ez} = 0$

z

$l_{0z} = 4,13\,m$
$\lambda_z = 48$

M_{Ez}

Beton C20/25, $f_{cd} = 0,85 \cdot 20,0/1,5 = 11,33\,N/mm^2$
Betonstahl B 500, $f_{yd} = 500/1,15 = 435\,N/mm^2$
$$f_{yd}/f_{cd} = 38,4$$

Abb. 13.35 Schnittgrößen nach Theorie I. Ordnung zur Entscheidung, ob getrennte Nachweise in Richtung der Hauptachsen zulässig sind

Der Nachweis in der Rahmenebene wurde im Abschn. 13.6.4 geführt. Konstruktion vgl. Abb. 13.23 (Pos. 3).

Nachweis senkrecht zur Rahmenebene

Bemessung mit Interaktionsdiagrammen nach *Schmitz/Goris*, Tafel 11 (Anhang)

Kriechauswirkungen bleiben unberücksichtigt, vgl. Abschn. 13.7.2

$$N_{Ed} = -1444\,kN$$

$$M_{Ed} = |N_{Ed}| \cdot e_{iy} = 1444 \cdot 0,0118 = 17,0\,kNm = M_{Ed1}$$

$$\lambda = 48 \approx 50$$

$$\mu_{Ed} = \frac{M_{Ed}}{b \cdot h^2 \cdot f_{cd}} = \frac{0,017}{0,30 \cdot 0,40^2 \cdot 11,33} = 0,03$$

$$\nu_{Ed} = \frac{N_{Ed}}{b \cdot h \cdot f_{cd}} = \frac{-1,444}{0,30 \cdot 0,40 \cdot 11,33} = -1,06$$

$$\omega_{tot} \approx 0,20$$

$$A_{s,tot} = \omega_{tot} \cdot b \cdot h/(f_{yd}/f_{cd}) = 0,20 \cdot 0,30 \cdot 0,40 \cdot 10^4/38,4 = 6,3\,cm^2$$

Vorhanden sind nach Abb. 13.23 je Seite 2 $\varnothing$ 20 mit $A_{s1} = A_{s2} = 6,3\,cm^2$, $A_{s,tot} = 12,6\,cm^2$. Wenn bei Druckgliedern mit zweiachsiger Ausmitte getrennte Nachweise in den beiden Hauptrichtungen gem. Abschn. 13.9.2 zulässig sind, darf nach EC 2/NA., 5.8.9 (2) in beiden Richtungen jeweils die gesamte im Querschnitt vorhandene Bewehrung in Ansatz gebracht werden. Die in Abb. 13.23 angegebene, für einachsige Beanspruchung ermittelte Bewehrung ist auch für zweiachsige Biegung ausreichend. Imperfektionen müssen gem. EC 2, 5.8.9 (2) nur in der Richtung berücksichtigt werden, in der sie zu der ungünstigsten Auswirkung führen. Im hier behandelten Beispiel wurden Imperfektionen sowohl beim Nachweis in der Rahmenebene (Abschn. 13.6.4) als auch senkrecht zur Rahmenebene (durch e) in Ansatz gebracht.

13.10   Kippen schlanker Biegeträger

Prof. Dr.-Ing. Andrej Albert

13.10.1   Grundlagen, Ermittlung des ideellen Kippmomentes

Kippen bezeichnet das seitliche Ausweichen des Druckgurtes eines Biegeträgers, welches mit einer Verdrehung des Querschnitts einhergeht. Das Kippen stellt nach der Stabilitätstheorie einen Sonderfall des Biegedrillknickens ($N=0$) dar (siehe Abb. 13.36). In der Praxis stellt sich die Frage der Kippstabilität insbesondere bei den im Fertigteilbau eingesetzten schlanken Hallendachbindern. Die Sicherheit schlanker Träger gegenüber Kippen ist gemäß EC 2 grundsätzlich nachzuweisen. Im Falle schlanker Fertigteilträger muss diese Sicherheit zusätzlich während des Anhebens, des Transports sowie während der Montage gewährleistet sein.

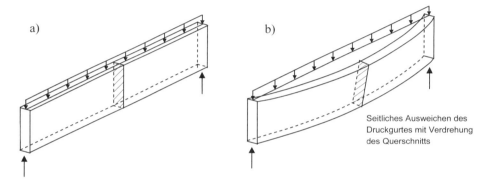

Abb. 13.36   *Biegeträger a) unverformt und b) im „gekippten" Zustand*

Bei theoretischer Betrachtungsweise (ideal gerader Balken, ideal elastischer Werkstoff) liegt beim Kippen ein Verzweigungsproblem vor. In der Realität sind jedoch stets Imperfektionen der Stabachse oder der Lasteinleitung vorhanden. In diesem Fall ergibt sich ebenso wie beim Vorhandensein von Querlasten ein Spannungsproblem nach Theorie II. Ordnung.

Häufig werden Kippnachweise heute in der Praxis durch eine Berechnung des Trägers nach Theorie II. Ordnung programmgestützt geführt. Für die Handrechnung existieren jedoch auch zahlreiche Näherungsverfahren, von denen einige in Abschn. 13.10.3 beschrieben werden. Als Ausgangspunkt verschiedener Näherungsverfahren dient die Berechnung des ideellen Kippmomentes eines Biegeträgers, welche daher im Folgenden erläutert wird.

Für den allgemeinen Fall eines räumlich belasteten geraden Stabes ergibt sich durch eine Gleichgewichtsbetrachtung nach Theorie II. Ordnung ein System von drei gekoppelten Differentialgleichungen. Geschlossene Lösungen dieses Differentialgleichungssystems sind nur für Sonderfälle möglich. In der Literatur finden sich für solche Sonderfälle Angaben bezüglich der Ermittlung des ideellen Kippmomentes. Das ideelle Kippmoment ermittelt sich demnach aus

$$M_{y,Ki} = \frac{k_1 \cdot k_2 \cdot k_3}{l_{0t}} \cdot \sqrt{EI_z \cdot GI_T \cdot \frac{I_y}{I_y - I_z}}$$

bzw. mit $G = \dfrac{E_C}{2 \cdot (1+\mu)} = \dfrac{E_C}{2 \cdot (1+0,2)} = 0,417 \cdot E_C$

$$M_{y,Ki} = \frac{k_1 \cdot k_2 \cdot k_3}{l_{0t}} \cdot E_C \cdot \sqrt{0,417 \cdot I_z \cdot I_T \cdot \frac{I_y}{I_y - I_z}} \qquad (13.32)$$

In diesen Gleichungen bezeichnet l_{0t} den Abstand der Kipphalterungen, EI_z die horizontale Biegesteifigkeit und GI_T die St. Venant'sche Torsionssteifigkeit. Der Wert für I_T im Zustand I kann entweder mit Hilfe von [80.21] oder auf der sicheren Seite liegend aus der Summe der Flächenmomente der Teilrechtecke gemäß [80.15] ermittelt werden. An dieser Stelle sei bereits darauf hingewiesen, dass bei dem in Abschn. 13.10.3 beschriebenen Näherungsverfahren nach *Stiglat* für das Torsionsträgheitsmoment zur Berücksichtigung der Rissbildung 60 % des Wertes im Zustand I bei der Ermittlung des ideellen Kippmomentes angesetzt werden. Die jeweiligen Werte für k_1, k_2 und k_3 lassen sich mit Hilfe von Abb. 13.37 bestimmen. Während der Faktor k_1 der Berücksichtigung der Lagerungsbedingungen und der Belastungsart dient, wird mit Hilfe des Beiwertes k_3 der Lastangriffspunkt in Bezug auf den Schubmittelpunkt erfasst. Bei Lastangriff oberhalb des Schubmittelpunktes gilt in den Gleichungen für k_3 das Minuszeichen, bei Angriff unterhalb des Schubmittelpunktes gilt das Pluszeichen. Der Faktor k_2 berücksichtigt den Wölbwiderstand von Trägern mit profiliertem Querschnitt. Bei den im Betonbau üblichen Querschnitten ergibt sich $\beta_1 \approx 0$, so dass $k_2 = 1$ gesetzt werden kann. Für weitere Lagerungsbedingungen und Belastungsarten finden sich die Werte für k_1, k_2 und k_3 beispielsweise in [60.39].

System und Belastung	k_1	k_2	k_3	
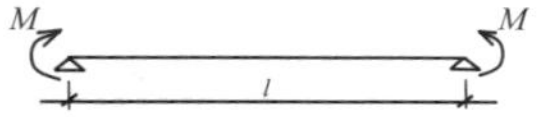	π	$\sqrt{1+\pi^2 \cdot \beta_1}$	—	
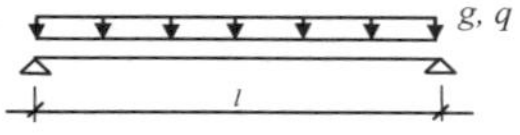	3,54	$\sqrt{1+10,0 \cdot \beta_1}$	$\sqrt{1+\dfrac{2,1 \cdot \beta_2}{k_2^2}} \mp 1,45\dfrac{\sqrt{\beta_2}}{k_2}$	
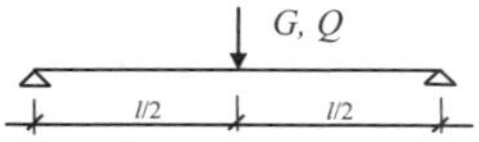	4,23	$\sqrt{1+10,2 \cdot \beta_1}$	$\sqrt{1+\dfrac{3,24 \cdot \beta_2}{k_2^2}} \mp 1,8\dfrac{\sqrt{\beta_2}}{k_2}$	

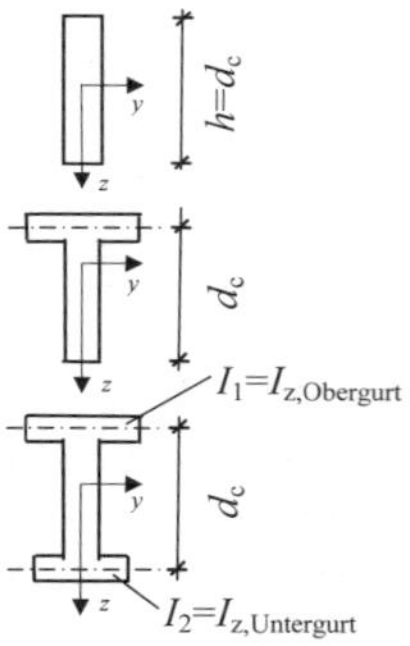

mit $\quad \beta_1 = \dfrac{E}{G} \cdot \dfrac{4 \cdot I_1 \cdot I_2}{(I_1 + I_2) \cdot I_T} \cdot \left(\dfrac{d_c}{2 \cdot l}\right)^2 \quad$ und $\quad \beta_2 = \dfrac{E \cdot I_z}{G \cdot I_T}\left(\dfrac{d_c}{2 \cdot l}\right)^2$

Abb. 13.37   Beiwerte zur Ermittlung des ideellen Kippmomentes

Da die vorstehenden Beziehungen jeweils für Träger mit konstanter Bauhöhe gelten, sind sie bei den häufig im Hallenbau verwendeten Satteldachbindern nicht ohne weiteres gültig. Zur Ermittlung des ideellen Kippmomentes eines Satteldachbinders ermittelt man sich daher zunächst das Kippmoment für einen Träger mit einer konstanten Höhe, die der Sattelhöhe h_m entspricht, und mindert dieses dann mit Hilfe der in [70.11] angegebenen Faktoren ab.

Der Ermittlung der kritischen Kippmomente mit Hilfe der Gleichung (13.32) liegt zudem die Annahme einer unendlich steifen Gabellagerung zugrunde. Diese Annahme ist im Falle einer Gabellagerung mit Querschott (Abb. 13.38 b) zulässig. Wird die Gabel jedoch beispielsweise gemäß Abb. 13.38 a ausgebildet, so muss ihre Nachgiebigkeit bei der Ermittlung des ideellen Kippmoments $M_{y,ki}$ berücksichtigt werden. Im Falle einer nachgiebigen Gabellagerung mindert man das mit Gleichung (13.32) ermittelte ideelle Kippmoment daher ab. Angaben zur Ermittlung der zu verwendenden Abminderungsfaktoren werden von *Streit/Gottschalk* in [70.13] gemacht.

Während ihrer Montage werden Fertigteilträger meist an Zwischenpunkten aufgehängt. Für diesen Lagerungsfall muss das mit Gleichung (13.32) ermittelte ideelle Kippmoment ebenfalls abgemindert werden. Die zugehörigen Abminderungsfaktoren können mit Hilfe von [70.12] oder [60.39] bestimmt werden.

a)   b)

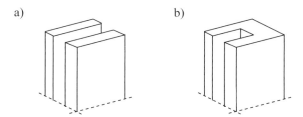

Abb. 13.38   *Ausführungsmöglichkeiten von Gabellagern a) ohne Querschott und b) mit Querschott*

13.10.2   Bemessung gemäß EC 2

Gemäß EC 2, 5.9 (3) kann ein Versagen schlanker Biegeträger infolge Kippen ausgeschlossen werden, sofern für die Breite des Druckgurtes b gilt:

Ständige Bemessungssituation (Endzustand):
$$\frac{l_{0t}}{b} \leq \frac{50}{\sqrt[3]{\dfrac{h}{b}}} \quad und \quad \frac{h}{b} \leq 2,5$$

Vorübergehende Bemessungssituation

(Anheben, Transport, Montage):
$$\frac{l_{0t}}{b} \leq \frac{70}{\sqrt[3]{\dfrac{h}{b}}} \quad und \quad \frac{h}{b} \leq 3,5 \qquad (13.33)$$

Wiederum bezeichnet l_{0t} den Abstand der Kipphalterungen und h die Querschnittshöhe des Trägers im zentralen Bereich. Die Bedingung stellt sicher, dass die nach Theorie II. Ordnung auftretende zweiachsige Biegung die Tragfähigkeit des betrachteten Trägers gegenüber der Tragfähigkeit nach Theorie I. Ordnung um nicht mehr als 10 % reduziert. Ist die genannte Bedingung nicht eingehalten, so ist ein genauerer Nachweis der Kippsicherheit zu führen.

Des Weiteren ist in EC 2/NA, Abschnitt 5.9 (4) geregelt, dass ein Gabelauflager, sofern keine genaueren Angaben vorliegen, mindestens auf ein Torsionsmoment von

$$T_{\text{Ed}} = V_{\text{Ed}} \cdot \frac{l_{\text{eff}}}{300} \tag{13.34}$$

bemessen werden muss. Wird das Gabellager gemäß Abb. 13.38 a ausgeführt, so werden hierbei die Seitenwände als Kragarme bemessen. Bei einer Ausführung des Gabellagers gemäß Abb. 13.38 b genügt i. Allg. der Nachweis der Einleitung der Kräfte in das Querschott.

13.10.3   Genauere Verfahren

In der Literatur finden sich zahlreiche Verfahren für den Nachweis der Kippsicherheit schlanker Biegeträger. Für die Handrechnung eignet sich insbesondere das Verfahren nach *Stiglat* [70.10], [60.34]. Seine Güte ist von *Backes* in [60.38] untersucht und bestätigt worden. Da das Verfahren nach *Stiglat* auf dem Sicherheitskonzept der alten Norm DIN 1045 (7.88) mit globalem Sicherheitsbeiwert beruht, muss bei seiner Anwendung jedoch mit Gebrauchslasten gerechnet werden.

Ausgangspunkt des Verfahrens nach *Stiglat* ist das ideelle Kippmoment $M_{y,\text{Ki}}$, bei dessen Ermittlung, wie in Abschn. 13.10.1 bemerkt, für das Torsionsträgheitsmoment 60 % des Wertes im Zustand I angesetzt werden. Für die Biegesteifigkeit I_z wird der Wert des ungerissenen Betonquerschnitts (ohne Ansatz der Bewehrung) verwendet.

Das so ermittelte ideelle Kippmoment wird abgemindert im Verhältnis $\sigma_{\text{T}}/\sigma_{\text{Ki}}$ und anschließend dem maßgebenden Wert des einwirkenden Biegemoments M_y gegenübergestellt. Die Sicherheit gegenüber Kippen ist nachgewiesen, wenn gilt

$$M_{y,\text{K}} = \frac{\sigma_{\text{T}}}{\sigma_{\text{Ki}}} \cdot M_{y,\text{Ki}} \geq \gamma \cdot M_y \tag{13.35}$$

Hierbei entspricht σ_{Ki} der maximalen Randspannung des Trägers unter dem Biegemoment $M_{y,\text{Ki}}$. σ_{T} bezeichnet die unter Ansatz eines nichtlinearen Betonwerkstoffgesetzes ermittelte Tragspannung eines beidseits gelenkig gelagerten Druckstabes mit der gleichen Vergleichsschlankheit λ_v wie der betrachtete Träger. Die Vergleichsschlankheit wird gemäß Gleichung (13.36) ermittelt:

$$\lambda_v = \pi \cdot \sqrt{\frac{E_{\text{cm}}}{\sigma_{\text{Ki}}}} \tag{13.36}$$

Die Werte für σ_{T} können anschließend unter Verwendung der Vergleichsschlankheit λ_v und der Betonfestigkeitsklasse aus Abb. 13.39 entnommen werden.

Als Sicherheitsbeiwert ist in Gleichung (13.35) gemäß *Stiglat* $\gamma = 2{,}0$ erforderlich (siehe [60.34]). In [60.38] empfiehlt *Backes* auf Grundlage numerischer Untersuchungen für Biegeträger mit Rechteckquerschnitt $\gamma = 2{,}5$.

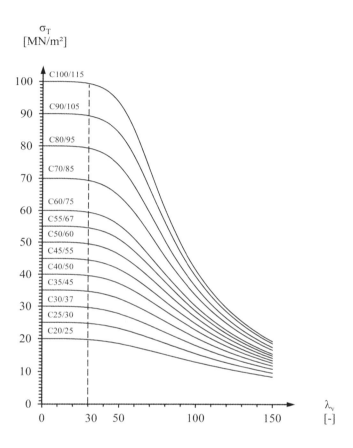

Abb. 13.39   Beziehung zwischen der Vergleichsschlankheit λ_v und der Tragspannung σ_T

Eine Alternative zum Verfahren nach *Stiglat* stellt das Verfahren nach *König/Pauli* [60.37] dar. Dieses führt den Kippsicherheitsnachweis auf ein Spannungsproblem nach Theorie II. Ordnung zurück. Ein Vorteil dieses Verfahrens besteht darin, dass es auf dem Sicherheitskonzept mit Teilsicherheitsbeiwerten basiert. Dadurch entfällt die beim Verfahren nach *Stiglat* erforderliche Rückrechnung auf Gebrauchslasten. Demgegenüber steht als Nachteil der i. Allg. größere Rechenaufwand. Weiterhin kann das Verfahren nach *Mann* [60.40] verwendet werden, bei dem der Kippsicherheitsnachweis auf einen Knicksicherheitsnachweis des vorverformten Druckgurtes zurückgeführt wird.

13.10.4 Anwendungsbeispiel

Aufgabe

Für den in Abb. 13.40 dargestellten Stahlbetonfertigteilträger ist der Kippsicherheitsnachweis zu führen.

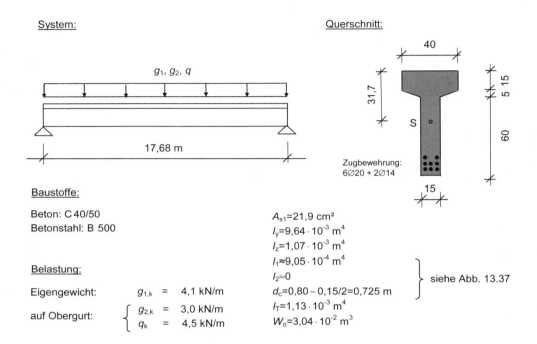

System: Querschnitt:

g_1, g_2, q

17,68 m

Zugbewehrung:
6Ø20 + 2Ø14

Baustoffe:

Beton: C 40/50
Betonstahl: B 500

A_{s1}=21,9 cm²
I_y=9,64·10⁻³ m⁴
I_z=1,07·10⁻³ m⁴
I_1≈9,05·10⁻⁴ m⁴
I_2≈0
d_c=0,80−0,15/2=0,725 m
I_T=1,13·10⁻³ m⁴
W_o=3,04·10⁻² m³

} siehe Abb. 13.37

Belastung:

Eigengewicht: $g_{1,k}$ = 4,1 kN/m

auf Obergurt: { $g_{2,k}$ = 3,0 kN/m
q_k = 4,5 kN/m

Abb. 13.40 Fertigteilträger: System, Querschnitt, Baustoffe, Belastung

Nachweis der Kippsicherheit gemäß EC 2, Abschn. 5.9, Gleichung 5.40a:

$$b \geq \sqrt[4]{\left(\frac{l_{0t}}{50}\right)^3 \cdot h} = \sqrt[4]{\left(\frac{17,68}{50}\right)^3 \cdot 0,80} = 0,43\,\text{m}$$

$b_{vorh} = 0,40\,\text{m} \rightarrow$ Somit ist ein genauer Nachweis zu führen!

Biegemoment unter Gebrauchslasten:

$$M_y = (4,1+3,0+4,5) \cdot \frac{17,68^2}{8} = 453,2\,\text{kNm}$$

Ermittlung von k_1, k_2, k_3 (siehe Abb. 13.37):

$$k_1 = 3{,}54$$

$$\beta_1 = 0 \text{ , da } I_2 \approx 0$$

$$\beta_2 = \frac{E_{cm} \cdot I_z}{G \cdot I_T} \cdot \left(\frac{d_c}{2 \cdot l}\right)^2 = \frac{1}{0{,}417 \cdot 0{,}6 \cdot 4{,}0} \cdot \frac{I_z}{I_T} \cdot \frac{d_c^2}{l^2} = 1{,}0 \cdot \frac{1{,}07 \cdot 10^{-3}}{1{,}13 \cdot 10^{-3}} \cdot \frac{0{,}725^2}{17{,}68^2} = 0{,}0016$$

$$k_2 = \sqrt{1 + 10{,}0 \cdot \beta_1} = 1{,}0$$

$$k_3 = \sqrt{1 + \frac{2{,}1 \cdot \beta_2}{k_2^2}} \mp 1{,}45 \cdot \frac{\sqrt{\beta_2}}{k_2} = \sqrt{1 + \frac{2{,}1 \cdot 0{,}0016}{1{,}0^2}} \mp 1{,}45 \cdot \frac{\sqrt{0{,}0016}}{1{,}0}$$

Auf der sicheren Seite liegend wird angenommen, dass die gesamte Last (inklusive Eigengewicht) an der Trägeroberkante angreift. Somit ist in der Gleichung für k_3 das Minuszeichen maßgebend.

$$k_3 = \sqrt{1 + \frac{2{,}1 \cdot 0{,}0016}{1{,}0^2}} - 1{,}45 \cdot \frac{\sqrt{0{,}0016}}{1{,}0} = 0{,}94$$

$$M_{y,Ki} = \frac{k_1 \cdot k_2 \cdot k_3}{l_{0t}} \cdot E_{cm} \cdot \sqrt{0{,}417 \cdot I_z \cdot I_T \cdot \frac{I_y}{I_y - I_z}} \qquad \text{(gemäß [60.34] ist mit}$$
$$\text{0,6} \cdot I_T \text{ zu rechnen)}$$

$$= \frac{3{,}54 \cdot 1{,}0 \cdot 0{,}94}{17{,}68} \cdot 35\,000 \cdot \sqrt{0{,}417 \cdot 1{,}07 \cdot 10^{-3} \cdot 0{,}6 \cdot 1{,}13 \cdot 10^{-3} \cdot \frac{9{,}64}{9{,}64 - 1{,}07}} = 3{,}84 \text{ MNm}$$

$$\sigma_{Ki} = \frac{M_{y,Ki}}{W_o} = \frac{3{,}84}{3{,}04 \cdot 10^{-2}} = 126{,}3 \text{ MN/m}^2$$

$$\lambda_v = \pi \cdot \sqrt{\frac{E_{cm}}{\sigma_{Ki}}} = \pi \cdot \sqrt{\frac{35\,000}{126{,}3}} = 52{,}3 \;\to\; \sigma_T = 36 \text{ MN/m}^2 \text{ (siehe Abb. 13.39)}$$

$$M_{y,K} = \frac{36}{126{,}4} \cdot 3{,}84 = 1{,}09 \text{ MNm} > \gamma \cdot M_y = 2{,}0 \cdot 0{,}45 = 0{,}9 \text{ MNm}$$

Kippsicherheitsnachweis erbracht!

13.11 Heißbemessung von Stützen

13.11.1 Grundlagen

Im Abschn. 5.6.1 wurden die Grundlagen für die Bemessung von Stahlbetonbauteilen für den Brandfall besprochen. Zusätzlich zur Kaltbemessung ist grundsätzlich nachzuweisen, dass

$$E_{d,fi,t} \leqq R_{d,fi,t} \qquad \text{(vgl. (5.25))}$$

ist. Hierbei ist $E_{d,fi,t}$ die Einwirkung und $R_{d,fi,t}$ der Bauteilwiderstand. Die außergewöhnliche Einwirkung im Brandfall $E_{d,fi,t}$ ist mit (5.26) oder vereinfacht mit (5.27) zu bestimmen. Für die Einwirkungskombination im Brandfall (5.26) folgen hier Ergänzungen zu den Angaben im Abschn. 5.6.1:

$$E_{d,fi} = \Sigma_{\gamma GA} \cdot G_k + A_d + \psi_{1,1}\, Q_{k,1} + \Sigma \psi_{2,i} \cdot Q_{k,i}$$

Hierin sind A_d indirekte Einwirkungen infolge Brand. Indirekte Einwirkungen können Kräfte oder Momente sein, die durch thermische Ausdehnungen von Konstruktionsteilen hervorgerufen werden. Diese Einwirkungen dürfen unberücksichtigt bleiben, wenn die Konstruktion so ausgebildet wird, dass die Auswirkungen auf die Konstruktion gering bleiben: Auflagerausbildung, Vermeidung von großen Zwängungskräften, erforderlichenfalls Einbau von Gelenken.

Bei den veränderlichen Einwirkungen soll grundsätzlich die quasiständige Größe $\psi_{2,1} \cdot Q_{k,1}$ angesetzt werden. Nur wenn Wind die Leiteinwirkung ist, muss der häufige Wert $\psi_{1,1} \cdot Q_{k,1}$ bei der obigen Einwirkungskombination berücksichtigt werden.

Die im Abschn. 5.6.1 angeführten unterschiedlichen Nachweisverfahren im Brandfall gelten unabhängig von der Bauteilform (Platten, Plattenbalken, Stäbe) und unabhängig von der Belastungsart (Biegung, Druckkraft, Zugkraft). Die „Vereinfachten Berechnungsverfahren" (Nachweisstufe 2) sind in EC 2, Teil 1-2, Anhang B ausführlich beschrieben. Hierbei wird eine temperaturabhängige Verkleinerung des Betonquerschnitts angesetzt, damit wird berücksichtigt, dass unter Brandeinwirkung die äußeren Betonteile abplatzen können oder aber ihre Tragfähigkeit verlieren. Für den Restquerschnitt wird die temperaturabhängige Verminderung der Festigkeitseigenschaften des Betonstahls sinngemäß zu den Angaben in Abb. 5.15 und 5.16 berücksichtigt. Angaben über die Größe der Verkleinerung des Betonquerschnitts sind in EC 2, Teil 1-2, Anhang B zu finden. Hierbei wird davon ausgegangen, dass alle Betonteile, die infolge Brandeinwirkung eine Temperatur von mehr als 500 °C erhalten haben, so geschädigt sind, dass sie keinen Beitrag mehr zur Tragfähigkeit des Restquerschnitts leisten. Die Tragfähigkeit des Restquerschnitts wird dann unter Berücksichtigung der verminderten Tragfähigkeit des Betonstahls und für den Beton unter Ansatz eines Spannungsblocks gem. Abb. 5.2 bestimmt.

Mit dem „Allgemeinen Rechenverfahren" (Nachweisstufe 3) gem. EC 2-1-2, 4.3 kann für eine vorgegebene Brandbeanspruchung die Tragfähigkeit und das Verformungsverhalten eines Bauteils oder auch einer gesamten Konstruktion rechnerisch ermittelt werden.

Ohne Einsatz geeigneter EDV-Programme ist für die Anwendung in der täglichen Praxis weder das „Vereinfachte Verfahren" noch das „Rechnerische Verfahren" geeignet. In EC 2, Teil 1-2 und im zugehörigen Nationalen Anhang sind für Nachweise der Nachweisstufe 1 (Tabellenverfahren) im Abschnitt 5.6 die erforderlichen Angaben für Balken und im Abschn. 5.7 die Angaben für Platten enthalten, hierauf wurde bereits im Abschn. 5.6.2 eingegangen. Für den Brandschutznachweis von Stützen mit der Nachweisstufe 1 findet man in EC 2 die erforderlichen Angaben in folgenden Abschnitten:

Brandschutznachweis für Stützen in ausgesteiften Gebäuden

Nachweis gem. EC 2-1-2, 5.3.2: Tabellennachweis, vgl. Abschn. 13.11.2

Nachweis gem. EC 2-1-2, 5.3.2: Rechnerische Ermittlung der Feuerwiderstandsdauer,

    vgl. hierzu Abschn. 13.11.3

Brandschutznachweis von auskragenden Stützen gem. EC 2/NA., Anhang AA,

vgl. hierzu Abschn. 13.11.5

13.11.2 Brandschutznachweis von Stützen in ausgesteiften Gebäuden mit Tabellen

In EC 2, 5.3.2 sind in der Tabelle 5.2a Mindestquerschnittsabmessungen und Mindestwerte der Achsabstände der Bewehrung angegeben. Wenn diese Mindestwerte eingehalten werden, kann die betreffende Stütze in eine bestimmte Feuerwiderstandsklasse eingeordnet werden. In Abb. 13.41 ist diese Tabelle für Feuerwiderstandsklassen bis R 90 wiedergegeben. Die Angaben in der Tabelle gelten für

– Stützen mit Kreis- oder Rechteckquerschnitt in ausgesteiften Gebäuden
– Ersatzlänge der Stütze im Brandfall $l_{0,\mathrm{fi}} \leqq 3{,}0$ m
– Bewehrung der Stütze $A_\mathrm{s} < 0{,}04 \cdot A_\mathrm{c}$

Feuer-widerstands-klasse	Mindestmaße [mm]: Stützenbreite b_{min} ; Achsabstand a			
	brandbeansprucht auf mehr als einer Seite			brandbeansprucht auf einer Seite
	$\mu_{fi} = 0{,}2$	$\mu_{fi} = 0{,}5$	$\mu_{fi} = 0{,}7$	$\mu_{fi} = 0{,}7$
R30	200/25	200/25	200/32 300/27	155/25
R60	200/25	200/36 300/31	250/46 350/40	155/25
R90	200/31 300/25	300/45 400/38	350/53 450/40**	155/25
**: Mindestens 8 Stäbe!				

Abb. 13.41 Mindestquerschnittsabmessungen und Achsabstände gem. EC 2-1-2, Tabelle 5.2a (Auszug)

Die Tabellenwerte in EC 2, Tabelle 5.2a wurden unter Ansatz von $\alpha_{\mathrm{cc}} = 1{,}0$ erarbeitet (Brand ist keine Langzeitbeanspruchung). Wenn die Tragfähigkeit N_{Rd} in gewohnter Weise unter Ansatz von $\alpha_{\mathrm{cc}} = 0{,}85$ bestimmt wird, liegt man bezüglich der Feuerwiderstandsklasse auf der sicheren Seite.

Als Ersatzlänge $l_{0,\mathrm{fi}}$ im Brandfall darf immer mit der Knicklänge l_0 gem. Abschn. 13.4.1 bei Normaltemperatur gerechnet werden. Für die Heißbemessung darf jedoch immer dann eine Einspannung der Stütze an den Stützenenden angesetzt werden, wenn dort eine rotationsbehinderte Lagerung *auch im Brandfall* gegeben ist [7.1]. Hiervon kann ausgegangen werden, wenn die Stützenenden in Tragwerksteile eingespannt sind, die im Brandfall eine Verdrehung behindern und die nicht vom Brand betroffen sind. Bei mehrgeschossigen Gebäuden geht man davon aus, dass ein möglicher Brand zunächst auf ein Geschoss begrenzt ist, dann ist wegen der über mehrere Geschosse durchlaufenden Stützen stets eine Rotationsbehinderung vorhanden. Im obersten Geschoss eines Gebäudes fehlt diese teilweise Einspannung, weil kein durchgehender Stützenstrang vorhanden ist und die Dachgeschossdecke wie die Stütze dem Brand ausgesetzt ist. Auch wenn die einspannenden Bauteile (Decken, Unterzüge) entsprechend der erforderlichen Feuerwiderstandsklasse ausgebildet sind, verliert die Konstruktion durch Brandeinwirkung einen Teil ihrer Festigkeit, es wird daher bei der Dachgeschossdecke keine Einspannung angesetzt. Hieraus folgen die in Abb. 13.42 angegebenen Ersatzlängen (Knicklängen) im Brandfall $l_{0,\mathrm{fi}}$. Bei Bauteilen mit einer erforderlichen Feuerwiderstandsdauer von mehr als 30 Minuten darf die Ersatzlänge $l_{0,\mathrm{fi}}$ in innen liegenden Geschossen zu $l_{0,\mathrm{fi}} = 0{,}5 \cdot l$ und für Stützen im obersten Geschoss mit $l_{0,\mathrm{fi}} = 0{,}7 \cdot l$ angesetzt werden. Hierbei ist l die Stützenlänge zwischen den Einspannstellen, vgl. EC 2-1-2, 5.3.2, vgl. auch die Größe der Beiwerte β in Abb. 13.11 für einseitig und beidseitig eingespannte Knickstäbe.

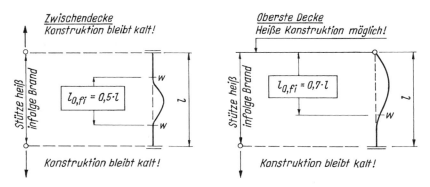

Abb. 13.42 Systeme von Stützen zur Bestimmung der Ersatzlänge (Knicklänge) im Brandfall

Die Mindestabmessungen gem. Abb. 13.41 sind sehr stark vom Ausnutzungsgrad im Brandfall μ_{fi} abhängig. Dieser Ausnutzungsgrad ist definiert zu

$$\mu_{\mathrm{fi}} = N_{\mathrm{Ed,fi}}/N_{\mathrm{Rd}} \tag{13.40}$$

Hierin ist

$N_{\mathrm{Ed,fi}}$ Bemessungswert der Längskraft im Brandfall
N_{Rd} Bemessungswert der Tragfähigkeit bei Normaltemperatur

Bei der Ermittlung der in Abb. 13.41 angegebenen Tabellenwerte wurde eine volle Ausnutzung des Querschnitts bei Normaltemperatur vorausgesetzt. Dann beträgt nach Abb. 5.15a für einen Ausnutzungsgrad $\mu_{\mathrm{fi}} = 0{,}7$ die kritische Temperatur für Betonstahl 500 °C, vgl. auch EC 2, Bild 5.1. Wenn der Querschnitt nicht voll ausgenutzt ist, ergeben sich bei einem Ausnutzungsgrad $\mu_{\mathrm{fi}} < 0{,}7$ auch geringere kritische Temperaturen, man erhält geringere erforderliche Achsabstände der Bewehrung und geringere Mindestquerschnittsabmessungen. Dieser Effekt wird durch den Ausnutzungsgrad berücksichtigt. Der Ausnutzungsgrad μ_{fi} kann nur bei zentrisch belasteten Stützen direkt aus (13.40) ermittelt werden. Im Regelfall ist eine Bemessung für Biegung mit Längsdruck vorzunehmen, dann erfolgt die Bemessung mit einem Interaktionsdiagramm. Die rechnerische Bestimmung des Ausnutzungsgrades μ_{fi} wird in der Beispielrechnung im Abschn. 13.11.3 gezeigt. Als Vereinfachung darf gem. EC 2-1-2, 2.4.2 auch $\mu_{\mathrm{fi}} = 0{,}7$ verwendet werden.

13.11.3 Rechnerische Ermittlung der Feuerwiderstandsdauer

Nach EC 2-1-2, 5.3.2 kann alternativ zum Tabellenverfahren gem. Abb. 13.41 die Feuerwiderstandsdauer einer Stütze rechnerisch ermittelt werden. Die Bemessungsgleichung (5.7) in EC 2, Teil 1-2 berücksichtigt die maßgebenden Einflussfaktoren für den Feuerwiderstand einer

Stütze. Das Arbeiten mit dieser Gleichung ist sinnvoll, wenn die Randbedingungen zur Anwendung der Tabelle 5.2a in EC 2-1-2 nicht eingehalten werden können.

Die Bemessungsgleichung lautet

$$R = 120 \cdot [(R_{\eta fi} + R_a + R_l + R_b + R_n)/120]^{1,8} \qquad (13.41)$$

Hierin ist:

$$R_{\eta fi} = 83 \cdot \left[1,0 - \mu_{fi} \cdot \frac{1+\omega}{(0,85/\alpha_{cc}) + \omega}\right]$$

$$R_a = 1,60 \cdot (a - 30)$$
$$R_l = 9,60 \cdot (5 - l_{0,fi})$$
$$R_b = 0,09 \cdot b'$$

$R_n = 0$ für $n = 4$ (nur Eckstäbe vorhanden)
$R_n = 12$ für $n > 4$
a der Achsabstand der Längsbewehrung mit $25\,\text{mm} \leqq a \leqq 80\,\text{mm}$
$l_{0,fi}$ Ersatzlänge der Stütze im Brandfall: $2\,\text{m} \leqq l_{0,fi} \leqq 6\,\text{m}$
     Werte von $l_{0,fi} = 2\,\text{m}$ geben sichere Ergebnisse für Stützen mit $l_{0,fi} < 2\,\text{m}$
$b' = 2\,A_c/(b + h)$ für Rechteckquerschnitte mit $200\,\text{mm} \leqq b' \leqq 450\,\text{mm}$; $h \leqq 1,5 \cdot b$
     für Kreisquerschnitte vgl. Text der Norm
ω mechanischer Bewehrungsgrad mit $\omega = A_s \cdot f_{yd}/(A_c \cdot f_{cd})$
α_{cc} Abminderungsbeiwert für die Betondruckfestigkeit gem. EC 2/NA., 3.1.6

Der Abminderungsbeiwert sollte mit $\alpha_{cc} = 0,85$ gem. Abb. 5.2 in Ansatz gebracht werden.

Die Einflussfaktoren bei (13.41) zeigen deutlich, durch welche Maßnahmen die Feuerwiderstandsdauer einer Stütze erhöht werden kann, ohne die Bauteilabmessungen zu verändern:

– Lastausnutzungsfaktor μ_{fi} verringern, z. B. durch Verstärkung der Bewehrung
– Achsabstand der Bewehrung vergrößern
– mehr als 4 Stäbe einbauen.

Die Anwendungsgrenzen von (13.41) sind in den Einflussfaktoren enthalten, zu beachten sind die folgenden Grenzen:

– Achsabstand der Bewehrung: $25\,\text{mm} \leqq a \leqq 80\,\text{mm}$
– Ersatzlänge im Brandfall: $2\,\text{m} \leqq l_{0,fi} \leqq 6\,\text{m}$
– Querschnittsabmessungen: $h \leqq 1,5 \cdot b$

Ein Beispiel hierzu folgt im Abschn. 13.11.4.

13.11.4 Beispielrechnung

Aufgabe

Für die im Abschn. 13.6.3 im Kaltzustand bemessene Innenstütze Pos. 2 in einem mehrgeschossigen Gebäude ist ausreichender Brandschutz nachzuweisen. Gefordert wird eine feuerbeständige Ausführung (Einordnung in die Feuerwiderstandsklasse R 90).

Abmessungen, Baustoffe, charakteristische Einwirkungen und Ergebnis der Kaltbemessung vgl. Abschn. 13.6.1. Die wichtigsten Daten hierzu sind in Abb. 13.43 zusammengefasst.

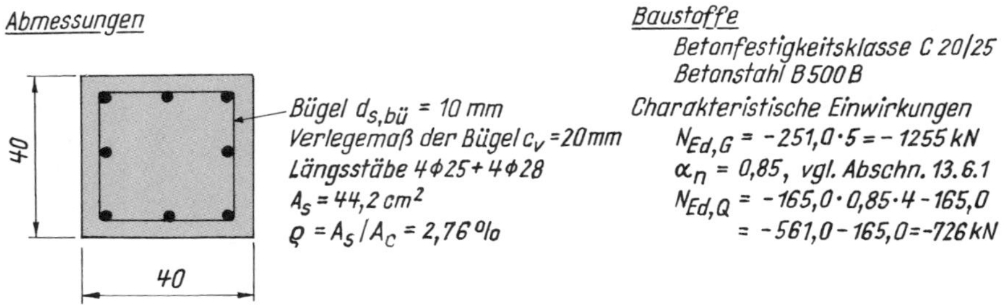

Abmessungen

Baustoffe
Betonfestigkeitsklasse C 20/25
Betonstahl B 500 B

Bügel $d_{s,bü}$ = 10 mm
Verlegemaß der Bügel c_v =20mm
Längsstäbe 4 ⌀25 + 4 ⌀28
A_s = 44,2 cm²
$\varrho = A_s/A_c$ = 2,76 %

Charakteristische Einwirkungen
$N_{Ed,G}$ = -251,0 · 5 = - 1255 kN
α_n = 0,85, vgl. Abschn. 13.6.1
$N_{Ed,Q}$ = -165,0 · 0,85 · 4 - 165,0
  = - 561,0 - 165,0 = -726 kN

Abb. 13.43 Abmessungen, Baustoffe, charakteristische Einwirkungen und Ergebnis der Kaltbemessung gem. Abschn. 13.6.3

A: Brandschutznachweis nach EC 2-1-2, Tabelle 5.2a

Durchführung

Prüfung der für die Anwendung von EC 2-1-2, Tab. 5.2a erforderlichen Randbedingungen:

Geschosshöhe gem. Abb. 13.21:	$l_{col} = l = 5{,}50$ m
Ersatzlänge im Brandfall:	$l_{0,fi} = 0{,}5 \cdot l$
Vergleich:	$l_{0,fi} = 2{,}75$ m $< 3{,}0$ m
Gesamtbewehrung der Stütze gem. Abb. 13.43:	$A_{s,tot} = 44{,}2$ cm²
Bewehrungsverhältnis:	$A_{s,tot}/A_c = 0{,}028 < 0{,}04$

Der Nachweis mit Tabelle 5.2a ist grundsätzlich zulässig.

Bestimmung des Ausnutzungsgrades μ_{fi} im Brandfall:

Näherungsweise mit Gl. (5.27):

$$N_{Ed,fi} = 0{,}7 \cdot N_{Ed} = -0{,}7 \, (1{,}35 \cdot 1255{,}0 + 1{,}5 \cdot 726)$$
$$= -1948 \text{ kN}$$

Genauer mit der außergewöhnlichen Kombination (5.26):

Es wird mit $\psi_1 = 0{,}7$ (Verkaufsraum) gerechnet. Da nur eine unabhängige veränderliche Einwirkung vorhanden ist, ist $Q_{k,2} = 0$. Indirekte Einwirkungen A_d sind nicht anzusetzen, vgl. die entsprechenden Hinweise im Abschn. 13.11.1. Damit erhält man für die einwirkende Normalkraft im Brandfall:

$$N_{Ed,fi} = \gamma_{GA} \cdot G_k + A_d + \psi_{1,1} \cdot Q_{k,1} + \Sigma \, \psi_{2,i} \, Q_{k,i}$$
$$= -(1{,}0 \cdot 1255 + 0 + 0{,}7 \cdot 726 + 0) = -1763 \text{ kN}$$

Man erkennt, dass mit (5.26) wirtschaftlichere Ergebnisse zu erreichen sind als bei Ansatz der Vereinfachung (5.27).

Heißbemessung mit dem Interaktionsdiagramm, Anhang Tafel 7

Die Lastausmitte nach Theorie I. Ordnung im Brandfall darf gem. EC 2-1-2, 5.3.2 (2) aus der Kaltbemessung übernommen werden.

Die Tabelle 5.2a in EC 2-1-2 wurde unter Ansatz von $\alpha_{cc} = 1{,}0$ erarbeitet. Wir setzen in diesem Beispiel in gewohnter Weise $\alpha_{cc} = 0{,}85$ (sichere Seite).

Für die Heißbemessung mit dem Interaktionsdiagramm wird das Gesamtmoment nach Theorie II. Ordnung aus der Kaltbemessung übernommen. Hier ist nach Abschn. 13.6.3

$$e_{\text{tot}} = e_0 + e_i + e_2 = 0 + 1,18 + 0,89 = 2,07 \text{ cm}$$

Mit m-n-Diagramm, Anhang Tafel 7 folgt

$$\left.\begin{aligned}
\nu_{\text{Ed,fi}} &= \frac{-1,763}{0,40^2 \cdot 11,33} = -0,97 \\[2mm]
\mu_{\text{Ed,fi}} &= \frac{1,763 \cdot 0,0207}{0,40 \cdot 0,40^2 \cdot 11,33} = 0,05
\end{aligned}\right\} \quad \text{erf } \omega_{\text{fi}} = 0,90$$

Vorhanden ist eine Bewehrung $A_{\text{s1}} = A_{\text{s2}} = 16,0 \text{ cm}^2$ (2 $\varnothing$ 25 + 1 $\varnothing$ 28 je Seite), mit $A_{\text{s,tot}} = 32,0 \text{ cm}^2$ ergibt sich hierfür ein mechanischer Bewehrungsgrad

$$\text{vorh } \omega = \frac{32,0}{40 \cdot 40} \cdot \frac{435}{11,33} = 0,77$$

Zur Bestimmung des Ausnutzungsgrades μ_{fi} wird der Bemessungswert der Tragfähigkeit der Stütze bei Normaltemperatur N_{Rd} benötigt. Hierfür zeichnet man wie in Abb. 13.44 dargestellt, im Interaktionsdiagramm ein Gerade vom Nullpunkt über den Bemessungspunkt der Heißbemessung ($\nu_{\text{Ed,fi}} = -0,97$, $\mu_{\text{Ed,fi}} = 0,05$) bis zum Schnittpunkt mit vorh ω. Der zu diesem Schnittpunkt gehörige Abszissenwert ν_{Rd} führt zum Bemessungswert N_{Rd} bei Normaltemperatur.

(*Hinweis:* Der Lösungsweg ist in Abb. 13.44 skizziert. Eine Bemessung der Stütze für $N_{\text{Ed}} = N_{\text{Rd}} = -3090$ kN würde zu erf $\omega = 0,65$ führen.)

Bestimmung des Bemessungswertes der Tragfähigkeit N_{Rd}

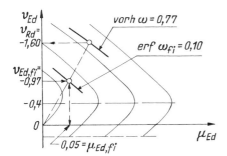

Hinweis: Die Zahlenangaben gelten für das Beispiel im Abschn. 13.11.4

Abb. 13.44 Zur Bestimmung des Bemessungswertes der Tragfähigkeit bei Normaltemperatur

Damit erhält man bei der vorhandenen Bewehrung für den Bemessungswert der Tragfähigkeit

$$N_{\text{Rd}} = \nu_{\text{Rd}} \cdot b \cdot h \cdot f_{\text{cd}} = -1,60 \cdot 0,40^2 \cdot 11,33 = -2,90 \text{ MN}$$

Als Ausnutzungsgrad μ_{fi} ergibt sich

$$\mu_{\text{fi}} = N_{\text{Ed,fi}}/N_{\text{Rd}} = 1,763/2,90 = 0,61$$

Für den vorhandenen Ausnutzungsgrad ist gem. Abb. 13.45 zwischen den Werten der Tabelle 5.2a linear zu interpolieren, vgl. Abb. 13.45.

R90	$\mu_{fi} = 0{,}5$	$\mu_{fi} = 0{,}64$	$\mu_{fi} = 0{,}7$
b/a =	300/45	330/49	350/53
b/a =	400/38	430/39	450/40

Abb. 13.45 Bestimmung der Betonabmessungen und des Randabstandes der Bewehrung in Abhängigkeit von Ausnutzungsgrad und Feuerwiderstandsklasse

Ergebnis:

Die Stütze ist gem. Abb. 13.43 mit insgesamt 8 Längsstäben konstruiert, die Stützenabmessungen sind $b/h = 40/40$ cm, der vorhandene Achsabstand der Bewehrung beträgt

$$a = c_v + d_{s,bü} + d_{s,l}/2 = 20 + 10 + 25/2 = 42{,}5 \text{ mm}$$

Ein Vergleich mit den Mindestabmessungen gem. Abb. 13. 41 zeigt bezüglich der Feuerwiderstandsklasse R 90:

– Bei einer Konstruktion mit 4 Längsstäben wäre der Randabstand der Stäbe mit erf $a = 49$ mm wesentlich größer als der vorhandene Randabstand $a = 42{,}5$ mm
– Bei der vorhandenen Konstruktion mit 8 Stäben sind die Mindestabmessungen nicht eingehalten: vorh $b = 400$ mm $<$ erf $b = 430$ mm.

Eine Einordnung in die Feuerwiderstandsklasse R 90 ist daher nicht möglich. Die Tabelle 5.2a weist jedoch für das hier behandelte Beispiel Reserven auf, da für die Tabellenwerte eine Ersatzlänge im Brandfall $l_{0,fi} = 3{,}0$ m angesetzt wurde, während im Beispiel die Ersatzlänge $l_{0,fi} = 2{,}75$ m beträgt. Es erfolgt daher anschließend eine rechnerische Ermittlung der Feuerwiderstandsdauer gem. Abschn. 13.11.3.

B: Brandschutznachweis nach EC 2-1-2, Gleichung (5.7)

Die Anwendungsgrenzen sind im Abschn. 13.11.3 zusammengestellt, hier ist:

– Achsabstand der Bewehrung: $a = 42{,}5$ mm < 80 mm
– Ersatzlänge im Brandfall $l_{0,fi} = 2{,}75$ m $< 6{,}0$ m
– Querschnittsabmessungen $l/b = 40/40$ cm $= 1{,}0 < 1{,}5$

Die Anwendungsgrenzen sind eingehalten.

Die Gleichung lautet, vgl. (13.41):

$$R = 120 \cdot [(R_{\eta fi} + R_a + R_l + R_b + R_n)/120]^{1,8}$$

Bestimmung der einzelnen Einflussfaktoren:

Die folgenden Werte werden aus dem Brandschutznachweis gem. Tabelle 5.2a übernommen, vgl. Rechengang A:

Achsabstand der Bewehrung:	$a = 42{,}5$ mm
Ersatzlänge im Brandfall:	$l_{0,fi} = 2{,}75$ m
Mechanischer Bewehrungsgrad:	$\omega = 0{,}77$
Beiwert zur Berücksichtigung von Langzeitauswirkungen:	$\alpha_{cc} = 0{,}85$
Ausnutzungsgrad im Brandfall:	$\mu_{fi} = 0{,}61$

Damit erhält man für die einzelnen Einflussfaktoren

$$R_{\eta fi} = 83 \cdot \left[1{,}0 - \mu_{fi} \frac{1 + \omega}{0{,}85/\alpha_{cc} + \omega}\right]$$

$$= 83 \cdot \left(1{,}0 - 0{,}61 \frac{1 + 0{,}77}{0{,}85/0{,}85 + 0{,}77}\right) = 32{,}4$$

$$R_a = 1{,}60 \, (a - 30) = 1{,}60 \cdot (42{,}5 - 30) = 20{,}0$$

$$R_1 = 9{,}60 \cdot (5 - l_{0,\mathrm{fi}}) = 9{,}60 \cdot (5 - 2{,}75) = 21{,}6$$
$$R_b = 0{,}09 \cdot b' \quad \text{mit } b' = 2\,A_c/(b+h),\ b' = 2 \cdot 400^2/(400+400) = 400$$
$$R_b = 0{,}09 \cdot 400 = 36$$
$$R_n = 12 \ (\text{im Querschnitt sind mehr als 4 Längsstäbe vorhanden})$$

Für die vorhandene rechnerische Branddauer R ergibt sich damit

$$R = 120 \cdot [(32{,}4 + 20{,}0 + 21{,}6 + 36 + 12)/120]^{1,8}$$
$$R = 120 \cdot 1{,}0167^{1,8} \approx 123 \ \text{min}$$

Errechnet wurde eine Branddauer bis zum Versagen des Querschnitts von 123 Minuten. Die Stütze kann damit in die Feuerwiderstandsklasse R 120 eingeordnet werden.

13.11.5 Brandschutznachweis von Kragstützen

In EC 2-1-2/NA. ist im Anhang AA ein vereinfachtes Verfahren zur Einordnung von Kragstützen in die Feuerwiderstandsklasse R 90 angegeben. Das Verfahren gilt für folgende Randbedingungen:

- Normalbeton mit überwiegend quarzithaltiger Gesteinskörnung
- Betonfestigkeitsklassen zwischen C 20/25 und C 50/60
- Bezogene Knicklänge in den Grenzen $10 \leqq l_0/h \leqq 50$
- Bezogene Lastausmitte in den Grenzen $0 \leqq e_1/h \leqq 1{,}5$ mit $e_1 = e_0 + e_i$
- Mindestquerschnittsabmessungen $300 \ \mathrm{mm} \leqq h_{\min} \leqq 800 \ \mathrm{mm}$
- Geometrischer Bewehrungsgrad $1\,\% \leqq \varrho \leqq 8\,\%$
- Bezogener Achsabstand der Bewehrung $0{,}05 \leqq a/h \leqq 0{,}15$
- Querschnittsbreite $\geqq$ Querschnittshöhe: $b \geqq h$

In EC 2-1-2/NA., Anhang AA sind Diagramme für Querschnitte mit $h = 300 \ \mathrm{mm}$, $h = 450 \ \mathrm{mm}$, $h = 600 \ \mathrm{mm}$ und $h = 800 \ \mathrm{mm}$ enthalten. Alle Diagramme sind aufgestellt für die Betonfestigkeitsklasse C 30/37, für Betonstahl B 500, für einen bezogenen Achsabstand der Bewehrung $a/h = d_1/h = 0{,}10$ und für ein Bewehrungsverhältnis $\varrho = 2\,\%$. Die Diagramme gelten für 4-seitig brandbeanspruchte Stützen.

Zwischen den einzelnen Diagrammen darf linear interpoliert werden, wenn das Diagramm mit der nächstkleineren Querschnittshöhe verwendet wird, befindet man sich auf der sicheren Seite. Für abweichende Stützenabmessungen sind in EC 2-1-2/NA., Anhang AA, Abschnitt AA 3 umfangreiche Korrekturfaktoren angegeben. Die wichtigsten sind:

k_{fi} Beiwert zur Berücksichtigung von 1- oder 3-seitiger Brandbeanspruchung
k_a Beiwert zur Berücksichtigung des Achsabstandes der Bewehrung
k_C Beiwert zur Berücksichtigung der Betonfestigkeitsklasse
k_ϱ Beiwert zur Berücksichtigung des Bewehrungsverhältnisses

Mit Abb. 13.46 ist ein Diagramm aus EC 2-1-2/NA., Anhang AA abgedruckt.

Für die Einordnung einer Kragstütze in die Feuerwiderstandsklasse R 90 muss nachgewiesen werden, dass der Bemessungswert der vorhandenen Normalkraft nicht größer ist als der Bemessungswert der Traglast bei 90 Minuten Brandeinwirkung:

$$|N_{\mathrm{Ed,fi}}| \leqq |N_{\mathrm{R,fi,d,90}}| \tag{13.42}$$

107

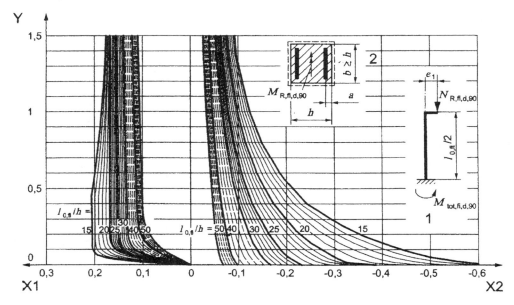

Legende

1 Gesamtmoment $\mu_{tot,fi,d,90} = \mu_{1,fi,d,90} + \mu_{2,fi,d,90} = M_{tot,fi,d,90}/(A_C \cdot h \cdot f_{cd})$

2 Querschnitt: $h = 450$ mm; Achsabstand $a/h = d_1/h = 0{,}10$; Beton C30/37; Bewehrung B500; Bewehrungsverhältnis $\rho = 2\,\%$

X1 Gesamtmoment $\mu_{tot,fi,d,90}$

X2 Längskraft $\nu_{R,fi,d,90} = N_{R,fi,d,90}/(A_c \cdot f_{cd})$

Y Lastausmitte e_1/h

Abb. 13.46 Diagramm zur Ermittlung des Bemessungswertes der Stützentraglast $N_{R,fi,d,90}$ und des Gesamtmomentes $M_{tot,fi,d,90}$ für einen Querschnitt mit $h = 450$ mm (aus EC 2-1-2/NA., Anhang AA)

Für diesen Nachweis wird aus der rechten Diagrammhälfte in Abhängigkeit von der bezogenen Lastausmitte $Y = e_1/h$ und in Abhängigkeit von der bezogenen Knicklänge im Brandfall $l_{0,fi}/h$ der Bemessungswert der bezogenen Stützentraglast abgelesen:

$$\nu_{R,fi,d,90} = N_{R,fi,d,90}/(A_c \cdot f_{cd})$$

Hieraus wird der Bemessungswert der Stützentraglast zur Einordnung in die Feuerwiderstandsklasse R 90, erforderlichenfalls unter Berücksichtigung der Beiwerte von abweichenden Randbedingungen, errechnet:

Ohne Ansatz der Beiwerte:

$$N_{R,fi,d,90} = \nu_{R,fi,d,90} \cdot A_c \cdot f_{cd} \tag{13.43}$$

Mit Ansatz der Beiwerte:

$$N_{R,fi,d,90} = k_{fi} \cdot k_a \cdot k_C \cdot k_\varrho \cdot \nu_{R,fi,d,90} \cdot A_c \cdot f_{cd} \tag{13.44}$$

Das Bauteil kann in die Feuerwiderstandsklasse R 90 eingeordnet werden, wenn der Bemessungswert der Traglast im Brandfall $N_{R,fi,d,90}$ mindestens so groß ist wie die einwirkende Normalkraft $N_{Ed,fi}$ im Brandfall, vgl. (13.42). Umfangreiche Erläuterungen zur Bestimmung der Beiwerte k sind in EC 2-1-2/NA., Anhang AA enthalten.

Für den Nachweis der Einspannung der Kragstütze in die Unterkonstruktion im Brandfall kann das bezogene Gesamtmoment im Brandfall aus der linken Diagrammhälfte entnommen werden.

Zu beachten ist insbesondere auch die in den Diagrammen angegebene Bedingung $b \geqq h$. Im Regelfall wird man eine Stütze stets so entwerfen, dass in der Richtung mit der größten Beanspruchung auch die größere Querschnittsabmessung vorhanden ist, vgl. z.B. das Beispiel für eine Hallenstütze im Abschn. 13.8. In diesen Fällen ist ein Nachweis für die Feuerwiderstandsklasse R 90 mit den Angaben in EC/NA., 2.1.2, Anhang AA **nicht** zulässig. Dies gilt auch für den Fall, dass senkrecht zur betrachteten Kragrichtung, wie im Beispiel im Abschn. 13.8, ein ausgesteiftes System vorhanden ist. Dabei ist aber auch zu beachten, dass für Hallenstützen in der Regel keine Ausführung in der Feuerwiderstandsklasse R 90 gefordert wird. Eine Ausnahme hiervon bilden Brandwände, die bei ausgedehnten Gebäuden für eine Unterteilung in einzelne Brandabschnitte sorgen.

13.11.6 Beispiel: Brandschutznachweis für die aussteifende Kragstütze innerhalb einer Brandwand

Aufgabe:

Für die in Abb. 13.47 skizzierte Brandwand ist zu überprüfen, ob die aussteifenden Stützen in die Feuerwiderstandsklasse R90 eingeordnet werden können.

Abmessungen der Stützen, Baustoffe und statisches System vgl. Abb. 13.47. Zwischen den Stützen erfolgt eine Ausfachung mit Mauerwerk oder Stahlbetonplatten. Diese Ausfachung wird in der Feuerwiderstandsklasse R 90 ausgeführt, die Ausführung und der Anschluss der Ausfachung an die Stützen ist nicht Gegenstand dieses Beispiels. Es wird angenommen, dass der Brand in einem Brandabschnitt auftritt und dass dann von diesem Brandabschnitt aus Windkräfte auf die Brandwand einwirken können.

Die charakteristischen Einwirkungen infolge Winddruck wurden in einer Nebenrechnung gem. DIN EN 1991-4 und DIN EN 1991-1-4/NA. bestimmt. Angesetzt wird ein charakteristischer Winddruck auf die Wandfläche von $q_{k,w} = 0{,}7 \cdot 0{,}95 = 0{,}665$ kN/m².

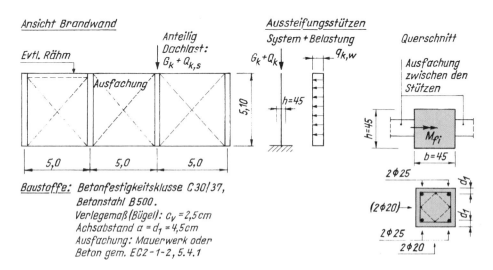

Abb. 13.47 Brandschutznachweis für eine aussteifende Kragstütze innerhalb einer Brandwand

Eigenlast der Stütze und anteilige ständige Belastung aus der Dachkonstruktion werden zu einer gemeinsamen ständigen Einwirkung $G_k = 64{,}0$ kN zusammengefasst. Aus anteiliger Schneebelastung aus der Dachkonstruktion folgt eine charakteristische Belastung $Q_{k,s} = 20{,}0$ kN für die Stütze. Die Lasten G_k und $Q_{k,s}$ werden zentrisch angreifend am Stützenkopf angesetzt.

Durchführung:

Die Schnittgrößen im Brandfall werden mit der außergewöhnlichen Kombination (2.4) bestimmt. Als Leiteinwirkung wird die Windbelastung angesetzt, hierbei ist für Wind gem. dem Hinweis im Abschn. 13.11.1 der Kombinationsbeiwert $\psi_{1,1}$ anzusetzen, Größe der übrigen Kombinationsbeiwerte vgl. Abb. 2.5.

Schnittgrößen im Brandfall an der Einspannstelle mit der außergewöhnlichen Kombination (2.4). Indirekte Einwirkungen A_d bleiben außer Ansatz, für den Teilsicherheitsbeiwert gilt $\gamma_{G,A} = 1{,}0$ bei der außergewöhnlichen Einwirkungskombination. Damit ergibt sich:

$$N_{Ed,fi} = \gamma_{G,A} \cdot N_{k,G} + \psi_{1,1} \cdot N_{k,w} + \psi_{2,1} \cdot N_{k,s}$$
$$= -1{,}0 \cdot 64{,}0 + 0{,}5 \cdot 0 + 0 \cdot 0 = -64 \text{ kN}$$

$$M_{Ed,fi} = \gamma_{G,A} \cdot M_{k,G} + \psi_{1,1} \cdot M_{k,w} + \psi_{2,1} \cdot M_{k,s}$$
$$= 1{,}0 \cdot 0 + 0{,}5 \cdot 0{,}665 \cdot 5{,}0 \cdot 5{,}1^2/2 + 0 \cdot 0 = 21{,}6 \text{ kNm}$$

Eingangswerte für die Diagramme in EC 2/NA., Anhang AA:

Betonfestigkeitsklasse C 30/37: $\quad f_{cd} = 0{,}85 \cdot 30{,}0 / 1{,}5 = 17{,}0$ MN/m^2
Bewehrungsverhältnis geschätzt: $\quad \varrho = 1{,}0\,\%, A_s = 0{,}010 \cdot 45^2 = 20{,}2$ cm^2
Gewählt 2 $\varnothing$ 25 + 1 $\varnothing$ 20, innen und außen, $A_{s,tot} = 25{,}9$ cm^2
Knicklänge $l_{0,fi} = 2 \cdot l = 10{,}20$ m
Eingangswert bezogene Knicklänge: $\quad l_{0,fi}/h = 10{,}20/0{,}45 = \underline{22{,}7}$
Ausmitte nach Theorie I. Ordnung: $\quad e_0 = M_{Ed,fi}/|N_{Ed,fi}| = 21{,}6/64{,}0 = 0{,}34$ m

Imperfektionen gem. (13.14): $\quad e_i = \dfrac{1}{100 \cdot \sqrt{l}} \cdot l_{0,fi}/2$

$\qquad\qquad = (1/226) \cdot 10{,}20/2 = 0{,}023$ m
Gesamtausmitte: $\quad e_1 = e_0 + e_i = 0{,}34 + 0{,}02 = 0{,}36$ m
Eingangswert bezogene Lastausmitte e_1/h: $\quad = 0{,}36/0{,}45 = \underline{0{,}80}$

Brandschutznachweis mit Bild AA.2 in EC 2/NA. Anhang AA, vgl. Abb. 13.46.

Entnommen wird aus dem Diagramm, rechter Diagrammabschnitt:

Bezogene Längskraft im Brandfall: $\quad \nu_{R,fi,d,90} = -0{,}10$

Errechnet wird der Bemessungswert der Stützentraglast im Brandfall

$$N_{R,fi,d,90} = \nu_{R,fi,d,90} \cdot A_c \cdot f_{cd} = -0{,}10 \cdot 0{,}45^2 \cdot 17{,}0 = -0{,}34 \text{ MN}$$

Bestimmung der Korrekturbeiwerte k in (13.44)

Korrekturbeiwert k_{fi} zur Berücksichtigung der Brandbeanspruchung

Es wird Brand in **einem** Brandabschnitt angenommen, für die aussteifenden Stützen wird daher eine einseitige Brandbeanspruchung unterstellt. Hierfür ist gem. Gl. AA.6

$$k_{fi} = \min(e_1/h;\ 1) \cdot k_1 + h'$$

Hierbei ist

$$h' = \max[(4 - h/150);\ 0{,}7]$$

$$k_1 = \max[(6 - h/75); 0,3]$$

Für die hier vorliegende Stütze folgt mit $h = 450$ mm und $e_1/h = 0,80$:

$$h' = \max[(4 - 450/150); 0,7]$$
$$= \max(1; 0,7) \qquad = \underline{1,0}$$
$$k_1 = \max[(6 - 450/75); 0,3]$$
$$= \max(0; 0,3) \qquad = \underline{0,3}$$
$$k_{\text{fi}} = \min(0,80; 1,0) \cdot 0,3 + 1,0$$
$$= 0,80 \cdot 0,3 + 1,0 \qquad = \underline{1,24}$$

Korrekturbeiwert k_a zur Berücksichtigung des Achsabstands

Gemäß Abb. 13.47 beträgt der Achsabstand der Bewehrung $a = d_1 = 4,5$ cm.

Hieraus folgt ein bezogener Achsabstand $a/h = 4,5/45,0 = 0,1$

Für das Diagramm EC 2/NA., Anhang Bild AA.2 wurde der gleiche bezogene Achsabstand der Bewehrung zugrunde gelegt. Hieraus folgt $\qquad \underline{k_a = 1,0}$

Korrekturbeiwert k_C zur Berücksichtigung der Betonfestigkeitsklasse

Für die Stützen ist gem. Abb. 13.47 die Betonfestigkeitsklasse C 30/37 vorgesehen, diese Betonfestigkeitsklasse ist auch bei der Ausarbeitung der Diagramme angesetzt worden.

Hieraus folgt $\qquad \underline{k_C = 1,0}$

Korrekturbeiwert k_ϱ zur Berücksichtigung des Bewehrungsverhältnisses

Die Diagramme sind aufgestellt für ein Bewehrungsverhältnis $\varrho = 2,0\,\%$, gewählt wurde ein Bewehrungsverhältnis $A_s/A_c = 100 \cdot 25,9/45^2 = 1,28\,\%$.

Die Korrektur erfolgt mit Gl. AA.13 im Abschnitt AA.3 von EC 2-1-2/NA., Anhang AA. Die Gleichung lautet:

$$k_\varrho = \max[0,6 - 0,1 \cdot (\varrho + 1) \cdot (e_1/h); \varrho/2]$$

Für das vorliegende Beispiel folgt mit $\varrho = 1,28\,\%$ und $e_1/h = 0,80$

$$k_\varrho = \max[0,6 - 0,1 \cdot (1,28 + 1) \cdot 0,80; 1,28/2]$$
$$= \max(0,42; 0,64) = \underline{0,64}$$

Bemessungswert der Stützentraglast unter Berücksichtigung der Korrekturbeiwerte gem. (13.43)

$$N_{\text{R,fi,d,90}} = k_{\text{fi}} \cdot k_a \cdot k_C \cdot k_\varrho \cdot v_{\text{R,fi,d,90}} \cdot A_c \cdot f_{\text{cd}}$$
$$= 1,24 \cdot 1,0 \cdot 1,0 \cdot 0,64 \cdot (-0,10) \cdot 0,45^2 \cdot 17,0 = -0,273 \text{ MN}$$

Vergleich gem. (13.42):

$$|N_{\text{Ed,fi}}| = 64 \text{ kN} < |N_{\text{R,fi,d,90}}| = 273 \text{ kN}$$

Die Stahlbetonstützen innerhalb der Brandwand können in die Feuerwiderstandsklasse R 90 eingeordnet werden.

Die Kaltbemessung für die Stützen und der Anschluss der Stützen an die Unterkonstruktion (Fundament) ist nicht Gegenstand dieses Beispiels. Die Stützenabmessungen und die Stützenbewehrung darf im Zuge der Kaltbemessung nicht gegenüber den Ansätzen der Heißbemessung verringert werden.

14 Aussteifung von Gebäuden

14.1 Aussteifung von Gebäuden durch Scheiben

Die auf ein Bauwerk einwirkenden horizontalen Kräfte, z. B. Wind, können durch unterschiedliche Konstruktionselemente in den Baugrund abgeleitet werden. Bei ein- und zweigeschossigen Bauten (Hallen) kommen hierfür vorwiegend Rahmenkonstruktionen oder im Fundament eingespannte Stützen zur Anwendung. Bei mehrgeschossigen *gemauerten* Wohngebäuden sind im Regelfall ausreichend viele aussteifende Längs- und Querwände vorhanden. Eine Aussteifung von mehrgeschossigen Gebäuden durch Rahmen ist i. Allg. unwirtschaftlich. Die Horizontalverschiebungen sind bei einer Aussteifung durch Rahmen fast immer größer als bei einer Aussteifung durch Wandscheiben, an den Rahmeneckpunkten ergeben sich häufig konstruktive Schwierigkeiten, vgl. Kapitel 15. Durch das Zusammenwirken von Rahmen mit Scheiben können jedoch insbesondere bei höheren Gebäuden günstige Aussteifungskonstruktionen entstehen, vgl. hierzu [1.12], [1.13].

Bei Stahlbetonskelettbauten werden die Horizontalkräfte vorzugsweise einzelnen lotrechten Wandscheiben oder steifen Kernen zugewiesen. Man spricht bei den hier besprochenen aussteifenden Bauteilen von „Scheiben", im elastizitätstheoretischen Sinn handelt es sich dabei meist um *schlanke* Bauteile, die als Stab zu behandeln sind. Die Horizontalkräfte werden über die als Scheiben auszubildenden Geschossdecken in die Wandscheiben abgeleitet, vgl. Abb. 14.1. An den Verbindungsstellen müssen entsprechende (horizontal wirkende) Querkräfte übertragen werden. Die Vertikallasten werden auch über Zwischenstützen abgetragen, die an beiden Stabenden durch das Scheibensystem horizontal unverschieblich gehalten werden.

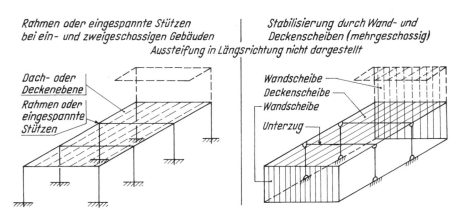

Abb. 14.1 Aussteifung durch Rahmen oder durch Wand- und Deckenscheiben

Bei der Verteilung der anfallenden horizontalen Lasten auf die aussteifenden Bauteile fasst man die Deckenscheiben als starre Baukörper auf, in jeder Geschossebene sind somit Verschiebungen in zwei Richtungen und eine Verdrehung des Gesamtsystems möglich. Alle Horizontalkräfte werden den aussteifenden Bauteilen zugewiesen, die Biegesteifigkeit der auszusteifenden Bauteile (Stützen) ist im Verhältnis zur Biegesteifigkeit der Wandscheiben gering, dieser Einfluss bleibt daher unberücksichtigt.

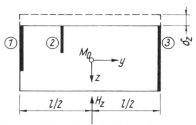 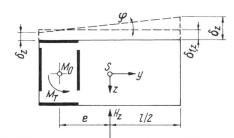

a) Lastangriff von H_z erfolgt im Schub-
mittelpunkt M_0:
Gleichmäßige Auslenkung der Decken
um δ_z, keine Verdrehung

b) Die stark exentrische Lage der Aussteifungs-
elemente führt zu einem großen Torsions-
moment $M_T = H_z \cdot e$. Neben einer Translation
$\delta_{1,z}$ erfolgt eine Verdrehung um den Winkel φ.
Alle Elemente der Deckenplatte haben unter-
schiedlich große Verschiebungen δ.

Abb. 14.2 Einfluss der Lage des Schubmittelpunktes auf die Größe der Horizontalverschiebung

Wenn die abzuleitenden Horizontalkräfte H im Schubmittelpunkt M_0 des Aussteifungssystems angreifen, treten nur Horizontalverschiebungen in y- oder z-Richtung auf. Wegen der Verbindung durch die starre Deckenscheibe werden alle aussteifenden Bauteile gleichmäßig verformt, vgl. Abb. 14.2. Wenn die Horizontalkraft H außerhalb des Schubmittelpunktes angreift, stellt sich neben der Translation auch eine Verdrehung des gesamten Baukörpers um den Schubmittelpunkt M_0 ein. Die Auslenkung der aussteifenden Bauteile und der auszusteifenden Bauteile verändert sich mit ihrem Abstand vom Schubmittelpunkt. Die Bestimmung des Lastanteils der Gesamtlast H, der von den Einzelscheiben aufzunehmen ist, wird schwieriger. Anzustreben ist ein Aussteifungssystem, bei dem möglichst der Schubmittelpunkt M_0 und der Flächenschwerpunkt S der Gebäudegrundfläche zusammenfallen oder doch nahe beieinander liegen.

Für die Aussteifung eines Gebäudes sind mindestens drei Wandscheiben, deren Systemlinien sich nicht in einem Punkt schneiden, oder ein torsionssteifer Kern erforderlich. Es ist zweckmäßig, die Aussteifungselemente im Grundriss in statisch bestimmter Form anzuordnen, hierdurch werden Zwängungskräfte in den verbindenden horizontalen Deckenscheiben infolge Temperatureinfluss und Betonschwinden verhindert. In Abb. 14.3 findet man hierzu zusätzliche Hinweise. Die Aussteifung durch einen steifen Kern (Abb. 14.3d) ist nur ausreichend bei großer Biege- und Torsionssteifigkeit dieses Bauteils. Die Systeme e bis g der Abb. 14.3 sind stark exzentrisch und führen zu großen Verdrehungen des Baukörpers. Durch zusätzliche Wandscheiben (gestrichelt bei den Systemen e und f angedeutet) oder eine größere Spreizung der beiden Wandscheiben in y-Richtung bei dem System g wird das Tragverhalten wesentlich verbessert. Bei den Systemen h und j der Abb. 14.3 können Momente aus Horizontallasten nicht aufgenommen werden, diese Systeme sind labil.

Bei statisch unbestimmten Aussteifungssystemen und beliebiger Anordnung der Wandscheiben bilden Wände, Kerne und horizontale Decken ein räumliches Tragsystem. Für die analytische Behandlung kann dieses System zu einem lotrechten Gesamtstab idealisiert werden, für den dann alle Beziehungen der elementaren Festigkeitslehre des schlanken Stabes gültig sind. Das räumliche Problem kann so auf die Lastfälle Biegung und Torsion eines *Stabes* zurückgeführt werden. Wenn die Torsionssteifigkeit $G \cdot I_T$ und die Wölbsteifigkeit $E_c \cdot I_w$ der Einzelbauteile berücksichtigt werden soll, ist eine Berechnung dieses „Stabes" wirtschaftlich nur mit Hilfe von geeigneten EDV-Programmen durchführbar. Der Einfluss der Wölbsteifigkeit und der Torsionssteifigkeit ist jedoch nur bei geschlossenen Profilen (steife Kerne) von Bedeutung. Bei offenen Profilen ist die Wölbsteifigkeit des Einzelprofils im Verhältnis zur Wölbsteifigkeit des Gesamtsystems vernachlässigbar gering. Die Torsionssteifigkeit von offenen Einzelprofilen kann immer vernachlässigt werden, wenn die Steifigkeit gegen Verdrehen von der Wölbsteifigkeit des Gesamtsystems gebildet wird, vgl. hierzu Abschn. 14.2.

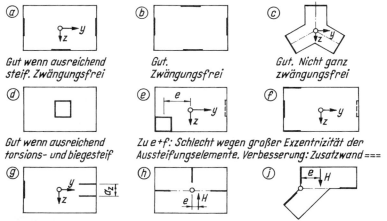

Abb. 14.3 Zur Anordnung von Aussteifungssystemen im Grundriss

Ausführliche Hinweise zur Aussteifung von Gebäuden auch bei einem Zusammenwirken von Wandscheiben und Rahmen sowie eine umfangreiche Zusammenstellung über weiterführende Literatur findet man in [1.12] und [1.13].

14.2 Ableitung von Horizontalkräften durch Wandscheiben in einfachen Fällen

14.2.1 Grundlagen

In den einfachen statisch bestimmten Fällen der Abb. 14.4a und 14.4b können die auf die einzelnen Scheiben entfallenden Horizontalkräfte unter folgenden Voraussetzungen allein aus den Gleichgewichtsbedingungen ermittelt werden:

- Die Torsionssteifigkeit der Einzelscheiben wird vernachlässigt,
- die Biegesteifigkeit der Einzelscheiben wird nur in der Haupttragrichtung angesetzt (z. B. in Abb. 14.4 für Scheibe 1 nur I_{1y}),
- wenn zwei Scheiben zusammenstoßen, wird hier keine schubfeste Verbindung angesetzt, dies gilt in Abb. 14.4a z. B. für die Scheiben 1 und 2,
- die Decken werden als Starrkörper betrachtet, sie übertragen die einwirkenden horizontalen Lasten ohne wesentliche Formänderungen auf die Wandscheiben.

Bei Aussteifung durch einen steifen Kern (Abb. 14.4c) ist die wirksame Torsionssteifigkeit sehr stark von der Größe der Riegel zwischen den Öffnungen sowie der lotrechten Bauteile neben den Öffnungen abhängig. Einige Hinweise hierzu enthält Abb. 14.4.

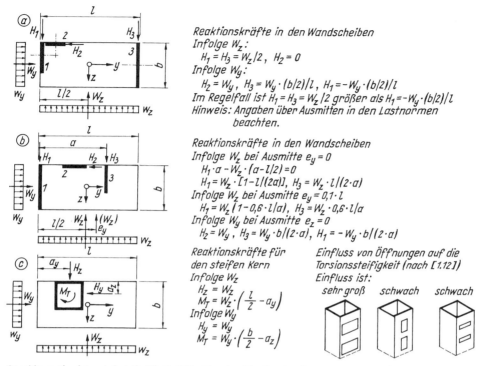

Abb. 14.4 Aufnahme von Horizontalkräften durch Wandscheiben bei statisch bestimmten Aussteifungssystemen

Bei *statisch unbestimmten* Aussteifungssystemen führt eine Näherungsrechnung zu ausreichend genauen Ergebnissen, wenn die Steifigkeit der aussteifenden Bauteile über die Gebäudehöhe konstant ist. Vernachlässigt wird die Eigentorsionssteifigkeit der Einzelprofile. Die Torsionsmomente M_T werden dann allein durch den Biegewiderstand der Einzelscheiben, also durch Wölbkrafttorsion, aufgenommen. Bei Lastangriff im Schubmittelpunkt M_0 werden die einwirkenden Lasten den Wänden entsprechend ihrer jeweiligen Steifigkeit zugewiesen. Bei Lastangriff außerhalb des Schubmittelpunktes wird das Torsionsmoment M_T von *allen* Wänden aufgenommen. Die Lastermittlung mit den nachfolgend angegebenen Ausdrücken wird dann häufig umfangreich. Für die Praxis und insbesondere für Voruntersuchungen reicht es bei geringer Lastausmitte aus, das Torsionsmoment denjenigen Wandscheiben zuzuweisen, die sich vorwiegend an der Aufnahme von M_T beteiligen. Damit sind dann zwar nicht alle Verformungsbedingungen erfüllt, die Gleichgewichtsbedingungen aber eingehalten. *Franz* [21] weist in diesem Zusammenhang darauf hin, dass eine übertriebene Genauigkeit der Lastaufteilung wenig sinnvoll ist, da die Schwächung von Wänden durch Öffnungen häufig unberücksichtigt bleibt und fast immer eine vollständige (starre) Einspannung in der Gründungsebene vorausgesetzt wird.

Für Aussteifungssysteme, bei denen die Steifigkeit der Wandscheiben über die Höhe konstant oder zueinander proportional ist, ergibt sich folgender Rechnungsgang zur Bestimmung des auf die einzelnen Wände entfallenden Lastanteils.

Die Lage des Schubmittelpunktes M_0 wird nach den in Abb. 14.5 angegebenen Regeln bestimmt. Angesetzt wird nur der Biegewiderstand in der jeweiligen Haupttragrichtung. Bei dem

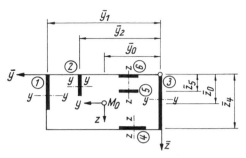

Lage des Schubmittelpunktes M_0
Voraussetzung: $E_C = $ konstant, Querschnitts-
werte der Einzelelemente konstant über die
Bauteilhöhe, Flächenzentrifugalmomente I_{yz}
der Einzelelemente vernachlässigbar
Berechnen: Einzelträgheitsmomente $I_{y,i}$ und $I_{z,i}$
Koordinaten des Schubmittelpunktes M_0 in
einem beliebigen Koordinatensystem $\bar{y} - \bar{z}$

$$\bar{y}_0 = \frac{\Sigma I_{y,i} \cdot \bar{y}_i}{\Sigma I_{y,i}} \qquad \bar{z}_0 = \frac{\Sigma I_{z,i} \cdot \bar{z}_i}{\Sigma I_{z,i}}$$

Abb. 14.5 Zur Lage des Schubmittelpunktes

in Abb. 14.5 angegebenen Aussteifungssystem bleiben damit die Flächenwerte $I_{z,1}$, $I_{z,2}$ und $I_{z,3}$ sowie $I_{y,4}$, $I_{y,5}$ und $I_{y,6}$ und alle Werte $I_{yz,i}$ außer Ansatz (bei Rechteckquerschnitten ist $I_{yz} = 0$). Für die Koordinaten des Schubmittelpunktes erhält man

$$\left.\begin{aligned} \bar{y}_0 &= \frac{\Sigma I_{y,i} \cdot \bar{y}_i}{\Sigma I_{y,i}} \\[2mm] \bar{z}_0 &= \frac{\Sigma I_{z,i} \cdot \bar{z}_i}{\Sigma I_{z,i}} \end{aligned}\right\} \tag{14.1}$$

Bei Kraftangriff im Schubmittelpunkt (oder Drillruhepunkt) M_0 wird die Last H im Verhältnis der Steifigkeiten auf die einzelnen Wandscheiben verteilt. Bei konstantem oder affinem Steifigkeitsverlauf der Aussteifungselemente über die Bauwerkshöhe und konstantem E-Modul erfolgt die Lastaufteilung somit im Verhältnis der Einzelträgheitsmomente zur Summe aller Trägheitsmomente in der betrachteten Richtung. Bei Belastung außerhalb des Schubmittelpunktes wird die einwirkende Kraft H zunächst bis zum Schubmittelpunkt verschoben, an der Aufnahme des Versetzungsmomentes beteiligen sich nach Abb. 14.7 alle Wandscheiben. Im Einzelnen gelten damit die folgenden Ansätze, vgl. [1.12]:

Lastanteil H_i bei Biegebeanspruchung

(Lastangriff von H in M_0, vgl. Abb. 14.6)

$$H_{y,i} = \frac{I_{z,i}}{\sum\limits_{i=1}^{n} I_{z,i}} \cdot H_y \tag{14.2}$$

$$H_{z,i} = \frac{I_{y,i}}{\sum\limits_{i=1}^{n} I_{y,i}} \cdot H_z \tag{14.3}$$

Lastanteil H_i bei Torsionsbeanspruchung

(Torsionsmoment $M_T = H \cdot e$, vgl. Abb. 14.7)

$$H_{y,i} = \frac{I_{z,i} \cdot z_i}{C_\omega} \cdot M_T \tag{14.4}$$

116

$$H_{z,i} = \frac{I_{y,i} \cdot y_i}{C_\omega} \cdot M_T \tag{14.5}$$

In (14.2) bis (14.5) sind:

H_y, H_z	Einwirkende Horizontalkraft in y- bzw. z-Richtung (Abb. 14.6)
M_T	Torsionsmoment in Bezug auf den Schubmittelpunkt (Abb. 14.7)
$I_{y,i}$, $I_{z,i}$	Trägheitsmoment der aussteifenden Wandscheibe um die y- bzw. um die z-Achse
y_i, z_i	Koordinaten des Schubmittelpunktes der Einzelelemente in Bezug auf das vom Schubmittelpunkt ausgehende Koordinatensystem y und z
C_ω	Wölbwiderstand des aus den Einzelelementen gebildeten Ersatzstabes.

Hierfür gilt:

$$C_\omega = \sum_{i=1}^{n} , (I_{y,i} \cdot y_i^2 + I_{z,i} \cdot z_i^2)$$

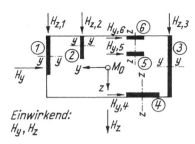

Bei Lastangriff im Schubmittelpunkt M_0 erfolgt eine Aufteilung der einwirkenden Horizontalkräfte auf die Einzelscheiben im Verhältnis der Steifigkeiten. Angesetzt wird nur die Steifigkeit in der jeweiligen Haupttragrichtung: Für Scheibe 1 bzw. 4 gilt damit folgender Rechenansatz, vgl. (14.2), (14.3)

$$H_{z,1} = \frac{I_{y,1}}{I_{y,1} + I_{y,2} + I_{y,3}} \cdot H_z \qquad H_{y,4} = \frac{I_{z,4}}{I_{z,4} + I_{z,5} + I_{z,6}} \cdot H_y$$

$H_{z,2}, H_{z,3}, H_{y,5}, H_{y,6}$ entsprechend!

Aussteifungssystem in y-Richtung

Änderung der Steifigkeit einer Scheibe

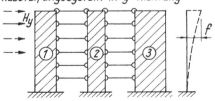

Die Decken erzwingen gleich große Verformungen f in jeder Deckenebene

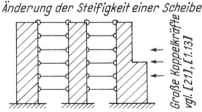

Querschnittsänderungen einzelner Scheiben verändern die Lastverteilung und führen zu großen Kopplungskräften in den Decken

Abb. 14.6 Horizontalkräfte in den Einzelscheiben bei Lastangriff im Schubmittelpunkt

Die Gesamtbelastung einer Scheibe ergibt sich aus der Überlagerung beider Lastfälle. Bei weit gespreizten Scheiben genügt es, das Torsionsmoment als Kräftepaar auf die äußeren Scheiben zu verteilen [21], [1.13], vgl. Abb. 14.7. Man sollte immer bedenken, dass der angegebene Rechengang eine Näherung ist: das nichtlineare Materialverhalten bleibt ebenso unberücksichtigt wie die Steifigkeit der auszusteifenden Bauteile und die Torsionssteifigkeit der Aussteifungselemente.

Hinweise zur Berechnung von Aussteifungssystemen mit über die Höhe beliebig veränderlichen Wandscheiben sowie über den Einfluss von Öffnungen in Wandscheiben vgl. [1.12], [1.13].

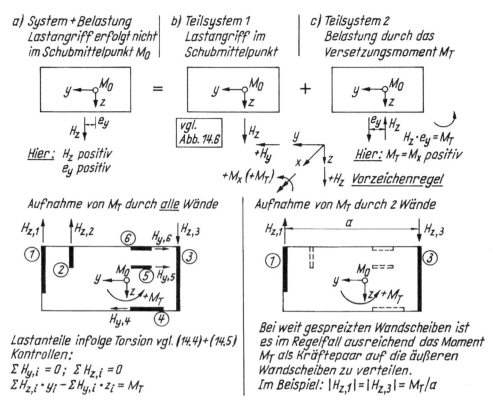

Abb. 14.7 Aufnahme eines Torsionsmomentes durch Wandscheiben

14.2.2 Anwendungsbeispiel

Aufgabenstellung

Das in Abb. 14.8 im Grundriss dargestellte Aussteifungssystem wird durch die Horizontallasten $H_y = 100\,\text{kN}$ bzw. $H_z = 100\,\text{kN}$ beansprucht. Die Aufteilung der Lasten auf die aussteifenden Wände ist zu bestimmen. Die Lasten werden mit einer Ausmitte von $10\,\%$ der jeweiligen Seitenlänge angesetzt, vgl. hierzu die Hinweise am Schluss dieses Abschnittes.

a) System und Belastung

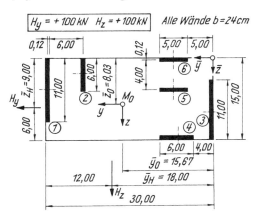

b) Koordinaten des Schubmittelpunktes

Wand i	I_{yi} [m⁴]	$\bar{y}_i$ [m]	$I_{yi} \cdot \bar{y}_i$ [m⁵]
1	26,62	29,88	795,41
2	4,32	23,88	103,16
3	26,62	0,12	3,19
$\Sigma =$	57,56		901,76

Wand i	I_{zi} [m⁴]	$\bar{z}_i$ [m]	$I_{zi} \cdot \bar{z}_i$ [m⁵]
4	4,32	14,88	64,28
5	2,50	4,12	10,30
6	2,50	0,12	0,30
$\Sigma =$	9,32		74,88

$$\bar{y}_0 = 901,76/57,56 = 15,67 \text{ m}$$
$$\bar{z}_0 = 74,88/\ 9,32 = \ 8,03 \text{ m}$$

c) Vorwerte zur Berechnung der auf die Wände entfallenden Lastanteile

Wand i	$I_{y,i}$ m⁴	$y_i = \bar{y}_i - \bar{y}_0$ m	$I_{y,i} \cdot y_i$ m⁵	$I_{y,i} \cdot y_i^2$ m⁶	Wand i	$I_{z,i}$ m⁴	$z_i = \bar{z}_i - \bar{z}_0$ m	$I_{z,i} \cdot z_i$ m⁵	$I_{z,i} \cdot z_i^2$ m⁶
1	26,62	14,21	378,27	5375	4	4,32	6,85	29,59	202,7
2	4,32	8,21	35,47	291	5	2,50	− 3,91	− 9,78	38,2
3	26,62	− 15,55	− 413,94	6437	6	2,50	− 7,91	− 19,78	156,4
$\Sigma =$	57,56		≈ 0	12 103	$\Sigma =$	9,32		≈ 0	397,3

d) Ermittlung der Kräfte in den Wandscheiben $i = 1$ bis $i = 6$

$H_y = 100$ kN; $\bar{z} = 9,00$ m

Wand i	Biegung $H_{y,i} = 10,73 \cdot I_{zi}$ $I_{z,i}$ [m⁴]	$H_{y,i}$ [kN]	Torsion $H_{y,i} = 0,00776 \cdot I_{zi} \cdot z_i$ $I_{z,i} \cdot z_i$ [m⁵]	$H_{y,i}$ [kN]	Biegung + Torsion $\Sigma H_{y,i}$ [kN]	Wand i	Torsion $H_{z,i} = -0,00776 \cdot I_{yi} \cdot y_i$ $I_{y,i} \cdot y_i$ [m⁵]	$H_{z,i}$ [kN]
4	4,32	46,35	29,59	0,23	46,58	1	378,27	− 2,94
5	2,50	26,83	− 9,78	− 0,08	26,75	2	35,47	− 0,28
6	2,50	26,83	− 19,78	− 0,15	26,68	3	− 413,94	+ 3,21

$H_z = 100$ kN; $\bar{y} = 18,00$ m

Wand i	Biegung $H_{z,i} = 1,737 \cdot I_{yi}$ $I_{y,i}$ [m⁴]	$H_{z,i}$ [kN]	Torsion $H_{z,i} = 0,01864 \cdot I_{yi} \cdot y_i$ $I_{y,i} \cdot y_i$ [m⁵]	$H_{z,i}$ [kN]	Biegung + Torsion $\Sigma H_{z,i}$ [kN]	Wand i	Torsion $H_{y,i} = -0,01864 \cdot I_{zi} \cdot z_i$ $I_{z,i} \cdot z_i$ [m⁵]	$H_{y,i}$ [kN]
1	26,62	46,25	378,27	7,05	53,30	4	29,59	− 0,55
2	4,32	7,51	35,47	0,66	8,17	5	− 9,78	+ 0,18
3	26,62	46,25	− 413,94	− 7,72	38,53	6	− 19,78	+ 0,37

Abb. 14.8 Ermittlung der Scheibenkräfte in einem Aussteifungssystem

Durchführung:

Koordinaten des Schubmittelpunktes

Die tabellarische Ermittlung gem. (14.1) wird in Abb. 14.8b durchgeführt.

Ergebnis: $\bar{y}_0 = 15{,}67\,\text{m}, \quad \bar{z}_0 = 8{,}03\,\text{m}$

Lastausmitten in Bezug auf M_0

$$e_y = \bar{y}_H - \bar{y}_0 = 18{,}0 - 15{,}67 = 2{,}33\,\text{m}$$
$$e_z = \bar{z}_H - \bar{z}_0 = \ 9{,}0 - \ 8{,}03 = 0{,}97\,\text{m}$$

Torsionsmomente in Bezug auf M_0

Infolge $H_y = 100\,\text{kN}$: $M_T = -H_y \cdot e_z = -100 \cdot 0{,}97 = -97\,\text{kNm}$

Infolge $H_z = 100\,\text{kN}$: $M_T = \ \ H_z \cdot e_y = 100 \cdot 2{,}33 \ \ = 233\,\text{kNm}$

Vorwerte zur Berechnung der auf die einzelnen Wandscheiben entfallenden Lastanteile

In Abb. 14.8c sind die für die weitere Berechnung erforderlichen Werte tabellarisch zusammengestellt.

Damit ergibt sich:

Infolge Biegung mit (14.2) und (14.3)

$$H_{y,i} = H_y \cdot I_{z,i} / \Sigma I_{z,i} = 100 \cdot I_{z,i} / \ 9{,}32 = 10{,}73 \cdot I_{z,i}$$
$$H_{z,i} = H_z \cdot I_{y,i} / \Sigma I_{y,i} = 100 \cdot I_{y,i} / 57{,}56 = \ 1{,}737 \cdot I_{y,i}$$

Infolge Torsion mit (14.4) und (14.5)

$$C_\omega = \Sigma (I_{y,i} \cdot y_i^2 + I_{z,i} \cdot z_i^2) = 12\,103 + 397 = 12\,500\,\text{m}^6$$

Infolge H_y: $M_T = -97\,\text{kNm}$

$$H_{y,i} = -M_T \cdot I_{z,i} \cdot z_i / C_w = 97 \cdot I_{z,i} \cdot z_i / 12\,500 \ \ = \ \ 0{,}00776 \cdot I_{z,i} \cdot z_i$$
$$H_{z,i} = M_T \cdot I_{y,i} \cdot y_i / C_w \ = -97 \cdot I_{y,i} \cdot y_i / 12\,500 = -0{,}00776 \cdot I_{y,i} \cdot y_i$$

Infolge H_z: $M_T = 233\,\text{kNm}$

$$H_{y,i} = -M_T \cdot I_{z,i} \cdot z_i / 12\,500 = -0{,}01864 \cdot I_{z,i} \cdot z_i$$
$$H_{z,i} = M_T \cdot I_{y,i} \cdot y_i / 12\,500 \ \ = \ \ 0{,}01864 \cdot I_{y,i} \cdot y_i$$

Der weitere Rechengang wird tabellarisch durchgeführt, vgl. Abb. 14.8d.

Die Torsionsmomente werden im vorliegenden Beispiel fast vollständig von einem Kräftepaar aufgenommen, das aus den Horizontalkräften in den Wandscheiben 1 und 3 gebildet wird, vgl. hierzu den entsprechenden Hinweis am Schluss des Abschnitts 14.2.1. Für die Praxis ist zu beachten, dass die Windkräfte als $\pm H_z$ bzw. $\pm H_y$ anzusetzen sind. Die Größe dieser Windkräfte ist nach den Regelungen in EC 1, Teil 4 zu bestimmen. Bis zur bauaufsichtlichen Einführung dieser europäischen Norm gelten die Vorschriften in DIN 1055-4, Fassung 2005-03. Bei nicht schwingungsanfälligen Konstruktionen wird die Gesamtwindkraft, die auf ein Bauwerk oder ein Bauteil einwirkt, gem. den Angaben in DIN 1055-4, 9.1 bestimmt. Übliche Büro- und Wohngebäude mit Bauhöhen bis zu 25 m gelten ohne weiteren Nachweis als nicht schwingungsanfällig. Die Lage des Angriffspunktes der Windkraft richtet sich nach Gestalt und Form des Baukörpers, Einzelheiten hierzu vgl. DIN 1055-4, Abschn. 12. Bei Baukörpern, deren Höhe bzw. Länge größer ist als das Zweifache der Breite quer zur Windrichtung, darf die Windkraft auch abschnittsweise berechnet werden, hierdurch kann die Verteilung der Windkräfte über die Bauwerksbreite erfasst werden. Für die Gesamtwindkräfte ist gem. DIN 1055-4, 9.1 eine Ausmitte von 10 % der Breite oder der Länge des Baukörpers anzusetzen. Im Regelfall sind daher mehrere Rechengänge zur Bestimmung des maßgebenden Lastfalles erforderlich. In der Praxis werden Berechnungen dieser Art nur noch selten als Handrechnung durchgeführt. Für die tägliche Arbeit stehen leistungsfähige Programme in vielfältiger Form zur Verfügung. Für Kontrollrechnungen und für überschlägige Vordimensionierungen sind insbesondere der überwiegende Einfluss der Wandsteifigkeit bei der Biegebeanspruchung (z. B. Wand 1 und 3 bei der Aufnahme von H_z) und der übergroße Einfluss weit gespreizter Wandscheiben bei der Aufnahme von Torsionsmomenten zu beachten.

14.3 Einteilung der Tragwerke und der Bauteile

14.3.1 Allgemeines

Im vorhergehenden Abschnitt wurde gezeigt, dass mit drei Wandscheiben oder einem Bauwerkskern i. Allg. die anfallenden Horizontallasten in den Baugrund abgeleitet werden können. Die tragende Konstruktion des Bauwerks besteht dann aus den haltenden, aussteifenden Bauteilen und den gehaltenen Konstruktionselementen (Stützen). Die Stabilität eines Bauwerks kann jedoch auch gefährdet sein, wenn für die räumliche Steifigkeit zwar eine ausreichende Anzahl von Wandscheiben vorhanden ist (i. Allg. $n \geqq 3$), diese haltenden Bauteile jedoch so weich sind, dass Instabilität durch die überproportional anwachsenden Abtriebskräfte eintritt, in diesen Fällen ist dann eine Berechnung des Gesamtsystems unter Berücksichtigung der Tragwerksverformungen durchzuführen (Berechnung nach Theorie II. Ordnung). Die analytische Bearbeitung des Problems ist schwierig, ausführlich dargestellt wird es von *Beck/König* in [60.9] und [1.13]. Unterschieden wird zwischen Bauwerken, die nur Verschiebungen in Richtung der Hauptachse erfahren und Bauten, bei denen die Torsionsmomente zu einer wesentlichen Verdrehung des Baukörpers führen. In Abb. 14.9 ist das Grundproblem angedeutet. Die Pendelstützen mit der Belastung F werden am Stützenkopf durch Kopplungskräfte H an das aussteifende System angeschlossen. Für diese aussteifenden Bauteile ist dann ausreichende Steifigkeit nachzuweisen. Die Kopplungskräfte (oder „Haltekräfte") H wachsen mit abnehmender Steifigkeit des Aussteifungssystems, sie vergrößern die nach Theorie I. Ordnung im aussteifenden Bauteil ermittelten Momente.

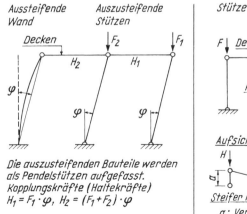

Abb. 14.9 Stabilisierungskräfte infolge auszusteifender Bauteile

Die Abgrenzung zwischen „zu weich" und „ausreichend steif" erfolgt in EC 2/NA., 5.8.3.3 durch Ermittlung von Labilitätszahlen. Hierbei wird unterschieden zwischen der Seitensteifigkeit und der Verdrehsteifigkeit eines Bauwerks. Wenn die lotrechten aussteifenden Bauteile annähernd symmetrisch angeordnet sind und nur vernachlässigbare Verdrehungen um die lotrechte Bauwerksachse zulassen, gilt für die Seitensteifigkeit

$$F_{V,Ed} \leq K_1 \cdot \frac{n_s}{n_s + 1,6} \cdot \frac{\sum E_{cd} \cdot I_c}{L^2} \tag{14.6}$$

Wenn die lotrechten Bauteile nicht annähernd symmetrisch angeordnet sind oder die Verdrehungen des Baukörpers nicht mehr vernachlässigbar sind, muss zusätzlich die Verdrehsteifigkeit nachgewiesen werden. Hierbei ist erforderlichenfalls auch die Torsionssteifigkeit von aussteifenden Bauteilen zu berücksichtigen. Die Bedingung bezüglich der Verdrehsteifigkeit lautet

$$\frac{1}{\left[\dfrac{1}{L} \cdot \sqrt{\dfrac{E_{cd} \cdot I_\omega}{\sum\limits_j F_{V,Ed,j} \cdot r_j^2}} + \dfrac{1}{2,28} \sqrt{\dfrac{G_{cd} \cdot I_T}{\sum\limits_j F_{V,ED,j} \cdot r_j^2}}\right]^2} \leq K_1 \cdot \frac{n_s}{n_s + 1,6} \tag{14.7}$$

In (14.6) und (14.7) bedeuten (vgl. auch den Text der Norm):

n_s	Anzahl der Geschosse
L	Gesamthöhe des Bauwerks oberhalb der Fundamente oder einer nicht verformbaren Deckenebene, vgl. Abb. 14.18
r_j	Abstand der Stütze j vom Schubmittelpunkt M_0 des Systems
$F_{V,Ed,j}$	Bemessungswerte der Vertikallast aller aussteifenden Bauteile (z. B. Wände) und aller ausgesteiften Bauteile (z. B. Stützen), $\gamma_F = 1,0$
$E_{cd} \cdot I_c$	Summe der Nennbiegesteifigkeiten aller aussteifenden Bauteile in der betrachteten Richtung
E_{cd}	Bemessungswert des Elastizitätsmoduls des Betons. Hierfür ist zu setzen $E_{cd} = E_{cm}/1,2$
$E_{cd} \cdot I_\omega$	Summe der Nennwölbsteifigkeiten aller gegen Verdrehung aussteifenden Bauteile
$G_{cd} \cdot I_T$	Summe der Torsionssteifigkeiten aller gegen Verdrehung aussteifenden Bauteile.

Die *Labilitätszahlen* $n_s/(n_s + 1,6)$ wurden aus der ideellen Knicklast eines Kragträgers abgeleitet. Mit diesen Werten wird der Abstand der Knicklast des vorhandenen Systems von der ideellen Knicklast eines Kragträgers bestimmt: das Einspannmoment des Kragträgers unter 1,75-facher Belastung soll sich um nicht mehr als 10 % von dem Einspannmoment des vorhandenen Systems nach Theorie 1. Ordnung unterscheiden, der Elastizitätsmodul des Betons wird nur zu 80 % angesetzt, hiermit wird der teilweise Übergang einiger aussteifender Bauteile in den Zustand II erfasst. Weitere Erläuterungen vgl. [9].

Für $F_{V,Ed}$ sind die Vertikallasten aller aussteifenden und aller auszusteifenden Bauteile (Stützen und Wände) anzusetzen. Im Regelfall sind die Vertikallasten annähernd gleichmäßig über die Grundrissfläche verteilt. Dann kann nach *Brandt* [60.17] die Verdrehsteifigkeit bei rechteckigem Gebäudegrundriss näherungsweise in der folgenden vereinfachten Form ermittelt werden, vgl. hierzu auch die Erläuterungen in Abb. 14.11

$$\left.\begin{array}{ll} \dfrac{1}{L} \cdot \sqrt{\dfrac{E_{cd} \cdot I_{\omega}}{F_{V,Ed} \cdot (d^2/12 + c^2)}} + \dfrac{1}{2{,}28} \cdot \sqrt{\dfrac{G_{cd} \cdot I_{T}}{F_{V,Ed} \cdot (d^2/12 + c^2)}} & \\[2ex] \qquad \geqq 1/(0{,}2 + 0{,}1 \cdot m) & \text{für} \quad m \leqq 3 \\[1ex] \qquad \geqq 1/0{,}6 & \text{für} \quad m \geqq 4 \end{array}\right\} \qquad (14.7a)$$

Anstelle der Grenzwerte $1/(0{,}2 + 0{,}1\,m)$ bzw. $1/0{,}6$ in (14.7a) darf auch mit folgenden Grenzwerten unter Berücksichtigung der Beiwerte K_1 und K_2, gerechnet werden, vgl. [8]:

$$\geqq 1/\sqrt{k^*} \text{ mit } k^* = K_1 \cdot n_s/(n_s + 1{,}6)$$

Zwischen Schubmodul G, Elastizitätsmodul E und Querdehnungszahl μ besteht nach der Elastizitätstheorie der folgende Zusammenhang:

$$G = \frac{E}{2 \cdot (1 + \mu)}$$

Nach den Hinweisen im Abschn. 10.2.1 sollte für ungerissenen Beton mit der Querdehnungszahl $\mu = 0{,}2$ und für gerissenen Beton mit $\mu = 0$ gerechnet werden.
Hieraus folgt für den anzusetzenden Schubmodul

Gerissener Beton: $G_{cd} = E_{cd}/2$

Ungerissener Beton: $G_{cd} = E_{cd}/2{,}4$

In (14.7a) ist:

$F_{V,Ed}$ Summe der Bemessungswerte *aller* Vertikallasten, $\gamma_F = 1{,}0$
d Grundrissdiagonale
c Abstand zwischen Schubmittelpunkt M und Grundrissmittelpunkt G

Für die übrigen Ausdrücke gelten die Angaben in der Legende zu Gl. (14.6) und (14.7). Bei der Festlegung der Grenzwerte in den vorstehenden Gleichungen wurde ein teilweiser Übergang der aussteifenden Bauteile in den gerissenen Zustand II berücksichtigt. Gemäß EC 2/NA., 5.8.3.3 darf in den Gleichungen (14.6), (14.7) und (14.7a) der Beiwert $K_1 = 0{,}31$ durch $K_2 = 0{,}62$ ersetzt werden, wenn nachgewiesen wird, dass die aussteifenden Bauteile im ungerissenen Zustand I verbleiben. Hiervon darf ausgegangen werden, wenn die Betonzugspannungen unter der maßgebenden Einwirkungskombination den Wert f_{ctm} gem. Abb. 1.8 nicht überschreiten. Als maßgebende Einwirkungskombination sollte nach [9] ein Zusammenwirken des maximalen Momentes aus Windeinwirkung mit den Schnittgrößen aus den quasi-ständigen Vertikallasten in Ansatz gebracht werden. Die Imperfektionen gem. Abschn. 14.4 dürfen dann für den Nachweis der Betonrandspannungen ebenfalls unter Ansatz der quasi-ständigen Kombination ermittelt werden. Bei einachsiger Biegung gilt dann für Rechteckquerschnitte mit $A_c = b \cdot h$ und $W_c = b \cdot h^2/6$ sowie den einwirkenden Schnittgrößen N_{Ed} und M_{Ed}

$$\sigma_c = N_{Ed}/A_c + M_{Ed}/W_c \leqq f_{ctm} \qquad (14.8)$$

In (14.7) ist $E_{cd} \cdot I_{\omega}$ die Summe der Nennwölbsteifigkeiten, der Wert I_{ω} ist identisch mit dem Wölbwiderstand C_{ω} in (14.4) und (14.5), wenn die Torsionssteifigkeiten $G_{cd} \cdot I_T$ vernachlässigbar sind. Wie im Abschn. 14.2.1 ausgeführt, bleibt bei Aussteifung durch offene Profile (Scheiben) die Torsionssteifigkeit der Einzelprofile wegen Geringfügigkeit außer Ansatz. Auch wenn zwei Wandscheiben schubfest miteinander verbunden sind (vgl. Abb. 14.11), wird man dies i. Allg. rechnerisch nicht berücksichtigen. Die vorhandene Beanspruchung infolge des Wölbwiderstandes der Einzelprofile ist gering und wird vernachlässigt, ausreichende Verdrehsicherheit wird durch den Wölbwiderstand des Gesamtstabes erreicht. Dieser Wölbwiderstand wird gebildet durch den Biegewiderstand der Einzelprofile, vgl. hierzu C_{ω} in den Gleichungen (14.4) und (14.5). Hieraus folgt auch, dass in (14.7) der die Torsionssteifigkeit beschreibende

123

Term mit $G_{cd} \cdot I_T$ unberücksichtigt bleiben darf, solange keine geschlossenen Profile (steife Kerne) zur Aussteifung herangezogen werden.

Tragwerke, die durch lotrechte Bauteile ausgesteift werden und bei denen die Aussteifungskriterien (14.6) und (14.7) erfüllt sind, gelten als unverschieblich im Sinne von EC 2/NA., 5.8.3.3. Bei einer Berechnung der Schnittgrößen unter Berücksichtigung der Tragwerksverformungen wird die Tragfähigkeit um nicht mehr als 10 % verringert. Für die *aussteifenden* vertikalen Bauteile ist eine Berechnung unter Berücksichtigung von Tragwerksverformungen, z. B. nach dem Verfahren mit Nennkrümmung, *nicht* erforderlich. Die *auszusteifenden* Bauteile (Stützen) werden an den Stabenden als horizontal unverschieblich angesehen.

Wenn die Steifigkeitskriterien nicht eingehalten werden, ist das Gesamttragwerk als verschiebliches Tragwerk nach Theorie II. Ordnung unter Berücksichtigung der Fußverdrehung zu untersuchen. Einzelheiten hierzu findet man bei *Steinle/Hahn* [1.12], ergänzende Hinweise zur Berechnung von Aussteifungssystemen sind auch in EC 2, Anhang H zu finden. In diesem Anhang wird auch die durch Querkräfte verursachte Verformung von Aussteifungssystemen behandelt. Der Rechenaufwand für verschiebliche Aussteifungssysteme ist erheblich, die Konstruktion wird schwieriger. Zweckmäßiger ist in diesen Fällen eine Vergrößerung der Abmessungen der Wandscheiben, die Anordnung zusätzlicher Aussteifungselemente oder die Wahl einer höheren Betonfestigkeitsklasse.

Beim Nachweis der Betonspannungen $\sigma_c \leqq f_{ctm}$ gem. (14.8) wird i. Allg. mit den reinen Betonquerschnittswerten A_c und W_c bemessen. Der Ansatz idealer Werte unter Einschluss der Stahleinlagen (α_e-fache Werte) ist jedoch zulässig.

14.3.2 Scheiben mit veränderlichen Querschnittsabmessungen

Wenn die Steifigkeit der aussteifenden Bauteile über die Höhe veränderlich ist, sollte in (14.6) und (14.7) mit Ersatzsteifigkeiten gearbeitet werden. Man erhält die Ersatzsteifigkeit $E_{cd} \cdot I_c$ aus der Bedingung, dass die Verformung der Ersatzscheibe möglichst genau mit der Verformung der vorhandenen Scheiben übereinstimmt. In Abb. 14.10 sind einige Beispiele für Scheiben mit veränderlichem Steifigkeitsverlauf angeführt.

In Abb. 14.10a ist eine Scheibe durch eine durchgehende Öffnungsreihe geschwächt. Die Steifigkeit und damit die Größe der Verformung wird wesentlich beeinflusst von den Querschnittsabmessungen der verbindenden Riegel. Hinweise zur Bestimmung der mittleren Ersatzsteifigkeit $E_{cd} \cdot I_c$ findet man bei *Bachmann/Steinle/Hahn* [1.12].

Häufig müssen Scheiben im unteren Geschoss durch eine große Öffnung geschwächt werden. Oberhalb der Öffnung erfolgt dann nach Abb. 14.10b eine Formänderung wie bei einer Scheibe ohne Öffnung. Das Biegemoment aus der Horizontalbelastung der Wandscheibe wird von einem Kräftepaar in den Stützen neben der Öffnung aufgenommen. Diese Stützen werden bei dem dargestellten System auch durch Biegemomente und Querkräfte beansprucht, die bei der Ermittlung der Verformung nicht vernachlässigt werden dürfen. Hinweise zur Bestimmung der Kopfauslenkung von gegliederten Wandscheiben mit durchgehenden Öffnungsreihen findet man bei *Bachmann/Steinle/Hahn* [1.12] und *König/Liphardt* [1.13]. Die Ersatzsteifigkeit kann dann hieraus berechnet werden.

Wenn die Abmessungen von Wandscheiben über die Höhe veränderlich sind, bestimmt man nach Abb. 14.10c die Ersatzsteifigkeit aus der Bedingung gleicher Formänderungen am Stützenkopf. Die Momente des Systems werden an allen Stellen ermittelt, an denen eine Steifigkeitsänderung vorliegt. Die Verformung *f* des gegebenen Systems wird nach dem Prinzip der virtuellen Kräfte mit den bekannten Integraltafeln errechnet, danach erfolgt die Bestimmung der Ersatzsteifigkeit entsprechend den Hinweisen in Abb. 14.10c. Ein Zahlenbeispiel hierzu findet man in [8].

124

Hinweise zur Berücksichtigung von Rahmen und Verbänden bei der Aussteifung erhält der Beitrag [1.12]. Hilfstafeln zur Schnittgrößenermittlung von unregelmäßig ausgebildeten, ebenen Aussteifungssystemen sind bei *König/Liphardt* [1.13] angegeben.

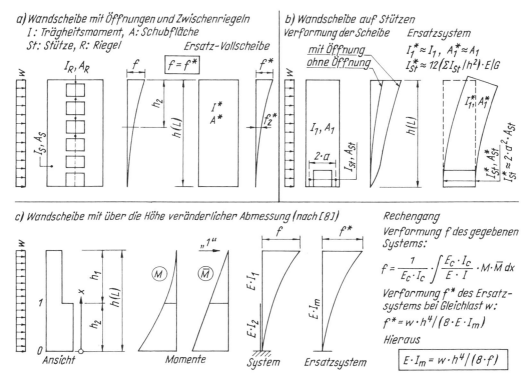

Abb. 14.10 Wandscheiben mit veränderlichen Querschnittsabmessungen

14.3.3 Anwendungsbeispiel

Aufgabenstellung

In Abb. 14.11 ist ein mehrgeschossiges Gebäude im Grundriss dargestellt, die aussteifenden Wandscheiben sind angegeben. Es ist zu untersuchen, ob das Tragwerk als unverschieblich im Sinne von EC 2/NA., 5.8.3.3 angesehen werden kann. Die in der Abbildung angegebenen Koordinaten des Schubmittelpunktes M_0 wurden in einer Nebenrechnung ermittelt, der Elastizitätsmodul wurde gem. Abb. 1.8 angesetzt. Gesamthöhe des Gebäudes über OK Fundament: $L = 2,80 + 3,50 + 6 \cdot 3,00 = 24,30$ m.

Durchführung:

Die Verdrehsteifigkeit wird durch die weit gespreizten Wandscheiben nachgewiesen. Die Torsionssteifigkeiten der Einzelscheiben bleiben außer Ansatz.

Lastermittlung in Bezug auf OK Fundament.

Summe aller Vertikallasten

$$F_{V,Ed} = 15,0 \cdot 30,0 \cdot 13,0 \cdot 8 \cdot 10^{-3} = 46,80 \text{ MN}$$

Vertikallasten der Einzelelemente (werden nur für den genaueren Nachweis gem. (14.7) benötigt).

$$F_{Ed,1} = 11,00 \cdot 45,0 \cdot 8 \cdot 10^{-3} = 3,96 \text{ MN}$$

$$F_{Ed,2} = 10,00 \cdot 45,0 \cdot 8 \cdot 10^{-3} = 3,60 \text{ MN}$$

$$F_{Ed,3} = 6,50 \cdot 45,0 \cdot 8 \cdot 10^{-3} = 2,34 \text{ MN}$$

$$F_{Ed,4} = 7,00 \cdot 45,0 \cdot 8 \cdot 10^{-3} = 2,52 \text{ MN}$$

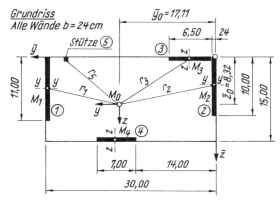

Grundriss
Alle Wände b = 24 cm

Geschosshöhen
Kellergeschoss 2,80 m, Erdgeschoss 3,50 m
1. Obergeschoss bis 6. Obergeschoss 3,00 m
Einwirkende Lasten je Geschoss ($\gamma_F = 1,0$)
Gesamtlast (mit Decken, Unterzügen,
Stützen und Wänden): $g_k + q_k = 13,0$ kN/m²
Belastung der einzelnen Wandelemente
(Eigenlast + Deckenlast): $g_k + q_k = 45,0$ kN/m
Trägheitsmomente der Wände:
$I_{y1} = 26,62$ m⁴, $I_{y2} = 20,0$ m⁴, $I_{y1} + I_{y2} = 46,62$ m⁴
$I_{z3} = 5,49$ m⁴, $I_{z4} = 6,86$ m⁴, $I_{z3} + I_{z4} = 12,35$ m⁴
Koordinaten des Schubmittelpunktes
$\bar{y}_0 = 17,11$ m, $\bar{z}_0 = 8,32$ m

Beton C 25/30 $\quad E_{cm} = 31000$ N/mm²

Koordinaten (y_i, z_i) der Schubmittelpunkte M_i
$M_1 : (12,77; -2,82)$ $\quad M_2 : (-16,99; -3,32)$
$M_3 : (-13,62; -8,20)$ $\quad M_4 : (0,39; 6,56)$

Abstände r_j der Stützen vom Schubmittelpunkt M_0
$r_j = 1,2,3,4$: Abstände der Wandscheiben von M_0
$r_j \geq 5$: Abstände sonstiger Stützen von M_0

Nachweis Torsionssteifigkeit: Näherung
Erläuterung der Bezeichnungen

Nachweis Torsionssteifigkeit
Maße für den näherungsweisen Nachweis

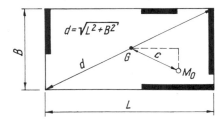

$$d = \sqrt{L^2 + B^2}$$

Vgl. Text!

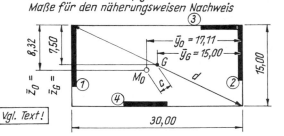

Abb. 14.11 Aussteifung eines Gebäudes durch Wandscheiben

Nachweis Seitensteifigkeit mit (14.6)

Stabilisierend sind in z-Richtung die Wandscheiben 1 und 2, in y-Richtung die Wandscheiben 3 und 4.

Trägheitsmomente vgl. Abb. 14.11.

Anzahl der Geschosse: $n_s = 8$

Elastizitätsmodul $\quad E_{cd} = E_{cm}/1,2 = 31\,000/1,2 = 25\,833$ MN/m²

Mit Gl. (14.6):

$$F_{V,Ed} \leqq K_1 \cdot \frac{n_s}{n_s + 1,6} \cdot \frac{\sum E_{cd} \cdot I_c}{L^2}$$

$$\frac{F_{V,Ed} \cdot L^2}{\sum E_{cd} \cdot I_c} \leqq K_1 \cdot \frac{n_s}{n_s + 1,6}$$

Nachweis in z-Richtung

$$\frac{46,80 \cdot 24,30^2}{25\,833 \cdot 46,62} = 0,023 < 0,3 \cdot \frac{8}{8 + 1,6} = 0,25$$

Nachweis in y-Richtung

$$\frac{46,80 \cdot 24,3^2}{25\,833 \cdot 12,35} = 0,087 < 0,25$$

Die Seitensteifigkeit ist ausreichend. Auf den Nachweis der Betonspannung gem. (14.8) wird im Rahmen dieses Beispiels verzichtet.

Nachweis Verdrehsteifigkeit mit (14.7a)

Die Wandscheiben und hier insbesondere die weit gespreizten Scheiben 1 und 2 lassen wesentliche Verdrehungen des Baukörpers nicht zu. Ein Nachweis der Verdrehsteifigkeit wäre daher hier entbehrlich, der Nachweis wird aus Übungsgründen geführt.

Die Torsionssteifigkeit der Einzelbauteile wird vernachlässigt. Bei der Ermittlung der Nennwölbsteifigkeit $E_{cd} \cdot I_\omega$ wird für den Wölbwiderstand des Gesamtsystems mit C_ω gem. (14.4) und (14.5) gerechnet.

$$\begin{aligned}
I_\omega = C_\omega &= \sum_{i=1}^{n} (I_{y,i} \cdot y_i^2 + I_{z,i} \cdot z_i^2) \\
&= [26,62 \cdot 12,77^2 + 20,0 \cdot (-16,99)^2 + 5,49 \cdot (-8,20)^2 + 6,86 \cdot 6,56^2] \\
I_\omega &= 10\,779 \text{ m}^6
\end{aligned}$$

Die Summe der Bemessungswerte aller Vertikalkräfte wird vom Nachweis der Seitensteifigkeit übernommen:

$$F_{V,Ed} = 46,8 \text{ MN}$$

Die Abmessungen sind aus Abb. 14.11 abzulesen:

$$\left.\begin{aligned} \bar{y}_0 &= 17,11 \text{ m} \\ \bar{y}_G &= 15,00 \text{ m} \end{aligned}\right\} \quad \Delta\bar{y} = 2,11 \text{ m} \qquad \left.\begin{aligned} \bar{z}_0 &= 8,32 \text{ m} \\ \bar{z}_G &= 7,50 \text{ m} \end{aligned}\right\} \quad \Delta\bar{z} = 0,82 \text{ m}$$

Damit ergibt sich:

$$\begin{aligned}
c &= \sqrt{2,11^2 + 0,82^2} = 2,26 \text{ m} \\
d &= \sqrt{L^2 + B^2} = \sqrt{30,0^2 + 15,0^2} = 33,54 \text{ m}
\end{aligned}$$

Der Term mit $G_{cm} \cdot I_T$ in (14.7a) bleibt wegen der angesetzten Vernachlässigung der Torsionssteifigkeit der Einzelbauteile außer Betracht. Damit erhält man:

$$\begin{aligned}
\frac{1}{L} \cdot \sqrt{\frac{10,1 \cdot I_\omega}{F_{V,Ed} \cdot (d^2/12 + c^2)}} &= \frac{1}{24,30} \cdot \sqrt{\frac{25\,833 \cdot 10\,779}{46,8 \cdot (33,54^2/12 + 2,26^2)}} \\
&= 10,1 \gg 1/0,6 = 1,67
\end{aligned}$$

Oder entsprechend dem Hinweis in der Legende zu (14.7a):

$$k^* = K_1 \cdot \frac{n_s}{n_s + 1,6} = 0,31 \cdot 8/9,6 \approx 0,25$$

$$1/\sqrt{k^*} = 1/\sqrt{0,25} = 2,0 \ll 10,1$$

Es sind nur sehr geringe Verdrehungen des Gesamtsystems zu erwarten, das Tragwerk darf als unverschieblich im Sinne von EC 2/NA., 5.8.3.3 angesehen werden. Untersuchungen nach Theorie II. Ordnung für das Gesamtsystem sind nicht erforderlich, die auszusteifenden Bauteile werden in Deckenhöhe als horizontal unverschieblich gehalten betrachtet.

14.4 Berücksichtigung von Imperfektionen

14.4.1 Grundlagen

Die Auswirkungen von Imperfektionen sind bei der Bemessung im Grenzzustand der Tragfähigkeit zu berücksichtigen. Hiervon ausgenommen sind nur Bemessungen unter Ansatz der außergewöhnlichen Kombination (2.4), im Grenzzustand der Gebrauchstauglichkeit müssen Imperfektionen nicht erfasst werden. Alle ungünstigen Auswirkungen von Imperfektionen sind neben den Einwirkungen zu erfassen. Der Lastfall Imperfektionen ist als Ersatz für unvermeidliche Maßabweichungen des Systems, für ungerade Stabachsen und für unbeabsichtigte exzentrische Lasteinleitung aufzufassen. In EC 2/NA., 5.2 wird der Einfluss von Imperfektionen durch eine Schiefstellung berücksichtigt. Die sich aus dieser Schiefstellung ergebenden Schnittgrößen sind bei der Bemessung und Konstruktion zu erfassen.

Bei der Schnittgrößenermittlung am Tragwerk als Ganzem dürfen die Imperfektionen durch eine Schiefstellung des Tragwerks um den Winkel θ_i berücksichtigt werden:

$$\theta_i = \theta_0 \cdot \alpha_h \cdot \alpha_m \tag{14.9}$$

Hierin ist:

θ_i Schiefstellung des Tragwerks im Bogenmaß
θ_0 Grundwert
α_h Abminderungsbeiwert für die Höhe
α_m Abminderungsbeiwert für die Anzahl der Bauteile
l Länge oder Höhe [m]
m Anzahl der vertikalen Bauteile die zur Gesamtauswirkung beitragen

Für den Grundwert ist gem. EC 2/NA., 5.2 zu setzen:

allgemein: $\theta_0 = 1/200$ mit $0 \leqq \alpha_n \leqq 2/\sqrt{l} \leqq 1$
für Auswirkungen auf Deckenscheiben $\theta_0 = 0,008/\sqrt{2m}$ $\Big\}$ mit $\alpha_n = \alpha_m = 1,0$
für Auswirkungen auf Dachscheiben $\theta_0 = 0,008/\sqrt{m}$

Mit anwachsender Höhe des Tragwerks verringert sich die Wahrscheinlichkeit, dass Ausführungsungenauigkeiten gleichsinnig und unkorrigiert in den oberen Geschossen beibehalten werden [1.12]. Die anzusetzende Schiefstellung ist daher bei hohen Gebäuden geringer als bei Niedrigen. Wenn mehrere lastabtragende vertikale Bauteile nebeneinander vorhanden sind, ist nicht damit zu rechnen, dass alle eine gleichmäßige Schiefstellung haben. Der Winkel θ darf dann gem. (14.9) mit dem nachfolgenden Beiwert α_m abgemindert werden.

$$\alpha_m = \sqrt{\frac{1 + 1/m}{2}} \tag{14.10}$$

Hierin ist:

m Anzahl der vertikalen, lastabtragenden und in einem Geschoss nebeneinander liegenden Bauteile

Als lastabtragend gilt gem. EC 2/NA., 5.2 ein Druckglied in diesem Zusammenhang nur, wenn von diesem Bauteil mindestens 70 % der mittleren Längskraft aufgenommen werden.

$$\left. \begin{array}{l} N_{Ed} \geqq 0,70 \cdot F_{Ed,m} \\ F_{Ed,m} = F_{Ed} / n \end{array} \right\} \tag{14.11}$$

Hierin ist, vgl. Abb. 14.12:

F_{Ed} Summe der Längskräfte *aller* nebeneinander liegenden, lotrechten Bauteile im betrachteten Geschoss

n Anzahl *aller* in einem Geschoss vorhandenen lotrechten, lastabtragenden Bauteile

Alternativ zu der Schiefstellung des Tragwerks dürfen die Auswirkungen von Imperfektionen durch den Ansatz von äquivalenten Horizontalkräften erfasst werden. Diese Ersatzhorizontalkräfte sind dann für die Bemessung des Gesamttragwerks (aussteifende Bauteile, Auflager, Fundamente usw.) in Ansatz zu bringen. Abb. 14.12 zeigt Beispiele für den Ansatz geometrischer Ersatzimperfektionen bei Schiefstellung des Tragwerks und beim Ansatz von Ersatzhorizontalkräften.

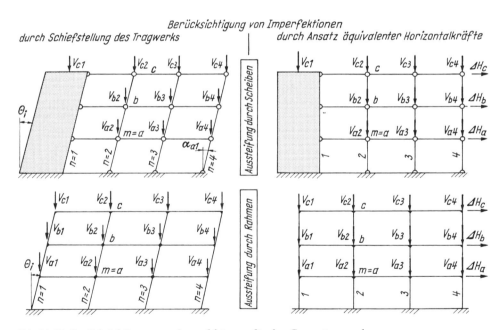

Abb. 14.12 *Berücksichtigung von Imperfektionen für das Gesamttragwerk*
     n: Bezeichnung der lastabtragenden vertikalen Bauteile
     m: Bezeichnung der Geschossebene

Für Bauteile, die Stabilisierungskräfte von den auszusteifenden zu den aussteifenden Bauteilen übertragen, soll gem. EC 2/NA., 5.2 (5) eine Schiefstellung θ_i bei den auszusteifenden Bauteilen angesetzt werden:

$$\theta_i = 0{,}008 / \sqrt{2m} \qquad \text{(im Bogenmaß)} \tag{14.12}$$

Hierin ist m die Anzahl der auszusteifenden Bauteile im betrachteten Geschoss.

14.4.2 Horizontal aussteifende Bauteile

Die größte horizontale Belastung aus Imperfektionen einer Deckenscheibe ergibt sich nach Abb. 14.13, wenn alle auszusteifenden Bauteile oberhalb der betrachteten Ebene die Schiefstellung θ_i haben und alle Stützen des darunterliegenden Geschosses eine gleich große, aber entgegengesetzt gerichtete Lotabweichung aufweisen. Die Summe der Längskräfte in den auszusteifenden Bauteilen bezeichnet man nach Abb. 14.13 mit N_a bzw. N_b. Gemäß EC 2, Bild 5.1 ist bei Deckenscheiben (Zwischendecken) eine Schiefstellung $\theta_i/2$ anzusetzen, bei Dachscheiben ist mit der Schiefstellung θ_i zu rechnen. Für die Größe der anzusetzenden Schiefstellung gilt bei Auswirkungen auf Decken- und Dachscheiben gem. EC 2/NA., 5.2 der Ansatz

$$\theta_i = 0{,}008/\sqrt{2m} \tag{14.13a}$$

Hierin ist m die Anzahl der auszusteifenden Tragwerksteile im betrachteten Geschoss.

Damit erhält man als horizontale Kraft H_{fd} in den aussteifenden Deckenscheiben, vgl. Abb. 14.13:

$$\left.\begin{array}{ll}\text{Deckenscheiben} & H_{fd} = (\alpha_a + N_b) \cdot \theta_i/2 \\ \text{Dachscheiben} & H_{fd} = N_a \cdot \theta_i\end{array}\right\} \tag{14.13b}$$

Die Kraft H_{fd} ist *zusätzlich* zu den sonstigen einwirkenden Kräften (z. B. Wind) bei der Bemessung der horizontalen Deckenscheibe in Ansatz zu bringen. Eine Abminderung von H_{fd} durch Kombinationsbeiwerte ψ ist i. Allg. unzulässig, da die Kombinationsbeiwerte bereits bei der Ermittlung der Längskräfte N angesetzt wurden, vgl. hierzu Abschn. 14.4.4.

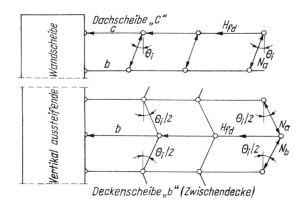

Schiefstellung:
$\theta_i = 0{,}008/\sqrt{2m}$

Horizontalkräfte H_{fd}:
Dachscheibe: $H_{fd} = N_a \cdot \theta_i$
Deckenscheibe: $H_{fd} = (N_a + N_b) \cdot \theta_i/2$

N_a, N_b : Bemessungswert der Längskraft in den auszusteifenden Bauteilen

m : Anzahl der auszusteifenden Tragwerksteile im betrachteten Geschoss

Abb. 14.13 Imperfektionen für die Ermittlung der Stabilisierungskräfte in horizontal aussteifenden Bauteilen

Bei der Schnittgrößenermittlung der horizontal aussteifenden Bauteile kann i. Allg. mit einer gleichmäßigen Verteilung der auszusteifenden Bauteile über die Bauwerkslänge l bzw. über die Bauwerksbreite b gerechnet werden. Zusätzlich zur Windlast ist dann für Imperfektionen die Belastung h_{fd} in Ansatz zu bringen

$$\left. \begin{array}{l} h_{fd} = H_{fd} / l \\ h_{fd} = H_{fd} / b \end{array} \right\} \tag{14.14}$$

Die Weiterleitung der Kräfte H_{fd} bzw. h_{fd} ist bis zum Anschluss an die lotrecht aussteifenden Bauteile zu verfolgen.

14.4.3 Vertikal aussteifende Bauteile

Die größte horizontale Belastung und somit auch die größte Beanspruchung in den aussteifenden Bauteilen entsteht bei einer gleichgerichteten Schiefstellung aller aussteifenden und auszusteifenden Bauteile gem. Abb. 14.12. Die Größe der Abtriebskraft ΔH_j in der Deckenebene folgt damit aus der gleichmäßigen Schiefstellung aller Bauteile (Anzahl n):

$$\Delta H_j = \sum_{i=1}^{n} V_{ji} \cdot \theta_i \tag{14.15}$$

Hierin ist:

ΔH_j Ersatzhorizontalkraft in der Deckenebene j
ΣV_{ji} Summe aller vertikalen Lasten in aussteifenden und auszusteifenden Bauteilen ($i = 1$ bis $i = n$) in der Geschossebene j
θ_i Schiefstellung gem. (14.9)

Mit (14.15) erhält man die *gesamte* Abtriebskraft einer Geschossebene. Wir gehen von einer annähernd gleichmäßigen Verteilung der Last ΔH_j über die Grundrissfläche aus. Für die Aufteilung von ΔH_j auf die vertikal aussteifenden Bauteile gelten dann die in Abschn. 14.2 besprochenen Regeln.

14.4.4 Zum Ansatz von Kombinationsbeiwerten

Die Lasten aus Imperfektionen sind als eigenständige Einwirkungen zu betrachten. Die aussteifenden Bauteile werden im Regelfall neben den einwirkenden vertikalen Lasten g_d und q_d durch horizontale Windlasten w und horizontale Einwirkungen aus Imperfektionen beansprucht. Hierbei sind die Lasten aus Imperfektionen abhängig von der Größe der Vertikallasten N in (14.13b) bzw. V in (14.15). Wenn bei der Ermittlung dieser Vertikallasten Kombinationsbeiwerte ψ in Ansatz gebracht worden sind, darf für die Ermittlung der Horizontalkräfte in den horizontal und vertikal aussteifenden Bauteilen ein Kombinationsbeiwert ψ *nicht* angesetzt werden. Häufig werden jedoch die Horizontallasten aus Imperfektionen nicht aus den Längskräften in den auszusteifenden Bauteilen, sondern über Flächenlasten *ohne* Ansatz von Kombinationsbeiwerten ermittelt. In diesen Fällen dürfen Kombinationsbeiwerte sowohl für die Nachweise im Grenzzustand der Tragfähigkeit wie auch für Nachweise im Grenzzustand der Gebrauchstauglichkeit angesetzt werden.

Die vorstehend angegebenen Regeln gelten sinngemäß auch für den Nachweis der in vertikal aussteifenden Bauteilen vorhandenen Betonzugspannungen gemäß Gleichung (14.8).

14.4.5 Anwendungsbeispiel 1: Belastung und Schnittgrößen in aussteifenden Bauteilen

Aufgabenstellung

In Abb. 14.14 ist das Tragsystem eines mehrgeschossigen Bürogebäudes skizziert. Für die Deckenscheiben 2 und 7 sind die horizontalen Belastungen aus Wind und Imperfektionen zu bestimmen. Für die Deckenscheibe 7 sind auch die im Grenzzustand der Tragfähigkeit erforderlichen Nachweise für die Ableitung dieser Horizontallasten zu führen. Für die Wandscheibe 1 sind die Horizontalbelastungen aus Wind und Schiefstellung anzugeben, die Bemessungsschnittgrößen V_{Ed} und M_{Ed} infolge dieser Einwirkungen sind zu bestimmen. Kombinationsbeiwerte bleiben im Rahmen dieses Beispiels außer Ansatz.

Baustoffe und Abmessungen vgl. Abb. 14.14.

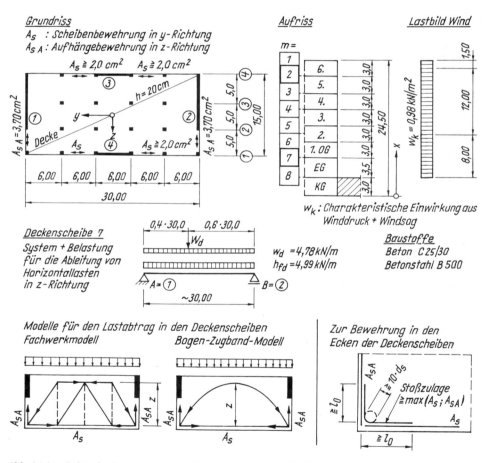

Abb. 14.14 *Gebäudeabmessungen und Systemangaben für die Ermittlung der Schnittgrößen in aussteifenden Bauteilen bei einem Bürogebäude*

Durchführung:

Charakteristische Einwirkungen:

Die ständigen Lasten aus Decken, Unterzügen, Stützen, Wänden und Fassaden werden zu einer über die gesamte Grundrissfläche gleichmäßig verteilten Last g_k zusammengefasst. Eine Nebenrechnung ergab je Geschoss

$$g_k = 9,5 \, \text{kN/m}^2, \quad q_k = 3,5 \, \text{kN/m}^2$$

Ermittlung der charakteristischen Windlasten

Die Windlasten werden gem. DIN 1055-4 (März 2005) bestimmt. Es wird angenommen, dass sich das Gebäude auf einer Geländehöhe unter 800 m NN in der Windlastzone 1 (DIN 1055-4, Anhang A 1) befindet. Die Windlastermittlung erfolgt nach dem in DIN 1055-4 angeführten vereinfachten Verfahren

DIN 1055-4, Tab. 2: Gebäudehöhe $h = 21,5 \, \text{m} < 25,0 \, \text{m}$:

Vereinfachter Geschwindigkeitsdruck: $q = 0,75 \, \text{kN/m}^2$

DIN 1055-4, 12.1.1:

Für Lasteinzugsflächen $> 10 \, \text{m}^2$ gilt für die Außendruckbeiwerte $c_{pe,10}$

DIN 1055-4, Bild 4:

Bei Windangriff auf die Längsseite des Gebäudes wird die Wand D durch Winddruck, die Wand E durch Windsog belastet.

DIN 1055-4, Tabelle 3, Bestimmung der Außendruckbeiwerte

„d" ist nach DIN 1055-4, Bild 4 die Gebäudeseite parallel zur Windrichtung, „b" die Seite senkrecht zur Windrichtung

Damit hier: $h/d = 21,5/15,0 = 1,43$

Für Wand D nach Tabelle 3: $c_{pe,10} = 0,8$

Für Wand E nach Tabelle 3: $c_{pe,10} = -0,5$ (Windsog)

DIN 1055-4, 9: Ermittlung der Windbelastung:

Für die Windbelastung gilt der Ansatz $w_k = c_{pe,10} \cdot q$

Für dieses Beispiel ergibt sich als Gesamtwindbelastung (Druck + Sog):

$$w_k = (0,8 + 0,5) \cdot 0,75 = 0,98 \, \text{kN/m}^2$$

Verlauf der Windbelastung über die Gebäudehöhe:

DIN 1055-4, Bild 3:

Es ist $h = 21,5 \, \text{m} < b = 30,0 \, \text{m}$:

Die Windlast w_k darf konstant über die Gebäudehöhe angesetzt werden.

Teilsicherheitsbeiwerte für Einwirkungen, vgl. Abb. 2.6:

$$\gamma_G = 1,35; \quad \gamma_Q = 1,5$$

Bemessungslasten vertikal und horizontal

$$g_d = 1,35 \cdot 9,5 = 12,83 \, \text{kN/m}^2$$
$$q_d = 1,5 \cdot 3,5 = 5,25 \, \text{kN/m}^2$$
$$w_d = 1,5 \cdot w_k \quad \text{mit } w_k \text{ gem. Abb. 14.14}$$

Horizontal aussteifende Deckenscheiben

Belastung aus Wind ($\gamma_Q = 1{,}50$)

Deckenscheibe 2

$$w_d = 1{,}50 \cdot 0{,}98 \cdot 3{,}0 = 4{,}41\,\text{kN/m}$$

Deckenscheibe 7

$$w_d = 1{,}50 \cdot 0{,}98 \cdot (3{,}0 + 3{,}50)/2 = 4{,}78\,\text{kN/m}$$

Belastung aus Imperfektionen gem. (14.13a) und (14.13b) bei Schiefstellung in z-Richtung:

Lastabtragend sind 18 Bauteile.

Anzahl der *auszusteifenden*, lastabtragenden Bauteile: $k = 16$

Damit ergibt sich:

$$H_{fd} = (N_a + N_b) \cdot \theta_i \qquad h_{fd} = H_{fd}/l$$
$$\theta_i = 0{,}008/\sqrt{2 \cdot 16}$$

Für die Schiefstellung in y-Richtung erhält man die gleiche Anzahl von auszusteifenden Bauteilen, da in beiden Richtungen das Tragwerk durch je zwei *aussteifende* Wände stabilisiert wird.

Deckenscheibe 2 (N_{bc}: Last aus dem 6. OG)

$$N_a = (12{,}83 + 5{,}25) \cdot 30{,}0 \cdot 15{,}0 = 8136\,\text{kN}$$
$$N_b = 2 \cdot N_a = 16\,272\,\text{kN}$$
$$H_{fd} = (8136 + 16\,272) \cdot 0{,}008/\sqrt{2 \cdot 16} = 34{,}5\,\text{kN}$$
$$h_{fd} = 34{,}5/30{,}0 = 1{,}15\,\text{kN/m}$$

Deckenscheibe 7 (vgl. N_a bei Deckenscheibe 2)

$$N_a = 6 \cdot 8136\,\text{kN}, \quad N_b = 7 \cdot 8136\,\text{kN}$$
$$h_{fd} = (6 + 7) \cdot 8136 \cdot 0{,}008/(\sqrt{2 \cdot 16} \cdot 30{,}0) = 4{,}99\,\text{kN/m}$$

Schnittgrößen der Deckenscheibe 7

System und Lastbild vgl. Abb. 14.14.

Zur Berücksichtigung möglicher Exzentrizitäten wird bei den Windlasten eine Ausmitte des Lastangriffes von $e_y = 0{,}1 \cdot l_y$ bei der Bestimmung der Auflagerkräfte angesetzt.

$$W_d = w_d \cdot l_y = 4{,}78 \cdot 30{,}0 = 143{,}4\,\text{kN}$$
$$C_{Ed,A} = W_d \cdot 0{,}6 + h_{fd} \cdot l_y/2$$
$$= 143{,}4 \cdot 0{,}6 + 4{,}99 \cdot 30{,}0/2 = 160{,}9\,\text{kN}$$
$$M_{Ed} = (4{,}78 + 4{,}99) \cdot 30{,}0^2/8 = 1099{,}1\,\text{kNm}$$

Bemessung Deckenscheibe 7

$$h = 15{,}0\,\text{m}, \quad z \approx 13{,}0\,\text{m}, \quad f_{yd} = 435\,\text{N/mm}^2$$
$$A_s = M_{Ed}/(z \cdot f_{yd}) = 1099{,}1 \cdot 10/(13{,}0 \cdot 435) \approx 2{,}0\,\text{cm}^2$$

Anschluss der horizontalen Deckenscheibe an die Wandscheiben 1 und 2

Wenn der Anschluss über die Querkrafttragfähigkeit nachgewiesen werden soll, steht hierfür die Durchdringungsfläche mit den Abmessungen $h = 10{,}00$ m (Wandlänge), $b = 0{,}20$ m (Deckendicke) zur Verfügung. Einzuleiten ist die Querkraft $V_{Ed} = C_{Ed,A} = 160{,}9$ kN. Ein Nachweis der Druckstrebentragfähigkeit gem. Abschn. 7.5.3 ist wegen der großen Bauteilabmessungen nicht erforderlich. Als erforderliche Anschlussbewehrung erhält man analog zum Anschluss von Gurten (Abschn. 9.4.3) mit $\alpha = 90°$, $\theta = 45°$ und $z = a_v = 10,0$ m

$$a_{sw} = \frac{V_{Ed}}{f_{yd} \cdot z} \cdot \frac{1}{\cot\theta} = \frac{160,9}{43,5 \cdot 10,0} \cdot \frac{1}{1,0} = 0,37 \text{ cm}^2/\text{m}$$

Die Verbindung zwischen Deckenplatte und Wandscheibe erfolgt für die nachzuweisenden Einspannmomente, mindestens jedoch für die Mindestbewehrung gem. EC 2/NA., 9.2.1.2, vgl. hierzu auch Abb. 4.12. Diese Bewehrung ist stets wesentlich größer als die erforderliche Bewehrung für den Anschluss der Querkraft. Im Regelfall ist daher im Ortbetonbau ein Nachweis der Querkrafttragfähigkeit am Anschlusspunkt Deckenplatte/Wandscheibe nicht erforderlich. Wesentlich wichtiger als der rechnerische Nachweis der Querkrafttragfähigkeit ist die konstruktive Durchbildung des Anschlusspunktes. In Abb. 14.14 sind mögliche Tragmodelle für den Lastabtrag in der horizontalen Deckenscheibe dargestellt. Im Ortbetonbau ist bei einem angenommenen Fachwerksystem ein Nachweis für die Strebenzugkräfte nicht erforderlich, diese Kräfte werden der vorhandenen Decken- und Balkenbewehrung zugewiesen. An den Gebäudeecken müssen die schrägen Druckkräfte des Fachwerks umgeleitet werden, die Bewehrung ist daher hier mit großem Biegerollendurchmesser auszuführen. Zweckmäßig arbeitet man mit Eckzulagen, diese werden mit Übergreifungsstoß an die Zugbewehrung angeschlossen. Zum Anschluss an die Wandscheiben wird eine Aufhängebewehrung für die volle einzuleitende Querkraft angeordnet:

$$A_{sA} = C_{Ed,A}/f_{yd} = 160,9/43,5 = 3,70 \text{ cm}^2$$

In Abb. 14.14 ist die erforderliche Scheibenbewehrung und die Aufhängebewehrung mit eingetragen.

Vertikal aussteifende Wandscheiben

Die Schnittgrößen werden tabellarisch für Wandscheibe 1 ermittelt, vgl. Abb. 14.15. Unter Berücksichtigung einer Exzentrizität der Resultierenden der Windkraft von $0,1 \cdot l_y$ erhält die Wandscheibe 1 60 % der Gesamtwindlast. Für die in den Geschossebenen anzusetzenden Windlasten W_d je Geschoss, folgt mit $\gamma_Q = 1,50$ für den Lastangriffspunkt 1 (Dachdecke):

$$W_{d,1} = 1,50 \cdot 0,98 \cdot 3,0 \cdot 0,5 \cdot 0,60 \cdot 30,0 = 39,7 \text{ kN}$$

In gleicher Weise wurden in einer Nebenrechnung ermittelt

$$W_{d,2} = W_{d,3} = W_{d,4} = W_{d,5} = W_{d,6} \qquad = 79,4 \text{ kN}$$

$$W_{d,7} = 86,0 \text{ kN} \qquad\qquad W_{d,8} = 46,3 \text{ kN}$$

Aus Imperfektionen mit (14.9), (14.10) und (14.15)

Gesamthöhe des Bauwerks: $\quad h_{ges} = 24,50$ m

Schiefstellung: $\quad \theta_i = \theta_0 \cdot \alpha_n \cdot \alpha_m \quad \theta_0 = 1/200$

$\alpha_h = 2/\sqrt{l} = 2/\sqrt{24,50}$

Wenn mehrere lastabtragende vertikale Bauteile vorhanden sind, darf die Schiefstellung mit (14.10) abgemindert werden:

Summe der Längskräfte in einem Geschoss:

$$F_{Ed} = (12,83 + 5,25) \cdot (15,0 \cdot 30,0) = 8136,0 \text{ kN}$$

Lastabtragend sind 4 Wände und 14 Stützen, insgesamt somit $m = 18$ Bauteile. Die mittlere Längskraft in den lastabtragenden Bauteilen beträgt damit

$$F_{Ed,m} = 8136/18 = 452 \text{ kN}$$

135

Für die Abminderung der Schiefstellung dürfen nur Bauteile angesetzt werden, die mindestens 70 % der mittleren Längskraft abtragen

$$N_{Ed;0,7} = 0,70 \cdot F_{Ed,m} = 316 \text{ kN}$$

Die Belastung der Randstützen wird näherungsweise über Einzugsflächen bestimmt:

$$A_R \approx 0,4 \cdot 5,0 \cdot 6,0 = 12,0 \text{ m}^2$$

Belastung der Randstützen damit

$$N_{Ed,R} = 12,0 \cdot (12,83 + 5,25) = 217 \text{ kN} < N_{Ed;0,7} = 316 \text{ kN}$$

Die Randstützen dürfen bei der Abminderung der Schiefstellung nicht angesetzt werden. Es verbleiben 4 Wände und 8 Innenstützen, insgesamt somit $m = 12$ lastabtragende Bauteile.

Anzusetzende Schiefstellung des Systems damit

$$\theta_i = \theta_0 \cdot \alpha_h \cdot \alpha_m = \frac{1}{200} \cdot \frac{2}{\sqrt{24,50}} \cdot 0,736 = 0,001487$$

Vertikallasten je Geschoss:

$$\sum V = (12,83 + 5,25) \cdot 30,0 \cdot 15,0 = 8136 \text{ kN}$$

Aufriss, Lastbild			Einwirkend: $H_m = W_d$ (Wind)				Einwirkend: $H_m = \Delta H_d$ (Imperfektion)			
vgl. Abb. 14.14	H_m ($m = 1\text{–}8$)	Δh	$W_{d,m}$	V_{Ed}	$\Delta M_{Ed} = V_{Ed} \cdot \Delta h$	M_{Ed}	$\Delta H_{d,m}$	V_{Ed}	$\Delta M_{Ed} = V_{Ed} \cdot \Delta h$	M_{Ed}
	m = 1–8	m	kN	kN		kNm	kN	kN		kNm
1 — H_1			39,7				6,05			
		3,0		39,7	119,1			6,05	18,2	
2 — 6. H_2			79,4			119,1	6,05			18,2
		3,0		119,1	357,3			12,1	36,3	
3 — 5. H_3			79,4			476,4	6,05			54,5
		3,0		198,5	595,5			18,15	54,5	
4 — 4. H_4			79,4			1071,9	6,05			109,0
		3,0		277,9	833,7			24,20	72,6	
5 — 3. H_5			79,4			1905,6	6,05			181,6
		3,0		357,3	1071,9			30,25	80,8	
6 — 2. H_6			79,4			2977,5	6,05			272,4
		3,0		436,7	1310,1			36,30	108,9	
7 — 1. H_7			86,0			4287,6	6,05			381,3
		3,50		522,7	1829,5			42,35	148,2	
8 — EG H_8			46,3			6117,1	6,05			529,5
		3,0		569,0	1707,0			48,40	145,2	
9 — KG						7824,1				674,7

Abb. 14.15 Schnittgrößen V_{Ed} und M_{Ed} für Wandscheibe 1 infolge Windlast und infolge Imperfektionen

Die Horizontallasten aus Imperfektionen werden den Wandscheiben 1 und 2 je zur Hälfte zugewiesen. Damit erhält man als anzusetzende Horizontallast aus Imperfektionen je Geschoss:

$$\Delta H = \sum V \cdot \theta_i \cdot 0{,}5$$
$$= (12{,}83 + 5{,}25) \cdot 30{,}0 \cdot 15{,}0 \cdot 0{,}5 \cdot 0{,}001487 = 6{,}05 \text{ kN}$$

Wenn Wandscheiben über mehrere Geschosse durchlaufen, wird stets mit gestaffelter Bewehrung gearbeitet, die Schnittgrößen werden dabei für die Bemessung in mehreren Geschossen benötigt. Exzentrizitäten aus vertikalen Lasten, z. B. infolge ungleicher Auflagerkräfte aus lastabgebenden Unterzügen, sind zusätzlich zu berücksichtigen.

14.4.6 Anwendungsbeispiel 2: Nachweis der Betonzugspannungen im Grenzzustand der Gebrauchstauglichkeit

Aufgabenstellung

Für das im Abschnitt 14.4.5 behandelte Beispiel ist für die Wandscheibe 1 (Abb.14.14) zu überprüfen, ob die Betonspannungen in Höhe der Oberkante des Fundamentes den zulässigen Wert f_{ctm} gem. (14.8) überschreiten.

Abmessungen und Baustoffe vgl. Abb. 14.14. Die ständigen Lasten aus Decken, Unterzügen, Wänden und Fassaden werden wie im Abschn. 14.4.5 angesetzt:

$$g_k = 9{,}5 \text{ kN/m}, \quad q_k = 3{,}5 \text{ kN/m}^2$$

Durchführung:

Die Horizontalkräfte aus Imperfektionen werden über Flächenlasten aus den charakteristischen Einwirkungen ermittelt. Bei der Ermittlung der einwirkenden Nutzlasten wird daher der Kombinationsbeiwert ψ in Ansatz gebracht. Die Spannungsermittlung erfolgt mit der quasi-ständigen Kombination (2.7)

$$E_d = E \left[\sum_{j \geq 1} G_{k,j} + \sum_{i \geq 1} \psi_{2,1} \cdot Q_{k,i} \right]$$

Die Windlast wird gem. dem Hinweis im Abschn. 14.3.1 voll angesetzt, die Horizontallasten aus Imperfektionen werden wie die Vertikallasten mit der quasi-ständigen Kombination bestimmt.

Nach Abb. 2.5

    Bürogebäude: $\psi_2 = 0{,}3$

Deckenbelastung

20 cm Stahlbeton $= 0{,}20 \cdot 25{,}0$		$= 5{,}0$ kN/m^2
Putz, Belag		$= \underline{1{,}5 \text{ kN/m}^2}$
	g_k	$= 6{,}5$ kN/m^2
Nutzlast	q_k	$= 3{,}5$ kN/m^2

Vertikale Einwirkungen für Wandscheibe 1

Eigenlast $= 0{,}24 \cdot 25{,}0$		$= 6{,}0$ kN/m^2
Fassade (Naturstein), Isolierung, Innenputz		$= \underline{2{,}0 \text{ kN/m}^2}$
	g_k	$= 8{,}0$ kN/m^2

Deckenlasten je Geschoss

$$g_k \approx 0,40 \cdot 6,50 \cdot 6,0 \qquad\qquad = 15,6 \,\text{kN/m}$$
$$q_k \approx 0,45 \cdot 3,50 \cdot 6,0 \qquad\qquad = 9,5 \,\text{kN/m}$$

Normalkraft N_{Ed} in Höhe Oberkante des Fundaments

Ein denkbarer ausmittiger Lastangriff der vertikalen Einwirkungen bleibt im Rahmen dieses Beispiels außer Betracht.

Nach Abb. 14.14:

Wandhöhe   24,50 m

Wandlänge   10,0 m

Anzahl der Geschossdecken: 8

Damit ergibt sich

$$N_{Ed,g} = -8,0 \cdot 10,0 \cdot 24,50 = -1960 \,\text{kN}$$
$$-15,6 \cdot 10,0 \cdot 8 \quad = \underline{-1248 \,\text{kN}}$$
$$N_{Ed,g} = -3208 \,\text{kN}$$
$$N_{Ed,q} = -9,5 \cdot 10,0 \cdot 8 \cdot 0,3 = -228 \,\text{kN}$$

Horizontale Einwirkungen für Wandscheibe 1

Windbelastung vgl. Abb. 14.14.

$$w_d = w_k = 0,98 \ \text{kN/m}^2$$

Aus Imperfektionen ergibt sich mit (14.9), (14.10) und (14.15) analog zum Rechengang im Beispiel Abschn. 14.4.5

$$\theta_i = \theta_0 \cdot \alpha_h \cdot \alpha_m$$

$$\theta_0 = 1/200, \ \alpha_h = 2/\sqrt{24,50}, \ m = 12: \ \alpha_m = \sqrt{\frac{1 + 1/12}{2}} = 0,736$$

$$\theta_i = 0,001487$$

Für $\sum\limits_{i=1}^{n} V_{ji}$ setzen wir die Summe aller charakteristischen ständigen Lasten und die Summe

aller repräsentativen Nutzlasten ein, hier also

$$g_d = g_k \qquad\qquad = 9,5 \ \text{kN/m}^2$$
$$q_d = \psi_2 \cdot q_k = 0,3 \cdot 3,5 = 1,05 \ \text{kN/m}^2$$

Die Lasten aus Imperfektionen werden den Wandscheiben 1 und 2 je zur Hälfte zugewiesen. Bei jedem Geschoss ist anzusetzen

$$\Delta H_{d,m} = (9,5 + 1,05) \cdot 30,0 \cdot 15,0 \cdot 0,5 \cdot 0,001487$$

$$= 3,53 \,\text{kN}$$

Biegemomente in Wandscheibe 1 in Höhe der Oberkante des Fundamentes

Im Grenzzustand der Tragfähigkeit gem. Abb. 14.15

Infolge Wind: $M_{Ed} = 7824,1 \ \text{kNm}$

Infolge Imperfektionen: $M_{Ed} = 674,7 \ \text{kNm}$

Im Grenzzustand der Gebrauchstauglichkeit

Windbelastung ist $1/\gamma_Q$ geringer; aus Imperfektionen beträgt die Horizontalbelastung im Grenzzustand der Gebrauchstauglichkeit je Geschoss $H_{d,m} = 3,53$ kN, statt $H_{d,m} = 6,05$ kN im Grenzzustand der Tragfähigkeit.

Damit ergibt sich:

$$M_{Ed} = 7824,1/1,5 + 674,7 \cdot 3,53/6,05 = 5610 \text{ kNm}$$

Spannungsnachweis mit (14.8)

$$A_c = b \cdot h = 0,24 \cdot 10,0 \qquad = 2,40 \text{ m}^2$$

$$W_c = b \cdot h^2/6 = 0,24 \cdot 10,0^2/6 = 4,00 \text{ m}^3$$

$$\sigma_c = N_{Ed}/A_c + M_{Ed}/W_c = -(3,208 + 0,228)/2,40 + 5,610/4,0 = -1,43 + 1,40$$

$$\sigma_c = -0,03 \text{ MN/m}^2 \ll f_{ctm} = +2,6 \text{ MN/m}^2$$

Die Betonspannungen sind geringer als der in EC 2/NA., 9.8.3.3 (2) angegebene Grenzwert für die Zugspannung f_{ctm}. Es kann damit gerechnet werden, dass die Wand unter der maßgebenden Einwirkungskombination im ungerissenen Zustand I verbleibt. Für den Nachweis einer ausreichenden Translations- und Rotationssteifigkeit des Gesamttragwerks mit (14.6), (14.7) und (14.7a) darf statt des Beiwerks $K_1 = 0,31$ mit $K_2 = 0,62$ gerechnet werden, vgl. hierzu die Hinweise im Abschn. 14.3.1. Auch die Vernachlässigung kleinerer Exzentrizitäten aus vertikalen Lasten ist bei dem vorliegenden Beispiel gerechtfertigt.

14.4.7 Anwendungsbeispiel 3: Bemessung einer aussteifenden Wand

Aufgabenstellung:

Für die in Abb. 14.14 dargestellte Wandscheibe 1 ist die Bemessung im Grenzzustand der Tragfähigkeit für die Einspannstelle in Höhe der Oberkante des Fundamentes durchzuführen. Die Abbildung 14.16 zeigt die Wandansicht, eingetragen sind auch die in einer Nebenrechnung ermittelten einwirkenden Kräfte. Die Einzellasten F_2, F_3 und F_4 sind die Reaktionskräfte aus den Unterzügen in den Achsen 2, 3 und 4 (Abb. 14.14), die Gleichlast g resultiert aus der Wandeigenlast einschließlich Last der Fassade. Angesetzt wurden die Teilsicherheitsbeiwerte $\gamma_G = 1,0$ bzw. $\gamma_G = 1,35$ und $\gamma_Q = 1,5$.

Durchführung:

Aus dem Lastbild ist erkennbar, dass die größte Beanspruchung aus Biegemomenten entsteht, wenn von den veränderlichen Lasten nur die Last F_{q2} in Ansatz gebracht wird. Die veränderlichen Lasten F_{q3} und F_{q4} bleiben daher bei der Schnittgrößenermittlung außer Betracht. Es wurde angenommen, dass die Unterzuglasten in einem Abstand von 10 cm von dem jeweiligen Wandende angreifen.

Schnittgrößen an der Einspannstelle ($x = 0$)

a) Aus vertikalen Lasten mit $\gamma_G = 1,0$

$$
\begin{aligned}
N_{Ed} &= -(111 + 96 + 43 + 85) \cdot 8 &&= -2680 \text{ kN} \\
&\quad -24,0 \cdot 10,0 \cdot 8 &&= \underline{-1920 \text{ kN}} \\
&&N_{Ed} &= -4600 \text{ kN} \\
M_{Ed} &= (111 - 43 + 85) \cdot 4,90 \cdot 8 &&= 5998 \text{ kNm}
\end{aligned}
$$

139

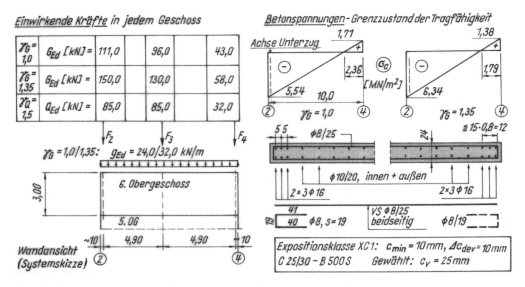

Abb. 14.16 Vertikal aussteifende Wand: System, Kräfte, Spannungen, Bewehrung

b) Aus vertikalen Lasten mit $\gamma_G = 1{,}35$

$$N_{Ed} = -(150 + 130 + 58 + 85) \cdot 8 \qquad = -3384 \text{ kN}$$
$$-32{,}0 \cdot 10{,}0 \cdot 8 \qquad = -2560 \text{ kN}$$
$$N_{Ed} \quad = -5944 \text{ kN}$$

$$M_{Ed} = (150 - 58 + 85) \cdot 4{,}90 \cdot 8 \qquad = \ \ 6938 \text{ kNm}$$

c) Aus Windlasten gem. Abb. 14.15

$$M_{Ed} = 7824 \text{ kNm}$$

d) Aus Imperfektionen gem. Abb. 14.15

Die Momente aus Imperfektionen werden mit der in Abb. 14.15 ermittelten Größe in Ansatz gebracht. Der Einfluss der teilweise entfallenden, veränderlichen Deckenbelastung unmittelbar neben der Wandscheibe ist vernachlässigbar gering.

$$M_{Ed} = 675 \text{ kNm}$$

Bemessung

a) Ständige Lasten mit $\gamma_G = 1{,}0$, veränderliche Last Q_2, Windlast und Imperfektionen

$$N_{Ed} = -4600 \text{ kN}$$

$$M_{Ed} = 5998 + 7824 + 675 = 14\,497 \text{ kNm}$$

$$b = 0{,}24 \text{ m}, \quad h = 10{,}0 \text{ m}, \quad d \approx 9{,}5 \text{ m}$$

$$d_1/h \approx 0{,}50/10{,}0 = 0{,}05 \rightarrow \text{Tafel 5a in [8]}$$

C25/30: $f_{cd} = 14{,}17 \text{ MN/m}^2$

$$n = \frac{-4{,}60}{0{,}24 \cdot 10{,}0 \cdot 14{,}17} = -0{,}135$$

$$m = \frac{14{,}497}{0{,}24 \cdot 10{,}0^2 \cdot 14{,}17} = 0{,}043$$

Es ist kein Wert ω_{tot} ablesbar!

b) Ständige Lasten mit $\gamma_G = 1{,}35$, veränderliche Last Q_2, Windlast und Imperfektionen

$$N_{\text{Ed}} = -5944 \text{ kN}$$

$$M_{\text{Ed}} = 6938 + 7824 + 675 = 15\,437 \text{ kNm}$$

$$n = -5{,}944/(0{,}24 \cdot 10{,}0 \cdot 14{,}17) = -0{,}175$$

$$m = 15{,}437/(0{,}24 \cdot 10{,}0^2 \cdot 14{,}17) = 0{,}045$$

Es ist kein Wert ω_{tot} ablesbar!

Ergebnis:

Eine erforderliche Bewehrung $A_{\text{s1}} = A_{\text{s2}}$ kann mit dem Interaktionsdiagramm nicht bestimmt werden. Für die Festlegung der Bewehrung sind die Vorschriften bezüglich der Mindestbewehrung maßgebend.

a) Mindestbewehrung zur Beschränkung der Rissbreite

Im Abschn. 14.4.6 wurde für die Wandscheibe 1 nachgewiesen, dass die Betonzugspannungen den Grenzwert f_{ctm} nicht erreichen. Die Wand bleibt im Grenzzustand der Gebrauchstauglichkeit im ungerissenen Zustand I. Das Einlegen einer Mindestbewehrung zur Beschränkung der Rissbreite wäre daher eine unsinnige Maßnahme.

b) Mindestbewehrung zur Sicherstellung eines duktilen Bauteilverhaltens

Um das Versagen eines Bauteils ohne Vorankündigung zu vermeiden, ist die im Abschn. 4.7 besprochene Mindestbewehrung $A_{\text{s,min}}$ einzulegen. Bei Beanspruchung durch Biegemomente und Normalkräfte gilt für das Rissmoment

$$M_{\text{cr}} = (f_{\text{ctm}} - N/A_{\text{c}}) \cdot W_{\text{c}}$$

Für die erforderliche Bewehrung erhält man analog zur Bemessung für Biegung mit Normalkraft im Abschn. 5.2.3, vgl. auch Abschn. 4.7

$$A_{\text{s,min}} = \frac{M_{\text{cr}}}{z \cdot f_{\text{yk}}} + \frac{N}{f_{\text{yk}}}$$

Für die hier behandelte Wand ergibt sich:

Ansatz der ständigen Lasten mit $\gamma_G = 1{,}0$

$$N_{\text{Ed}} = -4600 \text{ kN}, \qquad M_{\text{Ed}} = 14\,497 \text{ kNm} \qquad f_{\text{ctm}} = 2{,}6 \text{ N/mm}^2$$

$$M_{\text{cr}} = \left(2{,}6 - \frac{-4{,}60}{0{,}24 \cdot 10{,}0} \right) \cdot \frac{0{,}24 \cdot 10{,}0^2}{6} \approx 18{,}1 \text{ MNm}$$

$$z = 0{,}9 \cdot d, \qquad d \approx 9{,}50 \text{ m}, \qquad f_{\text{yk}} = 500 \text{ N/mm}^2$$

$$A_{\text{s,min}} = \frac{18{,}1 \cdot 10^4}{0{,}9 \cdot 9{,}50 \cdot 500} + \frac{-4{,}60 \cdot 10^4}{500} = 42{,}3 - 92{,}0 < 0$$

Ansatz der ständigen Lasten mit $\gamma_G = 1{,}35$

$$N_{\text{Ed}} = -5944 \text{ kN}$$

$$M_{\text{cr}} = (2{,}6 + 5{,}944/2{,}4) \cdot 4{,}0 = 20{,}31 \text{ MNm}$$

$$A_{\text{s,min}} = \frac{20{,}31 \cdot 10^4}{0{,}9 \cdot 9{,}50 \cdot 500} - \frac{5{,}944 \cdot 10^4}{500} < 0$$

Ergebnis:

Auch für das Duktilitätskriterium ergibt sich keine einzulegende Bewehrung. Ein *plötzlicher* Bruch kann bei den vorliegenden Verhältnissen ausgeschlossen werden.

c) Überprüfung des Spannungsverlaufes im Grenzzustand der Tragfähigkeit

Gemäß EC 2, 6.1 (2) darf die Zugfestigkeit des Betons bei der Bemessung nicht berücksichtigt werden. Es werden daher die Spannungen im Grenzzustand der Tragfähigkeit bestimmt, auftretende Zugspannungen werden durch Bewehrung abgedeckt.

Ansatz der ständigen Lasten mit $\gamma_G = 1,0$

$$N_{Ed} = -4,60 \text{ MN}, \qquad M_{Ed} = 14,497 \text{ MNm}$$

$$\sigma_c = N_{Ed}/A_c \pm M_{Ed}/W_c, \qquad A_c = 2,4 \text{ m}^2, \qquad W_c = 4,0 \text{ m}^3$$

$$\sigma_c = -4,60/2,4 \pm 14,497/4,0 = +1,71 \text{ MN/m}^2 \qquad \text{bzw.} \quad = -5,54 \text{ MN/m}^2$$

Ansatz der ständigen Lasten mit $\gamma_G = 1,35$

$$N_{Ed} = -5,944 \text{ MN}, \qquad M_{Ed} = 15,437 \text{ MNm}$$

$$\sigma_c = -5,944/2,4 \pm 15,437/4,0 = +1,38 \text{ MN/m}^2 \qquad \text{bzw.} \quad = -6,34 \text{ MN/m}^2$$

In Abb. 14.16 ist der Spannungsverlauf für beide Lastfälle eingetragen. Die Zugkraft in den Zugkeilen wird durch Bewehrung mit $\sigma_s = 43,5 \text{ kN/cm}^2$ abgedeckt.

Ansatz der ständigen Lasten mit $\gamma_G = 1,0$

$$F_s = 1,71 \cdot 2,36 \cdot 0,24 \cdot 0,5 = 0,484 \text{ MN}$$

$$A_{s,min} = 484/43,5 = 11,1 \text{ cm}^2$$

Ansatz der ständigen Lasten mit $\gamma_G = 1,35$

$$F_s = 1,38 \cdot 1,79 \cdot 0,24 \cdot 0,5 = 0,296 \text{ MN}$$

$$A_{s,min} = 296/43,5 = 6,8 \text{ cm}^2$$

d) Nachweis der erforderlichen Bewehrung auf der Druckseite

Die maximal aufzunehmende Kraft wird aus den Betondruckspannungen ermittelt:

Maximale Druckspannung	σ_{cc}	$= -6,34 \text{ MN/m}^2$
Maximale, örtlich wirkende Druckkraft	N_{Ed}	$= -6,34 \cdot 0,24 \cdot 1,0 = -1,52 \text{ MN/m}$
Erforderliche Bewehrung mit (12.13)	N_{Rd}	$= -(A_c \cdot f_{cd} + A_s \cdot f_{yd})$
Betontraganteil	F_{cd}	$= -0,24 \cdot 1,0 \cdot 14,17 = -3,40 \text{ MN/m}$

Der Betontraganteil ist größer als die einwirkende Druckkraft, auf der Druckseite sind für die Bewehrungswahl die Vorschriften zur Mindestbewehrung maßgebend.

Mindestbewehrung in druckbeanspruchten Wänden:

In Wänden mit überwiegender Druckbeanspruchung ist eine Mindestbewehrung gem. EC 2/NA., 9.6.1 einzulegen. Diese Vorschriften werden in Abschn. 17.1 ausführlich besprochen.

Für die Bestimmung dieser Mindestbewehrung wird hier die Belastung über die Betonspannungen am Wandende neben Achse 2 bestimmt:

Örtlich wirkende Normalkraft (s. oben): $N_{Ed} \leqq |1,52| \text{ MN/m}$

Vergleich mit dem Grenzwert in EC 2/NA., 9.6.2:

grenz $|N_{Ed}| = 0,3 \cdot f_{cd} \cdot A_c = 0,3 \cdot 14,17 \cdot 0,24 \cdot 1,0 = 1,02 \text{ MN/m}$

vorh $|N_{Ed}|$ $= |1,52|$ MN/m $>$ grenz $|N_{Ed}| = 1,02$ MN/m

Mindestbewehrung: $a_s \geqq 0,003 \cdot A_c = 0,003 \cdot 24 \cdot 100 = 7,20$ cm^2/m

Mindestquerbewehrung: $a_{st} \geqq 0,50 \cdot a_s$

Die Wandbewehrung ist je zur Hälfte auf die beiden Wandseiten zu verteilen. Zugbewehrung ist erforderlich an dem Wandende mit Zugspannungen, Zugspannungen treten bei diesem Beispiel nur an dem Wandende bei Achse 4 auf. Aus baupraktischen Gründen (Verwechselungsgefahr) wird die Zugbewehrung an beiden Wandenden eingelegt. Eine abschnittsweise Bestimmung der Mindestbewehrung ist zulässig, im Rahmen dieses Beispiels wird die für das Wandende ohne Zugspannungen ermittelte Bewehrung auch im übrigen Wandbereich angeordnet.

e) Gewählte Wandbewehrung

Wandenden 6 $\varnothing$ 16, $A_s = 12,1$ cm^2 Steckbügel $\varnothing$ 8, $s = 19$ cm

Vertikale Wandbewehrung: Beidseitig $\varnothing$ 10, $s = 20$ cm, $a_s = 2 \cdot 3,93 = 7,86$ cm^2/m

Horizontale Wandbewehrung: Beidseitig $\varnothing$ 8, $s = 25$ cm, $a_{st} = 2 \cdot 2,01 = 4,02$ cm^2/m

Die Zugbewehrung an den Wandenden ist mit Übergreifungsstoß $l_0 = 1,4 \cdot l_{bd} = 1,4 \cdot 40 \cdot 1,6$ $= 90$ cm auszuführen, die vertikale Wandbewehrung wird mit $l_0 = l_{bd} = 40 \cdot d_s = 40$ cm gestoßen, vgl. Abb. 12.6b. Aus baupraktischen Gründen sollte an beiden Wandenden die gleiche Stoßführung erfolgen. In Abb. 14.16 ist die Bewehrung im Wandquerschnitt mit eingetragen. Wenn die vertikale Wandbewehrung mit Übergreifungsstoß ausgeführt wird, ist es auch zulässig, den im Zugbereich vorhandenen Bewehrungsanteil mit zur Deckung der Zugkraft in Ansatz zu bringen. Dies führt zu einer etwas geringeren erforderlichen Bewehrung an den Wandenden.

Senkrecht zur Wandebene ist die Bewehrung nach dem Verfahren mit Nennkrümmungen gem. Abschn. 13.4 für in Deckenhöhe unverschieblich gelagerte, stabförmige Bauteile zu bestimmen. Die Einspannung der Decken und gegebenenfalls die Einspannung der Unterzüge in die Wand ist zusätzlich zu erfassen, vgl. hierzu Kapitel 16.

14.5 Ergänzende Hinweise

14.5.1 Ringanker

Zur Schadensbegrenzung bei Tragwerken, die *nicht* für außergewöhnliche Ereignisse bemessen sind, müssen geeignete Maßnahmen getroffen werden, die bei Anprall oder Explosion den Schaden auf die unmittelbar betroffenen Tragwerksteile begrenzen. Diese Regeln gelten vorwiegend für Bauwerke des üblichen Hochbaus, bei denen eine Bemessung für außergewöhnliche Einwirkungen nur in seltenen Fällen erforderlich wird. In EC 2/NA., 9.10.1 sind die für die Schadensbegrenzung vorgesehenen Tragelemente angeführt In diesem Zusammenhang wird auf die im Abschnitt 2.1 dieses Buches und hier insbesondere auf die im Absatz *d* formulierten, grundsätzlichen Anforderungen an Tragwerke hingewiesen. Im Regelfall wird die räumliche Stabilität eines Gebäudes durch das Zusammenwirken von vertikalen Wandscheiben mit horizontalen Deckenscheiben gewährleistet. Dann muss gem. EC 2/NA., 9.10.2.2 in jeder Deckenebene ein wirksamer, über den Umfang umlaufender Ringanker angeordnet werden. Unter dieser Voraussetzung darf angenommen werden, dass der zufällige Ausfall eines einzelnen Traggliedes, z. B. durch Anprall, nicht zum Versagen des Gesamttragwerks führt. Im Fertigteilbau werden neben den Ringankern auch innen liegende Zuganker sowie Stützen- und Wandzuganker verwendet. Wird ein Bauwerk durch Dehnfugen in unabhängige

Tragabschnitte geteilt, ist in jedem Abschnitt ein unabhängiges System von umlaufenden Ringankern anzuordnen.

In Abb. 14.17 sind die Vorschriften bezüglich der Anordnung und der Konstruktion von Ringankern zusammengestellt. Die Ringankerbewehrung darf bis zu ihrer charakteristischen Festigkeit f_{yk} ausgenutzt werden. Die vom Ringanker aufzunehmende Zugkraft beträgt

$$F_{\text{tie,per}} \geq l_i \cdot 10 \, [\text{kN/m}] \geq 70 \, \text{kN} \tag{14.16}$$

Hierin ist l_i, gem. Abb. 14.17, die effektive Spannweite des Endfeldes rechtwinklig zum Ringanker. Für Betonstahl B 500 folgt mit $f_{yk} = 50 \, \text{kN/cm}^2$ und $l_i = 7{,}0 \, \text{m}$ eine Zugkraft $F_{\text{tie,per}} = 70 \, \text{kN}$ und ein Bewehrungsquerschnitt $A_s = 1{,}4 \, \text{cm}^2$ für den Ringanker. Der Grenzwert 70 kN wird maßgebend bei Spannweiten des Endfeldes $l_i < 7$ m. Wenn ein *Standsicherheitsnachweis* für die horizontal aussteifenden Bauteile gem. Abschn. 14.4.2 erfolgt, ersetzt die dann statisch nachgewiesene Bewehrung diese konstruktive Forderung bezüglich einer Ringankerbewehrung. Die Ringanker dienen als Bewehrung für außergewöhnliche Ereignisse, bei der Querschnittsbestimmung des Betonstahls darf daher die charakteristische Festigkeit des Betonstahls f_{yk} angesetzt werden, vgl. Abb. 14.17.

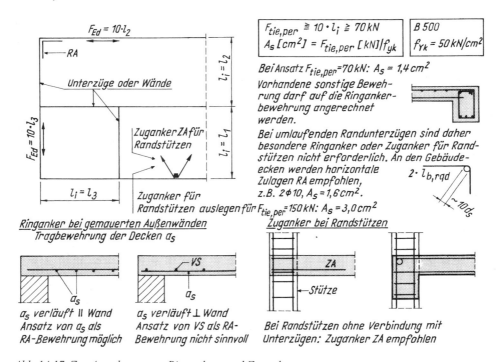

Abb. 14.17 *Zur Anordnung von Ringankern und Zugankern*

Im Bereich des Ringankers vorhandene sonstige Bewehrung darf auf die erforderliche Ringankerbewehrung angerechnet werden. Häufig wird für diesen Bereich ein etwa 1,0 m bis 2,0 m breiter Streifen neben dem Bauwerksrand angenommen, nach EC 2, 9.10.2.2 ist der Ringanker innerhalb eines Randabstandes von 1,20 m anzuordnen. Wenn umlaufende Randunterzüge vorhanden sind, ist die Anordnung einer zusätzlichen Ringankerbewehrung daher stets entbehrlich. Für Ringankerausbildungen in gemauerten Gebäuden enthält Abb. 14.17 einige Hinweise. Stöße von Ringankern sind mit einer Übergreifungslänge $l_0 = 2 \cdot l_{b,rqd}$ auszuführen, der Stoßbereich ist durch Bügel oder Steckbügel im Abstand $s \leqq 100\,\text{mm}$ zu sichern, vgl. EC 2/NA., 9.10.2.2.

Im Bereich von Treppenhäusern können die Ringanker häufig nicht an der Gebäudeaußenkante geführt werden. Eine entsprechende Bewehrung muss dann im Bereich der Treppenhauswände um die Treppenöffnungen herum vorhanden sein. Wenn Stützen in Außenwänden ohne Verbindung mit Unterzügen erforderlich sind (z. B. wegen größerer Einzellasten in oberhalb liegenden Geschossen), wird man die Vorschriften für Stützen- und Wandzuganker in EC 2, 9.10.2 sinngemäß anwenden, vgl. Abb. 14.17.

14.5.2 Wandscheiben in Verbindung mit steifen Kellerkästen

Wenn die Bedingungen (14.6) und (14.7) von Tragwerken eingehalten werden, gelten sie als unverschieblich im Sinne der Norm. In den angeführten Gleichungen ist L die Gesamthöhe des Tragwerks von der Fundamentoberkante oder einer *nicht verformbaren Bezugsebene*. Sehr häufig ist das Kellergeschoss eines Gebäudes durch fast öffnungsfreie Umfassungswände, durch eine größere Anzahl von Längs- und Querwänden und durch Treppenhauswände ausgesteift. In Verbindung mit der Kellerdecke entsteht so ein nur sehr gering verformbarer „steifer Kasten". In diesen Fällen darf L von der Oberkante der Kellerdecke aus angenommen werden. Für die aussteifenden Wände liegt dann das in Abb. 14.18 skizzierte Tragsystem vor.

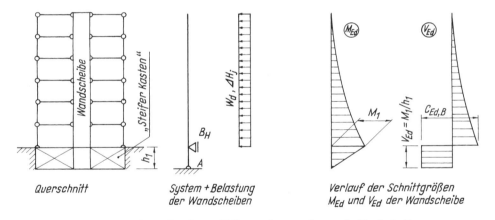

Abb. 14.18 *Aus einem nicht verformbaren Kellergeschoss auskragende Wandscheibe*

Der starke Abfall der Einspannmomente in der Kellergeschossebene führt zu großen Querkräften in den aussteifenden Wandscheiben. Die horizontale Auflagerkraft $C_{\text{Ed,B}}$ wird von der Kellerdecke in die aussteifenden Wände des Kellergeschosses geleitet. Sowohl in der Wandscheibe wie in der horizontalen Deckenscheibe des Kellergeschosses treten bei dem angesetzten System Querkraftbeanspruchungen auf, die bei der Bemessung und bei der Konstruktion beachtet werden müssen.

15 Sondergebiete des Stahlbetonbaus

15.1 Bemessen und Konstruieren mit Stabwerkmodellen

15.1.1 Grundlagen

In Abb. 7.1 ist der Trajektorienverlauf eines schlanken Biegeträgers dargestellt. Aus diesem Trajektorienbild wurde abgeleitet, dass sich ein Biegeträger als Fachwerksystem gem. Abb. 7.4 idealisieren lässt, wenn in Richtung der Drucktrajektorien Druckstäbe und in Richtung der Zugtrajektorien die von den Stahleinlagen gebildeten Zugstäbe angenommen werden.

Nach *Schlaich/Schäfer* [1.11] lässt sich *jede* Stahlbetonkonstruktion durch Stabwerke mit Druck- und Zugstäben darstellen. Für Bauteilbereiche, in denen die Hypothese von *Bernoulli* über das Ebenbleiben der Querschnitte zutrifft, ist die Konstruktion dann ohne größere Schwierigkeiten und eindeutig durchzuführen. In diesen B-Bereichen („B" von **B**iegelehre, **B**ernoulli oder **B**alken) gelten die in den vorangegangenen Kapiteln besprochenen Regeln zur Schnittgrößenermittlung, für Bemessung und Konstruktion. Schwieriger wird eine sachgerechte Bemessung und Konstruktion bei Bauteilen, bei denen nicht mit dem Ebenbleiben der Querschnitte gerechnet werden kann und in Bauteilbereichen, in denen die Biegebemessung keine eindeutige Aussage über eine zweckmäßige Konstruktion zulässt (D-Bereiche, *Diskontinuitäten* in der Bezeichnungsweise von *Schlaich/Schäfer*). Hierzu gehören z. B. gedrungene Bauteile, wie Wandscheiben und Konsolen und schlanke Bauteile in Bereichen mit Bauteilversprüngen oder bei konzentriert wirkenden Einzellasten.

Als theoretische Grundlage für das Konstruieren mit Stabwerkmodellen ist der in Abschn. 10.2.3 besprochene statische Grenzwertsatz der Plastizitätstheorie anzusehen. Hiernach versagt ein Tragwerk aus plastisch verformbarem Werkstoff nicht, wenn die Gleichgewichtsbedingungen eingehalten werden und die Fließgrenze des Werkstoffes nicht überschritten wird. Beim Arbeiten mit Stabwerkmodellen wird versucht, den Kraftfluss in einem Tragwerk vom Lastangriffspunkt bis zu den Auflagern zu erkennen und durch möglichst einfache Zug- und Druckstäbe darzustellen.

Bei der Modellfindung werden die Zugstäbe entsprechend der Bewehrungsführung vorzugsweise parallel zu den Außenkanten des Bauteils angeordnet. Für eine geeignete Lage der Druckstäbe liefern bekannte Ergebnisse einer linear-elastischen Berechnung wertvolle Hinweise. Die Lage der Druckstäbe kann dabei variiert werden, dies führt zu unterschiedlich großen Zug- und Druckkräften im gewählten Modell: Das Tragwerk passt seinen Kraftfluss an das vorgegebene Modell an, wenn andere Möglichkeiten zur Lastabtragung ausscheiden.

Die von *Schlaich/Schäfer* [1.11] ausführlich dargestellte *Lastpfadmethode* ist ein anschauliches Hilfsmittel zur Bestimmung eines geeigneten Tragmodells. An einem einfachen Beispiel wird dieses Verfahren erläutert. In Abb. 15.1 ist eine quadratische Wandscheibe mit einer am oberen Rand angreifenden Trapezlast dargestellt, der Trajektorienverlauf ist angegeben. Für die Modellfindung wird das folgende Vorgehen empfohlen:

1. Geometrie und einwirkende Kräfte des Bauteils darstellen.

2. Auflagerkräfte bestimmen, Belastung in Teillasten aufteilen, die der Größe der Auflagerkräfte entsprechen. In Abb. 15.1:

$$F_{1d} = C_{Ed,A}, \quad F_{2d} = C_{Ed,B}$$

3. Lastpfade konstruieren! Die Lastpfade verbinden den Lastangriffspunkt mit dem zugehörigen Auflagerpunkt auf möglichst kurzem Weg, ohne sich zu kreuzen. An den Rändern haben sie die Richtung der einwirkenden Last bzw. der Auflagerreaktion. Von diesen Endpunkten streben die Lastpfade zunächst in das Bauteilinnere, da konzentrierte Kräfte das Bestreben haben, sich möglichst rasch auszubreiten, vgl. hierzu den Trajektorienverlauf in Abb. 15.1.

4. Die Lastpfade werden als Polygonzüge idealisiert, die Umlenkkräfte werden als Resultierende F_{cd} bzw. F_{td} zusammengefasst. Die Umlenkkräfte der beiden Lastpfade müssen im Gleichgewicht miteinander stehen, da keine äußeren Horizontalkräfte auf das System einwirken.

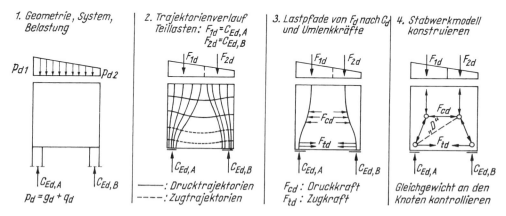

Abb. 15.1 Zur Modellfindung bei Stabwerkmodellen (nach [1.11])

Die einzelnen Stäbe des Modells repräsentieren Spannungsfelder des wirklichen Tragwerks. Die Knotenpunkte sind unterschiedlich große Bereiche des Tragwerks, in denen die inneren Kräfte umgeleitet oder verankert werden. Man erkennt aus Abb. 15.1 auch, dass die Größe der Zugkraft F_{td} von der angesetzten Lage der Umlenkpunkte beeinflusst wird, vgl. hierzu den oben angeführten Hinweis auf den ersten Grenzwertsatz.

Bei gleichen geometrischen Abmessungen des Bauteils aber anderer Einwirkung, ergeben sich unterschiedliche Trajektorienverläufe. Im Regelfall ergibt sich dann auch ein anderer Verlauf der Lastpfade. In Abb. 15.2 wurden die Scheibenabmessungen und die Lagerungsbedingungen wie in Abb. 15.1 gewählt, die Scheibe ist jedoch durch eine am oberen Rand einwirkende Einzellast beansprucht. Eine Überlagerung der Ergebnisse aus verschiedenen Lastfällen kann daher nur zulässig sein, wenn zu den einzelnen Lastfällen bzw. Einwirkungen die Stabwerkmodelle weitgehend übereinstimmen, vgl. EC 2/NA., 5.6.4 (8).

In [1.11] sind Stabwerkmodelle für viele typische Tragwerksformen angegeben, in denen die Annahme einer linearen Dehnungsverteilung nicht mehr zutrifft. Häufig liegen spezielle Bemessungsansätze für derartige Bauformen vor, erwähnt seien Konsolen und Scheiben. Mit Stabwerkmodellen kann jedoch in anschaulicher Weise der Kraftfluss dargestellt werden, dies ergibt häufig wertvolle Hinweise für die Bewehrungsführung. Im Rahmen dieses Buches folgen hierzu Erläuterungen in späteren Kapiteln.

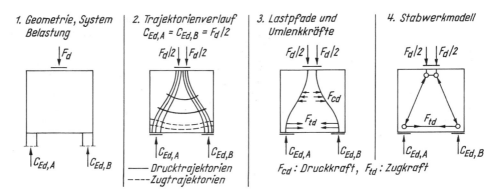

*Abb. 15.2 Modellfindung für eine Scheibe bei Belastung durch eine Einzellast
(Beachten: Geometrie und Lagerungsbedingungen entsprechen der Scheibe in Abb. 15.1)*

15.1.2 Bemessung der Stäbe

Die für die Bemessung der Zug- und Druckstäbe maßgebenden Vorschriften sind in EC 2/NA., 6.5 zusammengefasst. In EC 2/NA., 5.6.4 sind allgemeine Grundsätze für das Arbeiten mit Stabwerkmodellen zu finden. Diese Angaben sind nach den Hinweisen im Abschn. 15.1 ohne weitere Erläuterungen verständlich. In Abb. 15.1 und 15.2 sind die Stabwerkmodelle kinematische Ketten, sie sind jedoch nicht instabil. Durch kleine Bewegungen der viereckigen Tragsysteme werden Druckkräfte erzeugt, die die Systeme stabilisieren. Formal kann dieser Effekt durch zusätzliche Diagonalstäbe „D" gem. Abb. 15.1 dargestellt werden: „D" ist ein Nullstab, die Größe der Kräfte F_{cd} und F_{td} im Stabwerk wird durch den Zusatzstab nicht beeinflusst. Gemäß EC 2, 5.6.4 sollte das Tragwerkmodell an der Spannungsverteilung nach der linearen Elastizitätstheorie orientiert sein. Hierdurch wird sichergestellt, dass das Verformungsvermögen innerhalb des Tragwerks *örtlich* nicht überschritten wird, bevor sich die durch das Modell angenommene Spannungsverteilung im Gesamttragwerk eingestellt hat [1.11]. Bei einer Orientierung des Modells an der Elastizitätstheorie sind auch nur geringe Unterschiede beim Übergang vom Grenzzustand der Gebrauchstauglichkeit zum Grenzzustand der Tragfähigkeit zu erwarten, vgl. Abschn. 6.2.1. Wenn man sich bei der Modellfindung an der Elastizitätstheorie orientiert, dürfen daher die mit Modellen dieser Art ermittelten Schnittgrößen sowohl für Nachweise unter Gebrauchslast wie für Nachweise im Grenzzustand der Tragfähigkeit verwendet werden. Stabwerkmodelle liefern in Bereichen von Diskontinuitäten zudem wertvolle Hinweise für eine sachgerechte Konstruktion.

Die Tragfähigkeit eines Stabwerkmodells wird im Wesentlichen durch die Tragfähigkeit der Zugstäbe und die Tragfähigkeit der Knoten begrenzt. Die Druckstäbe sind Idealisierungen für die im Tragwerk vorhandenen Druckfelder, an den Knoten erreichen die Druckspannungen ihren Höchstwert. Zwischen den Knoten erfolgt eine meist flaschenförmige Aufweitung des Druckfeldes gem. Abb. 15.3. Nach dem Prinzip von *de Saint-Venant* wird bei begrenzter Ausbreitungsmöglichkeit der Druckspannungen angenommen, dass in einer Entfernung $h = b$ von der Lasteinleitungsstelle wieder eine lineare Spannungsverteilung erreicht ist, vgl. auch EC 2, 5.6.4 (1). Für die Größe der Querzugkräfte erhält man dann mit den Bezeichnungen gem. Abb. 15.3

$$F_{td} = \frac{1}{4} \cdot \frac{b-a}{b} \cdot F_d \qquad (15.1)$$

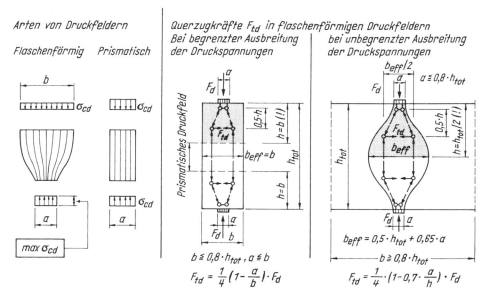

Abb. 15.3 Prismatische und flaschenförmige Arten von Druckfeldern und zugehörige Querzugkräfte F_{td} (nach [1.11]), vgl. auch EC 2, Bild 6.25)

Für den Sonderfall $a = b$ ergibt sich ein prismatisches Druckfeld, es entstehen keine Querzug-kräfte. Bei unbegrenzter Ausbreitungsmöglichkeit der Druckspannungen kann nach *Schlaich/ Schäfer* [1.11] das gleiche Modell zur Ermittlung von F_{td} angesetzt werden, wenn für die Mo-dellfindung mit den in Abb. 15.3 angegebenen Werten gearbeitet wird. Hierfür erhält man dann

$$F_{td} = \frac{1}{4} \cdot \left(1 - 0{,}7 \cdot \frac{a}{h}\right) \cdot F_{d} \tag{15.2a}$$

In dieser Form werden die Querzugkräfte bei Belastungsbreiten bis etwa $a \approx 0{,}25\,h$ ausrei-chend genau erfasst. Bei größeren Belastungsbreiten bis etwa $a = 0{,}8\,h$ werden nach [9] die Querzugkräfte zutreffender über folgenden Ansatz bestimmt:

$$F_{td} = \frac{1}{4} \cdot \left(1 - 0{,}7 \cdot \frac{a}{h}\right)^{2} \cdot F_{d} \tag{15.2b}$$

Gemäß EC 2, 6.5.2 sind die Druckstreben des Tragwerkmodells für Druck und für Querzug zu bemessen. Hierbei darf die Querzugkraft im Bereich der Einschnürung des Druckfeldes neben einem Knoten mit einem Stabwerkmodell gem. Abb. 15.3 ermittelt werden. Es ist zu beachten, dass Querzugkräfte auch senkrecht zur Stabwerkebene auftreten können, z. B. bei schmalen Auflagerflächen auf Bauteilen mit größerer Bauteildicke. Für die Querzugkräfte F_{td} ist eine ent-sprechende Bewehrung einzulegen, die Stahlspannung ist auf f_{yd} zu begrenzen, für Betonstahl B 500 also auf $f_{yd} = 435\ \text{N/mm}^2$. Die Bewehrung kann nach [80.14] dem Verlauf der Querzug-kräfte angepasst werden. Aus baupraktischen Gründen wird man eine gleichmäßige Bewehrung im Aufweitungsbereich des Druckfeldes bevorzugen.

Bei ausmittiger Lasteinleitung verringern sich die Querzugkräfte unter der Last, neben der Last wirken aber Horizontalkräfte am belasteten Rand. Abb. 15.4 enthält hierzu einige Hinweise.

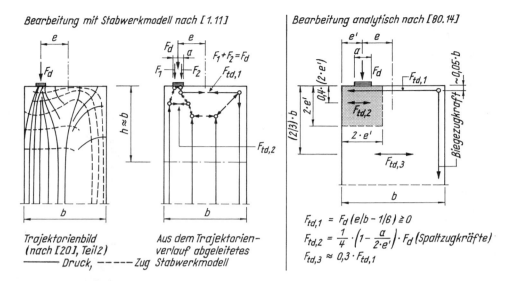

Abb. 15.4 Querzugkräfte bei einer exzentrisch angreifenden Druckkraft

Für den Bemessungswert der Betondruckfestigkeit von Druckstreben gelten für Betonfestigkeitsklassen bis C 55/67 gem. EC 2/NA., 6.5.2 folgende Grenzwerte:

Druckstreben parallel zu den Rissen

$$\sigma_{\mathrm{Rd,max}} = 0{,}6 \cdot 1{,}25 \cdot f_{\mathrm{cd}} = 0{,}75 \cdot f_{\mathrm{cd}} \tag{15.3a}$$

Druckstreben, die Risse kreuzen und für die Knotenbemessung

$$\sigma_{\mathrm{Rd,max}} = 0{,}6 \cdot f_{\mathrm{cd}} \tag{15.3b}$$

Druckstreben mit starker Rissbildung bei Beanspruchung durch Querkräfte und Torsion

$$\sigma_{\mathrm{Rd,max}} = 0{,}6 \cdot 0{,}875 \cdot f_{\mathrm{cd}} = 0{,}525 \cdot f_{\mathrm{cd}} \tag{15.3c}$$

Ein Nachweis von Druckspannungen in Druckstreben außerhalb des meist flaschenförmigen Verengungsbereiches neben den Knoten ist nicht erforderlich, wenn die Querzugkräfte nachgewiesen werden und wenn eine Knotenbemessung erfolgt [1.11].

Aus den Stabwerkmodellen in Abb. 15.1. und 15.2 ist erkennbar, dass in den Zugstäben an den unteren Scheibenrändern zwischen den Knoten keine Änderung der Zugkraft auftritt. Die Bewehrung dieser Zugstäbe ist daher ungeschwächt auf ganzer Zugstablänge bis in die konzentrierten Knoten durchzuführen und innerhalb der Knoten zu verankern. In den in Abb. 15.3 und 15.4 dargestellten flächenhaften, verschmierten Knoten darf dagegen die Bewehrung innerhalb dieser Knoten entsprechend dem Verlauf der Zugspannungen gestaffelt werden, vgl. EC 2/NA., 6.5.3. Die Stahlspannung ist auf f_{yd} zu beschränken. Für die erforderliche Bewehrung folgt damit

$$\left.\begin{aligned} A_{\mathrm{s}} &= F_{\mathrm{td}}/f_{\mathrm{yd}} \\ f_{\mathrm{yd}} &= 435\,\mathrm{N/mm^2}\ (\mathrm{B}\ 500) \end{aligned}\right\} \tag{15.4}$$

Anwendungsbeispiele folgen in den Kapiteln 16 und 17.

15.1.3 Bemessung der Knoten

In den Knoten erfolgt ein Ausgleich der Kräfte innerhalb eines eng begrenzten Bereiches.

Unterschieden wird dabei zwischen

– Druckknoten gem. Abb. 15.5, in denen ein Ausgleich von Druckkräften erfolgt und
– Druck-Zug-Knoten mit Verankerung eines Zugstabes, vgl. Abb. 15.5.

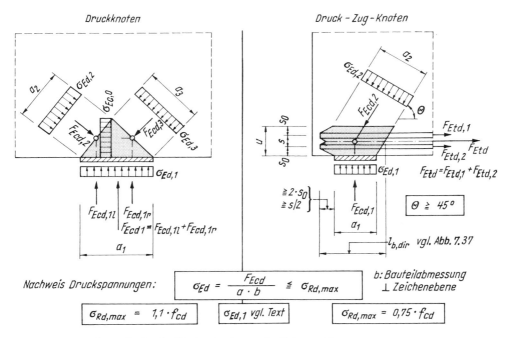

Abb. 15.5 Knotenbereiche für die Nachweise in standardisierten Knoten

In EC 2, 6.5.4 sind außerdem Knoten mit Abbiegungen der Bewehrung angeführt, hierauf wird im Kapitel 16 (Rahmen) ausführlich eingegangen. Für die Bemessung der Knoten wird zunächst die Knotengeometrie festgelegt. Wichtige Größen sind hierbei die Geometrie des Stabwerks, die vorhandene oder erforderliche Auflagerlänge und bei Druck-Zug-Knoten die Verankerungslänge der Bewehrung. Nachgewiesen wird die maximale Betonspannung an den Knotenanschnitten gem. Abb. 15.5:

$$\sigma_{\mathrm{Ed}} = \frac{F_{\mathrm{Ecd}}}{a \cdot b} \leqq \sigma_{\mathrm{Rd,max}}$$

Die Bemessungswerte der Betondruckfestigkeiten sind in EC 2/NA., 6.5.4 angegeben. Für Druckknoten sind danach die Betondruckspannungen zu begrenzen auf

$$\sigma_{\mathrm{Rd,max}} = k_1 \cdot v \cdot f_{\mathrm{cd}} = 1,1 \cdot 1,0 \cdot f_{\mathrm{cd}}$$

Mit dem Faktor 1,1 wird die günstige Wirkung einer zweiachsialen Druckspannung berücksichtigt. In Zug-Druck-Knoten gilt die maximale Betondruckspannung

$$\sigma_{\mathrm{Rd,max}} = k_2 \cdot v \cdot f_{\mathrm{cd}} = 0,75 \cdot 1,0 \cdot f_{\mathrm{cd}}$$

Die Abminderung der Druckspannung auf $0{,}75 \cdot f_{cd}$ ist erforderlich wegen der Einleitung von Druckkräften in die Bewehrung und der hierbei stets vorhandenen Querzugkräfte, vgl. hierzu Abb. 7.36. Unter der Lastplatte soll nach [80.6] die Druckspannung auf den Wert

$$\sigma_{Rd,max} = 0{,}6 \cdot f_{cd}$$

begrenzt werden, wenn keine Bewehrung zur Aufnahme der Querzugspannungen vorhanden ist oder die Querzugspannungen in anderer Art aufgenommen werden können, z. B. durch Reibung oder durch besondere Lagerkonstruktionen. Bei Zug-Druck-Knoten sollten alle Winkel zwischen Zug- und Druckstreben mindesten 45° betragen. Wenn man sich bei der Modellfestlegung an der Elastizitätstheorie orientiert, ist diese Regel i. Allg. erfüllt, Erläuterungen für Winkel < 45° findet man in Heft 525 [80.6]. Wenn die Winkel zwischen Zug- und Druckstreben mindesten 55° betragen, dürfen gem. EC 2, 6.5.4 (5) die Bemessungswerte der Druckspannung um 10 % erhöht werden. Eine solche Erhöhung ist u. a. auch zulässig wenn eine der folgenden Bedingungen zutrifft:

– es liegt eine dreiaxiale Druckbeanspruchung vor,
– in Zug-Druck-Knoten ist eine mehrlagige Bewehrung vorhanden.

Ausführliche Angaben vgl. Text der Norm, in Abb. 15.5 sind die Bemessungswerte der Druckspannungen mit angegeben.

Die Verankerungslänge der Bewehrung in Zug-Druck-Knoten beginnt am Knotenanfang, wo erste Druckspannungen auf die Bewehrung treffen, vgl. EC 2, 6.5.4 (7). Die Bewehrung muss immer mindestens bis zum Knotenende geführt werden, auch dann, wenn rechnerisch eine Verankerung innerhalb eines Knotens möglich ist. In Abb. 15.5 werden die Begriffe erläutert. Die Abstände s_0 folgen aus den Randabständen der äußeren Bewehrungslage, die für den Spannungsnachweis ansetzbaren Flächen werden auch über s_0 festgelegt.

15.2 Durchstanzen

15.2.1 Grundlagen

Bei der in Abb. 1.7 dargestellten, punktförmig gestützten Platte werden die Deckenlasten ohne Zwischenschaltung von linienförmigen Unterstützungen (Unterzüge) direkt in die Stützen eingeleitet. Hierdurch ergibt sich eine ebene Deckenuntersicht, der Schalaufwand wird wesentlich verringert, die Installation von Versorgungsleitungen wird erleichtert. Ein ähnliches Tragverhalten ergibt sich, wenn die Gründung eines Bauwerks auf dünnen, durchlaufenden Fundamentplatten erfolgt.

Die Ermittlung der Schnittgrößen von Flachdecken erfolgt heute i. Allg. nach der Methode der Finiten Elemente. Zur Kontrolle von elektronisch bestimmten Momenten, zur Berechnung von Biegemomenten, wenn geeignete Programme nicht zur Verfügung stehen und auch zum allgemeinen Verständnis ist das in Heft 240 [80.14] angeführte Näherungsverfahren gut geeignet. Das Verfahren darf angewendet werden für Stützweitenverhältnisse innerhalb der Grenzen $0{,}75 \leqq l_y/l_x \leqq 1{,}33$. Die Flachdecke wird hierbei durch zwei sich kreuzende Scharen von Längs- und Querbalken idealisiert. Sie werden in den jeweils querlaufenden Stützenfluchten als kontinuierlich unterstützt angesehen. Für jede Richtung ist die Belastung der gesamten Belastungsbreite auf den Ersatzdurchlaufträger oder den Ersatzrahmen anzusetzen. Das Verfahren liefert nach [70.9] ausreichend genaue Werte, wenn die Einspannung in den Randstützen erfasst wird. Die Aufteilung der am Ersatzrahmen errechneten Momente erfolgt auf Feld- und Gurtstreifen mit den in Heft 240 angeführten Verteilungszahlen, hiermit wird die Konzentration der Momente im Bereich der Stützen erfasst, vgl. auch die Verteilungszahlen in [8].

Wenn die oben angeführten Grenzwerte für das Stützweitenverhältnis nicht eingehalten sind, ist eine Schnittgrößenermittlung mit diesem Näherungsverfahren unzulässig. In [7.1] findet man eine ausführliche Beispielrechnung zur Ermittlung der Biegemomente nach diesem Näherungsverfahren. Die Auflager- und Querkräfte von annähernd symmetrischen Flachdecken dürfen näherungsweise über die Lasteinzugsflächen bestimmt werden, der Einfluss der Durchlaufwirkung wird dabei wie bei durchlaufenden Stäben abgeschätzt. Bei einer rechnerischen Bestimmung der Schnittgrößen mit der Methode der finiten Elemente ist die Einspannung der Decke in Rand- *und* Innenstützen zu berücksichtigen, vgl. hierzu die Hinweise zur Ermittlung der Lasterhöhungsfaktoren im Abschn. 15.2.3. Die Bestimmung von Momenten mit nichtlinearen Methoden ist für Flachdecken u. a. wegen nicht immer ausreichender Rotationsfähigkeit unzulässig [70.9]. Dies gilt somit auch für eine begrenzte Umlagerung der Momente gem. den Angaben im Abschn. 3.4.2.

Das Tragverhalten am Übergang von der Stütze zur belastenden Deckenplatte ist in Abb. 15.6 in prinzipieller Form dargestellt. Durch das Zusammenwirken von Biegemomenten und Querkräften entsteht ein räumlich wirkender Spannungszustand. Unter Gebrauchslast sind nach *Leonhardt* [20, Teil 2] die Dehnungen an der Biegezugseite ε_{ct} in Tangentialrichtung größer als die Dehnungen in radialer Richtung. Hierdurch erfolgt bei dieser Laststufe ausgehend vom Lasteinleitungszentrum eine Rissbildung in radialer Richtung. Mit anwachsender Belastung beginnt eine Umlagerung der Biegemomente, dies führt dazu, dass die Dehnungen in radialer Richtung an der Biegezugseite der Platte entsprechend größer werden. Kurz vor dem Erreichen der Bruchlast führen diese Dehnungen an der Biegezugseite der Platte zu wenigen kreisförmigen Rissen. Von dem äußersten dieser kreisförmigem Risse bildet sich eine unter etwa 30° bis 35° geneigte Schubrissfläche aus. Es kommt zu einer zunehmenden Einschnürung der Druckzone. Im Bruchzustand stützt sich nach Abb. 15.6 die von der Platte ausgehende Querkraft am unteren Plattenrand gegen eine dünne Kegelschale ab. Die Vertikalkomponente der flach geneigten, in tangentialer Richtung wirkenden Druckkraft F_{cd} steht im Gleichgewicht mit den einwirkenden Lasten p_r. Das Versagen des kegelförmigen Druckringes am unteren Plattenrand bei zunehmender Belastung beschreibt die Tragfähigkeitsgrenze, der in Abb. 15.6 dargestellte Kegel kann aus der Decke herausgestanzt werden. Der skizzierte Spannungszustand resultiert aus Biegemomenten und Querkräften. Der Nachweis erfolgt bei punktgestützten Platten getrennt für Biegung und Durchstanzen, für das Durchstanzen gelten dabei die für den Querkraftnachweis entwickelten Grundsätze. Hierbei wird auf Besonderheiten des Durchstanznachweises durch Ergänzungen eingegangen.

Rissbild an der Plattenoberseite knapp unterhalb der Bruchlast

Modell zur Erläuterung des Druckstanzens kurz vor Eintritt des Bruches

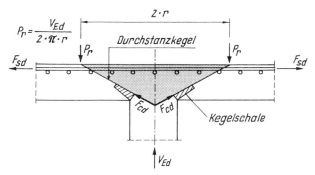

Abb. 15.6 Durchstanzen: Rissbild und statisches Modell (nach Leonhardt [20])

15.2.2 Lasteinleitung und Nachweisschnitte

Nach EC 2/NA., 6.4.1 erfolgt der Nachweis einer ausreichenden Querkrafttragfähigkeit längs festgelegter Rundschnitte. Außerhalb des Bereiches der Nachweisschnitte gelten die im Abschn. 7 besprochenen Vorschriften zur Querkrafttragfähigkeit. In Abb. 15.7 ist das Bemessungsmodell, das den Vorschriften zum Durchstanznachweis in EC 2 zugrunde liegt, in prinzipieller Form dargestellt. Auf Besonderheiten beim Durchstanznachweis für Fundamente wird in Abschn. 20 eingegangen.

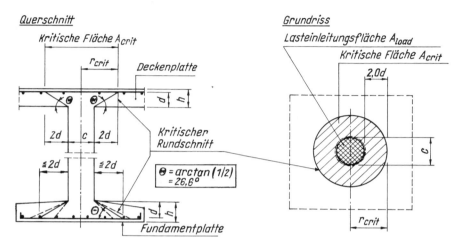

Abb. 15.7 Bemessungsmodell für den Nachweis zur Sicherheit gegen Durchstanzen

Aus Abb. 15.6 ist abzulesen, dass sich bei zentrisch belasteten Rundstützen im Durchstanzbereich ein mehrachsiger, rotationssymmetrischer Spannungszustand einstellt. Das Bemessungsmodell gem. EC 2 geht zunächst von einer solchen, rotationssymmetrischen Spannungsverteilung im Durchstanzbereich aus. Nach Heft 525 [80.6] haben Versuche gezeigt, dass diese Annahme nur bei Lasteinleitungsflächen mit geringem Umfang gerechtfertigt ist.

Unterschieden wird nach Abb. 15.7 zwischen den folgenden Rundschnitten:

u_0 Rundschnitt um die Lasteinleitungsfläche A_{load}

u_1 Kritischer Rundschnitt im Abstand $2,0\,d$ von der Lasteinleitungsfläche

Hierbei ist

d mittlere statische Nutzhöhe der Platte mit $d = (d_x + d_y)/2$

Die Rundschnitte benachbarter Lasteinleitungsflächen dürfen sich nicht überschneiden. Zur Abgrenzung gegenüber der Querkrafttragfähigkeit wird der Umfang der anrechenbaren Lasteinleitungsfläche für den Durchstanzwiderstand auf das 12-Fache der Deckendicke beschränkt: $u_0 \leqq 12\,d$. Wenn die Lasteinleitungsflächen größer sind als der Grenzwert $u_0 = 12\,d$ ist der Durchstanznachweis auf Teilrundschnitte zu beziehen, für außerhalb des Durchstanzbereiches liegende Bereiche ist der Querkraftwiderstand zu bestimmen. Der Gesamtwiderstand ergibt sich dann aus der Summe aus Querkraft- und Durchstanzwiderstand. Die nachfolgenden Festlegungen für den Durchstanznachweis gelten gem. EC 2/NA., 6.4.1 für die folgenden Arten von Lasteinleitungsflächen A_{load}, vgl. Abb. 15.8 und Abb. 15.9:

– rechteckige oder kreisförmige Lasteinleitungsflächen mit einem Umfang $u_0 \leqq 12\,d$ und einem Seitenverhältnis $a/b = 2$,
– für beliebige Lasteinleitungsflächen, die sinngemäß begrenzt sind.

Wenn weitere Rundschnitte u_i erforderlich werden, müssen diese gem. EC 2, 6.4.2 (7) die gleiche Form wie der kritische Rundschnitt haben.

Für Rundstützen unter Flachdecken mit $u_0 > 12\,d$ ist der Querkraftnachweis gem. EC 2/NA., 6.4.1 (2) nach dem in Kap. 7 besprochenen Bemessungsverfahren für Querkräfte zu führen.

Der *kritische* Rundschnitt ist für Lasteinleitungsflächen, die sich nicht in der Nähe von freien Rändern befinden, in einem Abstand von $2{,}0 \cdot d$ von der Lasteinleitungsfläche zu führen.

Die kritische Fläche A_{crit} ist die Fläche innerhalb des kritischen Rundschnittes, vgl. Abb. 15.8. Wenn bei ausgedehnten Auflagerflächen die oben angegebenen Bedingungen für die Form der Lasteinleitungsflächen A_{load} nicht erfüllt sind, ist mit einer konzentrierten Lasteinleitung in den Ecken der Stütze zu rechnen. Die anzusetzenden Rundschnitte müssen dann gem. den Angaben in Abb. 15.9 reduziert werden. Dieser Fall ist häufig bei Auflagerung einer Decke auf einer Wand zu beachten. Außerhalb des Bereiches der anzusetzende Rundschnitte erfolgt ein Nachweis für die hier einwirkenden Querkräfte gem. den Angaben in Kapitel 7.

In ausgedehnten Lasteinleitungsflächen mit vorspringenden Wandecken gem. Abb. 15.9 ergibt eine Schnittgrößenermittlung (z. B. mit der Methode der finiten Elemente) sehr hohe, örtlich begrenzte Querkräfte an der vorspringenden Ecke. Eine Bemessung für diese singulären Querkräfte ist häufig unwirtschaftlich und auch nicht erforderlich, wenn in den angrenzenden Wandbereichen ausreichende Querkraftkapazitäten vorhanden sind, so dass eine Umlagerung der Querkräfte von der hoch belasteten Ecke in benachbarte Wandbereiche erfolgen kann. In [60.30] wird dies ausführlich besprochen und an einem Beispiel erläutert.

Bei Lasteinleitungsflächen, die sich in der Nähe eines freien Randes oder in der Nähe einer freien Ecke befinden, ist der kritische Rundschnitt gem. EC 2, 6.4.2 (4) nach den Angaben in Abb. 15.10 zu bestimmen, er darf jedoch nicht größer angesetzt werden als der kritische Rundschnitt gem. Abb. 15.8. Bei Lasteinleitungsflächen mit einem Randabstand $< d$ ist eine Randbewehrung aus Steckbügeln im Abstand $s_w = 10$ cm längs des freien Randes anzuordnen. Wenn sich der Rand einer Lasteinleitungsfläche weniger als $6 \cdot d$ von einer Deckenöffnung befindet, ist ein Teil des maßgebenden Rundschnittes gem. den Angaben in Abb. 15.10 als unwirksam anzusehen.

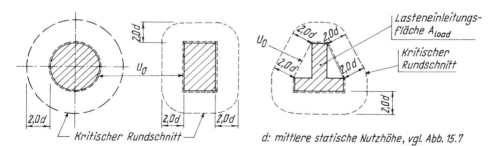

Abb. 15.8 Kritische Rundschnitte um Lasteinleitungsflächen die sich nicht in der Nähe eines freien Randes befinden

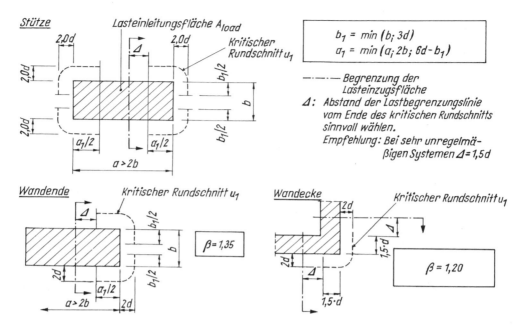

Abb. 15.9 *Maßgebende Abschnitte für die Festlegung des kritischen Rundschnitts bei ausgedehnten Auflagerflächen und bei Wandenden und Wandecken.*
Außerhalb des kritischen Rundschnitts: Querkrafttragfähigkeit gem. Kapitel 7 nachweisen

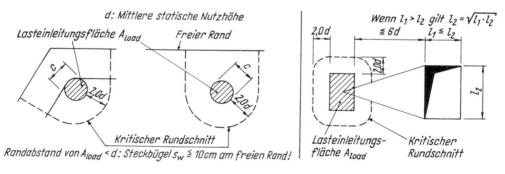

Abb. 15.10 *Kritischer Rundschnitt bei Lasteinleitungsflächen nahe von freien Rändern und kritischer Rundschnitt in der Nähe von Deckenöffnungen*

Für Stützen mit Stützenkopfverstärkungen findet man die erforderlichen Hinweise für die anzusetzenden kritischen Rundschnitte in EC 2/NA., 6.4.2 (8) und folgende.

15.2.3 Nachweisverfahren

Für die einwirkende Schubspannung im betrachteten Schnitt u_i gilt gem. EC 2/NA., 6.4.3 der Ansatz

$$v_{Ed} = \frac{\beta \cdot V_{Ed}}{u_i \cdot d} \; [\text{N/mm}^2] \tag{15.5}$$

Hierin ist:

V_{Ed} Bemessungswert der gesamten, im betrachteten Schnitt u_i aufzunehmenden Querkraft

β Beiwert zur Berücksichtigung der nichtrotationssymmetrischen Verteilung der Querkräfte im Bereich eines Rundschnittes. Bei *unverschieblichen* Systemen darf für β näherungsweise gesetzt werden (vgl. EC 2/NA., 6.4.3 (6))
$\beta = 1,10$ bei Innenstützen
$\beta = 1,40$ bei Randstützen
$\beta = 1,50$ bei Eckstützen
$\beta = 1,35$ bei Wandenden
$\beta = 1,20$ bei Wandecken.

u_i Umfang des betrachteten Rundschnittes

d mittlere Nutzhöhe der Platte mit $d = (d_y + d_z)/2$

Mit den Werten β wird der Einfluss einer nicht rotationssymmetrischen Querkraftverteilung im Rundschnitt berücksichtigt. Bei unverschieblich gelagerten, punktförmig gestützten Platten unter vorwiegend gleichmäßig verteilter Belastung gelten die angeführten Werte β bei Stützweitenunterschieden benachbarter Felder innerhalb der Grenzen $0,8 < l_{eff,1} / l_{eff,2} < 1,25$. Die in Abb. 15.9 angeführten Beiwerte β für Wandenden und Wandecken sind nach *Fingerloos/Zilch* [60.4] über FEM-Vergleichsrechnungen ermittelt worden. Wenn die einwirkende Querkraft bei Wandenden und Wandecken über Lasteinzugsflächen bestimmt wird, ist der Einfluss der Momente auf die Größe dieser Querkraft zu berücksichtigen. Die Begrenzungslinie der Lasteinzugsfläche ist daher in einem sinnvollen Abstand vom Ende des jeweiligen Rundschnittes festzulegen. In [60.4] wird hierfür das Maß $\Delta = 1,5\,d$ angegeben, vgl. auch die entsprechenden Hinweise in Abb. 15.9. Eine Reduzierung der einwirkenden Querkraft aus auflagernahen Einzellasten, analog Gl. (7.7), ist nicht zulässig.

Nach [60.28] ergeben die oben angeführten Lasterhöhungsfaktoren β bei Stützweitenunterschieden benachbarter Felder von maximal 25 % zutreffende Ergebnisse. Eine ungleichmäßige Verteilung der Querkräfte im betrachteten Rundschnitt kann sowohl durch unterschiedliche Deckenspannweiten als auch durch planmäßige Einspannung der Platte in Rand- oder Eckstützen hervorgerufen werden. Für Rand- und Eckstützen mit einer Lastausmitte $e/c \geqq 1,2$ (c Stützenabmessung, vgl. Abb. 15.7) sind daher gem. EC 2/NA., 6.4.3 (6) die Lasterhöhungsfaktoren genauer zu ermitteln.

Nach EC 2, Gl. (6.39) darf der Lasterhöhungsfaktor β bei einer ausmittigen Lasteinleitung über den folgenden Ansatz bestimmt werden

$$\beta = 1 + k \cdot \frac{M_{Ed}}{V_{Ed}} \cdot \frac{u_1}{W_1} \tag{15.5a}$$

Erläuterungen der einzelnen Ausdrücke sind im Text der Norm angegeben. Für Innenstützen mit Kreisquerschnitt folgt aus dieser Gleichung für den Lasterhöhungsfaktor

$$\beta = 1 + 0,6 \cdot \pi \cdot \frac{e}{D + 4\,d} \tag{15.5b}$$

Hierin ist:

D der Durchmesser der kreisförmigen Stütze

e die Lastausmitte mit $e = M_{Ed}/V_{Ed}$

Für Rechteckstützen findet man die erforderlichen Angaben zur Bestimmung von β in EC 2, Gl. (6.41), auf eine Wiedergabe wird hier verzichtet.

Die Anwendung der Gleichungen (15.5a) und (15.5b) setzt eine biegesteife Verbindung der Decke mit den Stützen voraus, bei der Schnittkraftermittlung müssen daher die Einspannmomente aus der Verbindung der Deckenplatte mit den Stützen bestimmt werden. Mit den heute zur Verfügung stehenden Rechenprogrammen ist dies leicht möglich.

Im Bereich von Rand und Eckstützen darf für den Nachweis der Tragfähigkeit außerhalb der Durchstanzbewehrung der Lasterhöhungsfaktor β gem. Heft 525 in folgender Weise abgemindert werden

$$\beta_{red} = \frac{\beta}{1 + 0,1 \cdot l_w/d} \geqq 1,1 \tag{15.5c}$$

Hierin ist:

β Lasterhöhungsfaktor gem. Gleichung (15.5a) oder (15.5b)
l_w Radius des Bereiches mit Durchstanzbewehrung
d statische Nutzhöhe

Wie bei der Bemessung für Querkräfte ist auch bei der Bemessung auf Durchstanzen nachzuweisen, dass die einwirkenden Schubspannungen v_{Ed} gem. (15.5) bestimmte Grenzwerte nicht übersteigen:

$$v_{Ed} \leqq v_{Rd} \qquad v \text{ in } [\text{N/mm}^2] \tag{15.6}$$

Im Einzelnen sind gem. EC 2, 6.4.3 die folgenden Bemessungswerte des Durchstanzwiderstandes in N/mm^2 definiert:

$v_{Rd,c}$ Durchstanzwiderstand (N/mm^2) einer Platte längs des *kritischen* Rundschnitts für Bauteile ohne Durchstanzbewehrung
$v_{Rd,cs}$ Durchstanzwiderstand (N/mm^2) einer Platte mit Durchstanzbewehrung längs des *kritischen* Rundschnitts
$v_{Rd,max}$ Maximaler Durchstanzwiderstand (N/mm^2) einer Platte längs des *kritischen* Rundschnitts
$v_{Rd,c,out}$ Durchstanzwiderstand (N/mm^2) einer Platte längs eines *äußeren* Rundschnitts, für den Durchstanzbewehrung nicht mehr erforderlich ist

Bei der Durchstanzbemessung sind damit folgende Nachweise zu führen:

Entlang des kritischen Rundschnitts (Abstand u_1)

$$v_{Ed} \leqq v_{Rd,max}$$

Entlang des kritischen Rundschnitts (Abstand u_1)

$$v_{Ed} \leqq v_{Rd,c} \qquad \text{für Platten ohne Durchstanzbewehrung}$$

$$v_{Ed} \leqq v_{Rd,cs} \qquad \text{für Platten mit Durchstanzbewehrung}$$

Entlang eines äußeren Rundschnitts (Abstand u_{out})

$$v_{Ed} \leqq v_{Rd,c,out} \qquad \text{wenn Durchstanzbewehrung nicht mehr erforderlich ist}$$

15.2.4 Platten ohne Durchstanzbewehrung

Für Platten ohne Durchstanzbewehrung wird der Durchstanzwiderstand $v_{Rd,c}$ längs des *kritischen* Rundschnittes ermittelt. Der Bemessungswert $v_{Rd,c}$ entspricht weitgehend dem Wert $V_{Rd,c}$ gem. (7.9), der den Bauteilwiderstand der Querkrafttragfähigkeit bei stabförmigen Bauteilen ohne rechnerisch erforderliche Querkraftbewehrung beschreibt. Wegen der günstigen Wirkung des mehraxialen Spannungszustandes wurde der Vorfaktor $C_{Rd,c}$ von $0,15/\gamma_C$ auf $0,18/\gamma_C$

bei Flachdecken angehoben. Im Vergleich zu den Vorschriften in der früher gültigen Norm DIN 1045-1 ergeben sich nach EC 2 bei kleinen Lasteinleitungsflächen A_{load} wegen des großen Umfangs im kritischen Rundschnitt u_1 Tragfähigkeiten von Flachdecken ohne Querkraftbewehrung, die wesentlich oberhalb des Bereiches liegen, der durch Versuche abgedeckt ist, vgl. z. B. [60.28]. Aus diesem Grund ist bei Flachdecken mit einem Verhältnis $u_0/d < 4$ eine zusätzliche Modifikation des Vorfaktors $C_{Rd,c}$ erforderlich.

Auch für Flachdecken ohne rechnerisch erforderliche Durchstanzbewehrung gilt die für Bauteile ohne rechnerisch erforderliche Querkraftbewehrung im Abschn. 7.4.1 mit Abb. 7.12 angegebene Mindestquerkrafttragfähigkeit v_{min}. Diese Mindestquerkrafttragfähigkeit kann bei geringen Längsbewehrungsgraden maßgebend werden. Die Begrenzung der Bewehrungskonzentration im Bereich des Stanzkegels auf $\varrho_l < 0{,}02$ ist nach Heft 525 [80.6] u. a. erforderlich zur Begrenzung der Gefahr eines unangekündigten Sprödbruches bei zu großen Bewehrungsmengen. Druckbewehrung ist bei Flachdecken unzulässig, da bei den geringen Plattendicken eine Druckbewehrung im Bereich des Durchstanzbereiches fast wirkungslos sein würde, vgl. hierzu die entsprechenden Hinweise im Abschn. 8.3. In EC 2/NA., 6.4.4 wird eine Konstruktion mit Druckbewehrung durch die Begrenzung des Längsbewehrungsgrades auf $\varrho_l \leq 0{,}5 \cdot f_{cd}/f_{yd}$ ausgeschlossen. Der Bewehrungsgrad ϱ_l ist zu bestimmen aus der Größe der verankerten Zugbewehrung in x- bzw. y-Richtung, dabei ist als Plattenbreite die Stützenabmessung, vergrößert um den Betrag $3\,d$ je Seite, einzusetzen.

Drucknormalspannungen σ_{cp}, z. B. infolge äußerer Normalkräfte N_{Ed} in der Plattenebene, erhöhen den Durchstanzwiderstand bei Platten ohne Durchstanzbewehrung. Im Regelfall sind jedoch bei nicht vorgespannten Platten keine wesentlichen Längskräfte N_{Ed} vorhanden. Für den Durchstanznachweis bei Fundamenten sind zusätzliche und teilweise abweichende Bestimmungen zu beachten, hierauf wird im Abschn. 20.3 ausführlich eingegangen.

Für den Durchstanzwiderstand von Flachdecken ohne Querkraftbewehrung und ohne äußere Normalkräfte gilt damit gem. EC 2/NA., 6.4.4:

$$v_{Rd,c} = C_{Rd,c} \cdot k \cdot (100 \cdot \varrho_l \cdot f_{ck})^{1/3} \geq v_{min} \tag{15.7}$$

Hierin ist:

$$C_{Rd,C} = 0{,}18/\gamma_C \qquad \text{bei Flachdecken}$$

$$= 0{,}18/\gamma_C \cdot (0{,}1u_0/d + 0{,}6) \qquad \text{bei Innenstützen von Flachdecken mit } u_0(d < 4)$$

$k = 1 + \sqrt{200/d} \leq 2{,}0$ Beiwert zur Berücksichtigung der Bauhöhe, d in [mm]

$\varrho_l = \sqrt{\varrho_x \cdot \varrho_y} \begin{cases} \leq 0{,}02 \\ \leq 0{,}5 \cdot f_{cd}/f_{yd} \end{cases}$ Bewehrungsgrad der verankerten Zugbewehrung, bezogen auf Stützenbreite zuzüglich $3\,d$ je Seite

$d = (d_x + d_y)/2$ mittlere Nutzhöhe

$v_{min} = (0{,}0525/\gamma_C) \cdot k^{3/2} \cdot f_{ck}^{1/2}$ für Nutzhöhen $d \leq 600$ mm, vgl. hierzu Abschn. 7.4.1: Gl. (7.9b) und (7.9c)

15.2.5 Anwendungsbeispiel: Platte ohne Durchstanzbewehrung

Für den in Abb. 15.11 dargestellten Ausschnitt einer Flachdecke ist die Querkrafttragfähigkeit $v_{Rd,c}$ zu bestimmen. Abmessungen und Baustoffe vgl. Abb. 15.11.

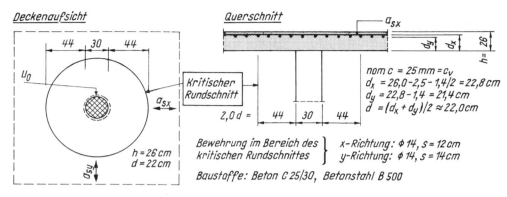

Abb. 15.11 Anwendungsbeispiel: Platte ohne Durchstanzbewehrung

Durchführung:

Vorwerte

Beton C 25/30 $\qquad f_{cd} = 0.85 \cdot 25.0 / 1.5 = 14.17\,\text{MN/m}^2$

Betonstahl B 500 $\qquad f_{yd} = 500 / 1.15 = 435\,\text{MN/m}^2$

$\varnothing\,14,\ s = 12\,\text{cm}:\qquad a_{sx} = 12.83\,\text{cm}^2/\text{m}$

$\varnothing\,14,\ s = 14\,\text{cm}:\qquad a_{sy} = 11.00\,\text{cm}^2/\text{m}$

Die Bewehrung ist konstant im Bereich der Stützenabmessung zuzüglich $3\,d$ je Seite:

$$\varrho_{lx} = a_{sx} / (b \cdot d_x) = 12.83 / (100 \cdot 22.8) = 0.0056$$

$$\varrho_{ly} = a_{sy} / (b \cdot d_y) = 11.00 / (100 \cdot 21.4) = 0.0051$$

$$\varrho_l = \sqrt{\varrho_{lx} \cdot \varrho_{ly}} = \sqrt{0.0056 \cdot 0.0051}$$

$$\varrho_l = 0.0053 \quad \begin{cases} < 0.02 \\ < 0.50 \cdot f_{cd}/f_{yd} = 0.50 \cdot 14.17 / 435 = 0.016 \end{cases}$$

$$k = 1 + \sqrt{200/d} = 1 + \sqrt{200/220} = 1.95$$

$$u_0/d = 30.0 \cdot \pi/22.0 = 4.28 > 4$$

$$v_{min} = (0.0525/1.5) \cdot 1.95^{3/2} \cdot 25.0^{1/2} = 0.48\,\text{MN/m}^2$$

$$v_{Rd,c} = (0.18/1.5) \cdot 1.95 \cdot (100 \cdot 0.0053 \cdot 25.0)^{1/3}$$
$$= 0.55\,\text{MN/m}^2 > v_{min}$$

Für einwirkende Schubspannungen $v_{Ed} \leqq 0.55\,\text{MN/m}^2$ ist keine Durchstanzbewehrung erforderlich. Hierbei ist v_{Ed} gem. (15.5) zu bestimmen, u_i ist dabei der Umfang des *kritischen* Rundschnitts im Abstand $2.0\,d$.

15.2.6 Platten mit Durchstanzbewehrung

Wenn die einwirkende Schubspannung v_{Ed} größer ist als der Bemessungswert $v_{Rd,c}$ ist Durchstanzbewehrung anzuordnen. Der maximale Durchstanzwiderstand wird durch die Tragfähigkeit der Betondruckzone am Stützenanschnitt bestimmt. An dieser Stelle wird der Beton aus der Biegedruckzone der Platte *und* durch die schrägen Betondruckstreben des Stanzkegels beansprucht. Das Versagen wird eingeleitet durch ein Abplatzen der Betondeckung an der Plattenunterseite, vgl. hierzu Abb. 15.12. Die im Abschn. 7.5.3 besprochene Druckstrebenfestigkeit bei Querkraftbeanspruchung ist für Nachweise im Durchstanzbereich nicht maßgebend. Bei einer Festlegung der maximalen Durchstanztragfähigkeit am Rande der Lasteinleitungsfläche gem. EC 2, 6.4.3 wurde festgestellt, dass das in Deutschland eingeführte Sicherheitsniveau häufig nicht erreicht wird [60.28]. Der maximale Durchstanzwiderstand wurde daher im NA. modifiziert. Nach EC 2/NA., 6.4.5 (3) ist die Maximaltragfähigkeit im kritischen Rundschnitt u_1 nachzuweisen, hierfür gilt der Ansatz

$$v_{Ed,u1} \leqq v_{Rd,max} = 1,4 \cdot v_{Rd,c,u1} \tag{15.8}$$

Hierin ist $v_{Ed,u1}$ die einwirkende Querkraft im Rundschnitt u_1 gem. Gl. (15.5).

Durchstanzbewehrung ist zwischen der Lasteinleitungsfläche und einem Rundschnitt im Abstand $u_{out} - 1,5\,d$ zu verlegen, vgl. Abb. 15.12. Für die Festlegung von u_{out} gilt der Ansatz

$$u_{out} = \beta \cdot v_{Ed}/(v_{Rd,c} \cdot d) \tag{15.9}$$

Hierin ist $v_{Rd,c}$ der Durchstanzwiderstand längs des kritischen Rundschnitts für eine Platte ohne Durchstanzbewehrung gem. (15.7). Der Bereich mit Durchstanzbewehrung darf nicht weiter als $1,5\,d$ vom äußeren Rundschnitt u_{out} entfernt sein.

Die erforderliche Durchstanzbewehrung wird bestimmt im kritischen Rundschnitt u_1. Hierfür gilt gem. EC 2/NA., 6.4.5 der Ansatz

$$v_{Rd,cs} = 0,75 \cdot v_{Rd,c} + 1,5(d/s_r) \cdot A_{sw} \cdot f_{ywd,ef} \cdot \frac{\sin \alpha}{u_1 \cdot d} \; [\text{N/mm}^2]$$

Hieraus folgt für die erforderliche Durchstanzbewehrung entlang des Rundschnittes

mit $v_{Rd,cs} = v_{Ed}$:

$$A_{sw} = \frac{(v_{Ed} - 0,75 \cdot v_{Rd,c}) \cdot d \cdot u_1}{1,5 \cdot (d/s_r) \cdot f_{ywd,ef} \cdot \sin \alpha} \tag{15.10}$$

Hierin ist

A_{sw}	Erforderliche Durchstanzbewehrung in einer Bewehrungsreihe [mm^2]
v_{Ed}	Einwirkende Schubspannung gem. (15.5)
$v_{Rd,c}$	Querkrafttragfähigkeit ohne Durchstanzbewehrung gem. Gl. (15.7)
$f_{ywd,ef}$	Wirksamer Bemessungswert der Durchstanzbewehrung gem. (15.11)
α	Winkel zwischen Durchstanzbewehrung und Plattenebene
s_r	Radialer Abstand der Bewehrungsreihen [mm], hierbei ist $s_r \leqq 0,75\,d$

Die errechnete Durchstanzbewehrung ist in jeder Bewehrungsreihe, in der Durchstanzbewehrung erforderlich ist, einzulegen. Vergleichsrechnungen haben nach [60.28] gezeigt, dass das erforderliche Sicherheitsniveau in den beiden ersten Bewehrungsreihen neben der Lasteinleitungsfläche A_{load} mit diesem Ansatz nicht erreicht wird. Die Durchstanzbewehrung in den ersten beiden Reihen ist daher gem. EC 2/NA., 6.4.5 (1) mit dem Anpassungsfaktor k_{sw} zu vergrößern. Hierfür gilt

$k_{sw} = 2,5$ für Reihe 1, Abstand von der Lasteinleitungsfläche $0,3\,d$ bis $0,5\,d$
$k_{sw} = 1,4$ für Reihe 2, Bügelabstand $s_r = 0,75\,d$

Um die schlechtere Verankerung von Bügeln in dünnen Bauteilen zu berücksichtigen, ist der Bemessungswert der Streckgrenze der Bügel zu begrenzen auf

$$f_{ywd,ef} = 250 + 0,25\,d \leqq f_{ywd} \; [\text{N/mm}^2] \tag{15.11}$$

Bügeldurchmesser d in [mm]

Der Durchmesser der Durchstanzbügel darf nicht größer gewählt werden als $d_{s,bü} \leqq 0,05d$. Die erste Bewehrungsreihe soll gem. EC 2/NA., 9.4.3 einen radialen Abstand zwischen $0,3\,d$ und

0,5 d von der Lasteinleitungsfläche haben, der Abstand zwischen den einzelnen Reihen soll nicht größer als $s_r \leqq 0,75\,d$ sein. Zwischen dem letzten Rundschnitt, für den noch Durchstanzbewehrung erforderlich ist und dem ersten Rundschnitt, für den keine Durchstanzbewehrung mehr erforderlich ist, ist ein radialer Abstand von $1,5\,d$ anzusetzen. Nach EC/NA., 6.4.5 (2) sind immer mindestens zwei Bewehrungsreihen innerhalb des durch den äußeren Umfang u_{out} begrenzten Bauteilbereiches anzuordnen.

Der tangentiale Abstand s_t der Bügel innerhalb der Bügelreihen ist gem. EC 2, 9.4.3 auf $s_t \leqq 1,5\,d$ innerhalb des kritischen Rundschnitts und auf $s_t \leqq 2,0\,d$ außerhalb des kritischen Rundschnitts zu beschränken. Für den Mindestquerschnitt eines Bügelschenkels, der zur Durchstanzsicherung eingebaut wird, gilt gem. EC 2/NA., 9.4.3 (2)

$$A_{sw,min} = \frac{0,08}{1,5} \cdot \frac{\sqrt{f_{ck}}}{f_{yk}} \cdot s_r \cdot s_t \tag{15.12}$$

Hierin sind s_r und s_t die Bügelabstände in radialer bzw. tangentialer Richtung. In Abb. 15.12 sind die wichtigsten konstruktiven Vorschriften zusammengestellt.

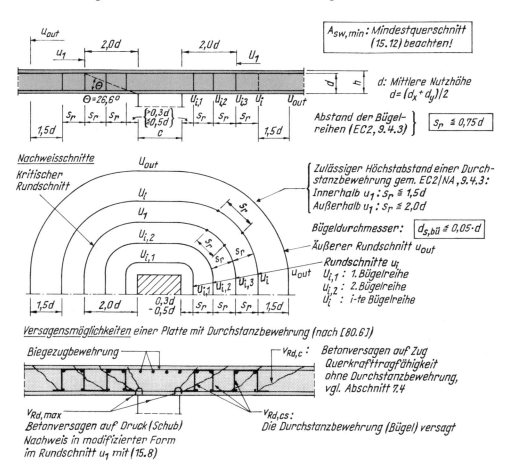

Abb. 15.12 Nachweisschnitte für den Durchstanznachweis bei Bauteilen mit erforderlicher Durchstanzbewehrung und Darstellung der Versagensmöglichkeit bei Bauteilen mit Durchstanzbewehrung

Für Platten mit Stützenkopfverstärkungen sind die erforderlichen Angaben zur Festlegung der Nachweisschnitte in EC 2/NA., 6.4.2 angegeben, hierauf wird im Rahmen dieses Abschnittes nicht eingegangen. Die Durchstanzbewehrung darf gem. EC 2/NA., 9.4.3 aus Bügeln oder auch aus aufgebogenen Schrägstäben bestehen. Auf eine Konstruktion mit Schrägstäben als Durchstanzbewehrung wird im Abschn. 20.3 eingegangen, dort sind auch ergänzende Hinweise bezüglich des Durchstanzens unter Berücksichtigung von Bodenpressungen innerhalb des Durchstanzbereiches zu finden.

Zur Vermeidung eines fortschreitenden Versagens von punktförmig gestützten Platten ist stets ein Teil der unteren Feldbewehrung in den Stützenstreifen von Innen- und Randstützen hinwegzuführen und zu verankern. Einzelheiten hierzu sind in EC 2/NA., 9.4.1(3) angegeben.

Um die Querkrafttragfähigkeit sicherzustellen, sind die Platten im Bereich der Stützen gem. EC 2/NA., 6.4.5 für folgende Mindestbiegemomente zu bemessen:

$$\left. \begin{aligned} m_{Ed,x} &= \eta_x \cdot V_{Ed} \\ m_{Ed,y} &= \eta_y \cdot V_{Ed} \end{aligned} \right\} \tag{15.13}$$

Hierin ist V_{Ed} die aufzunehmende Querkraft, die Momentenbeiwerte η_x und η_y sind in EC 2, Tabelle NA. 6.1.1 angegeben. In Bild NA. 6.22.1 findet man die Bereiche, in denen diese Mindestbiegemomente anzusetzen sind. Die Mindestbiegemomente werden maßgebend, sofern die Schnittgrößenermittlung nicht zu höheren Werten führt.

15.2.7 Anwendungsbeispiel: Platte mit Durchstanzbewehrung

Aufgabe

In Abb. 15.13 ist ein Parkdeck ausschnittsweise dargestellt. Die Zufahrt erfolgt über außerhalb liegende, nicht dargestellte Bauteile. Für die Stütze in Achse B/3 ist der Nachweis einer ausreichenden Sicherheit gegen Durchstanzen zu führen.

Abmessungen, Umgebungsbedingungen und Baustoffe vgl. Abb. 15.13.

Durchführung:

Charakteristische Lasten

26 cm Stahlbeton $= 0,26 \cdot 25,0$	$= 6,50\,\text{kN/m}^2$
Belag mit Oberflächenschutz für den Beton	$= \underline{1,00\,\text{kN/m}^2}$
	$g_k = 7,50\,\text{kN/m}^2$
Verkehrslast	$q_k = 3,50\,\text{kN/m}^2$

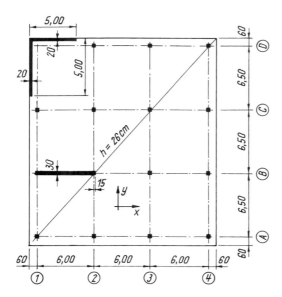

System eines Parkdecks
Abmessungen:
Platte h = 26 cm
Stützen l_x/l_y = 40/40 cm
Wände h = 20 cm bzw. h = 30 cm
Betondeckung (d_S = 20 mm, geschätzt)
Umgebungsklasse XC3
c_{min} = 20 mm, Δc_{dev} = 15 mm
c_{nom} = 35 mm = c_v (äußere Lage)
d_y = 26,0 – 3,5 – 2,0/2 ≈ 21,5 cm
d_x = 21,5 – 2,0 = 19,5 cm
Belastung:
Charakteristische Lasten
g_k = 7,5 kN/m², q_k = 3,5 kN/m²
Bemessungslasten
g_d = 1,35 · 7,5 = 10,13 kN/m²
q_d = 1,5 · 3,5 = 5,25 kN/m²
Baustoffe
Betonfestigkeitsklasse: C 30/37
Betonstahl: B 500 S
Mindestbetonfestigkeitsklasse
gem. Abb. 4.3b: C 20/25 (< C 30/37)

Abb. 15.13 Parkdeck: Abmessungen, Belastung, Baustoffe

Bemessungslasten (γ_G, γ_Q vgl. Abb. 2.6)

$$g_d = 1,35 \cdot 7,50 \qquad = 10,13\,\text{kN/m}^2$$
$$q_d = 1,50 \cdot 3,50 \qquad = 5,25\,\text{kN/m}^2$$

Schnittgrößen im Grenzzustand der Tragfähigkeit

Für das in Abb. 15.13 dargestellte System wurden die Schnittgrößen in einer Nebenrechnung ermittelt. Im Bereich der Stütze B/3 werden für die Anordnung der Bewehrung die Momente entsprechend den Angaben in Heft 240 [80.14] aufgeteilt. Für die Biegebemessung im Bereich der Stütze werden die Stützmomente auf innere Gurtstreifen (m_{SS}), Breite $0,2 \cdot l$ und äußere Gurtstreifen (m_{SG}), Breite je $0,1 \cdot l$ aufgeteilt. Die Feldmomente (m_{FG}) werden auf Gurtstreifen von der Breite $0,4 \cdot l$ angesetzt, vgl. hierzu auch die Hinweise zur Schnittgrößenermittlung in punktförmig gelagerten Platten in [8].

Im Rahmen dieses Beispiels wird mit folgenden Bemessungsmomenten gerechnet, vgl. Abb. 15.14:

$$m_{SS,x} = -180\,\text{kNm/m}, \quad m_{SG,x} = -126\,\text{kNm/m}$$
$$m_{SS,y} = -195\,\text{kNm/m}, \quad m_{SG,y} = -136\,\text{kNm/m}$$
$$m_{FG,x} \approx m_{FG,y} = +52\,\text{kNm/m}$$

Als Auflagerkraft aus den Bemessungslasten $g_d + q_d$ wurde für die Stütze B/3 ermittelt

$$C_{Ed} = 749\,\text{kN}$$

Biegebemessung mit Tafel 3 (es wird mit $\kappa_s = 1,0$ gerechnet)

Betonfestigkeitsklasse C 30/37

$$f_{cd} = 0,85 \cdot 30,0 / 1,5 = 17,0\,\text{MN/m}^2$$

Betonstahl B 500: $f_{yd} = \sigma_{sd} = 435\,\text{MN/m}^2$

Plattendicke: $h = 26\,\text{cm}$

Nutzhöhe: $\quad d_y = 26,0 - 3,5 - 2,0/2 = 21,5\,\text{cm}$

$\qquad\qquad d_x = 21,5 - 2,0 = 19,5\,\text{cm}$

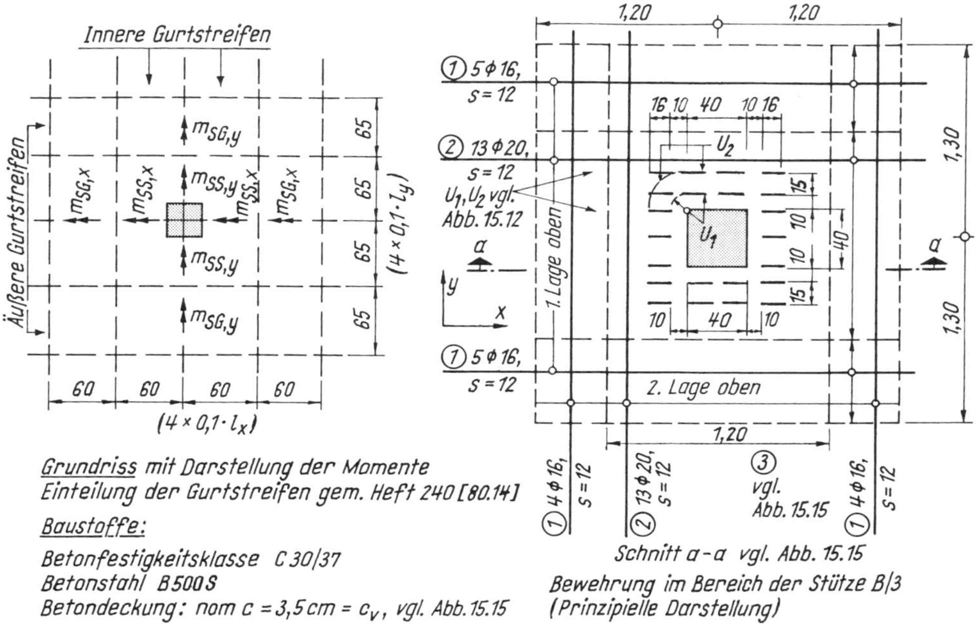

Grundriss mit Darstellung der Momente
Einteilung der Gurtstreifen gem. Heft 240 [80.14]

Baustoffe:

Betonfestigkeitsklasse C 30/37
Betonstahl B 500 S
Betondeckung: nom c = 3,5 cm = c_v, vgl. Abb. 15.15

Schnitt a–a vgl. Abb. 15.15
Bewehrung im Bereich der Stütze B/3
(Prinzipielle Darstellung)

Abb. 15.14 Bezeichnung der Gurtstreifen im Bereich der Innenstütze B/3 sowie Angabe der Biegezug- und Durchstanzbewehrung im Stützenbereich

Stützmomente, x-Richtung

Innerer Gurtstreifen

$$k_d = 19,5 / \sqrt{180,0} = 1,45 \qquad \xi = 0,415$$

$$a_s = 2,78 \cdot 180,0 / 19,5 = 25,6\,\text{cm}^2/\text{m}$$

Äußerer Gurtstreifen

$$k_d = 19,5 / \sqrt{126} = 1,74 \qquad \xi < 0,294$$

$$a_s = 2,62 \cdot 126,0 / 19,5 = 16,9\,\text{cm}^2/\text{m}$$

Stützmomente, y-Richtung

Innerer Gurtstreifen

$$k_d = 21,5 / \sqrt{195} = 1,54 \qquad \xi < 0,386$$

$$a_s = 2,74 \cdot 195,0 / 21,5 = 24,9\,\text{cm}^2/\text{m}$$

Äußerer Gurtstreifen

$$k_d = 21,5 / \sqrt{136} = 1,84 \qquad \xi < 0,261$$

$$a_s = 2,58 \cdot 136,0 / 21,5 = 16,3\,\text{cm}^2/\text{m}$$

Feldmomente

$$a_s \approx 2{,}40 \cdot 52{,}0 / 21{,}5 \; = \; 5{,}8 \, \text{cm}^2/\text{m}$$

Gewählte Bewehrung (vgl. Abb. 15.14)

Innere Gurtstreifen, x- und y-Richtung

oben $\varnothing \, 20$, $\quad s \; = \; 12 \, \text{cm}$, $\quad a_s \; = \; 26{,}18 \, \text{cm}^2/\text{m}$

Äußere Gurtstreifen, x- und y-Richtung

oben $\varnothing \, 16$, $\quad s \; = \; 12 \, \text{cm}$, $\quad a_s \; = \; 16{,}76 \, \text{cm}^2/\text{m}$

Gurtstreifen Feldmomente, x- und y-Richtung

unten $\varnothing \, 10$, $\quad s \; = \; 12 \, \text{cm}$, $\quad a_s \; = \; 6{,}54 \, \text{cm}^2/\text{m}$

Nachweis gegen Durchstanzen

Vorwerte:

Betonfestigkeitsklasse C 30/37: $f_{cd} = 17{,}0 \, \text{MN}/\text{m}^2$

Mittlere Nutzhöhe: $d = (d_x + d_y)/2 = (0{,}195 + 0{,}215)/2 = 0{,}205 \, \text{m}$

Rundschnitt Lasteinleitungsfläche: $u_0 = 4 \cdot 0{,}40 = 1{,}60 \, \text{m}$

Umfang kritischer Rundschnitt: $u_1 = 4 \cdot 0{,}40 + 2 \cdot \pi \cdot 2{,}0 \cdot 0{,}205 = 4{,}18 \, \text{m}$

Maximal einwirkende Schubspannung im kritischen Rundschnitt gem. (15.5):

$$v_{Ed} = \frac{\beta \cdot V_{Ed}}{u_i \cdot d} \qquad\qquad u_i = u_1$$

$$V_{Ed} = C_{Ed} = 749 \, \text{kN} \qquad \beta = 1{,}10 \;\text{(Innenstütze)}$$

$$v_{Ed} = \frac{1{,}10 \cdot 0{,}749}{4{,}18 \cdot 0{,}205} = 0{,}962 \, \text{MN}/\text{m}^2$$

Maximaler Durchstanzwiderstand einer Platte ohne Durchstanzbewehrung gem. (15.7):

$$v_{Rd,c} = C_{Rd,c} \cdot k \cdot \left(100 \cdot \varrho_l \cdot f_{ck}\right)^{1/3} \geqq v_{min}$$

$$u_0/d = 160/20{,}5 = 7{,}80 > 4: \; C_{Rd,c} = 0{,}18/1{,}5$$

$$k = 1 + \sqrt{200/d} = 1 + \sqrt{200/205} = 1{,}99$$

Ermittlung des Bewehrungsgrades ϱ_l im Bereich des Gurtstreifens

Gurtstreifenbreite: $b_G = 0{,}40 + 2 \cdot 3{,}0 \cdot 0{,}205 = 1{,}63 \, \text{m}$

Vorhandene Bewehrung nach Abb. 15.14 (es wird mit $A_{sx} \approx A_{sy}$ gerechnet):

Im Mittelbereich auf 1,20 m Breite: $\varnothing \, 20$, $s = 12 \, \text{cm}$, $a_s = 26{,}17 \, \text{cm}^2/\text{m}$

Im Restbereich auf 1,63 m – 1,20 m = 0,43 m: $\varnothing \, 16$, $s = 12 \, \text{cm}$, $a_s = 16{,}76 \, \text{cm}^2/\text{m}$

Gesamtbewehrung im Bereich des Gurtstreifens damit:

$$A_s = A_{sx} \approx A_{sy} = 26{,}17 \cdot 1{,}20 + 16{,}76 \cdot 0{,}43 = 38{,}61 \, \text{cm}^2$$

Bewehrungsgrad:

$$\varrho_l = A_s/(b_G \cdot d) = 38{,}61/(163 \cdot 20{,}5) = 0{,}0116$$

$$< 0{,}02$$

$$< 0{,}5 \cdot f_{cd}/f_{vd} = 0{,}5 \cdot 17{,}0/435 = 0{,}0195$$

Ermittlung des Mindestwertes der Schubspannung v_{min}:

$$v_{min} = (0,0525/\gamma_C) \cdot k^{3/2} \cdot f_{ck}^{1/2}$$
$$= (0,0525/1,5) \cdot 1,99^{3/2} \cdot 30,0^{1/2} = 0,54\,\text{MN/m}^2$$

Durchstanzwiderstand ohne Durchstanzbewehrung:

$$v_{Rd,c} = (0,18/1,5) \cdot 1,99 \cdot (100 \cdot 0,0116 \cdot 30,0)^{1/3}$$
$$= 0,78\,\text{MN/m}^2 > v_{min}$$

Nachweis der Maximaltragfähigkeit gem. (15.8):

$$v_{Rd,max} = 1,4 \cdot v_{Rd,c} = 1,4 \cdot 0,78 = 1,09\,\text{MN/m}^2$$
$$v_{Ed} = 0,962\,\text{MN/m}^2 < v_{Rd,max}$$

Die Maximaltragfähigkeit ist ausreichend, Durchstanzbewehrung ist erforderlich.

Bestimmung des Bereiches, in dem Durchstanzbewehrung erforderlich ist:

Durchstanzbewehrung ist nach (15.9) erforderlich zwischen der Lasteinleitungsfläche und dem äußeren Rundschnitt u_{out} abzüglich $1,5d$. Für u_{out} gilt gem. (15.9)

$$u_{out} = \beta \cdot v_{Ed}/(v_{Rd,c} \cdot d)$$
$$= 1,1 \cdot 0,749/(0,78 \cdot 0,205) = 5,15\,\text{m}$$

Abstand des äußeren Rundschnitts von der Lasteinleitungsfläche:

$$a_{out} = (u_{out} - u_0)/(2 \cdot \pi)$$
$$= (5,15 - 1,60)/(2 \cdot \pi) = 0,57\,\text{m} \,\stackrel{\wedge}{=}\, 2,75 \cdot d$$

Durchstanzbewehrung ist damit erforderlich in einem Abstand bis $2,75\,d - 1,5\,d = 1,25\,d$ von der Lasteinleitungsfläche.

Bestimmung der erforderlichen Durchstanzbewehrung:

Grundbewehungsmenge gem. (15.10)

$$A_{sw} = \frac{(v_{Ed} - 0,75 \cdot v_{Rd,c}) \cdot d \cdot u_1}{1,5(d/s_r) \cdot f_{ywd,ef} \cdot \sin\alpha}$$

Hierin ist:

$u_1 = 4,18\,\text{m}$,

$s_r = 0,75\,d$ (gewählt), $d/s_r = 1/0,75$

$\alpha = 90°$: $\sin\alpha = 1,0$

$f_{ywd,ef} = 250 + 0,25 \cdot 205 = 301\,\text{N/mm}^2$

Damit erhält man für die Grundbewehrungsmenge:

$$A_{sw} = \frac{(0,962 - 0,75 \cdot 0,78) \cdot 0,205 \cdot 4,18}{1,5 \cdot (1/0,75) \cdot 301 \cdot 1,0} \cdot 10^4 = 5,36\,\text{cm}^2$$

Berücksichtigung des Anpassungsfaktors k_{sw}:

Für die 1. Bewehrungsreihe im Abstand $0,5\,d$ von der Stütze: $k_{sw} = 2,5$

Für die 2. Bewehrungsreihe im Abstand $1,25\,d$ von der Stütze: $k_{sw} = 1,4$

Damit beträgt die erforderliche Durchstanzbewehrung

In der 1. Bewehrungsreihe: $A_{sw} = 2,5 \cdot 5,36 = 13,40 \text{ cm}^2$

In der 2. Bewehrungsreihe: $A_{sw} = 1,4 \cdot 5,36 = 7,50 \text{ cm}^2$

Zur Durchstanzbewehrung

Konstruktive Vorgaben:

Maximaler Durchmesser der Durchstanzbügel: $d_{s,bü} \leqq 0,05 \cdot d = 10,25 \text{ mm}$

Höchstabstand der Durchstanzbügel: die beiden Bewehrungsreihen liegen innerhalb des kritischen Rundschnitts. Der Bügelabstand in tangentialer Richtung ist zu beschränken auf $s_t = 1,5\,d = 31$ cm.

Umfang des Rundschnitts in der 1. Bewehrungsreihe im Abstand $0,5\,d$ von der Stütze:

$u_{i=1} = 4 \cdot 40 + 2 \cdot 0,5 \cdot 20,5 \cdot \pi = 224 \text{ cm}$

Umfang des Rundschnitts in der 2. Bewehrungsreihe, Abstand $1,25\,d$ von der Stütze

$u_{i=2} = 4 \cdot 40 + 2 \cdot 1,25 \cdot 20,5 \cdot \pi = 321 \text{ cm}$

In der 1. Bügelreihe sind mindestens $n = 224/31 \approx 8$ Bügel erforderlich.

In der 2. Bügelreihe sind mindestens $n = 321/31 \approx 11$ Bügel erforderlich.

Mindestquerschnitt eines Bügelschenkels gem. (15.12):

$$A_{sw,mm} = \frac{0,08}{1,5} \cdot \frac{\sqrt{f_{ck}}}{f_{yk}} \cdot s_r \cdot s_t$$

$$= 0,0533 \cdot \frac{\sqrt{30}}{500} \cdot 0,75 \cdot 1,25 \cdot 20,5^2 = 0,23 \text{ cm}^2$$

Gewählte Durchstanzbewehrung

1. Bewehrungsreihe, Abstand von der Stütze $a = 0,5\,d$

18 Stäbe $\varnothing$ 10, im Rundschnitt gleichmäßig verteilt, $s_t < 1,5\,d = 31$ cm

vorh $A_{sw} = 14,14 \text{ cm}^2 >$ erf $A_{sw} = 13,4 \text{ cm}^2$

Querschnitt eines Bügelschenkels:

$A_s = 0,79 \text{ cm}^2 > A_{sw,min} = 0,23 \text{ cm}^2$

2. Bewehrungsreihe, Abstand von der Stütze $a = (0,5 + 0,75) \cdot d = 1,25\,d$

Etwa 22 Stäbe $\varnothing$ 10, im Rundschnitt gleichmäßig verteilt, $s_t < 1,5\,d = 31$ cm

In Abb. 15.14 ist die gewählte Durchstanzbewehrung im Grundriss und in Abb. 15.15 im Querschnitt dargestellt.

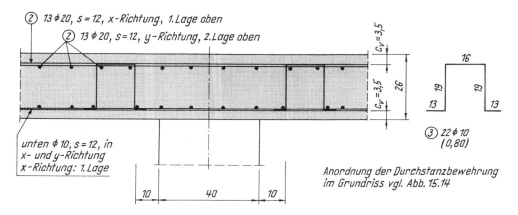

Abb. 15.15 Deckenquerschnitt mit Darstellung der Biege- und der Durchstanzbewehrung im Bereich der Innenstütze B/3

Untere Mindestbewehrung gem. EC 2/NA., 9.4.1 (3):

Zur Vermeidung eines fortschreitenden Versagens ist ein Teil der Feldbewehrung im Bereich der Lasteinleitungsfläche anzuordnen und zu verankern. Hierfür gilt der Ansatz:

$$A_s = V_{Ed}/f_{yk}, \qquad f_{yk} = 500 \text{ N/mm}^2$$

Der Bemessungswert der Querkraft ist mit $\gamma_F = 1,0$ zu bestimmen. Für das vorliegende Beispiel ergibt sich

$$V_{Ed} \approx (7,5 + 3,5) \cdot 6,0 \cdot 6,5 \cdot 1,20 = 515 \text{ kN}$$

$$A_{s,min} = 515/50,0 = 10,3 \text{ cm}^2$$

Von der unteren Bewehrung ($\varnothing 10$, $s = 12$ cm) werden mindestens $4 \varnothing 10$ über den Stützenrand geführt. Die Verankerungslänge beträgt gem. den Hinweisen im Abschn. 7.8 bei Innenauflagern mindestens $6\,d_s$, an Endauflagern $l_{b,dir}$, vgl. Abb. 7.39. Damit hier vorhanden insgesamt $16 \varnothing 10$

$$A_{s,vorh} = 16 \cdot 0,785 = 12,56 \text{ cm}^2 > A_{s,min}$$

Diese Mindestbewehrung wird gem. Abb. 15.16 mindestens $6\,d_s$ über die Auflagervorderkanten der Stütze geführt, alternativ hierzu ist natürlich auch ein Durchführen der unteren Mindestbewehrung über die gesamte Stützenbreite möglich.

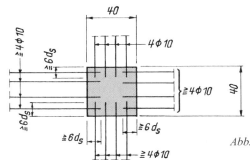

Abb. 15.16 Verankerung der unteren Mindestbewehrung im Bereich der Innenstütze in Achse B/3

15.2.8 Durchstanznachweis bei einem Wandende

Aufgabe

Für das in Abb. 15.13 dargestellte Parkdeck ist der Nachweis einer ausreichenden Sicherheit gegen Durchstanzen für das Wandende in Achse B/2 zu führen. Die Ermittlung der einwirkenden Querkraft soll über Lasteinzugsflächen erfolgen. Es liegt ein weitgehend regelmäßiges System vor, in x-Richtung wird die Deckenlast daher bis zum Abschnitt $a_1/2$ vom Wandkopf ermittelt. Die Biegebemessung erfolgte in einer Vergleichsrechnung, die gewählte Bewehrung im Durchstanzbereich ist in Abb. 15.17a angegeben.

Baustoffe, Belastung und Umgebungsklasse vgl. Abb. 15.13.

Durchführung

Abmessungen des kritischen Rundschnitts, Abstand $2{,}0\,d$ von den Wandrändern. Mit den Angaben in Abb. 15.9 erhält man den in Abb. 15.17 dargestellten kritischen Rundschnitt. Für die Abmessungen des kritischen Rundschnittes ist anzusetzen:

$$b = 30\,\text{cm} \ll a = 635\,\text{cm}$$

$$b_1 \leqq \begin{cases} b = \textbf{30 cm} \\ 3{,}0\,d = 3{,}0 \cdot 20{,}5 = 61{,}5\,\text{cm} \end{cases}$$

$$a_1 \leqq \begin{cases} a = 635\,\text{cm} \\ 2 \cdot b = 2 \cdot 30 = \textbf{60 cm} \\ 6{,}0 \cdot d - b_1 = 6{,}0 \cdot 20{,}5 - 30 = 93\,\text{cm} \end{cases}$$

Gewählte obere Bewehrung im gesamten Bereich mit Durchstanzbewehrung, vgl. hierzu die Bewehrungsangaben in Abb. 15.18 in x- und y-Richtung:

$$\varnothing\,20,\ s = 12\,\text{cm},\ a_s = 26{,}18\,\text{cm}^2/\text{m}$$

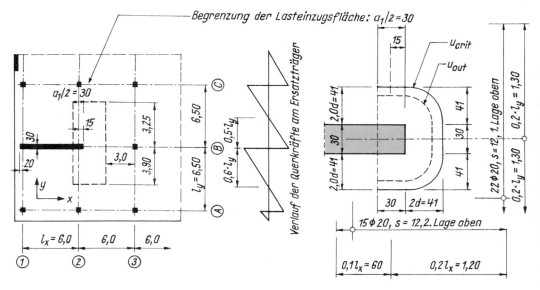

Abb. 15.17 *Abmessungen der Lasteinzugsfläche und des kritischen Rundschnitts und Angabe der oberen Biegezugbewehrung im Bereich des Wandendes in Achse B/3*

Länge des kritischen Rundschnitts:

$$u_{\text{crit}} = 2 \cdot 30{,}0 + 30{,}0 + 2{,}0 \cdot 20{,}5 \cdot \pi = 219 \text{ cm}$$

Ermittlung der Lasteinzugsfläche

Der Rundschnitt endet im Abstand $a_1/2 = 30$ cm vom Wandende. Die Begrenzungslinie für die Lasteinzugsfläche ist gem. dem Hinweis in Abb. 15.9 bei *sehr unregelmäßigen Systemen* in einem sinnvollen Abstand vom Ende des Rundschnitts festzulegen. Hier liegt ein regelmäßiges System vor, die Lasteinzugsfläche wird daher im Abstand $a_1/2$ vom Wandende festgelegt. Im Endfeld wird in y-Richtung mit einer Einflussbreite von $0{,}6 \cdot l_y$ gerechnet, vgl. hierzu den in Abb. 15.16 eingetragenen Querkraftverlauf eines Ersatzdurchlaufträgers. Damit erhält man für die Größe der Lasteinzugsfläche

$$A_{\text{F}} = (0{,}15 + 6{,}0/2) \cdot (3{,}90 + 3{,}25) = 22{,}52 \text{ m}^2$$

Mit den Bemessungslasten $g_{\text{d}} + q_{\text{d}} = 10{,}13 + 5{,}25 = 15{,}38$ kN/m^2 (Abschn. 15.2.7) erhält man für die Größe der einwirkenden Querkraft

$$V_{\text{Ed}} = (10{,}13 + 5{,}25) \cdot 22{,}52 = 346 \text{ kN}$$

Anzusetzen ist für Wandenden nach Abb. 15.9 zur Berücksichtigung der nicht rotationssymmetrischen Belastung ein Lasterhöhungsfaktor $\beta = 1{,}35$. Damit erhält man im Bereich des kritischen Rundschnitts für die Größe der einwirkenden Schubspannung:

$$v_{\text{Ed}} = \beta \cdot V_{\text{Ed}}/(u_i \cdot d) \qquad u_i = u_{\text{crit}}$$
$$= 1{,}35 \cdot 0{,}346/(2{,}19 \cdot 0{,}205) = 1{,}04 \text{ MN/m}^2$$

Durchstanzwiderstand im kritischen Rundschnitt gem. (15.7)

Bewehrung ist im gesamten Durchstanzbereich konstant in x- und y-Richtung:

$\varnothing$ 20, s =12 cm, $a_{\text{s}} = 26{,}18$ cm^2/**m**

Bewehrungsgrad damit $\varrho_l = 26{,}18/(100 \cdot 20{,}5) = 0{,}0128$

Aus der Beispielrechnung im Abschn. 15.2.7 wird übernommen:

$k = 1{,}99$, $C_{\text{Rd,c}} = 0{,}12$, $v_{\text{min}} = 0{,}54$ MN/m^2

Damit ergibt sich:

$$v_{\text{Rd,c}} = 0{,}12 \cdot 1{,}99 \cdot (100 \cdot 0{,}0128 \cdot 30{,}0)^{1/3}$$
$$= 0{,}81 \text{ MN/m}^2$$

Nachweis Maximaltragfähigkeit:

$$v_{\text{Rd,max}} = 1{,}4 \cdot 0{,}81 = 1{,}13 \text{ MN/m}^2 > v_{\text{Ed}} = 1{,}04 \text{ MN/m}^2$$

Die Maximaltragfähigkeit im Durchstanzbereich ist ausreichend.

Bestimmung des Bereiches, in dem Durchstanzbewehrung erforderlich ist:

Länge des äußeren Rundschnitts u_{out}:

$$u_{\text{out}} = \beta \cdot V_{\text{Ed}}/(v_{\text{Rd,c}} \cdot d) = 1{,}35 \cdot 0{,}346/(0{,}81 \cdot 0{,}205) = 2{,}81 \text{ m}$$

Durchmesser des äußeren Rundschnitts:

$$d_{\text{out}} = u_{\text{out}}/\pi = 2{,}81/\pi = 0{,}90 \text{ m}$$

Abstand des äußeren Rundschnitts von der Lasteinleitungsfläche A_{load}:

$$u_{\text{out}} = d_{\text{out}}/2 - 0{,}15 = 0{,}90/2 - 0{,}15 = 0{,}30 \text{ m}$$

Durchstanzbewehrung ist erforderlich in einer Entfernung von $1,5\,d$ von a_{out}:

$$0,30 - 1,5 \cdot 0,205 \approx 0$$

Gem. EC 2, 9.4.3 sind mindestens zwei konzentrische Reihen von Bügelschenkeln anzuordnen.

Gewählt werden zwei Reihen von Bügelschenkeln

Abstand der 1. Reihe von der Wand: $0,5\,d \approx 10$ cm

Abstand der 2. Reihe von der Wand: $(0,5 + 0,75)\,d = 1,25\,d \approx 25$ cm

Bestimmung der erforderlichen Durchstanzbewehrung

Grundbewehrungsmenge gem. (15.10):

$$A_{sw} = \frac{(v_{Ed} - 0,75 \cdot v_{Rd,c}) \cdot d \cdot u_1}{1,5 \cdot (d/s_r) \cdot f_{ywd,ef} \cdot \sin\alpha}$$

Aus dem Beispiel im Abschnitt 15.2.7 wird übernommen:

$(d/s_r) = 1/0,75$, $f_{ywd,ef} = 301$ N/mm^2, $\sin\alpha = 1,0$

Damit hier mit $u_1 = u_{crit} = 2,19$ m:

$$A_{sw} = \frac{(1,04 - 0,75 \cdot 0,81) \cdot 0,205 \cdot 2,19}{1,5 \cdot (1/0,75) \cdot 301 \cdot 1,0} \cdot 10^4 = 3,23 \text{ cm}^2$$

Mit Berücksichtigung von k_{sw} folgt als erforderliche Durchstanzbewehrung:

In der 1. Bewehrungsreihe: $A_{sw} = 2,5 \cdot 3,23 = 8,1$ cm^2

In der 2. Bewehrungsreihe: $A_{sw} = 1,4 \cdot 3,23 = 4,5$ cm^2

Gewählt Durchstanzbewehrung

Die im Abschn. 15.2.7 ermittelten konstruktiven Grundlagen gelten unverändert auch hier:

Höchstdurchmesser der Durchstanzbügel: $d_{s,bü} \leqq 10,25$ mm

Bügelabstand in tangentialer Richtung: $s_t = 1,5\,d = 31$ cm

Bügeldurchmesser gewählt: $d_{s,bü} = 10$ mm mit $A_s = 0,785$ cm^2

Umfang des Rundschnitts in der 1. Bewehrungsreihe im Abstand $0,5\,d = 10$ cm von der Wand:

$$u_{i=1} = 3 \cdot 30,0 + 10,0 \cdot \pi = 121 \text{ cm}$$

Umfang des Rundschnitts in der 2. Bewehrungsreihe im Abstand $1,25\,d = 30$ cm von der Wand:

$$u_{i=2} = 3 \cdot 30,0 + 30,0 \cdot \pi = 184 \text{ cm}$$

In der 1. Bügelreihe sind mindestens erforderlich $n \geqq 121/31 = 4$ Bügelschenkel

In der 2. Bügelreihe sind mindestens erforderlich $n \geqq 184/31 = 6$ Bügelschenkel

Die Konstruktion ist in Abb. 15.17a dargestellt. Danach vorhandene Durchstanzbewehrung:

In der 1. Bügelreihe etwa 13 Bügelschenkel, $A_{sw} = 10,2$ cm$^2 > 8,1$ cm^2

In der 2. Bügelreihe etwa 17 Bügelschenkel, $A_{sw} = 13,3$ cm$^2 > 4,5$ cm^2

Der Nachweis der unteren Mindestbewehrung ist analog zum Beispiel im Abschn. 15.2.7 zu führen, auf eine Wiederholungsrechnung wird hier verzichtet.

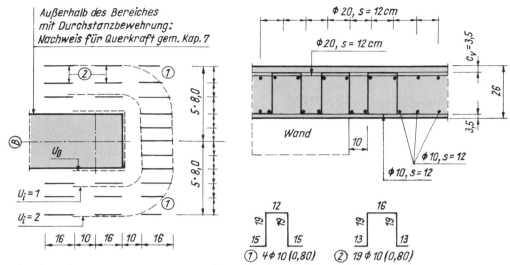

Hinweis: Mindestens 50% der oberen und unteren Längsbewehrung müssen von der Durchstanzbewehrung umschlossen werden. Abstände der Längsbewehrung im bügelbewehrten Bereich
entsprechend anpassen.

Abb. 15.17a Durchstanzbewehrung im Bereich des Wandendes in Achse B/3

15.2.9 Hinweise zur Konstruktion

Die Durchstanzbewehrung soll bügelförmig ausgebildet werden, eine Ausbildung in Form von
Querkraftzulagen gem. Abb. 7.25 ist derzeit nach [70.9] in Deutschland nicht zulässig, da keine
ausreichenden Erfahrungen mit diesem Bewehrungstyp vorliegen. Wenn die Bügel *beide* Bewehrungslagen umfassen, wird die Nutzhöhe d bei der Biegebemessung und bei der Querkraftbemessung entsprechend vermindert. Ausreichend ist es, wenn die Bügel je *eine* Lage der
oberen und unteren Bewehrung umfassen, es müssen jedoch mindestens 50 % der Längsbewehrung in tangentialer und in radialer Richtung umfasst werden [9]. Hierbei ist es zweckmäßig,
die Abstände der oberen und unteren Bewehrungslage aufeinander abzustimmen, bezüglich
der Lage der Durchstanzbewehrung vgl. Abb. 15.15 und Abb. 15.17a. Die obere Lage der Biegebewehrung wird bei dieser Bewehrungsanordnung *nach* Einbau der Durchstanzbewehrung
verlegt.

Die Anordnung der Durchstanzbewehrung gem. den Angaben in EC 2/NA., Bild 9.10 DE (vgl.
auch Abb. 15.12) sollte als Anhalt für die richtige Lage dieser Bewehrung interpretiert werden.
Bei einer Bewehrungsführung mit orthogonalen Bewehrungsnetzen wird man die Lage der
Durchstanzbewehrung stets an der Lage der Biegezugbewehrung orientieren. Kleinere Abweichungen von der theoretischen Solllage sind dabei baupraktisch unvermeidlich. Nach Heft 525
[80.6] sind Abweichungen bis zu $\pm\,0{,}2\,d$ von der Solllage vertretbar, die im Abschn. 15.2.6 angegebenen Grenzabstände s_r und s_t der Bügel untereinander dürfen jedoch nicht überschritten
werden. Diese Erleichterung gilt nach [9] nicht für die 1. Bügelreihe direkt neben der Lasteinleitungsfläche. Diese erste Bügelreihe sollte stets in einem Abstand zwischen $0{,}3\,d$ und $0{,}5\,d$
von der Lasteinleitungsfläche liegen. Hierdurch wird erreicht, dass ein möglicher erster Schub-
riss nicht *vor* dem ersten Bügel durch die Platte verläuft.

Eine Durchstanzsicherung mit industriell gefertigten Kopfbolzendübeln kann die Verlegearbeit
an der Baustelle wesentlich erleichtern. Hierbei werden mehrere Dübel zu Dübelleisten zusam-

mengefasst. Einzelheiten hierzu findet man bei *Brameshuber/Avak* [3.1]. Für die Bemessung und Konstruktion enthalten die einschlägigen Firmenunterlagen detaillierte Angaben entsprechend den jeweiligen bauaufsichtlichen Zulassungen.

15.3 Teilflächenbelastung

Bei Belastung eines Bauteils in der in Abb. 15.18 angegebenen Weise wird die Querdehnung des Betons unter der Teilfläche A_{c0} durch den umgebenden Beton behindert. Es entsteht unterhalb der Lasteinleitungsfläche eine mehraxiale Druckbeanspruchung im Beton, die zulässige Beanspruchung des Betons in der belasteten Teilfläche wird vergrößert.

In EC 2, 6.7 wird die in der Fläche A_{c0} aufnehmbare Traglast F_{Rdu} (Index u: Grenzwert) vom Verhältnis der Lasteinleitungsfläche A_{c0} zur rechnerischen Verteilungsfläche A_{c1} abhängig gemacht. Für Normalbeton gilt

$$F_{Rdu} = A_{c0} \cdot f_{cd} \cdot \sqrt{A_{c1}/A_{c0}} \; \leqq \; 3{,}0 \cdot f_{cd} \cdot A_{c0} \tag{15.14}$$

Hierin ist:

F_{Rdu} aufnehmbare Traglast in der Teilfläche A_{c0}

$\sqrt{A_{c1}/A_{c0}}$ Erhöhungsfaktor zur Berücksichtigung des mehraxialen Spannungszustandes.

Für den Sonderfall $b_2 = 3 \cdot b_1$ und $d_2 = 3 \cdot d_1$ ergibt sich $A_{c1} = 9 \cdot b_1 \cdot d_1$ und damit $\sqrt{A_{c1}/A_{c0}} = 3{,}0$.

Die Verteilungsfläche A_{c1} muss folgenden Bedingungen genügen, vgl. auch EC 2/NA., 6.7:

- A_{c1} ist der Fläche A_{c0} geometrisch ähnlich,
- in Belastungsrichtung stimmen die Schwerpunkte der Flächen A_{c0} und A_{c1} überein,
- die Maße der Verteilungsfläche dürfen den dreifachen Betrag der Maße der Lasteinleitungsfläche nicht übersteigen und
- bezüglich der angesetzten Höhe h gelten die Bedingungen gem. Abb. 15.18.

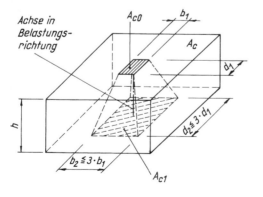
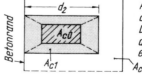

Abb. 15.18 Teilflächenbelastung

Bei mehreren, auf den Betonquerschnitt einwirkenden Druckkräften dürfen sich die Verteilungsflächen nicht überschneiden. Die Kraft F_{Rdu} gilt für eine gleichmäßige (konstante) Lastverteilung innerhalb der Fläche A_{c0}. Bei nicht gleichmäßiger Verteilung ist F_{Rdu} entsprechend der vorhandenen Ausmitte zu vermindern. Außerhalb der Belastungsfläche A_{c0} muss eine ausreichend große Betonfläche vorhanden sein. Die Größe dieser Fläche wird aus der Projektion der rechnerischen Verteilungsfläche A_{c1} in die Ebene der Lasteinleitungsfläche bestimmt, vgl. hierzu EC 2/NA., 6.7 (3). Der Ansatz einer erhöhten Teilflächenbelastung *ohne umgebenden Beton* ist unzulässig, da sich dann kein mehraxialer Spannungszustand einstellen kann.

Wenn eine Lastausbreitung nur in einer Richtung möglich ist, kann sich nur ein zweiaxialer Spannungszustand einstellen. Dieser Fall kommt z. B. vor, wenn Stützenlasten in eine Wandscheibe eingeleitet werden müssen. Die Teilflächenbelastung darf dann mit der für einen Druckknoten im Abschn. 15.1.3 angeführten zulässigen Druckspannung $\sigma_{Rd,max}$ bestimmt werden.

Die im Lasteinleitungsbereich entstehenden Querzugkräfte sind durch Bewehrung abzudecken. Die Größe der Querzugkräfte kann gem. den Angaben im Abschn. 15.1.2 ermittelt werden. Mit Abb. 15.3 erhält man für die Größe der Querzugkraft

$$F_{td} = \frac{1}{4} \cdot \left(1 - \frac{a}{b} \right) \cdot F_d$$

Hierin sind für a die Seitenlängen der Belastungsfläche A_{c0} und für b die Seitenlängen der rechnerischen Verteilungsfläche A_{c1} einzusetzen. Die erforderliche Spaltzugbewehrung erhält man über den Ansatz

$$A_{st} = F_{td}/f_{yd}$$

Es ist zu beachten, dass die Spaltzugkräfte räumlich wirken. Die ermittelte Bewehrung wird entsprechend dem in Abb. 15.3 angegebenen Ausbreitungsbereich der Querzugkräfte im Querschnitt angeordnet. Wenn die Aufnahme der Spaltzugkräfte nicht durch Bewehrung gesichert ist, ist die in der Belastungsfläche aufnehmbare Teilflächenlast gem. EC 2/NA., 6.7 (4) zu begrenzen auf $F_{Rdu} \leqq 0{,}6 \cdot f_{cd} \cdot A_{c0}$, vgl. auch [9].

15.4 Nachweis der Rotationsfähigkeit

15.4.1 Grundlagen

In Abschn. 3.2 wurden Grundlagen des Traglastverfahrens besprochen. Ein Nachweis der Rotationsfähigkeit ist gem. den Angaben im Abschn. 3.4.2 entbehrlich bei Durchlaufträgern mit $0{,}5 < l_{eff,1} / l_{eff,2} < 2{,}0$, wenn eine Umlagerung der Momente innerhalb der durch (3.2) und (3.3) gegebenen Grenzen erfolgt. In diesen Fällen erfolgt der Nachweis ausreichender Rotationsfähigkeit durch die vorgeschriebene Begrenzung der bezogenen Druckzonenhöhe x_u / d. Bei Durchlaufträgern mit Stützweitenverhältnissen benachbarter Felder außerhalb des oben angegebenen Bereiches oder wenn die mögliche Umlagerung δ gem. Abb. 3.6 überschritten wird, ist nach EC 2/NA., 5.6.3 ein *Nachweis* der Rotationsfähigkeit zu führen.

Der Nachweis wird in vereinfachter Form für stabförmige Bauteile einschließlich einachsig gespannter Platten geführt. Hierbei wird ein Fließgelenk gem. Abb. 3.3 vorausgesetzt. Ausreichende Rotationsfähigkeit im Grenzzustand der Tragfähigkeit wird nachgewiesen durch einen Vergleich der vorhandenen Rotation θ_E mit dem Bemessungswert der zulässigen plastischen Rotation $\theta_{pl,d}$:

$$\theta_E \leqq \theta_{pl,d} \tag{15.15}$$

Außerdem ist gem. EC 2/NA., 5.6.3 (2) die Druckzonenhöhe im Bereich des plastischen Gelenks zu begrenzen:

$$x/d \leqq 0,45 \quad \text{(Beton} \leqq \text{C 50/60)} \atop x/d \leqq 0,35 \quad \text{(Beton} > \text{C 50/60)} \Big\} \qquad (15.16)$$

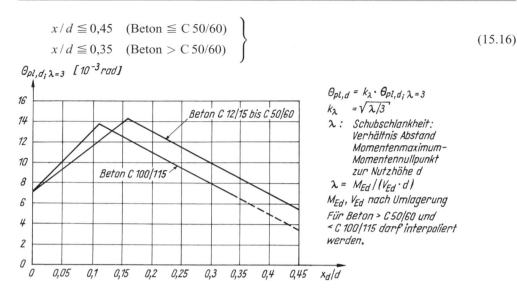

Abb. 15.19 Grundwerte der zulässigen plastischen Rotation, Schubschlankheit $\lambda = 3$

Die zulässige plastische Rotation darf durch Multiplikation des Grundwertes der plastischen Rotation $\theta_{\mathrm{pl,d}}$ gem. Abb. 15.19 mit einem Korrekturfaktor k_λ ermittelt werden. Der abfallende Ast in Abb. 15.19 beschreibt das Versagen der Betondruckstreben im plastischen Gelenk, der ansteigende Ast kennzeichnet das Stahlversagen, vgl. Abb. 3.3. Der in Abb. 15.19 dargestellte bilineare Berechnungsansatz für die zulässige plastische Rotation wurde empirisch bestimmt, die zugehörigen Formelansätze sind bei *Zilch/Rogge* [1.5], vgl. auch Heft 525 [80.6], nachzulesen. Die Grundwerte $\theta_{\mathrm{pl,d}}$ gelten für eine Schubschlankheit $\lambda = 3$, als Schubschlankheit wird das Verhältnis aus dem Abstand zwischen Momentenmaximum und Momentennullpunkt und der statischen Nutzhöhe d definiert. Hierfür darf vereinfachend gesetzt werden

$$\lambda = \frac{M_{\mathrm{Ed}}}{V_{\mathrm{Ed}} \cdot d} \qquad (15.17)$$

Der aus Abb. 15.19 in Abhängigkeit von x_d/d abgelesene Grundwert $\theta_{\mathrm{pl,d},\lambda=3}$ ist bei Schubschlankheiten $\lambda \neq 3$ mit dem Beiwert k_λ zu korrigieren.

$$\theta_{\mathrm{pl,d}} = k_\lambda \cdot \theta_{\mathrm{pl,d},\lambda=3} \qquad (15.18)$$

$$\text{mit} \quad k_\lambda = \sqrt{\lambda/3} \qquad (15.19)$$

In (15.18) und (15.19) sind

$\theta_{\mathrm{pl,d}}$	Bemessungswert der zulässigen plastischen Rotation
$\theta_{\mathrm{pl,d},\lambda=3}$	Grundwert der zulässigen plastischen Rotation bei einer Schubschlankheit $\lambda = 3$
k_λ	Korrekturfaktor bei Schubschlankheiten $\lambda \neq 3$
λ	Verhältnis Abstand Momentenmaximum-Momentennullpunkt zur Nutzhöhe d. Vereinfacht darf gesetzt werden $\lambda = M_{\mathrm{Ed}}/(V_{\mathrm{Ed}} \cdot d)$ gem. (15.17) (Schnittgrößen nach Umlagerung)

15.4.2 Ermittlung der vorhandenen Rotation

In Abb. 15.20 ist ein Zweifeldträger dargestellt, der durch die einwirkende Belastung $g_d + q_d$ beansprucht wird. Die Biegebemessung wurde für die angegebenen *umgelagerten* Momente M_{Ed} durchgeführt. Die vorhandene Rotation θ_E wird vereinfachend gem. EC 2, 5.6.3 in einem plastischen Gelenk konzentriert angenommen, vgl. den Verlauf der Biegelinie in Abb. 15.20. Die größte Rotation über Innenstützen ergibt sich bei einer Systembelastung, die zum größten Stützmoment führt, bei einem Zweifeldträger somit bei Vollbelastung beider Felder. Die vorhandene Rotation kann nach dem Prinzip der virtuellen Arbeit bestimmt werden. Hierzu wird im Gelenk ein virtuelles Moment $M_1 = 1$ angesetzt, die Rotation θ_E erhält man durch Integration der mittleren Krümmung über die Bauteillänge.

$$\theta_E = \int_0^1 \frac{M_{Ed}}{E_{cm} \cdot I_{(x)}} \cdot M_1 \, dx = \int_0^1 (1/r)_m \cdot M_1 \, dx \qquad (15.20)$$

Die Biegesteifigkeit $E_{cm} \cdot I$ ist über die Stablänge wegen des unterschiedlichen Bewehrungsgrades und wegen der unterschiedlichen Rissbildung sowie gegebenenfalls wegen unterschiedlicher Bauteilabmessungen (Plattenbalken) veränderlich. Es sollen wirklichkeitsnahe Rotationen θ_E bestimmt werden, für die Baustofffestigkeiten sind daher die im Abschn. 3.7.2 angegebenen rechnerischen Mittelwerte der Baustofffestigkeiten anzusetzen, vgl. auch EC 2/NA., 5.7 (7). Mit dem Teilsicherheitsbeiwert $\gamma_R = 1,3$ für ständige und vorübergehende Bemessungssituationen erhält man die in Abb. 15.21 angegebenen rechnerischen Mittelwerte der anzusetzenden Baustofffestigkeiten.

Bei der Integration der Krümmungen darf der in Abb. 15.22 dargestellte trilineare Zusammenhang zwischen Krümmung $1/r$ und Moment M zugrunde gelegt werden. Die Kurve wird durch die Punkte Rissbildung (Index I/II oder c_r), Fließen der Bewehrung (Index y) und Versagen des Querschnitts (Index u) gekennzeichnet.

Für den jeweils vorliegenden Querschnitt werden die Momente M_{cr}, M_y und M_u bestimmt und aus diesen Momenten die Randdehnungen ε_c und ε_s. Für die Krümmung gilt dann

$$\left.\begin{array}{ll} \text{Zustand I:} & k = 1/r = \dfrac{|\varepsilon_{c1}| + |\varepsilon_{c2}|}{h} \\[3mm] \text{Zustand II:} & k = 1/r = \dfrac{|\varepsilon_{c2}| + \varepsilon_s}{d} \end{array}\right\} \qquad (15.21)$$

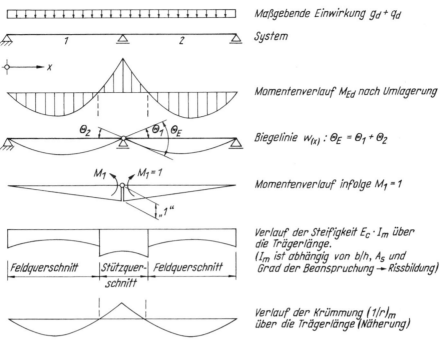

Maßgebende Einwirkung $g_d + q_d$

System

Momentenverlauf M_{Ed} nach Umlagerung

Biegelinie $w_{(x)}$: $\Theta_E = \Theta_1 + \Theta_2$

Momentenverlauf infolge $M_1 = 1$

Verlauf der Steifigkeit $E_c \cdot I_m$ über die Trägerlänge.
(I_m ist abhängig von b/h, A_s und Grad der Beanspruchung → Rissbildung)

Feldquerschnitt | Stützquer-schnitt | Feldquerschnitt

Verlauf der Krümmung $(1/r)_m$ über die Trägerlänge (Näherung)

Abb. 15.20 Zur Ermittlung der vorhandenen Rotation

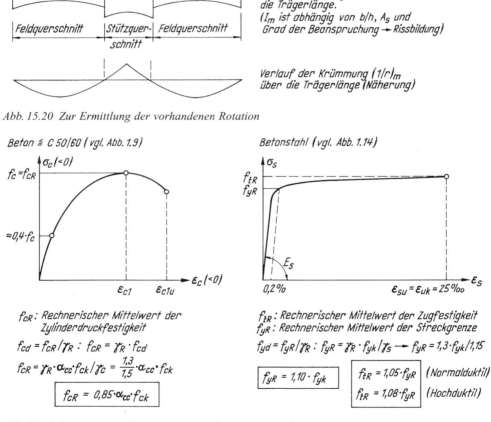

Beton $\leqq$ C 50/60 (vgl. Abb. 1.9)

$f_c = f_{cR}$

$\approx 0{,}4 \cdot f_c$

ε_{c1} ε_{c1u} $\varepsilon_c (<0)$

Betonstahl (vgl. Abb. 1.14)

f_{tR}
f_{yR}

E_s

$0{,}2\,\%_0$ $\varepsilon_{su} = \varepsilon_{uk} = 25\,\%_0$ ε_s

f_{cR}: Rechnerischer Mittelwert der Zylinderdruckfestigkeit

$f_{cd} = f_{cR}/\gamma_R$: $f_{cR} = \gamma_R \cdot f_{cd}$

$f_{cR} = \gamma_R \cdot \alpha_{cc} \cdot f_{ck}/\gamma_c = \dfrac{1{,}3}{1{,}5} \cdot \alpha_{cc} \cdot f_{ck}$

$$\boxed{f_{cR} = 0{,}85 \cdot \alpha_{cc} \cdot f_{ck}}$$

f_{tR}: Rechnerischer Mittelwert der Zugfestigkeit
f_{yR}: Rechnerischer Mittelwert der Streckgrenze

$f_{yd} = f_{yR}/\gamma_R$: $f_{yR} = \gamma_R \cdot f_{yk}/\gamma_s \longrightarrow f_{yR} = 1{,}3 \cdot f_{yk}/1{,}15$

$$\boxed{f_{yR} = 1{,}10 \cdot f_{yk}}$$

$\boxed{\begin{array}{l} f_{tR} = 1{,}05 \cdot f_{yR} \\ f_{tR} = 1{,}08 \cdot f_{yR} \end{array}}$ (Normalduktil)
(Hochduktil)

Abb. 15.21 Spannungs-Dehnungs-Linien und Rechenwerte der Baustofffestigkeiten für nichtlineare Berechnungen

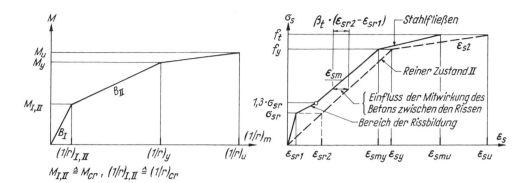

Abb. 15.22 Trilineare Momenten-Krümmungs-
         Beziehung nach Heft 525 [80.6]

Abb. 15.23 Spannungs-Dehnungs-Linie des Beton-
         stahls, bei Berücksichtigung der Mitwir-
         kung des Betons auf Zug zwischen den
         Rissen

Bei der Ermittlung der Krümmungen muss, wie bereits im Abschn. 3.7.2 vermerkt, die Mitwirkung des Betons auf Zug (Zugversteifung) berücksichtigt werden, sie darf vernachlässigt werden, wenn sie günstig wirkt. In Abb. 15.23 ist die bereits in Abb. 6.7 dargestellte Spannungs-Dehnungs-Linie des Betonstahls unter Berücksichtigung des Mitwirkens des Betons auf Zug zwischen den Rissen mit einigen Ergänzungen noch einmal wiedergegeben. Für die in Abb. 15.23 angegebenen Bereiche ergeben sich nach Heft 525 [80.6] folgende mittlere Dehnungen

I. Ungerissen $0 < \sigma_\mathrm{s} \leqq \sigma_\mathrm{sr}$

$$\varepsilon_\mathrm{sm} = \varepsilon_\mathrm{s1} \tag{15.22}$$

II. Erstrissbildung $\sigma_\mathrm{sr} < \sigma_\mathrm{s} \leqq 1{,}3 \cdot \sigma_\mathrm{sr}$

$$\varepsilon_\mathrm{sm} = \varepsilon_\mathrm{s2} - \frac{\beta_\mathrm{t} \cdot (\sigma_\mathrm{s} - \sigma_\mathrm{sr}) + (1{,}3 \cdot \sigma_\mathrm{sr} - \sigma_\mathrm{s})}{0{,}3 \cdot \sigma_\mathrm{sr}} \cdot (\varepsilon_\mathrm{sr2} - \varepsilon_\mathrm{sr1}) \tag{15.23}$$

III. Abgeschlossene Rissbildung $1{,}3 \cdot \sigma_\mathrm{sr} < \sigma_\mathrm{s} \leqq f_\mathrm{y}$

$$\varepsilon_\mathrm{sm} = \varepsilon_\mathrm{s2} - \beta_\mathrm{t} \cdot (\varepsilon_\mathrm{sr2} - \varepsilon_\mathrm{sr1}) \tag{15.24}$$

IV. Fließen des Stahls $f_\mathrm{y} < \sigma_\mathrm{s} \leqq f_\mathrm{t}$

$$\varepsilon_\mathrm{sm} = \varepsilon_\mathrm{sy} - \beta_\mathrm{t} \cdot (\varepsilon_\mathrm{sr2} - \varepsilon_\mathrm{sr1}) + \delta_\mathrm{d} \cdot \left(1 - \frac{\sigma_\mathrm{sr}}{f_\mathrm{y}}\right) \cdot (\varepsilon_\mathrm{s2} - \varepsilon_\mathrm{sy}) \tag{15.25}$$

In (15.22) bis (15.25) ist

β_t	Beiwert zur Berücksichtigung der Belastungsdauer
	Kurzzeitbelastung $\beta_\mathrm{t} = 0{,}4$
	Dauerlast, häufige Lastwechsel $\beta_\mathrm{t} = 0{,}25$
δ_d	Beiwert zur Berücksichtigung der Duktilität
	Normalduktiler Stahl $\delta_\mathrm{d} = 0{,}6$
	Hochduktiler Stahl $\delta_\mathrm{d} = 0{,}8$
ε_sm	Mittlere Betonstahldehnung unter Berücksichtigung der Zugversteifung
ε_s1	Betonstahldehnung im Zustand I
ε_s2	Betonstahldehnung im Zustand II
ε_sr1	Betonstahldehnung im Zustand I unter Ansatz der Rissschnittgröße
ε_sr2	Betonstahldehnung im Zustand II unter Ansatz der Rissschnittgröße

Ein vereinfachter Ansatz zur Berücksichtigung der Mitwirkung des Betons auf Zug zwischen den Rissen ist in Heft 525 [80.6] zu finden. Der Bereich zwischen Erstrissbildung und abgeschlossener Rissbildung wird dabei durch eine durchgehende Gerade geglättet. Der weitere Rechnungsgang wird in dem folgenden Anwendungsbeispiel erläutert.

Zilch/Zehetmaier [23] weisen darauf hin, dass für die mögliche plastische Rotation ein System gem. Abb. 3.3 mit *direkter* Krafteinleitung und einer entsprechenden Schrägrissbildung im Auflagerbereich vorausgesetzt wird. Bei einer indirekten Lasteinleitung gem. Abb. 7.5 fehlt die von unten auf das Tragwerk einwirkende Auflagerkraft, die Ansätze zur Ermittlung der möglichen plastischen Rotation sind daher nach [23] bei indirekter Lagerung eines Bauteils nur bedingt gültig. Es ist daher bei statisch unbestimmten Systemen mit indirekter Auflagerung darauf zu achten, dass die im Abschn. 7.6.3 besprochene Bewehrung zur Hochhängung der Auflagerkraft eingebaut wird.

15.4.3 Anwendungsbeispiel

Aufgabe

Für den in Abb. 15.24 dargestellten Zweifeldträger ist die Biegebemessung unter Ansatz einer Momentenumlagerung durchzuführen. Die Auflagerung des Trägers erfolgt bei B auf einer Fertigteilstütze, eine biegefeste Verbindung von Balken und Stütze ist nicht vorgesehen. Baustoffe und Bauteilabmessungen vgl. Abb. 15.24. Die Schnittgrößen vor Umlagerung wurden in einer Nebenrechnung bestimmt, Ergebnisse vgl. Abb. 15.24.

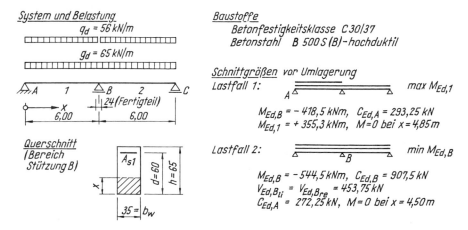

Abb. 15.24 Zweifeldträger: System, Querschnitt, Schnittgrößen

Durchführung:

Biegebemessung Feld 1 + 2 mit Tafel 3

$$k_d = 60 / \sqrt{355{,}3/0{,}35} = 1{,}88 \qquad \xi = 0{,}227$$

$$A_s = 0{,}98 \cdot 2{,}54 \cdot 355{,}3 / 60 = 14{,}74 \, \text{cm}^2$$

Gewählt: 5 $\varnothing$ 20, $\quad A_s = 15{,}71 \, \text{cm}^2$

Biegebemessung Stützung B

Vor Umlagerung, vgl. (3.5)

$$M'_{\text{Ed}} = M_{\text{Ed}} + C_{\text{Ed}} \cdot a/8 = -544,5 + 907,5 \cdot 0,24/8 = -517,3 \text{ kNm}$$

Nach Umlagerung:

Es wird eine Umlagerung $\delta = 0,77$ gewählt

$$M_{\text{Ed}} = -0,77 \cdot 544,5 = -419,3 \text{ kNm}$$

$$C_{\text{Ed,B}} = (65,0 + 56,0) \cdot 6,0 + 2 \cdot 419,3/6,0 = 865,8 \text{ kN}$$

$$C_{\text{Ed,A}} = 121,0 \cdot 6,0/2 - 419,3/6,0 = 293,1 \text{ kN}$$

$$M'_{\text{Ed}} = -419,3 + 865,8 \cdot 0,24/8 = -393,3 \text{ kNm}$$

$$M_{\text{Ed}} = 0 \quad \text{bei} \quad x = 4,84 \text{ m}$$

$$k_{\text{d}} = 60 / \sqrt{393,3/0,35} = 1,79 \qquad \xi < 0,261$$

$$A_{\text{s}} = 0,98 \cdot 2,58 \cdot 393,3/60 = 16,57 \text{ cm}^2$$

Gewählt: $6 \oslash 20$, $A_{\text{s}} = 18,85 \text{ cm}^2$

Das umgelagerte Stützmoment ist betragsmäßig größer als das Stützmoment bei Lastfall 1: $|419,3| > |418,5|$. Die Biegebemessung im Feld bleibt daher unverändert. Das Stützmoment nach Umlagerung beträgt $M_{\text{Ed,B}} = -419,3 \text{ kNm}$, es entspricht damit fast genau dem zum maximalen Feldmoment gehörigen Stützmoment von $M_{\text{Ed,B}} = -418,5 \text{ kNm}$. Für den Nachweis ausreichender Rotationsfähigkeit wird der Verlauf der Momente in Feld 1 und Feld 2 daher mit den für Lastfall 1 ermittelten Schnittgrößen bestimmt.

Nachweis gem. EC 2, 5.6.3

Gemäß Abschnitt 3.4.2 ist ein Nachweis der plastischen Rotation nicht erforderlich, wenn bei hochduktilem Betonstahl die Bedingung (3.2) eingehalten ist:

$$\delta \cong 0,64 + 0,8 \cdot x_{\text{u}}/d$$

Hier ist $x_{\text{u}}/d = \xi \approx 0,261$ und damit

$$\delta \cong 0,64 + 0,8 \cdot 0,261 = 0,85$$

Es wurde $\delta = 0,77 < 0,85$ gewählt, der Nachweis der Rotationsfähigkeit ist daher zu führen.

Ermittlung der zulässigen plastischen Rotation

Die Druckzonenhöhe ist gem. (15.16) zu beschränken auf $x_{\text{u}}/d = \xi = 0,45$. Hier ist $x_{\text{u}}/d = \xi = 0,261 < 0,45$. Die gewählte Umlagerung ist daher grundsätzlich zulässig.

Zulässige plastische Rotation gem. (15.18)

$$\theta_{\text{pl,d}} = k_\lambda \cdot \theta_{\text{pl,d},\lambda=3}$$

$\theta_{\text{pl,d},\lambda=3}$ aus Abb. 15.18, für $x_{\text{d}}/d = 0,261$ ($x_{\text{d}} = x_{\text{u}}$):

$$\theta_{\text{pl,d},\lambda=3} \approx 11,0 \cdot 10^{-3} \text{ rad}$$

Korrekturwert k_λ

$$k_\lambda = \sqrt{\lambda/3}; \quad \lambda = M_{\text{Ed}}/(V_{\text{Ed}} \cdot d)$$

Anzusetzen sind die Schnittgrößen nach Umlagerung ($V_{Ed} = C_{Ed,B}/2$)

$$\lambda = 419,3 / (432,9 \cdot 0,60) = 1,61$$

$$k_\lambda = \sqrt{1,61/3}$$

Damit mögliche plastische Rotation

$$\theta_{pl,d} = \sqrt{1,61/3} \cdot 11,0 \cdot 10^{-3} = 8,06 \cdot 10^{-3} \text{ rad}$$

Baustoffkenngrößen gem. Abb. 15.21

$$f_{cR} = 0,85 \cdot \alpha_{cc} \cdot f_{ck} = 0,85 \cdot 0,85 \cdot 30,0 = 21,7 \text{ MN/m}^2$$

$$f_{yR} = 1,10 \cdot f_{yk} = 1,10 \cdot 500 = 550 \text{ MN/m}^2$$

$$\left. \begin{array}{l} f_{ctm} = \quad 2,90 \text{ MN/m}^2 \\ E_{cm} = 33\,000 \text{ MN/m}^2 \end{array} \right\} \quad \text{vgl. Abb. 1.8}$$

Feld- und Stützbereich sind unterschiedlich bewehrt, die Krümmungen werden daher für beide Bereiche ermittelt.

Zusammenhang Moment-Krümmung

Vor Rissbildung ergibt sich:

$$M_{I,II} = f_{ctm} \cdot I_c / z_1 \tag{15.26}$$

$$\varepsilon_{s1} = \frac{M_{I,II}}{E_{cm} \cdot I_c} \cdot (z_1 - d_1) \tag{15.27}$$

$$\varepsilon_c = \frac{M_{I,II}}{E_{cm} \cdot I} \cdot z_2 \tag{15.28}$$

Hierin ist z_1 der Abstand des Zugrandes, z_2 der Abstand des Druckrandes vom Schwerpunkt des Querschnittes.

Im ungerissenen Zustand ist bei Vernachlässigung der Bewehrung $\varepsilon_{c1} = -\varepsilon_{c2}$. Für die Krümmung folgt mit (15.21)

$$k_{cr} = \frac{|\varepsilon_{c1}| + |\varepsilon_{c2}|}{h} = \frac{2 \cdot |\varepsilon_c|}{h}$$

I. Feld- und Stützbereich vor Rissbildung

Gemäß EC 2, 5.6.3 (3) soll mit den Mittelwerten der Baustoffeigenschaften gerechnet werden. Für den Elastizitätsmodul wird daher hier mit E_{cm} gem. Abb. 1.8 gerechnet.

$$I_c = 0,35 \cdot 0,65^3 / 12 = 8,0 \cdot 10^{-3} \text{ m}^4$$

$$M_{cr} = (2,9 \cdot 8,0 \cdot 10^{-3} / 0,325) \cdot 10^3 \qquad = 71,38 \text{ kNm}$$

$$\varepsilon_{sr1} = \frac{0,07138}{33\,000 \cdot 8,0 \cdot 10^{-3}} \cdot (0,325 - 0,05) \qquad = 0,0744\,‰$$

$$\varepsilon_c = \frac{0,07138}{33\,000 \cdot 8,0 \cdot 10^{-3}} \cdot (-0,325) \qquad = -0,0879\,‰$$

$$k_{cr} = (1/r)_{cr} = \frac{2 \cdot 0,0879 \cdot 10^{-3}}{0,65} \qquad = 0,270 \cdot 10^{-3} \quad 1/\text{m}$$

II. Feldquerschnitt nach Rissbildung

Bewehrung: $A_s = 15,71 \, \text{cm}^2$

Nulllinienlage mit (6.5)

$$x = \frac{\alpha_e \cdot A_{s1}}{b} \cdot \left(-1 + \sqrt{1 + \frac{2 \cdot b \cdot d}{\alpha_e \cdot A_{s1}}} \right)$$

$$\alpha_e = E_s / E_c = 200\,000 / 33\,000 = 6,06$$

$$x = \frac{6,06 \cdot 15,71}{35} \cdot \left(-1 + \sqrt{1 + \frac{2 \cdot 35 \cdot 60}{6,06 \cdot 15,71}} \right)$$

$$x = 15,55 \, \text{cm}$$

Stahlspannung bei Rissbildung gem. (6.7)

$$\sigma_{sr} = \frac{M_{cr}}{(d - x/3) \cdot A_s} = \frac{0,07138}{(0,60 - 0,1555/3) \cdot 15,71 \cdot 10^{-4}}$$

$$\sigma_{sr} \approx 83,4 \, \text{MN/m}^2$$

Stahldehnung bei Rissbildung im Zustand II

$$\varepsilon_{sr2} = \sigma_{sr} / E_s = 83,4 / 200\,000 = 0,417 \, \text{‰}$$

Stahldehnung bei Fließbeginn unter Berücksichtigung der Zugversteifung gem. (15.24), vgl. Abb. 15.23.

$$\varepsilon_{sm} = \varepsilon_{s2} - \beta_t \cdot (\varepsilon_{sr2} - \varepsilon_{sr1})$$

$$\varepsilon_{s2} = f_{yR} / E_s = 1,1 \cdot f_{yk} / E_s = 1,1 \cdot 500 / 200\,000$$

$$\varepsilon_{s2} = 2,75 \, \text{‰}$$

$$\beta_t = 0,25 \, \text{(Dauerlast)}$$

$$\varepsilon_{sr2} = 0,417 \, \text{‰}, \quad \varepsilon_{sr1} = 0,0744 \, \text{‰}$$

$$\varepsilon_{sm} = 2,75 - 0,25 \cdot (0,417 - 0,0744) \approx 2,67 \, \text{‰}$$

Das zugehörige Moment und die zugehörige Stauchung können iterativ bestimmt werden. Wesentlich einfacher erfolgt dies mit Tafeln von *Schmitz* [3.2]. Als Abb. 15.25 ist eine solche Tafel ausschnittsweise wiedergegeben.

Tafeleingangswert

$$\omega_{II} = \frac{A_s \cdot f_{yR}}{b \cdot d \cdot f_{cR}} = \frac{15,71 \cdot 550}{35 \cdot 60 \cdot 21,7} = 0,190$$

Aus Tafel entnommen

  für M_y: Tafelwert 0,17

  für ε_c: Tafelwert 0,13

Damit

$$M_y = 0,17 \cdot 0,35 \cdot 0,60^2 \cdot 21,7 \cdot 10^3 = 464,8 \, \text{kNm}$$

$$\varepsilon_c = -1,3 \, \text{‰}$$

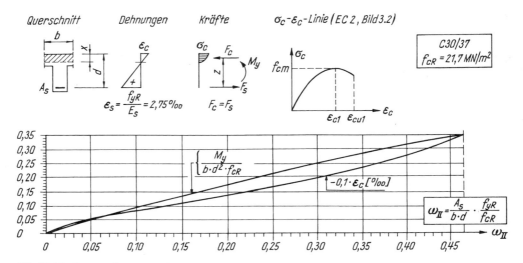

Abb. 15.25 *Kenngrößen M_y und ε_c im Zustand II bei Fließbeginn ($\varepsilon_s = 2,75\,‰$) für die Schnittgrößen-ermittlung mit nichtlinearen Verfahren (nach Schmitz [3.2])*

Krümmung bei Fließbeginn

$$k_y = (1/r)_y = \frac{|\varepsilon_{sm}| + |\varepsilon_c|}{d} = \frac{2,67 + 1,3}{0,60} \cdot 10^{-3}$$

$$(1/r)_y = 6,62 \cdot 10^{-3} \; [1/m]$$

III. Stützungsquerschnitt nach Rissbildung

Bewehrung: $\quad A_s = 18,85 \, cm^2$

Nulllinienlage:

$$x = \frac{6,06 \cdot 18,85}{35} \cdot \left(-1 + \sqrt{1 + \frac{2 \cdot 35 \cdot 60}{6,06 \cdot 18,85}} \right) = 16,79 \, cm$$

Stahlspannung und Dehnung bei Rissbildung

$$\sigma_{sr} = \frac{0,07138}{(0,60 - 0,1679/3) \cdot 18,85 \cdot 10^{-4}} \approx 69,6 \, MN/m^2$$

$$\varepsilon_{sr2} = 70,1 / 200\,000 = 0,351\,‰$$

Stahldehnung bei Fließbeginn

$$\varepsilon_{smy} = \varepsilon_{s2} - \beta_t \cdot (\varepsilon_{sr2} - \varepsilon_{sr1}), \quad \varepsilon_{s2} = 2,75\,‰, \quad \beta_t = 0,25$$

$$\varepsilon_{smy} = 2,75 - 0,25 \cdot (0,351 - 0,0744) = 2,68\,‰$$

Mit Abb. 15.25

$$\omega_{II} = \frac{18,85}{35 \cdot 60} \cdot \frac{550}{21,7} = 0,228$$

Für M_y: Tafelwert 0,19

Für ε_c: Tafelwert 0,16

Damit

$$M_y = 0{,}19 \cdot 0{,}35 \cdot 0{,}60^2 \cdot 21{,}7 \cdot 10^3 = 519{,}5 \, \text{kNm}$$

$$\varepsilon_c = -1{,}6 \, \text{‰}$$

Krümmung bei Fließbeginn

$$k_y = (1/r)_y = \frac{2{,}68 + 1{,}6}{0{,}60} \cdot 10^{-3} = 7{,}13 \cdot 10^{-3} \, 1/\text{m}$$

IV. Krümmung $(1/r)_u$ unter Höchstlast

Die Werte werden im Rahmen dieses Beispiels nicht benötigt.

In Abb. 15.26 sind die Momenten-Krümmungs-Beziehungen aufgetragen. Aus dem bekannten Momentenverlauf des Trägers sind mit Hilfe der in Abb. 15.26 dargestellten M-K-Beziehungen die Trägerkrümmungen an beliebigen Stellen zu errechnen. In Abb. 15.27 ist die mittlere Krümmung für eine Balkenhälfte dargestellt. Hierbei wurde für den Bereich der positiven Momente eine Unterteilung in 10 Teilbereiche, für den Bereich der negativen Momente eine Unterteilung in 4 Teilbereiche gewählt.

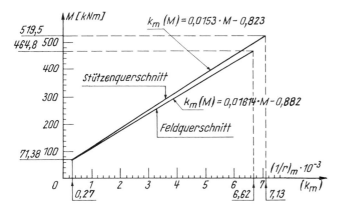

Abb. 15.26 Momenten-Krümmungs-Beziehung des Trägers; System vgl. Abb. 15.24

Die vorhandene Rotation θ_E wird gem. (15.20) durch Auswertung des Integrals

$$\theta_E = \int\limits_0^l (1/r)_m \cdot M_1 \cdot dx$$

ermittelt. In Abb. 15.28 wird diese Integration numerisch nach *Simpson* durchgeführt. Angegeben sind die Biegemomente M, die zugehörigen Krümmungen $(1/r)_m$ und die Momente M_1.

Mit den Summen in Abb. 15.28 ergibt sich die vorhandene plastische Rotation

$$\theta_E = 2 \cdot (0{,}484 \cdot 36{,}267 - 0{,}29 \cdot 25{,}472) \cdot 10^{-3}/3$$

$$\theta_E = 6{,}78 \cdot 10^{-3} \, \text{rad} < \theta_{pl,d} = 8{,}06 \cdot 10^{-3} \, \text{rad}$$

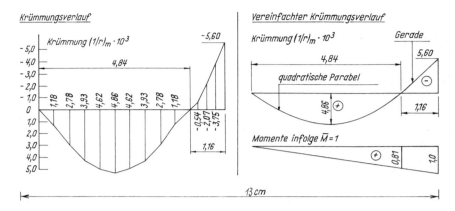

Abb. 15.27 Krümmungsverlauf in einer Trägerhälfte; System vgl. Abb. 15.24

Feldquerschnitt		$\Delta x = 0,484$ m			
x	M	$10^3 \cdot (1/r)_m$	M_1	s	$s \cdot M_1 \cdot 10^3 \cdot (1/r)_m$
m	kNm	m	–	–	–
0	0	0	0	1	0
0,484	128	1,18	0,081	4	0,382
0,968	227	2,78	0,161	2	0,895
1,452	298	3,93	0,242	4	3,804
1,936	341	4,62	0,323	2	2,985
2,420	355	4,86	0,403	4	7,834
2,904	341	4,62	0,484	2	4,472
3,388	298	3,93	0,565	4	8,882
3,872	227	2,78	0,645	2	3,586
4,356	128	1,18	0,726	4	3,427
4,840	0	0	0,807	1	0
				Summe:	36,267

Simpson'sche Regel:

$$\int_a^b f(x)\,dx = \frac{\Delta x}{3} \cdot \sum_{i=1}^{n} s_i \cdot f(x_i)$$

vgl. hierzu [8], Abschn. 8.2.

Stützenquerschnitt		$\Delta x = 0,29$ m			
x	M	$10^3 \cdot (1/r)_m$	M_1	s	$s \cdot M_1 \cdot 10^3 \cdot (1/r)_m$
m	kNm	m	–	–	–
4,84	0	0	0,807	1	0
5,13	− 89	− 0,54	0,855	4	− 1,847
5,42	− 189	− 2,07	0,903	2	− 3,738
5,71	− 299	− 3,75	0,952	4	− 14,287
6,00	− 419	− 5,60	1,000	1	− 5,600
				Summe:	− 25,472

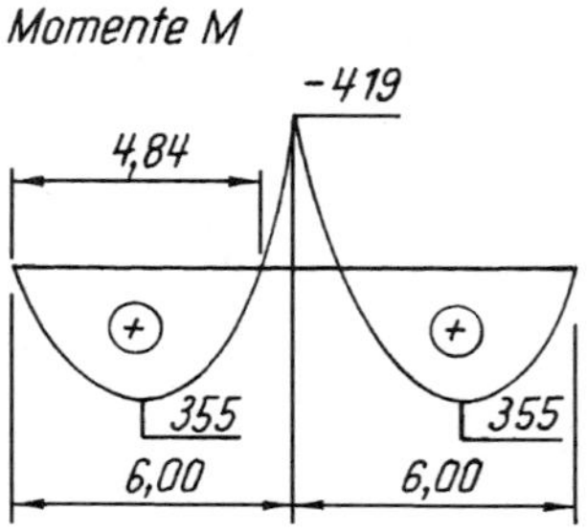

Momente M

Abb. 15.28 Numerische Integration der Krümmungen

Der Nachweis ausreichender Rotationsfähigkeit gem. (15.15) ist damit geführt, der Faktor 2 vor vorstehendem Klammerausdruck erfasst den Rotationseinfluss der rechten Trägerhälfte. Zusätzlich zu führen sind die Nachweise im Grenzzustand der Gebrauchstauglichkeit. Statt einer numerischen Integration in der zuvor beschriebenen Art kann es einfacher sein, die Rotation über den Arbeitssatz mit den bekannten Integraltafeln (vgl. z. B. [8]) zu bestimmen. Die Krümmung wird dabei in geeigneter Weise idealisiert. Gemäß Abb. 15.27 wird hier im Feldbereich angenommen, dass die Krümmung einen parabelförmigen Verlauf hat, im Stützungsbereich wird ein linearer Verlauf angesetzt. Mit den Zahlenangaben in Abb. 15.27 erhält man:

$$\theta_E = 2 \cdot \left[4{,}86 \cdot 0{,}81 \cdot \frac{1}{3} \cdot 4{,}84 - (0{,}81 + 2 \cdot 1{,}0) \cdot \frac{1}{6} \cdot 5{,}60 \cdot 1{,}16 \right] \cdot 10^{-3}$$

$$\theta_E = 2 \cdot (6{,}35 - 3{,}04) \cdot 10^{-3} = 6{,}62 \cdot 10^{-3} \ rad \ (\approx 6{,}78 \cdot 10^{-3})$$

15.4.4 Bemerkungen zum rechnerischen Nachweis ausreichender Rotationsfähigkeit

Der Arbeitsaufwand für den Nachweis ausreichender Rotationsfähigkeit ist sehr hoch. In der Praxis wird man den Nachweis in vorstehender Form aus wirtschaftlichen Gründen kaum durchführen. Wenn keine geeignete EDV-Einrichtung vorhanden ist, wird dann die Umlagerung auf die in EC 2, 5.5, vgl. auch Abschn. 3.4.2, angegebenen Grenzwerte beschränkt. Für den im Abschn. 15.4.3 bearbeiteten Zweifeldträger wäre dann folgender Rechengang möglich:

Umlagerungsfaktor: gewählt $\delta = 0{,}9$

$M_{Ed,B} = -0{,}9 \cdot 544{,}5 = -490{,}1 \ kNm$

$C_{Ed,B} = 121{,}0 \cdot 6{,}0 + 2 \cdot 490{,}1 / 6{,}0 = 889{,}4 \ kN$

$M'_{Ed,B} = -490{,}1 + 889{,}4 \cdot 0{,}24 / 8 = -463{,}4 \ kNm$

$k_d = 60 / \sqrt{463{,}4 / 0{,}35} = 1{,}65 \qquad \xi = 0{,}307$

zul $\delta = 0{,}64 + 0{,}8 \cdot \xi = 0{,}64 + 0{,}8 \cdot 0{,}307 = 0{,}89$

gewählt: $\delta = 0{,}9 >$ zul $\delta = 0{,}89$

$A_s = 0{,}99 \cdot 2{,}66 \cdot 463{,}4 / 60 = 20{,}3 \ cm^2$

Bewehrung

gewählt: $3 \oslash 25 + 2 \oslash 20$, $A_s = 21{,}0 \ cm^2$

Bezüglich der erforderlichen Feldbewehrung ergeben sich keine Änderungen.

15.5 Begrenzung von Tragwerksverformungen

15.5.1 Allgemeines

In EC 2, 7.4.1 sind die im Abschn. 6.4.1 dieses Buches besprochenen Grenzwerte der zulässigen Verformung angegeben. Hiernach darf angenommen werden, dass das Erscheinungsbild und die Gebrauchstauglichkeit eines Tragwerks nicht beeinträchtigt wird, wenn der Durchhang eines Bauteils unter der quasi-ständigen Einwirkungskombination 1/250 der Stützweite nicht überschreitet. Für den Nachweis der Einhaltung dieser Forderung ist in EC 2 der vereinfachte Nachweis über die Begrenzung der Biegeschlankheit angeführt, ein Verfahren zur *direkten Be-*

rechnung von Verformungen wird in EC 2, 7.4.3 angeführt, hierauf wird im Abschn. 15.5.5 eingegangen.

Wenn größere Verformungen eines Stahlbetonbauteils zu erwarten sind und die Folgen einer nicht berücksichtigten Verformung zu großen Folgeschäden führen können, sollte sich daher der Tragwerksplaner nicht auf die Einhaltung der im Abschn. 6.4.2 besprochenen Grenzen der Biegeschlankheit beschränken, sondern die zu erwartende Verformung mit einem der nachfolgend besprochenen Verfahren überprüfen. Als in diesem Sinn kritische Bauteile sind insbesondere anzusehen, vgl. hierzu auch die Erläuterungen zu EC 2, 7.4.3 in [9]:

– Bauteile mit größeren Spannweiten, deren Verformung Schäden an angrenzenden Bauteilen (Leichtwände, Fensterelemente) verursachen kann,
– Bauteile, die durch Lasten von oberhalb liegenden Geschossen belastet werden (z. B. aus Staffelgeschossen),
– Deckenplatten mit einem Bewehrungsgehalt $\varrho_l = a_s / a_c$ von mehr als 0,5 %,
– Bauteile, insbesondere Deckenplatten, in Bauten, die nicht dem „üblichen Hochbau" gem. EC 2/NA., 1.5.2 zuzuordnen sind.

Bei Bauteilen aus homogenem, isotropem Material kann die Verformung durch zweimalige Integration der Krümmung über die Stablänge ermittelt werden. Im Stahlbetonbau ist eine solche geschlossene Lösung nicht möglich wegen der über die Stablänge veränderlichen Rissbildung, damit ist auch der Krümmungsverlauf über die Länge vom Grad der Rissbildung abhängig. Das Grundprinzip der Durchbiegungsberechnung im Stahlbetonbau nach dem Prinzip der virtuellen Arbeit ist in Abb. 15.29 dargestellt. Man erhält die Durchbiegung an einer bestimmten Stelle aus der Integration der von den einwirkenden Lasten verursachten Krümmungen über die Bauteillänge, entsprechend dem Ansatz

$$f = \int\limits_0^l (1/r)_{(x)} \cdot \overline{M}_{(x)} \cdot \mathrm{d}x \qquad (15.30)$$

Die Integration kann numerisch, z. B. nach *Simpson*, durchgeführt werden. Verformungsberechnungen im Stahlbetonbau sind wegen der Vielzahl der Einflüsse auf die Größe der zu erwartenden Verformung stets als Näherung zu betrachten. Der Arbeitsaufwand für die Lösung von (15.30) wird wesentlich verringert, wenn man annimmt, dass der Verlauf der Krümmung über die Stablänge l affin zum Momentenverlauf ist. Dann genügt es, die Krümmung nur an der Stelle des größten Feldmomentes zu ermitteln, die Durchbiegung kann über folgenden Ansatz ermittelt werden

$$f = k \cdot l^2 \cdot (1/r)_{\mathrm{m}} \qquad (15.31)$$

Hierin ist:

k Beiwert zur Beschreibung der Momentenverteilung, vgl. [80.3]
$(1/r)_{\mathrm{m}}$ Krümmung in Feldmitte infolge Belastung

Die Auswertung von (15.31) erfolgt unter Ansatz der quasi-ständigen Einwirkungskombination und mit Berücksichtigung der zeitabhängigen Einflüsse. Nach *Krüger/Mertzsch* [60.22] sollte bei Verformungsberechnungen der mögliche Steifigkeitsabfall unter maximaler Beanspruchung (*seltene* Einwirkungskombination) beachtet werden.

Der Einfluss des *Kriechens* darf gem. EC 2, 7.4.3 durch den Ansatz eines effektiven Elastizitätsmoduls erfasst werden

$$E_{\mathrm{c,eff}} = \frac{E_{\mathrm{cm}}}{1 + \varphi(\infty, t_0)} \qquad (15.32)$$

Systemausschnitt mit Belastung

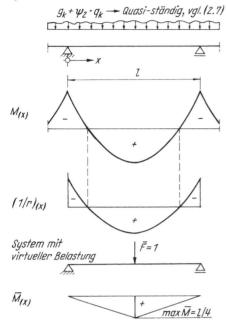

Abb. 15.29
Prinzipielle Darstellung der Durchbiegungsberechnung
(Die Krümmung $(1/r)_{(x)}$ wird abschnittsweise bestimmt, vgl.
Abb. 15.27. Die virtuelle Last „1" wird am Ort und in Rich-
tung der gesuchten Verformungsgröße angesetzt.)

Hierin ist $\varphi(\infty, t_0)$ die Kriechzahl, sie ist im Wesentlichen abhängig von den Bauteilabmessungen, von den Umgebungsbedingungen (Luftfeuchtigkeit), vom Belastungsbeginn und von der Betonfestigkeitsklasse. Die Kriechzahlen können mit den Tafeln in EC 2, 3.1.4 bestimmt werden. Im Regelfall werden nur die Endkriechzahlen $\varphi(\infty, t_0)$ benötigt, sie beschreiben den Kriecheinfluss zwischen Belastungsbeginn zur Zeit $t = t_0$ und dem Endzeitpunkt. Im Abschn. 1.8 sind Endkriechzahlen für ausgewählte Fälle zusammengestellt.

Ein gleichmäßiges *Schwinden* führt bei unbewehrten Bauteilen zu einer gleichmäßigen Verkürzung. Es erfolgt keine Krümmung, also auch keine Durchbiegung. In bewehrten Querschnitten wird die Schwindverkürzung im Zustand I durch die Stahleinlagen behindert, der Stahl erhält Druckspannungen, im Beton werden Zugspannungen aufgebaut, beides führt zu einer Querschnittskrümmung. Im Zustand II sind die Zusammenhänge komplexer. Für die Krümmung infolge Schwindens darf gem. EC 2, 7.4.3 gesetzt werden

$$(1/r)_{cs} = \varepsilon_{cs\infty} \cdot \alpha_e \cdot S/I \tag{15.33}$$

Hierin ist:

$\varepsilon_{cs\infty}$	Schwindzahl, vgl. EC 2, 3.1.4, vgl. auch Abschn. 1.8 mit Gl. (1.16)
α_e	Verhältnis E_s/E_{cm}
S	Statisches Moment der Bewehrung bezogen auf den Flächenschwerpunkt
I	Flächenmoment 2. Grades.

Im Regelfall werden Teilbereiche eines Traggliedes im Zustand I verbleiben, stärker beanspruchte werden in den gerissenen Zustand II übergehen. Wenn in (15.31) für den gesamten Trägerbereich die Krümmung für Zustand II angesetzt wird, erhält man einen oberen Rechenwert der Durchbiegung f_{II}. Die geringste Durchbiegung f_I erhält man unter Ansatz von

Zustand I auf ganzer Trägerlänge. Der wahrscheinliche Wert der Durchbiegung ergibt sich bei Ansatz einer mittleren Krümmung $(1/r)_m$, hierfür darf gesetzt werden

$$(1/r)_m = \zeta \cdot (1/r)_{II} + (1-\zeta) \cdot (1/r)_I \tag{15.34}$$

Wenn der Träger vollständig im Zustand I verbleibt, ergibt sich ein Rissfaktor $\zeta = 0$, für den voll im Zustand II befindlichen Träger ist $\zeta = 1,0$. Allgemein gilt für Rippenstähle

$$\zeta = 1 - \beta \cdot (\sigma_{s,cr} / \sigma_s)^2 \tag{15.35}$$

Hierin ist:

β Beiwert zur Berücksichtigung der Belastungsdauer
         $\beta = 1,0$ bei Kurzzeitbelastung
         $\beta = 0,5$ bei Dauerlast
$\sigma_{s,cr}$ Stahlspannung unmittelbar nach Rissbildung im Zustand II
         $\sigma_{s,cr} = M_{cr} / (A_s \cdot z)$, $M_{cr} = f_{ctm} \cdot W$
σ_s Stahlspannung im Zustand II infolge quasi-ständiger Belastung

Weitere Erläuterungen zur Begrenzung der Verformung mit direkter Berechnung folgen im Abschn. 15.5.5, die rechnerische Durchführung zeigt das Beispiel im Abschn. 15.5.6.

Die Ergebnisse einer Verformungsberechnung der beschriebenen Art sind immer Näherungslösungen. Daher und wegen des vergleichsweise hohen Aufwandes werden in der Baupraxis andere Verfahren zum Nachweis der Verformungsbegrenzung bevorzugt, vgl. Abschn. 15.5.3 und 15.5.4. Ein abweichendes vereinfachtes Verfahren zur *Berechnung* der Durchbiegung wird von *Zilch/Donaubauer* [90.3] vorgeschlagen. Hierzu wird der statisch unbestimmte Durchlaufträger in statisch bestimmte Teilträger gem. Abb. 15.30 zerlegt. Für diese Teilbereiche wird die Durchbiegung unter Ansatz effektiver Biegesteifigkeiten ermittelt, Ansätze für diese Biegesteifigkeiten sind in [90.3] angegeben. Kriech- und Schwindeinflüsse können erfasst werden, die Berechnung wird zweckmäßig mit einem Stabwerkprogramm durchgeführt.

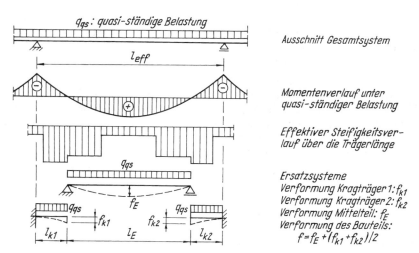

Abb. 15.30 *Vereinfachte Berechnung der Durchbiegung nach Zilch/Donaubauer [90.3]*

15.5.2 Wesentliche Einflüsse auf die Größe der Verformung

In Abb. 15.31 ist die zeitliche Entwicklung der Durchbiegung in Abhängigkeit von der Bauteilschlankheit und von der Betonfestigkeitsklasse nach *Zilch/Donaubauer* [90.3] aufgetragen. Man erkennt den sehr deutlichen, zeitabhängigen Anstieg der Verformung. Bei Ansatz eines Betons C 20/25 wird das Rissmoment M_{cr} unter quasi-ständiger Belastung, wegen der geringeren Zugfestigkeit f_{ctm} des Betons, in wesentlich größeren Bauteilbereichen erreicht als bei einem Beton C 30/37. Da somit bei Beton C 20/25 unter sonst gleichen Bedingungen größere Bauteilbereiche in den gerissenen Zustand II übergehen, ergeben sich entsprechend größere Verformungen. Ein Vergleich der beiden Abbildungsteile zeigt zusätzlich den Einfluss der Bauteilschlankheit auf die Größe der Durchbiegung.

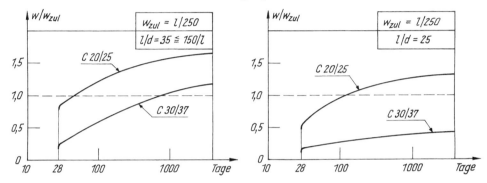

Abb. 15.31 Zeitliche Entwicklung der Durchbiegung einer einachsig gespannten Einfeldplatte in Abhängigkeit von der Betonfestigkeitsklasse und von der Schlankheit l/d (nach [90.3])

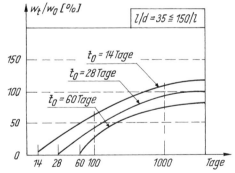

Abb. 15.32 Zeitlicher Zuwachs der Durchbiegung w_t einer Einfeldplatte, bezogen auf die Anfangsdurchbiegung w_0 in Abhängigkeit vom Zeitpunkt der Lastaufbringung (nach [90.3])

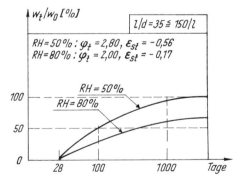

Abb. 15.33 Zeitlicher Zuwachs der Durchbiegung w einer Einfeldplatte, bezogen auf die Anfangsdurchbiegung w_0 in Abhängigkeit von den Umgebungsbedingungen, ausgedrückt durch die relative Luftfeuchtigkeit RH (nach [90.3])

In Abb. 15.32 ist die Zunahme der Verformung in Anhängigkeit vom Zeitpunkt der Lastaufbringung skizziert. Bei einer Belastung im jungen Betonalter ergeben sich größere Kriechzahlen φ und zunehmende Schwindzahlen ε_{cs}, beide Einflüsse verursachen den deutlich ablesbaren Einfluss einer frühen Belastung. Das Merkblatt „Betonschalungen und Ausschalfristen" in [5] enthält hierzu wertvolle Hinweise. Maßgebend für den Ausschalzeitpunkt ist die zum Zeitpunkt des Ausschalens erforderliche Festigkeit des Betons. Da die Festigkeitsentwicklung auch von der Zementsorte und von der Außentemperatur zum Zeitpunkt der Betonherstellung abhängig ist, soll der Ausschalzeitpunkt zwischen der ausführenden Firma (Bauleitung) und dem Tragwerksplaner abgestimmt werden. Wenn eine möglichst geringe Verformung des Bauteils erreicht werden soll, sollte der Tragwerksplaner auf einen späten Ausschaltermin hinwirken.

Der Einfluss der Umgebungsbedingungen auf den zeitlichen Verlauf der Durchbiegung ist in Abb. 15.33 dargestellt. Man erkennt, dass bei geringer Luftfeuchtigkeit (ausgedrückt durch RH) der prozentuale Zuwachs an der Durchbiegung wesentlich ausgeprägter ist als bei höherer Luftfeuchtigkeit. Die Umgebungsbedingungen sind vom Tragwerksplaner natürlich nicht zu beeinflussen. Er kann aber sehr wohl bei der Wahl der Bauteilabmessungen diesen Einfluss erfassen. In trockenen Innenräumen ist unter sonst gleichen Bedingungen mit größeren zeitabhängigen Verformungen zu rechnen als bei Bauteilen in Feuchträumen oder im Freien.

In Abb. 15.34 ist der Einfluss der Durchlaufwirkung auf die Durchbiegung von einachsig gespannten Durchlaufplatten angegeben. Das Verhältnis l_i / d wird dabei gem. EC 2/NA., 7.4.2 angesetzt. Man erkennt, dass die im Abschn. 6.4.2 bei dem vereinfachtem Verfahren angesetzten Beiwerte zur Bestimmung der Ersatzstützweite den tatsächlichen Einfluss der Durchlaufwirkung auf die Größe der Verformung teilweise nur unzureichend erfassen.

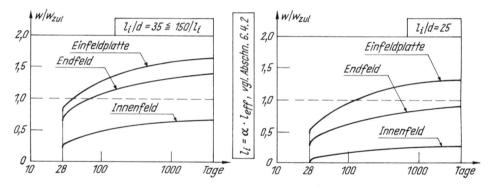

Abb. 15.34 Zeitliche Entwicklung der Durchbiegung von Einfeld- und Durchlaufplatten, bezogen auf eine zulässige Durchbiegung $w = l / 250$ (nach [90.3])

15.5.3 Zur Genauigkeit von Verformungsberechnungen

Im Abschn. 15.5.2 wurde der Einfluss verschiedener Größen auf die zu erwartende Durchbiegung besprochen. Bei allen Materialfestigkeiten handelt es sich um streuende Größen, hierbei hat vor allem die tatsächliche Größe der Zugfestigkeit einen bedeutenden Einfluss auf die Genauigkeit einer Verformungsberechnung. Der Einfluss der Zugfestigkeit ist dabei bei Bauteilen, die nur in kleinen Bereichen gerissen sind (Platten), wesentlich ausgeprägter als bei Bauteilen mit großen Bereichen im Zustand II. Weitere wesentliche Einflüsse auf die Genauigkeit einer Verformungsberechnung sind der Belastungszeitpunkt sowie die die Größe der Kriech- und Schwindverformung in starkem Maße beeinflussenden Umgebungsbedingungen.

In verschiedenen Arbeiten [3.5], [60.22] haben *Krüger/Mertzsch* den Einfluss der Streuungen auf die Genauigkeit einer Verformungsberechnung untersucht. In Abb. 15.35 ist der Einfluss der Zugfestigkeit dargestellt, zusätzlich angegeben ist der Rissbildungsgrad, ausgedrückt durch das Verhältnis M_{max} / M_{cr}. Bei gering beanspruchten Bauteilen (meist Platten) verbleiben weite Bauteilbereiche im Zustand I. Charakteristisch hierfür sind kleine Werte M_{max} / M_{cr}, (1,3 in

Abb. 15.35). Der Einfluss der Zugfestigkeit auf die Größe der Verformung ist in Abb. 15.35 durch extreme Quantilwerte ausgedrückt. Man erkennt, dass schon geringe Streuungen der Zugfestigkeit zu deutlichen Änderungen der Verformungsgrößen führen. Dies ist besonders deutlich bei gering beanspruchten Bauteilen, weil hier kleine Änderungen der Betonzugfestigkeit in größeren Bauteilbereichen einen Übergang in den Zustand II bewirken können.

Der Einfluss des Belastungszeitpunktes auf die Größe der Verformung ist in Abb. 15.32 dargestellt, der Einfluss der Umgebungsbedingungen in Abb. 15.33. Nach *Krüger/Mertzsch* [70.7] können diese Einflüsse eine Verformungsberechnung wesentlich beeinflussen, wenn der Belastungszeitpunkt und die relative Luftfeuchtigkeit zum Zeitpunkt der Verformungsberechnung nicht genau bekannt sind. Eine ungünstige Wahl der Eingangsparameter bei der Verformungsberechnung kann zu einer Über- oder Unterschätzung der berechneten Verformung bis zu etwa 40 % führen [70.7]. Bei einer Begrenzung der Verformung auf 1/500 der Stützweite ist zudem zu beachten, dass nach dem Text in EC 2, 7.4.1 (5) nicht die *gesamte* Verformung zu erfassen ist, sondern nur der Anteil der Verformung, der *nach* dem Einbau der gefährdeten Bauteile zu erwarten ist. Wann deckenbelastende leichte Trennwände eingebaut werden, ist im Regelfall zum Zeitpunkt der statischen Bearbeitung noch nicht bekannt. Aus diesem Grunde wird hier empfohlen, bei Verformungsberechnungen stets die Gesamtverformung anzusetzen. In [60.41] findet man hierzu lesenswerte Hinweise.

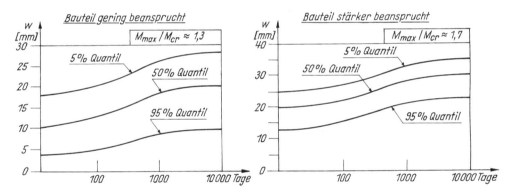

Abb. 15.35 *Einfluss der Zugfestigkeit auf die Verformungsvorhersage bei einer Platte:*
$l = 5,00\,m$, *C 20/25*, $h = 20\,cm$ *(nach [70.7]). Prinzipielle Darstellung!*

Es ist zu erkennen, dass alle Verfahren zur Berechnung der Durchbiegung mit Unsicherheiten behaftet sein müssen. Das „genaueste" Verfahren zur Berechnung der Durchbiegung besteht nach EC 2, 7.4.3 (7) darin, den Krümmungsverlauf über die Bauteillänge zu bestimmen und danach durch numerische Integration die Durchbiegung zu ermitteln. Nach EC 2, 7.4.3 reicht es in den meisten Fällen aus, die Verformung einmal für einen auf ganzer Länge im Zustand I befindlichen Träger zu bestimmen, in einem zweiten Rechengang wird dann angenommen, dass das Bauteil sich insgesamt im Zustand II befindet. Den wahrscheinlichen Wert der Durchbiegung erhält man durch Auswertung der Interpolationsformel (15.34), vgl. auch EC 2, 7.4.3.

Durchbiegungs*berechnungen* werden heute fast ausschließlich mittels EDV durchgeführt. Diese Berechnungen sind bei statisch unbestimmten Systemen nur iterativ durchzuführen, da das nichtlineare Verhalten der Baustoffe Beton und Betonstahl zu erfassen ist und durch die Rissbildung die Steifigkeit und damit Verlauf und Größe der Schnittgrößen und damit wieder die erforderliche Bewehrung beeinflusst wird. In Heft 525 (1. Auflage) wird zudem darauf hingewiesen, dass im Grenzzustand der Tragfähigkeit nicht berücksichtigte Einflüsse, wie z. B. Randeinspannung oder Querabtrag, zu einer deutlichen Veränderung der berechneten Durchbiegung führen können.

Fingerloos weist in verschiedenen Veröffentlichungen (z. B. [1.24]) darauf hin, dass man realistische obere *und* untere Eingangswerte für eine Durchbiegungsberechnung haben muss, um einigermaßen zutreffende Werte zu erhalten. Hierzu gehören insbesondere:

– Elastizitätsmodul des Betons
– Ausschalzeitpunkt
– Zeitpunkt der Lastaufbringung (Ausbaulasten, leichte Trennwände).

In Ergänzung zu den im Abschn. 6.4.2 besprochenen Möglichkeiten zur Begrenzung der Verformung ohne direkte Berechnung wird im folgenden Abschnitt ein Näherungsverfahren gezeigt, mit dem die für die Durchbiegung maßgebenden Parameter in einfacher Form berücksichtigt werden können. Die Kenntnis des Bewehrungsgrades ist bei diesem Ansatz im Gegensatz zu (6.34) und (6.35) nicht erforderlich, das Verfahren eignet sich daher insbesondere zur Vordimensionierung.

Ein Näherungsverfahren zur *Berechnung* der Durchbiegung wurde von *Krüger/Mertzsch* [60.21] entwickelt. In diesem Verfahren werden die Durchbiegungen über den Ansatz

$$f_k^{II} = k_a \cdot f_0^I$$

bestimmt. Hierbei ist f_0^I die Verformung des Bauteils im Zustand I, mit k_a wird die Vergrößerung der Verformung im Zustand II berücksichtigt. Es wird mit der Biegezugfestigkeit $f_{ctm,fl}$ gerechnet, hierbei wird ein von EC 2, 3.1.8 abweichender Ansatz für die Größe der Biegezugfestigkeit verwendet, der bei Bauteildicken über etwa 400 mm beträchtlich abweichende Biegezugfestigkeiten ergibt. Das Verfahren mit Beispielen ist in der 8. Auflage dieses Buches ausführlich besprochen worden. Mit den im Abschn. 6.4.2 besprochenen Regelungen zur Beschränkung der Verformung gem. EC 2, 7.4.2 ist die Möglichkeit gegeben, die zur Einhaltung bestimmter Verformungsgrenzen erforderliche Biegeschlankheit in Abhängigkeit von dem vorliegenden oder erforderlichen Bewehrungsgrad zu bestimmen. Da heute zudem mit sehr vielen EDV-Programmen eine *rechnerische* Bestimmung der Verformung möglich ist, wird hier auf eine ausführliche Darstellung dieses Verfahrens verzichtet.

15.5.4 Zur Begrenzung der Verformung ohne direkte Berechnung

Für die Begrenzung der Verformung auf zulässige Werte ist der näherungsweise Nachweis mit Hilfe der Biegeschlankheit zweckmäßig. *Krüger/Mertzsch* [3.5] geben für den Nachweis der Biegeschlankheit unterschiedliche Werte für Balken und Platten an. Dies wird begründet mit der bei Platten allgemein geringeren Rissbildung. Außerdem wird unterschieden zwischen einer Begrenzung der Verformung auf zul $f = l/250$ und zul $f = l/500$, der Einfluss einer zweiachsigen Lastabtragung kann berücksichtigt werden. *Zilch/Donaubauer* [90.3] kommen tendenziell zu ähnlichen Ergebnissen, nach dieser Arbeit ergeben sich im Regelfall noch etwas größere erforderliche Nutzhöhen d gegenüber den Ansätzen von *Krüger/Mertzsch*.

In Abb. 15.36 sind die Regeln für den Nachweis zur Begrenzung der Verformung über die Biegeschlankheit nach *Krüger / Mertzsch* zusammengestellt.

Die λ_i-Werte beruhen dabei auf folgenden Grundlagen:

> Betonfestigkeitsklasse C 20 / 25
>
> Kriechzahl $\varphi = 2{,}5$
>
> Nutzlast bei Platten $q_k \leqq 5{,}0\,\text{kN}/\text{m}^2$.

Beiwerte λ_i

zul w		l_i	λ_i
$l/250$	Platten	$\leq 4,0\,m$	30,0
		$7,0\,m$	24,0
		$12,0\,m$	19,0
	Balken	$\leq 4,0\,m$	28,0
		$7,0\,m$	25,0
		$12,0\,m$	23,0
$l/500$	Platten	$\leq 4,0\,m$	23,0
		$7,0\,m$	17,0
		$12,0\,m$	13,0
	Balken	$\leq 4,0\,m$	16,0
		$7,0\,m$	14,0
		$12,0\,m$	13,0

Zwischenwerte können linear interpoliert werden.

$$erf\,d = \frac{l_i}{\lambda_i} \cdot k_c$$

$k_c = (f_{cko}/f_{ck})^{1/6}$, $f_{cko} = 20\,N/mm^2$
Einachsig gespannte Bauteile
$$l_i = \alpha_i \cdot l_{eff}$$
Vierseitig gelagerte Platten
$$l_i = \eta_i \cdot l_{eff},\ l_{eff} = min\,l = l_y$$

Beiwerte α_i

Statisches System	α_i
Frei drehbar gelagerter Einfeldträger	1,0
Endfeld eines Durchlaufträgers	0,8
Innenfeld eines Durchlaufträgers	0,7
Kragträger	2,5
Flachdecke – mit der größeren Spannweite	0,85

Beiwerte η_i (Vierseitig gelagerte Platten)

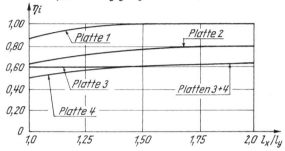

Lagerungsbedingungen der Platten 1– 4

Abb. 15.36 Begrenzung der Verformung ohne direkte Berechnung: Verbessertes Verfahren nach Krüger/Mertzsch [3.5]

Der Einfluss abweichender Betonfestigkeiten kann durch den Beiwert k_c, der Einfluss der Plattengeometrie bei planmäßig zweiachsiger Lastabtragung durch Beiwerte η_i erfasst werden. Damit ergibt sich folgende Nachweisform:

$$\text{erf}\,d = \left(\frac{l_i}{\lambda_i}\right) \cdot k_c \tag{15.36}$$

Hierin ist:

λ_i — Grenzschlankheit gem. Abb. 15.36

$l_i = \alpha_i \cdot l_{eff}$ — Ideelle Stützweite von Balkentragwerken und einachsig gespannten Platten gem. Abb. 15.36

α_i — Beiwerte zur Berücksichtigung der Durchlaufwirkung gem. Abb. 15.36

$l_i = \eta_i \cdot l_{eff}$ — Ideelle Stützweite von zweiachsig gespannten Platten mit $l_{eff} = min\,l = l_y$ und η_i gem. Abb. 15.36

195

Anwendungsbeispiel

Für die im Abschn. 6.4.3 behandelte durchlaufende Stahlbetonplatte ist die erforderliche Plattendicke im Hinblick auf die Begrenzung der Verformung zu bestimmen.

Betonfestigkeitsklasse C 30/37

Durchführung:

Kragträger   zul $f = l_{eff}/250$ (keine Leichtwände)

$$l_i = 2,5 \cdot 2,20 = 5,50\,\text{m}$$

Aus Abb. 15.36: $\lambda_i = 27$ (interpoliert)

$$\text{erf } d = \frac{5,50}{27} \cdot (20/30)^{1/6} = 0,19\,\text{m}$$

Feld 3   zul $f = l_{eff}/500$ (mit Leichtwänden)

$$l_i = \alpha_i \cdot l_3 = 0,8 \cdot 6,50 = 5,20\,\text{m}$$

Aus Abb. 15.36: $\lambda_i = 20,6$

$$\text{erf } d = \left(\frac{5,20}{20,6}\right) \cdot (20/30)^{1/6} = 0,236\,\text{m}$$

Erforderliche Plattendicke

$$h \geqq 23,6 + 2,5 + 1,6/2 \approx 27,0\,\text{cm} \ (!)$$

Das Ergebnis ist unrealistisch, man wird eine geringere Plattendicke wählen und nach der Bemessung den Verformungsnachweis gem. den Angaben in EC 2 führen, vgl. hierzu Abschn. 6.4.3 und den Nachweis zur Gebrauchstauglichkeit im Abschn. 11.3.2.

Geringere Bauteilhöhen sind möglich, wenn verformungsunempfindliche Leichtwände eingebaut werden (z. B. Gipskartonplatten auf Leichtmetall-Ständerwerk). Dann darf die zulässige Durchbiegung größer als $l/500$ angesetzt werden. Die so gewählte Durchbiegungsgrenze ist ingenieurmäßig in Abhängigkeit von der Verformungsfähigkeit der Wand und von den Verträglichkeitsbedingungen zwischen Wand und Decke festzulegen. Unter sonst gleichen Bedingungen ist, z. B. bei einer einachsig gespannten Decke, eine in Spannrichtung zu errichtende leichte Trennwand wesentlich stärker rissgefährdet als eine Wand senkrecht zur Spannrichtung.

15.5.5 Grundlagen der direkten Berechnung der Verformung gemäß EC 2, 7.4.3

Prof. Dr.-Ing. Andrej Albert

Ist ein Nachweis zur Begrenzung der Verformung gemäß Abschn. 6.4.2 oder gemäß Abschn. 15.5.4 nicht möglich, so kann eine Verformungsberechnung gemäß EC 2, 7.4.3 vorgenommen werden. Wie in Abschn. 15.5.1 beschrieben, lässt sich die maximale Durchbiegung mit ausreichender Genauigkeit unter der Annahme einer über die Trägerlänge konstanten Biegesteifigkeit EI ermitteln. In diesem Fall gelten die Gesetze der linearen Statik und der Verlauf der Krümmungen $(1/r)$ ist affin zum Verlauf der Biegemomente. Somit genügt es, die Krümmung an der Stelle des maximalen Biegemomentes zu berechnen und dann unter Anwendung des Arbeitssatzes die maximale Durchbiegung zu ermitteln mit (vgl. Abschn. 15.5.1)

$$f = k \cdot l^2 \cdot (1/r)_\mathrm{m} \tag{15.37}$$

Die Beiwerte k zur Berücksichtigung des Biegemomentenverlaufs können Abb. 15.37 entnommen werden. Die Werte für weitere Momentenverläufe findet man in [9].

System und Belastung	Beiwert k
 M ⟍———⟋ M	0,125
 ↓↓↓↓↓↓ p	0,104
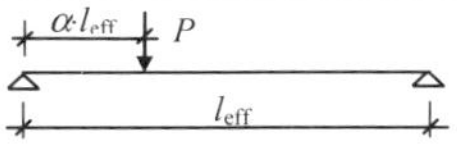 $\alpha \cdot l_\mathrm{eff}$ ↓ P ; l_eff	$\dfrac{3 - 4 \cdot \alpha^2}{48 \cdot (1 - \alpha)}$

Abb. 15.37   Beiwerte k zur Berechnung der Durchbiegungen (Auszug aus [9])

Tatsächlich ist die Biegesteifigkeit über die Trägerlänge i. Allg. nicht konstant. Üblicherweise bleiben einige gering beanspruchte Bereiche im Zustand I, während höher beanspruchte Bereiche in den Zustand II übergehen. Um dieses Verhalten trotz der vereinfachten Annahme einer konstanten Biegesteifigkeit näherungsweise zu erfassen, wird ein (fiktiver) mittlerer Krümmungsverlauf, der affin zur Momentenlinie verläuft, unterstellt. Dieser mittlere Krümmungsverlauf liegt zwischen dem Krümmungsverlauf, den man erhalten würde, wenn das Bauteil auf voller Länge im Zustand I verbliebe und dem Verlauf, der sich ergeben würde, wenn sich auf voller Länge Zustand II einstellen würde. Wie bereits in Abschn. 15.5.1 erläutert, ist daher in Gleichung (15.37) für $(1/r)_\mathrm{m}$ der Wert einzusetzen, der sich für den (fiktiven) Krümmungsverlauf an der Stelle des maximalen Momentes ergibt. Den Wert $(1/r)_\mathrm{m}$ erhält man mit

$$(1/r)_\mathrm{m} = \zeta \cdot (1/r)_\mathrm{II} + (1 - \zeta) \cdot (1/r)_\mathrm{I} \tag{15.38}$$

wobei der Rissverteilungsbeiwert ζ gemäß Gleichung (15.35) zu ermitteln ist. Die Krümmungen $(1/r)_\mathrm{I}$ und $(1/r)_\mathrm{II}$ werden jeweils für die „Lasteinwirkung" und für „Schwinden" ermittelt und addiert.

$$(1/r)_\mathrm{I} = (1/r)_{\mathrm{I, Last}} + (1/r)_{\mathrm{I, Schwinden}}$$
$$(1/r)_\mathrm{II} = (1/r)_{\mathrm{II, Last}} + (1/r)_{\mathrm{II, Schwinden}} \tag{15.39}$$

Um bei der Krümmung unter der Lasteinwirkung im Zustand I den Anteil aus Kriechen zu berücksichtigen, wird bei der Biegesteifigkeit mit dem effektiven Elastizitätsmodul für Beton $E_{\mathrm{c,eff}}$ gemäß Gleichung (15.32) gerechnet. Die Krümmung $(1/r)_{\mathrm{I, Last}}$ ergibt sich dann zu

$$(1/r)_{\mathrm{I, Last}} = \frac{M_\mathrm{perm}}{E_{\mathrm{c,eff}} \cdot I_\mathrm{I}} \tag{15.40}$$

Im Zustand II ergibt sich die Krümmung infolge der Lasteinwirkung zu (vgl. Abb. 15.38)

$$(1/r)_{\mathrm{II, Last}} = \frac{\varepsilon_\mathrm{s}}{d - x} \tag{15.41}$$

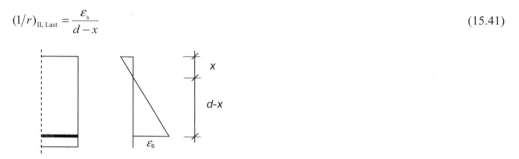

Abb. 15.38   Dehnungszustand; Ermittlung der Krümmungen

Die Krümmung infolge Schwinden im Zustand I ergibt sich dadurch, dass der Bewehrungsstahl die Schwindverkürzung behindert. Somit ergibt sich eine Normalkraft N_cs, die im Schwerpunkt der Bewehrung angreift und die – sofern der Schwerpunkt der Bewehrung und der Querschnittsschwerpunkt nicht identisch sind – ein Moment M_cs und eine Krümmung des Querschnitts $(1/r)_{\mathrm{I, Schwinden}}$ bewirkt (vgl. Gleichung 15.33). Wiederum wird mit dem effektiven Elastizitätsmodul für den Beton $E_{\mathrm{c,eff}}$ gerechnet.

Für den Zustand II wird Gleichung 15.33 sinngemäß angewandt, indem die Querschnittswerte S und I für den Zustand II angesetzt werden.

15.5.6   Berechnungsbeispiel

Prof. Dr.-Ing. Andrej Albert

Aufgabe

Für die in Abb. 15.39 dargestellte Einfeldplatte, die durch verformungsempfindliche Trennwände belastet wird, ist der wahrscheinliche Wert der Durchbiegung zu berechnen. Es handelt sich um ein Innenbauteil mit trockenen Umgebungsbedingungen (Operationsraum, Kategorie B3). Der Zeitpunkt der Erstbelastung ist nach 28 Tagen vorgesehen, es wird Zement der Festigkeitsklasse 32,5 N verwendet.

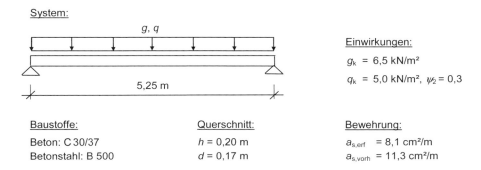

System:

Einwirkungen:

g_k = 6,5 kN/m²

q_k = 5,0 kN/m², ψ_2 = 0,3

5,25 m

Baustoffe:

Beton: C 30/37

Betonstahl: B 500

Querschnitt:

h = 0,20 m

d = 0,17 m

Bewehrung:

$a_{s,erf}$ = 8,1 cm²/m

$a_{s,vorh}$ = 11,3 cm²/m

Abb. 15.39   System, Belastung, Baustoffe, Querschnitt, Bewehrung

Maximales Feldmoment:

Quasi-ständige Einwirkungen:

$$M_{Ed,perm} = (6,5 + 0,3 \cdot 5,0) \cdot \frac{5,25^2}{8} = 27,56 \text{ kNm}$$

Seltene Einwirkungen:

$$M_{Ed,rare} = (6,5 + 5,0) \cdot \frac{5,25^2}{8} = 39,62 \text{ kNm}$$

Rissmoment:

$$M_{cr} = f_{ctm} \cdot b \cdot \frac{h^2}{6}$$

Wenn nachgewiesen werden kann, dass – auch infolge von Schwinden oder Temperatur – keine Längszugspannungen im Querschnittsschwerpunkt auftreten, darf bei Verformungsberechnungen anstelle von f_{ctm} die Biegezugfestigkeit $f_{ctm,fl}$ angesetzt werden. Auf der sicheren Seite liegend wird hier mit f_{ctm}=2,9 MN/m² gerechnet.

$$M_{cr} = 2,9 \cdot 1,0 \cdot \frac{0,2^2}{6} = 0,0193 \text{ MNm} < M_{Ed,rare}$$

Da das Rissmoment des Querschnitts kleiner ist als das maximale Feldmoment unter der seltenen Einwirkungskombination, befindet sich ein Teil der Decke im Zustand II.

199

Den Rissverteilungsbeiwert ζ ermittelt man mit (vgl. Gleichung (15.35))

$$\zeta = 1 - \beta \cdot (\frac{\sigma_{s,cr}}{\sigma_s})^2 .$$

Hierbei ist für Dauerbelastung $\beta = 0,5$ einzusetzen. Für $\sigma_{s,cr}/\sigma_s$ darf im Falle reiner Biegung mit M_{cr}/M gerechnet werden, wobei für M wiederum das Moment aus der seltenen Einwirkungskombination angesetzt werden sollte.

$$\zeta = 1 - 0,5 \cdot (\frac{19,3}{39,62})^2 = 0,88$$

Ermittlung von $(1/r)_I$:

$\rightarrow$ infolge Lasteinwirkung und Kriechen:

$$(1/r)_{I,Last} = \frac{M_{perm}}{E_{c,eff} \cdot I_1}$$

$$I_1 = \frac{b \cdot h^3}{12} = \frac{1,0 \cdot 0,2^3}{12} = 6,67 \cdot 10^{-4}\,m^4 \quad \text{(Bewehrung vernachlässigt!)}$$

$$E_{c,eff} = \frac{E_{cm}}{1 + \varphi(\infty, t_0)}$$

$$E_{cm} = 33\,000\ \text{MN/m}^2$$

$$\varphi(\infty, t_0) = 2,4 \quad \text{(für } h_0 = 200\ \text{mm, Zement CEM Klasse N)}$$

$$E_{c,eff} = \frac{33\,000}{1 + 2,4} = 9706\ \text{MN/m}^2$$

$$(1/r)_{I,Last} = \frac{0,02756}{9706 \cdot 6,67 \cdot 10^{-4}} = 4,26 \cdot 10^{-3}\ \text{1/m}$$

$\rightarrow$ infolge Schwinden:

$$(1/r)_{I,Schwinden} = \frac{\varepsilon_{cs\infty} \cdot \alpha_e \cdot S}{I_1}$$

$$\alpha_e = \frac{200\,000}{9706} = 20,6$$

$$\varepsilon_{cs\infty} = \varepsilon_{cd\infty} + \varepsilon_{ca\infty}$$

$$\varepsilon_{cd\infty} = k_h \cdot \varepsilon_{cd0}$$

$$k_h = 0,85 \qquad \text{gemäß EC 2, Tab. 3.3}$$

$$\varepsilon_{cd0} = 0,48 \qquad \text{gemäß EC 2/NA, Tab. NA.B.2}$$

$$\text{(für RH} = 50\,\%, \text{Zement CEM Klasse N)}$$

$$\varepsilon_{cd\infty} = 0,85 \cdot 0,48 = 0,41\ ‰$$

$$\varepsilon_{ca\infty} = 2,5 \cdot (f_{ck} - 10) \cdot 10^{-6} = 2,5 \cdot (30 - 10) \cdot 10^{-6} = 0,05 \text{‰}$$

$$\varepsilon_{cs\infty} = 0,41 + 0,05 = 0,46 \text{‰}$$

$$S = A_s \cdot z_s = 11,3 \cdot 10^{-4} \cdot 0,07 = 0,79 \cdot 10^{-4} \text{ m}^3$$

$$(1/r)_{\text{I,Schwinden}} = \frac{0,46 \cdot 10^{-3} \cdot 20,6 \cdot 0,79 \cdot 10^{-4}}{6,67 \cdot 10^{-4}} = 1,12 \cdot 10^{-3} \text{ 1/m}$$

Gesamtkrümmung Zustand I:

$$(1/r)_{\text{I}} = (1/r)_{\text{I,Last}} + (1/r)_{\text{I,Schwinden}} = 4,26 \cdot 10^{-3} + 1,12 \cdot 10^{-3} = 5,38 \cdot 10^{-3} \text{ 1/m}$$

Ermittlung von $(1/r)_{\text{II}}$:

→ infolge Lasteinwirkung und Kriechen:

$$(1/r)_{\text{II,Last}} = \frac{\varepsilon_s}{d - x}$$

Bestimmung der Druckzonenhöhe x und des Trägheitsmomentes I_{II} gemäß Tafel 4 (Anhang Teil 1)

$$\alpha_e \cdot \rho = 20,6 \cdot \frac{11,3}{100 \cdot 17} = 0,137$$

abgelesen aus Tafel 4: $\xi = 0,404$; $\kappa = 0,847$

$$x = \xi \cdot d = 0,404 \cdot 0,17 = 0,069 \text{ m}$$

$$z = d - \frac{x}{3} = 0,17 - \frac{0,069}{3} = 0,147 \text{ m}$$

$$I_{\text{II}} = \kappa \cdot \frac{b \cdot d^3}{12} = 0,847 \cdot \frac{1,0 \cdot 0,17^3}{12} = 3,47 \cdot 10^{-4} \text{ m}^4$$

$$\sigma_s = \frac{M_{\text{perm}}}{z \cdot A_s} = \frac{0,02756}{0,147 \cdot 11,3 \cdot 10^{-4}} = 165,9 \text{ MN/m}^2$$

$$\varepsilon_s = \frac{\sigma_s}{E_s} = \frac{165,9}{200\,000} = 0,83 \cdot 10^{-3}$$

$$(1/r)_{\text{II,Last}} = \frac{0,83 \cdot 10^{-3}}{0,17 - 0,069} = 8,2 \cdot 10^{-3} \text{ 1/m}$$

→ infolge Schwinden:

$$(1/r)_{\text{II,Schwinden}} = \frac{\varepsilon_{cs\infty} \cdot \alpha_e \cdot S_{\text{II}}}{I_{\text{II}}}$$

$$S_{II} = A_s \cdot (d-x) = 11{,}3 \cdot 10^{-4} \cdot (0{,}17 - 0{,}069) = 1{,}14 \cdot 10^{-4} \, \text{m}^3$$

$$(1/r)_{II,Schwinden} = \frac{0{,}46 \cdot 10^{-3} \cdot 20{,}6 \cdot 1{,}14 \cdot 10^{-4}}{3{,}47 \cdot 10^{-4}} = 3{,}11 \cdot 10^{-3} \, \text{1/m}$$

Gesamtkrümmung Zustand II:

$$(1/r)_{II} = (1/r)_{II,Last} + (1/r)_{II,Schwinden} = 8{,}2 \cdot 10^{-3} + 3{,}11 \cdot 10^{-3} = 11{,}31 \cdot 10^{-3} \, \text{1/m}$$

Mittlere Krümmung:

$$(1/r)_m = 0{,}88 \cdot 11{,}31 \cdot 10^{-3} + 0{,}12 \cdot 5{,}38 \cdot 10^{-3} = 10{,}6 \cdot 10^{-3} \, \text{1/m}$$

Die Durchbiegung ermittelt man nun mit

$$f = k \cdot l^2 \cdot (1/r)_m = 0{,}104 \cdot 5{,}25^2 \cdot 10{,}6 \cdot 10^{-3} = 0{,}030 \, \text{m}$$

Der zulässige Durchhang beträgt

$$\frac{l}{250} = \frac{5{,}25}{250} = 0{,}021 \, \text{m} < f$$

Die Decke muss mit einer Überhöhung hergestellt werden.
Die Überhöhung darf maximal $\dfrac{l}{250} = \dfrac{5{,}25}{250} = 0{,}021 \, \text{m}$ betragen. Hier wird eine Überhöhung von 0,015 m vorgesehen.

Um Schäden an den verformungsempfindlichen Trennwänden zu vermeiden, muss die Durchbiegung, die sich nach deren Einbau einstellt, auf $l/500 = 5{,}25/500 = 0{,}01$ m begrenzt werden. Da dieser Wert durch die ermittelte Durchbiegung nicht eingehalten wird, bestehen folgende Möglichkeiten:

— Einbau der verformungsempfindlichen Trennwände zu einem so späten Zeitpunkt, dass die nach diesem Zeitpunkt auftretenden Durchbiegungen $\leq l/500$ sind. Diese Lösung ist in der Praxis häufig schwierig zu realisieren, da zum Zeitpunkt der statischen Bearbeitung nicht bekannt ist, wann der Einbau der verformungsempfindlichen Trennwände erfolgen soll (vgl. Abschn. 15.5.3). Zudem widerspricht die Vorgabe eines späten Einbauzeitpunktes üblicherweise dem geplanten Bauablauf.
— Einbau von Trennwänden, die nicht verformungsempfindlich sind (z.B. Gipskartonplatten auf Leichtmetall-Ständerwerk, vgl. Abschn. 15.5.4).

15.6 Ermüdung

Prof. Dr.-Ing. Andrej Albert

15.6.1 Grundlagen, Wöhlerlinien

Ist ein Bauteil wechselnder Belastung unterworfen, so entstehen Schädigungen im Materialgefüge. Bei einer ausreichend großen Anzahl von Lastwechseln versagt das Bauteil infolge dieser sukzessiv fortschreitenden Schädigungen, selbst wenn die Belastung deutlich unterhalb der Grenze liegt, die als statische Belastung zu einem Versagen führen würde. In diesem Falle spricht man von einem Ermüdungsversagen.

Grundsätzlich ist hierbei zu unterscheiden zwischen einer Beanspruchung durch wenige Lastwechsel mit einer hohen Spannungsamplitude (wie z. B. beim Lastfall Erdbeben) und einer Beanspruchung durch viele Lastwechsel mit einer geringen Spannungsamplitude (wie bei Kranbahnen und Maschinenfundamenten). Der in diesem Abschnitt behandelte Ermüdungsnachweis bezieht sich auf die zweite genannte Beanspruchungsart.

Die Schwingfestigkeit von Werkstoffen oder Bauteilen wird üblicherweise in einem so genannten Einstufenversuch ermittelt (siehe Abb. 15.40). Hierbei werden die Versuchskörper zyklisch mit einer konstanten Oberspannung und einer konstanten Spannungsschwingbreite belastet, bis ein definiertes Versagen eintritt. Dieser Versuch wird für verschiedene Schwingbreiten durchgeführt. Die Verbindungslinie der einzelnen Wertepaare aus Schwingbreite und zugehöriger ertragbarer Schwingspielzahl bezeichnet man als Wöhlerlinie. Die Anzahl der ertragbaren Schwingspiele nimmt mit zunehmender Spannungsschwingbreite exponentiell ab. Die Wöhlerlinie lässt sich unterteilen in den Kurzzeitfestigkeitsbereich ($N \leq 10^4$), den Zeitfestigkeitsbereich und den Dauerfestigkeitsbereich ($N \geq 2 \cdot 10^6$). Im Kurzzeitfestigkeitsbereich liegt die Festigkeit nahe an der statischen Festigkeit. Dieser Bereich ist daher für Ermüdungsnachweise irrelevant. Im Bereich der Dauerfestigkeit tritt im Versuch bei $2 \cdot 10^6$ Lastwechseln kein Versagen ein. Entgegen früherer Annahmen ist heute bekannt, dass für Betonstahl kein Niveau von Spannungsschwingbreiten existiert, bei dem unendlich viele Schwingspiele aufnehmbar wären. Die in EC 2 angegebene Wöhlerlinie fällt daher auch im Dauerfestigkeitsbereich ab. Für die analytische Beschreibung wird der folgende Ansatz nach *Basquin* verwendet:

$$\log \Delta \sigma_{\mathrm{Rsk}} = \log \Delta \sigma_{\mathrm{Rsk}}(N^*) + \frac{1}{m} \log \frac{N^*}{N} \qquad (15.42)$$

Stellt man diese Beziehung im doppeltlogarithmischen Maßstab dar, so ergibt sich eine Gerade mit der Steigung $-1/m$ (siehe Abb. 15.40). Innerhalb des Zeitfestigkeitsbereichs wird für m der Wert k_1 eingesetzt, im Dauerfestigkeitsbereich gilt der Wert k_2. Zu beachten ist, dass bei dieser Darstellung der Wöhlerlinie der Übergang zwischen dem Bereich der Zeitfestigkeit und dem Bereich der Dauerfestigkeit nicht bei $2 \cdot 10^6$, sondern bei $N^* = 1 \cdot 10^6$ Lastwechseln liegt.

Bei metallischen Werkstoffen ist die Mittelspannung ohne Bedeutung für die Anzahl der ertragbaren Schwingspiele. Bei Beton hingegen ist die ertragbare Schwingspielzahl zusätzlich zur Spannungsschwingbreite auch von der Größe der Mittelspannung abhängig. Bei gleichen Schwingbreiten nimmt mit zunehmender Mittelspannung die Anzahl der ertragbaren Schwingspiele ab. Wöhlerlinien für Beton finden sich in Heft 525 des DAfStb.

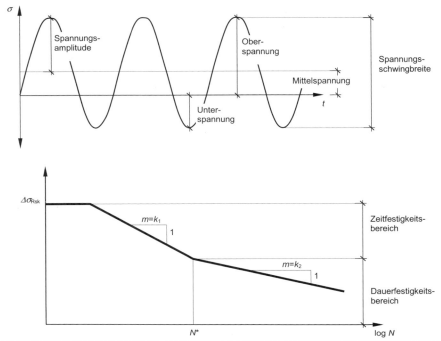

Betonstahl	N^*	Spannungsexponent		$\Delta\sigma_{Rsk}$ bei N^* Zyklen in N/mm^2
		k_1	k_2	
Gerade und gebogene Stäbe [a]	10^6	5	9 [c]	175
Geschweißte Stäbe und Betonstahlmatten [b]	10^6	4	5	85

[a] Für $D < 25\, d_s$ ist $\Delta\sigma_{Rsk}$ mit dem Reduktionsfaktor $\xi_1 = 0{,}35 + 0{,}026\, D/d_s$ zu multiplizieren.
Dabei ist d_s der Stabdurchmesser,
D der Biegerollendurchmesser.
Für Stäbe $d_s > 28$ mm ist $\Delta\sigma_{Rsk} = 145$ N/mm^2 (gilt nur für hochduktile Betonstähle).

[b] Sofern nicht andere Wöhlerlinien durch eine allgemeine bauaufsichtliche Zulassung oder Zustimmung im Einzelfall festgelegt werden.

[c] In korrosiven Umgebungsbedingungen (XC2, XC3, XC4, XS, XD) sind weitere Überlegungen zur Wöhlerlinie anzustellen. Wenn keine genaueren Erkenntnisse vorliegen, ist für k_2 ein reduzierter Wert $5 \le k_2 < 9$ anzusetzen.

Abb. 15.40   Belastung im Einstufenversuch, Wöhlerlinie für Betonstahl sowie Parameter k_1 und k_2 gem. EC 2/Tabelle NA.6.3

15.6.2 Nachweis gemäß EC 2

Für Tragwerke des üblichen Hochbaus braucht im Allgemeinen kein Ermüdungsnachweis geführt zu werden. Ist der Nachweis erforderlich, so stellt EC 2 drei verschiedene Verfahren zur Verfügung, die sich sowohl hinsichtlich Ihrer Genauigkeit als auch hinsichtlich des mit ihnen verbundenen Aufwandes deutlich voneinander unterscheiden. Dies sind der explizite Betriebsfestigkeitsnachweis für Stahl (EC 2, 6.8.4), der Nachweis der schädigungsäquivalenten Spannungsschwingbreite (für Stahl gemäß EC 2, 6.8.5(3), für Beton gemäß EC 2, 6.8.7(1)) sowie der Nachweis der Quasi-Dauerfestigkeit gemäß EC 2, 6.8.6 (Stahl) und EC 2, 6.8.7(2) (Beton).

Beim Ermüdungsnachweis handelt es sich um einen Nachweis im Grenzzustand der Tragfähigkeit. Hohe Beanspruchungen, die nur einmal in der Lebensdauer eines Tragwerkes auftreten, tragen jedoch nur wenig zur Gesamtschädigung des Tragwerkes bei. Relevant für den Ermüdungsnachweis sind vielmehr Beanspruchungen, die öfter als $1 \cdot 10^4$ auftreten und die deutliche Schnittgrößenänderungen bewirken. Daher ist der Nachweis der Ermüdungssicherheit im Gegensatz zu den übrigen Nachweisen des Grenzzustandes der Tragfähigkeit nicht mit um Teilsicherheitsbeiwerte erhöhten Einwirkungen zu führen. Maßgebend für den Nachweis sind die ständigen Lasten, der wahrscheinliche Wert der Setzungen (sofern ungünstig wirkend), der häufige Wert der Temperatureinwirkung (sofern ungünstig wirkend) sowie die Nutzlasten. Die maßgebenden Spannungen sind unter der Annahme eines gerissenen Querschnitts ohne Ansatz der Betonzugfestigkeit zu ermitteln.

Expliziter Betriebsfestigkeitsnachweis

Die präziseste Methode des Nachweises der Ermüdungssicherheit stellt der explizite Nachweis der Schädigungssumme mit Hilfe der *Palmgren-Miner-Regel* dar (siehe Abb. 15.41). Hierbei werden die Beanspruchungen für eine wirklichkeitsnahe Belastung ermittelt und dann die einzelnen auftretenden Spannungsschwingbreiten mit Hilfe bestimmter Zählverfahren (z. B. Rainflow-Methode oder Reservoir-Methode) klassiert.

Jede Beanspruchungsstufe führt zu einer Teilschädigung. Wenn mit $N(\Delta\sigma_i)$ diejenige Lastspielzahl bezeichnet wird, die bei einer Spannungsschwingbreite $\Delta\sigma_i$ zum Versagen führt und $n(\Delta\sigma_i)$ die tatsächlich auftretende Anzahl der Lastspiele mit der Schwingbreite $\Delta\sigma_i$ bezeichnet, dann beträgt diese Teilschädigung $D_i = n(\Delta\sigma_i) / N(\Delta\sigma_i)$. Gemäß der *Palmgren-Miner-Regel* sind die Teilschädigungen D_i aller Spannungsschwingbreiten linear zu akkumulieren. Zur Erfüllung des Nachweises darf die Summe der Teilschädigungen den Wert 1,0 nicht überschreiten.

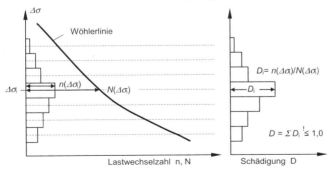

Abb. 15.41   Betriebsfestigkeitsnachweis mit der Palmgren-Miner-Regel

Nachweis der schädigungsäquivalenten Spannungsschwingbreite (vereinfachter Betriebs-festigkeitsnachweis)

Man definiert als schädigungsäquivalente Spannungsschwingbreite diejenige Schwingbreite, die bei N^* Belastungszyklen zu der gleichen Versagensart führt wie eine wirklichkeitsnahe Belastung während der Nutzungsdauer. Damit lässt sich der Betriebsfestigkeitsnachweis formal in einen Spannungsnachweis überführen.

Für Betonstahl gilt der Nachweis als erbracht, wenn gilt

$$\gamma_{F,fat} \cdot \Delta\sigma_{s,equ}(N^*) \leq \frac{\Delta\sigma_{Rsk}(N^*)}{\gamma_{s,fat}} \tag{15.43}$$

mit $\Delta\sigma_{Rsk}(N^*)$ Spannungsschwingbeiwerte bei N^* Lastzyklen gemäß Abb. 15.40

       $\Delta\sigma_{s,equ}(N^*)$ schädigungsäquivalente Spannungsschwingbeiwerte; für übliche

                Hochbauten darf angenommen werden $\Delta\sigma_{s,equ}(N^*) = \Delta\sigma_{S,max}$

       $\gamma_{F,fat}$ Teilsicherheitsbeiwert für die Einwirkungen; $\gamma_{F,fat} = 1,0$

       $\gamma_{S,fat}$ Teilsicherheitsbeiwert für den Betonstahl; $\gamma_{S,fat} = 1,15$

Die schädigungsäquivalente Spannungsschwingbreite $\Delta\sigma_{S,equ}(N^*)$ ermittelt man hierbei aus der tatsächlichen Schwingbreite und einem Betriebslastfaktor λ_s.

$$\Delta\sigma_{S,equ}(N^*) = \lambda_s \cdot \Delta\sigma_{S,max} \tag{15.44}$$

Für übliche Hochbauten gilt $\lambda_s = 1,0$, d. h. für $\Delta\sigma_{s,equ}(N^*)$ wird die maximale Spannungsamplitude $\Delta\sigma_{S,max}$ angesetzt. Im Brückenbau ist mit Hilfe der im DIN-Fachbericht 102 [6] angegebenen Betriebslastfaktoren eine differenziertere Betrachtung möglich.

Für Beton unter Druckbeanspruchung gilt der Nachweis als erbracht, wenn gilt:

$$E_{cd,max,equ} + 0,43 \cdot \sqrt{1 - R_{equ}} \quad \leq \quad 1,0 \tag{15.45}$$

mit $E_{cd,max,equ} = \dfrac{|\sigma_{cd,max,equ}|}{f_{cd,fat}}$

       $R_{equ} = \dfrac{\sigma_{cd,min,equ}}{\sigma_{cd,max,equ}}$

       $\sigma_{cd,min,equ}, \sigma_{cd,max,equ}$ obere bzw. untere Spannung der schädigungsäquivalenten

                                 Schwingungsbeiwerte mit einer Anzahl von $N = 10^6$ Zyklen

$f_{\mathrm{cd,fat}}$ bezeichnet den Bemessungswert der Betondruckfestigkeit beim Nachweis gegen Ermüdung. Bei seiner Ermittlung wird die Nacherhärtung des Betons über die Erhärtungsfunktion berücksichtigt (vgl. Abschn.1.5.1):

$$f_{\mathrm{cd,fat}} = k_1 \cdot \beta_{\mathrm{cc}}(t_0) \cdot f_{\mathrm{cd}} \cdot \left(1 - \frac{f_{\mathrm{ck}}}{250} \right)$$

mit $k_1=1,0$ gemäß EC 2/NA 6.8.7(1)

$$\beta_{\mathrm{cc}}(t_0) = e^{s\left(1-\sqrt{\frac{28}{t_0}}\right)}$$

$s = 0,2$ für Zement der Festigkeitsklassen CEM 42,5 R, CEM 52,5 N, CEM 52,5 R
   $= 0,25$ für Zement der Festigkeitsklassen CEM 32,5 R, CEM 42,5 N
   $= 0,38$ für Zement der Festigkeitsklassen CEM 32,5 N
   $= 0,2$ für alle Zemente bei Beton $\geq$ C55/67

Nachweis der Quasi-Dauerfestigkeit

Die einfachste Möglichkeit den Ermüdungsnachweis zu führen, stellt der Nachweis der Quasi-Dauerfestigkeit dar. Die zulässigen Spannungsschwingbreiten ergeben sich bei diesem Nachweis aus den Wöhlerlinien für eine sehr hohe Anzahl an Lastwechseln. Hieraus ergibt sich, dass der Nachweis in vielen Fällen sehr deutlich auf der sicheren Seite liegen und somit zu unwirtschaftlichen Ergebnissen führen kann.

Der Ermüdungsnachweis für Beton unter Druckspannungen gilt als erbracht, wenn gilt

$$\frac{\sigma_{\mathrm{c,max}}}{f_{\mathrm{cd,fat}}} \leq 0,5 + 0,45 \cdot \frac{\sigma_{\mathrm{c,min}}}{f_{\mathrm{cd,fat}}} \quad \left\{ \begin{array}{ll} \leq 0,9 & \text{bis C50/60} \\ \leq 0,8 & \text{ab C55/67} \end{array} \right. \tag{15.46}$$

mit $\sigma_{\mathrm{c,max}}$ Bemessungswert der maximalen Druckspannung unter der häufigen Einwirkungskombination (Druckspannungen positiv bezeichnet)

       $\sigma_{\mathrm{c,min}}$ Bemessungswert der minimalen Druckspannung am Ort von $\sigma_{\mathrm{c,max}}$ (bei Zugspannung gilt in der Regel $\sigma_{\mathrm{c,min}} = 0$)

Die gleiche Beziehung gilt auch für den Ermüdungsnachweis der Druckstreben von Bauteilen mit Querkraftbewehrung, wobei $f_{\mathrm{cd,fat}}$ mit dem Beiwert ν_1 abzumindern ist (vgl. Abschn. 7.5.3). Im Unterschied zum Nachweis der Querkraftbewehrung ist der Druckstrebenwinkel wie für ruhende Belastung anzusetzen.
Bei Bauteilen ohne rechnerisch erforderliche Querkraftbewehrung gilt der Ermüdungsnachweis für Beton als erbracht, wenn gilt:

   $-$ für $\dfrac{V_{\mathrm{Ed,min}}}{V_{\mathrm{Ed,max}}} \geq 0$:

$$\frac{|V_{\mathrm{Ed,max}}|}{|V_{\mathrm{Rd,c}}|} \leq 0,5 + 0,45 \cdot \frac{|V_{\mathrm{Ed,min}}|}{|V_{\mathrm{Rd,c}}|} \quad \left\{ \begin{array}{ll} \leq 0,9 & \text{bis C50/60} \\ \leq 0,8 & \text{ab C55/67} \end{array} \right. \tag{15.47}$$

- für $\dfrac{V_{Ed,min}}{V_{Ed,max}} < 0$:

$$\frac{\left|V_{Ed,max}\right|}{\left|V_{Rd,c}\right|} \leq 0,5 - \frac{\left|V_{Ed,min}\right|}{\left|V_{Rd,c}\right|}$$

mit $\quad V_{Ed,max}$ Bemessungswert der maximalen Querkraft unter der häufigen Einwirkungskombination

$\quad\quad V_{Ed,min}$ Bemessungswert der minimalen Querkraft unter der häufigen Einwirkungskombination in dem Querschnitt, in dem $V_{Ed,max}$ auftritt

Für ungeschweißte Betonstähle gilt der Nachweis als erbracht, wenn unter der häufigen Einwirkungskombination eine Spannungsschwingbreite $\Delta\sigma_s \leq 70$ N/mm^2 eingehalten wird. Für geschweißte Betonstähle muss nachgewiesen werden, dass der Betonquerschnitt im Bereich der Schweißverbindung unter der häufigen Einwirkungskombination überdrückt bleibt.
Für die Ermittlung der Querkraftbewehrung ist mit einem Druckstrebenwinkel von

$$\tan\Theta_{fat} = \sqrt{\tan\Theta} \leq 1,0$$

zu rechnen. Durch diese steilere Druckstrebenneigung wird die stärkere Beanspruchung an den kreuzenden Schubrissen berücksichtigt.

Für ein Beispiel zum Ermüdungsnachweis wird auf [30] verwiesen.

16 Rahmenartige Tragwerke

16.1 Schnittgrößen in rahmenartigen Tragwerken

16.1.1 Allgemeines

Nach EC 2, 5.3.2.2 dürfen in rahmenartigen *unverschieblichen* Tragwerken bei Innenstützen, die mit Balken oder Platten biegefest verbunden sind, die Biegemomente aus Rahmenwirkung vernachlässigt werden. Dies gilt, wenn das Stützweitenverhältnis benachbarter Felder mit annähernd gleicher Steifigkeit innerhalb der Grenzen $0{,}5 < l_{\text{eff},1}/l_{\text{eff},2} < 2{,}0$ liegt, vgl. hierzu auch Abschn. 3.5.2.

An den Endauflagern wird bei Auflagerung auf Mauerwerk die vorhandene Einspannung rechnerisch nicht erfasst, sondern konstruktiv gem. den Angaben in EC 2, 9.2 berücksichtigt, vgl. hierzu Abschn. 4.5.1. Bei biegefester Verbindung von Randstützen mit Balken, Plattenbalken oder Platten sind diese Randstützen stets als Rahmenstiele eines rahmenartigen Tragwerks anzusehen. Die Bemessung erfolgt dann für Biegung mit Normalkraft nach den im Kapitel 13 besprochenen Regeln. In Abb. 16.1 sind die zulässigen Systemvereinfachungen bei rahmenartigen Systemen zusammengestellt.

1. *Rahmensystem mit geringen Stützweitenunterschieden:* $0{,}5 < l_{\text{eff},i}/l_{\text{eff},i+1} < 2{,}0,\ i = 1{,}2 \cdots$
   Tatsächliches System   *Zulässige Systemvereinfachung*

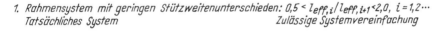

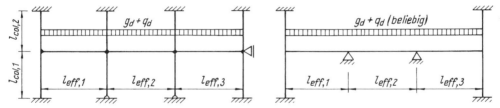

2. *Rahmensystem mit größeren Stützweitenunterschieden:* $0{,}5 > l_{\text{eff},1}/l_{\text{eff},2} > 2{,}0$
   Tatsächliches System   *Zulässige Systemvereinfachung*

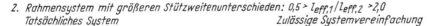

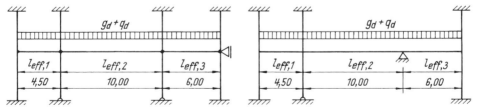

Abb. 16.1 Systemvereinfachungen bei rahmenartigen Tragwerken des üblichen Hochbaus

Die Schnittkraftermittlung erfolgt heute fast ausschließlich programmgesteuert mit entsprechender Software. Auch bei den in Abb. 16.1 skizzierten, vielfach statisch unbestimmten Rahmensystemen sind die Schnittgrößen hiermit rasch bestimmbar. Zur Kontrolle von elektronisch berechneten Momenten und wenn in Ausnahmefällen die Rahmenmomente konventionell zu bestimmen sind, werden Näherungsverfahren benötigt. Aus Abb. 16.1 ist erkennbar, dass die Momente in Randstützen von rahmenartigen unverschieblichen Tragwerken immer zu bestimmen sind, während bei Innenstützen nur bei sehr unregelmäßigen Systemen eine Momentenermittlung aus Rahmenwirkung erforderlich wird. Für den üblichen Hochbau dürfen näherungsweise gem. Heft 240 [80.14] die Biegemomente an einem Ersatzdurchlaufträger mit frei drehbarer Lagerung ermittelt werden, wenn anschließend die Rahmenwirkung der Randstützen erfasst wird, vgl. Abschn. 16.1.2.

16.1.2 Randmomente nach dem Näherungsverfahren

Für die Ermittlung der Momente am Endauflager setzen wir zunächst volle Einspannung an der ersten Innenstütze und volle Einspannung an den abbiegenden Stützenenden an. Für die Stabsteifigkeiten wird gesetzt

$$k_{\mathrm{R}} = I_{\mathrm{b1}}/l_{\mathrm{eff},1}, \quad k_{\mathrm{u}} = I_{\mathrm{col},1}/l_{\mathrm{col},1}, \quad k_{\mathrm{o}} = I_{\mathrm{col},2}/l_{\mathrm{col},2}$$

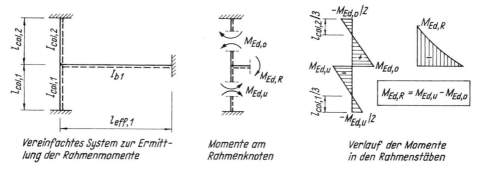

Vereinfachtes System zur Ermittlung der Rahmenmomente • Momente am Rahmenknoten • Verlauf der Momente in den Rahmenstäben

Abb. 16.2 Ermittlung der Eckmomente in den Randstützen von rahmenartigen Tragwerken

Das Volleinspannmoment des Riegels bezeichnen wir analog zu den Angaben in Heft 240 mit $M_{\mathrm{Ed}}^{(0)}$, bei Gleichlast g_{d} ist somit $M_{\mathrm{Ed}}^{(0)} = -g_{\mathrm{d}} \cdot l_{\mathrm{eff},1}^2/12$. Mit dem ersten Schritt des Ausgleichsverfahrens von *Cross* erhält man

$$M_{\mathrm{Ed,R}} = M_{\mathrm{Ed}}^{(0)} \cdot \frac{k_{\mathrm{o}} + k_{\mathrm{u}}}{k_{\mathrm{R}} + k_{\mathrm{o}} + k_{\mathrm{u}}}$$

$$M_{\mathrm{Ed,R}} = M_{\mathrm{Ed}}^{(0)} \cdot \frac{\dfrac{I_{\mathrm{col},2}}{l_{\mathrm{col},2}} \cdot \dfrac{l_{\mathrm{eff},1}}{I_{\mathrm{b1}}} + \dfrac{I_{\mathrm{col},1}}{l_{\mathrm{col},1}} \cdot \dfrac{l_{\mathrm{eff},1}}{I_{\mathrm{b1}}}}{\dfrac{I_{\mathrm{b1}}}{l_{\mathrm{eff},1}} \cdot \dfrac{l_{\mathrm{eff},1}}{I_{\mathrm{b1}}} + \dfrac{I_{\mathrm{col},2}}{l_{\mathrm{col},2}} \cdot \dfrac{l_{\mathrm{eff},1}}{I_{\mathrm{b1}}} + \dfrac{I_{\mathrm{col},1}}{l_{\mathrm{col},1}} \cdot \dfrac{l_{\mathrm{eff},1}}{I_{\mathrm{b1}}}}$$

Mit den Abkürzungen

$$c_{\mathrm{o}} = \frac{l_{\mathrm{eff},1} \cdot I_{\mathrm{col},2}}{I_{\mathrm{b1}} \cdot l_{\mathrm{col},2}}, \qquad c_{\mathrm{u}} = \frac{l_{\mathrm{eff},1} \cdot I_{\mathrm{col},1}}{I_{\mathrm{b1}} \cdot l_{\mathrm{col},1}} \tag{16.1}$$

ergibt sich das Riegeleinspannmoment in der Form

$$M_{\text{Ed,R}} = M_{\text{Ed}}^{(0)} \cdot \frac{c_{\text{o}} + c_{\text{u}}}{1 + c_{\text{o}} + c_{\text{u}}} \tag{16.2}$$

In Heft 240 wird auch der Einfluss der Verkehrslast in den anschließenden Feldern auf die Größe des Randeinspannmomentes erfasst. Wenn bei den in Abb. 16.1 skizzierten Rahmensystemen mit geringen Stützenweitenunterschieden die veränderliche Last q_{d} in den Mittelfeldern entfällt, ergeben sich größere Einspannmomente an den Endlauflagern. Für das Randeinspannmoment erhält man dann nach [80.14]

$$M_{\text{Ed,R}} = M_{\text{Ed}}^{(0)} \cdot \frac{c_{\text{o}} + c_{\text{u}}}{3(c_{\text{o}} + c_{\text{u}}) + 2{,}5} \cdot \left(3 + \frac{q_{\text{d}}}{g_{\text{d}} + q_{\text{d}}}\right) \tag{16.3}$$

Das Riegelmoment steht im Gleichgewicht mit den Einspannmomenten der Rahmenstiele. Die Stielmomente erhält man durch Aufteilung des Riegelmomentes im Verhältnis der Stielsteifigkeiten:

$$M_{\text{Ed,u}} = M_{\text{Ed,R}} \cdot \frac{k_{\text{u}}}{k_{\text{u}} + k_{\text{o}}} \qquad M_{\text{Ed,o}} = M_{\text{Ed,R}} \cdot \frac{k_{\text{o}}}{k_{\text{u}} + k_{\text{o}}} \tag{16.4}$$

oder nach Erweiterung mit $l_{\text{eff,1}}/I_{\text{b1}}$ und nach Einführung der Abkürzungen c_{o} und c_{u}

$$M_{\text{Ed,u}} = M_{\text{Ed,R}} \cdot \frac{c_{\text{u}}}{c_{\text{u}} + c_{\text{o}}} \qquad M_{\text{Ed,o}} = M_{\text{Ed,R}} \cdot \frac{c_{\text{o}}}{c_{\text{u}} + c_{\text{o}}} \tag{16.5}$$

In Heft 240 werden die Stielmomente in Abhängigkeit von den Volleinspannmomenten $M_{\text{R}}^{(0)}$ angegeben, vgl. auch [8].

In Abb. 16.2 ist der Momentenverlauf in den Randstützen dargestellt. Die Momentennullpunkte liegen wegen der vorausgesetzten starren Einspannung an den abliegenden Stützenenden in den Drittelpunkten der Stützenlängen. Bei fehlender oder elastischer Einspannung ergeben sich wegen der geringeren Stielsteifigkeit geringere Rahmenmomente. Die Ermittlung der Momente darf auch in diesen Fällen näherungsweise nach den obigen Ansätzen erfolgen [80.14].

Bei der Berechnung des Feldmomentes im Endfeld *darf* das Einspannmoment $M_{\text{Ed,R}}$ berücksichtigt werden. Hinweise zum Rechengang enthält Abb. 16.3.

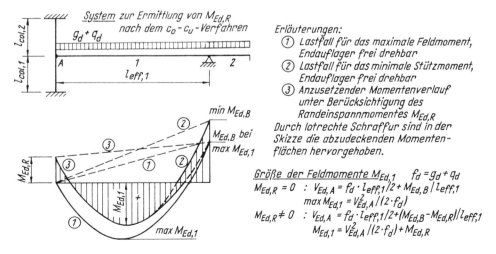

Abb. 16.3 Ermittlung des Feldmomentes im Endfeld unter Berücksichtigung des Randeinspannmomentes

Beim Arbeiten mit Näherungsverfahren wird man stets Unterschiede zu genaueren Methoden feststellen. Für das c_o-c_u-Verfahren ist zu beachten, dass grobe Fehler zu erwarten sind, wenn die Stützweite $l_{eff,1}$ des Endfeldes wesentlich geringer ist als die Stützweite $l_{eff,2}$ des benachbarten Feldes. Bei einer Berechnung als mehrfeldriges Rahmensystem können bereits bei einem Stützweitenverhältnis $l_{eff,1} : l_{eff,2} = 1 : 1,8$ positive Randeinspannmomente $M_{Ed,R}$ auftreten.

Für Einfeldrahmen sind gem. Heft 240 die Biegemomente immer durch eine Rahmenrechnung zu bestimmen. Wegen der angedeuteten Ungenauigkeiten des c_o-c_u-Verfahrens bleibt häufig die Verminderung des Momentes im Endfeld durch das Randeinspannmoment außer Ansatz.

16.2 Besonderheiten der Bewehrungsführung in Rahmenknoten

16.2.1 Allgemeines

Eine ausführliche Darstellung des Spannungsverlaufes in Rahmenknoten, die Darstellung von geeigneten Stabwerkmodellen und Hinweise für eine zweckmäßige Bewehrungsführung sind bei *Schlaich/Schäfer* [1.11] zu finden. Über das Verformungsverhalten von Stahlbeton-Rahmenecken wird ausführlich von *Kordina* [60.19] berichtet. Wir folgen hier der von *Hegger/Roeser* gewählten Bezeichnungsweise und den weitergehenden Informationen hierzu in [70.4], [90.2] und [80.19]. Ausführliche Hinweise zur Bemessung und zur Konstruktion von Rahmenknoten findet man auch bei *Hegger/Roeser/Beutel/Kerkeni* [1.26]. Die Konstruktionshinweise für Rahmenecken im Anhang zu EC 2, Abschnitt J.2 und J.3, sind im Nationalen Anhang für Deutschland gestrichen. Es ist vorgesehen, entsprechende Hinweise in das Heft 600 [80.25] aufzunehmen.

Besondere Beachtung muss bei allen Rahmenknoten der Konstruktion gewidmet werden. Die häufig erforderlichen großen Bewehrungsmengen erschweren das ordnungsgemäße Einbringen und Verdichten des Betons, eine mangelhafte Betonqualität führt jedoch wegen der konzentrierten Beanspruchung durch Umlenk- und Verankerungskräfte rasch zu Schäden in der Rahmenkonstruktion. Man sollte daher möglichst einfache Konstruktionsformen wählen und die in unverschieblichen Tragwerken zulässige Umlagerung der Eckmomente auf Feldbereiche ansetzen, vgl. Abschn. 3.4.2. Für alle Rahmenkonstruktionen sollte der Beton mindestens der Betonfestigkeitsklasse C 25/30 entsprechen.

16.2.2 Rahmenecke mit negativem Moment (Zug außen)

Bei Rahmenecken mit negativem Moment erfolgt die Biegemessung für die Schnittgrößen am Anschnitt des Riegels bzw. für den Stiel am Anschnitt des Stieles (Unterkante Riegel). Die Biegebewehrung wird mit großem Biegerollendurchmesser D gebogen, um die Umlenkkräfte in vertretbaren Grenzen zu halten. Hierbei ist darauf zu achten, dass der Hebelarm der inneren Kräfte zwischen Zugbewehrung und druckbeanspruchter Ecke nicht geringer wird, als bei der Biegebemessung angesetzt. In der inneren Ecke entsteht durch das Zusammenwirken der Biegedruckspannung des Riegels und derjenigen des Stieles ein mehrachsiger Spannungszustand. Die Behinderung der Querdehnung durch die in geringen Abständen anzuordnenden Bügel führt zu einer Erhöhung der Betonfestigkeit, ein gesonderter Nachweis der Druckspannungen ist daher i. Allg. entbehrlich. Der Kräfteverlauf im Knotenbereich ist in Abb. 16.4 nach *Schlaich/Schäfer* [1.11] angedeutet. Wenn Riegel und Stiel annähernd gleich große, innere Hebelarme z haben, können die Kräfte im Knoten über das in Abb. 16.4 dargestellte einfache Stabwerkmodell ermittelt werden.

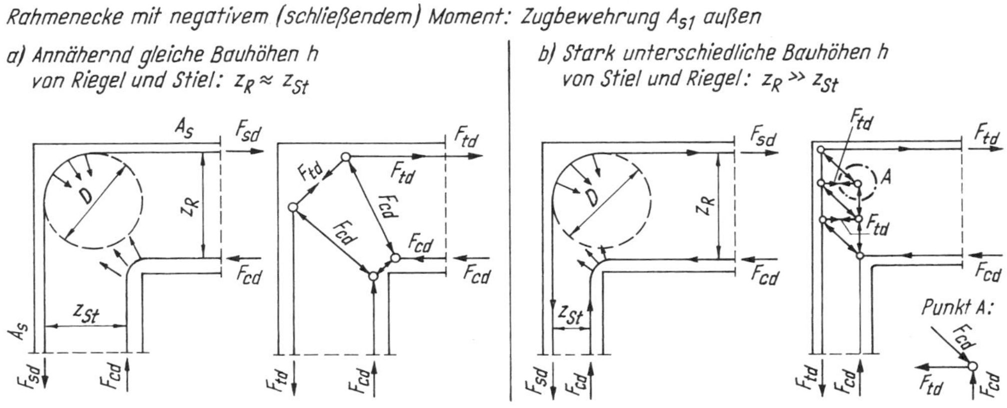

Rahmenecke mit negativem (schließendem) Moment: Zugbewehrung A_{s1} außen

a) Annähernd gleiche Bauhöhen h
  von Riegel und Stiel: $z_R \approx z_{St}$

b) Stark unterschiedliche Bauhöhen h
  von Stiel und Riegel: $z_R \gg z_{St}$

Abb. 16.4 Rahmenecke mit negativem Moment: Stabwerkmodelle (nach [1.11])

Im Regelfall ist jedoch die Bauhöhe der Riegel wesentlich größer als die Bauhöhe der einspannenden Stützen. Die Richtung der Umlenkkräfte innen und außen ist dann so stark unterschiedlich, dass mit einem einfachen Stabwerkmodell kein Gleichgewicht zwischen den Umlenkkräften aus den Stahlzugkräften und den Umlenkkräften aus den Biegedruckkräften herzustellen ist. Ein für diesen Fall geeignetes Stabwerkmodell ist in Abb. 16.4 mit eingetragen. Man erkennt, dass die Umlenkung der inneren Kräfte zu horizontalen Zugkräften F_{td} über die gesamte Knotenhöhe führt. Bei einer Ausführung von Rahmenknoten nach den in Abb. 16.5 und 16.6 angegebenen Konstruktionsregeln ist eine Ermittlung von inneren Kräften in der Rahmenecke nicht erforderlich. Die Regeln berücksichtigen u. a. die Ergebnisse der Arbeiten von *Kordina* [60.19] und *Roeser* [90.2].

Bei Rahmenknoten mit negativer Momentenbeanspruchung kann das Versagen eintreten durch

– Fließen der Zugbewehrung
– Versagen des Betons auf Druck
– Spaltzugversagen als Folge von Querzugspannungen.

Bei mäßigem oder geringem Bewehrungsgehalt bis zu einem mechanischen Bewehrungsgrad $\omega \approx 0{,}25$ ist das Fließen der Zugbewehrung für das Versagen maßgebend, bei höheren Bewehrungssätzen versagt der Beton auf Druck. Die Zugbewehrung ist in der Rahmenecke mit einem Biegerollendurchmesser zu biegen, der mindestens den Werten in EC 2/NA., Tabelle 8.1 DE entspricht. Durch die Umlenkung der Gurtkräfte in der Rahmenecke entstehen im Krümmungsbereich große Querzugkräfte, vgl. Abb. 4.8. Die Zugstäbe an den Außenseiten des Querschnitts müssen daher im Krümmungsbereich gesichert werden, um ein seitliches Ausbrechen des Betons infolge dieser Querzugkräfte zu verhindern, vgl. hierzu [1.11]. In jedem Fall sollte der Biegerollendurchmesser im Bereich der Rahmenecke so groß wie möglich gewählt werden, hierbei ist aber darauf zu achten, dass die Krümmung nicht über die Anschnitte von Stütze und Riegel hinausreicht, weil dies zu einer Verminderung der Nutzhöhe in diesen Bauteilen führen würde. Die in der Literatur angeführten Konstruktionsformen sind in Abb. 16.5 zusammengestellt. Die Zugbewehrung der Stütze A_{s1} wird hiernach mit der Zugbewehrung des Riegels A_{s2} im Knoten und im anschließenden Riegel gestoßen. Bei der Ausbildung mit abgebogener Riegelzugbewehrung ergeben sich besonders kurze Übergreifungslängen l_0, der Einbau der restli chen Riegelbewehrung wird dadurch erleichtert. Die Übergreifungslänge l_0 wird nach den im Abschn. 7.8.6 besprochenen Regeln festgelegt. Die Bügelbewehrung des Riegels dient gleichzeitig als Querbewehrung im Bereich des Übergreifungsstoßes, der hierfür erforderliche Bewehrungsquerschnitt wird gem. Abschn. 7.8.7 überprüft. Im Knotenbereich wird die Bügelbewehrung in Form von lotrechten Steckbügeln eingebaut und zweckmäßig über die häufig vorhandene Arbeitsfuge in Höhe der Riegelunterkante hinausgeführt. Zur Aufnahme der in Abb. 16.4 angegebenen horizontalen Zugkraft F_{td} sind horizontale Steckbügel einzubauen, die mindestens den Querschnitt der anschließenden Stützenbügel haben müssen und ausreichend im Riegel zu verankern sind ($\geq l_{b,rqd}$ ab Stützeninnenkante). Nach *Roeser* [90.2] sollte der Bügelabstand im Riegel auf einer Länge von etwa $0{,}9 \cdot h_2$ und in der Stütze auf einer Länge von etwa $0{,}9 \cdot h_1$, jeweils gemessen vom Knotenanschnitt aus, auf $s_w \leqq 10$ cm beschränkt werden. In Abb. 16.5 sind die besprochenen Konstruktionsregeln zusammengestellt.

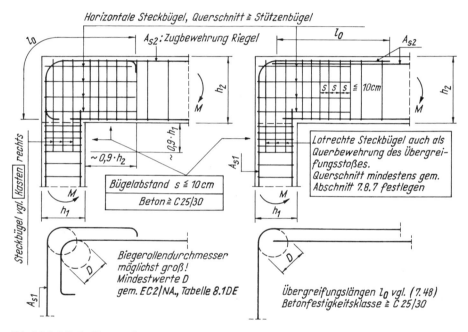

Abb. 16.5 Möglichkeiten der Bewehrungsführung in einer Rahmenecke mit negativem Moment

Wenn in unverschieblichen Tragwerken Plattenbalken mit Randstützen biegefest verbunden sind, ergeben sich häufig wegen der großen Riegelsteifigkeit sehr kurze Balkenbereiche mit negativem Randeinspannmoment, vgl. Abb. 16.3. In der Baupraxis wird dann auf die Ausbildung eines Übergreifungsstoßes verzichtet, es wird mit Eckzulagen konstruiert. Mit dem oberen Schenkel wird das Eckmoment einschließlich Versatzmaß und Verankerungslänge abgedeckt, der lotrechte Schenkel wird mit der Biegezugbewehrung der Stütze gestoßen. Die Konstruktion in der Knotenecke erfolgt weitgehend entsprechend den Angaben in Abb. 16.5, vgl. Abb. 16.6.

Wenn Deckenplatten in Stahlbetonwände eingespannt werden, kann die Ausführung in der in Abb. 16.6 dargestellten Form erfolgen. Die Bewehrung der Decke kann dabei unabhängig von der Bewehrung der evtl. vorbetonierten Wand verlegt werden. Die Längsstäbe sind innerhalb der Schlaufen zu verlegen [1.11], sie dienen zur Aufnahme der Spaltzugkräfte. An den

Bauteilrändern sind meist Randunterzüge vorhanden, dann ist eine zusätzliche Sicherung der Ränder durch Steckbügel nicht erforderlich. Nach Heft 525 [80.6a] ist bei dieser Bewehrungsanordnung bei einem Bewehrungsgehalt $\varrho_l \leqq 0,4\%$ und Stabdurchmessern $d_s \leqq 20\,mm$ ein Biegerollendurchmesser $D = 10\,d_s$ gem. EC 2/NA., Tabelle 8.1 DE, Spalte 1 ausreichend. Empfohlen wird, den Biegerollendurchmesser so groß zu wählen, wie es die Platzverhältnisse zulassen. Die horizontale und die vertikale Hakenschlaufe sollten eng nebeneinander verlegt werden, um die Querzugkräfte im Stoßbereich möglichst gering zu halten, vgl. Abb. 7.43 und die dort zu findenden Erläuterungen.

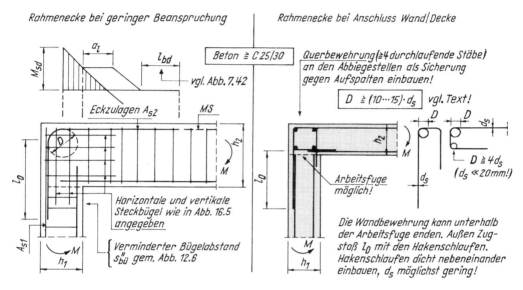

Abb. 16.6 Bewehrung einer Rahmenecke mit negativem Moment:
Links: Rahmenecke bei geringer Randeinspannung
Rechts: Anschlussmöglichkeit Wand an Decke

16.2.3 Rahmenecke mit positivem Moment (Zug innen)

In Abb. 16.7 ist eine Rahmenecke dargestellt, die durch ein positives (öffnendes Moment) beansprucht wird. An der inneren, einspringenden Ecke muss die Zugkraft um 90° umgelenkt werden, an der äußeren Ecke erfolgt eine entsprechende Umlenkung der Druckkräfte. Das Zusammenwirken dieser Kräfte führt bei homogenen Baustoffen zu großen, in Diagonalrichtung wirkenden Zugkräften und zu großen Zugspannungsspitzen senkrecht zur Diagonalen an der einspringenden Ecke.

Die von *Kordina* in Heft 354 [80.18] angegebene geeignete Bewehrungsführung ist auch in Heft 525 [80.6a] enthalten. Dabei wurden neuere Forschungsergebnisse [90.2] berücksichtigt. In Abb. 16.8 sind die wichtigsten Konstruktionsregeln für Rahmenecken mit positivem Moment zusammengestellt.

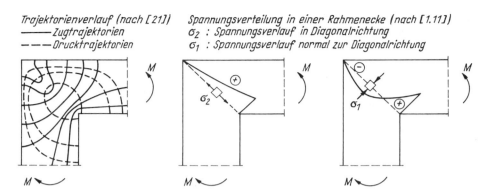

Abb. 16.7 Trajektorienverlauf und Spannungsverteilung in einer Rahmenecke mit positivem Moment

Die Zugbewehrung A_{s1} und A_{s2} wird mit großem Biegerollendurchmesser D in Schlaufen geführt und mit der Zugbewehrung der anschließenden Bauteile gestoßen. Die Schlaufen umfassen dabei die Zug- und die Druckzonen der Rahmenecken möglichst vollständig, ein Abspalten des Druckgurtes wird zusätzlich durch Steckbügel verhindert. An der inneren einspringenden Ecke weicht die Richtung der Biegezugbewehrung stark von der Hauptzugrichtung ab, vgl. σ_1 in Abb. 16.7. Die Umlenkung der Rahmenzugkraft an dieser Ecke wird erleichtert, wenn eine Schrägbewehrung A_{sS} eingebaut wird. Bei einer Konstruktion mit Schrägstäben sind nach Abb.16.8 jeweils drei Bewehrungslagen zur Abdeckung des positiven Moments erforderlich. Bewehrungssätze $\varrho_l > 1,0\,\%$ sind dann im Querschnitt kaum unterzubringen. Versuche [90.2] haben gezeigt, dass bei einer Verstärkung der Biegezugbewehrung um etwa 50 % (Zulage $A_s/2$) keine wesentliche Vergrößerung der Rissbreite (Abb. 16.7: Eckriss infolge σ_1) zu erwarten ist, auch bezüglich der Tragfähigkeit wurden keine wesentlichen Unterschiede gegenüber einer Konstruktion mit Schrägbewehrung festgestellt. Bei sehr geringer Beanspruchung der Rahmenecke kann auf Schrägbewehrung A_{sS} oder auf eine Verstärkung der Zugbewehrung verzichtet werden. Hierfür gilt als Grenzwert ein geometrischer Bewehrungsgrad $\varrho_l = 0,4\,\%$:

$$\left.\begin{aligned} &\varrho_l = A_s/(b \cdot d) < 0,4\,\% \\ &A_{sS} \text{ entbehrlich} \\ &\text{Verstärkung der Zugbewehrung entbehrlich.} \end{aligned}\right\} \tag{16.6}$$

Bei Bauteilhöhen über $h = 100$ cm muss die Steckbügelbewehrung in der Lage sein, die *gesamte* resultierende Kraft aus der Umlenkung der Betondruckkraft *zurückzuhängen*. Bei Vernachlässigung von Normalkräften N_{Ed} im Riegel und im Stiel erhält man für die resultierende Umlenkkraft U_{cd} und für den insgesamt im Rahmenknoten erforderlichen Steckbügelquerschnitt $A_{s,bü}$ bei Bauteilhöhen $h > 100$ cm:

$$\left.\begin{aligned} \text{Druckkraft Riegel:}\quad & F_{cd,2} = M_{Ed}/z_2 \\ \text{Druckkraft Stiel:}\quad & F_{cd,1} = M_{Ed}/z_1 \\[4pt] \text{Umlenkkraft:}\quad & U_{cd} = \sqrt{F_{cd,1}^2 + F_{cd,2}^2} \\ \text{Bügelquerschnitt:}\quad & \text{erf } A_{s,bü} = U_{cd}/f_{yd} \end{aligned}\right\} \tag{16.7}$$

Mit einer Bewehrungsführung gem. Abb. 16.8 wird bis zu einem mechanischen Bewehrungsgrad $\omega = 0,2$ die rechnerische Biegetragfähigkeit in der Rahmenecke erreicht. Positive Momente sind in verschieblichen Rahmenkonstruktionen in der Regel in den Randstielen unter

Wirkung von Horizontallasten und einer lotrechten Riegelbelastung g_d im Endfeld zu erwarten. Die immer wesentlich größeren negativen Rahmenmomente erhält man bei verschieblichen Rahmen aus dem Zusammenwirken von horizontalen Windlasten und der lotrechten Riegelbelastung $g_d + q_d$. Da die Rahmenecken für beide Lastfälle auszulegen sind, wird sich häufig für das positive Moment nur eine geringe Beanspruchung ergeben.

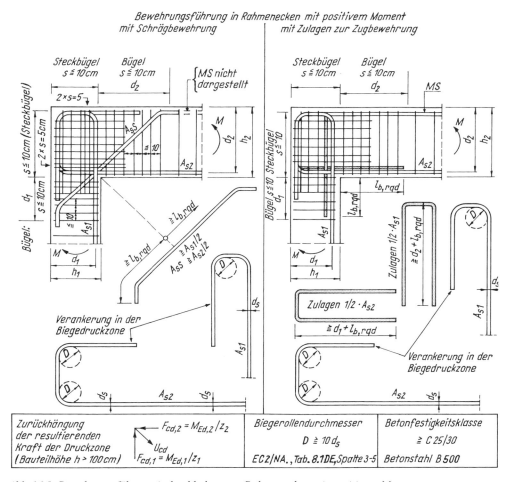

Abb. 16.8 Bewehrungsführung in hochbelasteten Rahmenecken mit positivem Moment

16.2.4 Rahmenendknoten

Rahmenendknoten gem. Abb. 16.9 sind in unverschieblichen mehrgeschossigen Skelettbauten an allen Verbindungsstellen zwischen Rahmenriegel und Randstützen vorhanden, vgl. Abb. 16.1. In den Endknoten wechselt das Vorzeichen des Stützenmomentes innerhalb des Rahmenriegels, der Kräfteverlauf innerhalb der Knoten ist in Abb. 16.9 skizziert.

Die Biegedruckkraft der Stützen muss auf kurzer Strecke, nämlich innerhalb der Riegelhöhe h_{beam} umgeleitet werden. Aus dem in Abb. 16.9 angegebenen Stabwerkmodell ist abzulesen:

- Außerhalb des Knotens erfolgt die Bemessung der anschließenden Stäbe mit dem bekannten Verfahren für Biegung oder für Biegung mit Normalkraft.
- Innerhalb des Knotens sind sehr große Querkräfte V_{jh} wirksam. Eine Bemessung für Schub nach dem im Kapitel 7 besprochenen Verfahren ist nicht möglich, da wegen der gedrungenen Form des Knotenbereiches die Regeln der Stabstatik nicht mehr anwendbar sind.

Angaben zur Ermittlung der Knotenquerkrafttragfähigkeit nach den Ergebnissen der Arbeit von *Roeser* [90.2] sind in Heft 525 [80.6a], Beitrag *Hegger/Roeser*, enthalten. Es ist zu erwarten, dass diese Arbeit in modifizierter Form in das Heft 600 [80.25] übernommen wird. Ausreichende Knotentragfähigkeit wird nach dieser Arbeit nachgewiesen über den Ansatz (V_{jh} vgl. Abb. 16.9)

$$\left. \begin{aligned} V_{\text{j,Rd}} &\geqq V_{\text{jh}} \\ V_{\text{jh}} &= F_{\text{sd,beam}} - V_{\text{Ed,col,o}} = M_{\text{Ed,beam}}/z_{\text{beam}} - V_{\text{Ed,col,o}} \end{aligned} \right\} \tag{16.8}$$

Hierin ist V_{jh} die einwirkende Knotenquerkraft gem. Abb. 16.9. Für die Bestimmung des Bauteilwiderstandes gelten folgende Ansätze:

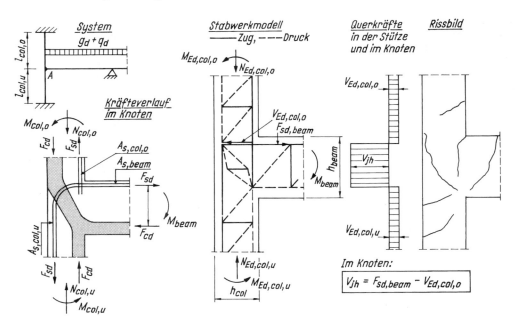

Abb. 16.9 Rahmenendknoten: System, Kräfteverlauf, Stabwerkmodell, Querkräfte und Rissbild

Knotenquerkrafttragfähigkeit ohne Bügel

$$V_{\text{j,cd}} = 1{,}4 \cdot \left(1{,}2 - 0{,}3 \cdot \frac{h_{\text{beam}}}{h_{\text{col}}} \right) \cdot b_{\text{eff}} \cdot h_{\text{col}} \cdot f_{\text{cd}}^{1/4} \tag{16.9}$$

Hierin ist:

$h_{\text{beam}}/h_{\text{col}}$:   Schubschlankheit mit $1{,}0 \leqq h_{\text{beam}}/h_{\text{col}} \leqq 2{,}0$

$b_{\text{eff}} = (b_{\text{beam}} + b_{\text{col}})/2 \leqq b_{\text{col}}$ (effektive Knotenbreite)

Knotenquerkrafttragfähigkeit mit Bügeln

$$V_{j,Rd} = V_{j,cd} + 0,4 \cdot A_{sj,eff} \cdot f_{yd} \left. \begin{array}{l} \leqq 2 \cdot V_{j,cd} \\ \leqq \gamma_N \cdot 0,25 \cdot f_{cd} \cdot b_{eff} \cdot h_{col} \end{array} \right\} \tag{16.10}$$

Hierin ist:

$f_{cd} = f_{ck}/\gamma_C$ (ohne Dauerstandsbeiwert α_{cc})

$A_{sj,eff}$ effektive Steckbügelbewehrung im Knotenbereich, vgl. Abb. 16.10

γ_N Einfluss der quasi-ständigen Stützennormalkraft $N_{Ed,col}$ und der Knotenschlankheit:

$$\gamma_N = \gamma_{N1} \cdot \gamma_{N2}$$

Einfluss der Stützendruckkraft $N_{Ed,col}$:

$$\gamma_{N1} = 1,5 \cdot \left(1 - 0,8 \cdot \frac{|N_{Ed,col}|}{A_{c,col} \cdot f_{ck}}\right) \leqq 1,0$$

Einfluss der Schubschlankheit:

$$\gamma_{N2} = 1,9 - 0,6 \cdot h_{beam}/h_{col} \leqq 1,0$$

Wenn die Knotentragfähigkeit ohne Bügel größer ist als die im Knoten einwirkende Querkraft V_{jh}, werden die immer einzubauenden Steckbügel nach konstruktiven Gesichtspunkten gewählt. Wenn die Querkraft V_{jh} größer ist als die Knotentragfähigkeit ohne Bügel $V_{j,cd}$, kann der erforderliche Steckbügelquerschnitt mit (16.10) bestimmt werden.

Mit (16.10) wird ausreichende Tragfähigkeit der nach Abb. 16.9 im Knoten vorhandenen schrägen Betondruckkraft nachgewiesen. Aus Abb. 16.10 ist zu erkennen, dass sich die Kräfte in der Längsbewehrung der Stütze innerhalb des Rahmenknotens stark verändern. Es ist daher zusätzlich gem. Heft 532 [80.19] nachzuweisen, dass die Summe der Zug- und Druckkräfte der Stützenlängsbewehrung innerhalb des Knotens verankert werden kann. Der Nachweis erfolgt durch eine Bestimmung der Verbundspannung der Längsbewehrung innerhalb des Knotens, diese Spannung darf den Bemessungswert der Verbundfestigkeit gem. EC 2, 8.4.2 nicht überschreiten. Für den Nachweis der Verbundspannung gilt folgender Ansatz

$$\tau_0 = \frac{\Delta F_{sd}}{l_c \cdot n \cdot \pi \cdot d_s} \leqq f_{bd} \tag{16.10a}$$

Hierin ist

ΔF_{sd} Änderung der Längskraft in dem betrachteten Bewehrungsstrang im Bereich der Riegelhöhe

l_c Verankerungslänge der Bewehrung, dieser Wert entspricht der Riegelhöhe h

n, d_s Anzahl bzw. Durchmesser der zu verankernden Stäbe

f_{bd} Bemessungswert der Verbundfestigkeit gem. EC 2, 8.4.2

Der Ansatz für die Bemessungswerte der Verbundfestigkeit ist für Betonfestigkeitsklassen bis C 50/60 in Abb. 7.35 ausgewertet. Die Größe der Kraft ΔF_{sd} ist vom vorhandenen Dehnungszustand in den Stützenquerschnitten oberhalb und unterhalb des Riegels abhängig, zur zweckmäßigen Bestimmung dieser Kraft erfolgen Erläuterungen innerhalb der Beispielrechnung in Abschn. 16.3.2. Wenn die Riegelhöhe zur Verankerung der Stützenlängsbewehrung nicht ausreicht, sind zwei Lösungsmöglichkeiten denkbar: Verstärkung der Stützenbewehrung durch Zulagen, dies führt zu einer Verringerung der erforderlichen Verankerungslänge gem. (7.44) oder Wahl geringerer Stabdurchmesser der Stützenlängsbewehrung, der dann zur Verfügung stehende größere Umfang der Stahleinlagen führt zu geringeren Verbundspannungen.

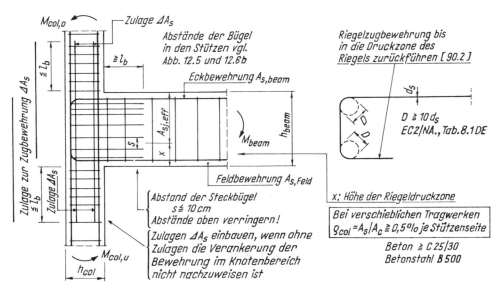

Abb. 16.10 Rahmenendknoten: Bewehrungsführung mit zurückgeführter Riegelbewehrung

Um eine ausreichende Rotationsfähigkeit des Rahmenknotens zu gewährleisten, soll nach Heft 532 [80.19] die Bewehrung der Stützen gegenüber der Riegelbewehrung großzügig festgelegt werden. Insbesondere bei verschieblichen Tragwerken soll hiernach der Längsbewehrungsgrad der Stützen den folgenden Wert nicht unterschreiten

$$\varrho_{\text{col}} = A_{\text{s,col}}/(b_{\text{col}} \cdot h_{\text{col}}) \geqq 0,5\,\%$$

Hierin ist ϱ_{col} der Längsbewehrungsgrad je Stützenseite.

Die für Rahmenendknoten empfohlene bauliche Durchbildung ist in Abb. 16.10 dargestellt. Die Riegelbewehrung wird um 180° abgebogen und in der Druckzone des Riegels verankert. Für die Steckbügelbewehrung ist ein Stababstand $s \leqq 10\,\text{cm}$ einzuhalten, im Bereich der Riegelzugzone sind geringere Abstände, etwa $s = 5\,\text{cm}$, sinnvoll. Die abgebogene Riegelbewehrung liegt *immer* innerhalb der äußeren Stützenbewehrung. Bei einer Bewehrungsführung gem. Abb. 16.10 kann die Riegelbewehrung nach dem Betonieren der unteren Stütze eingebaut werden.

16.2.5 Rahmeninnenknoten

In rahmenartigen unverschieblichen Tragwerken, bei denen alle horizontalen Kräfte von aussteifenden Bauteilen aufgenommen werden, dürfen gem. EC 2, 5.3.2.2 die Momente aus Rahmenwirkung i. Allg. vernachlässigt werden. Abb. 16.1 zeigt die zulässigen Vereinfachungen. Wenn die Stützweitenunterschiede der Riegel außerhalb von den in Abb. 16.1 angegebenen Grenzwerten liegen, ist stets eine Rahmenberechnung vorzunehmen. Die Bemessung von Riegeln und Stützen erfolgt für Biegung mit Normalkraft.

Besonderheiten bei der Ermittlung der Schnittgrößen von verschieblichen Rahmen werden im Abschn. 16.8 besprochen. Bei unausgesteiften (verschieblichen) Rahmen ergeben sich infolge der Horizontalbelastung und aus dem feldweisen Ansatz der Verkehrslasten Momente mit wechselnden Vorzeichen links bzw. rechts der Stütze. Dies führt zu großen Querkräften und Verbundspannungen im Knotenbereich, der Kräfteverlauf im Knoten ist mit dem in Abb. 16.9 dargestellten vergleichbar. Die Tragwerke werden nicht nur durch horizontale Lasten und vertikale Verkehrslasten beansprucht, sondern auch durch ständige vertikale Lasten g_d auf den Riegeln. Dann erhält man keine antimetrischen Biegemomente, sondern an den beiden Seiten der Stütze negative Biegemomente von stark unterschiedlicher Größe. Konstruktionsregeln für Rahmeninnenknoten von unausgesteiften Rahmen und Ansätze zur Abschätzung von Knotentragfähigkeit V_{jh} findet man in Heft 525 [80.6a] im Beitrag von *Hegger/Roeser*, der Beitrag enthält auch Hinweise für eine Bewehrungsführung nur mit geraden Stäben. Wenn die Biegemomente der Riegel an den Stützenanschnitten das gleiche Vorzeichen haben, ist i. Allg. ein Nachweis der Knotenquerkrafttragfähigkeit entbehrlich. Nach Heft 532 [80.19] erreichen Rahmeninnenknoten mit antimetrischer Momentenbeanspruchung das rechnerische Bruchmoment nur, wenn die Bewehrung der Riegel und der Stützen im Knotenbereich ausreichend verankert ist. Wenn dies mit der gewählten Bewehrung nicht nachweisbar ist, sind gerade Zulagen zur Riegelbewehrung und zur Stützenbewehrung einzubauen. Die Bügel der Stützen sind immer im Knotenbereich mit dem gleichen Bewehrungsquerschnitt wie außerhalb des Knotens einzulegen. Weitere Hinweise zu Rahmeninnenknoten findet man in Heft 525 [80.6a] und in Heft 532 [80.19].

16.3 Anwendungen

16.3.1 Rahmenecke mit positivem Moment

Aufgabenstellung

In Abb. 16.11 ist der Querschnitt eines oberirdischen, rechteckigen Flüssigkeitsbehälters dargestellt. Im Rahmen der Aufgabe ist die Bemessung dieser Rahmenecke durchzuführen, die Bewehrung ist darzustellen. Wasserdichtigkeit des Behälters wird durch eine innenseitige Folienabdeckung erreicht, an den Außenseiten ist eine Bekleidung nicht vorgesehen. Der Behälter wird auf einer vorhandenen Stahlbetonkonstruktion errichtet.

Baustoffe vgl. Abb. 16.11.

Umgebungsbedingungen, vgl. Abb. 4.3b

> Behälterwand, Außenseite: Direkte Beregnung ist möglich, es wird daher Expositionsklasse XC4 angesetzt.

> Behälterwand, Innenseite und Bodenplatte: Es wird mit Expositionsklasse XC2 gerechnet.

Durchführung:

Einwirkender Flüssigkeitsdruck

$$q_d = 1,50 \cdot 10,5 \cdot 3,0 \qquad\qquad = 47,25 \, \text{kN} / \text{m}^2$$

Schnittgrößen

In Bezug auf Mitte Bodenplatte

$$M_{Ed} = 47,25 \cdot 3,0 \cdot 0,5 \cdot (0,125 + 3,0 / 3) \qquad = 79,73 \, \text{kNm} / \text{m}$$

$$H_{Ed} = 47,25 \cdot 3,0 / 2 \qquad\qquad = 70,88 \, \text{kN} / \text{m}$$

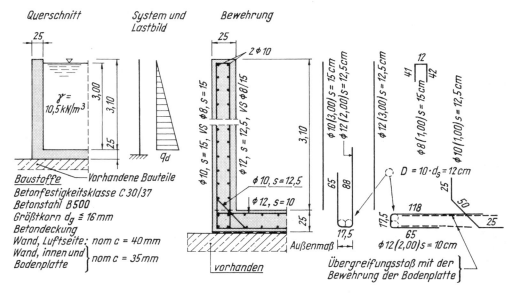

Abb. 16.11 Rahmenecke mit positivem Moment

In Bezug auf OK Bodenplatte

$$M_{Ed} = 47,25 \cdot 3,0^2 / 6 \qquad\qquad = 70,88\ \text{kNm/m}$$

$N_{Ed} \approx 0 \quad \text{(Eigenlast vernachlässigt)}$

$$V_{Ed} = 47,25 \cdot 3,0 / 2 \qquad\qquad = 70,88\ \text{kN/m}$$

Bemessung mit k_d-Tafel (Anhang Tafel 3)

Die Bewehrung wird mit $\sigma_{sd} = f_{yk} / \gamma_S$ ermittelt: $\qquad \kappa_s = 1,0.$

Wand, Oberkante Bodenplatte $\quad h = 25\ \text{cm}$

Expositionsklasse XC2

$c_{min} = 20\ \text{mm}, \quad \Delta c = 15\ \text{mm}, \quad c_{nom} = c_v = 35\ \text{mm}$

$d = 25,0 - 3,5 - 1,6 / 2 \qquad\qquad \approx 20,5\ \text{cm}$

$k_d = 20,5 / \sqrt{70,88} = 2,43 \qquad \xi < 0,138$

$a_s = 2,44 \cdot 70,88 / 20,5 \qquad\qquad = 8,44\ \text{cm}^2/\text{m}$

Bodenplatte, Anschluss Wand

$$M_{Ed,s} = M_{Ed} - N_{Ed} \cdot z_s \quad (z_s \approx 8,0\ \text{cm})$$

$$= 79,73 - 70,88 \cdot 0,08 \qquad\qquad = 74,06\ \text{kNm/m}$$

$k_d = 20,5 / \sqrt{74,06} = 2,38 \qquad \xi < 0,138$

$a_s = 2,44 \cdot 74,06 / 20,5 + 70,88 / 43,5 \qquad = 10,44\ \text{cm}^2/\text{m}$

Vorhandener Bewehrungsgrad

Maßgebend ist die größere der beiden erforderlichen Zugbewehrungen, hier also

$$a_s = 10,44 \, \text{cm}^2/\text{m}$$

$$\varrho_l = 100 \cdot a_s / (b \cdot d) = 100 \cdot 10,44 / (100 \cdot 20,5)$$

$$= 0,51\% > 0,4\%$$

Es wird eine Schrägbewehrung a_{sS} gem. Abb. 16.8 eingebaut. Hierfür gilt

$$a_{sS} \geqq a_{s1} / 2 = 10,44 / 2 = 5,22 \, \text{cm}^2/\text{m}$$

Gewählte Bewehrung (Eckbewehrung)

In der Wand

| innen, | vertikal | $\varnothing$ 12, | $s = 12,5 \, \text{cm}$, | $a_s = 9,05 \, \text{cm}^2/\text{m}$ |
| | horizontal | $\varnothing$ 8, | $s = 15 \, \text{cm}$ | |

| außen, | vertikal | $\varnothing$ 10, | $s = 15 \, \text{cm}$, | $a_s = 5,24 \, \text{cm}^2/\text{m}$ |
| | horizontal | $\varnothing$ 8, | $s = 15 \, \text{cm}$ | |

In der Bodenplatte

| oben | $\varnothing$ 12, | $s = 10 \, \text{cm}$, | $a_s = 11,31 \, \text{cm}^2/\text{m}$ |
| | VS $\varnothing$ 10, | $s = 20 \, \text{cm}$ | |

unten konstruktive Bewehrung

Schrägbewehrung $\varnothing$ 10, $s = 12,5 \, \text{cm}$, $a_s = 6,28 \, \text{cm}^2/\text{m}$

Nachweise im Grenzzustand der Gebrauchstauglichkeit (z. B. Rissbreitenbeschränkung) werden im Rahmen dieses Beispiels nicht geführt. Konstruktion der Rahmenecke vgl. Abb. 16.11.

16.3.2 Rahmenendknoten (Randeinspannung)

Aufgabe

In Abb. 16.12 ist ein unverschiebliches Rahmensystem skizziert. Es handelt sich um ein Bauteil in einem Geschäftshaus (Kategorie D gem. Abb. 2.5). Die einwirkenden Lasten sind angegeben, ebenso die in einer Vergleichsrechnung ermittelten Schnittgrößen im Rahmenriegel und in den Stützen. Im Rahmen dieses Beispiels ist ausreichende Tragfähigkeit des Rahmenknotens nachzuweisen, eine geeignete Bewehrung ist zu wählen und darzustellen. Im Rahmen dieses Beispiels werden nur die Nachweise im Grenzzustand der Tragfähigkeit unter Ansatz des Teilsicherheitsbeiwertes $\gamma_G = 1,35$ für ständige Lasten und $\gamma_Q = 1,5$ für veränderliche Lasten geführt. Bei einer vollständigen Berechnung des Systems sind die Teilsicherheitsbeiwerte gem. Abb. 2.6 anzusetzen, vgl. hierzu z. B. die Beispielrechnung im Abschn. 13.8.1.

Normalkräfte in den Stützen:

Obere Stütze: $N_{Ed,g} = -1440 \, \text{kN}$, $N_{Ed,q} = -505 \, \text{kN}$

Untere Stütze: $N_{Ed,g} = -1551 \, \text{kN}$, $N_{Ed,q} = -594 \, \text{kN}$

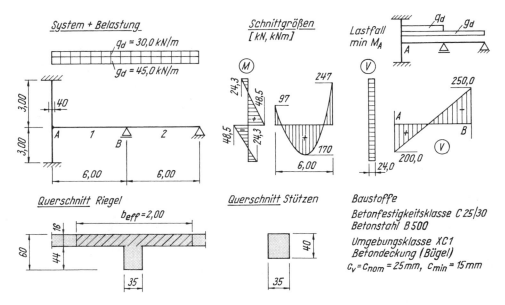

Abb. 16.12 *Bemessung eines Rahmenendknotens: System, Belastung, Schnittgrößen, Baustoffe, Umgebungsklasse*

Durchführung:

Anschluss Riegel – Stütze: $M_{Ed} = -97\,\text{kNm}$

Normalkraft im Riegel: vernachlässigbar

Auf die zulässige Abminderung des Stützmomentes auf den Stützenrand gem. (3.6) wird hier verzichtet. Bemessung mit Tafel 3 (Anhang)

$$c_v + d_{s,b\ddot{u}} + d_s/2 = 2{,}5 + 1{,}0 + 2{,}0/2 = 4{,}5\,\text{cm} \qquad (c_{nom} = c_v)$$

$$d = h_{beam} - 4{,}5 = 60{,}0 - 4{,}5 \qquad = 55{,}5\,\text{cm}$$

$$k_d = 55{,}5 / \sqrt{97{,}0/0{,}35} = 3{,}33 \qquad \xi < 0{,}104$$

$$A_s = 2{,}40 \cdot 97{,}0 / 55{,}5 \qquad = 4{,}2\,\text{cm}^2$$

Gewählt: Eckbewehrung 2 $\varnothing$ 20, $A_s = 6{,}3\,\text{cm}^2$

Bemessung Stützen

Die Bemessung wurde in einer Nebenrechnung analog zum Rechengang im Abschn. 13.6.4 durchgeführt.

Ergebnis: erf A_{s1} = erf A_{s2} = 5,7 cm^2

Gewählte Bewehrung

2 $\varnothing$ 20, innen und außen, $\qquad A_{s1} = A_{s2} = 6{,}3\,\text{cm}^2$

Verankerung der Bewehrung der Stütze im Knotenbereich

Die Stahldehnungen der Stützenbewehrung im Knotenbereich sind in Abb. 16.12a angegeben. Die Bestimmung der Dehnungsebenen an den Stützenanschnitten erfolgte hier in einer Nebenrechnung. Wenn kein entsprechendes EDV-Programm zur Verfügung steht, kann der Dehnungszustand iterativ durch Variation der Randdehnungen, Bestimmung der zugehörigen Beton- und Stahlspannungen, Ermittlung der Schnittgrößen N_{Rd} und M_{Rd} bei diesen Spannungen und Vergleich mit den einwirkenden Schnittgrößen N_{Ed} und M_{Ed} bestimmt werden. Eine näherungsweise Ermittlung der Dehnungen ist ausreichend.

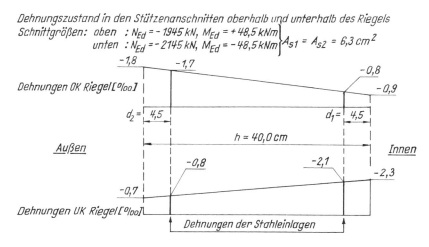

Abb. 16.12a Dehnungszustand der Stützen-Längsbewehrung im Knotenbereich

Mit den Zahlenangaben in Abb. 16.12a folgt hier:

Differenz der Stahldehnungen

      Äußere Bewehrungslage: $|\Delta\varepsilon_{\text{s}}| = 1{,}7 - 0{,}8 = 0{,}9\,\text{‰}$

      Innere Bewehrungslage: $|\Delta\varepsilon_{\text{s}}| = 2{,}1 - 0{,}8 = 1{,}3\,\text{‰} = \max \Delta\varepsilon_{\text{s}}$

Änderung der Stahlspannungen innerhalb der Riegelhöhe:

      Die Stahldehnungen sind geringer als der zur Streckgrenze gehörige Dehnungswert

      $\varepsilon_{\text{sy}} = 2{,}174\,\text{‰}$, vgl. Abb. 5.3. Dann gilt

      $\Delta\sigma_{\text{s}} = \Delta\varepsilon_{\text{s}} \cdot E_{\text{s}} = 1{,}3 \cdot 200 = 260\,\text{MN}/\text{m}^2$

Änderung der Stahllängskraft innerhalb der Riegelhöhe:

      $\Delta F_{\text{sd}} = \Delta\sigma_{\text{s}} \cdot A_{\text{s}} = 260 \cdot 6{,}3 \cdot 10^{-4} = 0{,}164\,\text{MN}$

Verbundspannungen innerhalb des Knotens gem. Gl. (16.10a)

      $\tau_0 = \dfrac{0{,}164}{0{,}60 \cdot 2 \cdot 0{,}02 \cdot \pi} = 2{,}17\,\text{MN/m}^2 \quad < \quad f_{\text{bd}} = 2{,}69\,\text{MN/m}^2$

Die Verbundspannungen sind geringer als der Bemessungswert der Verbundfestigkeit gem. EC 2, 8.4.2, vgl. Abb. 7.35. Dies ist der Regelfall bei voll überdrückten Querschnitten (Dehnungsbereich 5 gem. Abb. 12.4). Eine Verstärkung der Längsbewehrung ist nicht erforderlich.

Nachweis der Knotentragfähigkeit

Einwirkende Knotenquerkraft gem. (16.8)

      $V_{\text{jh}} = F_{\text{sd,beam}} - V_{\text{Ed,col,o}}$

$$F_{\text{sd,beam}} = M_{\text{Ed}}/z = 97{,}0/(0{,}9 \cdot 0{,}555) = 194\,\text{kN}$$

$$V_{\text{Ed,col,o}} = 24{,}0\,\text{kN}$$

$$V_{\text{jh}} = 194{,}0 - 24{,}0 = 170{,}0\,\text{kN}$$

Knotentragfähigkeit *ohne* Bügel gem. (16.9)

$$h_{\text{beam}}/h_{\text{col}} = 60/40 = 1{,}5$$

$$b_{\text{eff}} = (b_{\text{beam}} + b_{\text{col}})/2 = 35\,\text{cm}$$

$$f_{\text{cd}} = f_{\text{ck}}/\gamma_{\text{C}} = 25{,}0/1{,}5 = 16{,}67\,\text{MN}/\text{m}^2$$

$$V_{\text{j,cd}} = 1{,}4 \cdot \left(1{,}2 - 0{,}3 \cdot \frac{h_{\text{beam}}}{h_{\text{col}}}\right) \cdot b_{\text{eff}} \cdot h_{\text{col}} \cdot f_{\text{cd}}^{1/4}$$

$$= 1{,}4 \cdot (1{,}2 - 0{,}3 \cdot 60/40) \cdot 0{,}35 \cdot 0{,}40 \cdot 16{,}67^{1/4} = 0{,}297\,\text{MN}$$

Es ist $V_{\text{jh}} = 0{,}170\,\text{MN} < V_{\text{j,cd}} = 0{,}297\,\text{MN}$

Die Knotentragfähigkeit ist ausreichend. Die Steckbügel könnten in diesem Fall nach konstruktiven Gesichtspunkten festgelegt werden. Hier erfolgt aus Übungsgründen der Nachweis der Knotentragfähigkeit mit Bügeln nach (16.10):

$$V_{\text{j,Rd}} = V_{\text{j,cd}} + 0{,}4 \cdot A_{\text{s,eff}} \cdot f_{\text{yd}} \quad \begin{aligned} &\leq 2 \cdot V_{\text{j,cd}} \\ &\leq \gamma_{\text{N}} \cdot 0{,}25 \cdot f_{\text{cd}} \cdot b_{\text{eff}} \cdot h_{\text{col}} \end{aligned}$$

Steckbügel: gewählt $\varnothing$ 8, $s = 10\,\text{cm}$.
Insgesamt werden eingelegt 7 $\varnothing$ 8, anrechenbar sind 6 $\varnothing$ 8, vgl. Abb. 16.10.

Damit ist

$$A_{\text{s,eff}} = 6 \cdot 2 \cdot 0{,}5 = 6{,}0\,\text{cm}^2, \quad f_{\text{yd}} = 435\,\text{N}/\text{mm}^2$$

Einfluss Stützennormalkraft und Schubschlankheit:

Die Ermittlung der quasi-ständigen Normalkraft gem. (2.7) im Knotenbereich erfolgt mit den Lasten der unteren Stütze. Angesetzt werden als charakteristische Einwirkungen:

$$N_{\text{k,g}} = -1551/1{,}35 = -1149\,\text{kN}, \quad N_{\text{k,q}} = -594/1{,}5 = -396\,\text{kN}$$

Kombinationsbeiwert für Verkaufsräume gem. Abb. 2.5: $\psi_2 = 0{,}6$

Damit erhält man als quasiständige Normalkraft im Knoten

$$N_{\text{Ed}} = -1149 - 0{,}6 \cdot 396 = -1387\,\text{kN}$$

$$\gamma_{\text{N1}} = 1{,}5 \cdot \left(1 - 0{,}8 \cdot \frac{1{,}387}{0{,}35 \cdot 0{,}40 \cdot 25{,}0}\right) = 1{,}02 > 1{,}0$$

$$\gamma_{\text{N2}} = 1{,}9 - 0{,}6 \cdot 0{,}60/0{,}40 = 1{,}0$$

$$f_{\text{cd}} = f_{\text{ck}}/\gamma_{\text{C}} = 25{,}0/1{,}5$$

Damit wird

$$\begin{aligned} V_{\text{j,Rd}} &= 0{,}297 + 0{,}4 \cdot 6{,}0 \cdot 10^{-4} \cdot 435 &&= \mathbf{0{,}401}\,\text{MN} \\ &\leq 2 \cdot V_{\text{j,cd}} = 2 \cdot 0{,}297 &&= 0{,}594\,\text{MN} \\ &\leq 1{,}0 \cdot 1{,}0 \cdot 0{,}25 \cdot \frac{25{,}0}{1{,}5} \cdot 0{,}35 \cdot 0{,}40 &&= 0{,}583\,\text{MN} \end{aligned}$$

Unter Berücksichtigung der Bügel ergibt sich eine Knotentragfähigkeit $V_{\text{j,Rd}} = 0{,}401\,\text{MN}$. Die Konstruktion ist in Abb. 16.13 dargestellt.

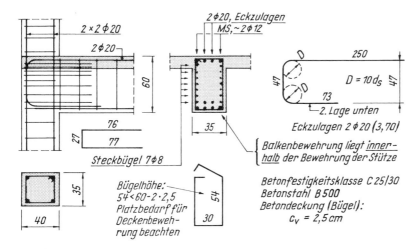

Abb. 16.13 Bewehrung eines Rahmenendknotens

16.4 Konsolen

16.4.1 Tragverhalten, Schnittgrößen

Als Konsolen werden kurze, auskragende Bauteile bezeichnet, bei denen der Lastabstand a_c von der Einspannstelle kleiner ist als die Bauteilhöhe h_c.

$a_c \lesseqgtr h_c$: Konsole

$a_c > h_c$: Kragbalken

In Abb. 16.14 ist der Trajektorienverlauf von zwei Konsolen angegeben. Konsolen mit Rechteckform werden heute aus schalungstechnischen Gründen bevorzugt.

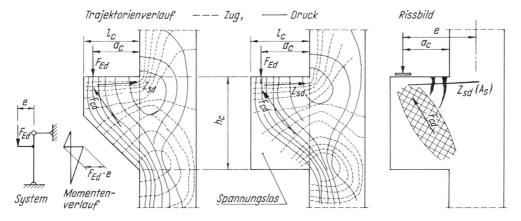

Abb. 16.14 Trajektorienverlauf in Konsolen, Rissbild einer Konsole unter Bruchlast

Die Annahme von *Bernoulli* über das Ebenbleiben der Querschnitte gilt hinreichend genau für schlanke Bauteile wie Balken oder Plattenbalken. Bei Konsolen mit Bauteilabmessungen $a_c \leqq h_c$ handelt es sich um gedrungene Konstruktionselemente, mit einem Ebenbleiben der Querschnitte kann nicht gerechnet werden. Daher ist auch eine Bemessung mit den für schlanke Bauteile entwickelten Verfahren bei Konsolen nicht möglich. Die für die Bemessung maßgebenden Schnittkräfte in den auskragenden Teilen von Konsolen können mit Stabwerkmodellen bestimmt werden. Das jeweils anzusetzende Stabwerkmodell ist abhängig von

– den Konsolabmessungen
– der Art der Konsolbelastung (Last von oben, Last angehängt)
– der Lastweiterleitung in anschließende Bauteile.

Ausführlich wird das Tragverhalten von Konsolen von *Schlaich / Schäfer* [1.11] beschrieben. Die in Abb. 16.15 skizzierten Stabwerkmodelle zeigen Besonderheiten, auf die bei Bemessung und Konstruktion von Konsolen zu achten ist:

– die Kraft F_{cd} der Druckstrebe führt in den Knoten 1 und 2 zu großen Druckspannungen σ_{cd}; hierbei ist die Spannung im Knoten 2 für den Nachweis einer ausreichenden Betontragfähigkeit maßgebend, im Knoten 1 werden durch die Abmessungen der Lagerplatte und durch die Lage der Hauptzugbewehrung der Konsole die für die Verankerung der Bewehrung erforderlichen Konsolabmessungen bestimmt;
– infolge der Aufweitung des Druckfeldes zwischen den Knoten 1 und 2 sind zwischen diesen beiden Knoten Querzugkräfte vorhanden, die durch Bewehrung abzudecken sind; die Richtung dieser Querzugkräfte und damit die Richtung der einzubauenden Querbewehrung ist abhängig von den Konsolabmessungen;
– die Größe der Hauptzugkräfte Z_{Ed} am oberen Konsolrand kann bei den skizzierten Konsolformen leicht aus einem einfachen Stabwerkmodell bestimmt werden. Es genügt nicht, die zugehörige Zugbewehrung vom Stützenanschnitt aus in der Stütze zu verankern, weil in diesem Fall kein Gleichgewicht zwischen den Kräften in der Konsole und denen in der Stütze herzustellen ist [1.11]. Aus den im Abschn. 16.2 besprochenen Rahmenkonstruktionen erkennt man, dass durch die Umlenkung der Hauptzugbewehrung am äußeren Stützenrand Querzugkräfte in der Stütze entstehen, die eine entsprechende Querbewehrung in der Stütze erfordern.

In Heft 525 [80.6a] ist von *Hegger / Roeser* ein Vorschlag für Bemessung und Konstruktion von Konsolen enthalten. Ausreichende Tragfähigkeit der Druckstrebe wird dabei durch einen Nachweis für die Querkraft in der Konsole nachgewiesen. Diese Angaben entsprechen im Wesentlichen den Ansätzen von *Schäfer* in Heft 425 [80.3], vgl. auch [1.26]. Bei einer Konsolbemessung gem. den Hinweisen in Heft 525 [80.6a] erfolgt der Nachweis in folgender Form:

Begrenzung der Betonspannungen

Der Nachweis erfolgt indirekt durch einen Nachweis für Querkräfte

$$V_{Ed} = F_{Ed} \leqq V_{Rd,max} = 0{,}5 \cdot v \cdot b \cdot z \cdot f_{cd} \tag{16.11}$$

Hierin ist:

$v = (0{,}7 - f_{ck} / 200) \geqq 0{,}5$
$f_{cd} = f_{ck} / \gamma_C$ (ohne Dauerstandsbeiwert α_{cc})
$z = 0{,}9 \cdot d$

Der Dauerstandsbeiwert $\alpha_{cc} = 0{,}85$ gem. EC 2/NA., 3.1.6 ist in (16.11) enthalten.

Bestimmung der erforderlichen Mindestabmessungen einer Konsole

Mit vorstehendem Ausdruck kann die erforderliche statische Nutzhöhe der Konsole direkt aus der einwirkenden Konsolkraft F_{Ed} bestimmt werden [1.26]:

$$\text{erf } d = F_{Ed} / (0{,}5 \cdot v \cdot b \cdot 0{,}9 \cdot f_{ck} / \gamma_C)$$

$$f_{\mathrm{ck}} < 40 \ \mathrm{MN/m^2}, \ \gamma_{\mathrm{C}} = 1{,}5: \ \mathrm{erf} \ d = F_{\mathrm{Ed}}/(0{,}30 \cdot b \cdot v \cdot f_{\mathrm{ck}})$$
$$\left.\begin{array}{l}\\[1em]\end{array}\right\} \qquad (16.11\mathrm{a})$$
$$f_{\mathrm{ck}} \geqq 40 \ \mathrm{MN/m^2}, \ \gamma_{\mathrm{C}} = 1{,}5: \ \mathrm{erf} \ d = F_{\mathrm{Ed}}/(0{,}15 \cdot b \cdot f_{\mathrm{ck}})$$

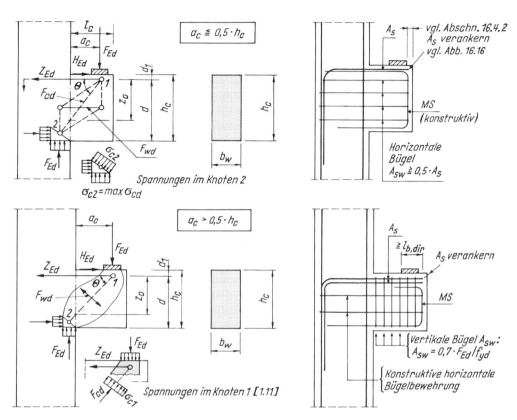

Abb. 16.15 *Kräfteverlauf und zugehörige Bewehrungsführung in Konsolen für Nachweise gem. Heft 525*

Ermittlung der Zuggurtkraft und der Zugbewehrung ($M_{\mathrm{Ed}} = F_{\mathrm{Ed}} \cdot a_{\mathrm{c}}$ (!))

$$Z_{\mathrm{Ed}} = F_{\mathrm{Ed}} \cdot \frac{a_c}{z_0} + H_{\mathrm{Ed}} \cdot \frac{d_1 + z_0}{z_0} \qquad (16.12)$$

Hierin wird mit z_0 die Lage der Druckstreben festgelegt. Hierfür ist anzusetzen [$V_{\mathrm{Rd,max}}$ gem. (16.11)]:

$$z_0 = d \cdot (1 - 0{,}4 \cdot V_{\mathrm{Ed}}/V_{\mathrm{Rd,max}}) \qquad (16.13)$$

Zur Berücksichtigung behinderter Verformungen ist für die Horizontalkraft H_{Ed} gem. Heft 525 [80.6a] *mindestens* zu setzen

$$H_{\mathrm{Ed}} \geqq 0{,}2 \cdot F_{\mathrm{Ed}} \qquad (16.14)$$

Für die Zugbewehrung erhält man

$$A_{\mathrm{s}} = Z_{\mathrm{Ed}}/\sigma_{\mathrm{sd}} \qquad (16.15)$$

Hierin ist gem. Abb. 1.16:

$$\sigma_{sd} = f_{yk}/\gamma_S = 435\,\text{N}/\text{mm}^2 \quad (\text{B } 500)$$

Nachweis der Verankerung der Zugbewehrung

Die Verankerung beginnt unter der Innenkante des Lagerkörpers. Die Innenkante ist die der Stütze zugewandte Kante. Die Pressung unter der Lagerplatte ist gem. Abb. 15.5 auf $\sigma_{Rd,max} = 0{,}75 \cdot f_{cd}$ zu begrenzen (Druck-Zug-Knoten), nach [1.26] ist auch eine Pressung unter der Lastplatte von $0{,}85 \cdot f_{cd}/\gamma_C$ vertretbar. Die Verankerung der Zugbewehrung erfolgt durch liegende Schlaufen, in Ausnahmefällen bei sehr knappen Konsolabmessungen auch durch besondere Ankerkörper. Wegen des Querdrucks im Verankerungsbereich darf eine Verringerung der erforderlichen Verankerungslänge mit dem Faktor α_5 erfolgen. Genäß EC 2/NA., 9.2.1.4 darf bei direkter Auflagerung an Endauflagern mit $\alpha_5 = 0{,}67$ und $l_{bd} \geqq 6{,}7\,d_s$ gerechnet werden. In (7.46) wurde $\alpha_5 = 0{,}7$ angesetzt, in der Endfassung der Norm erfolgte die Abänderung auf 0,67. Damit gilt bei direkter Lagerung für die erforderliche Verankerungslänge an Endauflagern:

$$l_{bd,dir} = 0{,}67 \cdot \alpha_1 \cdot l_{b,rqd} \cdot (\text{erf}\,A_s / \text{vorh}\,A_s) \geqq 6{,}7\,d_s \tag{16.15a}$$

Ermittlung der Bügelbewehrung

Für $a_c \leqq 0{,}5 \cdot h_c$ und $V_{Ed} > 0{,}3 \cdot V_{Rd,max}$ ($V_{Rd,max}$ nach (16.11)):

Es sind geschlossene *horizontale* Bügel einzubauen. Gesamtquerschnitt A_{sw} dieser Bügel, vgl. Abb. 16.15:

$$\left. \begin{array}{l} A_{sw} \geqq 0{,}5 \cdot A_s \\[4pt] A_s \text{ gem. (16.15)} \end{array} \right\} \tag{16.16}$$

Für $a_c \leqq 0{,}5 \cdot h_c$ und $V_{Ed} < 0{,}3 \cdot V_{Rd,max}$:

Es sind geschlossene *horizontale* Bügel einzubauen, der Querschnitt kann nach konstruktiven Gesichtspunkten festgelegt werden.

Für $a_c > 0{,}5 \cdot h_c$ und $V_{Ed} \geqq V_{Rd,c}$ ($V_{Rd,c}$ gem. (7.9)):

Es sind geschlossene *vertikale* Bügel einzubauen. Gesamtquerschnitt dieser Bügel

$$\left. \begin{array}{l} F_{sw} = 0{,}7 \cdot F_{Ed}: \quad A_{sw} = 0{,}7 \cdot F_{Ed}/f_{yd} \\[4pt] \text{B } 500: \quad f_{yd} = 435\,\text{N}/\text{mm}^2 \end{array} \right\} \tag{16.17}$$

Für Fälle mit $V_{Ed} < V_{Rd,c}$ wird der Bügelquerschnitt nach konstruktiven Gesichtspunkten gewählt. Der Mindestbügelquerschnitt gem. (7.31) ist einzuhalten.

Weiterleitung der Schnittgrößen aus der Konsole in die anschließende Stütze.

Die Konstruktion kann sinngemäß mit den Angaben für Rahmenendknoten (Abschn. 16.2.4) erfolgen.

Zur Schnittgrößenbestimmung von Konsolen mit Stabwerkmodellen

Das vorstehend beschriebene Verfahren der Schnittgrößenbestimmung gem. Heft 525 [80.6a] ist einfach durchzuführen. Entsprechend bemessene Konsolen wiesen in Versuchen eine gute Übereinstimmung zwischen Versuchsergebnis und Berechnung auf [60.31]. In einigen Arbeiten (z. B. [1.23]) wird darauf hingewiesen, dass der Bezug auf die Querkrafttragfähigkeit bei dem in Heft 525 [80.6a] beschriebenen Verfahren mechanisch nicht begründet sei, weil es sich bei Konsolen nicht um ein „schlankes" Bauteil handelt. Um die Unterschiede in der Schnittkraftermittlung aufzuzeigen, wird nachfolgend der Rechengang bei Ansatz eines Stabwerkmodells für eine kurze Konsole ($a_c \leqq 0,5\,h_c$) gezeigt. Wir gehen dabei von dem in Abb. 16.15a dargestellten Stabwerkmodell aus:

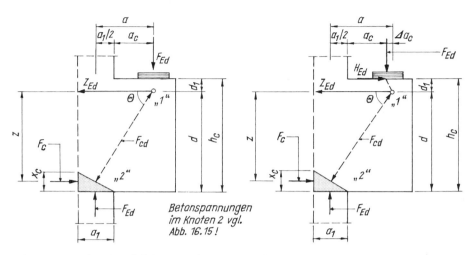

Abb. 16.15a Stabwerkmodell für eine „kurze" Konsole
Links: Ohne Ansatz einer Horizontalkraft H_{Ed}
Rechts: Mit Ansatz einer Horizontalkraft H_{Ed}

– Die Horizontalkraft H_{Ed} wird durch eine schräge Druckstrebe über die Höhe d_1 zum Knotenpunkt „1" geführt. Der Punkt 1 befindet sich daher in dem horizontalen Abstand Δa_c von der Wirkungslinie der Kraft F_{Ed}. Für Δa_c gilt

$$\Delta a_c \ = \ (H_{Ed} / F_{Ed}) \cdot d_1$$

– Bestimmung des Abstandes a

$$a \ = \ a_1 / 2 + a_c + \Delta a_c \quad \text{mit } a_1 \ = \ F_{Ed} / (b \cdot \sigma_{cd})$$

Für σ_{cd} wird gem. der Empfehlung in [1.25] gerechnet mit

$$\sigma_{cd} \ = \ \sigma_{Rd,max} \ = \ 0,75\,f_{cd}, \text{ vgl. auch Abb. 15.5.}$$

– Höhe der Druckzone am Knoten 2: $x_c \ = \ d - \sqrt{d^2 - 2 \cdot a \cdot a_1}$

Kontrolle gem. (15.16): Ist bei Beton $\leqq$ C 50/60 $\quad x_c / d \ \leqq \ 0,45$?

– Bestimmung des Hebelarmes der inneren Kräfte $z \ = \ d - x_c / 2$

– Neigung der Druckstrebe: $\cot \Theta = x_c / a_1 \ = \ a / z$

– Größe der Zugkraft Z_{Ed}: $Z_{Ed} \ = \ F_{Ed} \cdot \cot \Theta + H_{Ed}$

– Größe der Zugbewehrung wie bei (16.15): $A_s \ = \ Z_{Ed} / \sigma_{sd}$

Unterschiede gegenüber der Bemessung nach den Angaben in Heft 525 [80.6a] sind insbesondere bei der Bügelbewehrung festzustellen. Hierbei ist jedoch zu beachten, dass die in Heft 525 angegebene erforderliche Bügelbewehrung den vollständigen Bewehrungsquerschnitt auf ganzer Konsolbreite bzw. Konsolhöhe beschreibt. Dagegen wird bei einer Bemessung als Stabwerkmodell die Bügelbewehrung für die in Abb. 16.15 eingetragenen Querzugkräfte F_{wd} ermittelt, im restlichen Konsolbereich ist eine konstruktive Bügelbewehrung anzuordnen.

231

Es wird daher hier empfohlen, statt einer Bemessung für die Querzugkräfte F_{wd} auch bei einer Bestimmung der Schnittgrößen mit einem Stabwerkmodell die Bügel entsprechend Heft 525 [80.6a] einzubauen, vgl. hierzu Gl. (16.16) und (16.17).

Bei *Reineck* [1.23] und *Fingerloos/Stenzel* [1.25] wird der Bemessungsablauf für Konsolbemessungen mit Stabwerkmodellen detailliert dargestellt, beide Beiträge enthalten Beispielrechnungen für unterschiedliche Konsolformen. Für die Anordnung der Bügelbewehrung wird in [1.25] ein Vorschlag gemacht, der einen gleitenden Übergang von horizontalen zu vertikalen Bügeln in Abhängigkeit von den Konsolabmessungen vorsieht.

16.4.2 Bewehrung von Konsolen

Die wesentlichen Hinweise zur Bewehrung von Konsolen sind bereits aus Abb. 16.15 ersichtlich. Abb. 16.16 enthält hierzu Ergänzungen.

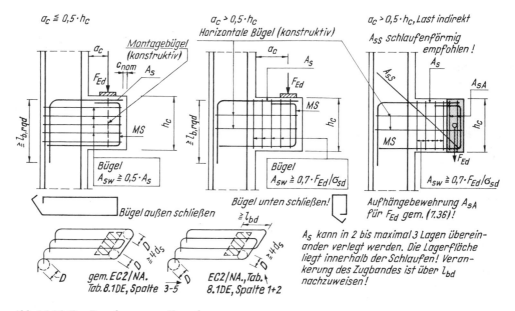

Abb. 16.16 Zur Bewehrung von Konsolen

Die Zugbewehrung A_s kann in zwei Lagen übereinander verlegt werden. Die Lagerfläche liegt stets innerhalb der schlaufenförmig auszubildenden Bewehrung, sie muss mit l_{bd} von der Innenkante der Lagerplatte aus verankert werden, für die Zugbewehrung sind daher Stäbe mit geringem Durchmesser zu wählen. Der Querdruck unter der Lastplatte kann wie bei direkter Lagerung erfasst werden. Bei direkter Lagerung darf zur Berücksichtigung des Querdrucks im Verankerungsbereich gem. EC 2/NA., Tabelle 8.2 mit $\alpha_5 = 2/3$ gerechnet werden. Damit erhält man für die Verankerungslänge l_{bd}, vgl. auch [1.25]

$$l_{bd} = (2/3) \cdot \alpha_1 \cdot (\text{erf } A_s / \text{vorh } A_s) \cdot l_{b,rqd} \geqq l_{b,min} = 6{,}7 \, d_s$$

Hierin ist $\alpha_1 = 0,7$ für liegende Schlaufen gem. Abb. 7.37. Bei einem Biegerollendurchmesser der Schlaufen $D \gqq 15\,d_s$ darf $\alpha_1 = 0,5$ gesetzt werden, ein so großer Biegerollendurchmesser wird bei Konsolen wegen der begrenzten Abmessungen nur in Ausnahmefällen ausführbar sein. In der Stütze sollte die Zugbewehrung an der Außenseite mit mindestens $l_{b,rqd}$ verankert werden [1.11]. Vertikale Bügel werden an der Konsolunterseite im Druckbereich geschlossen.

Bei angehängten Lasten oder indirekter Lasteinleitung werden die Lasten durch Bügel zur Konsoloberseite geführt, vgl. Abschn. 7.6.3. Anschließend erfolgt die Bemessung wie bei den von oben belasteten Konsolen. Verfeinerte Stabwerkmodelle mit schräger Zugkraft findet man bei *Schlaich/Schäfer* [1.11].

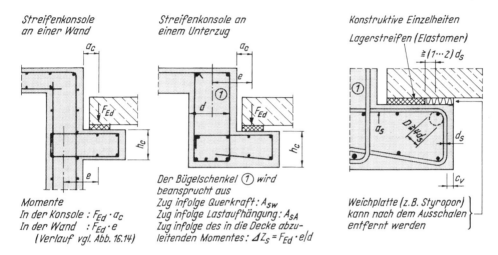

Abb. 16.17 Streifenförmige Konsolausbildung bei geringer Belastung

Zur Auflagerung von Deckenplatten und Treppen im Hochbau werden häufig streifenförmige Konsolen angeordnet. In diesen meist nur gering beanspruchten Bauteilen darf die Gurtbewehrung an der Stirnseite senkrecht abgebogen werden. Es muss jedoch darauf geachtet werden, dass die Belastungsfläche *vor* dem Krümmungsbeginn liegt, um ein Abbrechen der Konsolvorderkante zu vermeiden [1.11]. Einzelheiten hierzu und bezüglich einer möglichen Zugbeanspruchung der Bügel bei Balken mit streifenförmigen Konsolen enthält Abb. 16.17.

16.4.3 Anwendungsbeispiel: Bemessung einer Konsole

Für die in Abb. 16.18 dargestellte Konsole ist die Bemessung durchzuführen, die Bewehrung ist darzustellen. Baustoffe, Belastung und Umgebungsbedingungen vgl. Abb. 16.18.

Durchführung

Einwirkungen:

Vertikalkraft $F_{Ed} = 260$ kN

Zusätzlich anzusetzende Horizontalkraft: $H_{Ed} = 0,20 \cdot F_{Ed} = 52$ kN

Vorwerte:

Betonfestigkeitsklasse C 35/45: $f_{cd} = f_{ck}/\gamma_C = 35{,}0/1{,}5 = 23{,}3$ MN/m²

Lastabstand vom Stützenrand: $a_c = 17{,}5$ cm

Konsolhöhe: $h_c = 40{,}0$ cm

Damit ist $a_c/h_c = 17{,}5/40{,}0 = 0{,}44 < 0{,}5$: Es liegt eine kurze Konsole gem. den Angaben in Abb. 16.15 vor.

Nutzhöhe d:

Verlegemaß der Bügel $c_v = 2{,}5$ cm, Bügel $d_{sbü} = 8$ mm, Zugbewehrung $d_s \leqq 20$ mm

$d = h_c - c_v - d_{sbü} - d_s/2$

$= 40{,}0 - 2{,}5 - 0{,}8 - 2{,}0/2 \approx 35$ cm ($d_1 \approx 5{,}0$ cm)

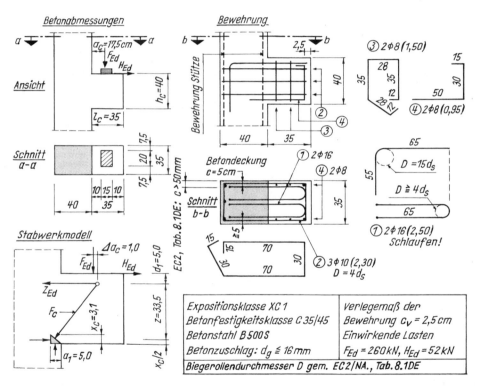

Abb. 16.18 Bemessung einer Konsole: Abmessungen, Belastung, Baustoffe, Stabwerkmodell und Konstruktion

Begrenzung der Betonspannungen durch Ermittlung von $V_{Rd,max}$ gem. (16.11)

$V_{Rd,max} = 0{,}5 \cdot v \cdot b \cdot z \cdot f_{cd}$ $z = 0{,}9 \cdot d$

$v = 0{,}7 - f_{ck}/200$

$= 0{,}7 - 35/200 = 0{,}525$

$$V_{\text{Rd,max}} = 0,5 \cdot 0,525 \cdot 0,35 \cdot 0,9 \cdot 0,35 \cdot 23,3$$
$$= 0,674 \text{ MN} > V_{\text{Ed}} = F_{\text{Ed}} = 0,26 \text{ MN}$$

Die zulässigen Betondruckspannungen werden nicht überschritten.

Ermittlung der Zuggurtkraft und der erforderlichen Bewehrung gem. (16.12)

$$Z_{\text{Ed}} = F_{\text{Ed}} \cdot a_c/z_0 + H_{\text{Ed}} \cdot (d_1 + z_0)/z_0$$

$$z_0 = d \cdot (1 - 0,4 \cdot V_{\text{Ed}}/V_{\text{Rd,max}})$$
$$= 35,0 \cdot (1 - 0,4 \cdot 260/674) = 29,5 \text{ cm}$$

$$d_1 \approx 5,0 \text{ cm, vgl. Abb. 16.15}$$

$$Z_{\text{Ed}} = 260 \cdot 17,5/29,5 + 52 \cdot (5,0 + 29,5)/29,5$$
$$= 154 + 61 = 215 \text{ kN}$$

$$A_s = Z_{\text{Ed}}/\sigma_{\text{sd}}$$
$$= 215/43,5 = 5,0 \text{ cm}^2$$

Ermittlung der erforderlichen horizontalen Bügelbewehrung gem. (16.16)

$$a_c = 17,5 \text{ cm} < 0,5 \cdot h_c = 0,5 \cdot 40 = 20 \text{ cm}$$

$$V_{\text{Ed}} = 260 \text{ kN} > 0,3 \cdot V_{\text{Rd, max}} = 0,3 \cdot 674 = 202 \text{ kN}$$

$$A_{\text{sw}} = 0,5 \cdot A_s = 0,5 \cdot 5,0 = 2,5 \text{ cm}^2$$

Wahl der Bewehrung

oben: 2 Schlaufen $\varnothing$ 16 $\qquad$ $A_s = 8,04 \text{ cm}^2$

Horizontale Bügel $\varnothing$ 10, $\qquad$ $s \approx 10 \text{ cm,}$

vorh $A_{\text{sw}} = 2 \cdot 3 \cdot 0,785 = 4,71 \text{ cm}^2$

Vertikale Bügel (konstruktiv) 2 $\varnothing$ 8

Die Schlaufen werden mit einem Biegerollendurchmesser $d_{\text{br}} \geqq 4\, d_s$ gebogen.

Verankerung der Zugbewehrung

Die Verankerung beginnt an der Innenkante der Lastplatte.

Mit (16.15a):

$$\alpha_1 = 0,7 \text{ (Schlaufen, vgl. Abb. 7.37)}$$

$$l_{\text{b,rqd}} = 46 \cdot d_s, \text{ vgl. Abb. 7.37}$$

$l_{\text{b,dir}} = (2/3) \cdot 0,7 \cdot 46 \cdot 1,6 \cdot 5,0/8,04$	$= 21,4 \text{ cm}$
$> (2/3) \cdot l_{\text{b,min}} = (2/3) \cdot 0,7 \cdot 0,3 \cdot 46 \cdot 1,6$	$= 10,3 \text{ cm}$
$> (2/3) \cdot 10\, d_s = 6,67 \cdot 1,6$	$= 10,7 \text{ cm}$

Erforderliche Konsollänge l_c, vgl. Abb. 16.15

Abstand der Lagerplatte von der Wand	$= 10,0 \text{ cm}$
Verankerungslänge, beginnend Innenkante Lagerplatte	$= 21,4 \text{ cm}$
Betondeckung der Schlaufen, angesetzt c_v	$= \underline{\quad 2,5 \text{ cm}}$
Mindestlänge der Konsole damit: $\qquad\qquad$ min l_c	$= 33,9 \text{ cm}$

Die vorhandene Konsollänge von 35,0 cm ist ausreichend.

Pressung unter der Lagerplatte

$$\sigma_{cd} = 0{,}26 / (0{,}15 \cdot 0{,}20) = 8{,}67 \text{ MN/m}^2 < 0{,}85 \cdot f_{cd} = 0{,}85 \cdot 19{,}83 = 16{,}86 \text{ MN/m}^2$$

Die Konstruktion ist in Abb. 16.18 dargestellt. Die vertikalen Bügel sind statisch nicht erforderlich, sie wurden gewählt um eine sichere Montage der schlaufenförmigen Zugbewehrung zu gewährleisten.

Schnittgrößenermittlung mit einem Stabwerkmodell

Im Abschn. 16.4.1 wurde der Rechengang bei einer Bestimmung der Schnittgrößen mit einem Stabwerkmodell zusammengestellt. Hier erfolgt für die zuvor behandelte Konsole die Ermittlung der wesentlichen Bemessungsgrößen nach dieser Zusammenstellung. Das zugehörige Stabwerkmodell ist in Abb. 16.18 mit dargestellt.

– Länge Δa_c:

$$\Delta a_c = (H_{Ed} / V_{Ed}) \cdot d_1 = 0{,}2 \cdot 5{,}0 = 1{,}0 \text{ cm}$$

– Abstand a:

$$a = a_1 / 2 + a_c + \Delta a_c$$
$$a_1 = F_{Ed} / (b \cdot \sigma_{cd})$$
$$\sigma_{cd} = 0{,}75 \cdot f_{cd} = 0{,}75 \cdot 19{,}83 = 14{,}88 \text{ MN} / \text{m}^2$$
$$a_1 = 0{,}26 / (0{,}35 \cdot 14{,}88) = 0{,}05 \text{ m}$$
$$a = 0{,}05 / 2 + 0{,}175 + 0{,}01 = 0{,}21 \text{ m}$$

– Höhe der Druckzone im Knoten 2

$$x_c = d - \sqrt{d^2 - 2 \cdot a \cdot a_1}, \ d = 35 \text{ cm}$$
$$x_c = 35 - \sqrt{35^2 - 2 \cdot 21{,}0 \cdot 5{,}0} = 3{,}1 \text{ cm}$$

– Kontrolle der Druckzonenhöhe

$$x_c / d = 3{,}1 / 35{,}0 = 0{,}09 < 0{,}45$$

– Hebelarm der inneren Kräfte

$$z = d - x_c / 2 = 35{,}0 - 3{,}1 / 2 = 33{,}5 \text{ cm}$$

– Neigung der Druckstrebe:

$$\cot \Theta = x_c / a_1 = 3{,}1 / 5{,}0 = 0{,}62$$

– Größe der Zugkraft:

$$Z_{Ed} = F_{Ed} \cdot \cot \Theta + H_{Ed} = 260 \cdot 0{,}62 + 52{,}0 = 213 \text{ kN}$$

– Erforderliche Zugbewehrung

$$\text{erf } A_s = Z_{Ed} / \sigma_{sd} = 213 / 43{,}5 = 4{,}8 \text{ cm}^2$$

Wahl der Bewehrung wie bei der Berechnung gem. den Angaben in Heft 525 [80.6a].

16.5 Abgesetzte Balkenauflager

Abgesetzte (oder hochgezogene) Balkenauflager nach Abb. 16.19 werden häufig erforderlich, wenn die Unterkante der lastaufnehmenden Konsole bündig mit der Unterkante des lastabgebenden Balkens verlaufen soll. In Abb. 16.19 ist der Kraftfluss am Auflager mit zugehörigem Stabwerkmodell nach *Schlaich / Schäfer* dargestellt. Für die lastabgebende Konsole gelten die im Abschn. 16.4 besprochenen Bemessungs- und Bewehrungshinweise. Die auf die Konsole wirkende Kraft F_{Ed} entspricht der Auflagerkraft C_{Ed} des Balkens, die Lage der Druckstrebe und damit Θ_1 wird durch (16.13) bestimmt. Neben der Konsole wird die Auflagerkraft des Balkens durch die Zugkraft $F_{Ed,1} = F_{td,1}$ auf volle Balkenhöhe hochgehängt. Die erforderliche Bügelbewehrung wird auf der Länge l_1 eingebaut.

$$F_{Ed,1} = C_{Ed}: \quad a_{sw,1} = \frac{C_{Ed}}{f_{yd} \cdot l_1} \tag{16.18}$$

Die Konsolbewehrung für Z_{Ed} wird über den Knotenpunkt 3 hinausgeführt und mit $l_{b,rqd}$ gem. (7.43c) verankert. Die lotrechte Zugkraft $F_{Ed,2} = F_{td,2}$ wird mit Bügeln auf der Länge l_2 abgedeckt.

$$F_{Ed,2} = C_{Ed}: \quad a_{sw,2} = \frac{C_{Ed}}{f_{yd} \cdot l_2} \tag{16.19}$$

Außerhalb des Bereiches l_2 wird der nach der Balkentheorie erforderliche Bügelquerschnitt a_{sw} eingebaut, die Druckstrebenneigung Θ im Modellpunkt 4 wird nach den im Abschnitt 7.5 besprochenen Regeln festgelegt.

Die Verankerung der Balkenzugbewehrung erfolgt nach den Regeln für Endauflager, Abschnitt 7.8.4. Endhaken werden möglichst vermieden, günstig ist eine Verankerung mit liegenden Schlaufen innerhalb der lotrechten Aufhängebewehrung. Weitere Einzelheiten der Konstruktion sind aus Abb. 16.19 ersichtlich. Statt einer Aufhängung der Auflagerkraft durch lotrechte Bügel ist auch eine Konstruktion mit aufgebogener Zugbewehrung möglich, in Abb. 16.19 ist hierzu ein Stabwerksmodell nach *Schlaich / Schäfer* [1.11] dargestellt. Bei einer solchen Konstruktion bereitet die Verankerung der aufgebogenen Biegezugbewehrung am oberen Trägerrand im Knoten „1" regelmäßig Schwierigkeiten. Statt die Bewehrung hochzubiegen, ist es in diesen Fällen günstiger, nicht die untere Zugbewehrung aufzubiegen, sondern für die Schrägbewehrung Schlaufen mit kleineren Stabdurchmessern zu wählen und hierfür einen Zugstoß mit der unteren Zugbewehrung auszuführen. Eine Verankerung der hochgebogenen Bewehrung mit angeschweißten Ankerkörpern ist ebenfalls denkbar, hierfür findet man Erläuterungen bei *Hegger/Loeser/Lotze* [60.42]. In jedem Fall ist für die Schrägbewehrung am unteren Umlenkpunkt ein großer Biegerollendurchmesser ($D \geqq 20\,d_s$) vorzusehen, ein Konstruktionsbeispiel hierzu findet man bei *Fingerloos/Stenzel* [1.25]. Da der Einbau der Schrägbewehrung wegen der Bewehrungskonzentration in Auflagernähe Schwierigkeiten bereiten kann, wird in der Praxis eine Konstruktion mit lotrechter Aufhängebewehrung bevorzugt.

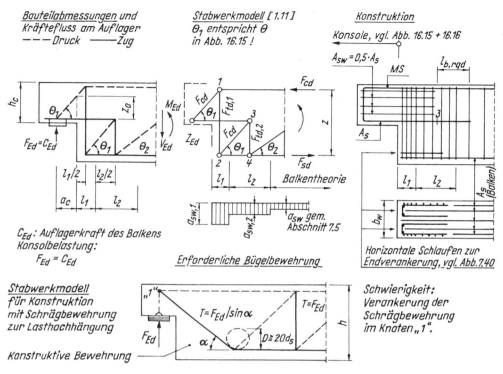

Abb. 16.19 Abgesetzte Balkenauflager

16.6 Bauteile mit ungerader Systemlinie

Bei geknickten Trägern liegen in konstruktiver Hinsicht ähnliche Verhältnisse wie bei Rahmenecken vor. Bei geringem Knickwinkel bis zu etwa $\alpha < 45°$ und positivem Moment ist eine Umlenkung des Zuggurtes gem. Abb. 16.20 zulässig. Der Unterschied zwischen Bewehrungsrichtung und Hauptzugrichtung ist verhältnismäßig gering. Die nach außen gerichtete Umlenkkraft u_{td} der Biegedruckkraft (vgl. Abb. 16.20) wird durch Bügel zurückgehängt, die Bügel müssen die *gesamte* Druckzone sichern, i. Allg. sind daher vierschnittige Bügel vorzusehen [1.11]. Bei negativem Moment (Zug außen) liegen die Umlenkkräfte aus der Druckzone und aus der Biegezugkraft annähernd in einer Wirkungslinie. Die Konstruktion kann in der einfachen, in Abb. 16.20 angedeuteten Form, erfolgen. Bei Knickwinkeln $\alpha \geqq 45°$ ist in beiden Fällen eine Konstruktion wie bei Rahmenecken vorzusehen.

Wenn Treppenläufe über ein volles Geschoss ohne Zwischenunterstützung durchgeführt werden müssen, werden in der Regel Zwischenpodeste in den Treppenlauf integriert. Es liegt dann in statischer Hinsicht ein weit gespannter geknickter Träger vor. Volle Tragfähigkeit an den Knickstellen mit Beanspruchung durch positive Momente wird nach Heft 525 [80.6a] nur erreicht, wenn die Bewehrung schlaufenförmig gestoßen wird, vgl. Abb. 16.20. Durch die schlaufenförmige Bewehrungsführung wird die Biegedruckzone umfasst und ein vorzeitiges Absprengen des Betons infolge der nach außen gerichteten Abtriebskräfte verhindert. Die in Abb. 16.20 angegebene Schrägbewehrung ist nur bei Bewehrungssätzen $\varrho = 0,4\,\%$ erforderlich, vgl. hierzu auch Abb. 16.8. Nach *Geistefeld* [3.4] wird ausreichende Tragfähigkeit auch erreicht, wenn geknickten Platten mit öffnendem Moment im Bereich des Plattenknicks mit dem in Abb. 16.20a angegebenen verminderten Hebelarm z der inneren Kräfte bemessen werden und eine sorgfältige Umbügelung der Druckzone erfolgt. Diese Umbügelung ist bei Plattentragwerken jedoch meist nur schwierig herzustellen.

Bei stetig gekrümmter Führung der Bewehrung am inneren Zugrand und starker Krümmung, wie in Abb. 16.20 dargestellt, müssen die Umlenkkräfte der Bewehrung durch Bügel aufgenommen werden. Für die Größe der Umlenkkräfte u_{td} in Abhängigkeit von der Zugkraft $A_s \cdot \sigma_{sd}$ und dem Krümmungsradius r ergibt sich

$$u_{td} = A_s \cdot \sigma_{sd} / r$$

Für die erforderliche Bügelbewehrung folgt

$$a_{sw} = u_{td} / \sigma_{sd} = A_s \cdot \sigma_{sd} / (r \cdot \sigma_{sd})$$

Wenn für die Zugbewehrung und für die Bügelbewehrung mit $\sigma_{sd} = f_{yd}$ gerechnet wird, ergibt sich $a_{sw} = A_s / r$. Besser ist es, die Spannung in der Zugbewehrung zu verringern, z. B. auf $\sigma_{sd} = 0,8 \cdot f_{yd}$.

Schlaich / Schäfer [1.11] weisen darauf hin, dass die Umlenkkräfte erst dann von den Bügeln aufgenommen werden, wenn sich die Bewehrung zwischen den Bügeln gestreckt hat. Dies führt zu einer radialen Verschiebung der Betondeckung und zu Rissbildungen. Die Bügelabstände s_w müssen daher sehr gering gewählt werden, in flächenhaften Bauteilen (Wänden) sollte die gekrümmte Bewehrung in die 2. Lage gelegt werden.

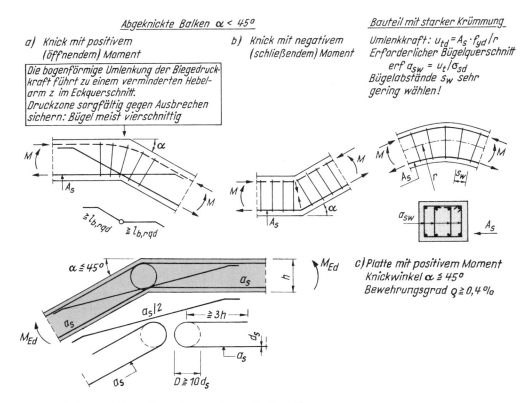

Abb. 16.20 *Abgeknickte Balken, stärker gekrümmte Bauteile*

In nur schwach gekrümmten, flächenhaften Bauteilen mit positivem Moment ist die Aufnahme der Umlenkkräfte durch Bügel konstruktiv kaum durchführbar. Das Tragverhalten solcher Bauteile ohne Umlenkbewehrung wird in [1.11] beschrieben. Nach Abb. 16.21 erfolgt bei eng beieinander liegender, gekrümmter Zugbewehrung eine fast scheibenartige Absprengung der gesamten Betondeckung. Bei ausreichend großem Stababstand wird dagegen nur die Betondeckung im Bereich *eines* Stabes dachförmig infolge der senkrecht zur Bruchfläche wirkenden Betonzugspannung σ_{ct} abgesprengt. Bei einer Begrenzung der Zugspannungen auf Werte unterhalb der Betonzugfestigkeit kann auf Bügel zur Aufnahme der Umlenkkräfte verzichtet werden. Für σ_{ctm} ergibt sich mit den Bezeichnungen der Abb. 16.21

$$\sigma_{ctm} \approx 0,44 \cdot \frac{d_s^2 \cdot \sigma_{sd}}{r \cdot c_v} \tag{16.20}$$

Die Betonzugfestigkeit sollte bei einer Bemessung mit $\sigma_{sd} = f_{yd}$ auf zul $\sigma_{ct} \leqq 0,1 \cdot f_{ck}^{2/3}$ begrenzt werden.

Anwendungsbeispiel

– gekrümmte Platte $r = 5,00\,\text{m}$

– Betonfestigkeitsklasse C 25 / 30

– Stahldurchmesser $d_s = 12\,\text{mm}$

– Betondeckung $c_v = c_{nom} = 2,50\,\text{cm}$

– Stahlspannung $\sigma_{sd} = 435\,\text{N}/\text{mm}^2$

$$\sigma_{ctm} = 0,44 \cdot \frac{0,012^2 \cdot 435}{5,0 \cdot 0,025} = 0,22\,\text{MN}/\text{m}^2 < \text{zul}\ \sigma_{ct} = 0,1 \cdot 25,0^{2/3} = 0,85\,\text{MN}/\text{m}^2$$

Auf eine Zurückhängung der Umlenkkräfte durch Bügel kann im vorliegenden Fall verzichtet werden.

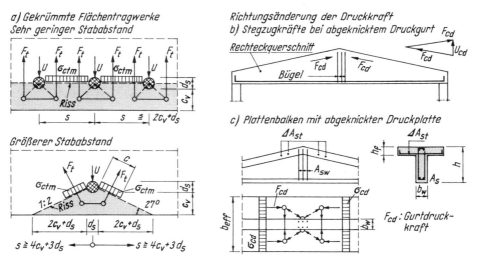

Abb. 16.21 Links: Abplatzen der Betondeckung bei gekrümmten Flächentragwerken
        Rechts: Umlenkkräfte bei abgeknickten Druckgurten

Auch bei einer Richtungsänderung von inneren Druckkräften außerhalb von Rahmenknoten muss sinngemäß zu EC 2, 8.10.5 die Aufnahme der entstehenden Umlenkkräfte sichergestellt sein. In Abb. 16.21 ist als Beispiel der Kraftverlauf in einem Trapezbinder mit Rechteckquerschnitt dargestellt. Die Umleitung einer Druckkraft in der Druckplatte eines Plattenbalkenquerschnitts ist ohne Schwierigkeiten nur möglich, wenn im Knickpunkt eine Steife angeordnet wird, die die Umlenkkräfte in den Steg einleiten kann. Ohne eine solche Steife ist in der Gurtplatte ein liegendes Fachwerk anzusetzen, durch das die Gurtdruckkraft in die Stegebene zurückverlagert wird, vgl. hierzu Abb. 16.21 und Abb. 9.17. Man erkennt, dass im Bereich des Knickpunktes der Querschnitt als *Rechteckquerschnitt* mit den Abmessungen b_w/h zu bemessen ist.

16.7 Träger mit Öffnungen im Steg

16.7.1 Kleinere Stegöffnungen

Für die Durchführung von Rohren und Leitungen sind in den Balkenstegen häufig Aussparungen erforderlich. Grundsätzlich sollten diese Aussparungen in Balkenbereichen mit geringer Querkraftbeanspruchung angeordnet werden. Kreisrunde Öffnungen sind gegenüber Aussparungen mit rechteckigem Querschnitt zu bevorzugen. Wenn in Trägerlängsrichtung mehrere kleinere Öffnungen hintereinander angeordnet werden müssen, wird der Öffnungsabstand so gewählt, dass sich nach Abb. 16.22 Pfosten- oder Strebenfachwerke ausbilden können. Mit geneigten Zugstreben sind etwas größere Tragfähigkeiten erreichbar, mit lotrechten Pfosten (Bügeln) ist die Konstruktion meist einfacher ausführbar. Für die Bemessung gelten die Hinweise im Kapitel 15 sinngemäß, vgl. Gleichung 15.3 und 15.4:

$$\left.\begin{aligned} A_\mathrm{sw} &= F_\mathrm{td}/f_\mathrm{yd} \\ \sigma_\mathrm{cd} &\leqq F_\mathrm{cd}/(a \cdot b_\mathrm{w}) \leqq 0{,}75 \cdot f_\mathrm{cd} \end{aligned}\right\} \tag{16.21}$$

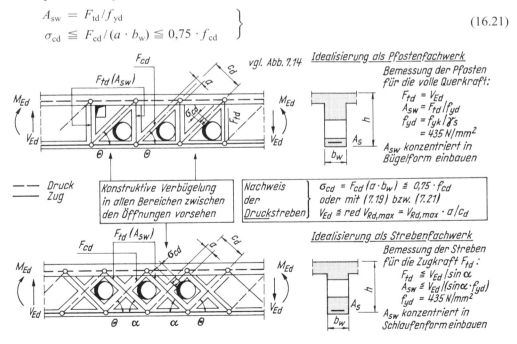

Abb. 16.22 Biegeträger mit kleinen Aussparungen im Steg

Die Breite a der Druckstrebe ergibt sich aus dem Abstand der Öffnungen und dem gewählten Druckstrebenwinkel Θ. Statt des Nachweises der Spannungen kann ausreichende Druckstrebentragfähigkeit auch durch eine Reduktion von $V_{Rd,max}$ nachgewiesen werden (vgl. *Geistefeldt* [3.4]):

$$V_{Ed} \leqq \text{red } V_{Rd,max} = V_{Rd,max} \cdot a / c_d \tag{16.22}$$

Hierin ist:

$V_{Rd,max}$ Tragfähigkeit gem. (7.19) oder (7.21)
a / c_d Abmessungen gem. Abb. 16.22

Die erforderliche Zugbewehrung im Steg sollte für die volle Querkraft bemessen werden. Damit ergibt sich für die in Abb. 16.22 angegebenen Systeme mit $f_{yd} = f_{yk} / \gamma_S = 435 \, \text{N} / \text{mm}^2$ (B 500):

Pfostenfachwerk: $A_{sw} = \dfrac{V_{Ed}}{f_{yd}}$

Strebenfachwerk: $A_{sw} = \dfrac{V_{Ed}}{\sin \alpha \cdot f_{yd}}$

$$\left.\vphantom{\begin{array}{c} A \\ A \\ A \\ A \end{array}}\right\} \tag{16.23}$$

Die Bewehrung wird in Form von Bügeln oder schräg liegenden Schlaufen ausgebildet. Die im ungeschwächten Balkenbereich vorhandene Bügelbewehrung ist auch zwischen den Öffnungen anzuordnen.

16.7.2 Träger mit größeren Stegöffnungen

Bei größeren Öffnungen im Balkensteg ist die Aufnahme der Querkräfte durch Druck- und Zugstreben im Steg nicht mehr möglich. Die Querkraft wird von den Riegeln oberhalb und unterhalb der Öffnung abgetragen, hierdurch entstehen in den Riegeln Biegemomente. Die Lastabtragung erfolgt wie bei einem Rahmen- oder Vierendeelträger. Das in der Öffnungsmitte vorhandene Balkenbiegemoment M wird als Kräftepaar $N_{Ed} \cdot z_L$ den beiden Riegeln zugewiesen, die Riegel sind somit für Biegung mit Normalkraft zu bemessen. In Abb. 16.23 sind in den Riegeln *mögliche* Schnittgrößenverteilungen angegeben. Für die Zug- und Druckkräfte infolge der Querkraftbeanspruchung in den Gurten gelten die Angaben in Abb. 7.14, in Abb. 7.23 sind diese Kräfte nur angedeutet. Wenn die Öffnung am Ort des maximalen Feldmomentes des Trägers ($V_{Ed} = 0$) angeordnet wird, entstehen in den Öffnungsgurten keine Biegemomente. Dies gilt, solange mögliche Einflüsse aus direkter Belastung eines Gurtes außer Ansatz bleiben. Die Gurtbemessung erfolgt dann für eine zentrische Druck- oder Zugbeanspruchung. Mit zunehmender Querkraftbeanspruchung am Ort der Öffnung ergeben sich auch zunehmend größere Momente in den Gurten, die Lage des Nullpunktes der Momente in den Gurten ist dabei stark abhängig vom Verhältnis M/V, vom Steifigkeitsverhältnis der Gurte, vom Grad der Rissbildung in den Gurtbereichen und von der Bewehrungsanordnung innerhalb der Gurte ($A_{s1} = A_{s2}$), die Gurtbemessung erfolgt für Biegung mit Normalkraft nach einem der in Kapitel 12 besprochenen Verfahren.

Ausführlich wird das Tragverhalten von Trägern mit größeren Öffnungen in Heft 566 [80.23] beschrieben. Die Größe der Schnittkräfte im Bereich eines Trägers mit Öffnungen wird hiernach maßgebend beeinflusst von der Verteilung der Querkräfte auf die Gurte. In Heft 566 werden folgende Einflüsse behandelt:

– Einfluss der Rissbildung in den Gurten
– Einfluss der Gurtgeometrie und der Gurtbewehrung
– Einfluss der Lage der Öffnung in Balkenlängsrichtung
– Einfluss der Aufhängebewehrung beidseitig der Öffnung.

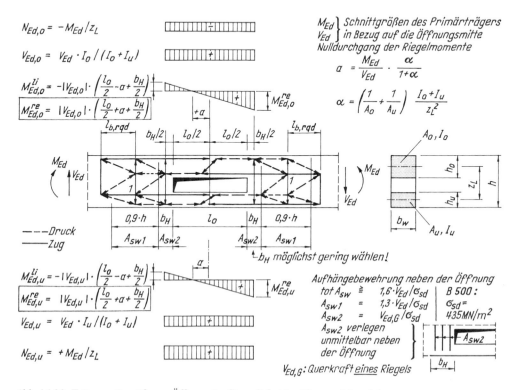

Abb. 16.23 Träger mit größerer Öffnung im Steg: Schnittgrößen und Bezeichnungen (nach [1.11] und [60.20])

Die Berücksichtigung aller angeführten Einflüsse führt zu einer detaillierten Darstellung des Kraftflusses im Öffnungsbereich eines Stahlbetonträgers, die Berechnung wird zweckmäßig programmgesteuert durchgeführt. Für die Kontrolle von elektronisch durchgeführten Berechnungen, für die Durchführung der Berechnung, wenn keine geeignete EDV-Anlage zur Verfügung steht sowie zum Verständnis des Kräfteverlaufes im Öffnungsbereich sollten ausreichend genaue Näherungsverfahren zur Verfügung stehen. In diesem Sinn sollten die nachfolgenden Ausführungen interpretiert werden.

Die Zugkräfte in den Gurten (Riegeln) erreichen ihren jeweiligen Größtwert nicht am Öffnungsrand, der maximal beanspruchte Querschnitt liegt neben der Öffnung. Dies kann nach *Schlaich/Schäfer* [1.11] mit der Vergrößerung der Zugkraft in gerissenen Bauteilen erklärt werden. Bei der Konstruktion von Platten und Balken wird dies durch das Versatzmaß a_l berücksichtigt, vgl. Abschn. 7.7. In den Riegeln wird mit konstanter Querkraft gerechnet, hieraus folgt ein linearer Verlauf der Biegemomente. Bei *Schnellenbach-Held/Ehmann* [60.20] ebenso wie in Heft 566 wird der Momentenverlauf über den Öffnungsrand bis zu einer gedachten Linie neben der Öffnung verlängert. Diese Linie wird durch die Schwerachse der Aufhängebewehrung A_sw2 bestimmt.

Der Nulldurchgang der Riegelmomente kann aus der Biegelinie des betrachteten Gurtes ermittelt werden, in Heft 566 findet man hierzu detaillierte Angaben. Nach [1.11] kann die Nullpunktverschiebung in folgender Form abgeschätzt werden, die Angaben hierzu in Heft 459 [80.5] führen zu vergleichbaren Werten:

$$a = \frac{M_{\mathrm{Ed}}}{V_{\mathrm{Ed}}} \cdot \frac{\alpha}{1+\alpha} \tag{16.24}$$

Hierin ist:

$$\alpha = \left(\frac{1}{A_{\mathrm{o}}} + \frac{1}{A_{\mathrm{u}}}\right) \cdot \frac{I_{\mathrm{o}} + I_{\mathrm{u}}}{z_{\mathrm{L}}^2}$$

Sehr häufig liegt für den oberen Riegel ein Plattenbalkenquerschnitt vor. Nach Heft 566 kann dann die mitwirkende Breite b_{eff} über folgenden Ansatz abgeschätzt werden

$$b_{\mathrm{eff}} = b_{\mathrm{w}} + b_{\mathrm{eff},1} + b_{\mathrm{eff},2} = b_{\mathrm{w}} + l_0/4 + l_0/4$$

Für die effektive Steifigkeit des Druckgurtes und des Zuggurtes unter Berücksichtigung der Rissbildung findet man Angaben in Heft 566. *Schlaich/Schäfer* [1.11] empfehlen wegen der Rissbildung eine Abminderung der Steifigkeit des Zuggurtes. Hier wird von einer solchen Abminderung abgeraten, wenn eine näherungsweise Aufteilung der Querkräfte nach (16.25), also ohne Berücksichtigung der Gurtbewehrungen, erfolgt. Der Zuggurt ist stets wesentlich stärker bewehrt als der Druckgurt und die im Regelfall vorhandene direkte Belastung des Druckgurtes bleibt fast immer außer Ansatz. In Heft 459 [80.5] wird darauf hingewiesen, dass Tragwerke mit Öffnungen in Bezug auf die Querkraftverteilung relativ gutmütig reagieren und daher die Zuordnung der Querkräfte auf die Gurte innerhalb vernünftiger Grenzen durch sinnvolle Annahmen möglich ist.

Nach *Schlaich/Schäfer* [1.11] kann die Querkraftverteilung auf die Gurte näherungsweise in folgender Form abgeschätzt werden:

$$\left.\begin{aligned}
V_{\mathrm{Ed},\mathrm{o}} &= V_{\mathrm{Ed}} \cdot \frac{I_{\mathrm{o}}}{I_{\mathrm{o}} + I_{\mathrm{u}}} \\[2ex]
V_{\mathrm{Ed},\mathrm{u}} &= V_{\mathrm{Ed}} \cdot \frac{I_{\mathrm{u}}}{I_{\mathrm{o}} + I_{\mathrm{u}}}
\end{aligned}\right\} \tag{16.25}$$

Mit dem nun bekannten Nulldurchgang der Riegelmomente und der bekannten Verteilung der einwirkenden Querkraft V_{Ed} auf die beiden Gurte können die Riegelmomente bestimmt werden. Die Gurte erhalten im Bereich der Öffnung eine konstante Bewehrung, maßgebend für die Bemessung ist das größere der beiden Biegemomente $M_{\mathrm{Ed}}^{\mathrm{li}}$ oder $M_{\mathrm{Ed}}^{\mathrm{re}}$. In Abb. 16.23 sind diese maßgebenden Momente hervorgehoben.

Die erforderliche Aufhängebewehrung ist aus dem in Abb. 16.23 angedeuteten Stabwerkmodell ablesbar. Insgesamt ist nach Heft 566 als Aufhängebewehrung erforderlich

$$\mathrm{tot}\, A_{\mathrm{sw}} = 1{,}6 \cdot V_{\mathrm{Ed}}/\sigma_{\mathrm{sd}} \tag{16.26}$$

Diese Bewehrung ist erforderlich zur Aufteilung der Gesamtquerkraft auf die beiden Gurte **und** zur Weiterleitung der Verankerungskräfte aus der Biegezugbewehrung der Gurte. Der Bewehrungsanteil $A_{\mathrm{sw}1}$ dient dabei zur Verankerung der Gurtbewehrung im Knoten 1, hierfür gilt [80.23]

$$A_{\mathrm{sw}1} = 1{,}3 \cdot V_{\mathrm{Ed}}/\sigma_{\mathrm{sd}} \tag{16.26a}$$

$A_{\mathrm{sw}1}$ wird verlegt auf einer Länge $b \approx 0{,}9 \cdot h$. Unmittelbar neben der Öffnung ist nach Heft 566 die Bewehrung $A_{\mathrm{sw}2}$ einzubauen. Diese Bewehrung ist erforderlich zur Verankerung des Querkraftanteils eines Riegels.

$$A_{sw2} = V_{Ed,Gurt} / \sigma_{sd}$$

Für $V_{Ed,Gurt}$ ist die größere der beiden Gurtquerkräfte einzusetzen. Der Wirkungsbereich dieser Bewehrung ist b_H, die Schwerlinie dieser Bewehrung hat den Abstand $b_H / 2$ vom Öffnungsrand, vgl. Abb. 16.23. Bei *Schlaich / Schäfer* [1.11] wird diese Bewehrung neben der Öffnung auf einer Länge verlegt, die etwa der Bauteilhöhe eines Riegels entspricht. Die Gurtbewehrung ist, wie auch in Abb. 16.23 gezeigt, über den Schnittpunkt der Zugbewehrung mit den Druckstreben hinauszuführen und *von diesem Schnittpunkt aus* zu verankern. Es ist zu beachten, dass die in Abb. 16.23 angegebenen Druckstreben die in Wirklichkeit vorhandenen Druckfelder repräsentieren, die Länge der Gurtbewehrungen ist daher entsprechend festzulegen. Eine Diagonalbewehrung im Eckbereich (analog Abb. 16.8) führt nach Heft 566, insbesondere wenn Öffnungen in Bereichen großer Querkräfte erforderlich werden, zu geringeren Rissbreiten, die Betonierbarkeit wird hierdurch jedoch erschwert. Allgemein gilt, dass die Bewehrung für Biegung und für Querkraft großzügig gewählt werden sollte. Hierdurch werden Reserven für eine mögliche Umlagerungen der Schnittgrößen geschaffen.

Die Querkraftbemessung erfolgt nach den im Kapitel 7 besprochenen Regeln. Bei Wirkung von Zugkräften (unterer Riegel) sollte mit einer Druckstrebenneigung $\Theta = 45°$ gerechnet werden, vgl. (7.27). Bei sehr niedrigem unteren Riegel kann es auch sinnvoll sein, die Querkraft voll dem oberen druckbeanspruchten Riegel zuzuweisen.

Um Verlegefehler an der Baustelle möglichst auszuschließen, sollte die Konstruktion einfach gehalten werden. Nach Meinung des Verfassers wird dies am besten durch eine zur lotrechten Mittelachse der Öffnung symmetrische Bewehrung beider Riegel erreicht.

16.7.3 Anwendungsbeispiel: Träger mit einer größeren Öffnung

Aufgabe

Für den in Abb. 16.24 dargestellten Träger ist die Bemessung durchzuführen. Die Konstruktion im Öffnungsbereich ist darzustellen. Baustoffe vgl. Abb. 16.24.

Durchführung:

Bemessung in $l / 2$ mit Tafel 3 (Anhang)

$$\max M_{Ed} = 72{,}0 \cdot 8{,}0^2 / 8 = 576 \, \text{kNm}$$

$$h / d = 70 / 65 \, \text{cm}, \quad b = 35 \, \text{cm}$$

$$k_d = 65 / \sqrt{576 / 0{,}35} = 1{,}60 \qquad \xi < 0{,}356$$

$$A_s = 2{,}70 \cdot 576 / 65 = 23{,}9 \, \text{cm}^2$$

unten $5 \varnothing 25$, $\quad A_s = 24{,}6 \, \text{cm}^2$

Schnittgrößen an der Stelle m

$$M_{Ed,m} = 72{,}0 \cdot 2{,}0 \cdot 6{,}0 / 2 = 432 \, \text{kNm}$$

$$V_{Ed,m} = 72{,}0 \cdot 2{,}0 = 144 \, \text{kN}$$

Flächenwerte der Gurte im Öffnungsbereich

$$A_o = A_u = 3{,}5 \cdot 2{,}5 \qquad = 8{,}75 \, \text{dm}^2$$

$$I_o = I_u = 3{,}5 \cdot 2{,}5^3 / 12 = 4{,}56 \, \text{dm}^4$$

Nullpunktverschiebung der Momente gem. (16.24)

$$z_\mathrm{L} = 70{,}0 - 2 \cdot 25{,}0/2 = 45\,\mathrm{cm}$$

$$\alpha = \left(\frac{1}{A_\mathrm{o}} + \frac{1}{A_\mathrm{u}}\right) \cdot \frac{I_\mathrm{o} + I_\mathrm{u}}{z_\mathrm{L}^2} = 2 \cdot \frac{1}{8{,}75} \cdot \frac{2 \cdot 4{,}56}{4{,}5^2} = 0{,}103$$

$$a = \frac{M_\mathrm{Ed,m}}{V_\mathrm{Ed,m}} \cdot \frac{\alpha}{1+\alpha} = \frac{432}{144} \cdot \frac{0{,}103}{1{,}103} = 0{,}28\,\mathrm{m}$$

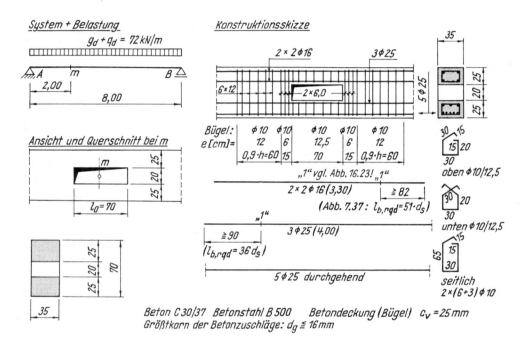

Abb. 16.24 Anwendungsbeispiel: Träger mit großer Öffnung im Steg

Mit Bild 4.4 in Heft 459 [80.5] ergibt sich für das vorliegende Beispiel ein Abstand des Null-durchgangs der Momente vom linken Öffnungsrand von $x = 0{,}07\,\mathrm{m}$, dies entspricht dem Ergebnis der Rechnung mit Gl. (16.24).

Querkraftanteil in den Gurten mit (16.25)

$$V_\mathrm{Ed,o} = V_\mathrm{Ed,u} = V_\mathrm{Ed}/2 = 144/2 = 72{,}0\,\mathrm{kN}$$

Schnittgrößen in den Gurten gem. Abb. 16.23

Normalkräfte

$$N_\mathrm{Ed,o} = -M_\mathrm{Ed,m}/z_\mathrm{L} = -432/0{,}45 \qquad = -960\,\mathrm{kN}$$

$$N_\mathrm{Ed,u} = -N_\mathrm{Ed,o} \qquad\qquad\qquad\quad = +960\,\mathrm{kN}$$

Momente (Ober- und Untergurt)

$$b_\mathrm{H} \approx 15\,\mathrm{cm},\ \text{vgl. Abb. 16.23 und Abb. 16.24}$$

$$M_{Ed,li} = -V_{Ed} \cdot (l_0/2 - a + b_H/2) = -72,0 \cdot (0,70/2 - 0,28 + 0,15/2) = -10,4 \, kNm$$

$$M_{Ed,re} = V_{Ed} \cdot (l_0/2 + a + b_H/2) = 72,0 \cdot (0,70/2 + 0,28 + 0,15/2) = 50,8 \, kNm$$

Bemessung für Biegung mit Normalkraft

Oberer Riegel

$$N_{Ed} = -960 \, kN, \quad M_{Ed} \leqq 50,8 \, kNm$$

Die Bemessung erfolgt mit Interaktionsdiagramm für $A_{s1} = A_{s2}$

Betondeckung der Bügel: $c_{nom} = c_v = 2,5 \, cm, \quad d_1 \approx 5,0 \, cm$

$d_1/h_o = 5/25 = 0,20$, Beton C30/37: Interaktionsdiagramm vgl. [8]

$$\left. \begin{array}{l} \nu_{Ed} = \dfrac{N_{Ed}}{b \cdot h \cdot f_{cd}} = \dfrac{-0,960}{0,35 \cdot 0,25 \cdot 17,0} = -0,65 \\[3mm] \mu_{Ed} = \dfrac{M_{Ed}}{b \cdot h^2 \cdot f_{cd}} = \dfrac{0,0508}{0,35 \cdot 0,25^2 \cdot 17,0} = 0,14 \end{array} \right\} \quad \omega_{tot} = 0,13$$

$$A_{s,tot} = \omega_{tot} \cdot \frac{b \cdot h_o}{f_{yd}/f_{cd}} = 0,13 \cdot \frac{0,35 \cdot 0,25}{25,6} \cdot 10^4 = 4,4 \, cm^2$$

Gewählt: $2 \varnothing 16$ oben und unten, $A_{s1} = A_{s2} = 4,0 \, cm^2$

$$A_{s,tot} = 8,0 \, cm^2 > 4,4 \, cm^2$$

Die Bewehrung erfolgt mit einem Längsstab je Ecke, Zwischenbügel sind nicht erforderlich, vgl. Abb. 12.5.

Unterer Riegel

Mit (12.19): $z_{s1} = z_{s2} = h/2 - d_1 = 25,0/2 - 5,0 = 7,5 \, cm$

Es wird mit $\sigma_{sd} = f_{yd} = 435 \, N/mm^2$ gerechnet.

Links: $e = -M_{Ed}/N_{Ed} = 10,4/960 = 0,01 \, m$

$$A_{s1} = \frac{N_{Ed}}{\sigma_{sd}} \cdot \frac{z_{s1} + e}{z_{s1} + z_{s2}} \quad \text{(oben!)}$$

$$A_{s1} = \frac{960}{43,5} \cdot \frac{7,5 + 1,0}{2 \cdot 7,5} = 12,5 \, cm^2$$

Rechts: $e = 50,8/960 = 0,053 \, m$

$$A_{s1} = \frac{960}{43,5} \cdot \frac{7,5 + 5,3}{2 \cdot 7,5} = 18,8 \, cm^2 \quad \text{(unten)}$$

$$A_{s2} = \frac{960}{43,5} \cdot \frac{7,5 - 5,3}{2 \cdot 7,5} = 3,3 \, cm^2 \quad \text{(oben)}$$

Gewählt: oben $3 \varnothing 25$, $A_s = 14,7 \, cm^2$
unten $5 \varnothing 25$, $A_s = 24,6 \, cm^2$

Bemessung für Querkräfte

Beide Riegel: $V_{Ed} = V_{Ed,G} = 72,0 \, kN$

Hebelarm der inneren Kräfte gem. den Hinweisen bei Gl. (7.19):

$$z = 0,9 \cdot d = 0,9 \cdot 20,0 = 18,0 \, cm \quad \text{bzw.}$$

$$z = d - 2 \cdot c_{nom} = 20{,}0 - 2 \cdot 3{,}5 = 13{,}0 \text{ cm} \quad \text{mit} \quad c_{nom} = 2{,}5 + 1{,}0 = 3{,}5 \text{ cm} \quad \text{bzw.}$$

$$z = d - c_{nom} - 3{,}0 \text{ cm} = 20{,}0 - 3{,}5 - 3{,}0 = 13{,}5 \text{ cm}$$

Es wird mit $z = 0{,}135$ m gerechnet. Für beide Gurte wird eine Druckstrebenneigung $\Theta = 45°$ angesetzt, die Konstruktion erfolgt mit lotrechten Bügeln ($\alpha = 90°$).

Aufnehmbare Querkraft gem. Abschn. 7.5.3:

$$V_{Rd,max} = 0{,}5 \cdot v_1 \cdot f_{cd} \cdot b_w \cdot z = 0{,}5 \cdot 0{,}75 \cdot 17{,}0 \cdot 0{,}35 \cdot 0{,}135 = 0{,}30 \text{ MN} > V_{Ed}$$

Erforderliche Querkraftbewehrung mit Gl. (7.25):

$$\text{erf } a_{sw} = \frac{V_{Ed}}{f_{yd} \cdot z} = \frac{0{,}072}{435 \cdot 0{,}135} \cdot 10^4 = 12{,}2 \text{ cm}^2/\text{m}$$

Gewählt: Bügel $\varnothing$ 10, $s = 12{,}5$ cm, $a_{sw} = 12{,}56 \text{ cm}^2/\text{m}$

$$V_{Ed} = 72 \text{ kN} < 0{,}3 \cdot V_{Rd,max}: \quad \text{zul } s = 0{,}7 \cdot h = 17{,}5 \text{ cm}$$

Aufhängebewehrung (vgl. Abb. 16.23)

$$A_{sw2} = V_{Ed,G}/\sigma_{sd} = 72{,}0/43{,}5 = 1{,}7 \text{ cm}^2$$

Gewählt: 3 $\varnothing$ 10, $s = 6$ cm, vorh $A_{sw2} = 4{,}7 \text{ cm}^2$

$$A_{sw1} = 1{,}3 \cdot V_{Ed}/\sigma_{sd} = 1{,}3 \cdot 144{,}0/43{,}5 = 4{,}3 \text{ cm}^2$$

Gewählt: 6 $\varnothing$ 10, $s = 12$ cm, vorh $A_{sw1} = 9{,}4 \text{ cm}^2$

$$\text{tot } A_{sw} \geqq 1{,}6 \cdot V_{Ed}/\sigma_{sd} = 1{,}6 \cdot 144{,}0/43{,}5 = 5{,}3 \text{ cm}^2 < \text{vorh } (A_{sw1} + A_{sw2}) = 14{,}1 \text{ cm}^2$$

A_{sw1} wird verlegt auf der Länge $0{,}9 \cdot h \approx 60$ cm. Einzelheiten der Konstruktion sind aus Abb. 16.24 ersichtlich.

Die Gurte werden durch Biegemomente und durch große Normalkräfte beansprucht. Bezüglich der Ausbildung der Bügel gelten daher für den Druckgurt die Hinweise für das Schließen der Bügel bei Stützen im Abschnitt 12.2. Aus baupraktischen Gründen (Einbau) werden die Bügel mit Winkelhaken geschlossen. Nach Abb. 12.5 sind bei Längsstäben mit $d_s = 16$ mm und Bügeldurchmesser $d_{sbü} = 10$ mm Winkelhaken mit einem Außenmaß $l_{WH} = 13\ d_s$ ausreichend. Beim Zuggurt werden die Bügel durch Übergreifungsstoß geschlossen.

16.8 Verschiebliche Rahmen

Prof. Dr.-Ing. Andrej Albert

16.8.1 Allgemeines

Ebenso wie für unverschiebliche Rahmen erfolgt die Schnittkraftermittlung für verschiebliche Rahmentragwerke heute fast ausschließlich programmgesteuert.

Ein Stabilitätsnachweis kann bei verschieblichen Rahmen nur entfallen, wenn die Schlankheitskriterien gemäß Abschn. 13.4 für alle Druckglieder des Rahmensystems eingehalten sind. Für die Schlankheit jedes Druckgliedes des Rahmens muss in diesem Fall also gelten

$$\lambda \le \max\left(25; 16 \big/ \sqrt{|n|}\right) \tag{16.27}$$

Ist ein Stabilitätsnachweis erforderlich, so kann dieser entweder für jedes Druckglied einzeln oder am Gesamttragwerk geführt werden. Da eine Berechnung am Gesamtsystem auch unmittelbar die infolge Theorie II. Ordnung vergrößerten Riegelbiegemomente liefert, ist diese einer Berechnung über einzelne Druckglieder vorzuziehen. Im Rahmen einer solchen Berechnung am Gesamttragwerk müssen sowohl die baustoffbedingten als auch die systembedingten Nichtlinearitäten im Tragverhalten berücksichtigt werden. Zu bevorzugen ist daher die Verwendung eines Programmes, welches beide Effekte erfasst.

Sofern das baustoffbedingte nichtlineare Verhalten durch das verwendete Programm nicht berücksichtigt wird, muss mit Bemessungswerten der Biegesteifigkeiten $(EI)_d$ gearbeitet werden. Die hierfür zu verwendenden Werte sind entsprechend [1.6.1] in Abb. 16.25 angegeben. Um die Verformungen zutreffend zu berechnen, ist es wichtig, die Bereiche großer Verkrümmungen wirklichkeitsnah zu erfassen. Bei verschieblichen Rahmen sind dies die Rahmenecken. Näherungsweise können daher die Bemessungswerte der Biegesteifigkeiten der Rahmenecken konstant für den gesamten Riegel angenommen werden.

Bauteil	$(EI)_d/(E_{cm}I_c)$
Stützen, Biegung mit Längsdruck und annähernd symmetrischer Bewehrung	$0{,}15 + 15 \cdot (\rho_1 + \rho_2)$
Riegel, vorwiegend nur Biegung, ρ_1 ist das Verhältnis der Zugbewehrung am Stützenanschluss	$0{,}2 + 10 \cdot \rho_1$

Abb. 16.25   *Bemessungswerte der Biegesteifigkeiten für die vereinfachte Berechnung nach Theorie II. Ordnung*

Insbesondere für Kontrollrechnungen kann ein Näherungsverfahren angewendet werden, welches in [80.25] und [1.6.1] beschrieben wird. Bei diesem Verfahren werden auch die systembedingten Nichtlinearitäten bei der Schnittgrößenermittlung außer Acht gelassen und stattdessen eine Berechnung nach Theorie I. Ordnung unter Verwendung vergrößerter Bemessungswerte der

Horizontallasten vorgenommen. Die Ermittlung dieser vergrößerten Horizontallasten wird in Abschn. 16.8.2 erläutert.

Eine Umlagerung der Schnittgrößen darf gemäß EC 2/NA., 5.5 (5) in verschieblichen Rahmen nicht vorgenommen werden.

16.8.2 Näherungsverfahren: Berechnung nach Theorie I. Ordnung mit vergrößerten Horizontallasten

Zur Berechnung nach Theorie I. Ordnung mit vergrößerten Horizontallasten werden die geschossweise unterschiedlichen Schiefstellungen im Grenzzustand der Tragfähigkeit vernachlässigt. Stattdessen wird von einer mittleren Schiefstellung α ausgegangen, die sich aus der Kopfverschiebung a und der Höhe des Rahmensystems ergibt (siehe Abb. 16.26).

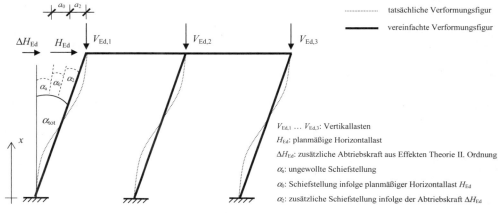

Abb. 16.26   Verschiebliches Rahmensystem

Den Ausgangspunkt des Verfahrens bildet nun die Berechnung der Schiefstellung α_0 des Systems mit den Bemessungswerten der planmäßigen Belastung V_{Ed} und H_{Ed} nach Theorie I. Ordnung. Wiederum gilt, dass, sofern hierbei das baustoffbedingte nichtlineare Verhalten durch das verwendete Programm nicht berücksichtigt wird, mit Bemessungswerten der Biegesteifigkeiten $(EI)_{\text{d}}$ gemäß Abb. 16.25 gearbeitet werden muss. Wird die Schiefstellung nach Theorie I. Ordnung α_0 nicht mit den Bemessungswerten der Biegesteifigkeiten $(EI)_{\text{d}}$ sondern mit $E_{\text{cm}}I_{\text{c}}$ ermittelt, so ist α_0 gemäß [1.6.1] im Verhältnis $E_{\text{cm}}I_{\text{c}}/(EI)_{\text{d}}$ zu vergrößern. Da sich das Verhältnis der Biegesteifigkeiten in den Riegeln i. Allg. von dem in den Stielen unterscheidet, sollte auf der sicheren Seite das ungünstigste Verhältnis $E_{\text{cm}}I_{\text{c}}/(EI)_{\text{d}}$ gewählt werden.

Für die Herleitung der für die Horizontallasten zu verwendenden Vergrößerungsfaktoren führt man sich vor Augen, dass sich die gesamte mittlere Schiefstellung im Grenzzustand der Tragfähigkeit zusammensetzt aus der Schiefstellung nach Theorie I. Ordnung α_0, der ungewollten Schiefstellung α_{a} und der zusätzlichen Schiefstellung infolge der Abtriebskräfte nach Theorie II. Ordnung α_2. Somit gilt:

$$\alpha_{\text{tot}} = \alpha_0 + \alpha_{\text{a}} + \alpha_2 \tag{16.28}$$

Bezüglich der Abtriebskräfte nach Theorie II. Ordnung ΔH_{Ed} und der aus ihnen resultierenden zusätzlichen Schiefstellung $\alpha_2(\Delta H_{Ed})$ sowie bezüglich der Horizontalkräfte nach Theorie I. Ordnung H_{Ed} und der aus ihnen resultierenden Schiefstellung $\alpha_0(H_{Ed})$ besteht folgender Zusammenhang:

$$\frac{\alpha_2(\Delta H_{Ed})}{\sum(x \cdot \Delta H_{Ed})} = \frac{\alpha_0(H_{Ed})}{\sum(x \cdot H_{Ed})}$$

bzw. $\quad \alpha_2(\Delta H_{Ed}) = \dfrac{\sum(x \cdot \Delta H_{Ed})}{\sum(x \cdot H_{Ed})} \cdot \alpha_0(H_{Ed})$ $\qquad$ (16.29)

Mit $\Delta H_{Ed} = \alpha_{tot} \cdot V_{Ed}$ ergibt sich aus Gleichung (16.29)

$$\alpha_2(\Delta H_{Ed}) = \alpha_{tot} \cdot \frac{\sum(x \cdot V_{Ed})}{\sum(x \cdot H_{Ed})} \cdot \alpha_0(H_{Ed}) \qquad (16.30)$$

Setzt man α_2 aus Gleichung (16.30) in Gleichung (16.28) ein, so ergibt sich

$$\alpha_{tot} = \alpha_0 + \alpha_a + \alpha_{tot} \cdot \frac{\sum(x \cdot V_{Ed})}{\sum(x \cdot H_{Ed})} \cdot \alpha_0(H_{Ed})$$

bzw. $\quad \alpha_{tot} = \dfrac{\alpha_0 + \alpha_a}{1 - \dfrac{\sum(x \cdot V_{Ed})}{\sum(x \cdot H_{Ed})} \cdot \alpha_0(H_{Ed})}$ $\qquad$ (16.31)

Die an einem Knoten angreifende Horizontallast ergibt sich dann unter Berücksichtigung der ungewollten Schiefstellung α_a sowie der Schiefstellung infolge der Abtriebskräfte nach Theorie II. Ordnung zu

$$H_{Ed,tot} = H_{Ed} + \Delta H_{Ed}$$

$$= H_{Ed} + \alpha_{tot} \cdot V_{Ed}$$

$$= (1 + \alpha_{tot} \cdot V_{Ed} / H_{Ed}) \cdot H_{Ed} \qquad (16.32)$$

Der Vergrößerungsfaktor $(1 + \alpha_{tot} \cdot V_{Ed} / H_{Ed})$ zur Berücksichtigung der Effekte nach Theorie II. Ordnung sollte gemäß [1.6.1] nicht größer als 2,0 sein. Anderenfalls empfiehlt es sich, das Rahmentragwerk auszusteifen.

16.8.3 Anwendungsbeispiel

Aufgabe

System:

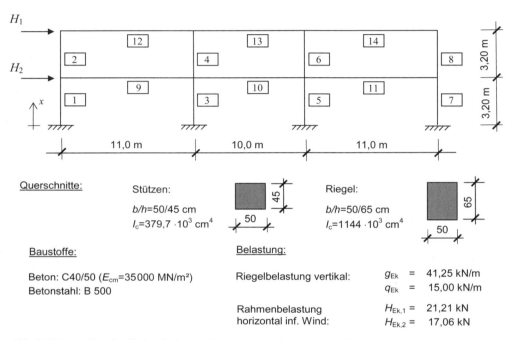

Abb. 16.27   *Verschieblicher Rahmen: System, Querschnitte, Baustoffe, Belastung*

Die Berechnung zur Bemessung in den Grenzzuständen der Tragfähigkeit nach Theorie I. Ordnung ergibt die in Abb. 16.28 dargestellten maßgebenden Bemessungsschnittgrößen und Bewehrungsgrade (die Stäbe 1, 3, 4, 5, 6, 7 sowie 2, 8 und 9–14 werden hier jeweils gleich bewehrt).

Stab Nr.	N_x [kN]	M_y [kNm]	$\rho_1 + \rho_2$
1, 3, 4, 5, 6, 7	− 831,81	− 313,30	0,00533
2, 8	− 460,45	− 577,91	0,02726

Stab Nr.	N_x [kN]	M_y [kNm]	ρ_1
9–14	184,01	− 986,88	0,01641

Abb. 16.28   *Schnittgrößen und Bewehrungsgrade nach Theorie I. Ordnung*

Ermittlung der Bemessungswerte der Biegesteifigkeiten $(EI)_d$:

Stäbe 1, 3, 4, 5, 6, 7:

$$(0,15 + 15 \cdot 0,00533) \cdot E_{cm} \cdot I_c = 0,22995 \cdot E_{cm} \cdot I_c = 30,56 \text{ MN/m}^2$$

Stäbe 2, 8:

$$(0,15 + 15 \cdot 0,02726) \cdot E_{cm} \cdot I_c = 0,5589 \cdot E_{cm} \cdot I_c = 74,28 \text{ MN/m}^2$$

Stäbe 9 – 14:

$$(0,2 + 10 \cdot 0,01641) \cdot E_{cm} \cdot I_c = 0,3641 \cdot E_{cm} \cdot I_c = 145,79 \text{ MN/m}^2$$

Mit Hilfe dieser Bemessungswerte der Biegesteifigkeiten könnte nun eine Ermittlung der Schnittgrößen nach Theorie II. Ordnung durchgeführt werden.
Alternativ kann eine Berechnung nach Theorie I. Ordnung mit vergrößerten Horizontallasten vorgenommen werden. Zur Ermittlung der hierfür benötigten Vergrößerungsfaktoren müssen zunächst die Knotenverschiebungen a_0 infolge der Bemessungswerte der Horizontallasten ermittelt werden.

Bemessungswerte der Horizontallasten:

$$H_{Ed,1} = 21,21 \cdot 1,5 = 31,82 \text{ kN}$$
$$H_{Ed,2} = 17,06 \cdot 1,5 = 25,59 \text{ kN}$$

Eine Berechnung nach Theorie I. Ordnung mit den Bemessungswerten der Horizontallasten und den Bemessungswerten der Biegesteifigkeiten ergibt am Rahmenkopf eine Verschiebung von

$$a_0 = 3,033 \cdot 10^{-3} \text{ m}$$

Diese Verschiebung ist gleichbedeutend mit einer Schiefstellung von

$$\alpha_0 = \frac{a_0}{h_{ges}} = \frac{3,033 \cdot 10^{-3}}{6,40} = 4,74 \cdot 10^{-4}$$

Zur Berücksichtigung der geometrischen Ersatzimperfektion ergibt sich eine Schiefstellung von

$$\alpha_a = \alpha_n \cdot \frac{1}{100 \cdot \sqrt{h_{ges}}} = \frac{1}{346} < \frac{1}{200}$$

Die gesamte Schiefstellung im Grenzzustand der Tragfähigkeit nach Theorie II. Ordnung errechnet sich nun mit:

$$\alpha_{tot} = \frac{\alpha_o + \alpha_a}{1 - \frac{\sum(x \cdot V_{Ed})}{\sum(x \cdot H_{Ed})} \cdot \alpha_o(H_{Ed})}$$

Für die Berechnung von a_{tot} werden im Folgenden die Verkehrslast und die Windlast gleichzeitig voll angesetzt.

Belastung: Volllast/Geschoss infolge Vertikallasten

Ebene +6,40 m:

$$V_{\text{Ed,g+q}} = \left[\left(41,25+0,50\cdot0,65\cdot25,0\right)\cdot1,35+15,0\cdot1,5\right]\cdot32,0$$

$$V_{\text{Ed,g+q}} = 2853\,\text{kN/Rahmen}$$

Ebene +3,20 m:

$$V_{\text{Ed,g+q}} = 2853+4\cdot3,2\cdot0,45\cdot0,50\cdot25,0\cdot1,35$$

$$V_{\text{Ed,g+q}} = 2950 \;\; \text{kN / Rahmen}$$

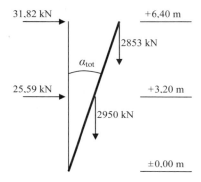

Abb. 16.29   Vertikal- und Horizontallasten je Rahmen

$$\frac{\sum\left(x\cdot V_{\text{Ed}}\right)}{\sum\left(x\cdot H_{\text{Ed}}\right)} = \frac{6,4\cdot2853+3,2\cdot2950}{6,4\cdot31,82+3,2\cdot25,59} = 97,0$$

$$\alpha_{\text{tot}} = \frac{4,74\cdot10^{-4}+1/346}{1-97,0\cdot4,74\cdot10^{-4}} = 3,52\cdot10^{-3}$$

Vergrößerung der Bemessungswerte der Horizontallasten als Auswirkung der Verformung nach Theorie II. Ordnung:

$$H_{\text{Ed,tot}} = \left(1+\alpha_{\text{tot}}\cdot\frac{V_{\text{Ed}}}{H_{\text{Ed}}}\right)\cdot H_{\text{Ed}}$$

Ebene +6,40 m:

$$H_{\mathrm{Ed,tot,1}} = \left(1 + 3,52 \cdot 10^{-3} \cdot \frac{2853}{31,82}\right) \cdot 31,82 = 41,86 \,\mathrm{kN}$$

Ebene +3,20 m:

$$H_{\mathrm{Ed,tot,2}} = \left(1 + 3,52 \cdot 10^{-3} \cdot \frac{2950}{25,59}\right) \cdot 25,59 = 35,97 \,\mathrm{kN}$$

Die endgültigen Schnittgrößen nach Theorie II. Ordnung zur Bemessung in den Grenzzuständen der Tragfähigkeit erhält man aus einer Berechnung nach Theorie I. Ordnung mit den vergrößerten Horizontallasten und den Bemessungswerten der Biegesteifigkeiten $(EI)_\mathrm{d}$.

Im vorliegenden Fall ergeben sich aufgrund der Tatsache, dass die Biegesteifigkeiten in den Stützen 1, 3, 4, 5, 6, und 7 erheblich stärker abgemindert werden als in den Stützen 2 und 8 deutliche Veränderungen in der Schnittgrößenverteilung. Während das Bemessungsmoment in der oberen Rahmenecke (Stab 8) stark anwächst (577,91 kNm → 688,32 kNm) reduziert sich das Biegemoment in der unteren Rahmenecke (Stab 7) sogar gegenüber der Berechnung mit den planmäßigen Horizontallasten und den Biegesteifigkeiten $E_{\mathrm{cm}}I_{\mathrm{c}}$ (313,30 kNm → 216,74 kNm).

Zum Vergleich sind die neu berechneten Schnittgrößen in Abb. 16.30 dargestellt. Für diese Schnittgrößen muss nun eine erneute Bemessung mit Hilfe der üblichen Methoden durchgeführt werden.

Stab Nr.	N_x [kN]	M_y [kNm]	$\rho_1 + \rho_2$
1, 3, 4, 5, 6, 7	−855,34	−216,74	0,0026
2, 8	−476,64	−688,32	0,0365

Stab Nr.	N_x [kN]	M_y [kNm]	ρ_1
9–14	271,25	−973,65	0,0164

Abb. 16.30   Schnittgrößen und Bewehrungsgrade nach dem Näherungsverfahren mit vergrößerten Horizontallasten und Bemessungswerten der Biegesteifigkeiten

17 Wände und wandartige Träger

17.1 Wände – konstruktive Einzelheiten

Wände sind gem. der im Abschn. 1.1 gegebenen Definition ebene, flächenhafte Bauteile, deren größere Querschnittsabmessung das Vierfache der kleineren übersteigt. Die Wanddicke h_w ist gegenüber den Längenabmessungen immer gering. Die Vorschriften für bewehrte Wände in EC 2/NA., 9.6 gelten für Bauteile, bei denen die Bewehrung im Grenzzustand der Tragfähigkeit berücksichtigt wird. Die Belastung wirkt überwiegend parallel zur Mittelfläche. Bei überwiegender Biegung gelten die Vorschriften für Platten (vgl. Kapitel 5), auf unbewehrte Wände wird im Kapitel 21 eingegangen.

Für die Mindestwanddicke gelten die Angaben in EC 2/NA., Tabelle NA. 9.3. Bewehrte Wände aus Ortbeton unter durchlaufenden Decken müssen danach mindestens 10 cm dick sein, unter Endauflagern von Decken gilt $h_w \geqq 12$ cm. Meist werden größere Wanddicken gewählt (Schallschutz, Brandschutz, Herstellung – insbesondere bei größeren Geschosshöhen). Für bewehrte Wände ist mindestens die Betonfestigkeitsklasse C 16/20 vorzusehen. Tragende, unbewehrte Wände dürfen auch in der Betonfestigkeitsklasse C 12/15 hergestellt werden, vgl. hierzu EC 2/NA. Tabelle NA. 12.2. Die Vorschriften über die konstruktive Ausbildung der Wandbewehrung sind in Abb. 17.1 zusammengestellt. Der Bewehrungsgehalt soll an beiden Wandaußenseiten möglichst gleich groß gewählt werden, um Momente infolge von Kriecheinflüssen zu vermeiden. Für die Bewehrung gelten die folgenden Regeln, vgl. Abb. 17.1

$$
\left.
\begin{array}{l}
\text{Lotrechte Stäbe} \quad \left\{
\begin{array}{l}
s_l \leqq 2 \cdot h_w \\
s_l \leqq 300\,\text{mm}
\end{array}
\right. \\
\text{Waagerechte Stäbe} \quad \left\{
\begin{array}{l}
s_t \leqq 350\,\text{mm} \\
d_{st} \geqq d_{sl}/4
\end{array}
\right.
\end{array}
\right\}
\tag{17.1}
$$

Besondere Aufmerksamkeit ist der horizontalen Bewehrung zu widmen. Aus ungleichmäßiger vertikaler Belastung, z. B. aus der Einleitung von Unterzuglasten, entstehen horizontale Zugkräfte, für deren Aufnahme eine entsprechende Bewehrung vorhanden sein muss. Für die Bewehrung gelten die folgenden Vorschriften:

Querschnittsfläche der lotrechten Bewehrung $a_{s,v}$:

Allgemein
$$
a_{s,v,min} = 0{,}15 \cdot |n_{Ed}|/f_{yd} \geqq 0{,}0015 \cdot a_c
\tag{17.2}
$$

Wände mit $|n_{Ed}| \geqq 0{,}3 \cdot f_{cd} \cdot a_c$ oder Wände, bei denen ein Nachweis unter Berücksichtigung der Auswirkungen nach Theorie II. Ordnung gem. Abschn. 13.4.3 zu führen ist

$$
a_{s,v} \geqq 0{,}003 \cdot a_c
\tag{17.3}
$$

Der Höchstwert der lotrechten Bewehrung ist zu begrenzen auf

$$
a_{s,v} \leqq 0{,}04 \cdot a_c
\tag{17.4}
$$

Im Bereich von Übergreifungsstößen gilt für die Höchstbewehrung $a_{s,v} \leqq 0{,}08 \cdot a_c$. In (17.2) bis (17.4) ist a_c der Betonquerschnitt, die Bewehrung ist gleichmäßig auf die beiden Außenflächen aufzuteilen. Für die horizontale Querbewehrung $a_{s,h}$ gelten folgende Regeln:

Allgemein

$$a_{s,h} \geqq 0,2 \cdot a_{s,v} \qquad\qquad (17.5)$$

Wände mit $|n_{Ed}| \geqq 0,3 \cdot f_{cd} \cdot a_c$ oder Wände mit einem Nachweis gem. Abschn. 13.4.3

$$a_{s,h} \geqq 0,5 \cdot a_{s,v} \qquad\qquad (17.6)$$

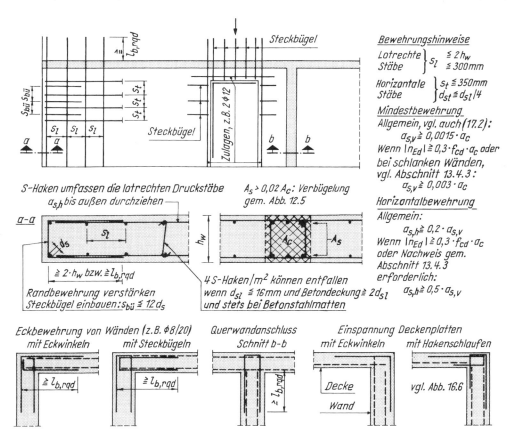

Abb. 17.1 Zur Bewehrung von Stahlbetonwänden

Die Vorschriften bezüglich einer Mindestbewehrung für Wände dienen im Wesentlichen zur Unterscheidung zwischen bewehrten und unbewehrten Wänden, vgl. hierzu Kapitel 21. Eine Mindestbewehrung ist außerdem notwendig zur Berücksichtigung von nicht erfassten Biegemomenten, von nicht erfassten Krieitcheinflüssen und um eine ausreichende Duktilität von bewehrten Wänden sicherzustellen [1.24].

Die horizontale Bewehrung $a_{s,h}$ liegt i. Allg. in der äußeren Lage, die druckbeanspruchte vertikale Bewehrung in der inneren Lage. Um ein Ausknicken der druckbeanspruchten Bewehrungsstäbe zu verhindern, sind gem. EC 2/NA., 9.6.4 die außen liegenden Bewehrungsstäbe beider Bewehrungsseiten durch mindestens vier, versetzt angeordnete S-Haken miteinander zu verbinden oder im Wandinneren mit mindestens $0,5 \cdot l_{b,rqd}$ zu verankern. Auf diese Verankerung darf verzichtet werden, wenn die Betondeckung der vertikalen Tragstäbe (bei $d_{sl} \leqq 16$ mm) mindestens $2 \cdot d_s$ beträgt. Dann dürfen die vertikalen Stäbe auch in der äußeren Lage liegen. S-Haken dürfen ebenfalls stets entfallen, wenn die Bewehrung mit Betonstahlmatten erfolgt, die vertikalen Mattenstäbe dürfen auch in der äußeren Bewehrungslage angeordnet werden. Freie Enden von Wänden sind bei einem Bewehrungsgehalt $a_{s,v} \geqq 0{,}003 \cdot a_c$ durch Steckbügel zu sichern, bei Bewehrungssätzen der lotrechten Bewehrung über $A_{s,v} \geqq 0{,}02 \cdot A_c$ sind die Bewehrungsstäbe durch Bügel wie bei Stützen zu umfassen, vgl. Abb. 17.1. Die S-Haken sollen nach Abb. 17.1 beide Bewehrungslagen umfassen, nach [9] ist für die S-Haken ein um 5 mm vermindertes Nennmaß der Betondeckung zulässig, bei der Festlegung der Betondeckung der horizontalen Bewehrung muss somit nicht der Stabdurchmesser der S-Haken zusätzlich berücksichtigt werden. Diese Regelung gilt nicht bei XD- und XS-Expositionsklassen.

17.2 Bemessung von bewehrten Wänden

Die Bemessung erfolgt grundsätzlich nach den für Stützen mit Rechteckquerschnitt entwickelten Ansätzen. Bei zentrischem Druck ohne Berücksichtigung von Tragwerksverformungen ergibt sich analog zu (12.13)

$$n_{Rd} = -(a_c \cdot f_{cd} + a_{s,tot} \cdot f_{yd}) \tag{17.7}$$

Hierin ist:

n_{Rd}	Bemessungswert der aufnehmbaren Normalkraft je Längeneinheit [m]
a_c	Betonquerschnitt $\quad a_c = h_w \cdot 1{,}0$ [m]
$a_{s,tot}$	Lotrechte Bewehrung je m

Die Bemessungswerte $f_{cd} = \alpha_{cc} \cdot f_{ck}/\gamma_C$ für Beton und $f_{yd} = f_{yk}/\gamma_S$ für Betonstahl können aus Abb. 12.8 entnommen werden. In sehr vielen Fällen sind wegen der großen Betonfläche für die Bewehrungswahl die Vorschriften bezüglich der Mindestbewehrung maßgebend.

Bei überwiegender Biegebeanspruchung ($e_d/h > 3{,}5$ mit $e_d = M_{Ed}/N_{Ed}$) erfolgt die Bemessung nach den Ansätzen im Abschn. 12.4 oder 12.5. In den meisten Fällen wird eine kleine Ausmitte vorliegen, die Konstruktion erfolgt mit $a_{s1} = a_{s2}$.

Bei schlanken Bauteilen muss gem. EC 2, 5.8.2 die Tragfähigkeit unter Berücksichtigung von Tragwerksverformungen nachgewiesen werden. Der Nachweis erfolgt mit dem im Kapitel 13 beschriebenen Verfahren mit Nennkrümmung, hierbei gilt für die Schlankheit λ und für die Knicklänge l_0, vgl. (13.9)

$$\left.\begin{array}{l} \lambda = l_0/i = l_0/(0{,}289 \cdot h_w) \\ l_0 = \beta \cdot l_{col} \end{array}\right\} \tag{17.8}$$

Die Verhältniswerte β sind für Wände in Abb. 17.2 nach Heft 220 [80.15] zusammengestellt, in EC 2, Tabelle 12.1 sind die Beiwerte β auch in Abhängigkeit vom Verhältnis b/l_w angegeben. Die Angaben gelten für Wandbereiche ohne größere Öffnungen, vgl. hierzu die bei EC 2, Tabelle 12.1 angegebene Grenzwerte für die Größe von Öffnungen. Zwischen größeren Öffnungen ist die Wand als zweiseitig gehalten anzusehen ($\beta = 1{,}0$). Man erkennt den starken Einfluss von aussteifenden Querwänden bei der Bestimmung von l_0, dies ist auch ein Grund für die vorgeschriebene große Querbewehrung in Wänden gem. (17.6).

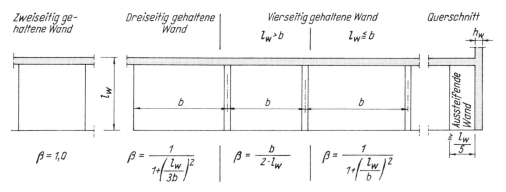

Abb. 17.2 Knicklängen $l_0 = \beta \cdot l_w$ von bewehrten Wänden ohne Öffnungen

17.3 Wandartige Träger

17.3.1 Tragverhalten

Die Annahme von *Bernoulli* über das Ebenbleiben der Querschnitte ist Grundlage der gesamten Schnittgrößenermittlung und der Bemessung von schlanken Bauteilen. Als schlank können Bauteile angesehen werden, bei denen der Einfluss der Schubverformungen vernachlässigbar gering ist. In Abb. 17.3 ist das Innenfeld eines über viele Felder durchlaufenden, wandartigen Trägers aus isotropem Material dargestellt. Angegeben ist die sich nach der Elastizitätstheorie ergebende Spannungsverteilung in Feldmitte über die Trägerhöhe h in Abhängigkeit vom Verhältnis der Wandhöhe zur Spannweite $\beta = h/l$. Man erkennt, dass in diesem Fall bei $\beta = 1/2$ die Hypothese von *Navier* über die geradlinige Spannungsverteilung noch annähernd erfüllt ist. Je gedrungener die Wandscheibe wird, umso mehr verschiebt sich die Nulllinie von der Schwerachse zum unteren Rand. Die Druckspannungen am oberen Wandrand bleiben mit anwachsenden Werten β weit hinter dem Wert zurück, der sich nach *Navier* ergibt, bei Werten $\beta > 1,0$ sind am oberen Rand keine Biegedruckspannungen σ_x mehr vorhanden. In diesen Fällen beteiligt sich die Wand nur im unteren Teil an der Aufnahme der Biegemomente. Im oberen Wandteil dient die Wand nur noch zur Druckübertragung in vertikaler Richtung und zur Aufnahme von Lasten senkrecht zur Mittelfläche (Plattentragwirkung). Die Plattenteile „wandartiger Träger" (unten) und „Wand" (oben) sind entkoppelt, die Schnittgrößenermittlung kann unabhängig voneinander erfolgen.

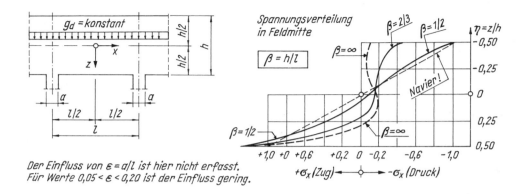

Der Einfluss von $\varepsilon = a/l$ ist hier nicht erfasst.
Für Werte $0,05 < \varepsilon < 0,20$ ist der Einfluss gering.

Abb. 17.3 Durchlaufender, wandartiger Träger aus homogenem, isotropem Material: Spannungsverteilung über die Bauteilhöhe in der Mitte eines Innenfeldes

Die Abgrenzung zwischen schlanken Bauteilen und wandartigen Trägern kann nach Heft 240 [80.14] über das Verhältnis l_i / h erfolgen. Hierbei ist $l_i = \alpha \cdot l$ der Abstand der Momentennullpunkte. Eine Berechnung und Konstruktion als schlankes Bauteil ist unzulässig für Verhältnisse $l_i / h < 2$. Hieraus folgt, dass eine Behandlung als wandartiger Träger zu erfolgen hat, wenn die folgenden Grenzen überschritten sind:

$$
\left.
\begin{array}{lll}
\text{– Einfeldträger} & h/l > 0{,}5 \\[4pt]
\text{– Endfeld eines Durchlaufträgers} & h/l > 0{,}4 \\[4pt]
\text{– Innenfeld eines Durchlaufträgers} & h/l > 0{,}3
\end{array}
\right\}
\qquad (17.9)
$$

Für Kragträger gilt als Grenzwert $h/l > 1{,}0$; vgl. die Angaben für Konsolen im Abschn. 16.4.

In Abb. 17.4 ist die *mögliche* Verteilung der Druck- und der Zugspannungen im Feld und im Stützenbereich eines mehrfeldrigen wandartigen Trägers skizziert. Die Resultierenden der Druckspannungen F_{cd} und der Zugspannungen F_{ct} sowie der Abstand z dieser Kräfte sind eingetragen. Die Kräfte F_{cd} und F_{ct} werden ermittelt als Summe der Druck- bzw. Zugspannungen im Zustand I. Man erkennt, dass ab einem bestimmten Verhältnis $\beta = h/l$ der Hebelarm der inneren Kräfte nur noch von der Spannweite l abhängig ist.

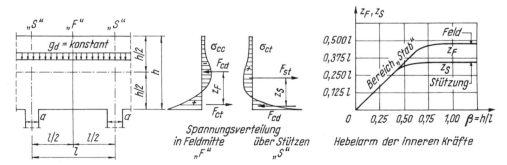

Abb. 17.4 Spannungsverteilung in durchlaufenden, wandartigen Trägern und Hebelarme der inneren Kräfte

In Abb. 17.5 sind Trajektorienverläufe für wandartige Einfeldträger aufgetragen. Bei Lastangriff am oberen Scheibenrand verlaufen die Zugtrajektorien im gesamten Wandbereich sehr flach. Ein Vergleich mit dem Trajektorienverlauf eines Biegeträgers (Abb. 7.1) zeigt, dass eine Bemessung für Querkräfte nach den für Stäbe entwickelten Regeln nicht möglich ist. Die Drucktrajektorien verlaufen vom oberen Rand in Richtung zu den Auflagern. Bei Lastangriff am unteren Rand verlaufen die Drucktrajektorien bogenartig von Auflager zu Auflager. Die Zugtrajektorien weisen darauf hin, dass die angehängte Last g_d durch Bewehrung an das Druckgewölbe anzuschließen ist.

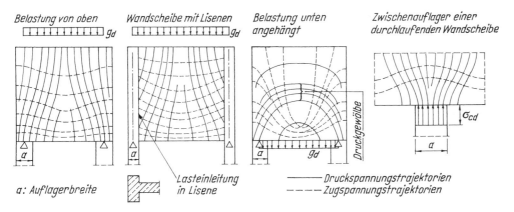

Abb. 17.5 *Trajektorienverläufe in Wandscheiben*

Bei Trägern mit Randverstärkung (Lisenen) wird ein Teil der Wandlast oberhalb der Auflager in die Lisene eingeleitet. Dieser Anteil wird mit zunehmender Steifigkeit der Lisene größer. Die Zugtrajektorien sind gegenüber einer Wand ohne Randverstärkung stärker geneigt, am Anschluss der Wand an die Lisene sind Zugspannungen vorhanden.

Über Zwischenauflagern von durchlaufenden Wandscheiben verlaufen die Zugtrajektorien sehr flach, Schrägstäbe als Querkraftbewehrung sind hier wirkungslos. Die Zugzone beginnt nahe dem unteren Scheibenrand, vgl. auch die in Abb. 17.4 angegebene Spannungsverteilung.

17.3.2 Stabwerkmodelle bei wandartigen Trägern

Für wandartige Träger ist eine Ermittlung der Schnittgrößen und eine Bemessung nach Methoden, die auf der Elastizitätstheorie aufbauen, nicht möglich. Gem. EC 2/NA., 5.6.1 dürfen bei Scheiben Verfahren nach der Plastizitätstheorie stets, also auch bei Verwendung von Stahl mit normaler Duktilität, angewendet werden. Betonstahlmatten sind i. Allg. gem. dem Hinweis im Abschn. 1.5.5 normalduktil. Mit dieser Regelung ist damit bei Scheiben stets eine Konstruktion mit Betonstahlmatten zulässig. Ein direkter Nachweis des Rotationsvermögens ist dabei nicht erforderlich. Da Stabwerkmodelle gem. den Hinweisen im Abschn. 15.1 auf der Platizitätstheorie aufbauen, kann mit ihnen der Kraftfluss im Inneren der Scheibe deutlich gemacht werden. Bei der Festlegung der Lastpfade (vgl. Abschn. 15.1) orientiert man sich an bekannten Lösungen. Bei *Schlaich / Schäfer* [1.11] findet man für viele Scheiben und wandartige Träger – bei sehr unterschiedlichen Einwirkungen – Angaben über geeignete Stabwerkmodelle und Hinweise für die bei der Bemessung anzusetzenden Zug- und Druckkräfte.

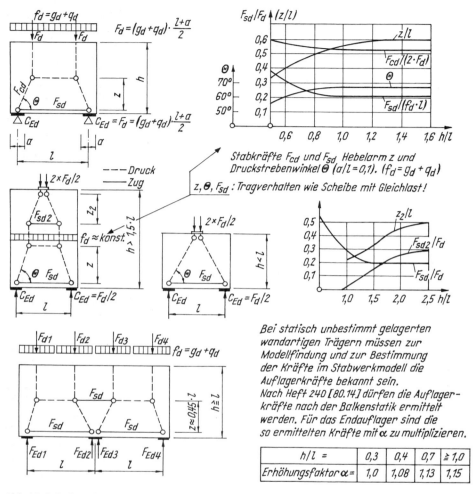

Abb. 17.6 Stabwerkmodelle für wandartige Träger (nach [1.11])

In Abb. 17.6 sind beispielhaft die Modelle für einige Scheiben nach [1.11] angegeben. Bei statisch bestimmt gelagerten Einfeldträgern ist hiermit eine eindeutige Ermittlung der Stabwerkskräfte möglich. Bei hohen wandartigen Trägern mit einer einwirkenden Einzellast am oberen Rand treten im oberen Teil infolge der Lastausbreitung Spaltzugkräfte analog zu Abb. 15.3 auf, in Abb. 17.6 sind diese resultierenden Kräfte mit F_{sd2} bezeichnet. Im unteren Wandteil liegt dann eine gleichmäßig verteilte Belastung $f_d = g_d + q_d$ vor, die Stabkräfte können wie bei einer Scheibe mit Gleichlast von oben bestimmt werden. Bei Einfeldscheiben mit oben angreifender Einzellast und Abmessungen $h < l$ können die Stabwerkskräfte eindeutig aus dem skizzierten einfachen Modell bestimmt werden.

Bei statisch unbestimmt gelagerten, wandartigen Trägern lassen sich die Stabwerkskräfte nur ermitteln, wenn die Auflagerkräfte bekannt sind [1.11]. Nach Heft 240 [80.14] können für mehrfeldrige, wandartige Träger die Auflagerkräfte näherungsweise nach der Balkenstatik ermittelt werden. An den Endauflagern ist eine Korrektur mit den in Abb. 17.6 angegebenen Erhöhungsfaktoren α vorzunehmen. Da für die Berechnung der Stabkräfte des Modells Gleichgewicht zwischen einwirkenden Kräften und den Auflagerkräften Voraussetzung ist, ist damit auch die Größe der übrigen Auflagerkräfte festgelegt.

Anwendungsbeispiel:

Zweifeldträger	$l_1 = l_2$		$= 7,0\,\mathrm{m}$
Wandhöhe	h		$= 2,80\,\mathrm{m}, \quad h/l = 0,4$
Gleichlast	g_d		$= 100\,\mathrm{kN/m}$

Auflagerkräfte nach Balkenstatik:

Endauflager:	$C_{\mathrm{Ed,A}} = 100 \cdot 7,0 \cdot 0,375$	$= 263\,\mathrm{kN}$
Erhöhungsfaktor gem. Abb. 7.16:	$\alpha = 1,08$	
Anzusetzen für das Stabwerkmodell:		
Endauflager:	$C_{\mathrm{Ed}} = 1,08 \cdot 263$	$= 284\,\mathrm{kN}$
Mittelauflager:	$C_{\mathrm{Ed}} = 2 \cdot (7,0 \cdot 100 - 284)$	$= 832\,\mathrm{kN}$

Nach *Schlaich/Schäfer* [1.11] können die Scheibenauflagerkräfte näherungsweise auch als Mittelwerte des entsprechenden Durchlaufträgers und von Einfeldträgern angesetzt werden. Für das oben behandelte Beispiel ergibt sich damit

Endauflager:	$C_{\mathrm{Ed}} = 0,5 \cdot (0,375 + 0,5) \cdot 7,0 \cdot 100$	$= 306\,\mathrm{kN}$
Mittelauflager:	$C_{\mathrm{Ed}} = 0,5 \cdot (1,25 + 1,0) \cdot 7,0 \cdot 100$	$= 788\,\mathrm{kN}$

Man sollte bei dem Vergleich der Rechenergebnisse beachten, dass bei den sehr steifen Wandscheiben schon geringe Stützensenkungen bei statisch unbestimmten Systemen zu großen Änderungen der Auflagerkräfte führen. Auch der bereichsweise Übergang in Zustand II führt zu Änderungen der Schnittgrößen. Eine allzu große Genauigkeit bei der Bestimmung der Auflagerkräfte von statisch unbestimmt gelagerten Scheiben ist daher nicht angemessen [1.11].

17.3.3 Näherungsweise Ermittlung der Hauptzugkräfte

In Heft 240 [80.14] sind die resultierenden Längszugkräfte nach der *Elastizitätstheorie* für unterschiedliche statische Systeme und unterschiedliche Einwirkungen zu finden. Näherungsweise dürfen die Hauptzugkräfte F_{sd} auch nach den für *schlanke* Biegeträger ermittelten Biegemomenten $M_{\mathrm{Ed,F}}$ (Feld) bzw. $M_{\mathrm{Ed,S}}$ (Stütze) bestimmt werden. Die inneren Hebelarme z_F bzw. z_S sind in Abhängigkeit von h/l und dem statischen System angegeben. Für resultierende Zugkräfte gilt damit

$$\left.\begin{aligned} F_{\mathrm{sd,F}} &= M_{\mathrm{Ed,F}}/z_\mathrm{F} \\ F_{\mathrm{sd,S}} &= M_{\mathrm{Ed,S}}/z_\mathrm{S} \end{aligned}\right\} \tag{17.10}$$

Hierin sind $M_{\mathrm{Ed,F}}$ und $M_{\mathrm{Ed,S}}$ die Feld- bzw. Stützmomente eines schlanken Biegeträgers, dessen System dem System des wandartigen Trägers entspricht. Die Lastanordnung und Laststellung ist beliebig, bei der Festlegung von z wurde bei Scheibenabmessungen $h/l < 1,0$ der mögliche Übergang in Zustand II näherungsweise erfasst. Für die inneren Hebelarme z gelten die Angaben in Abb. 17.7. Die erforderliche Bewehrung kann dann in üblicher Weise über den Ansatz $A_\mathrm{s} = F_{\mathrm{sd}}/f_{\mathrm{yd}}$ (B 500: $f_{\mathrm{yd}} = 435\ \mathrm{MN/m}^2$) errechnet werden. Mit (17.10) kann sehr einfach eine Kontrolle der mit Stabwerkmodellen ermittelten Zugkräfte erfolgen.

Betrachtete Schnitte	Verhältnis h/l	Innerer Hebelarm z
Einfeldträger	$0,5 < h/l < 1,0$ $h/l \geqq 1,0$	$z_F = 0,3 \cdot h \cdot (3 - h/l)$ $z_F = 0,6 \cdot l$
Zweifeldträger und Endfeld Mehrfeldträger	$0,4 < h/l < 1,0$ $h/l \geqq 1,0$	$z_F = z_S = 0,5 \cdot h \cdot (1,9 - h/l)$ $z_F = z_S = 0,45 \cdot l$
Innenfeld Mehrfeldträger	$0,3 < h/l < 1,0$ $h/l \geqq 1,0$	$z_F = z_S = 0,5 \cdot h \cdot (1,8 - h/l)$ $z_F = z_S = 0,4 \cdot l$
Kragträger	$1,0 < h/l_k < 2,0$ $h/l_h \geqq 2,0$	$z_S = 0,65 \cdot l_k + 0,1 \cdot h$ $z_S = 0,85 \cdot l_k$

Abb. 17.7 Hebelarm der inneren Kräfte bei wandartigen Trägern, Näherung nach [80.14]
(h Höhe der Scheibe, l Stützweite, l_k Kraglänge)

17.3.4 Konstruktive Einzelheiten

Für die Mindestwanddicke gelten die Regelungen in EC 2/NA., Tabelle NA. 9.3 ($h_w \geqq 10$ cm bzw. $h_w \geqq 12$ cm bei nicht durchlaufenden Decken).

Aus konstruktiven Gründen (Verdichten des Betons, Einbau der Bewehrung) wird im Hochbau i. Allg. mit Wanddicken $h_w \geqq 15$ cm gearbeitet. Bei geringeren Wanddicken wird das ordnungsgemäße Einbringen und Verdichten des Betons schwierig. Nach *Fingerloos/Stenzel* [1.25] sollte die Wanddicke nicht geringer gewählt werden als 1/20 der Höhe eines Betonierabschnittes.

Wandartige Träger sind an beiden Außenflächen gem. EC 2/NA., 9.7 mit einem rechtwinkligen Bewehrungsnetz zu versehen. Die Maschenweite des Bewehrungsnetzes darf nicht größer als $2 \cdot h_w$ und nicht größer als 300 mm sein. Für die Querschnittsfläche des Bewehrungsnetzes gilt je Wandaußenfläche und für jede Richtung

$$\left.\begin{array}{ll} \min a_s & \left\{\begin{array}{ll} \geqq 0,075 \cdot a_c & \text{Der größere Wert} \\ \geqq 1,5 \text{ cm}^2/\text{m} & \text{ist maßgebend.} \end{array}\right. \\[2em] \max s & \left\{\begin{array}{l} \leqq 300 \text{ mm} \\ \leqq 2 \cdot h_w \end{array}\right. \end{array}\right\} \quad (17.11)$$

Die mit (17.11) ermittelten Mindestbewehrungen geben die untere Grenze der erforderlichen Netzbewehrung an. Vor allem bei durchlaufenden, wandartigen Trägern oder bei unklarer Lastabtragung ist die Netzbewehrung zu verstärken, um bei einem möglichen Übergang in den Zustand II ein Fließen der Bewehrung und damit unkontrollierte Rissbildung zu verhindern. Nach [1.11] sollte daher in diesen Fällen die Mindestbewehrung mit (6.26) für zentrischen Zwang ($k_c = 1,0$) bestimmt werden.

Die Zugbewehrung für Feldmomente wird am unteren Scheibenrand konzentriert, einige Stäbe werden jedoch über die Höhe b_1 (Abb. 17.8a) verteilt, um breite Risse in der Zugzone zu verhindern. Die Feldbewehrung wird nicht gestaffelt, an Endauflagern wird sie bei der Bemessung als Stabwerkmodell für die volle Zugkraft verankert. Bei einer Schnittgrößenermittlung gem. den Angaben in Heft 240 [80.14] ist an den Endauflagern die Bewehrung für $F_{sd} \geqq 0,8 \, F_{s,Feld}$ zu verankern, empfohlen wird eine Verankerung für die volle Zugkraft analog zur Stabwerkbemessung gem. Abschn. 15.1.2. Die großen vertikalen Kräfte in den Auflagerbereichen von wandartigen Trägern vergrößern bei einer Verankerung mit stehenden Haken die Spaltgefahr. Die Verankerung wird daher mit liegenden Haken oder Schlaufen durchgeführt. Freie Ränder

der Scheibe sind durch Steckbügel zu sichern, bei unten angehängter Last $g_d + q_d$ muss die Aufhängebewehrung

$$a_{sA} = (g_d + q_d)/f_{yd}$$

auf einer Höhe $l \leqq h$ zum Anschluss an das in Abb. 17.5 dargestellte Druckgewölbe hochgeführt werden. Nach *Fingerloos/Stenzel* [1.25] sollte die so errechnete Aufhängebewehrung a_{sA} zur Beschränkung der Rissbreite noch um 50% erhöht werden.

Besondere Aufmerksamkeit erfordert die Ausbildung der Auflagerpunkte von Wandscheiben. Hier sind meist sehr große vertikale Kräfte in kleine Auflagerflächen einzuleiten. An den Endauflagern von Wandscheiben liegt stets ein Druck-Zug-Knoten vor, die Druckspannung ist daher hier nach Abb. 15.5 zu beschränken auf $\sigma_{Rd,max} = 0,75 \cdot f_{cd}$. In vielen Fällen werden die Pressungen im Auflagerbereich größer sein, dann sind zusätzliche Maßnahmen notwendig. Hier sind folgende Möglichkeiten gegeben:

– Der nicht über Betondruckspannungen aufzunehmende Teil der Auflagerkraft wird Stahleinlagen zugewiesen. Von dieser Maßnahme wird an *Endauflagern* dringend abgeraten. Diese Stahleinlagen durchdringen den Bereich des ohnehin stark bewehrten Auflagerknotens, die Betonierbarkeit wird erschwert und die wichtige Verankerung der Zugbewehrung wird gefährdet.
– Berücksichtigung der höheren Betondruckspannungen bei Ansatz einer Teilflächenbeanspruchung im Auflagerbereich gem. den Hinweisen im Abschn. 15.3. Diese Lösung ist nur möglich, wenn eine ausreichend große Auflagerfläche unterhalb der Wandscheibe zur Verfügung steht, in der eine Lastausbreitung möglich ist und in der die erforderliche Querbewehrung zur Aufnahme der gem. Abschn. 15.3 anfallenden Querzugkräfte eingebaut werden kann.
– Anordnung einer Wandverstärkung (Lisene, vgl. Abb. 17.9). Auch diese Lösung ist nur möglich, wenn die Unterkonstruktion die erforderlichen Abmessungen hat und wenn die Anordnung einer Lisene baulich möglich ist. Bei *Fingerloos / Stenzel* [1.25] findet man ein Berechnungsbeispiel einer Wandscheibe mit Lisene.
– Vergrößerung der Abmessung der Unterkonstruktion oder Wahl einer höheren Betonfestigkeitsklasse.

An *Zwischenauflagern* von durchlaufenden Wandscheiben ist der Einsatz von zusätzlicher Druckbewehrung zur Ableitung der anfallenden Auflagerkräfte möglich. Die Beanspruchung der Wandscheibe entspricht hier einem Druckknoten gem. Abb. 15.5. Der Einbau dieser Druckbewehrung wird erleichtert, wenn sie in Wandmitte angeordnet wird. Die Stäbe nach [1.25] auf voller Geschosshöhe einzubauen. Die Dehnungen sind nach Abb. 5.4 bei zentrischem Druck auf $\varepsilon_c = \varepsilon_s = -2,0‰$ zu beschränken, hieraus folgt für die Druckstäbe eine ansetzbare Stahlspannung $\sigma_{sd} = 2,0 \cdot 10^{-3} \cdot 200\,000 = 400\ \text{MN}/\text{m}^2$ (für Beton $\leqq$ C50/60).

Bei statisch unbestimmt gelagerten Wandscheiben führen schon geringe Auflagerverschiebungen zu großen Veränderungen der Schnittgrößen. Um eine unkontrollierte Rissbildung zu vermeiden, ist neben der beidseitigen Netzbewehrung die übrige Bewehrung entsprechend auszubilden. Am oberen Scheibenrand sollten die Montagestäbe stärker als bei Balkenkonstruktionen gewählt werden, um mögliche Zugkräfte infolge einer Stützensenkung abzudecken, vgl. Abb. 17.8a.

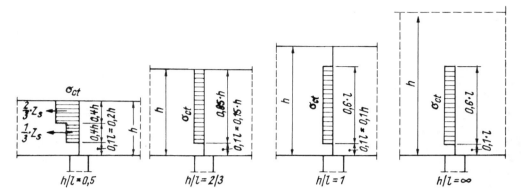

Abb. 17.8 Näherungsweise Darstellung des Verlaufes von Betonzugspannungen im Bereich von Zwischenauflagern von mehrfeldrigen Wandscheiben (nach [80.14])

In Heft 240 [80.14] ist für mehrfeldrige Wandscheiben die in Abb. 17.8 dargestellte Verteilung der Zugspannungen im Bereich von Zwischenauflagern angegeben. Man erkennt, dass bei Wandscheiben mit $h/l \geqq 1$ die Zugspannungen aus der Wirkung des Stützmomentes nahe am unteren Scheibenrand beginnen, der obere Wandteil beteiligt sich nicht mehr an der Aufnahme des Stützmomentes, vgl. hierzu auch die Kraft F_{sd} im Stabwerkmodell für den Zweifeldträger in Abb. 17.6. Bei durchlaufenden Wandscheiben wird nach Abb. 17.8a die Stützbewehrung über die Höhe b_z der Zugzone verteilt. Die Hälfte der Stützbewehrung soll nach [80.14] über die gesamte Scheibenlänge durchgezogen werden, der Rest wird durch Zulagen abgedeckt, die bis etwa $l/3$ in die benachbarten Felder geführt werden, vgl. Abb. 17.8a. An den Innenauflagern soll für die Feldbewehrung ein Übergreifungsstoß ausgeführt werden, die Übergreifungslänge l_0 soll für 80 % der Zugkraft der benachbarten Felder ausgelegt werden. Bei der Anordnung der Bewehrung im Scheibenbereich orientiert man sich an dem in Abb. 17.8 angegebenen Verlauf der Hauptzugkräfte. Hierzu findet man weitere Angaben in Heft 240 [80.14].

Bei Wandscheiben mit Randverstärkungen (Lisenen) wird die Auflagerkraft C_{Ed} über die Scheibenhöhe verteilt in die Scheibe eingeleitet. Es ist eine kräftige Anschlussbewehrung in Form von Steckbügeln vorzusehen. In Abb. 17.9 sind Bewehrungshinweise sowie Angaben über ein geeignetes Tragwerkmodell (nach [1.11]) zusammengestellt, vgl. auch [1.25].

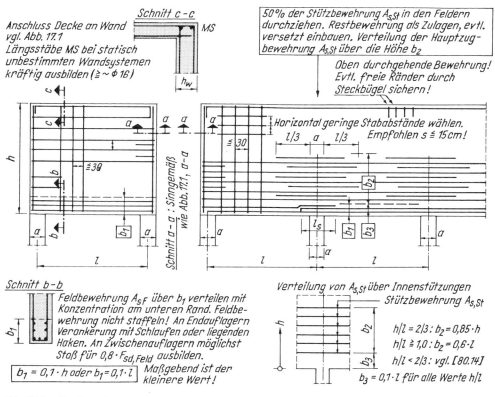

Schnitt c-c

Anschluss Decke an Wand vgl. Abb. 17.1
Längsstäbe MS bei statisch unbestimmten Wandsystemen kräftig ausbilden (≧ ~ φ 16)

50% der Stützbewehrung $A_{s,St}$ in den Feldern durchziehen. Restbewehrung als Zulagen, evtl. versetzt einbauen. Verteilung der Hauptzugbewehrung $A_{s,St}$ über die Höhe b_2

Oben durchgehende Bewehrung! Evtl. freie Ränder durch Steckbügel sichern!

Horizontal geringe Stababstände wählen. Empfohlen s ≤ 15 cm!

Schnitt a-a: Sinngemäß wie Abb. 17.1, a-a

Schnitt b-b

Feldbewehrung A_{sF} über b_1 verteilen mit Konzentration am unteren Rand. Feldbewehrung nicht staffeln! An Endauflagern Verankerung mit Schlaufen oder liegenden Haken. An Zwischenauflagern möglichst Stoß für $0,8 \cdot F_{sd,Feld}$ ausbilden.

$b_1 = 0,1 \cdot h$ oder $b_1 = 0,1 \cdot l$ Maßgebend ist der kleinere Wert!

Verteilung von $A_{s,St}$ über Innenstützungen

Stützbewehrung $A_{s,St}$

$h/l = 2/3: b_2 = 0,85 \cdot h$
$h/l \geqq 1,0: b_2 = 0,6 \cdot l$
$h/l < 2/3:$ vgl. [80.14]
$b_3 = 0,1 \cdot l$ für alle Werte h/l

Abb. 17.8a Zur Bewehrung von wandartigen Trägern

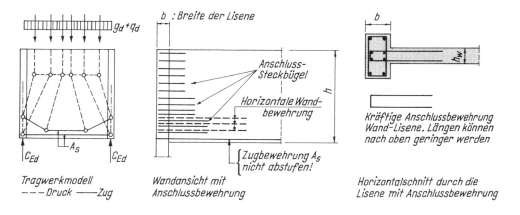

$g_d + q_d$

b : Breite der Lisene

Anschluss-Steckbügel

Horizontale Wandbewehrung

Zugbewehrung A_s nicht abstufen!

Kräftige Anschlussbewehrung Wand-Lisene. Längen können nach oben geringer werden

Tragwerkmodell
--- Druck ——— Zug

Wandansicht mit Anschlussbewehrung

Horizontalschnitt durch die Lisene mit Anschlussbewehrung

Abb. 17.9 Wandartige Träger mit Lisenen: Tragwerkmodell (nach [1.11]) und Bewehrung

17.4 Anwendungen

17.4.1 Stahlbeton-Innenwand

Aufgabe

Die Innenwand in einem mehrgeschossigen Gebäude wird durch eine zentrische Normalkraft $n_{Ed} = 720\,kN/m$ belastet. Die Wand ist zu bemessen, die Konstruktion ist darzustellen.

Geschosshöhe $l_w = 3,0\,m$

Wanddicke $h_w = 20,0\,cm$

Bauteil im Inneren: Expositionsklasse XC 1

Baustoffe: Betonfestigkeitsklasse C 25/30
            Betonstahl B 500

Durchführung:

Wanddicke $h_w = 20\,cm > 10\,cm$ (EC 2/NA., Tab. NA. 9.3)

Bemessung gem. Abschn. 13.4:

Knicklänge l_0

> Die Wand ist zweiseitig gehalten, vgl. Abb. 17.10.

Mit Abb. 17.2

$$l_0 = \beta \cdot l_w = 1,0 \cdot 3,0 = 3,0\,m$$

Ob die Auswirkungen einer Rechnung nach Theorie II. Ordnung zu berücksichtigen sind, wird gem. der Zusammenstellung im Abschn. 13.4.6 untersucht, vgl. hierzu Abb. 13.19a:

Schlankheit

$$\lambda = l_0/i = 300/(0,289 \cdot 20,0) = 52$$

Ist $\lambda < \max (25\ bzw.\ 16/\sqrt{|n|})$?

$$f_{cd} = 0,85 \cdot 25,0/1,5 = 14,17\,MN/m^2$$

$$n = |N_{Ed}|/(A_c \cdot f_{cd}) = 0,72/(1,0 \cdot 0,20 \cdot 14,17) = 0,254$$

$$\lambda = \mathbf{52} > \max (25\ bzw.\ 16/\sqrt{0,254} = \mathbf{32})$$

Das Druckglied ist schlank im Sinne von EC 2, die Auswirkungen einer Rechnung nach Theorie II. Ordnung sind zu berücksichtigen.

Es liegt eine zentrisch belastete Wand vor, Einspannmomente aus den Decken sind nicht zu erfassen. Wenn die Wand das Endauflager eines Deckensystems wäre, wäre eine Bestimmung dieser Momente erforderlich, vgl. Abschn. 16.1.1. Durch diese Momente wird die Verformung der Wand im kritischen Bereich i. Allg. verringert, vgl. hierzu Abschn. 13.4.4, für den Nachweis als schlankes Bauteil liegt man bei der Vernachlässigung von Einspannmomenten auf der „sicheren" Seite. Zusätzlich ist dann jedoch die Bemessung der Wand für Normalkraft und Biegung an den Einspannstellen zu führen.

Hier ist $e_1 = e_2 = 0$, die Bemessung erfolgt für einen an beiden Stabenden gelenkig gelagerten Stab mit der Schlankheit $\lambda = 52$.

Hierfür erhält man:

Ausmitte nach Theorie I. Ordnung

$$e_1 = e_0 + e_i$$
$$e_0 = M_{Ed,0}/N_{Ed} = 0 \quad \text{(Last wirkt zentrisch)}$$
$$e_i = \theta_i \cdot l_0/2 \quad \text{vgl. (13.12)}$$
$$\theta_i = 1/(100 \cdot \sqrt{l_w})$$
$$= 1/(100 \cdot \sqrt{3,0}) = 1/173$$
$$e_i = (1/173) \cdot 300/2 = 0,87 \, \text{cm}$$

Anzusetzende Gesamtausmitte nach Theorie I. Ordnung: $e_1 = e_0 + e_i = 0,87 \, \text{cm}$

Bemessung mit dem e/h-Diagramm

Expositionsklasse XC 1

$$c_{min} = 10 \, \text{mm}, \quad \Delta c = 10 \, \text{mm}, \quad c_{nom} = c_v = 20 \, \text{mm}$$

Lotrechte Stäbe liegen innen: $d_1 \approx 30 \, \text{mm}$

Tafelauswahl

$$A_{s1} = A_{s2}, \quad d_1/h = 3,0/20 = 0,15: \quad \text{Tafel R2-15 aus Heft 425 [80.3]}$$

Tafeleingangswerte

$$l_0/h_w = 300/20 = 15$$
$$e_1/h_w = 0,87/20 \approx 0,04$$
$$v_{Ed} = \frac{N_{Ed}}{A_c \cdot f_{cd}} = \frac{-0,72}{0,20 \cdot 1,0 \cdot 25,0/1,5} = -0,22$$

Kein Wert ω_{tot} ablesbar!

Maßgebend sind die Vorschriften bezüglich der Mindestbewehrung. Da die Auswirkungen einer Rechnung nach Theorie II. Ordnung zu berücksichtigen waren, ist die Mindestbewehrung mit den Gleichungen (17.3) und (17.6) zu bestimmen.

$$a_{s,v} \geqq 0,003 \cdot a_c = 0,003 \cdot 20,0 \cdot 100 = 6,0 \, \text{cm}^2/\text{m}$$
$$a_{s,h} \geqq 0,5 \cdot a_{s,v} = 0,5 \cdot 6,0 = 3,0 \, \text{cm}^2/\text{m}$$

Höchstabstand der Bewehrungsstäbe

$$s_l \leqq 300 \, \text{mm} \leqq 2 \cdot h_w = 400 \, \text{mm}$$
$$s_t \leqq 350 \, \text{mm}$$

Gewählt:

Vertikal $\varnothing$ 8, $s_l = 15 \, \text{cm}$, beidseitig
Horizontal $\varnothing$ 8, $s_t = 25 \, \text{cm}$, beidseitig
Am Wandende 2 $\varnothing$ 16, Steckbügel $\varnothing$ 6, $s = 19 \, \text{cm}$
Am Wandkopf MS 2 $\varnothing$ 12, Steckbügel $\varnothing$ 6, $s = 15 \, \text{cm}$

Konstruktion vgl. Abb. 17.10.

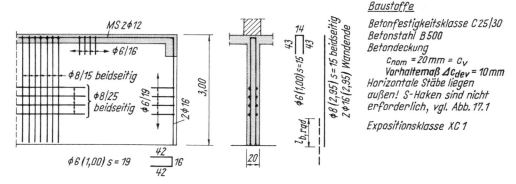

Abb. 17.10 Stahlbeton-Innenwand

Verstärkung der Bewehrung am Wandende wegen möglicher Lastkonzentration. Steckbügel am Wandkopf um geringe Exzentrizitäten aus Deckenplatten oder aus aufstehender Wand aufnehmen zu können.

17.4.2 Stahlbeton-Wandscheibe (wandartiger Träger)

Aufgabe

Die gemauerte Giebelwand eines mehrgeschossigen Gebäudes wird im Erdgeschoss durch eine große Öffnung unterbrochen. Die Wandlasten sollen durch einen wandartigen Träger im 1. und 2. Obergeschoss auf zwei Stützen übertragen werden. Horizontale Lasten (Wind, Imperfektionen) werden von anderen Bauteilen aufgenommen, sie bleiben unberücksichtigt. Auch Schnittgrößen senkrecht zur Wandscheibe (Plattenwirkung) bleiben im Rahmen dieses Beispiels außer Ansatz. Baustoffe, Abmessungen, Umgebungsbedingungen und Einwirkungen vgl. Abb. 17.11. Aus konstruktiven Gründen (Sicherstellung einer ausreichenden Betondeckung der dünnen Stäbe der Wandbewehrung zwischen den Abstandhaltern) wird für die Betondeckung der Stahleinlagen abweichend von den Angaben in Abb. 4.5 eine Mindestbetondeckung c_{min} = 20 mm gewählt.

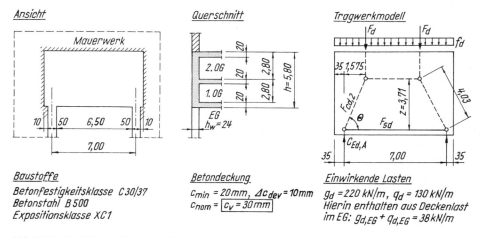

Abb. 17.11 Stahlbeton-Wandscheibe: Abmessungen, Baustoffe, Einwirkungen und Tragwerkmodell

Durchführung:

Tragwerkmodell, vgl. Abb. 17.11

Mit den Bezeichnungen in Abb. 17.6 erhält man

$$f_d = (g_d + q_d) = 220 + 130 = 350\,\text{kN}/\text{m}$$

$$F_d = 350 \cdot (0,10 + 0,25 + 7,0/2) = 1348\,\text{kN}$$

$$h/l = 5,80/7,0 = 0,83: \quad z/l \approx 0,53$$

$$z = 0,53 \cdot 7,0 = 3,71\,\text{m}$$

Stabwerkkräfte, vgl. Kräfteplan in Abb. 17.11

$$C_{Ed,A} = F_d \qquad\qquad\quad = 1348\,\text{kN}$$

$$F_{cd,2} = -1348 \cdot 4,03/3,71 = -1464\,\text{kN}$$

$$F_{sd} = 1348 \cdot 1,575/3,71 = 572\,\text{kN}$$

Vergleichsweise Ermittlung der Biegezugkraft gem. Abb. 17.7

$$z = 0,3 \cdot h \cdot (3 - h/l) = 0,3 \cdot 5,80 \cdot (3 - 0,83) = 3,78\,\text{m}$$

$$M_{Ed} = f_d \cdot l^2/8 = 350 \cdot 7,0^2/8 = 2144\,\text{kNm}$$

$$F_{sd} = M_{Ed}/z = 2144/3,78 = 567\,\text{kN}$$

Nachweis der Druck-Zug-Knoten über den Auflagern, Abmessungen vgl. Abb. 17.12

Zugbewehrung gem. (15.4)

$$A_s = F_{td}/f_{yd}, \quad F_{td} \triangleq F_{sd}$$

$$A_s = 572/43,5 = 13,15\,\text{cm}^2$$

Gewählt: $8\,\varnothing\,16$, $A_s = 16,1\,\text{cm}^2$

Die Bewehrung wird in drei Lagen $(4 + 2 + 2)$ entsprechend der Skizze in Abb. 17.12 angeordnet. Für die Bemessung des Knotens werden die Stäbe der 2. und 3. Lage zusammengefasst. Damit erhält man mit den Bezeichnungen gem. Abb. 15.5 die in Abb. 17.12 angegebenen Knotenabmessungen.

Bemessung des Druck-Zug-Knotens gem. (15.4):

Zulässige Bemessungsdruckspannungen gem. EC 2/NA., 6.5.4.

Die Querzugkräfte werden sowohl in der Wandscheibe wie in der lastaufnehmenden Stütze durch Querbewehrung aufgenommen. Es liegt im Auflagerbereich ein Druck-Zug-Knoten gem. Abb. 15.5 vor, hierfür gilt die Bemessungsdruckfestigkeit $\sigma_{Rd,max} = 0,75 \cdot f_{cd}$:

Beton C 30/37: $f_{cd} = 0,85 \cdot 30,0/1,5 = 17,00\,\text{MN}/\text{m}^2$

$$\sigma_{Rd,max} = 0,75 \cdot f_{cd} = 12,75\,\text{MN}/\text{m}^2$$

Druckstrebe 1: $b = h_w = 24\,\text{cm}$

$$F_{cd,1} = -C_{Ed,A} = -1348\,\text{kN}$$

$$\sigma_{cd,2} = \frac{|F_{cd,1}|}{a_1 \cdot b} = \frac{1,348}{0,45 \cdot 0,24} = 12,48\,\text{MN}/\text{m}^2 < \sigma_{Rd,max} = 12,75\,\text{MN}/\text{m}^2$$

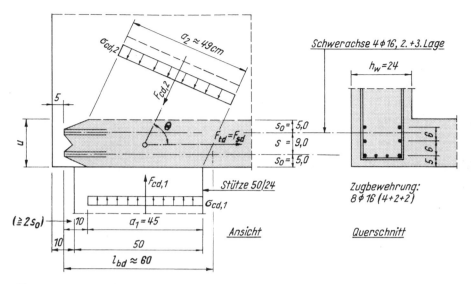

Abb. 17.12 Kräfte und Abmessungen im Bereich der Auflagerknoten

Druckstrebe 2: $|F_{cd,2}| = 1464 \, \text{kN}$

$$\sigma_{cd,2} = \frac{1,464}{0,49 \cdot 0,24} = 12,45 \, \text{MN} / \text{m}^2 < \sigma_{Rd,max}$$

Verankerung der Hauptzugbewehrung:

Die Druckkräfte $F_{cd,1}$ und $F_{cd,2}$ führen zu sehr großen Querpressungen im Verankerungsbereich der Bewehrung. Für die Bestimmung der erforderlichen Verankerungslänge gehen wir von (16.15a) aus und erhalten mit $A_{s,erf} = 13,15 \, \text{cm}^2$ und $A_{s,vorh} = 16,1 \, \text{cm}^2$

$$l_{b,dir} = l_{bd} = 0,67 \cdot \alpha_1 \cdot l_{b,rqd} \cdot \text{erf} \, A_s / \text{vorh} \, A_s$$

Hier ist: $\alpha_1 = 1,0$ (gerades Stabende), Stabdurchmesser $d_s = 16 \, \text{mm}$
$l_{b,rqd} = 36 \, d_s$ (vgl. Abb. 7.37)

Damit:

$$l_{bd} = 0,67 \cdot 1,0 \cdot 36 \cdot 1,6 \cdot 13,15/16,1$$
$$= 31,5 \, \text{cm} < l_{b,vorh} \approx 60 \, \text{cm}$$

Vorhanden ist nach Abb. 17.12 eine Verankerungslänge von etwa 60 cm, zusätzliche Verankerungselemente sind nicht erforderlich.

Übrige Bewehrung der Wandscheibe:

Flächenbewehrung gem. (17.11)

$$a_{sx} = a_{sy} \geqq 0,075 \cdot a_c = 0,075 \cdot 24,0 = 1,80 \, \text{cm}^2/\text{m}$$

Gewählt auf beiden Außenflächen

Senkrecht $\varnothing 8$, $s = 20 \, \text{cm}$, $a_s = 2,51 \, \text{cm}^2/\text{m}$

Horizontal $\varnothing 8$, $s = 15 \, \text{cm}$, $a_s = 3,35 \, \text{cm}^2/\text{m}$

Wandende und Wandkopf

$\quad$ 2 $\varnothing$ 12, Steckbügel $\varnothing$ 8, $\quad s = 15\,\text{cm}$

Unterer Wandrand

$\quad$ Angehängte Last: $\quad g_{\text{d,EG}} + q_{\text{d,EG}} = 38{,}0\,\text{kN/m}$

$\quad a_{\text{sA}} = 38{,}0 / 43{,}5 = 0{,}9\,\text{cm}^2/\text{m}$

$\quad$ Gewählt: $\quad$ Steckbügel $\varnothing$ 8, $\quad s = 20\,\text{cm}$

$\quad a_{\text{sA}} = 5{,}02\,\text{cm}^2/\text{m}$

Die Steckbügel erhalten einen Übergreifungsstoß l_0 mit der vertikalen Wandbewehrung. Im Bereich der Auflagerknoten werden horizontale Steckbügel $\varnothing$ 10, $s = 10\,\text{cm}$ aus konstruktiven Gründen zugelegt.

Die Hauptzugbewehrung soll nach Abb. 17.8 in einem Bereich $b_1 = 0{,}1 \cdot h = 0{,}58\,\text{m}$ verlegt werden. Angeordnet ist sie nach Abb. 17.13 auf einer Höhe von etwa 20 cm. Zur Vermeidung unkontrollierter Rissbildung werden oberhalb der Deckenplatte $2 \times 3\ \varnothing$ 12, $s = 15\,\text{cm}$ zugelegt.

Die Bewehrung der Auflagerstützen endet an der Deckenunterkante. Ein Einbinden der Stützenbewehrung führt leicht zu Konstruktionsschwierigkeiten im stark beanspruchten Auflagerknoten. Die Verbindung der Stütze mit der Wandscheibe erfolgt durch drei Dollen $\varnothing$ 20, die in der Wandachse angeordnet werden. Die Bemessung der Stütze ist nicht Gegenstand dieses Beispiels.

Für die vertikale Wandbewehrung $\varnothing$ 8, $s = 20\,\text{cm}$ wird in Höhe der Decke über dem 1. Obergeschoss ein Übergreifungsstoß ausgeführt. Die Übergreifungslänge wird großzügig festgelegt, der Abstand der Stäbe im Stoßbereich ist häufig größer als $4\,d_s$, vgl. Abschn. 7.8.6. Das Durchführen dieser Bewehrung über zwei Geschosse ist ebenfalls möglich. Im Gegensatz zu dem in Abb. 12.6b angeführten 50 %-Stoß von Stützenbewehrungen sind aber bei Wänden Stäbe mit geringem Stahldurchmesser ohne Wandschalung und bei fehlender Umbügelung nur schwer zu stabilisieren.

Konstruktion vgl. Abb. 17.13.

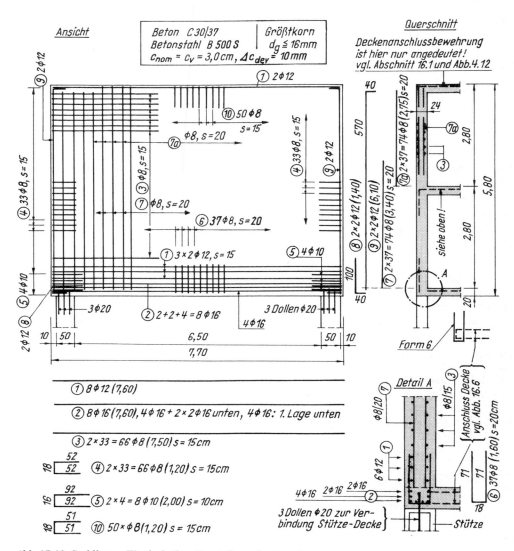

Abb. 17.13 Stahlbeton-Wandscheibe: Darstellung der Bewehrung

274

18 Bemessung für Torsionsmomente sowie für Torsion mit Querkraft (GZT)

18.1 Grundlagen

Gemäß EC 2, 6.3.1 ist ein rechnerischer Nachweis der Torsionsbeanspruchung erforderlich, wenn ohne Berücksichtigung von Torsionsmomenten kein Gleichgewicht herzustellen ist (*Gleichgewichtstorsion*). Bei dem in Abb. 18.1 dargestellten System ist Gleichgewicht nur möglich, wenn das Biegemoment der Kragplatte als Torsionsmoment vom Unterzug aufgenommen wird. Der Unterzug ist im Grenzzustand der Tragfähigkeit unter Berücksichtigung der Torsionsmomente zu bemessen. Ausreichende Gebrauchstauglichkeit (Rissbildung) wird durch Einhaltung konstruktiver Forderungen gewährleistet, rechnerische Nachweise sind hierzu i. Allg. nicht erforderlich.

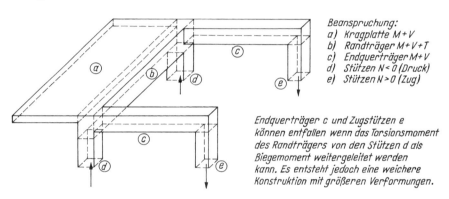

Beanspruchung:
a) Kragplatte M + V
b) Randträger M + V + T
c) Endquerträger M + V
d) Stützen N < 0 (Druck)
e) Stützen N > 0 (Zug)

Endquerträger c und Zugstützen e können entfallen wenn das Torsionsmoment des Randträgers von den Stützen d als Biegemoment weitergeleitet werden kann. Es entsteht jedoch eine weichere Konstruktion mit größeren Verformungen.

Abb. 18.1 Beispiel für Gleichgewichtstorsion

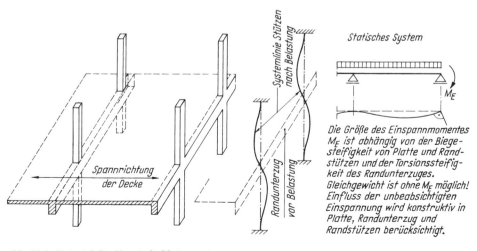

Statisches System

Die Größe des Einspannmomentes M_E ist abhängig von der Biegesteifigkeit von Platte und Randstützen und der Torsionssteifigkeit des Randunterzuges. Gleichgewicht ist ohne M_E möglich! Einfluss der unbeabsichtigten Einspannung wird konstruktiv in Platte, Randunterzug und Randstützen berücksichtigt.

Abb. 18.2 Beispiel für Verträglichkeitstorsion

Wenn in statisch unbestimmten Tragwerken Torsion nur aus Einhaltung der Verträglichkeitsbedingungen auftritt (*Verträglichkeitstorsion*), darf auf eine Berücksichtigung der Torsionssteifigkeit bei der Ermittlung der Schnittgrößen verzichtet werden. Diese Vereinfachung ist berechtigt, weil die Torsionssteifigkeit von Stahlbetonträgern im Zustand II infolge der Schrägrissbildung viel rascher abnimmt als die Biegesteifigkeit. Es ist jedoch gem. EC 2, 6.3.1 (2) eine konstruktive Bewehrung in Form von Bügeln und Längsstäben zur Rissbreitenbegrenzung infolge der tatsächlich auftretenden (geringen) Torsionsmomente einzubauen. Eine unbeabsichtigte Einspannung von Deckenplatten in Randunterzüge nach Abb. 18.2 bleibt daher im Regelfall rechnerisch unberücksichtigt. Für den Brückenbau gelten teilweise abweichende Bestimmungen, vgl. [1.5.1].

18.2 Tragverhalten

Unter Torsionsbeanspruchung erfolgt bei Stäben eine schraubenförmige Verdrehung um die Längsachse, hierbei wird das Torsionsmoment durch umlaufende Schubspannungen τ_T aufgenommen. Der Querschnitt erfährt eine Verdrehung und eine Verschiebung einzelner Querschnittsteile in Stablängsrichtung (Verwölbung). Wird diese Verwölbung behindert, erfolgt die Beanspruchung des Stabes durch Schubspannungen τ und Längsspannungen σ_x parallel zur Stabachse. Einzelheiten zum Tragverhalten von Stahlbetonträgern bei Wölbkrafttorsion und Hinweise zur Berücksichtigung dieses Einflusses in Sonderfällen (z. B. mehrstegige Plattenbalken) findet man bei *Zilch/Zehetmaier* [23]. Bei den im Stahlbetonbau üblichen Querschnittsformen sind die Spannungen aus behinderter Verwölbung meist gering, durch Rissbildung werden sie zudem weiter abgebaut. Gemäß EC 2, 6.3.3 dürfen daher Spannungen aus behinderter Verwölbung (Wölbkrafttorsion) bei der Bemessung i. Allg. vernachlässigt werden.

In Abb. 18.3 ist für einen Vollquerschnitt aus isotropem Material der Schubfluss für diese *St. Venant*'sche Torsion dargestellt. Die Zug- und Drucktrajektorien verlaufen unter 45° zur Stabachse. Die Extremwerte der Schubspannungen treten an den Querschnitträndern in den Hauptachsen auf, die Ecken und die Stabachse sind spannungsfrei. Die Spannungen können über den Ansatz

$$\tau_T = T_{Ed} / W_T \tag{18.1}$$

ermittelt werden. Für die Torsionsflächenwerte W_T findet man die erforderlichen Angaben in Handbüchern (z. B. [8]).

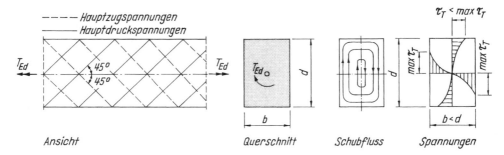

Abb. 18.3 *Stab aus isotropem, homogenem Material unter Torsionsbeanspruchung: Hauptspannungsrichtung, Schubfluss und Spannungsverteilung im Querschnitt*

Im Stahlbetonbau wird als Tragmodell für Vollquerschnitte ein Ersatzhohlkasten angesetzt, vgl. EC 2, 6.3.1 (3). Im Ersatzhohlkasten mit der Wanddicke t_{eff} wird das Gleichgewicht bei Torsionsbeanspruchung durch einen geschlossenen Schubfluss v_{Ed} nachgewiesen. Statt mit dem Schubwandmodell kann gleichwertig auch mit einem räumlichen Fachwerk gearbeitet werden. Hierbei verlaufen die Druckstreben unter dem Winkel Θ zur Stabachse wendelförmig in Stablängsrichtung. Eine Bewehrung in Richtung der Hauptzugkräfte müsste ebenfalls wendelförmig eingebaut werden. Dies ist in Rechteckquerschnitten nur schwer ausführbar, eine Verwechslung der Bewehrungsrichtung auf der Baustelle würde zudem die Bewehrung völlig wirkungslos machen. Aus baupraktischen Gründen erfolgt die Bewehrung bei Torsionsbeanspruchung daher durch ein orthogonales Bewehrungsnetz, bestehend aus Bügeln und Längsstäben.

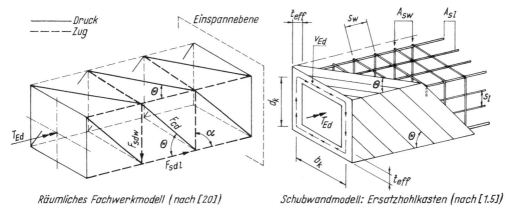

Abb. 18.4 Tragmodelle bei reiner Torsion

Das einwirkende Torsionsmoment T_{Ed} wird auf den Schubmittelpunkt bezogen. Bei vielen Querschnittsformen fallen Schubmittelpunkt M und Flächenschwerpunkt S zusammen, z. B. bei allen doppelt-symmetrischen Querschnittsformen. Bei Querschnitten mit komplexer Form darf nach Abb. 18.5 der Gesamtquerschnitt in Einzelquerschnitte zerlegt werden. Es wird angenommen, dass sich in jedem Einzelquerschnitt ein geschlossener Schubfluss ausbildet, das einwirkende Torsionsmoment wird im Verhältnis der Torsionsflächenmomente I_T auf die Einzelelemente aufgeteilt. Abb. 18.5 enthält hierzu einige Hinweise, vgl. EC 2, 6.3.1, Absatz (3) und (4).

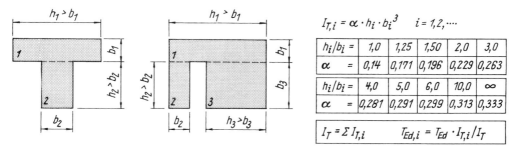

Abb. 18.5 Ermittlung des Torsionsflächenmomentes I_T bei gegliederten Querschnitten

277

18.3 Nachweise bei reiner Torsionsbeanspruchung

Nach der *Bredt*'schen Formel kann der Schubfluss in einem Hohlkasten ermittelt werden:

$$v_{Ed} = \tau_{Td} \cdot t_{eff} = \frac{T_{Ed}}{2 \cdot A_k} \qquad (18.2)$$

Hierin ist:

T_{Ed} Bemessungswert des einwirkenden Torsionsmomentes
τ_{Td} Bemessungswert der Schubspannungen infolge T_{Ed}
v_{Ed} Bemessungswert des Schubflusses infolge T_{Ed}, vgl. Abb. 18.4 und 18.6
A_k Kernquerschnitt, dies ist die durch die Mittellinie der Hohlkastenwände eingeschlossene Fläche.

Die Mittellinien der Wandflächen des Ersatzhohlkastens sind nach Abb. 18.6 durch die Achsen der Längsbewehrungsstäbe in den Ecken des Hohlkastens festgelegt, vgl. auch EC 2/NA., 6.3.2 (1). Die effektive Wanddicke t_{eff} entspricht somit dem doppelten Abstand der Mittellinie von der Außenfläche. Bei Hohlkastenquerschnitten mit Wanddicken $h_w \leqq b/6$ bzw. $h_w \leqq h/6$ und Bewehrung an beiden Wandseiten darf gem. EC 2/NA., 6.3.2 die gesamte Wanddicke für t_{eff} angesetzt werden.

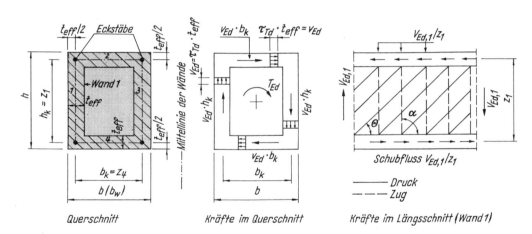

Abb. 18.6 Hohlkastenquerschnitt zum Nachweis der Torsionsbeanspruchung

Das Tragverhalten bei Torsionsbeanspruchung ist in Abb. 18.6 noch einmal verdeutlicht dargestellt. Die Schubspannungen τ_{Td} infolge des Torsionsmomentes T_{Ed} werden über die Wanddicke t_{eff} zum Schubfluss v_{Ed} zusammengefasst. Aus Abb. 18.6 ist ablesbar

$$T_{Ed} = (v_{Ed} \cdot b_k) \cdot h_k + (v_{Ed} \cdot h_k) \cdot b_k = v_{Ed} \cdot 2 \cdot b_k \cdot h_k$$

$$T_{Ed} = v_{Ed} \cdot 2 \cdot A_k \qquad (18.3)$$

Die in einer Wand des Hohlkastens wirkende Querkraft infolge Torsion $V_{Ed,T}$ ergibt sich durch Integration des Schubflusses v_{Ed} über die Wandhöhe z. Hierbei ist z gem. EC 2, 6.3.2 definiert durch den Abstand der Schnittpunkte der Wandmittellinie mit den Mittellinien der angrenzenden Wände, vgl. Abb. 18.6: $h_k = z_1 = z_3$, $b_k = z_2 = z_4$. Für die Schubkraft $V_{Ed,T}$ erhalten wir damit aus (18.3)

$$T_{Ed} \cdot z = v_{Ed} \cdot z \cdot 2 \cdot A_k = V_{Ed,T} \cdot 2 \cdot A_k$$

$$V_{Ed,T} = \frac{T_{Ed} \cdot z}{2 \cdot A_k} \tag{18.4}$$

Hierin ist z die Wandhöhe.

Die Bemessungsgleichungen für Torsion werden für das in Abb. 18.4 dargestellte räumliche Fachwerk abgeleitet, hierbei folgen wir weitgehend den Arbeitsschritten, die im Abschn. 7.5 bei der Behandlung von querkraftbeanspruchten Bauteilen entwickelt wurden. Das anzusetzende Fachwerkmodell ist in Abb. 18.6 für eine Wand noch einmal dargestellt.

Tragfähigkeit der Druckstreben

Für einen Aufbiegewinkel $\alpha = 90°$ gilt nach (7.20)

$$V_{Rd,max} = \frac{v_1 \cdot f_{cd} \cdot b_w \cdot z}{\tan \Theta + \cot \Theta}$$

Das Torsionsmoment T_{Ed} führt in einer Wand zu dem Schubfluss $V_{Ed,T}$ gem. (18.4)

$$V_{Ed,T} = \frac{T_{Ed} \cdot z}{2 \cdot A_k} = \frac{v_1 \cdot f_{cd} \cdot b_w \cdot z}{\tan \Theta + \cot \Theta}$$

Wir setzen $T_{Ed} = T_{Rd,max}$ und ersetzen v_1 durch v sowie b_w durch t_{eff}:

$$T_{Rd,max} = v \cdot f_{cd} \cdot t_{eff} \cdot \frac{2 \cdot A_k}{\tan \Theta + \cot \Theta} \tag{18.5}$$

Hierin ist (EC 2, 6.3.2 (4)):

$T_{Rd,max}$ Bemessungswert des maximal aufnehmbaren Torsionsmomentes in Abhängigkeit von der Tragfähigkeit der Druckstreben

v Abminderungsbeiwert für die Betonfestigkeit bei Schubrissen gem. EC 2, Gleichung (5.5)
Hierfür gilt gem. EC 2/NA., 6.3.2 (4) bei Betonfestigkeitsklassen $< C 55/67$ bei Torsion $v = 0,525$.

In den idealisierten Hohlkästen liegt die Bügelbewehrung an der Außenseite der Wand. Es entsteht abweichend von den Angaben in Abb. 18.6 eine ungleichmäßige Spannungsverteilung in den Wänden, da die Druckstrebe exzentrisch zur Zugstrebe verläuft. Die ansetzbare Betondruckspannung musste daher gegenüber der Betondruckspannung bei Querkraftbeanspruchung reduziert werden ($v = 0,525$ statt $v_1 = 0,75$ bei der Querkraftbemessung, vgl. Abschn. 7.5.3). Bei Hohlkästen mit *beidseitiger* Bewehrung darf gem. EC 2/NA., 6.3.2 (4) $v = 0,75$ gesetzt werden.

Für den Zusammenhang zwischen Querkraft und Bügelbewehrung gilt nach (7.23)

$$V_{Rd,s} = \frac{A_{sw}}{s_w} \cdot f_{yd} \cdot z \cdot \cot \Theta$$

Bei Beanspruchung durch Torsionsmomente wird V_{Ed} durch $V_{Ed,T}$ gem. (18.4) ersetzt:

$$V_{Ed,T} = \frac{T_{Ed} \cdot z}{2 \cdot A_k} = \frac{A_{sw}}{s_w} \cdot f_{yd} \cdot z \cdot \cot \Theta$$

Hieraus folgt der Bemessungswert $T_{Rd,s}$ in Abhängigkeit von der Bügelbewehrung:

$$T_{Rd,s} = \frac{A_{sw}}{s_w} \cdot f_{yd} \cdot 2 \cdot A_k \cdot \cot \Theta \tag{18.6}$$

und hieraus mit $T_{Rd,s} = T_{Ed}$ der erforderliche Bügelquerschnitt

$$\frac{A_{sw}}{s_w} = a_{sw} = \frac{T_{Ed}}{2 \cdot A_k \cdot f_{yd} \cdot \cot \Theta} \tag{18.7}$$

279

Für den Bemessungswert $T_{Rd,s}$ in Abhängigkeit von der Längsbewehrung erhält man

$$T_{Rd,s} = \frac{A_{sl}}{u_k} \cdot f_{yd} \cdot 2 \cdot A_k \cdot \tan \Theta \tag{18.8}$$

und hieraus die je Längeneinheit des Kernumfanges u_k erforderliche Längsbewehrung a_{sl} mit $T_{Rd,s} = T_{Ed}$

$$a_{sl} = \frac{T_{Ed}}{2 \cdot A_k \cdot f_{yd} \cdot \tan \Theta} \tag{18.9}$$

Die insgesamt erforderliche Längsbewehrung beträgt damit

$$A_{sl} = a_{sl} \cdot u_k = \frac{T_{Ed} \cdot u_k}{2 \cdot A_k \cdot f_{yd} \cdot \tan \Theta} \tag{18.10}$$

Ein Vergleich von (18.7) mit (18.9) zeigt, dass eine Druckstrebenneigung $\Theta \neq 45°$ keinen Vorteil in Bezug auf die insgesamt einzubauende Torsionsbewehrung bringt. Einer möglichen Verringerung der Bügelbewehrung steht eine entsprechende Vergrößerung der Längsbewehrung gegenüber. Bei überwiegender Torsionsbeanspruchung wird man daher mit $\Theta = 45°$ arbeiten.

18.4 Bemessung bei kombinierter Beanspruchung: Querkraft mit Torsion (GZT)

Im Regelfall tritt Torsion in Kombination mit Querkraft auf. Die Bemessung erfolgt durch eine Überlagerung des ebenen Fachwerkmodells für Querkraft mit dem räumlichen Fachwerkmodell für Torsion gem. Abb. 18.4. Der Druckstrebenwinkel darf dabei gem. EC 2/NA., 6.3.2 für Torsion allein zu $\Theta = 45°$ gewählt werden. Alternativ ist jedoch auch der Ansatz einer Druckstrebenneigung $\Theta < 45°$ möglich. Die erforderliche Bewehrung für Biegung, Querkraft und Torsion wird getrennt ermittelt und anschließend zur erforderlichen Gesamtbewehrung zusammengefasst. Die Torsionslängsbewehrung darf dabei im Bereich von Biegedruckgurten entsprechend den vorhandenen Druckspannungen abgemindert werden. Ausreichende Tragfähigkeit der Druckstreben wird in Abhängigkeit von der Querschnittsform durch die in EC 2/NA. angegebenen folgenden Interaktionsgleichungen nachgewiesen:

Kompaktquerschnitte (EC 2/NA., 6.3.2)

$$\left(\frac{T_{Ed}}{T_{Rd,max}}\right)^2 + \left(\frac{V_{Ed}}{V_{Rd,max}}\right)^2 \leqq 1,0 \tag{18.11}$$

Hohlkastenquerschnitte (EC 2, 6.3.2)

$$\frac{T_{Ed}}{T_{Rd,max}} + \frac{V_{Ed}}{V_{Rd,max}} \leqq 1,0 \tag{18.12}$$

Hierin ist:

T_{Ed}	Bemessungswert des Torsionsmomentes
V_{Ed}	Bemessungswert der Querkraft
$T_{Rd,max}$	Bemessungswert des aufnehmbaren Torsionsmomentes gem. (18.5)
$V_{Rd,max}$	Bemessungswert der Querkraftfähigkeit, vgl. hierzu auch die Erläuterungen im Abschn. 18.6

Für die Querkraftbeanspruchung steht die gesamte Stegbreite b_w zur Verfügung, für die Aufnahme der Torsionsdruckspannungen wird nur der Randbereich von der Breite t_{eff} angesetzt.

Die günstigere Interaktionsgleichung (18.11) für Kompaktquerschnitte berücksichtigt die hierdurch vorhandenen Umlagerungsmöglichkeiten. Bei Hohlkästen ist diese Umlagerungsmöglichkeit nicht gegeben, da infolge Querkraft und Torsion die maßgebende Druckbeanspruchung im dünnen Wandquerschnitt auftritt.

Der Rechengang für die Durchführung der Bemessung bei Querkraft mit Torsion lässt sich für die beiden in EC 2/NA. angegebenen Verfahren folgendermaßen stichpunktartig angeben:

Genaueres Verfahren: Bemessung unter Berücksichtigung des Betontraganteils infolge Rissreibung.

– Ermittlung des Querkraftanteils, der von einer Wand des Hohlkastens aufzunehmen ist

$$V_{\mathrm{Ed},V} = V_{\mathrm{Ed}} \cdot t_{\mathrm{eff}}/b_{\mathrm{w}} \qquad (18.13)$$

Bei der in Abb. 18.6 gewählten Nummerierung erhalten die Wände 1 und 3 jeweils den Anteil $t_{\mathrm{eff}}/b_{\mathrm{w}}$, die Wände 2 und 4 bleiben querkraftfrei infolge V_{Ed}.

– Ermittlung des Querkraftanteils infolge Torsion gem. (18.4)

$$V_{\mathrm{Ed},T} = T_{\mathrm{Ed}} \cdot z/(2 \cdot A_{\mathrm{k}})$$

– Bestimmung der Grenzwerte der Druckstrebenneigung mit (7.17). Hierbei ist für die einwirkende Querkaft gem. EC 2/NA., 6.3.2 (2) zu setzen:

$$V_{\mathrm{Ed},V+T} = V_{\mathrm{Ed},V} + V_{\mathrm{Ed},T} = V_{\mathrm{Ed}} \cdot t_{\mathrm{eff}}/b_{\mathrm{w}} + V_{\mathrm{Ed},T}$$

– Wahl einer Druckstrebenneigung Θ innerhalb der zulässigen Grenzen. Der gewählte Winkel Θ wird für die Bemessung für Querkraft und für Torsion beibehalten.
– Ermittlung der Druckstrebentragfähigkeit für Querkraft mit (7.20), für Torsion mit (18.5). Anschließende Interaktion mit (18.11) oder (18.12).
– Ermittlung der Bügelbewehrung a_{sw} für die Querkraft gem. Abschn. 7.5.4 mit (7.25) oder (7.26) und für Torsion mit (18.7).
– Die Addition der beiden Querschnittswerte a_{sw} ergibt die insgesamt erforderliche Bügelbewehrung.
– Ermittlung der Torsionslängsbewehrung a_{sl} gem. (18.9).
– Die Addition der Torsionslängsbewehrung (anteilig) zur Biegezugbewehrung ergibt die insgesamt erforderliche Längsbewehrung.

Vereinfachtes Verfahren: Bemessung ohne Berücksichtigung des Betontraganteils infolge Rissreibung.

– Bemessung für Querkraft nach den im Kapitel 7 besprochenen Verfahren:
Grenzwerte der Druckstrebenneigung bestimmen – Winkel Θ wählen – $V_{\mathrm{Rd,max}}$ mit (7.20) bestimmen – erf a_{sw} mit (7.25) errechnen.
– Bemessung für Torsion unter Ansatz einer Druckstrebenneigung $\Theta = 45°$:

$$
\begin{aligned}
T_{\mathrm{Rd,max}} &\quad \text{mit (18.5),}\\
\text{erf } a_{\mathrm{sw}} &\quad \text{mit (18.7),}\\
\text{erf } a_{\mathrm{sl}} &\quad \text{mit (18.9) bestimmen.}
\end{aligned}
$$

– Interaktion Querkraft mit Torsion:
Tragfähigkeit der Druckstreben mit (18.11) oder (18.12) überprüfen – erforderliche Bügelbewehrung aus Querkaft und Torsion überlagern – Biegezugbewehrung um den entsprechenden Anteil aus Torsion erhöhen.

Ein Anwendungsbeispiel für beide Verfahren folgt im Abschn. 18.6.

Bei annähernd rechteckigen Vollquerschnitten ist gem. EC 2/NA., 6.3.2 (5) bei geringer Beanspruchung ein *rechnerischer* Nachweis für die Querkraft- und Torsionsbewehrung entbehrlich. Hierfür gelten die Grenzwerte

$$T_{\text{Ed}} \leqq \frac{V_{\text{Ed}} \cdot b_{\text{w}}}{4,5} \tag{18.14}$$

$$V_{\text{Ed}} \cdot \left[1 + \frac{4,5 \cdot T_{\text{Ed}}}{V_{\text{Ed}} \cdot b_{\text{w}}} \right] \leqq V_{\text{Rd,c}} \tag{18.15}$$

Die Vorschriften für die Mindestbewehrung sind jedoch stets einzuhalten.

18.5 Konstruktive Einzelheiten

Die Torsionsbewehrung besteht aus einem rechtwinkligen Bewehrungsnetz aus Bügeln und Längsstäben (EC 2/NA., 6.3.2). Infolge der schrägen Betondruckkraft F_{cd} (Abb. 18.4) besteht die Gefahr des Herausbrechens des Betons an den Querschnittsecken. Dies wird verhindert durch enge Bügelabstände und möglichst steife Eckstäbe. Der umlaufende Schubfluss für Torsion macht geschlossene Bügel erforderlich, die Bügel sind daher durch einen Übergreifungsstoß mit der Länge l_0 zu schließen. Im Regelfall werden die Bügel gem. Abb. 18.7 durch die oberen Bügelschenkel gestoßen, die Übergreifungslänge l_0 ist mit (7.48) zu bestimmen. Die horizontalen Bügelschenkel werden rechnerisch nur aus Torsion beansprucht, dies darf bei der Bestimmung von l_0 berücksichtigt werden. Nach EC 2/NA., 9.2.3 (1) dürfen in Balken und in den Stegen von Plattenbalken die Torsionsbügel auch durch Haken geschlossen werden, die Hakenlänge ist dabei auf 10 d_{s} zu vergrößern. Bei Bügelabständen $s_{\text{w}} \leqq 200$ mm sind die Bügelschlösser längs der Balkenachse zu versetzen. In der Baupraxis wird eine Konstruktion mit Winkelhaken bevorzugt, dann ist stets ein Übergreifungsstoß auszuführen.

Der Längsabstand der Bügel darf zusätzlich zu den Bestimmungen bezüglich des Abstandes bei Querkraft (vgl. Abb. 7.25) den folgenden, vom Kernumfang abhängigen Wert s_{w} nicht überschreiten. Der Abstand s_{l} der Längsstäbe ist gem. EC 2, 9.2.3 zu begrenzen, vgl. das in Abb. 18.4 dargestellte Schubwandmodell:

$$\left. \begin{array}{l} s_{\text{w}} \quad \begin{array}{l} \leqq u_{\text{k}} / 8 \\ \leqq \min{(b; h)} \end{array} \\ s_{\text{l}} \quad \leqq 350 \text{ mm} \end{array} \right\} \tag{18.16}$$

Hierin ist

u_{k} Kernumfang

b, d Abmessungen des Balkenquerschnitts

Die in Abb. 18.4 dargestellten schrägen Druckstreben stützen sich an den Querschnittsrändern gegen den Eckstab ab. Es wird daher empfohlen, diese Eckstäbe möglichst steif auszubilden, die übrigen Längsstäbe dienen vorwiegend zur Rissbreitenbeschränkung, hierfür sind Stäbe mit geringerem Durchmesser ausreichend, der Abstand der Längsstäbe ist auf $s_{\text{l}} \leqq 350$ mm zu beschränken.

Die zur Vermeidung eines schlagartigen Bruches erforderliche Mindestbewehrung für querkraftbeanspruchte Balkenstege gem. (7.31) ist bei Torsionsbeanspruchung für die Bügelbewehrung *und* für die Längsbewehrung einzuhalten. Damit gilt

$$\left. \begin{array}{l} a_{\text{sw}} \geqq \varrho \cdot t_{\text{eff}} \\ a_{\text{sl}} \geqq \varrho \cdot t_{\text{eff}} \end{array} \right\} \tag{18.17}$$

Grundwerte ϱ vgl. Abb. 7.22 und EC 2/NA., 9.2.2.

In Abb. 18.7 sind konstruktive Einzelheiten bezüglich der Torsionsbewehrung zusammengestellt.

Bei *Verträglichkeitstorsion* darf gem. EC 2, 6.3.1 (2) auf einen rechnerischen Nachweis der Torsionsbeanspruchung verzichtet werden. Es ist jedoch eine konstruktive Bewehrung in Form von Bügeln und Längsbewehrung einzubauen, um eine übermäßige Rissbildung zu vermeiden. Die Anforderungen bezüglich der aus konstruktiven Gründen einzubauenden Bewehrung gelten als erfüllt, wenn die vorstehend angeführten Konstruktionsregeln und die Vorschriften bezüglich der Mindestbewehrung auch bei Verträglichkeitstorsion eingehalten werden, vgl. hierzu EC 2, 6.3.1 (2). Dieser Absatz ist in der Norm als *Anwendungsregel* gekennzeichnet, Abweichungen von dieser Vorschrift sind somit zulässig, wenn auch bei abweichender Konstruktion die Anforderungen der Prinzipien erfüllt werden *und* die abweichende Konstruktion bezüglich der Tragfähigkeit, der Gebrauchstauglichkeit und der Dauerhaftigkeit einer nicht abweichenden Konstruktion gleichwertig ist. Bezüglich der Tragfähigkeit bestehen selbst dann keine Bedenken, wenn bei der Konstruktion die Wirkung der tatsächlich vorhandenen Torsionsmomente völlig außer Betracht bleibt. Bei der Gebrauchstauglichkeit und hier insbesondere bei der Rissbreitenbeschränkung und bei der Robustheit (Mindestbewehrung) ist jedoch der Einfluss der Torsionsmomente unbedingt zu erfassen. Die zu wählende konstruktive Torsionsbewehrung ist dabei von der Höhe der zu erwartenden Torsionsbeanspruchung, von der Druckzonenlage, von der *Auswirkung* von Rissen (Bauteil im Inneren oder im Freien) usw. abhängig. Wenn bei Verträglichkeitstorsion die für Gleichgewichtstorsion geltenden konstruktiven Forderungen nicht voll eingehalten werden, ist dies zulässig. Voraussetzung ist dabei allerdings, dass mit dieser einfacheren Konstruktion der angestrebte Zweck (z. B. Beschränkung der Rissbreiten) auch erreicht wird. Für den Tragwerksplaner ist dabei zu beachten, dass die Beweispflicht bei ihm liegt. Im Falle eines Schadens muss er nachweisen, dass die von ihm gewählte Konstruktion den vorgesehenen Zweck (z. B. Rissbreitenbeschränkung) auch erfüllt.

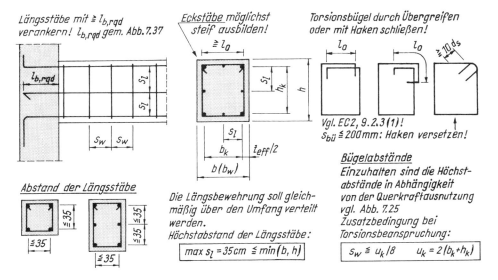

Abb. 18.7 Konstruktive Einzelheiten zur Torsionsbewehrung

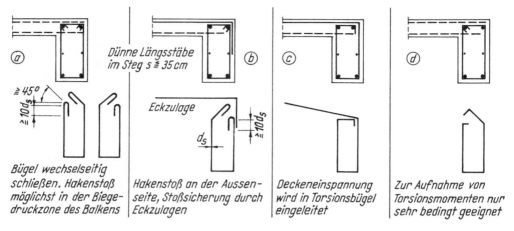

Abb. 18.8 *Bügelformen bei Verträglichkeitstorsion (EC 2/NA., 9.2.3 (1))*

In Abb. 18.8 sind Konstruktionsbeispiele für die Bügelausführung in Randunterzügen zusammengestellt. Nach *Leonhardt* ([20], Teil 3) und [1.11] sind Bügel mit wechselseitigem Hakenstoß (Ausführung a) für die Aufnahme von Torsionsmomenten gut geeignet, vgl. auch Abb. 18.6. Bei Lösung b erfolgt das Schließen der Bügel an der Balkenaußenseite, der Bügelstoß wird gesichert durch außen liegende Eckzulagen. Form a und Form b sind gem. EC 2/NA., 9.2.3 (1) geeignete Bügelformen bei Verträglichkeitstorsion. Bei Form c wird der freie Schenkel des Torsionbügels zur Aufnahme der Einspannmomente in die Decke geführt. Das anschließende Verlegen der Deckenbewehrung wird durch den langen Bügelschenkel häufig erschwert, vgl. Abschn. 9.6.2. Lösung d ist bei Torsionsbeanspruchung nicht geeignet. Diese Lösung kann geeignet sein, wenn Torsionsmomente nicht auftreten können. Dies ist z. B. denkbar, wenn an den Balkenauflagern Verdrehungen ungehindert möglich sind.

18.6 Anwendungsbeispiel

18.6.1 Aufgabenstellung, Belastung, Schnittgrößen

Der in Abb. 18.9 skizzierte Unterzug mit anschließender Kragplatte in einem Wohn- und Geschäftshaus ist zu bemessen, die Konstruktion ist darzustellen. Die Torsionsmomente können durch biegefest angeschlossene Querträger an beiden Auflagern des Unterzuges aufgenommen werden. In Balkenlängsrichtung ist der Unterzug am Auflager A in eine Stahlbetonwand eingespannt.

Baustoffe

    Betonfestigkeitsklasse C 25 / 30

    Betonstahlsorte B 500

Umgebungsbedingungen, Betondeckung

    Expositionsklasse XC 3   (Abb. 4.3b)

    $c_{min} = 20\,mm, \quad \Delta c_{dev} = 15\,mm \quad$ (Abb. 4.5)

    Verlegemaß $c_v = c_{nom} = 35\,mm$

System vgl. Abb. 18.9

Stützweite (vgl. Abb. 3.9):

Der Stahlbetonunterzug ist am linken Auflager auf einer Stahlbetonwand aufgelagert. Der Ansatz $a_1 = \min (h/2; t/2)$ gem. Abb. 3.9 würde zu einem nicht sachgerechten Maß $a_1 = 0{,}50/2 = 0{,}25$ m führen. Die nach Abschnitt 3.5.1 bei sehr großen Auflagerlängen zulässige Ableitung des Maßes a_1 aus den Auflagerpressungen führt bei der hier vorliegenden Stahlbetonwand zu einem sehr geringen Wert a_1. Für a_1 wird daher hier mit $0{,}025 \cdot l_n$ gerechnet.

$$l_{\text{eff}} = 0{,}025 \cdot 4{,}80 + 4{,}80 + 0{,}24/3 = 5{,}00 \text{ m}$$

Belastung des Unterzuges vgl. Abb. 18.9

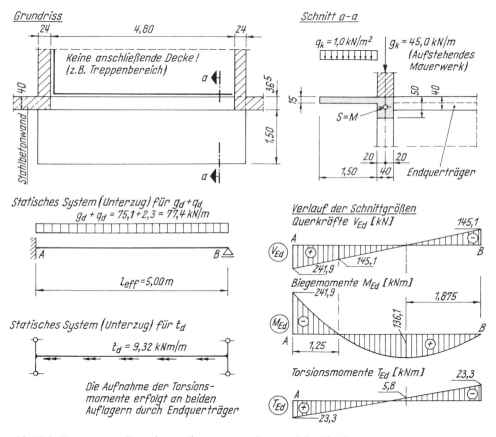

Abb. 18.9 *Unterzug mit Kragplatte: Abmessungen, System, Schnittkräfte*

Charakteristische Einwirkungen

Kragplatte	$= 0{,}15 \cdot 1{,}50 \cdot 25{,}0$	$= 5{,}6 \text{ kN/m}$
Eigenlast	$= 0{,}40 \cdot 0{,}50 \cdot 25{,}0$	$= 5{,}0 \text{ kN/m}$
Aufstehendes Mauerwerk		$= \underline{45{,}0 \text{ kN/m}}$
	g_k	$= 55{,}6 \text{ kN/m}$

Verkehrslast $= 1{,}0 \cdot 1{,}50 = \quad q_k = \quad 1{,}5\,\text{kN}/\text{m}$

Bemessungslasten (γ_G und γ_Q vgl. Abb. 2.6)

$g_d = \gamma_G \cdot g_k = 1{,}35 \cdot 55{,}6 \qquad = 75{,}1\,\text{kN}/\text{m}$

$q_d = \gamma_Q \cdot q_k = 1{,}50 \cdot 1{,}5 \qquad = 2{,}3\,\text{kN}/\text{m}$

Torsionsmoment   (Bezugspunkt $S = M$)

Aus der Kragplatte

$$t_d = (5{,}6 \cdot 1{,}35 + 1{,}50 \cdot 1{,}5) \cdot (1{,}50/2 + 0{,}20) = 9{,}32\,\text{kNm}/\text{m}$$

Schnittkräfte vgl. Abb. 18.9

Angegeben sind die Schnittgrößen infolge Vollbelastung ($g_d + q_d$).

18.6.2 Biegebemessung mit Tafel 3 (k_d-Tafel)

Kragplatte $h/d = 15/11\,\text{cm}$ \qquad C 25/30

$m_{Ed} = -9{,}32\,\text{kNm}/\text{m}$

$k_d = 11/\sqrt{9{,}32} = 3{,}60 \qquad \xi < 0{,}087$

$a_s = 0{,}95 \cdot 2{,}38 \cdot 9{,}32/11{,}0 = 1{,}92\,\text{cm}^2/\text{m}$

oben $\varnothing\,8$, $s = 15\,\text{cm}$, $a_s = 3{,}35\,\text{cm}^2/\text{m}$

VS und sonstige Bewehrung vgl. Abb. 18.11

Unterzug $h/d = 50/44{,}5\,\text{cm}$

Die Stahlspannung wird für Biegung und Torsion einheitlich mit $\sigma_{sd} = 435\,\text{N}/\text{mm}^2$ angesetzt.

Feld: $M_{Ed} = 136{,}1\,\text{kNm}$

Mit (9.1): $b_{eff,1} = 0{,}2 \cdot b_1 + 0{,}1 \cdot l_0 \qquad\qquad \left\{ \begin{array}{l} < 0{,}2 \cdot l_0 \\ < b_1 \end{array} \right.$

$\qquad\qquad\qquad = 0{,}2 \cdot 1{,}50 + 0{,}1 \cdot 0{,}85 \cdot 5{,}0 \approx 0{,}60\,\text{m}$

$b_{eff} = b_{eff,1} + b_w = 0{,}60 + 0{,}40 = 1{,}00\,\text{m}$

$k_d = 44{,}5/\sqrt{136{,}1/1{,}00} = 3{,}8 \qquad \xi < 0{,}087$

$x < 0{,}087 \cdot 44{,}5 = 3{,}9\,\text{cm} \ll h_f = 15\,\text{cm}$

$A_s \approx 2{,}38 \cdot 136{,}1/44{,}5 = 7{,}27\,\text{cm}^2$

Die Bewehrung wird nach Abschluss der Torsionsbemessung festgelegt.

Stützung A: $M_{Ed} = -241{,}9\,\text{kNm}$

Auf die zulässige Abminderung des Momentes gem. (3.6) wird hier verzichtet.

$k_d = 44{,}5/\sqrt{241{,}9/0{,}40} = 1{,}81 \qquad \xi = < 0{,}325$

$A_s = 2{,}66 \cdot 241{,}9/44{,}5 = 14{,}46\,\text{cm}^2$

18.6.3 Bemessung für Querkräfte und Torsion (vereinfachtes Verfahren)

Die Bemessung erfolgt zunächst nach dem vereinfachten Verfahren.

Querkraftbemessung

Es ist Querkraftbewehrung erforderlich, auf die Ermittlung von $V_{Rd,c}$ gem. (7.9) und die zulässige Verminderung der Querkraft gem. Abb. 7.8 wird im Rahmen dieses Beispiels verzichtet.

Druckstrebenneigung

Angesetzt $\cot \Theta = 1,2$ gem. (7.27)

Tragfähigkeit Druckstreben mit Abb. 7.16 ($\alpha = 90°$).

$$V_{Rd,max} = b_w \cdot d \cdot f_{cd} \cdot k_{Rd,max}$$
$$= 0,40 \cdot 0,445 \cdot 14,17 \cdot 0,33 = 0,83 \, MN$$
$$V_{Rd,max} = 0,83 \, MN > V_{Ed,A} = 0,242 \, MN$$

Bügelbewehrung mit Abb. 7.17

Bei A: $V_{Ed} = 241,9 \, kN$

$$a_{sw} = \frac{0,2419}{0,445} \cdot \frac{1}{391,3} \cdot 0,833 \cdot 10^4 = 11,58 \, cm^2/m$$

Bei B: $V_{Ed} = 145,1 \, kN$

$$a_{sw} = 11,58 \cdot 145,1/241,9 = 6,94 \, cm^2/m$$

Torsionsbewehrung

Gewählt $\Theta = 45°$ gem. EC 2/NA., 6.3.2 (2). Die Abmessungen des Kernquerschnitts folgen aus der Anordnung der Längsbewehrung für Torsion, vgl. Abb. 18.10.

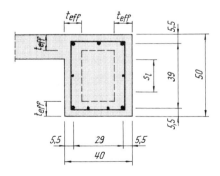

$t_{eff} = 2 \cdot 5,5 = 11,0 \, cm$
Kernumfang: $u_k = 2 \cdot (b_k + h_k)$
$u_k = 2 \cdot (0,29 + 0,39) = 1,36 \, m$
Einflussbreiten für die Torsionslängsbewehrung
oben + unten: $s_l = 0,29 + 2 \cdot 0,39/4 = 0,49 \, m$
seitlich : $s_l = 0,39/2 \approx 0,20 \, m$

Abb. 18.10 Abmessungen des Kernquerschnitts

Tragfähigkeit der Druckstreben mit (18.5)

$$T_{Rd,max} = \nu \cdot f_{cd} \cdot t_{eff} \cdot \frac{2 \cdot A_k}{\tan \Theta + \cot \Theta}$$

$$\nu = 0,525 \quad t_{eff} = 0,11 \, m$$

$$f_{cd} = 0,85 \cdot 25,0 / 1,5 = 14,17 \, \text{MN} / \text{m}^2$$

$$\tan \Theta = \cot \Theta = 1,0, \quad A_k = 0,29 \cdot 0,39 \, \text{m}^2$$

$$T_{Rd,max} = 0,525 \cdot 14,17 \cdot 0,11 \cdot 2 \cdot 0,29 \cdot 0,39 / 2,0$$

$$= 0,093 \, \text{MNm} > T_{Ed} = 0,0233 \, \text{MNm}$$

Interaktion Querkraft und Torsion mit (18.11)

$$(T_{Ed} / T_{Rd,max})^2 + (V_{Ed} / V_{Rd,max})^2 \leqq 1,0$$

$$(0,0233 / 0,0926)^2 + (0,242 / 0,83)^2 = 0,148 \ll 1,0$$

Tragfähigkeit der Druckstreben ausreichend.

Torsionsbügelbewehrung bei A und B mit (18.7)

$$T_{Ed} = 23,3 \, \text{kNm}, \quad \cot \Theta = 1,0$$

$$a_{sw} = \frac{T_{Ed}}{2 \cdot A_k \cdot f_{yd} \cdot \cot \Theta} = \frac{0,0233 \cdot 10^4}{2 \cdot 0,29 \cdot 0,39 \cdot 435} = 2,37 \, \text{cm}^2 / \text{m}$$

Torsionslängsbewehrung bei A und B mit (18.10)

$$u_k = 2 \cdot (b_k + d_k) = 2 \cdot (0,29 + 0,39) = 1,36 \, \text{m}$$

$$A_{sl} = \frac{T_{Ed} \cdot u_k}{2 \cdot A_k \cdot f_{yd} \cdot \tan \Theta} = \frac{0,0233 \cdot 1,36 \cdot 10^4}{2 \cdot 0,29 \cdot 0,39 \cdot 435}$$

$$A_{sl} = 3,22 \, \text{cm}^2 \quad (= 2,37 \cdot 1,36, \, \text{s. oben!})$$

Torsionslängsbewehrung am Ort von max M_F

$$T_{Ed} = 5,8 \, \text{kNm} \quad \text{vgl. Abb. 18.7}$$

$$A_{sl} = 3,22 \cdot 5,8 / 23,3 = 0,8 \, \text{cm}^2$$

18.6.4 Zusammenstellung der erforderlichen Bewehrungen und Bewehrungswahl

Längsbewehrung

Die Torsionslängsbewehrung wird entsprechend den in Abb. 18.10 angegebenen Einflussbreiten s_l auf die einzelnen Bewehrungsstränge aufgeteilt.

Obere Bewehrung bei A

Aus Biegung:			$A_s =$	$14,46 \, \text{cm}^2$
Aus Torsion:	$A_s = 3,22 \cdot 0,49 / 1,36$		$=$	$\underline{1,16 \, \text{cm}^2}$
		ges $A_s =$		$\overline{15,62 \, \text{cm}^2}$

Untere Bewehrung im Feld

Aus Biegung:			$A_s =$	$7,27 \, \text{cm}^2$
Aus Torsion:	$A_s = 0,8 \cdot 0,49 / 1,36$		$\approx$	$\underline{0,28 \, \text{cm}^2}$
		ges $A_s =$		$\overline{7,55 \, \text{cm}^2}$

Bei Auflager B infolge Torsion

oben + unten:	$A_s = 3,22 \cdot 0,49 / 1,36$	$=$	$1,16 \, \text{cm}^2$
seitlich je:	$A_s = 3,22 \cdot 0,20 / 1,36$	$=$	$0,47 \, \text{cm}^2$

Bügelbewehrung

Bei Auflager A je Querschnittsseite

Infolge V_{Ed}: $\qquad a_{sw} = 11,58/2 \qquad\qquad = 5,79\ \mathrm{cm^2/m}$

Infolge T_{Ed}: $\qquad\qquad\qquad\qquad a_{sw} = \underline{2,37\ \mathrm{cm^2/m}}$

$\qquad\qquad\qquad\qquad\qquad\qquad \mathrm{ges}\ a_{sw} = 8,16\ \mathrm{cm^2/m}$

Bei Auflager B

Infolge V_{Ed}: $\qquad a_{sw} = 6,94/2 \qquad\qquad = 3,47\ \mathrm{cm^2/m}$

Infolge T_{Ed}: $\qquad\qquad\qquad\qquad a_{sw} = \underline{2,37\ \mathrm{cm^2/m}}$

$\qquad\qquad\qquad\qquad\qquad\qquad \mathrm{ges}\ a_{sw} = 5,84\ \mathrm{cm^2/m}$

Mindestquerkraftbewehrung

Mit (7.33): $\qquad\qquad \min \varrho_w = 1,0 \cdot \varrho$

Abb. 7.22: $\qquad\qquad \varrho = 0,82\ ‰ \quad (\text{Beton C } 25/30)$

Mit (7.33): $\qquad\qquad a_{sw} = \varrho \cdot b_w \cdot 100 = 0,82 \cdot 40 \cdot 100/1000 = 3,28\ \mathrm{cm^2/m}$

Mit (18.17) für jede Querschnittsseite

$a_{sw} = a_{sl} = \varrho \cdot t_{eff} = 0,82 \cdot 11,0 \cdot 100/1000 = 0,90\ \mathrm{cm^2/m}$

Gewählte Längsbewehrung

Im Feld

$\qquad$ oben 3 $\varnothing$ 12

$\qquad$ Seitlich je 1 $\varnothing$ 10

$\qquad$ unten 4 $\varnothing$ 16 $\qquad\qquad A_s = 8,04\ \mathrm{cm^2} > 7,55\ \mathrm{cm^2}$

Bei Stützung A

$\qquad$ oben 3 $\varnothing$ 12 + 4 $\varnothing$ 20 $\qquad A_s = 15,96\ \mathrm{cm^2} > 15,62\ \mathrm{cm^2}$

$\qquad$ seitlich je 1 $\varnothing$ 10

$\qquad$ unten 4 $\varnothing$ 16

$\qquad$ 2 $\varnothing$ 20 werden oben in der 2. Lage verlegt.

Bei Auflager B

$\qquad$ oben 3 $\varnothing$ 12

$\qquad$ seitlich je 1 $\varnothing$ 10

$\qquad$ unten 4 $\varnothing$ 16

Gewählte Bügelbewehrung

Zulässige Bügelabstände

$\qquad \left.\begin{array}{l} V_{Ed,A} = 0,242\ \mathrm{MN} \\ V_{Rd,max} = 0,83\ \mathrm{MN} \end{array}\right\} V_{Ed} < 0,30 \cdot V_{Rd,max}$

Mit Abb. 7.25: $\quad \max s_w = 300\ \mathrm{mm} < 0,7 \cdot h$

Mit Abb. 18.7 und (18.16)

$\qquad s_w \leqq u_k/8 = 2 \cdot (29 + 39)/8 = 17,0\ \mathrm{cm}, \quad s_l \leqq 350\ \mathrm{mm}$

Bei Stützung A

$\qquad$ Bügel $\varnothing$ 10, $\quad s_w = 9,0\ \mathrm{cm}, \quad a_{sw} = 8,73\ \mathrm{cm^2/m}$

Bei Stützung B

Bügel $\varnothing$ 10, $s_w = 14{,}0\,\mathrm{cm}$, $a_{sw} = 5{,}61\,\mathrm{cm}^2/\mathrm{m} \approx \mathrm{erf}\ a_{sw}$

Bügel $\varnothing$ 10, $s = 9{,}0\,\mathrm{cm}$ werden auf 1,25 m Länge neben Auflager A verlegt, im restlichen Bereich Bügel $\varnothing$ 10, $s = 14\,\mathrm{cm}$. Die Bügel werden am oberen Balkenrand durch Übergreifen gestoßen. Die Platte liegt hier teilweise in der Zugzone, ein Übergreifungsstoß für die Querkraftbewehrung ist nach Abb. 7.24 nicht erforderlich, weil $V_{Ed} < (2/3) \cdot V_{Rd,max}$ ist. Für die Übergreifungslänge l_0 infolge der Torsionsbeanspruchung folgt gem. Abschn. 7.8.6:

$$l_0 = \alpha_1 \cdot l_{b,net}$$

$$\alpha_6 = 1{,}4 \quad (\text{Stoßanteil} > 33\,\%,\ d_s < 16\,\mathrm{mm})$$

$$l_{bd} = \alpha_1 \cdot (A_{s,erf}/A_{s,vorh}) \cdot l_{b,rqd} \quad (\text{vgl. (7.44)})$$

$$\alpha_1 = 0{,}7 \quad (\text{Winkelhaken})$$

$$A_{s,erf} = 2{,}37\,\mathrm{cm}^2/\mathrm{m} \quad \text{für } T_{Ed} \text{ bei A}$$

$$A_{s,vorh} = 8{,}73\,\mathrm{cm}^2/\mathrm{m} \quad (\varnothing\ 10,\ s_w = 9{,}0\,\mathrm{cm})$$

$$l_{b,rqd} = 58 \cdot d_s \quad (\text{vgl. Abb. 7.37})$$

Damit ist

$$l_0 = 1{,}4 \cdot 0{,}7 \cdot (2{,}37/8{,}73) \cdot 58 \cdot 1{,}0 = 15{,}4\,\mathrm{cm}$$

Vorhanden ist eine Übergreifungslänge $l_0 \approx 33\,\mathrm{cm}$, vgl. Abb. 18.11.

Bemessung der Endquerträger

$$M_{Ed} = T_{Ed} = -23{,}3\,\mathrm{kNm}, \quad h/d = 40/35\,\mathrm{cm}$$

$$A_s \approx 2{,}35 \cdot 23{,}3/35 = 1{,}56\,\mathrm{cm}^2$$

Gewählt:

oben und unten 2 $\varnothing$ 12, $A_s = 2{,}3\,\mathrm{cm}^2$

Bügel $\varnothing$ 6, $s_w = 20\,\mathrm{cm}$

Konstruktion vgl. Abb. 18.11

Zur Verankerung der Torsionslängsbewehrung werden bei Auflager B 3 Steckbügel $\varnothing$ 12 angeordnet.

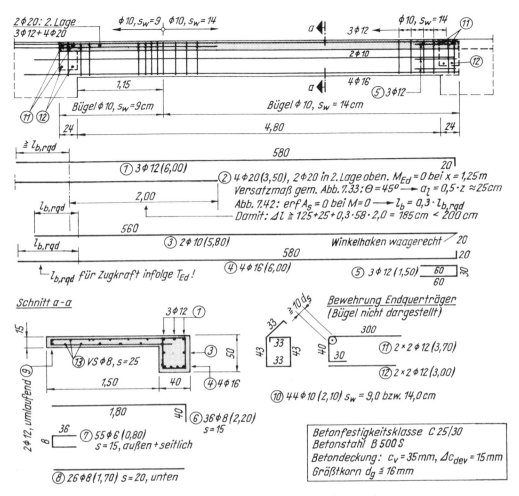

Abb. 18.11 Unterzug mit anschließender Kragplatte: Darstellung der Bewehrung

18.6.5 Bemessung für Querkräfte und Torsion (genaueres Verfahren)

Aus Übungsgründen wird hier die Bemessung für Querkräfte und Torsion nach dem im Abschn. 18.4 beschriebenen genaueren Verfahren wiederholt.

Querkraftanteil in einer Wand

Infolge Querkraft gem. (18.13)

$$V_{Ed,V} = V_{Ed} \cdot t_{eff} / b_w = V_{Ed} \cdot 0{,}11 / 0{,}40 = 0{,}275 \cdot V_{Ed}$$

Bei A: $V_{Ed,V} = 0{,}275 \cdot 241{,}9 = 66{,}5\,\text{kN}$

Bei B: $V_{Ed,V} = 0{,}275 \cdot 145{,}1 = 39{,}9\,\text{kN}$

Infolge Torsion gem. (18.4)

$$V_{\text{Ed,T}} = \frac{T_{\text{Ed}} \cdot z}{2 \cdot A_{\text{k}}}, \quad z = h_{\text{k}} = 0,39 \,\text{m}$$

Bei A und B mit $T_{\text{Ed}} = 23,3 \,\text{kNm}$

$$V_{\text{Ed,T}} = \frac{0,0233 \cdot 0,39}{2 \cdot 0,29 \cdot 0,39} = 0,040 \,\text{MN}$$

Damit bei A:

$$V_{\text{Ed,V}+\text{T}} = 66,5 + 40,0 = 106,5 \,\text{kN}$$

Grenzwert der Druckstrebenneigung

$$\cot \Theta = \frac{1,2}{1 - V_{\text{Rd,cc}}/V_{\text{Ed,V}+\text{T}}} \begin{array}{c} \geqq 0,58 \\ \leqq 3,0 \end{array} \Bigg\} \,\text{vgl. (7.17)}$$

$$V_{\text{Rd,cc}} = 0,24 \cdot f_{\text{ck}}^{1/3} \cdot b_{\text{w}} \cdot 0,9 \cdot d \qquad \text{vgl. (7.18)}$$

Hier ist $b_{\text{w}} = t_{\text{eff}} = 0,11 \,\text{m}, \quad d = 0,445 \,\text{m}$

$$V_{\text{Rd,cc}} = 0,24 \cdot 25,0^{1/3} \cdot 0,11 \cdot 0,9 \cdot 0,445 = 0,031 \,\text{MN}$$

$$\cot \Theta = \frac{1,2}{1 - 0,031/0,106} = 1,70 < 3,0$$

Gewählt: $\quad \cot \Theta = 1,73 \quad (\Theta = 30°)$

Nachweis Tragfähigkeit der Druckstreben

Für Querkraft mit Abb. 7.16: $\quad \cot \Theta = 1,73, \quad \alpha = 90°$

$$V_{\text{Rd,max}} = b_{\text{w}} \cdot d \cdot f_{\text{cd}} \cdot k_{\text{Rd,max}}$$
$$= 0,40 \cdot 0,445 \cdot 14,17 \cdot 0,292 = 0,74 \,\text{MN}$$

Für Torsion bei A mit (18.5)

$$T_{\text{Rd,max}} = \nu \cdot f_{\text{cd}} \cdot t_{\text{eff}} \cdot \frac{2 \cdot A_{\text{k}}}{\tan \Theta + \cot \Theta}$$
$$= 0,525 \cdot 14,17 \cdot 0,11 \cdot \frac{2 \cdot 0,29 \cdot 0,39}{0,577 + 1,73}$$

$$T_{\text{Rd,max}} = 0,080 \,\text{MN}$$

Interaktion Querkraft und Torsion mit (18.11)

$$\left(\frac{0,0233}{0,080}\right)^2 + \left(\frac{0,242}{0,74}\right)^2 = 0,192 < 1,0$$

Querkraftbewehrung mit Abb. 7.17

$$\cot \Theta = 1,73, \quad \alpha = 90°, \quad k_{\text{sw}} = 0,577$$

Bei A:

$$a_{\text{sw}} = \frac{0,2419}{0,445} \cdot \frac{1}{391,5} \cdot 0,577 \cdot 10^4 = 8,02 \,\text{cm}^2/\text{m}$$

Bei B:

$$a_{sw} = 8,02 \cdot 145,1 / 241,9 = 4,81 \, \text{cm}^2 / \text{m}$$

Torsionsbügelbewehrung bei A und B mit (18.7)

$$a_{sw} = \frac{0,0233 \cdot 10^4}{2 \cdot 0,29 \cdot 0,39 \cdot 435 \cdot 1,73} = 1,37 \, \text{cm}^2 / \text{m}$$

Torsionslängsbewehrung bei A und B mit (18.10)

$$A_{sl} = \frac{0,0233 \cdot 2 \cdot (0,29 + 0,39) \cdot 10^4}{2 \cdot 0,29 \cdot 0,39 \cdot 435 \cdot 0,577} = 5,58 \, \text{cm}^2$$

Torsionslängsbewehrung im Feld

$$A_{sl} = 5,58 \cdot 5,8 / 23,3 = 1,39 \, \text{cm}^2$$

Zusammenstellung der erforderlichen Bewehrungen

Biegebewehrung vgl. Abschn. 18.6.4

Obere Bewehrung bei A

    Aus Biegung: $A_s = 14,46 \, \text{cm}^2$

    Aus Torsion: $A_s = 5,58 \cdot 0,49 / 1,36$ $= \underline{2,01 \, \text{cm}^2}$

                                              ges $A_s = 16,47 \, \text{cm}^2$

Untere Bewehrung im Feld

    Aus Biegung: $A_s = 7,27 \, \text{cm}^2$

    Aus Torsion: $A_s = 1,39 \cdot 0,49 / 1,36$ $= \underline{0,50 \, \text{cm}^2}$

                                              ges $A_s = 7,77 \, \text{cm}^2$

Bei Auflager B infolge Torsion

    oben und unten je $A_{sl} = 5,58 \cdot 0,49 / 1,36$ $= 2,01 \, \text{cm}^2$

    seitlich jeweils $A_{sl} = 5,58 \cdot 0,20 / 1,36$ $= 0,82 \, \text{cm}^2$

Bügelbewehrung je Querschnittsseite

Bei Auflager A

    Infolge V_{Ed}: $a_{sw} = 8,02 / 2$ $= 4,01 \, \text{cm}^2 / \text{m}$

    Infolge T_{Ed}: $a_{sw} = \underline{1,37 \, \text{cm}^2 / \text{m}}$

                                ges $a_{sw} = 5,38 \, \text{cm}^2 / \text{m}$

Bei Auflager B

    Infolge V_{Ed}: $a_{sw} = 4,81 / 2$ $= 2,41 \, \text{cm}^2 / \text{m}$

    Infolge T_{Ed}: $a_{sw} = \underline{1,37 \, \text{cm}^2 / \text{m}}$

                                ges $a_{sw} = 3,78 \, \text{cm}^2 / \text{m}$

Die geringer angesetzte Druckstrebenneigung führt zu einer deutlichen Verminderung der erforderlichen Bügelbewehrung bei gleichzeitiger Vergrößerung der erforderlichen Längsbewehrung infolge Torsion.

19 Treppen

19.1 Tragsysteme, Treppenbelastung

In Abb. 19.1 sind mögliche Querschnittsformen von Treppen dargestellt. Bei kleineren Treppenanlagen ist eine Konstruktion mit tragenden Einzelstufen möglich. In Ein- und Zweifamilienwohnhäusern findet man auch Treppensysteme, bei denen die Einzelstufen durch Stahlbolzen zu einem tragenden Gesamtsystem verbunden werden. In mehrgeschossigen Gebäuden müssen die Treppen feuerbeständig ausgeführt werden (Feuerwiderstandsklasse F 90), hier erfolgt fast durchgehend eine Ausführung mit einer schräg liegenden Betonplatte. Auf diese Platte können dann Fertigteilstufen aufgelegt werden. Im Regelfall werden jedoch Betonstufen zusammen mit der tragenden Betonplatte gefertigt, anschließend wird der Belag aufgebracht.

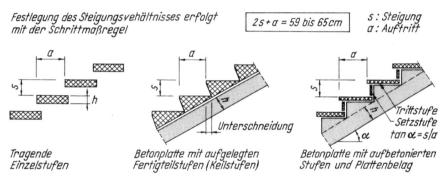

Abb. 19.1 Treppenquerschnitte

Eine Abtragung der Treppenlasten senkrecht zur Laufrichtung ist in einfachen Fällen möglich, Abb. 19.2 enthält hierzu einige Hinweise. Eine Einspannung in gemauerten Wänden ist nur schwer auszuführen. Eine Einspannung von Treppen oder Treppenteilen in benachbarte Stahlbetonwände ist möglich. Zu beachten ist, dass ein Verdichten des Wandbetons nur bei durchgehender Wandschalung möglich ist. Die Anschlussbewehrung für die Treppen muss daher zunächst durch die Schalung hindurchgeführt werden, oder (besser!) es sind vorgefertigte Verwahrkästen mit entsprechender Anschlussbewehrung innerhalb der Wandschalung anzuordnen. Beide Lösungen sind mit erheblichen Kosten verbunden. Tragsysteme mit Lastabtrag parallel zur Laufrichtung werden im Abschn. 19.2 behandelt.

Für die anzusetzenden lotrechten Verkehrslasten von Treppen ist Eurocode 1 – Einwirkung auf Tragwerke – maßgebend. Nach Eurocode 1, Teil 1-1, Tabelle NA. 6.1 (in Kurzform: EC 1-1-1/ NA.) ist für Treppen in Gebäuden der Kategorie A (Wohn- und Aufenthaltsräume) und für Treppen in Gebäuden der Kategorie B1, wenn kein nennenswerter Publikumsverkehr zu erwarten ist (z. B. Büroräume, Arztpraxen ohne schwere medizinische Geräte), eine lotrechte Nutzlast $q_k = 3,0 \, \text{kN} / \text{m}^2$ anzusetzen. Für Treppen in Gebäuden der Kategorie B1 mit erheblichen Publikumsverkehr sowie für Treppen in Gebäuden der Kategorie B2 bis E und für Treppen, die auch als Fluchtwege dienen, ist mit $q_k = 5,0 \, \text{kN} / \text{m}^2$ zu rechnen. Nach den vom Normenausschuss Bauwesen herausgegebenen Auslegungen ist bei Gebäuden der Kategorie A und B1 auch dann mit $q_k = 3,0 \, \text{kN/m}^2$ zu rechnen, wenn diese Treppen Fluchtwege sind. Für Wohngebäude gilt damit allgemein $q_k = 3,0 \, \text{kN/m}^2$. Die Lastansätze gelten stets für Treppen und für Treppenpodeste. Bei Treppen ohne lastverteilende Platte, z. B. bei Einzelstufen gem. Abb. 19.1, ist alternativ mit charakteristischen Einzellasten $Q_k = 2,0 \, \text{kN}$ bzw. $Q_k = 3,0 \, \text{kN}$ ohne Ansatz von gleichmäßig verteilten Flächenlasten q_k zu rechnen. Lastansätze für Tribünen vgl. Text der Norm.

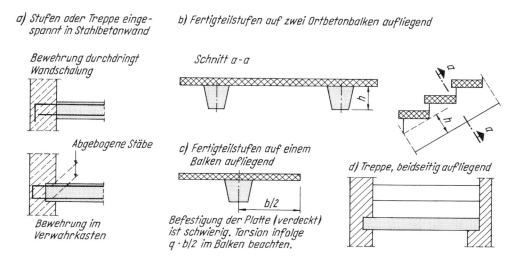

Abb. 19.2 Beispiele für Treppen mit Lastabtrag senkrecht zur Laufrichtung

Alle Lasten werden auf die Grundrissprojektion bezogen. Für die anzusetzenden, ständigen Lasten von Treppenläufen mit aufbetonierten Stufen nach Abb. 19.1 erhalten wir dann für die Platteneigenlast $h \cdot \gamma_1 / \cos \alpha$ und für den Lastanteil aus Stufen $(s/2) \cdot \gamma_2$ mit $\gamma_1 = 25,0 \, \text{kN/m}^3$ für Stahlbeton und $\gamma_1 = 24,0 \, \text{kN/m}^3$ für unbewehrten Beton. Putz und Stufenbelag wird wie üblich pauschal mit etwa 1,5 bis 2,0 kN/m² je nach vorgesehenem Belag in Ansatz gebracht.

19.2 Treppen mit Lastabtrag in Richtung der Treppenläufe

In Abb. 19.3 sind gegenläufige Treppen mit zwei Läufen dargestellt. Aus Gründen des Schallschutzes werden die Treppenläufe vom Mauerwerk getrennt. Eine Berechnung des Gesamtsystems als *Faltwerk* ist möglich, hierbei wirken die Knickkanten der Treppen als Auflager. Die einzelnen Treppenteile werden dann auch durch Längskräfte beansprucht, deren Aufnahme durch die Umfassungswände nachzuweisen ist. Einzelheiten hierzu findet man bei *Fuchssteiner* [1.20]. Im Regelfall wird jedoch das komplizierte statische System einer Treppenanlage als Stabtragwerk bzw. Plattentragwerk idealisiert.

Wenn tragende Längswände zur Lastabtragung nicht zur Verfügung stehen, werden Lauf und Podest als durchgehendes Plattentragwerk ausgeführt, vgl. Abb. 19.3a. An die Knickkanten erfolgt eine Bewehrungsführung gem. den Hinweisen in Abb. 16.20. Die mögliche Verminderung des Hebelarms der inneren Kräfte am oberen Knickpunkt ist bei der Bewehrungswahl zu beachten. Hier sollte außerdem mit der in Abb. 16.20 angeführten schlaufenförmigen Bewehrungsführung konstruiert werden. Nach Heft 525 [80.6a] wird bei einer solchen Bewehrungsführung das rechnerische Bruchmoment bei Konstruktionen mit einem mechanischen Bewehrungsgrad bis zu $\omega = 0{,}15$ erreicht. Eine Alternativmöglichkeit unter Verwendung eines verringerten Hebelarmes der inneren Kräfte im Bereich des Knickpunktes und mit enger Umbügelung der Druckzone wurde bereits im Abschn. 16.6 besprochen.

Bei der Berechnungsart nach Abb. 19.3b werden die Lasten der Treppenläufe auf einen Podeststreifen von der Breite b_{eff} verteilt. Die Breite b_{eff} kann dabei frei gewählt werden, solange der Gleichgewichtszustand des Gesamtsystems eingehalten wird, vgl. hierzu Abschn. 10.2.3: Statischer Grenzwertsatz. Empfohlen wird für b_{eff} ein Ansatz innerhalb des Bereiches

$$b_{\text{eff}} = (40 \,\text{cm} \ldots 100 \,\text{cm}) \leqq b_{\text{P}} \qquad (19.1)$$

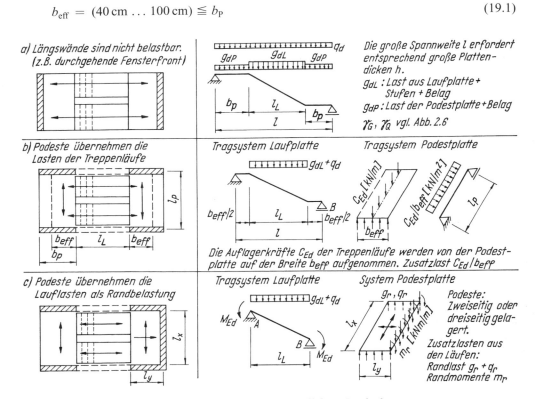

Abb. 19.3 Beispiele für Treppensysteme mit Lastabtrag parallel zur Laufrichtung

Bei dem in Abb. 19.3c dargestellten System trennen wir gedanklich die Treppenläufe an den Knickkanten von den Podesten ab. Die Schnittkräfte der Läufe an den Schnittstellen (C_{Ed}, M_{Ed}) werden als Randlast $g_{\text{R}} + q_{\text{R}}$ [kN/m] bzw. als Randmoment m_{r} [kNm/m] auf die Podestplatte angesetzt. Die Podestplatten können dabei als einachsig bewehrte oder als dreiseitig gelagerte Platte behandelt werden. Eine „genaue" Ermittlung der Einspannmomente M_{Ed} an den Schnittstellen ist aufwändig. *Köseoğlu* [1.17] hat zweiläufige Treppensysteme nach Abb. 19.3c untersucht und Tafeln zur Bestimmung der Biegemomente in Treppenläufen und Treppenpodesten mitgeteilt. Hierbei wurde die Verdrehung und die Durchbiegung am Podestrand berücksichtigt. Eine Auswertung dieser Tafeln für unterschiedliche Abmessungen von Lauf- und Podestplatten ergab für eine Laufbelastung $f_{\text{d}} = g_{\text{d}} + q_{\text{d}}$:

- Die Feldmomente im Treppenlauf erreichen nur in wenigen Ausnahmefällen den Wert $M_{LF} = +f_d \cdot l_L^2 / 8$.
- Die Einspannmomente des Laufes am Podestrand erreichen nur in seltenen Fällen den Wert $M_{LS} = -f_d \cdot l_L^2 / 16$, meist sind sie betragsmäßig geringer. Wenn an beiden Laufenden Stützmomente von der Größe $M_{LS} = -f_d \cdot l_L^2 / 16$ vorhanden sind, ergibt sich aus Gleichgewichtsgründen ein Feldmoment $M_{LF} = +f_d \cdot l_L^2 / 16$.
- Sehr geringe *positive* Momente am Anschluss der Laufplatte zu den Podesten sind möglich, wenn die Plattendicke h_L der Laufplatte derjenigen der Podestplatte h_P entspricht oder wenn $h_L > h_P$ gewählt wird.

Statt einer genaueren Berechnung (z. B. nach [1.17]) wird daher empfohlen, die Schnittkräfte von Treppenläufen, die biegefest mit Podesten verbunden sind, in folgender vereinfachter Weise zu bestimmen:

$$
\left.
\begin{aligned}
C_{Ed} &= f_d \cdot l_L / 2 \\
M_{Ed,F} &= f_d \cdot l_L^2 / 8 \\
M_{Ed,S} &= -f_d \cdot l_L^2 / 16
\end{aligned}
\right\}
\tag{19.2}
$$

Hierin ist:

$f_d = g_d + q_d$ Belastung des Treppenlaufes
C_{Ed} Auflagerkraft des Treppenlaufes
$M_{Ed,F}, M_{Ed,S}$ Bemessungsmoment des Treppenlaufes im Feld bzw. am Podestrand

Der mit (19.2) angesetzte Momentenverlauf ist in Abb. 19.4 skizziert. Für die Festlegung der Plattendicke von Lauf und Podest sind die Vorschriften bezüglich der Verformung (Abschn. 6.4.2) und des Brandschutzes maßgebend. Auch architektonisch befriedigende Treppenkonstruktionen ergeben sich, wenn die Dicke der Podestplatte h_P größer als diejenige der Laufplatte h_L gewählt wird. Bei üblichen Treppenhausabmessungen im Wohnungsbau sind Plattendicken $h_L = 14$ cm bis $h_L = 18$ cm gebräuchlich.

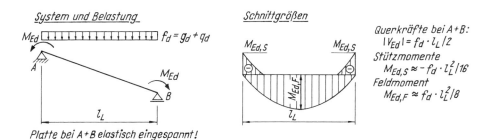

Abb. 19.4 *Verlauf der Bemessungsmomente bei einer vereinfachten Ermittlung der Schnittgrößen gem. (19.2)*

Bei der Schnittgrößenermittlung der Podeste wird der Einfluss der Treppenläufe berücksichtigt. Wenn die Lasten des Treppenlaufes gem. Abb. 19.3b auf eine mittragende Breite b_{eff} der Podestplatte verteilt werden, erfolgt die Schnittgrößenermittlung für diesen Teil der Podestplatte für eine einachsig gespannte Platte. Bei Systemen nach Abb. 19.3c werden die Podestplatten durch Randlasten $g_R + q_R$ sowie gegebenenfalls durch Randmomente m_r beansprucht. Die Schnittgrößen können bei dreiseitig gelagerten Platten nach *Hahn* [33] (vgl. auch [8]) und bei einachsig gespannten Platten nach *Rüsch* [80.7] bestimmt werden.

In Abb. 19.5 ist der Momentenverlauf in einer dreiseitig gelagerten Platte unter Gleichlast nach *Czerny* [1.10] skizziert. Die Drillmomente erfordern eine obere und untere Bewehrung, für die Verankerung dieser Bewehrung gelten die Hinweise in Abb. 10.14. Der in Abb. 19.5 angegebene Momentenverlauf zeigt, dass bei dem für Treppenpodeste üblichen Seitenverhältnis ($l_y/l_x \approx 0{,}5$) fast im gesamten Plattenbereich eine obere *und* untere Bewehrung zur Aufnahme der Drillmomente erforderlich ist. Die Größe der erforderlichen unteren Biegebewehrung in y-Richtung wird ebenfalls durch die Größe der Drillmomente bestimmt, nicht durch das Biegemoment m_y parallel zum Rand l_y. Die abhebenden Eckkräfte R_2 erfordern eine entsprechende Auflast. Ergänzende Hinweise zum Bewehren von dreiseitig gelagerten Platten findet man bei *Czerny* [1.10] und *Schlaich/Schäfer* [1.11].

Der Momentenverlauf in einachsig gespannten Platten mit Randlasten f_R und Randmomenten m_r ist für Platten mit frei drehbarer Auflagerung in Abb. 19.6 nach *Rüsch* [80.7] angegeben. In [80.7] findet man auch Tabellen für ein- und beidseitig eingespannte Einfeldplatten mit Randbelastung.

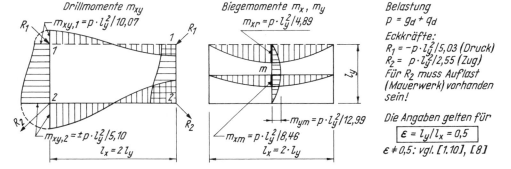

Abb. 19.5 Verlauf der Momente in einer dreiseitig gelagerten Platte unter Gleichlast (nach [1.10])

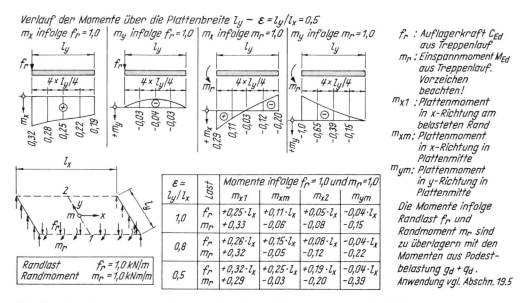

Abb. 19.6 Einachsig gespannte Platte mit Randlast und Randmoment (nach [80.7])

Zwischenpodeste werden bei gemauerten Treppenhauswänden als frei aufliegende Stahlbetonplatten behandelt. Wenn Geschosspodeste in Verbindung mit der anschließenden Deckenplatte hergestellt werden, können die Einspannmomente zwischen Podestplatte und Geschossdecke durch eine nach konstruktiven Gesichtspunkten zu wählende obere Bewehrung abgedeckt werden. Aus bauphysikalischen Gründen (Schallschutz) ist jedoch eine Trennung der Podestplatte von den anschließenden Decken durch eine senkrechte Deckenfuge in der Wandmitte zu bevorzugen.

19.3 Hinweise zum Schallschutz von Treppen

In der bauaufsichtlich eingeführten Norm DIN 4109 „Schallschutz im Hochbau" werden Anforderungen an den Schallschutz gestellt, um Menschen in Wohnräumen vor unzumutbaren Belästigungen durch Schallübertragung zu schützen. Für die Schallschutznormen ist eine Neubearbeitung und damit auch eine Umstellung auf die Europäische Norm DIN EN 12354 vorgesehen [8]. Ein Zeitpunkt für die Umstellung ist noch nicht abzusehen. Unterschieden wird dabei zwischen den Anforderungen an die Luftschalldämmung R'_w [dB] und an den Trittschallschutz $L'_\mathrm{n,w}$ [dB]. In DIN 4109 sind die Mindestanforderungen angegeben, die bezüglich des Schallschutzes nicht unterschritten werden dürfen. Für Treppenläufe und Podeste gilt hierbei für den Mindesttrittschallschutz der Wert erf $L'_\mathrm{n,w} = 58$ dB. Die Einhaltung dieses Mindestwertes stellt noch nicht unbedingt einen guten Trittschallschutz dar, ist aber im baurechtlichen Sinn ausreichend: Die öffentliche Sicherheit und Ordnung (Gesundheitsschutz) wird nicht gefährdet. Beiblatt 1 zu DIN 4109 enthält Ausführungsbeispiele, mit denen der Mindestschallschutz erreicht wird. Im Beiblatt 2 zu DIN 4109 sind Empfehlungen angeführt, bei deren Einhaltung es zu einer deutlichen Verbesserung des Schallschutzes gegenüber den Mindestanforderungen kommt. Für Wohnungstrenndecken in Geschosshäusern wird für die Trittschalldämmung z. B. für einen erhöhten Schallschutz ein bewerteter Normtrittschallpegel $L_\mathrm{n,w} = 46$ dB statt $L_\mathrm{n,w} = 53$ dB bei normalem Schallschutz angeführt. Der Planer sollte sich mit dem Bauherrn rechtzeitig abstimmen, ob für das geplante Bauvorhaben ein Schallschutz entsprechend den Mindestanforderungen ausreichend ist oder ob für die vorgesehene Nutzung ein „erhöhter" Schallschutz notwendig ist. In Beiblatt 2 zu DIN 4109 findet man auch Ausführungsvorschläge, die einen erhöhten Schallschutz gewährleisten. Für weitere Einzelheiten muss hier auf die entsprechenden Fachvorlesungen an den Hochschulen verwiesen werden.

Für Gebäude mit höchstens zwei Wohnungen sowie für Gebäude mit Aufzügen werden in DIN 4109 keine Anforderungen an den Mindestschallschutz von Treppen und Podesten gestellt.

In Abb. 19.7 ist die Konstruktion einer Treppenanlage dargestellt, bei der Treppenlauf und Treppenpodest biegefest miteinander verbunden sind. Die Treppenpodeste erhalten schwimmenden Estrich, die Stufen können einen beliebigen Belag erhalten. Die Läufe (mit Stufen) werden schalltechnisch von den Wänden getrennt, es ist sorgfältig darauf zu achten, dass Schallbrücken vermieden werden. Mit der angeführten Konstruktion wird der Mindestschallschutz erreicht. Die Betonmaße der Antritts- und der Austrittsstufe weichen wegen unterschiedlicher Belagstärken vom normalen Steigungsmaß s ab. Die Schnittgrößen des Laufes werden nach (19.2) bestimmt, die Podeste können als zweiseitig oder dreiseitig gelagerte Platte behandelt werden.

Abb. 19.7 Mindestschallschutz: Treppenlauf und Podestplatte sind biegefest miteinander verbunden

Ein wesentlich erhöhter Schallschutz wird erreicht, wenn die Treppenläufe schalltechnisch von den Podesten abgetrennt werden. Zwei typische Lösungsmöglichkeiten hiervon sind in Abb. 19.8 und 19.9 skizziert. In Abb. 19.8 wird die Auflagerkraft des Treppenlaufes mit einer Aufhängebewehrung aus nichtrostendem Stahl an die Treppenpodeste angehängt. Die Schalldämmelemente bestehen aus etwa 10 mm dickem, elastischem Material. Für diese Bauteile muss eine bauaufsichtliche Zulassung vorliegen, neben der zulässigen Belastung enthält die Zulassung Angaben über die erforderliche Anschlussbewehrung. Mit den skizzierten Schallschutz-Tronsolen Typ T der Firma Schöck, Baden-Baden, wird eine wesentliche Verbesserung des Trittschallschutzes erreicht. Die Schalldämmelemente werden in Elementhöhen $h = 16 \ldots 22$ cm vorrätig gehalten. Bei der Schnittgrößenermittlung der Läufe wird frei drehbare Lagerung an den Auflagerpunkten angesetzt.

Häufig werden die Treppenläufe in Fertigteilbauweise hergestellt, der Lastabtrag vom Lauf zum Podest erfolgt über Konsolen. Zur Verbesserung des Schallschutzes werden elastische Lagerstreifen (Elastomerlager) eingebaut. Bei einer Verwendung von einbaufertigen Elementen kann ein Trittschallverbesserungsmaß von bis zu 20 dB gegenüber einer starren Auflagerung erreicht werden, die Bildung von Schallbrücken im Bereich neben den Lagern und in der senkrechten Fuge wird verhindert. Abb. 19.9 zeigt hierzu einige Einzelheiten. Für die Bemessung der Konsolen gelten die Hinweise im Kapitel 16, vgl. insbesondere Abb. 16.16 und Abb. 16.17. Treppen müssen i. Allg. der Feuerwiderstandsklasse F 90 genügen, dies macht Bauteildicken der Konsolen $h \geqq 10$ cm und somit Podestdicken $h_\mathrm{P} \geqq 20$ cm erforderlich.

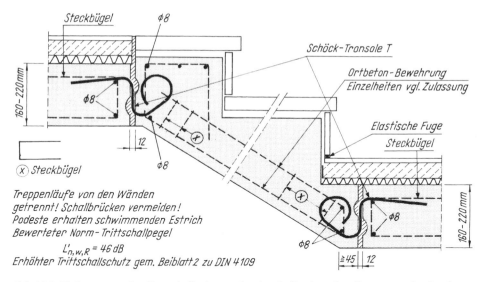

Abb. 19.8 *Verbesserung des Trittschallschutzes durch schalltechnische Abtrennung des Laufes vom Treppenpodest*

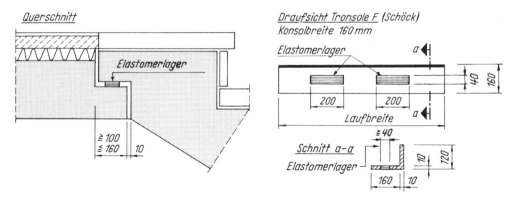

Abb. 19.9 *Auflagerung des Treppenlaufes auf Konsolen am Treppenpodest:*
Links: Verbesserung des Trittschallschutzes durch Elastomerlager
Rechts: Tronsole mit integriertem Elastomerlager

Bauelemente, mit denen eine schalltechnische Trennung auch der Podeste vom Mauerwerk erreicht wird, werden von der Industrie angeboten. Bauteile dieser Art sind häufig auch erforderlich, wenn *gewendelte* Treppenläufe auf Treppenhauswänden aufgelagert werden müssen. Einzelheiten hierzu findet man u. a. in [3], Jahrgang 2010 im Beitrag „Betonstahl" (*Avak*) und in den einschlägigen Firmenunterlagen.

19.4 Konstruktive Hinweise

Die im Abschn. 16.6 angegebenen Grundsätze der Bewehrungsführung in Bauteilen mit ungerader Stabachse gelten für Treppen sinngemäß. Einzelheiten der Bewehrungsführung in Treppenanlagen ohne schalltechnische Abtrennung der Treppenläufe von den Podesten sind in Abb. 19.10 zusammengestellt. Wie im Abschn. 19.2 erläutert, sind sehr kleine positive Momente am Anschluss des Laufes an die Podestplatte möglich, im Podest sollte daher und zur Verankerung der Laufbewehrung eine untere Bewehrung mit dem Querschnitt $a_{s,F}/2$ eingelegt werden ($a_{s,F}$: erforderliche Feldbewehrung des Treppenlaufes). Bei Ortbetontreppen werden die Läufe und das Zwischenpodest zusammen mit der nächsthöheren Decke hergestellt, für den nach oben führenden Treppenlauf ist daher eine Anschlussbewehrung im Bereich des Geschosspodestes vorzusehen.

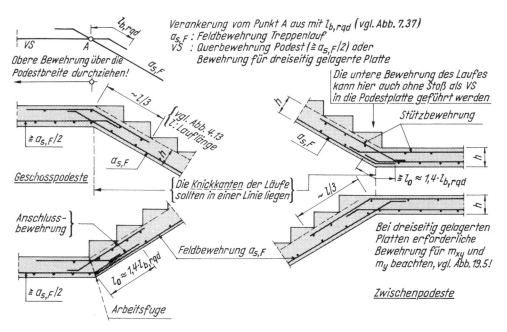

Abb. 19.10 Prinzipielle Darstellung der Bewehrungsführung in Treppensystemen ohne schalltechnische Abtrennung am Übergang vom Lauf zum Podest

19.5 Anwendungsbeispiel

Aufgabenstellung

In Abb. 19.11 ist der Grundriss eines Treppenhauses in einem mehrgeschossigen Wohnhaus skizziert. Die Treppen und Podeste sind zu berechnen, die Konstruktion ist darzustellen. Baustoffe und Umgebungsbedingungen vgl. Abb. 19.11, die Bauteilabmessungen wurden in einer Vergleichsrechnung vorab festgelegt. Bei den Podestplatten ist die Berechnung als einachsig gespannte Platte und alternativ als dreiseitig gelagerte Platte durchzuführen.

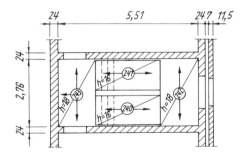

Geschosshöhe: $h = 2{,}75 \,m$
Treppen: 2×8 Steigungen,
$s/a = 17{,}2/29 \,cm$
$(2s + a = 63{,}4 \,cm,\; vgl.\; Abb.\, 19.1)$

Baustoffe:
Betonfestigkeitsklasse C 25/30
Betonstahl B 500 S + B 500 M

Betondeckung
Expositionsklasse XC 1   (Abb. 4.3b)
$c_{min} = 10 \,mm, \Delta c_{dev} = 10 \,mm$ (Abb. 4.5)
Gewählt: $c_v = 3{,}0 \,cm$ (Brandschutz)

Abb. 19.11 Grundriss eines Treppenhauses: Systemfestlegung, Baustoffe, Umgebungsbedingungen

Durchführung:

Pos. 240 Stahlbetontreppenlauf $\quad h = 16\,$cm

System vgl. Abb. 19.12

$$\tan \alpha = 17{,}2\,/\,29{,}0 = 0{,}593, \quad \alpha = 30{,}7°$$

Belastung $\quad \cos \alpha = \cos 30{,}7° = 0{,}86$

16 cm Stahlbeton $= 0{,}16 \cdot 25{,}0\,/\,0{,}86$		$= 4{,}65\,\mathrm{kN/m^2}$
Stufen $= 0{,}172 \cdot 24{,}0\,/\,2$		$= 2{,}06\,\mathrm{kN/m^2}$
Putz, Belag pauschal		$= 1{,}42\,\mathrm{kN/m^2}$
	$g_k =$	$8{,}13\,\mathrm{kN/m^2}$
Verkehrslast	$q_k =$	$3{,}00\,\mathrm{kN/m^2}$

Teilsicherheitsbeiwerte vgl. Abb. 2.6

$$f_d = \gamma_G \cdot g_k + \gamma_Q \cdot q_k = 1{,}35 \cdot 8{,}13 + 1{,}50 \cdot 3{,}00 = 15{,}48\,\mathrm{kN/m^2}$$

Schnittgrößen

Die Schnittgrößen werden gem. (19.2) bestimmt

$$C_{\mathrm{Ed,A}} = C_{\mathrm{Ed,B}} = 15{,}48 \cdot 2{,}40\,/\,2 = 18{,}58\,\mathrm{kN/m}$$

$$M_{\mathrm{Ed,F}} = 15{,}48 \cdot 2{,}40^2\,/\,8 \qquad = 11{,}15\,\mathrm{kNm/m}$$

$$M_{\mathrm{Ed,S}} = -15{,}48 \cdot 2{,}40^2\,/\,16 \qquad = -5{,}57\,\mathrm{kNm/m}$$

Für die Querkräfte an den Auflagern ergibt sich nach Abb. 19.12

$$V_{\mathrm{Ed}} = C_{\mathrm{Ed}} \cdot \cos \alpha = C_{\mathrm{Ed}} \cdot 0{,}86$$

Bei Platten mit üblichen Abmessungen und Einwirkungen ist regelmäßig $V_{\mathrm{Ed}} < V_{\mathrm{Rd,c}}$ mit $V_{\mathrm{Rd,c}}$ gem. (7.9). Querkraftbewehrung ist dann nicht erforderlich. Auf einen Nachweis wird in der Praxis und auch im Rahmen dieses Beispiels verzichtet. An den Auflagern wirken in der Platte gem. Abb. 19.12 Normalkräfte. Da die Größe der Momente hier mit (19.2) grob abgeschätzt wurde, ist eine Berücksichtigung dieser geringen Normalkräfte bei der Bemessung nicht sinnvoll.

Bemessung mit Tafel 3 (Anhang, Teil 1)

Die Treppenanlage ist feuerbeständig (Feuerwiderstandsklasse F 90) auszubilden. Gemäß Abb. 5.20 ist dann bei einachsig gespannten Platten ein Achsabstand der unteren Bewehrung von $a \geqq 30\,$mm erforderlich. Eine Putzbekleidung an der Plattenunterseite bleibt hier unberücksichtigt. Gewählt wird daher ein Verlegemaß der unteren Bewehrung von $c_v = 30\,\text{mm}$. Die Angaben in Abb. 5.20 für zweiachsig gespannte Platten gelten unter der Voraussetzung, dass alle vier Ränder der Platte gestützt sind. Wenn diese Voraussetzung nicht zutrifft, ist die Platte bezüglich des Brandschutzes wie eine einachsig gespannte Platte zu behandeln. Hier wird daher für Treppenläufe und Podeste einheitlich das Verlegemaß der Bewehrung zu $c_v = 30$ mm gewählt.

$$h/d = 16,0/12,5\,\text{cm}, \quad b = 1,0\,\text{m}$$

Im Feld: $M_{\text{Ed,F}} = 11,15\,\text{kNm/m}$

$$k_d = 12,5/\sqrt{11,15} = 3,74 \quad \xi < 0,087$$

$$a_{s,F} = 0,95 \cdot 2,38 \cdot 11,15/12,5 = 2,02\,\text{cm}^2/\text{m}$$

$$a_{s,S} = a_{s,F}/2 = 1,01\,\text{cm}^2/\text{m}$$

Gewählte Bewehrung, vgl. Abschn. 4.5.1

Feld: unten $\varnothing$ 8, $s = 15\,\text{cm}$, $a_s = 3,35\,\text{cm}^2/\text{m}$

  VS $\varnothing$ 6, $s = 25\,\text{cm}$

Stützung A und B: oben $\varnothing$ 6, $s = 15\,\text{cm}$, $a_s = 1,89\,\text{cm}^2/\text{m}$

  unten in der Podestplatte

  $\varnothing$ 8, $s = 25\,\text{cm}$ (vgl. Abb. 19.13)

Pos. 241 Treppenlauf $h = 16\,\text{cm}$

Schnittgrößen und Bewehrung wie Pos. 240

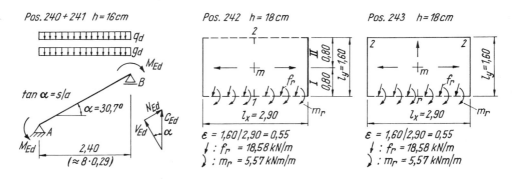

Abb. 19.12 Statische Systeme Pos. 240 bis Pos. 243

Pos. 242 Stahlbeton-Podestplatte $h = 18\,\text{cm}$

System vgl. Abb. 19.12

Belastung

18 cm Stahlbeton $= 0,18 \cdot 25,0$	$=$	$4,50\,\text{kN/m}^2$
Putz, Belag pauschal	$=$	$1,50\,\text{kN/m}^2$
	$g_k =$	$6,00\,\text{kN/m}^2$

Verkehrslast $\qquad q_k = 3{,}00 \text{ kN} / \text{m}^2$

Gleichmäßig verteilte Bemessungslast

$\qquad f_d = 1{,}35 \cdot 6{,}00 + 1{,}50 \cdot 3{,}00 \qquad = 12{,}60 \text{ kN} / \text{m}^2$

Aus Pos. 240 und Pos. 241

$\qquad$ Randlast $\quad f_r = C_{Ed} \qquad\qquad = 18{,}58 \text{ kN} / \text{m}$

$\qquad$ Randmoment $\quad m_r = -M_{Ed,S} \qquad = 5{,}57 \text{ kNm} / \text{m}$

Biegemomente

Einflusszahlen für f_r und m_r vgl. Abb. 19.6

Hier: $\quad \varepsilon = l_y / l_x = 1{,}60 / 2{,}90 = 0{,}55$

$$
\begin{aligned}
m_{x1} = \;& 12{,}60 \cdot 2{,}90^2 / 8 & = \;& 13{,}25 \text{ kNm} / \text{m} \\
& + 0{,}31 \cdot 18{,}58 \cdot 2{,}90 & = \;& 16{,}70 \text{ kNm} / \text{m} \\
& + 0{,}30 \cdot 5{,}57 & = \;& \underline{1{,}67 \text{ kNm} / \text{m}} \\
& & m_{x1} = \;& 31{,}62 \text{ kNm} / \text{m}
\end{aligned}
$$

$$
\begin{aligned}
m_{xm} = \;& f_d \cdot l_x^2 / 8 & = \;& 13{,}25 \text{ kNm} / \text{m} \\
& + 0{,}23 \cdot 18{,}58 \cdot 2{,}90 & = \;& 12{,}39 \text{ kNm} / \text{m} \\
& - 0{,}03 \cdot 5{,}57 & = \;& \underline{-0{,}17 \text{ kNm} / \text{m}} \\
& & m_{xm} = \;& 25{,}47 \text{ kNm} / \text{m}
\end{aligned}
$$

$$
\begin{aligned}
m_{x2} = \;& f_d \cdot l_x^2 / 8 & = \;& 13{,}25 \text{ kNm} / \text{m} \\
& + 0{,}17 \cdot 18{,}58 \cdot 2{,}90 & = \;& 9{,}16 \text{ kNm} / \text{m} \\
& - 0{,}19 \cdot 5{,}57 & = \;& \underline{-1{,}06 \text{ kNm} / \text{m}} \\
& & m_{x2} = \;& 21{,}35 \text{ kNm} / \text{m}
\end{aligned}
$$

$$
\begin{aligned}
m_{y1} &= -m_r & = \;& -5{,}57 \text{ kNm} / \text{m} \\
m_{ym} &= -0{,}36 \cdot 5{,}57 & = \;& -2{,}01 \text{ kNm} / \text{m}
\end{aligned}
$$

Randlast und Randmoment wurden vorstehend auf ganzer Plattenlänge l_x angesetzt. Insbesondere bei breiten Treppenanlagen kann es sinnvoll sein, diese Lasten im Verhältnis der Summe der Laufbreiten zur Podestlänge abzumindern.

Bemessung $\quad h / d = 18{,}0 / 14{,}5 \text{ cm}$

In x-Richtung erfolgt die Bemessung für die mittleren Momente in den Streifen I und II, Streifenbreite jeweils $l_y / 2$, vgl. Abb. 19.12.

$\qquad$ Streifen I: $\quad m_x = (31{,}62 + 25{,}47) / 2 = 28{,}55 \text{ kNm} / \text{m}$

$\qquad$ Streifen II: $\quad m_x = (25{,}47 + 21{,}35) / 2 = 23{,}41 \text{ kNm} / \text{m}$

$\qquad k_d = 14{,}5 / \sqrt{28{,}55} = 2{,}71 \qquad \xi < 0{,}138$

$\qquad$ Streifen I: $\quad a_s \approx 2{,}44 \cdot 28{,}55 / 14{,}5 = 4{,}80 \text{ cm}^2 / \text{m}$

$\qquad$ Streifen II: $\quad a_s = 2{,}44 \cdot 23{,}41 / 14{,}5 = 3{,}94 \text{ cm}^2 / \text{m}$

Gewählte Bewehrung

x-Richtung

$\qquad$ Streifen I: unten $\varnothing$ 10, $\quad s = 15 \text{ cm}, \quad a_s = 5{,}24 \text{ cm}^2 / \text{m}$

$\qquad$ Streifen II: unten $\varnothing$ 10, $\quad s = 18 \text{ cm}, \quad a_s = 4{,}36 \text{ cm}^2 / \text{m}$

y-Richtung (vgl. Pos. 240 / 241)

$\qquad$ oben $\varnothing$ 6, $\quad s = 15 \text{ cm}, \quad$ VS 3 $\varnothing$ 6 pro Meter

$\qquad$ unten $\varnothing$ 8, $\quad s = 25 \text{ cm}$

Pos. 243 Stahlbeton-Podestplatte $h = 18\,\text{cm}$

System vgl. Abb. 19.12

Die Platte wird als dreiseitig gelagerte Platte berechnet und konstruiert. Momentenbeiwerte nach *Hahn* [33], vgl. auch *Goris* [8].

Belastung wie Pos. 242

$$f_\text{d} = 12,60\,\text{kN}/\text{m}^2, \quad f_\text{r} = 18,58\,\text{kN}/\text{m}, \quad m_\text{r} = 5,57\,\text{kNm}/\text{m}$$

Hilfswerte

$$k_\text{d} = f_\text{d} \cdot l_\text{x} \cdot l_\text{y} \quad = 12,60 \cdot 2,90 \cdot 1,60 \quad = 58,46\,\text{kN}$$

$$S \;= f_\text{r} \cdot l_\text{x} \qquad = 18,58 \cdot 2,90 \qquad\quad = 53,88\,\text{kN}$$

Biegemomente $\varepsilon = l_\text{y}/l_\text{x} = 0,55$

$$
\begin{aligned}
m_\text{xr} \;=\; & 58,46/9,5 & = 6,15\,\text{kNm}/\text{m} \\
& +\,53,88/4,7 & = 11,46\,\text{kNm}/\text{m} \\
& +\,5,57/2,58 & = \underline{2,16\,\text{kNm}/\text{m}} \\
& & m_\text{xr} = 19,77\,\text{kNm}/\text{m}
\end{aligned}
$$

$$
\begin{aligned}
m_\text{xm} \;=\; & 58,46/16,1 & = 3,63\,\text{kNm}/\text{m} \\
& +\,53,88/9,5 & = 5,67\,\text{kNm}/\text{m} \\
& +\,5,57/10,2 & = \underline{0,55\,\text{kNm}/\text{m}} \\
& & m_\text{xm} = 9,85\,\text{kNm}/\text{m}
\end{aligned}
$$

$$
\begin{aligned}
m_\text{ym} \;=\; & 58,46/26,65 & = 2,19\,\text{kNm}/\text{m} \\
& -\,53,88/45,95 & = -1,17\,\text{kNm}/\text{m} \\
& -\,5,57/2,80 & = \underline{-1,99\,\text{kNm}/\text{m}} \\
& & m_\text{ym} \approx -0,97\,\text{kNm}/\text{m}
\end{aligned}
$$

$$
\begin{aligned}
m_\text{xy,2} \;=\; & \pm\,58,46/10,45 & = \pm\;5,59\,\text{kNm}/\text{m} \\
& \pm\,53,88/7,60 & = \pm\,\underline{7,09\,\text{kNm}/\text{m}} \\
& & m_\text{xy,2} = \pm\,12,68\,\text{kNm}/\text{m}
\end{aligned}
$$

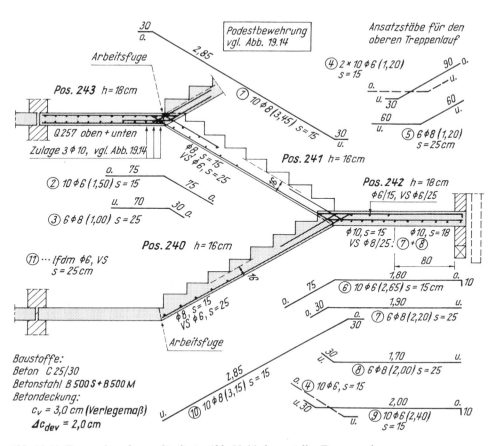

Abb. 19.13 Treppenbewehrung für die in Abb. 19.11 dargestellte Treppenanlage

Bemessung $h/d = 18,0/14,5\,\text{cm}$

$\quad k_\text{d} = 14,5/\sqrt{19,77} = 3,26 \qquad \xi < 0,104$

$\quad$ xr: $\quad a_\text{s} = 2,40 \cdot 19,77/14,5 = 3,27\,\text{cm}^2/\text{m}$

$\quad$ xm: $\quad a_\text{s} = 2,40 \cdot \ 9,85/14,5 = 1,63\,\text{cm}^2/\text{m}$

$\quad$ ym: $\quad a_\text{s} \approx 0$

$\quad$ xy,2: $\quad a_\text{s} = 2,40 \cdot 12,68/14,5 = 2,10\,\text{cm}^2/\text{m}$

Gewählte Bewehrung

In der gesamten Platte

$\qquad$ unten und oben Q 257 $\quad a_\text{sx} = a_\text{sy} = 2,57\,\text{cm}^2/\text{m}$

$\qquad$ am freien Rand unten 3 $\varnothing$ 10 $\quad$ (Zulagen)

Am Anschluss zur Pos. 240/241

$\qquad$ oben $\quad \varnothing$ 6, $\quad s = 15\,\text{cm}$

$\qquad$ unten $\quad \varnothing$ 8, $\quad s = 25\,\text{cm}$

307

Konstruktion vgl. Abb. 19.14

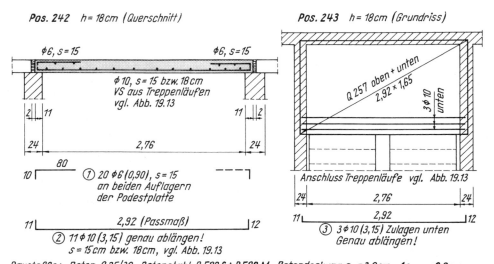

Pos. 242 *h = 18 cm (Querschnitt)*

ϕ6, s = 15   ϕ6, s = 15

ϕ 10, s = 15 bzw. 18 cm
VS aus Treppenläufen
vgl. Abb. 19.13

2 11   11 2

24   2,76   24

80
10 ┌   ① *20 ϕ6 (0,90), s = 15*
              an beiden Auflagern
              der Podestplatte

11 └   2,92 (Passmaß)   ┘ 12
         ② *11 ϕ 10 (3,15) genau ablängen!*
            s = 15 cm bzw. 18 cm, vgl. Abb. 19.13

Pos. 243 *h = 18 cm (Grundriss)*

Q 257 oben + unten
2,92 × 1,65

3 ϕ 10
unten

Anschluss Treppenläufe vgl. Abb. 19.13

24   2,76   24

11 └   2,92   ┘ 12
         ③ *3 ϕ 10 (3,15) Zulagen unten*
            Genau ablängen!

Baustoffe: Beton C 25/30, Betonstahl B 500 S + B 500 M, Betondeckung c_v = 3,0 cm, Δc_{dev} = 2,0 cm

Abb. 19.14 Bewehrung der Podestplatten Pos. 242 und Pos. 243 (vgl. Abb. 19.11)

In der Praxis würde man die Podestplatten einheitlich bewehren, die getrennte Berechnung erfolgte hier aus Übungsgründen. Von einer Konstruktion der Lauf*platte* mit Betonstahlmatten im Ortbetonbau wird abgeraten (Biegen der Matten, Verschnitt u. a.).

20 Fundamente

20.1 Größe und Verteilung des Sohldrucks

Die Standsicherheit und die Gebrauchstauglichkeit von Bauwerken im Erd- und Grundbau ist nach den Vorschriften in Eurocode 7 nachzuweisen. Diese Norm besteht aus folgenden Teilen:

DIN EN 1997-1:   Eurocode 7: Entwurf, Berechnung und Bemessung in der Geotechnik – Teil 1: Allgemeine Regeln, Deutsche Fassung – Ausgabe September 2009

DIN EN 1997/NA.:   National festgelegte Parameter zu EC 7, Teil 1

DIN 1054:   Baugrund-Sicherheitsnachweise im Erd- und Grundbau – Ergänzende Regelungen zu DIN EN 1997-1

Die Norm EC 7-1 wird ergänzt durch EC 7-2. Dieser Teil enthält Anforderungen an die Durchführung von Feld- und Laborversuchen, hierauf kann im Rahmen dieses Buches nicht eingegangen werden.

Verweise auf die angeführten Normen erfolgen in diesem Kapitel unter Verwendung der Abkürzungen „EC 7" für Eurocode 7, „EC 7/NA." für den Nationalen Anhang und „EC 7/1054" für Verweise auf die Ergänzenden Regelungen zu EC 7 in DIN 1054. Die „Ergänzenden Regelungen" sind gem. EC 7/1054, 1.4 Anwendungsregeln zu EC 7, sie entsprechen damit weitgehend den ergänzenden Angaben in EC 2/NA., vgl. hierzu die Hinweise zu der Abkürzung „NCI" im Abschn. 1.2 dieses Buches.

Wie im Stahlbetonbau ist auch im Grundbau die Grenzzustandsbedingung $E_d \leqq R_d$ einzuhalten, vgl. (2.1). Für die Einwirkungen und Beanspruchungen sind die anzusetzenden Teilsicherheitsbeiwerte in EC 7/1054, Tabelle A 2.1 angegeben, für die vom Baugrund ausgehenden Widerstände findet man die Teilsicherheitsbeiwerte in EC 7/1054, Tabelle A 2.3. Für die *Bemessung* von Fundamenten gilt allgemein:

> Alle Gründungsbauwerke werden mit den im Kapitel 2 dieses Buches besprochenen Einwirkungen in den Grenzzuständen der Tragfähigkeit und der Gebrauchstauglichkeit nach den in EC 2 und EC 2/NA. angegebenen Regeln bemessen und konstruiert. Wenn die Schnittgrößen im Beton- und Stahlbetonbau über die Bodenpressungen bestimmt werden, sind diese Pressungen mit den Einwirkungskombinationen gem. DIN 1055-100 zu bestimmen. In der Bodenfuge werden charakteristische Einwirkungen der Beanspruchung (z. B. N_{Ek}, M_{Ek}, V_{Ek}) übergeben, der Nachweis ausreichender Tragfähigkeit des Bodens erfolgt dann mit diesen Schnittgrößen entsprechend EC 7.

Für aufwendige Bauvorhaben, bei Ausführung von Plattengründungen, bei unregelmäßig geschichtetem Untergrund und grundsätzlich immer, wenn Zweifel an einer ausreichenden Tragfähigkeit des Baugrundes bestehen, sollte die vorgesehene Gründungsart (Einzelfundamente oder durchgehende Bodenplatte), die anzusetzenden geotechnischen Kenngrößen gem. EC 7, 3.3 und EC 7/1054, 3.3, die Größe der Bemessungswerte des Sohlwiderstandes σ_{Rd} und die zu erwartende Setzung des Baukörpers durch Baugrundsachverständige ermittelt werden. Im Bodengutachten wird im Regelfall auch auf zu erwartende Grundwasserstände, auf die vorhandenen Bodenverhältnisse (Ausschachtungs- und Sicherungsmaßnahmen für die Baugrube) und auf einzuhaltende Einschränkungen bei der Gerätebenutzung, z. B. bei bindigen Böden, hingewiesen.

Die Nachweise im gesamten Ingenieurbau sind nach den in DIN 1055-100 festgelegten „Grundlagen der Tragwerksplanung" zu führen. Hierbei werden, wie im Abschnitt 2 dieses Buches erläutert, auf der Einwirkungsseite die Bemessungswerte durch Multiplikation der charakteristischen bzw. der repräsentativen Größen mit Teilsicherheitsbeiwerten bestimmt. Auf der Widerstandsseite erfolgt eine Abminderung der charakteristischen Materialwerte durch Teilsicherheitsbeiwerte für den Bauteilwiderstand. Die Teilsicherheitsbeiwerte werden dabei sowohl auf der Einwirkungs- wie auf der Widerstandsseite rechnerisch festgelegt, hierbei wird von einer Normalverteilung der streuenden Größen ausgegangen, vgl. hierzu Abschn. 2.1. In der Geotechnik haben viele Einflussgrößen einen so großen Streubereich, dass eine Bestimmung der Teilsicherheitsbeiwerte entsprechend dem in Anhang B zu DIN 1055-100 beschriebenen „Grundlagen für eine Bemessung mit Teilsicherheitsbeiwerten" nicht möglich erscheint. Die Teilsicherheitsbeiwerte für Nachweise in der Geotechnik wurden daher nach [3.8] durch Vergleichsrechnungen mit dem früher geltenden Sicherheitskonzept so bestimmt, dass das bisher vorhandene Sicherheitsniveau auch bei einer Rechnung mit dem nun gültigen Bemessungskonzept unter Verwendung von Teilsicherheitsbeiwerten annähernd erreicht wird.

Nach EC 7/1054, A.2.1.2 sollen die Bauwerke zur Klarstellung des Schwierigkeitsgrades in eine der nachfolgend auszugsweise angeführten „Geotechnischen Kategorien" eingeordnet werden. Maßgebend für die Einstufung ist dasjenige Kriterium, das zur höchsten geotechnischen Kategorie führt.

Kriterien für Bauten der **Kategorie 1** (Geringer Schwierigkeitsgrad):

Es liegt ein setzungsunempfindliches, flach gegründetes Bauwerk vor.

Stützenlasten $\leqq$ 250 kN, Streifenlasten $\leqq$ 100 kN/m

Gelände annähernd waagerecht, Grundwasserstand unterhalb der Gründungssohle

Beispiele: Einfamilienhäuser, eingeschossige Hallen

Kriterien für Bauten der **Kategorie 2** (Mittlerer Schwierigkeitsgrad):

Der Grundwasserstand liegt oberhalb der Gründungssohle.

Die Wasserhaltung ist mit üblichen Mitteln beherrschbar.

Beispiele: Übliche Hoch- und Ingenieurbauten

Gründung: Einzel- oder Streifenfundamente, Bodenplatten

Kriterien für Bauten der **Kategorie 3** (Hoher Schwierigkeitsgrad)

Bauwerke, die nicht in die Kategorien 1 oder 2 einzuordnen sind.

Beispiele: Gründung auf unkontrolliert aufgeschüttetem Boden

Belastung durch Wasserdruck bei einer Druckhöhe von mehr als 5 m.

Die Geotechnische Kategorie 1 sollte nach EC 7, 2.1 (14) nur kleine und relativ einfache Bauwerke umfassen, bei denen die grundsätzlichen Anforderungen auf Grund von Erfahrung gesichert sind und bei denen ein vernachlässigbares Risiko besteht. Die Nachweise für Bauten der Kategorie 2 sollten in der Regel gem. EC 7, 2.1 (18) zahlenmäßig ausgewiesene geotechnische Kenngrößen und Berechnungen enthalten. Hieraus folgt, dass für Bauten der Kategorie 2 in der Regel ein Baugrundgutachten zu erstellen ist.

In einfachen Regelfällen darf statt des vorstehend angedeuteten ausführlichen Nachweises der Nachweis für den Grenzzustand Grundbruch sowie Gebrauchstauglichkeit (Nachweis der Setzungen) gem. EC 7/1054, A 6.10 durch Verwendung von Erfahrungswerten für den Bemessungswert $\sigma_{R,d}$ des Sohlwiderstandes ersetzt werden. Der Nachweis erfolgt dann in folgender Form

$$\sigma_{E,d} \leqq \sigma_{R,d}$$

Hierin ist

    $\sigma_{E,d}$ Bemessungswert der Sohldruckbeanspruchung

    $\sigma_{R,d}$ Bemessungswert des Sohldruckwiderstandes

Der Bemessungswert der Sohldruckbeanspruchung kann aus den Bemessungswerten der Einwirkungen bestimmt werden. Für die Teilsicherheitsbeiwerte gilt für den Grenzzustand des Baugrundversagens gem. EC 7/1054, Tabelle 2.1 $\gamma_G = 1{,}35$ und $\gamma_Q = 1{,}5$.

Die Bemessungswerte $\sigma_{R,d}$ des Sohlwiderstandes sind für verschiedene Bodenarten in EC 7/1054, Abschn. A 6.10 angegeben. Hierbei sind u. a. folgende Voraussetzungen für die Anwendung der Tabellenwerte zu beachten:

– Fundamentsohle ist waagerecht, Geländeoberfläche ist annähernd waagerecht.
– Baugrund ist bis zu einer Tiefe unter der Gründungssohle, die der zweifachen Fundamentbreite entspricht, ausreichend tragfähig.
– Die Einwirkung ist vorwiegend ruhend.
– Eine stützende Wirkung des Bodens vor dem Fundament darf nur in Rechnung gestellt werden, wenn der Verbleib des Bodens vor dem Fundament sichergestellt ist.

Die Bemessungswerte des Sohlwiderstandes dürfen in bestimmten Fällen gem. den Angaben in EC 7/1054, 6.10.2.2 erhöht werden. Dies gilt z. B. für Fundamente mit einer Breite und einer Einbindetiefe von jeweils mindestens 0,50 m. Bei hohem Grundwasserstand und bei waagerechten Beanspruchungen des Fundamentes sind die Bemessungswerte des Sohlwiderstandes entsprechend EC 7/1054, 6.10.2.3 und 6.10.2.4 zu vermindern.

In Abb. 20.1a ist der Verlauf der Sohldruckverteilung in einem unbegrenzt langen, durch eine Linienlast belasteten Streifenfundament dargestellt. Unter Ansatz einer linearen Elastizitätstheorie erhält man die Lösung nach *Boussinesq* mit sehr großen Spannungsspitzen an den Fundamenträndern, durch plastische Baugrundverformungen werden diese Spitzen abgebaut, es erfolgt eine Spannungsumlagerung in den mittleren Fundamentbereich. Die Größe und Verteilung der Sohlpressungen ergibt sich aus der Forderung, dass die Verformungen der Fundamentsohle mit den Verformungen des Baugrundes identisch sein müssen. In einfachen Fällen, z. B. bei Einzel- und Streifenfundamenten, bleibt die Interaktion zwischen Bauwerk und Baugrund i. Allg. unberücksichtigt. Für die Sohldruckverteilung wird die in Abb. 20.1 mit angegebene, gleichmäßige Spannungsverteilung gem. EC 7/1054 angenommen. Bei ausmittiger Fundamentbelastung ist die tatsächlich vorhandene Fundamentfläche $A_F = b_x \cdot b_y$ auf die rechnerische Ersatzfläche $A_F' = b_x' \cdot b_y'$ zu verringern, vgl. hierzu EC 7/1054, 6.10.1. Die Resultierende der Einwirkungen greift dabei im Schwerpunkt dieser Ersatzfläche an. Bei der Ermittlung der einwirkenden Kraft V ist auch die Fundamenteigenlast zu erfassen.

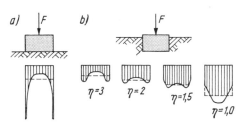

a) |F   b) |F

$\eta=3$ $\eta=2$ $\eta=1,5$

$\eta=1,0$

Sohldruckverteilung unter starrem Fundament
a) Nach Boussinesq bei konstanter Steifezahl E_s
b) Tatsächliche Verteilung bei nichtbindigen Böden
   durch plastische Baugrundverformungen bei
   zunehmender Belastung.
η: Sicherheit gegen Grundbruch

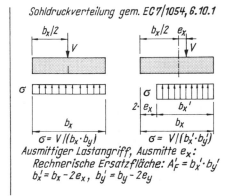

Sohldruckverteilung gem. EC 7/1054, 6.10.1

$\sigma = V/(b_x \cdot b_y)$

$\sigma = V/(b_x' \cdot b_y')$

Ausmittiger Lastangriff, Ausmitte e_x:
Rechnerische Ersatzfläche: $A_F' = b_x' \cdot b_y'$
$b_x' = b_x - 2e_x$, $b_y' = b_y - 2e_y$

Abb. 20.1 Sohldruckverteilung unter Berücksichtigung von bodenmechanischen Kennwerten und vereinfacht (nach [1.21], [36])

Neben dem Nachweis einer ausreichenden Tragfähigkeit in der Bodenfuge ist bei ausmittig belasteten Fundamenten nachzuweisen, dass ein Verlust der Lagesicherheit ausgeschlossen ist. Dieser Nachweis erfolgt grundsätzlich nach den im Abschn. 2.2.2 besprochenen Ansätzen. Der Nachweis ausreichender Kippsicherheit erfolgt durch den Nachweis, dass die destabilisierenden Einwirkungen gem. (2.14) nicht größer sind als die stabilisierenden Einwirkungen. Ein direkter Nachweis der Kippsicherheit kann im Grenzzustand der Tragfähigkeit bei Fundamenten nur schwer geführt werden, weil keine definierte Kippkante vorhanden ist. Gemäß EC 7/ 1054, 6.5.4 darf dieser Nachweis näherungsweise durch einen Vergleich von destabilisierenden und stabilisierenden Bemessungsgrößen der Einwirkungen, bezogen auf eine *fiktive Kippkante am Fundamentrand*, geführt werden. Dieser Nachweis wird häufig maßgebend für die Fundamentabmessungen von Gründungskörpern, die durch große Biegemomente bei gleichzeitig wirkenden geringen Vertikalkräften beansprucht werden. Dieser Fall liegt z. B. meist vor bei Fundamenten unter verschieblichen Hallenstützen.

Für die Kippsicherheit ist dieser Nachweis allein nicht ausreichend. Daher ist zusätzlich gem. EC 7/1054, 6.6.5 eine Begrenzung der Lage der Sohldruckresultierenden in der Bodenfuge erforderlich. Für die Ausmitte der Sohldruckresultierenden in der Bodenfuge gelten folgende Regeln:

Unter Ansatz der ständigen und vorübergehenden Bemessungskombination (2.3) darf die Ausmitte höchstens so groß werden, dass die Gründungssohle des Fundamentes noch bis zum Schwerpunkt der Gründungsfläche unter Druckspannungen steht.

Infolge der ständigen Einwirkungen darf in der Gründungsfläche keine klaffende Fuge vorhanden sein, die Sohldruckresultierende muss somit unter Wirkung der ständigen Einwirkungen im Kern der Gründungsfläche angreifen, vgl. Abb. 20.2b.

Für die Bestimmung der Sohldrücke von Einzel- und Streifenfundamenten darf gem. EC 7 ein geradliniger Verlauf der Sohldrücke angenommen werden. Für rechteckige Fundamente mit einachsiger Ausmitte sind die bekannten Ansätze zur Bestimmung der Sohldrücke in Abb. 20.2b zusammengestellt. Es ist zu beachten, dass die Ausmitte in Bezug auf die Fundamentsohle zu bestimmen ist. Bei zweiachsiger Ausmitte und Lastangriff innerhalb des Kerns kann bei rechteckiger Gründungsfläche die Größe der Eckspannungen über folgenden Ansatz bestimmt werden:

$$\sigma = \frac{V}{b_x \cdot b_y} \pm \frac{M_{Edx}}{W_x} \pm \frac{M_{Edy}}{W_y} \tag{20.1}$$

a) *Bestimmung der Ausmitte e_x in der Bodenfuge*

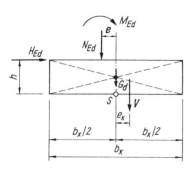

Fundamentbreite b_y. Ausmitte $e_y = 0$
Die Fundamenteigenlast G_d bleibt für die Fundamentbemessung außer Ansatz.
Moment und Ausmitte in der Sohlfuge Bezugspunkt S:

$$M_{Ed,u} = M_{Ed} - N_{Ed} \cdot e + H_{Ed} \cdot h$$
$$e_x = M_{Ed,u}/N_{Ed}$$
$$V = N_{Ed} + G_d$$
$$e_x = M_{Ed,u}/V$$

b) *Verlauf der Sohldrücke σ in Abhängigkeit von der Ausmitte e_x*

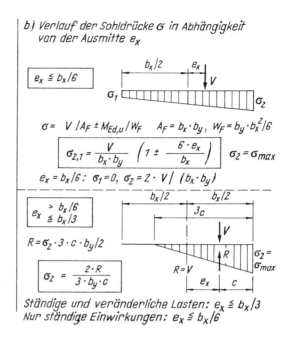

$$e_x \leqq b_x/6$$

$$\sigma = V/A_F \pm M_{Ed,u}/W_F \qquad A_F = b_x \cdot b_y, \quad W_F = b_y \cdot b_x^2/6$$

$$\sigma_{2,1} = \frac{V}{b_x \cdot b_y}\left(1 \pm \frac{6 \cdot e_x}{b_x}\right) \qquad \sigma_2 = \sigma_{max}$$

$$e_x = b_x/6: \quad \sigma_1 = 0, \quad \sigma_2 = 2 \cdot V/(b_x \cdot b_y)$$

$$e_x \begin{array}{c} > b_x/6 \\ \leqq b_x/3 \end{array}$$

$$R = \sigma_2 \cdot 3 \cdot c \cdot b_y/2$$

$$\sigma_2 = \frac{2 \cdot R}{3 \cdot b_y \cdot c} \qquad R = V$$

Ständige und veränderliche Lasten: $e_x \leqq b_x/3$
Nur ständige Einwirkungen: $e_x \leqq b_x/6$

Abb. 20.2 Bestimmung der Sohldrücke in der Bodenfuge von Fundamenten

Bei Lastangriff außerhalb des Kerns können die Extremwerte der Sohldrücke leicht mit Zahlentafeln ermittelt werden, vgl. [8].

Für die Bemessung des Fundamentes sind die größeren Abmessungen, die sich aus einem der beiden vorstehend angeführten Rechengänge ergeben, maßgebend (Bemessung in der Bodenfuge oder Kippsicherheitsnachweis). Für die Fundamentbemessung werden die Sohldrücke als äußere Belastung auf das Fundament angesetzt, bei der Ermittlung dieser Sohldrücke ist diejenige Einwirkungskombination anzusetzen, die im Grenzzustand der Tragfähigkeit zur maximalen Beanspruchung des Fundamentes führt. Es sind Einwirkungskombinationen mit ungünstigen und günstigen Bemessungswerten unabhängiger ständiger Einwirkungen zu erfassen. Eine betragsmäßige Begrenzung der Sohldrücke, etwa im Hinblick auf die in EC 7/1054, Abschn. A 6.10, angegebenen Werte, ist bei der Fundamentbemessung nicht zu berücksichtigen. Wenn bei *verschieblichen* Tragwerken die Einspannung der Stabenden eines Druckgliedes angesetzt wird, sind die anschließenden Bauteile auch für die Zusatzausmitten nach Theorie II. Ordnung zu bemessen, vgl. hierzu Abschn. 13.4.6. Dies gilt somit auch für die Bemessung von Fundamenten unter eingespannten Stützen von verschieblichen Tragwerken. Die Größe der Zusatzausmitten ist von der Stützenbemessung bekannt, die für die Fundamentbemessung anzusetzende maßgebende Einwirkungskombination entspricht nicht immer derjenigen, die bei der Stützenbemessung maßgebend war.

Bei der Festlegung der für Fundamente anzusetzenden Expositionsklasse ist zu beachten, dass Bauteile, die dauerhaft und vollständig im Boden eingebettet sind, *nicht* in eine XF-Klasse eingeordnet werden müssen. Der Boden speichert Wärme intensiv, er kühlt sich bei Frost langsamer ab und erwärmt sich bei höheren Temperaturen langsamer als die Luft. Für die Einordnung in eine Klasse XF ist neben einer Wassersättigung des Bauteils eine erhebliche Frost-Tau-Beaufschlagung erforderlich. Dieser Einfluss fehlt bei Fundamenten im Boden, daher ist keine Einordnung in die Klasse XF erforderlich [Auslegung NABau].

Die Biegezugbewehrung von Fundamenten wird i. Allg. auf einer Sauberkeitsschicht verlegt. Mit einer ebenen Oberfläche dieser Sauberkeitsschicht kann nicht gerechnet werden, gem. EC 2/NA., 4.4.1.3 (4) ist dann das Vorhaltemaß Δc_{dev} um das Differenzmaß der Unebenheit, mindestens aber um 20 mm, zu erhöhen. Diese Maße gelten auch für Seitenflächen des Fundamentes, wenn das Fundament seitlich gegen das Erdreich betoniert wird. Nur bei untergeordneten Bauteilen ist eine Fundamentherstellung ohne Sauberkeitsschicht denkbar, dann ist das Vorhaltemaß um 50 mm zu erhöhen.

20.2 Unbewehrte Fundamente

20.2.1 Grundlagen

Unbewehrte Fundamente werden vorzugsweise für gering belastete Streifenfundamente eingesetzt. Bei höheren Lasten oder sehr geringen Bemessungswerten des Sohldruckwiderstandes ergeben sich so große Fundamentdicken h, dass unbewehrte Fundamente unwirtschaftlich werden.

Für den Nachweis ausreichender Tragfähigkeit unbewehrter Fundamente gelten gem. EC 2/ NA., 12.9 die folgenden Annahmen und Grundsätze:

- Bei zentrisch belasteten Einzel- und Streifenfundamenten darf die Zugfestigkeit des Betons bis zum Bemessungswert f_{ctd} angesetzt werden.
- Es darf keine höhere Betonfestigkeitsklasse des Betons als C 35 / 45 angesetzt werden.

Für die Teilsicherheitsbeiwerte ist bei Ansatz der Grundkombination mit $\gamma_C = 1,5$ gem. Abb. 2.8 zu rechnen. Die Spannungsverteilung über die Querschnittshöhe im Bemessungsschnitt I-I ist in Abb. 20.3 dargestellt. Bei der gedrungenen Form des auskragenden Fundamentteils kann mit einem Ebenbleiben des Querschnitts nicht gerechnet werden, vgl. hierzu die entsprechenden Hinweise im Abschn. 16.4.1. Bei der Bestimmung des Widerstandsmomentes im Schnitt I-I (Abb. 20.3) wird daher die Fundamenthöhe näherungsweise zu $0,85\,h_F$ angesetzt. Die Bodenpressungen σ_{gd} (*ground pressure design value*) werden unter Ansatz der Grundkombination (2.3) bestimmt, damit ergibt sich:

$$M_{Ed} = \sigma_{gd} \cdot a^2/2$$
$$W_c = b_y \cdot (0,85 \cdot h_F)^2/6$$

Wir setzen $b_y = 1$ und $h_F = a \cdot \tan \alpha$.

$$W_c = 0,85^2 \cdot a^2 \cdot \tan^2 \alpha / 6$$

Für die Randspannungen ergibt sich $\sigma_c = M_{Ed}/W_c$. Die Tragfähigkeit des unbewehrten Fundamentes ist erschöpft, wenn die Zugspannungen am unteren Fundamentrand die Betonzugfestigkeit erreicht haben. Als Bemessungswert der Betonzugfestigkeit darf gem. EC 2/NA.,12.9.3 mit dem in EC 2, 3.1.6 definierten Wert f_{ctd} gerechnet werden:

$$f_{ctd} = \alpha_{ct} \cdot f_{ctk;0,05}/\gamma_C$$

Hierin ist $\alpha_{ct} = 0,85$ und $\gamma_C = 1,5$. Für die Grenzwerte $\tan \alpha$ erhält man damit

$$\sigma_c = \frac{M_{Ed}}{W_c} = \frac{\sigma_{gd} \cdot a^2 \cdot 6}{2 \cdot 0,85^2 \cdot a^2 \cdot \tan^2 \alpha} \leq f_{ctd}$$

$$\tan\alpha \geqq \sqrt{\frac{3 \cdot \sigma_{gd}}{f_{ctd}}} \cdot \frac{1}{0,85} \tag{20.2}$$

Flachere Lastverteilungswinkel als $\alpha = 45°$ sind unzulässig, hieraus folgt $\tan\alpha \geqq 1,0$, vereinfachend darf auch stets mit $\tan\alpha = h_F/a = 2,0$ gerechnet werden, vgl. EC 2/NA., 12.9.3. In Abb. 20.3 ist (20.2) für einige Betonfestigkeitsklassen und für ausgewählte Sohldrücke σ_{gd} ausgewertet. Der Bemessungswert der Betonzugfestigkeit f_{ctd} wurde dabei gem. (1.4) mit $f_{ctk;\,0,05} = 0,7 \cdot f_{ctm}$ und $f_{ctm} = 0,3 \cdot f_{ck}^{2/3}$ bestimmt.

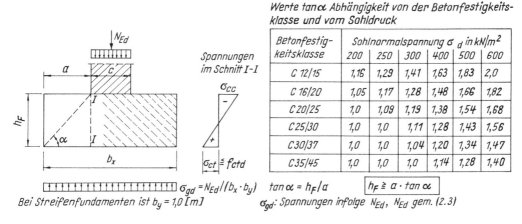

Werte tanα Abhängigkeit von der Betonfestigkeitsklasse und vom Sohldruck

Betonfestig-keitsklasse	Sohlnormalspannung σ_d in kN/m²					
	200	250	300	400	500	600
C 12/15	1,16	1,29	1,41	1,63	1,83	2,0
C 16/20	1,05	1,17	1,28	1,48	1,66	1,82
C 20/25	1,0	1,09	1,19	1,38	1,54	1,68
C 25/30	1,0	1,0	1,11	1,28	1,43	1,56
C 30/37	1,0	1,0	1,04	1,20	1,34	1,47
C 35/45	1,0	1,0	1,0	1,14	1,28	1,40

$\sigma_{gd} = N_{Ed}/(b_x \cdot b_y)$ $\tan\alpha = h_F/a$ $\boxed{h_F \geqq a \cdot \tan\alpha}$

Bei Streifenfundamenten ist $b_y = 1,0$ [m] σ_{gd}: Spannungen infolge N_{Ed}, N_{Ed} gem. (2.3)

Abb. 20.3 Spannungsverlauf in unbewehrten Fundamenten und zulässige Werte für die Lastausbreitung in Fundamenten

Für den Nachweis ausreichender Tragfähigkeit des *Baugrundes* sind die im Abschn. 20.1 besprochenen Vorschriften in EC 7, EC 7/NA. und EC 7/DIN 1054 maßgebend. Die Sohldrücke σ_{gd} in (20.2) sind dagegen mit der Grundkombination (2.3) zu bestimmen.

Wenn Fundamente unter Stützen als unbewehrte Einzelfundamente ausgeführt werden sollen, wird eine Verteilung der Momente gem. den Angaben in Heft 240 [80.14] angesetzt, vgl. hierzu Abb. 20.6. Für die so ermittelten größten Momente in Fundamentmitte ist nachzuweisen, dass die Zugspannungen am unteren Fundamentrand den oben bei (20.2) angegebenen Grenzwert f_{ctd} nicht überschreiten.

20.2.2 Anwendungsbeispiel

Aufgabenstellung

Das Fundament unter einer $a = 24$ cm dicken, gemauerten Wand ist zu bemessen.

Betonfestigkeitsklasse: C 20/25

In einem vorliegenden Bodengutachten ist ein zulässiger Sohldruck $\sigma_{B,k} = 250 \, \text{kN}/\text{m}^2$ unter Ansatz der charakteristischen Einwirkungen (Einbindetiefe des Fundamentes $\geqq 0,50$ m) angegeben.

Charakteristische Einwirkungen

$$g_k = 173 \, \text{kN/m}, \quad q_k = 70 \, \text{kN/m}$$

Durchführung:

Entwurf (Nebenrechnung)

Der Anteil des Sohldrucks infolge Fundamenteigenlast wird zu $\sigma_{Eg} \approx 15 \, \text{kN/m}^2$ geschätzt. Damit ist für die Belastung $g_k + q_k$ verfügbar:

$$\sigma_{B,k} - \sigma_{Eg} = \sigma_B = 250 - 15 = 235 \, \text{kN/m}^2$$

Erforderliche Fundamentbreite

$$\text{erf } b_x = \frac{g_k + q_k}{\sigma_B} = \frac{173 + 70}{235} = 1,03 \, \text{m}$$

Gewählte Fundamentabmessungen

$$b_x / h_F = 1,05 / 0,50 \, \text{m}$$

Bemessung des Fundamentes

Bemessungslast gem. (2.3) und Abb. 20.3

$$N_{Ed} = \gamma_G \cdot g_k + \gamma_Q \cdot q_k = 1,35 \cdot 173 + 1,50 \cdot 70 = 339 \, \text{kN/m}$$

Ohne Fundamenteigenlast. Die Eigenlast erzeugt nur Sohlpressungen, keine Momente.

Sohlnormalspannungen

$$\sigma_{gd} = N_{Ed} / b_x = 339 / 1,05 = 323 \, \text{kN/m}^2$$

Erforderliche Fundamenthöhe

$\tan \alpha$ für Beton C 20/25 und $\sigma_{gd} = 323 \, \text{kN/m}^2$ aus Abb. 20.3:

$$\tan \alpha = 1,23$$

$$h_F \gtrless a \cdot \tan \alpha, \quad a = (b_x - t)/2 = (1,05 - 0,24)/2 = 0,405 \, \text{m}$$

$$h_F \gtrless 1,23 \cdot 0,405 = 0,50 \, \text{m} = h_{F,vorh}$$

Weitere Nachweise sind nicht erforderlich, die Betonzugspannungen am unteren Fundamentrand sind nicht größer als f_{ctd}.

20.3 Bewehrte Einzelfundamente

20.3.1 Biegebemessung

Wir gehen gem. den Angaben in EC 7 von einer geradlinigen Spannungsverteilung in der Gründungsfläche aus. Mit den Bezeichnungen der Abb. 20.4 ergibt sich für rechteckige Fundamente das ausgerundete Gesamtbiegemoment in x- bzw. y-Richtung in Bezug auf die Fundamentachsen:

$$M_{Edx} = \frac{N_{Ed}}{2} \cdot (b_x/4 - c_x/4)$$

$$M_{\text{Edy}} = \frac{N_{\text{Ed}}}{2} \cdot (b_y / 4 - c_y / 4)$$

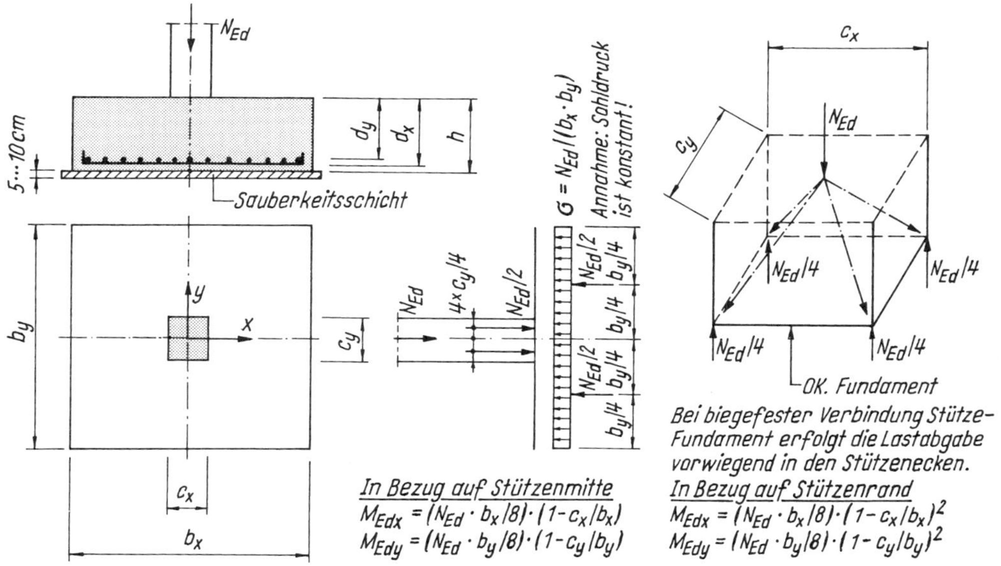

In Bezug auf Stützenmitte
$$M_{Edx} = (N_{Ed} \cdot b_x / 8) \cdot (1 - c_x / b_x)$$
$$M_{Edy} = (N_{Ed} \cdot b_y / 8) \cdot (1 - c_y / b_y)$$

In Bezug auf Stützenrand
$$M_{Edx} = (N_{Ed} \cdot b_x / 8) \cdot (1 - c_x / b_x)^2$$
$$M_{Edy} = (N_{Ed} \cdot b_y / 8) \cdot (1 - c_y / b_y)^2$$

Bei biegefester Verbindung Stütze–
Fundament erfolgt die Lastabgabe
vorwiegend in den Stützenecken.

Abb. 20.4 Rechteckige Einzelfundamente: Plattenmomente in Bezug auf die Fundamentmitte und auf den Stützenrand

Mit der in Heft 240 [80.14] gewählten Schreibweise erhält man:

$$\left. \begin{aligned} M_{\text{Edx}} &= \frac{N_{\text{Ed}} \cdot b_x}{8} \cdot (1 - c_x / b_x) \\ M_{\text{Edy}} &= \frac{N_{\text{Ed}} \cdot b_y}{8} \cdot (1 - c_y / b_y) \end{aligned} \right\} \tag{20.3}$$

In Heft 387 [80.16] wird das Tragverhalten quadratischer Einzelfundamente ausführlich beschrieben. Die Verformung der Platte wird im Bereich von Stahlbetonstützen, die *biegefest* mit der Fundamentplatte verbunden sind, durch die Stütze behindert. Die Stützenlasten werden nach Abb. 20.4 vorwiegend in den Stützenecken abgegeben, das Plattenmoment wird geringer. Mit ausreichender Genauigkeit darf daher bei *biegefester* Verbindung der Platte mit der Stütze für das Moment am Stützenrand bemessen werden. Hierfür erhält man

$$\left. \begin{aligned} M_{\text{Edx}} &= \frac{N_{\text{Ed}} \cdot b_x}{8} \cdot (1 - c_x / b_x)^2 \\ M_{\text{Edy}} &= \frac{N_{\text{Ed}} \cdot b_y}{8} \cdot (1 - c_y / b_y)^2 \end{aligned} \right\} \tag{20.4}$$

Wenn Einzelfundamente durch eine exzentrisch wirkende Normalkraft oder durch eine Normalkraft und ein Biegemoment beansprucht werden, ermittelt man zunächst die Sohldrücke σ (ohne Einfluss der Fundamenteigenlast). Nach Abb. 20.5 werden dann die Bemessungsmomente in Bezug auf die Fundamentmitte errechnet. Bei sehr schmalen Fundamenten wird die Bewehrung in der Haupttragrichtung gleichmäßig über die Fundamentbreite verteilt, die Bewehrung in Querrichtung sollte unter der Stütze konzentriert werden, Abb. 20.5 enthält hierzu Hinweise. Ergänzungen hierzu sowie Berechnung und Konstruktion für ein exzentrisch belastetes Einzelfundament findet man im Abschn. 20.4.

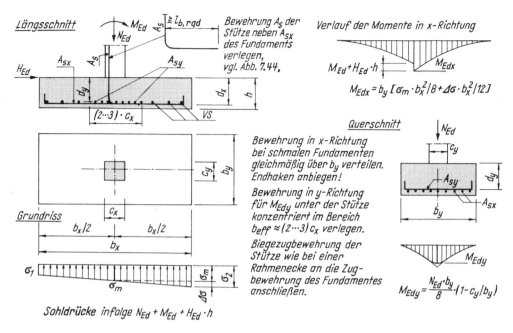

Abb. 20.5 Einzelfundament bei exzentrischer Belastung (nach [20, Teil 3])

Nach der Plattentheorie sind unter Einzellasten bei rechteckigen Fundamenten Hauptmomente in radialer und tangentialer Richtung vorhanden. Anstelle dieser Hauptmomente darf gem. Heft 240 [80.14] die Bemessung näherungsweise für Momente M_{Edx} und M_{Edy} gem. (20.3) oder (20.4) erfolgen. Der Verlauf der Gesamtmomente M_{Edx} in x-Richtung ist in Abb. 20.6 dargestellt. An den Stützenrändern fällt die Momentenlinie in Fundamentmitte steil ab, hier sind somit große Verbundspannungen vorhanden. Wenn die Verbundfestigkeit überschritten wird, kann es zum Gleiten der Bewehrungsstäbe innerhalb des Betonkörpers oder bei sehr stark bewehrten Fundamenten auch zum Abplatzen der gesamten Betondeckung kommen [1.11]. Bei normal ausgenutzten Fundamenten wird daher eine Konstruktion mit dünnen Bewehrungsstäben angestrebt, bei stark bewehrten Fundamenten (mehrlagige Bewehrung) werden lotrechte Bewehrungsstäbe zur Verbundsicherung empfohlen. Eine Staffelung der Bewehrung sollte in jedem Fall unterbleiben, bei Bewehrung mit Stabstahl ist an den Fundamenträndern ein Winkelhaken anzubiegen. Zur Aufnahme der Querzugkräfte im Verankerungsbereich ist mindestens ein Querstab im Bereich der Krümmung des Winkelhakens anzuordnen. Bei Bewehrung mit Betonstahlmatten sollte ein Querstab möglichst nahe am Fundamentrand vorhanden sein, vgl. hierzu auch Abb. 10.14.

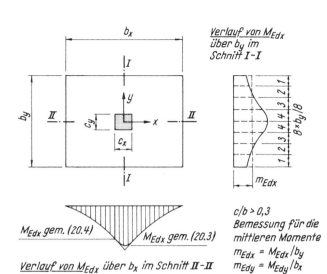

Streifen	Verhältnis c_y/b_y			
	0,1	0,2	0,3	>0,3
1	7	8	9	12,5
2	10	10	11	12,5
3	14	14	14	12,5
4	19	18	16	12,5
Summe	50	50	50	50

Vereinfachte Verteilung des Momentes
M_{Edx} über b_y in [%] (nach [33])

Streifen	Verhältnis c_y/b_y	
	≤ 0,3	>0,3
1+2	16,7	25
3+4	33,3	25
Summe	50,0	50

$c/b > 0,3$
Bemessung für die
mittleren Momente
$m_{Edx} = M_{Edx}/b_y$
$m_{Edy} = M_{Edy}/b_x$

Abb. 20.6 *Verlauf der Biegemomente in Einzelfundamenten sowie Verteilungszahlen für die Momente*

In der jeweils betrachteten Querrichtung kann gem. [80.14] das Gesamtmoment M_{Edx} bzw. M_{Edy} auf acht Streifen von der Breite $b_{eff} = b_y/8$ bzw. $b_x/8$ verteilt werden. Bei Seitenverhältnissen $c/b > 0,3$ darf die Konzentration der Plattenmomente unter der Stütze unberücksichtigt bleiben, man bemisst dann also für die mittleren Momente $m_{Edx} = M_{Edx}/b_y$ bzw. $m_{Edy} = M_{Edy}/b_x$. Die sehr feine Anpassung der Bewehrung in acht Streifen an den Momentenverlauf ist baupraktisch unerwünscht und bei Bewehrung mit Betonstahlmatten kaum herstellbar. Im Grenzzustand der *Tragfähigkeit* ist nach *Leonhardt* [20] die Verteilung der Bewehrung von untergeordneter Bedeutung, die Stahlspannung ist in den Schnitten I-I und II-II in allen Bewehrungsstäben annähernd gleich groß, vgl. auch [80.16]. Für die Rissbreitenbeschränkung im Grenzzustand der Gebrauchstauglichkeit ist jedoch eine Konzentration der Bewehrung unter der Stütze wichtig. Empfohlen wird daher bei Verhältniswerten $c/b < 0,3$ in den Mittelstreifen von der Breite $b/4$ etwa doppelt so viel Bewehrung einzulegen wie in den gleich breiten Randstreifen. Die sich bei einer solchen Bewehrungsverteilung ergebenden Verteilungszahlen sind in Abb. 20.6 mit eingetragen. Die Bemessung für Querkräfte (Durchstanzen) macht häufig eine Verstärkung der Biegebewehrung im mittleren Fundamentbereich über den sich aus der Biegebemessung ergebenden Betrag erforderlich.

20.3.2 Durchstanzen: Nachweis der Querkrafttragfähigkeit (GZT)

Im Abschn. 15.2 wurde das Tragverhalten von Platten beschrieben, die ohne Zwischenschaltung von Balken direkt auf Stützen auflagern. Die dort angegebenen Bemessungsregeln gelten gem. EC 2/NA., 6.4.1 auch für Fundamente. Durch die Bodenpressung innerhalb des Stanzkegels wird die Durchstanzgefahr vermindert. Nach *Hegger/Siburg* [3.7] ist der Stanzkegel bei Fundamentplatten wesentlich steiler geneigt als bei dünnen Platten. Diese steilere Neigung wird verursacht durch den Einfluss der Bodenpressungen und durch die gegenüber Platten geringere Schlankheit der Fundamente. Die Rissneigung des Stanzkegels ist dabei vorwiegend abhängig von der Schubschlankheit des Fundamentes, hierbei wird als Schubschlankheit das

Verhältnis a_λ/d bezeichnet, dabei ist a_λ der Abstand zwischen Stützenanschnitt und Fundamentrand, vgl. Abb. 20.7.

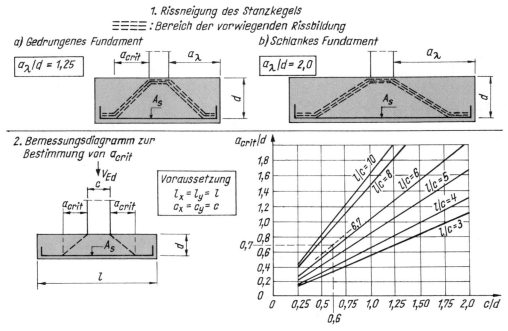

Abb. 20.7 *Rissneigung des Stanzkegels in Abhängigkeit von der Schubschlankheit des Fundamentes und Diagramm zur Bestimmung der Lage des kritischen Rundschnitts bei quadratischen Fundamenten (nach [3.7] und [60.16])*

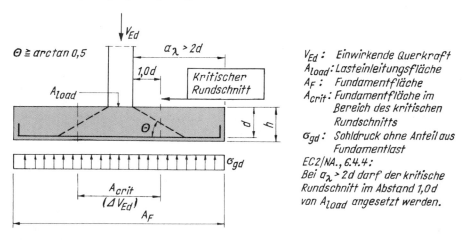

Abb. 20.8 *Kritischer Rundschnitt und Abzugswert infolge des Sohldrucks bei schlanken Fundamenten*

Der Bemessungswert der Durchstanztragfähigkeit ist wie beim Durchstanznachweis für Platten längs des kritischen Rundschnitts zu bestimmen, vgl. hierzu (15.7). Der einwirkenden Querkraft V_{Ed} wirken die Sohldrücke entgegen, für den Durchstanznachweis werden daher bei Fundamenten die innerhalb des kritischen Rundschnitts angreifenden Sohldrücke gem. EC 2, 6.4.4 (2) von der einwirkenden Querkraft abgezogen:

$$V_{Ed,red} = V_{Ed} - \Delta V_{Ed} = V_{Ed} - A_{crit} \cdot \sigma_{bg} \tag{20.5}$$

ΔV_{Ed} Resultierende Kraft aus dem Sohldruck innerhalb des betrachteten Rundschnitts

Die Größe der Abzugskraft ΔV_{Ed} ist von der Größe der Fläche innerhalb des kritischen Rundschnitts abhängig, diese Fläche ist umso größer, je größer der Abstand des kritischen Rundschnitts vom Stützenanschnitt ist. Mit zunehmenden Abständen des kritischen Rundschnitts vom Stützenanschnitt vergrößert sich auch der Umfang des kritischen Rundschnitts, die Größe der Schubspannung $v_{Ed} = V_{Ed}/(u_{crit} \cdot d)$ verringert sich also mit zunehmenden Abständen des kritischen Rundschnitts vom Stützenanschnitt. Der Abstand des kritischen Rundschnitts vom Stützenanschnitt ist daher gem. EC 2/NA., 6.4.4 (2) bei gedrungenen Fundamenten mit $\lambda = a_\lambda/d \leqq 2,0$ iterativ zu bestimmen, dies erfolgt über den Bemessungswert des Durchstanzwiderstands für Fundamente ohne Durchstanzbewehrung gem. EC 2/NA., 6.4.4 (2):

$$v_{Rd,c} = C_{Rd,c} \cdot k \cdot (100 \cdot \rho_l \cdot f_{ck})^{1/3} \cdot (2\,d/a_{crit}) \geqq v_{min} \cdot (2\,d/a_{crit}) \tag{20.6}$$

Hierin ist:

a_{crit} Abstand des betrachteten Schnittes vom Stützenrand

$C_{Rd,c} = 0,15/\gamma_C = 0,15/1,50 = 0,1$ (Grundkombination (2.3): $\gamma_C = 1,50$)

Für alle weiteren Ausdrücke gelten die Hinweise in der Legende zu (15.7).

Der Vorfaktor $C_{Rd,c}$ wurde bei Fundamenten von $0,18/\gamma_C$ auf $0,15/\gamma_C$ bei schlanken Bauteilen (Platten und Bodenplatten) abgemindert, weil nur so das geforderte Sicherheitsniveau erreicht werden konnte. Maßgebend für die Bestimmung von a_{crit} ist derjenige Rundschnitt, der unter Berücksichtigung des veränderlichen Abzugswertes aus dem Sohldruck und unter Berücksichtigung der geringer werdenden Schubspannung bei zunehmenden Abständen vom Stützenrand den geringsten Tragwiderstand $v_{Rd,c}$ ergibt. Der Iterationsweg wird nachfolgend skizziert, ein Beispiel hierzu folgt bei den Anwendungen im Abschn. 20.3.5. Der Abstand des kritischen Rundschnitts vom Stützenrand und die Abmessungen dieses Rundschnitts sind nur von den geometrischen Abmessungen des Fundamentes und der Stütze abhängig, diese Maße sind unabhängig von der Fundamentbelastung.

Zur Bestimmung von a_{crit} setzt man $\beta \cdot V_{Ed,red} \leqq V_{Rd,c}$

$V_{Ed,red}$ wird umgeformt:

$$V_{Ed,red} = V_{Ed} - \Delta V_{Ed} = V_{Ed} - A_{crit} \cdot \sigma_{gd}$$
$$= V_{Ed} - A_{crit} \cdot V_{Ed}/A_F$$
$$\beta \cdot V_{Ed,red} = \beta \cdot V_{Ed}(1 - A_{crit}/A_F) \leqq V_{Rd,c}$$

Damit erhält man als Bestimmungsgleichung für a_{crit}:

$$\beta \cdot V_{Ed} \leqq \frac{V_{Rd,c}}{1 - A_{crit}/A_F} \tag{20.7}$$

Mit dem Diagramm in Abb. 20.7 und mit den dort angegebenen Bezeichnungen kann der Abstand des kritischen Rundschnitts vom Stützenanschnitt ohne Iteration bestimmt werden. Eingangswerte sind die bezogenen Abstände c/d und l/c, abgelesen wird an der linken Ordinate der bezogene Wert a_{crit}/d. Bei *Hegger et al.* [3.7], [60.16] findet man ein weiteres Bemessungsdiagramm, mit dem auch die Größe des Durchstanzwiderstandes direkt bestimmt werden kann. Die Diagramme gelten für *quadratische* Fundamente unter *quadratischen* Stützen. Die im Diagramm eingestrichelten Angaben bei $c/d = 0,60$ beziehen sich auf die Beispielrechnung im Abschn. 20.3.5.

Für Bodenplatten und schlanke Fundamente mit $a_\lambda/d > 2{,}0$ darf vereinfacht der kritische Rundschnitt im Abstand $1{,}0\,d$ vom Stützenrand angenommen werden. Der Abzugswert infolge der Sohldrücke darf bei schlanken Fundamenten aus den Sohldrücken innerhalb eines Rundschnitts im Abstand $1{,}0\,d$ vom Stützenanschnitt ermittelt werden. Durch Sohldrücke infolge der Fundamenteigenlast werden keine Schubspannungen im Rundschnitt hervorgerufen, diese bleiben stets außer Ansatz. Die resultierende einwirkende Querkraft sollte in jedem Fall zur Berücksichtigung von nicht rotationssymmetrischen Einwirkungen mindestens mit dem Lasterhöhungsfaktor $\beta = 1{,}10$ vergrößert werden, der Wert $\beta = 1{,}10$ gilt für zentrisch belastete Fundamente. Hieraus folgt die Größe der einwirkenden Schubspannung gem. EC 2/NA., 6.4.4 (2)

$$v_{\mathrm{Ed}} = \beta \cdot V_{\mathrm{Ed,red}} / (u \cdot d) \tag{20.8}$$

Wenn im kritischen Rundschnitt eines Fundamentes $v_{\mathrm{Ed}} \leqq v_{\mathrm{Rd,c}}$ nachgewiesen wird, ist keine Durchstanzbewehrung erforderlich.

Wenn zusätzlich zu den einwirkenden Querkräften V_{Ed} auch Biegemomente M_{Ed} gem. Abb. 20.9 von der Stütze in das Fundament einzuleiten sind, muss der Lasterhöhungsfaktor genauer bestimmt werden. Hierfür gilt gem. EC 2/NA. der Ansatz in Gl. (NA.6.51.1):

$$\beta = 1 + k \cdot \frac{M_{\mathrm{Ed}} \cdot u}{V_{\mathrm{Ed,red}} \cdot W} \geqq 1{,}10 \tag{20.9}$$

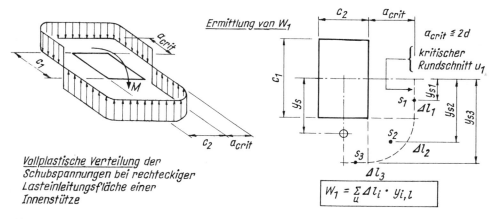

Abb. 20.9 *Plastische Verteilung der Schubspannung im kritischen Rundschnitt infolge Einleitung eines Biegemomentes und Ansatz zur Bestimmung des Widerstandmomentes W für den kritischen Rundschnitt u_1*

Der Ansatz wurde entwickelt unter der Annahme einer plastischen Schubspannungsverteilung entlang des kritischen Rundschnitts. Hierin ist W das statische Moment der Schwerelinien des kritischen Rundschnitts und k ein Beiwert, mit dem der Anteil des Momentes, das im Durchstanzbereich zusätzliche Schubspannungen erzeugt, berücksichtigt wird. Weitere Erläuterungen hierzu und eine ausführliche Zusammenstellung der Widerstandmomente W für verschiedene Arten des kritischen Rundschnittes sind in [9] enthalten.

Die maximale Durchstanztragfähigkeit eines Fundamentes ist im EC 2/NA., 6.4.5 (3) als 1,4facher Wert der Durchstanztragfähigkeit ohne Durchstanzbewehrung festgelegt worden. Damit gilt für die Maximaltragfähigkeit der Ansatz:

$$v_{\mathrm{Ed}} \leqq v_{\mathrm{Rd,max}} = 1{,}4 \cdot v_{\mathrm{Rd,c}} \tag{20.10}$$

Hierin ist:

$v_{\mathrm{Rd,c}}$ Bemessungswert des Durchstanzwiderstandes gem. (20.6)

Der Bemessungswert des Durchstanzwiderstandes $v_{\mathrm{Rd,c}}$ wird bei gedrungenen Fundamenten mit $a_{\lambda} \leqq 2\,d$ für den iterativ ermittelten kritischen Abstand a_{crit} bestimmt, bei schlanken Fundamenten mit $a_{\lambda} > 2\,d$ wird der Bemessungswert im Abstand $1{,}0\,d$ vom Stützenanschnitt ermittelt.

20.3.3 Durchstanzen: Erforderliche Durchstanzbewehrung

Der im Abschn. 15.2.6 angegebene Ausdruck für die erforderliche Durchstanzbewehrung A_{sw} in Platten kann bei Fundamenten zu so großen Bewehrungsmengen führen, dass diese in den ersten beiden Bewehrungsreihen neben der Krafteinleitungsfläche nicht unterzubringen sind [9]. Der Ansatz zur Bestimmung der erforderlichen Durchstanzbewehrung in Fundamenten wurde daher im Nationalen Anhang zu EC 2 gegenüber der Originalfassung modifiziert. Nach EC 2/NA., 6.4.5 (1) ist bei Fundamenten wegen der teilweise steileren Neigung der Druckstreben die reduzierte Querkraft $V_{\mathrm{Ed,red}}$ *vollständig* von den ersten beiden Bewehrungsreihen aufzunehmen. Ein Abzug des Betontraganteils $v_{\mathrm{Rd,c}}$ ist dabei nicht zulässig. Die so ermittelte Bewehrungsmenge ist gleichmäßig auf die ersten beiden Bewehrungsreihen aufzuteilen.

Damit erhält man für die erforderliche Durchstanzbewehrung bei einer Durchstanzsicherung mit Bügeln gem. EC 2/NA., 6.4.5:

$$\beta \cdot V_{\mathrm{Ed,red}} \leqq V_{\mathrm{Rd,s}} = A_{\mathrm{sw},1+2} \cdot f_{\mathrm{ywd,ef}}$$

$$A_{\mathrm{sw},1+2} = \frac{\beta \cdot V_{\mathrm{Ed,red}}}{f_{\mathrm{ywd,ef}}} \tag{20.11}$$

Hierin ist:

$A_{\mathrm{sw},1+2}$ Querschnittsfläche der Durchstanz-Bügelbewehrung in den beiden ersten Reihen neben der Stütze

$f_{\mathrm{ywd,ef}}$ Bemessungswert der wirksamen Stahlspannung gem. (15.11):
$f_{\mathrm{ywd,ef}} = 250 + 0{,}25\,d\ [\mathrm{mm}] \leqq f_{\mathrm{ywd}}\ [\mathrm{N/mm^2}]$

$V_{\mathrm{Ed,red}}$ Resultierende einwirkende Kraft innerhalb des kritischen Rundschnitts gem. (20.5): $V_{\mathrm{Ed,red}} = V_{\mathrm{Ed}} - A_{\mathrm{crit}} \cdot \sigma_{\mathrm{bg}}$

Die Bewehrung $A_{\mathrm{sw},1+2}$ ist gem. EC 2/NA., 6.4.5 (1) gleichmäßig auf die ersten beiden Bewehrungsreihen im Abstand $0{,}3\,d$ bzw. $0{,}8\,d$ von der Krafteinleitungsfläche aufzuteilen, vgl. Abb. 20.11. Zwischen dem letzten Schnitt mit erforderlicher Durchstanzbewehrung und dem Schnitt, an dem keine Durchstanzbewehrung mehr erforderlich ist, darf der Abstand nicht größer als $1{,}5\,d$ sein, vgl. Abb. 20.11.

Bei gedrungenen Fundamenten mit $a_{\lambda} < 2\,d$ sind im Regelfall nur 2 Bügelreihen erforderlich. Wenn ausnahmsweise mehr als 2 Reihen erforderlich werden, sind die Abstände dieser zusätzlichen Reihen gem. EC 2/NA., 6.4.5 (2) auf $0{,}5\,d$ zu beschränken. Für die Bestimmung des erforderlichen Bewehrungsquerschnitts in diesen zusätzlichen Reihen gelten die gleichen Regelungen wie für schlanke Fundamente ($A_{\mathrm{sw},3+}$, vgl. (20.12)).

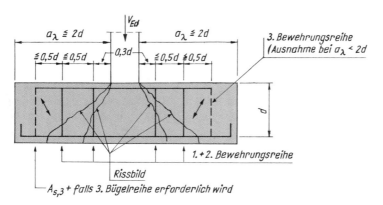

Abb. 20.10 Zur Durchstanzbewehrung bei Fundamenten mit Bügeln

Bei schlanken Fundamenten und Bodenplatten kommt es vor, dass im Abstand von $1,5\,d$ von der 2. Bügelreihe der Bereich ohne erforderliche Durchstanzbewehrung noch nicht erreicht ist, vgl. hierzu (15.9). Dann sind mehr als 2 Bügelreihen erforderlich. Die erforderliche Bewehrung für diese zusätzlichen Bügelreihen darf vereinfacht dadurch bestimmt werden, dass 33 % der einwirkenden Querkraft an die Plattenoberseite „hochgehängt" werden, vgl. hierzu Abb. 20.11 und [9]. Bei der Bestimmung der reduzierten Querkraft $V_{\mathrm{Ed,red}}$ darf der Abzugswert ΔV_{Ed} mit der Fundamentfläche innerhalb der betrachteten Bewehrungsreihe ermittelt werden, vgl. auch Abb. 20.11. Für die erforderliche Bewehrung in jeder zusätzlichen Bewehrungsreihe ergibt sich damit:

$$A_{\mathrm{sw},3+} = \frac{33}{100} \cdot \frac{\beta \cdot V_{\mathrm{Ed,red}}}{f_{\mathrm{ywd,ef}}} \tag{20.12}$$

Hierin ist, vgl. auch (20.11):

$$V_{\mathrm{Ed,red}} = V_{\mathrm{Ed}} - \Delta V_{\mathrm{Ed}}$$

$A_{\mathrm{sw},3+}$ Erforderliche Bewehrung in der 3. und in jeder weiteren Bewehrungsreihe

ΔV_{Ed} Resultierende Kraft aus dem Sohldruck σ_{bg} innerhalb der Fundamentfläche $A_{\mathrm{F},3+}$. Hierbei ist $A_{\mathrm{F},3+}$ die Fläche innerhalb der betrachteten Bügelreihe.

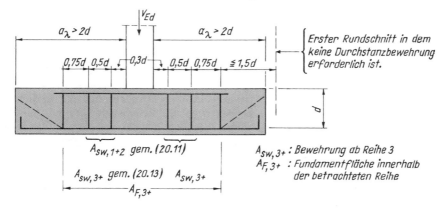

Abb. 20.11 Zur Durchstanzbewehrung von schlanken Fundamenten und Bodenplatten mit Bügeln

Bei einer Durchstanzbewehrung mit *Schrägstäben* gilt für die erforderliche Schrägbewehrung gem. EC 2/NA. Gl. (NA. 6.52.2):

$$A_{\mathrm{sw,S}} = \frac{\beta \cdot V_{\mathrm{Ed,red}}}{1{,}3 \cdot f_{\mathrm{ywd}} \cdot \sin \alpha} \tag{20.13}$$

Hierin ist:

$A_{\mathrm{sw,S}}$	Querschnittsfläche der Schrägbewehrung
α	Winkel der Durchstanzbewehrung zur Plattenebene mit $45° \leqq \alpha \leqq 60°$
$V_{\mathrm{Ed,red}}$	Resultierende einwirkende Querkraft innerhalb des kritischen Rundschnitts, vgl. hierzu (20.5)

Schrägstäbe können stets wirksam verankert werden, als Bemessungsspannung ist daher mit f_{ywd} zu rechnen. Bei einer Konstruktion mit Schrägstäben wird der Stanzkegel unabhängig von der Neigung der Schrägrisse stets von der voll verankerten Schrägbewehrung durchkreuzt, zusätzlich wird die Einschnürung der Biegedruckzone vermindert, so dass sich ein höherer Betontraganteil einstellen kann. Mit dem Wirksamkeitsfaktor „1,3" werden diese Einflüsse erfasst [80.6].

Schrägstäbe sollen möglichst den gesamten Stanzkegel durchschneiden, für die Anordnung der Schrägstäbe im Schnitt und im Grundriss gelten die in Abb. 20.12 angeführten Vorschriften gem. EC 2/NA., 9.4.3. Nach [9] ist bei einer Ausführung der Durchstanzbewehrung mit Schrägstäben auch eine Ausführung mit nur einer Reihe von Schrägstäben zulässig. Die Schrägstäbe sind dann in einem Bereich zwischen $0{,}3\,d$ und $1{,}0\,d$ von der Lasteinleitungsfläche anzuordnen.

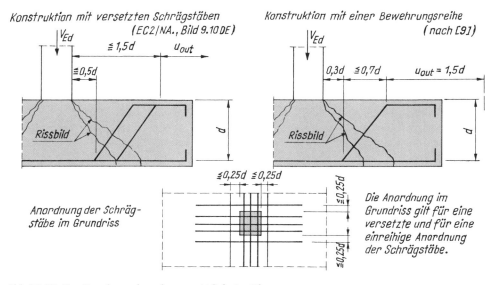

Abb. 20.12 Zur Durchstanzbewehrung mit Schrägstäben

Ergänzende Hinweise zur Durchstanzbewehrung bei Fundamenten

Der äußere Rundschnitt u_{out}, in dem keine Durchstanzbewehrung mehr erforderlich ist, liegt gem. Abb. 15.12 im Abstand $1{,}5\,d$ von dem durchstanzbewehrten Bereich. Bei einer Durchstanzbewehrung mit Schrägstäben ist dieser Abstand gem. dem Hinweis in Abb. 20.12 zu bestimmen vom oberen Abbiegepunkt der Schrägstäbe. Wenn dieser äußere Rundschnitt noch innerhalb des Fundamentes liegt, ist eine zusätzliche Bügelbewehrung außerhalb des Bereiches mit Schrägstäben erforderlich. In diesen seltenen Fällen wird empfohlen, auf Schrägstäbe als Durchstanzbewehrung vollständig zu verzichten und die Durchstanzsicherung insgesamt mit Bügeln auszuführen.

Zur Ausführung einer Durchstanzbewehrung mit Bügeln

Die konstruktiven Hinweise für eine Durchstanzbewehrung mit Bügeln im Abschnitt 15.2.6 gelten auch für Fundamente, dies gilt insbesondere für die einzuhaltenden Bügelabstände in tangentialer Richtung. Bei gedrungenen Fundamenten ist wegen der steileren Neigung des Stanzkegels die 1. Bewehrungsreihe gem. EC 2/NA., 6.4.5 (2) im Abstand $0,3\,d$ von der Lasteinleitungsfläche zu verlegen, außerdem sind die radialen Abstände s_r zwischen den ersten drei Bewehrungsreihen auf $0,5\,d$ zu begrenzen.

Bügel als Durchstanzbewehrung müssen mindestens eine Lage und mindestens 50 % der Biegezugbewehrung umfassen, sie sind in der Druckzone ausreichend zu verankern. Kleinere Abweichungen von der theoretischen Rundschnittlage sind baupraktisch unvermeidlich. Einzelne Bügelschenkel dürfen daher von der theoretischen Solllage in radialer Richtung um bis zu $0,2\,d$ abweichen, die in EC 2, 9.4.3 angegebenen Grenzabstände der einzelnen Bügelschenkel untereinander dürfen jedoch nicht überschritten werden. Diese Erleichterung gilt nicht für die 1. Bewehrungsreihe neben der Lasteinleitungsfläche, insbesondere sollte der Abstand $0,3\,d$ der 1. Bügelreihe bei Fundamenten wegen der steileren Neigung der Schubrisse möglichst genau eingehalten werden [9]. Die erste Reihe einer Durchstanzbügelbewehrung ist daher in den Bewehrungsplänen deutlich zu vermaßen.

Um die Querkrafttragfähigkeit sicherzustellen, sind im Bereich der Stützen die Fundamente für Mindestmomente gem. EC 2/NA., 6.4.5 (6) zu bemessen. Diese Mindestbewehrung ist erforderlich, um das in Abb. 15.6 skizzierte räumliche Tragverhalten sicherzustellen. Bei gedrungenen Fundamenten ergeben sich häufig nur sehr kleine Biegemomente mit entsprechend geringer, statisch erforderlicher Biegebewehrung, in diesen Fällen wird dann die Mindestbewehrung maßgebend. Stützen auf zentrisch belasteten Fundamenten werden wie Innenstützen betrachtet. Damit ergibt sich gem. EC 2/NA., Tabelle NA. 6.1.1:

$$\left.\begin{aligned} m_{Edx} &= \eta_x \cdot V_{Ed}, \quad b_y = 0,3 \cdot l_y \\ m_{Edy} &= \eta_y \cdot V_{Ed}, \quad b_x = 0,3 \cdot l_x \\ \eta_x &= \eta_y = 0,125 \end{aligned}\right\} \tag{20.14}$$

Wenn V_{Ed} in kN eingesetzt wird, erhält man die Mindestmomente in kNm / m. Bei Fundamenten darf die einwirkende Querkraft V_{Ed} um den entlastend wirkenden Sohldruck σ_{gd} vermindert werden. Angesetzt werden darf der Sohldruck im Bereich der Krafteinleitungsfläche A_{load} (nicht A_{crit}). Die ermittelte Mindestbewehrung soll mindestens im Bereich des kritischen Rundschnitts vorhanden sein [9]. In EC 2/NA., Tabelle NA. 6.1.1 werden die Koordinaten im Grundriss mit (y) und (z) bezeichnet, hier wurde, wie im gesamten Buch, die Bezeichnung (x) und (y) gewählt, die Koordinatenrichtung (z) wird für Abmessungen senkrecht zur Grundrissebene verwendet.

Wenn Durchstanzbewehrung erforderlich ist, wird der Mindestquerschnitt eines Bügelschenkels oder der Mindestquerschnitt eines aufgebogenen Stabes durch EC 2/NA., 9.4.3 (2) bestimmt, vgl. hierzu auch Gl. (15.12). Für den Mindestquerschnitt der Durchstanzbewehrung lautet der Ansatz mit der in [9] angegebenen Vereinfachung

$$\left.\begin{aligned}
A_{\text{sw,min}} &= A_{\text{s}} \sin \alpha = \frac{0{,}08 \cdot \sqrt{f_{\text{ck}}}}{1{,}5 \cdot f_{\text{yk}}} \cdot s_{\text{r}} \cdot s_{\text{t}} \\[2mm]
\frac{A_{\text{sw,min}}}{s_{\text{r}} \cdot s_{\text{t}}} &= \frac{A_{\text{s}} \cdot \sin \alpha}{s_{\text{r}} \cdot s_{\text{t}}} = \frac{0{,}08}{1{,}5} \cdot \frac{\sqrt{f_{\text{ck}}}}{f_{\text{yk}}} = \rho_{\text{sw,min}}
\end{aligned}\right\}$$

(20.15)

Hierin ist:

$\varrho_{\text{sw,min}}$	Mindestbewehrungsgrad für die Durchstanzbewehrung
$A_{\text{sw,min}}$	Mindestquerschnitt einer Durchstanzbewehrung
$s_{\text{r}}, s_{\text{t}}$	radialer bzw. tangentialer Abstand der Bügel bzw. der Schrägstäbe. Für Schrägstäbe als Durchstanzbewehrung ist als radialer Abstand in dieser Gleichung mit $s_{\text{r}} = 1{,}0\, d$ zu rechnen, s_{t} ist der Abstand der Bügel bzw. der Schrägstäbe in tangentialer Richtung.
α	Winkel der Durchstanzbewehrung gegen die Plattenebene. Durchstanzsicherung mit Bügeln: $\alpha = 90°$, $\sin \alpha = 1{,}0$

Der Stabdurchmesser d_{s} der Durchstanzbewehrung ist zur Sicherstellung einer ausreichenden Verankerung auf die vorhandene Nutzhöhe der Platte abzustimmen. Gemäß EC 2/NA., 9.4.3 gilt für Bügel als Durchstanzbewehrung

$$d_{\text{s}} \leqq 0{,}05 \cdot d$$

Für Schrägstäbe als Durchstanzbewehrung gilt

$$d_{\text{s}} \leqq 0{,}08 \cdot d \quad \text{mit} \quad d = (d_{\text{x}} + d_{\text{y}})/2$$

20.3.4 Anwendungsbeispiel 1

Aufgabenstellung

Für das Fundament unter einer Stütze in einem Bürogebäude sind die Abmessungen festzulegen, die Bemessung ist durchzuführen, die Konstruktion ist darzustellen. Belastung, Baustoffe, zulässige Sohlpressungen und Umgebungsbedingungen vgl. Abb. 20.13. Der in Abb. 20.13 angegebene zulässige Sohlwiderstand $\sigma_{\text{R,d}}$ wurde in einem Bodengutachten gem. EC 7/DIN 1054, 6.5.2.4 als Bemessungswert des Sohlwiderstandes festgelegt. Es ist nachzuweisen, dass der Bemessungswert der Sohldruckbeanspruchung $\sigma_{\text{E,d}}$ diesen Wert nicht übersteigt.

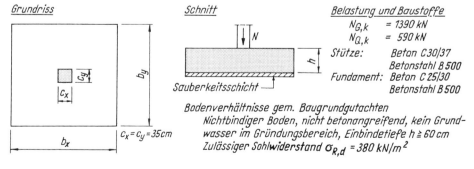

Abb. 20.13 *Einzelfundament: Belastung, Baustoffe, Bodenverhältnisse*

Durchführung:

Abmessungen und Bodenpressungen

Einwirkend:

Teilsicherheitsbeiwerte gem. EC 7/DIN 1054, Tabelle A 2.1

$$N_{\text{Ed}} = 1{,}35 \cdot 1390 + 1{,}5 \cdot 590 = 2762 \text{ kN}$$

Fundament gewählt: $\quad b_{\text{x}} \cdot b_{\text{y}} \cdot h = 2{,}80 \cdot 2{,}80 \cdot 0{,}65 \text{ m}$

$$\begin{aligned}
\sigma_{\text{E,d}} &= N_{\text{Ed}} / (b_{\text{x}} \cdot b_{\text{y}}) + 1{,}35 \cdot h \cdot \gamma_{\text{Beton}} \\
&= 2762 / (2{,}80 \cdot 2{,}80) + 1{,}35 \cdot 0{,}65 \cdot 25{,}0 \\
&= 374 \text{ kN} / \text{m}^2 < 380 \text{ kN} / \text{m}^2 = \sigma_{\text{R,d}}
\end{aligned}$$

Nachweise gem. EC 2:

Einwirkend im Grenzzustand der Tragfähigkeit:

Normalkraft in der Stütze (OK Fundament)

Mit der Grundkombination (2.3):

$$\begin{aligned}
N_{\text{Ed}} &= \gamma_{\text{G}} \cdot N_{\text{G,k}} + \gamma_{\text{Q}} \cdot N_{\text{Q,k}} = 1{,}35 \cdot 1390 + 1{,}50 \cdot 590 = 2762 \text{ kN} \\
M_{\text{Ed}} &= 0
\end{aligned}$$

Schnittgrößen

Die Fundamenteigenlast bleibt bei der Fundamentbemessung außer Ansatz.

Ermittlung der Biegemomente mit (20.4)

Grenzzustand der Tragfähigkeit

$$M_{\text{Edx}} = M_{\text{Edy}} = \frac{2762 \cdot 2{,}80}{8} \cdot (1 - 0{,}35 / 2{,}80)^2 = 740 \text{ kNm}$$

$$V_{\text{Ed}} = |N_{\text{Ed}}| = 2762 \text{ kN}$$

Grenzzustand der Gebrauchstauglichkeit (Rissbreitenbeschränkung)

Quasi-ständige Kombination (2.7)

Bürogebäude $\quad \psi_2 = 0{,}3 \quad$ vgl. Abb. 2.5

$$N_{\text{Ed}} = N_{\text{G,k}} + \psi_2 \cdot N_{\text{Q,k}} = 1390 + 0{,}3 \cdot 590 = 1567 \text{ kN}$$

$$M_{\text{Edx}} = M_{\text{Edy}} = M_{\text{Ed,perm}} = \frac{1567 \cdot 2{,}80}{8} \cdot (1 - 0{,}35 / 2{,}80)^2 = 420 \text{ kNm}$$

Biegebemessung

Abb. 4.3b: Expositionsklasse XC2 (Gründungsbauteil)

Abb. 4.5: $c_{\text{min}} = 20 \text{ mm}, \quad \Delta c_{\text{dev}} = 15 \text{ mm}$

Vergrößerung von Δc um 20 mm wegen unebener Sauberkeitsschicht, vgl. den entsprechenden Hinweis im Abschn. 20.1.

$$c_{nom} = 20 + (15 + 20) = 55\,\text{mm} = c_v$$

Nutzhöhe d

Stabdurchmesser der Biegebewehrung $d_s \leqq 16\,\text{mm}$ (geschätzt)

$$d_x = h - c_v - d_s/2 = 65,0 - 5,5 - 1,6/2 = 58,7\,\text{cm}$$
$$d_y = d_x - d_s \qquad = 58,7 - 1,6 \qquad = 57,1\,\text{cm}$$

Angesetzt wird für beide Richtungen

$$d = (d_x + d_y)/2 \approx 58\,\text{cm}$$

Mit Tafel 2 (Anhang)

Verteilung des Gesamtmoments gem. Abb. 20.6:

$$c/b = 35/280 \approx 0,1; \quad \text{Streifen 4: 19\,\%}$$

Beton C 25/30:

$$\mu_{Ed} = \frac{0,19 \cdot 0,74}{(2,80/8) \cdot 0,58^2 \cdot 14,17} = 0,084$$
$$\omega = 0,0880, \quad \xi = 0,111, \quad \sigma_{sd} = 457\,\text{MN}/\text{m}^2$$
$$A_s = \frac{1}{457} \cdot 0,0880 \cdot \frac{2,80}{8} \cdot 0,58 \cdot 14,17 \cdot 10^4 = 5,54\,\text{cm}^2$$
$$\Sigma A_s \approx 5,54/0,19 = 29,2\,\text{cm}^2$$

Gewählte Bewehrung

Auf eine Aufteilung der Bewehrung entsprechend dem in Abb. 20.6 skizzierten Verlauf der Biegemomente wird hier verzichtet, um die Durchstanztragfähigkeit des Fundamentes zu erhöhen.

Gewählt wird eine konstante Bewehrung $\varnothing$ 16, $s = 14$ cm, $a_s = 14,36$ cm²/m

Vorhandene Gesamtbewehrung: $A_{sx} = A_{sy} = 2,80 \cdot 14,36 = 40,21$ cm²

Bemessung für Querkräfte (Durchstanzen)

Randabstand des Fundamentes: $a_\lambda = (2,80 - 0,35)/2 = 1,23$ m

$$a_\lambda > 2\,d = 2 \cdot 0,58 = 1,16\,\text{m}$$

Es liegt ein „schlankes" Fundament vor.

Für schlanke Fundamente mit $a_\lambda/d > 2$ darf der kritische Rundschnitt gem. EC/NA., 6.4.4 (2) im Abstand $a_{crit} = 1,0\,d$ von der Lasteinleitungsfläche angenommen werden.

$$a_{crit} = 1,0\,d = 0,58\,\text{m}$$
$$u_{crit} = 4 \cdot 0,35 + 2 \cdot 0,58 \cdot \pi = 5,04\,\text{m}$$

Kritische Fläche, vgl. Abb. 20.14

$$A_{crit} = 0,35^2 + 4 \cdot 0,35 \cdot 0,58 + 0,58^2 \cdot \pi = 1,99\,\text{m}^2$$

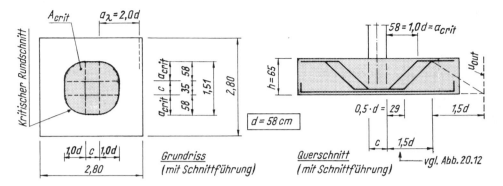

Abb. 20.14 Lage der Bemessungsschnitte für den Durchstanznachweis

Bemessungswert der einwirkenden reduzierten Querkraft gem. (20.5)

Sohldruck innerhalb der kritischen Fläche:

$V_{Ed} = N_{Ed} = 2762$ kN

$\sigma_{bg} = V_{Ed}/A_F = 2{,}762/2{,}80^2 = 0{,}352$ MN/m^2

$V_{Ed,red} = V_{Ed} - A_{crit} \cdot \sigma_{bg} = 2{,}762 - 1{,}99 \cdot 0{,}352 = 2{,}06$ MN

Bemessungswert der einwirkenden Schubspannung gem. (20.8):

Der Lasterhöhungsfaktor ist bei zentrisch belasteten Fundamenten zu $\beta = 1{,}10$ anzusetzen, der Nachweis erfolgt im kritischen Rundschnitt im Abstand $1{,}0\,d$ von der Lasteinleitungsfläche

$v_{Ed} = \beta \cdot V_{Ed,red}/(u_{crit} \cdot d)$

$\quad = 1{,}10 \cdot 2{,}06/(5{,}04 \cdot 0{,}58) = 0{,}775$ MN/m^2

Bemessungswert des Durchstanzwiderstandes ohne Durchstanzbewehrung gem. (20.6)

$v_{Rd,c} = C_{Rd,c} \cdot k \cdot (100 \cdot \varrho_l \cdot f_{ck})^{1/3} \cdot (2\,d/a_{crit}) \geqq v_{min} \cdot (2\,d/a_{crit})$

Der Bewehrungssatz ϱ_l ist zu ermitteln für die Stützenbreite zuzüglich $3\,d$ je Seite. Da hier eine konstante Bewehrung über die gesamte Fundamentfläche gewählt wurde, ergibt sich:

Vorhandene Bewehrung in x- und y-Richtung: $a_s = 14{,}36$ cm^2/m

Damit: $\varrho_{lx} = \varrho_{ly} = \varrho_l = 14{,}36/(100 \cdot 58{,}0) = 0{,}0025$

Vorwerte:

$C_{Rd,c} = 0{,}15/\lambda_C = 0{,}10$

$k \quad = 1 + \sqrt{200/d} = 1 + \sqrt{200/580} = 1{,}59$

$v_{min} = (0{,}0525/\gamma_C) \cdot k^{3/2} \cdot f_{ck}^{1/2}$

$\quad = 0{,}035 \cdot 1{,}59^{3/2} \cdot 25{,}0^{1/2} = 0{,}35$ MN/m^2

Damit:

$v_{Rd,c} = 0{,}10 \cdot 1{,}59 \cdot (0{,}25 \cdot 25{,}0)^{1/3} \cdot (2 \cdot 0{,}58/0{,}58)$

$\quad = 0{,}59$ MN/m$^2 > v_{min}$

Maximale Durchstanztragfähigkeit des Fundamentes gem. (20.10)

$$v_{Rd,max} = 1,4 \cdot v_{Rd,c} = 1,4 \cdot 0,59 = 0,83 \text{ MN/m}^2$$

Vergleich:

Es ist $v_{Ed} = 0,779 \text{ MN/m}^2$ $\quad \begin{aligned} &> v_{Rd,c} \quad = 0,59 \text{ MN/m}^2 \\ &< v_{Rd,max} = 0,83 \text{ MN/m}^2 \end{aligned}$

Es ist Durchstanzbewehrung anzuordnen, die Maximaltragfähigkeit ist ausreichend.

Ermittlung der erforderlichen Durchstanzbewehrung

Die Durchstanzbewehrung soll als Schrägbewehrung ausgeführt werden.

Erforderliche Schrägbewehrung mit (20.13):

$$\text{erf} A_{sw,S} = \frac{\beta \cdot V_{Ed,red}}{1,3 \cdot f_{ywd} \cdot \sin \alpha}$$

$$f_{ywd} = 435 \text{ N/mm}^2, \quad \alpha = 45°$$

$$\text{erf} A_{sw,s} = \frac{1,1 \cdot 2,06}{1,3 \cdot 435 \cdot 0,707} \cdot 10^4 = 56,7 \text{ cm}^2$$

Gewählt: $20 \ \varnothing \ 20, \quad A_{sw} = 62,8 \text{ cm}^2$

Eingebaut werden je $5 \ \varnothing \ 20$ in x- und y-Richtung an jeder Seite der Stütze

Äußerer Rundschnitt

Der äußere Rundschnitt U_{out} liegt nach Abb. 20.14 außerhalb des Fundaments. Weitere Bemessungsschnitte sind somit nicht zu führen.

Mindestquerkraftbewehrung gem. (20.15)

Für den Mindestquerschnitt der Durchstanzbewehrung gilt der Ansatz

$$A_{sw,min} = A_s \cdot \sin \alpha = \frac{0,08 \cdot \sqrt{f_{ck}}}{1,5 \cdot f_{yk}} \cdot s_r \cdot s_t$$

Mit $s_r = 1,0 \, d = 0,58 \text{ m}$, $s_t \leqq 0,15 \text{ m}$, $\alpha = 45°$ folgt als Mindestquerschnitt eines Schrägstabes:

$$A_s \cdot (1/\sqrt{2}) \geqq \frac{0,08 \cdot \sqrt{25,0}}{1,5 \cdot 500} \cdot 0,58 \cdot 0,15 \cdot 10^4$$

$$A_s \quad \geqq 0,46 \cdot \sqrt{2} = 0,65 \text{ cm}^2$$

Gewählt wurden Schrägstäbe $d_s = 20 \text{ mm}$ mit $A_s = 3,14 \text{ cm}^2 > \min A_s = 0,65 \text{ cm}^2$.

Mindestbewehrung zur Sicherstellung der Querkrafttragfähigkeit

Für die Mindestmomente zur Bestimmung der erforderlichen Mindestbiegebewehrung gelten die Ansätze gem. (20.14). Auf die zulässige Abminderung der Querkraft durch die Sohlpressungen im Bereich der Lasteinleitungsfläche wird hier verzichtet. Damit ergibt sich mit $V_{Ed} = N_{Ed} = 2762 \text{ kN}$:

$$m_{Ed,x} = m_{Ed,y} \geqq 0,125 \cdot 2762 = 345 \text{ kNm/m}$$

Mit Tafel 2, Anhang:

$$\mu_{Eds} = \frac{0,345}{1,0 \cdot 0,58^2 \cdot 14,17} = 0,072 \rightarrow \omega = 0,075$$

$$a_s = \frac{1}{457} \cdot 0,075 \cdot 0,58 \cdot 14,17 \cdot 10^4 = 13,49 \text{ cm}^2/\text{m}$$

Diese Bewehrung muss mindestens im Bereich des kritischen Rundschnitts vorhanden sein. Vorhanden ist im gesamten Fundament

$$a_s = 14,36 \text{ cm}^2/\text{m} \qquad (\varnothing 16, s = 14 \text{ cm})$$

Weitere Nachweise hierzu sind nicht erforderlich.

Mindestbewehrung zur Sicherstellung eines duktilen Bauteilverhaltens

Bei Einzelfundamenten darf i. Allg. auf eine Mindestbewehrung zur Sicherstellung eines duktilen Bauteilverhaltens verzichtet werden. Die erforderliche Duktilität des Fundamentes wird durch mögliche Umlagerungen der Bodenpressungen sichergestellt.

Ansatzstäbe

Stütze: $N_{Ed} = -2762 \text{ kN}$

Gewählt: $4 \varnothing 25, \quad A_s = 19,63 \text{ cm}^2$

Mit (12.13): $N_{Rd} = -(A_c \cdot f_{cd} + A_s \cdot f_{yd})$

Beton C 30/37: $f_{cd} = 17,0 \text{ MN/m}^2$

$$N_{Rd} = -(0,35^2 \cdot 17,0 + 19,63 \cdot 10^{-4} \cdot 435)$$

$$= -2,94 \text{ MN:} \quad |N_{Rd}| > |N_{Ed}|$$

Fundament: Beton C 25/30

Die aufnehmbare Teilflächenbelastung wird gem. Abschn. 15.3 ermittelt.

$$F_{Rdu} = A_{c0} \cdot f_{cd} \cdot \sqrt{A_{c1}/A_{c0}} \leq 3,0 \cdot f_{cd} \cdot A_{c0}$$

$$A_{c0} = b_1 \cdot d_1 = 35 \cdot 35 \text{ cm}^2$$

$$A_{c1} = b_2 \cdot d_2 = 100 \cdot 100 \text{ cm}^2$$

Bedingung nach Abb. 15.18:

$$h \geq b_2 - b_1 = 100 - 35 = 65 \text{ cm} = h_{vorh}$$

$$f_{cdu} = f_{cd} \cdot \sqrt{100^2/35^2} = f_{cd} \cdot 2,86$$

Vergleich:

Stütze C 30/37 $\qquad \sigma_{cd} = 17,0 \text{ MN/m}^2$

Fundament C 25/30 $\quad \sigma_{cd} = 2,86 \cdot 14,17 = 40,5 \text{ MN/m}^2$

Keine Verstärkung der Ansatzstäbe erforderlich. Eine besondere Bewehrung zur Aufnahme der Querzugkräfte wird nicht eingebaut, da allseitig wirkende Druckspannungen aus der Biegebeanspruchung des Fundaments vorhanden sind.

Hinweis:

Wenn sich der Beton vom Fundament und aufgehender Konstruktion nur um eine Betonfestig-keitsklasse unterscheidet, ist in der Regel ein gesonderter Nachweis gem. Abschn. 15.3 ent-behrlich.

Grenzzustand der Gebrauchstauglichkeit

Spannungsnachweis

Ein Nachweis ist nicht erforderlich, vgl. Abschn. 6.2.2.

Begrenzung der Verformungen

Bei den gewählten Bauteilabmessungen ist ein Nachweis entbehrlich.

Begrenzung der Rissbreiten

Quasi-ständige Kombination:

$$M_{\mathrm{Ed,perm}} = 420 \, \mathrm{kNm}$$

Grundkombination

$$M_{\mathrm{Ed}} = 740 \, \mathrm{kNm}$$

Stahlspannung im Gebrauchszustand

$$\sigma_{\mathrm{sd,perm}} = \frac{M_{\mathrm{Ed,perm}}}{M_{\mathrm{Ed}}} \cdot \frac{A_{\mathrm{s,erf}}}{A_{\mathrm{s,vorh}}} \cdot \sigma_{\mathrm{sd}}$$

$$\sigma_{\mathrm{sd,perm}} = \frac{420}{740} \cdot \frac{29{,}2}{40{,}21} \cdot 457 \approx 190 \, \mathrm{MN/m^2}$$

Mit Abb. 6.12 für $w_{\mathrm{k}} = 0{,}3 \, \mathrm{mm}$

$$d_{\mathrm{s}}^* = 26 \, \mathrm{mm} \quad \text{für } \sigma_{\mathrm{s}} = 200 \, \mathrm{N/mm^2}$$

Modifikation in Abhängigkeit von der Betonzugfestigkeit

$$f_{\mathrm{ctm}} = 2{,}6 \, \mathrm{N/mm^2} \quad (\text{Abb. 1.8})$$
$$f_{\mathrm{ct,0}} = 2{,}9 \, \mathrm{N/mm^2} \quad (\text{Abb. 6.12})$$
$$d_{\mathrm{s}} = d_{\mathrm{s}}^* \cdot f_{\mathrm{ct,eff}}/f_{\mathrm{ct,0}} = 26{,}0 \cdot 2{,}6/2{,}9 = 23{,}3 \, \mathrm{mm}$$
$$\text{zul } d_{\mathrm{s}} = 23{,}3 \, \mathrm{mm} > \text{vorh } d_{\mathrm{s}} = 16 \, \mathrm{mm}$$

Konstruktion vgl. Abb. 20.10.

Hinweise zur Konstruktion

Wenn die einwirkende Querkraft im kritischen Rundschnitt v_{Ed} nur wenig größer ist als der die Querkrafttragfähigkeit ohne Durchstanzbewehrung beschreibende Ausdruck $v_{\mathrm{Rd,c}}$, kann Durch-stanzbewehrung durch unterschiedliche Maßnahmen vermieden werden:

– Vergrößerung der Biegebewehrung im kritischen Rundschnitt, vgl. hierzu ϱ_{l} in den Gleichun-gen (15.7) und (20.6)
– Vergrößerung der Bauhöhe h
– Wahl einer höheren Betonfestigkeitsklasse.

Die Vergrößerung des Bewehrungssatzes ϱ_{l} führt sehr rasch zu unwirtschaftlichen Bewehrungs-mengen und ist daher nur in Ausnahmefällen sinnvoll.

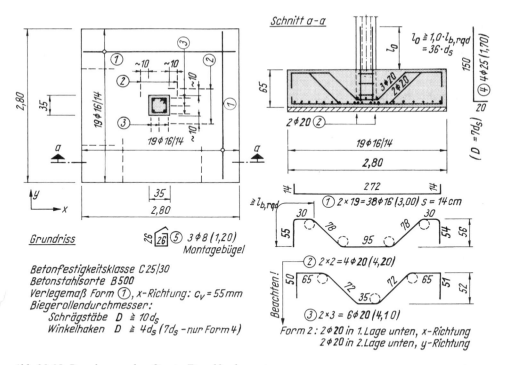

Abb. 20.15 Bewehrungsplan für ein Einzelfundament

20.3.5 Anwendungsbeispiel 2

Aufgabenstellung

Für das in Abb. 20.16 dargestellte Fundament ist ausreichende Tragfähigkeit gegen Durchstanzen nachzuweisen. Die angegebene Biegebewehrung wurde in einer Nebenrechnung ermittelt, Baustoffe und Bodenverhältnisse vgl. auch Abb. 20.13.

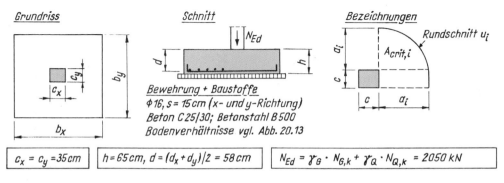

Abb. 20.16 Einzelfundament: Belastung, Baustoffe und Biegebewehrung

Durchführung:

Einwirkend im Grenzzustand der Tragfähigkeit:

$N_{Ed} = 2050\,kN$

Fundamentabmessungen und gewählte Bewehrung (Nebenrechnung):

$b_x \cdot b_y \cdot h = 2{,}35 \cdot 2{,}35 \cdot 0{,}60\,m$

$\varnothing\,16,\ s = 15\,cm$ in x- und y-Richtung

Sohldruck in der gesamten Fundamentfläche:

$\sigma_{bg} = 2050/(2{,}35 \cdot 2{,}35) = 371\,kN/m^2$

Bemessung für Querkräfte (Durchstanzen)

Randabstand des Fundamentes von der Lasteinleitungsfläche:

$a_\lambda = (l - c)/2 = (2{,}35 - 0{,}35)/2 = 1{,}0\,cm$

Es ist $a_\lambda = 1{,}0\,m$ und damit $a_\lambda/d = 1{,}0/0{,}58 = 1{,}7 < 2{,}0$

Nachweis für ein gedrungenes Fundament.

Gem. EC 2/NA., 6.4.4 (2) ist bei gedrungenen Fundamenten der kritische Rundschnitt iterativ im Bereich $a_\lambda \leqq 2\,d$ zu bestimmen. Der kritische Rundschnitt wird tabellarisch gem. Abb. 20.17 ermittelt, die Bestimmung des maßgebenden Abstandes a_i erfolgt über (20.7), vgl. auch [9].

<u>Vorwerte</u> für den hier zu bestimmenden Abstand des kritischen Rundschnitts:

Betonfestigkeitsklasse: C 25/30: $f_{ck} = 25{,}0\,MN/m^2$

Bewehrung im gesamten Fundament:

$\varnothing\,16,\ s = 15\,cm,\ a_{sx} = a_{sy} = 13{,}41\,cm^2/m$

Bewehrungsgrad

$\varrho_l = a_s/(b \cdot d) = 13{,}41/(100 \cdot 58) = 0{,}0023 < 0{,}02$ und

$\qquad\qquad \leqq 0{,}5 \cdot f_{ck}/f_{yd} = 0{,}5 \cdot 25{,}0/435 = 0{,}029$

Mindestwert v_{min} gem. (20.6) und (15.7):

$v_{min} = (0{,}0525/\gamma_C) \cdot k^{3/2} \cdot f_{ck}^{1/2}$

$\qquad k = 1 + \sqrt{200/d} = 1 + \sqrt{200/580} = 1{,}59$

$v_{min} = 0{,}035 \cdot 1{,}59^{3/2} \cdot 25{,}0^{1/2} \qquad\qquad = 0{,}35\,MN/m^2$

Bemessungswert des Durchstanzwiderstandes bei $a_i = 2\,d$ mit (20.6)

$v_{Rd,c,2,0d} = C_{Rd,c} \cdot k(100 \cdot \rho_l \cdot f_{ck})^{1/3} \geqq v_{min}$

$\qquad\quad = 0{,}10 \cdot 1{,}59 \cdot (0{,}23 \cdot 25{,}0)^{1/3}$

$\qquad\quad = 0{,}285\,MN/m^2 \leqq v_{min}$

Damit anzusetzen als Bemessungswert des Durchstanzwiderstandes bei $a_i = 2\,d$.

$v_{Rd,c,2,0} = 0{,}35\,MN/m^2$

Ansätze zur Bestimmung der Flächenwerte, vgl. hierzu die Skizze in Abb. 20.16:

$a_i = $ Abstand des angesetzten Rundschnittes, vgl. Abb. 20.16

$$A_F = b_x \cdot b_y = 2{,}35^2 = 5{,}52 \text{ m}^2$$

$$u_i = 4\,c + 2 \cdot a_i \cdot \pi \ [\text{m}]$$

$$A_i = c^2 + 4 \cdot c \cdot a_i + a_i^2 \cdot \pi \ [\text{m}^2], \qquad c \text{ und } a_i: \ [\text{m}]$$

Ansätze zur Bestimmung der Durchstanzwiderstände

$$v_{Rd,c,i} = v_{Rd,c,2,0d} \cdot 2\,d/a_i \qquad [\text{MN/m}^2]$$

$$v_{Rd,c,i} = v_{Rd,c,i} \cdot u_i \cdot d/(1 - A_{crit,i}/A_c) \qquad [\text{MN}]$$

a_i/d	a_i	u_i	$A_{crit,i}$	$v_{Rd,c,i}$	$\dfrac{v_{Rd,c}}{(1 - A_{crit,i}/A_F)}$
–	[m]	[m]	[m^2]	[MN/m^2]	[MN]
0,3	0,174	2,49	0,46	2,33	3,67
0,4	0,232	2,86	0,62	1,75	3,27
0,5	0,29	3,22	0,78	1,40	3,05
0,6	0,348	3,59	0,99	1,17	2,97
0,7	0,406	3,95	1,21	1,00	2,93
0,8	0,464	4,32	1,45	0,875	2,97
0,9	0,522	4,68	1,71	0,778	3,06

Abb. 20.17 Tabellarische Ermittlung des kritischen Abstandes a_{crit}

Ergebnis der tabellarischen Berechnung:

Der kritische Rundschnitt ergibt sich bei dem geringsten Tragwiderstand $V_{Rd,c}/(1 - A_{crit}/A_F)$.

Hier somit bei $\underline{a/d = 0{,}70}$

Bei $a/d = 0{,}70$ ist:

$a_{crit} = 0{,}406$ m, $u_{crit} = 3{,}75$ m, $v_{Rd,c} = 1{,}0$ MN/m^2

Nach (20.5): $V_{Ed,red} = V_{Ed} - A_{crit} \cdot \sigma_{bg}$

Hier ist: $A_{crit} = 1{,}21$ m^2, $\sigma_{bg} = 371$ kN/m^2

Damit: $V_{Ed,red} = 2050 - 1{,}21 \cdot 371 = 1601$ kN

Einwirkende Schubspannung gem. (20.8):

$$v_{Ed} = \beta \cdot V_{Ed,red}/(u_{crit} \cdot d)$$
$$= 1{,}1 \cdot 1{,}601/(3{,}95 \cdot 0{,}58) = 0{,}769 \text{ MN/m}^2$$

Bemessungswert des Durchstanzwiderstandes gem. (20.6), vgl. Abb. 20.17:

$$v_{Rd,c} = 1{,}0 \text{ MN/m}^2$$

Vergleich: $v_{Ed} = 0{,}769$ MN/m^2 < $v_{Rd,c} = 1{,}0$ MN/m^2

Durchstanzbewehrung ist nicht erforderlich.

Ausreichende Biegezugbewehrung zur Sicherstellung der Querkrafttragfähigkeit ist vorhanden, vgl. hierzu den entsprechenden Nachweis für das Beispiel im Abschn. 20.3.4. Weitere Nachweise zur Querkrafttragfähigkeit sind nicht erforderlich.

Vergleichsweise soll hier der kritische Rundschnitt mit dem Diagramm in Abb. 20.7 bestimmt werden:

$$\text{Eingangswerte: } c/d = 0{,}35/0{,}58 = 0{,}60, \qquad l/c = 2{,}35/0{,}35 = 6{,}7$$

$$\text{Aus Diagramm entnommen: } a_{\text{crit}}/d \approx 0{,}7\text{: } a_{\text{crit}} = 0{,}7 \cdot 0{,}58 = 0{,}40 \text{ m}$$

20.4 Exzentrisch belastete Einzelfundamente

20.4.1 Allgemeines

Bei exzentrisch belasteten Einzelfundamenten ist bei der Ermittlung der Schnittgrößen der Einfluss von günstigen und ungünstigen ständigen Einwirkungen zu berücksichtigen, vgl. hierzu Abb. 2.6A. Wenn große ständig wirkende Lasten die Stütze ausmittig belasten oder wenn veränderliche Lasten vorwiegend Momente in der Haupttragrichtung der Stütze erzeugen, wird eine exzentrische Stellung der Stütze auf dem Fundament bevorzugt. Hierdurch kann eine möglichst gleichmäßige Verteilung der Bodenpressungen erreicht und das Klaffen der Bodenfuge so gering wie möglich gehalten werden. Fundamente unter eingespannten verschieblichen Stützen sind auch für Zuatzmomente nach Theorie II. Ordnung, für Momente aus Imperfektionen und für durch das Betonkriechen verursachte Einflüsse zu bemessen. Diese Beanspruchungen sind aus der Stützenbemessung bekannt, vgl. z. B. den Rechengang für die im Abschn. 13.8 behandelte verschiebliche Stütze. Die Schnittgrößen im Fundament werden über die Bodenpressungen ermittelt, hierbei bleiben Sohldrücke infolge Fundamenteigenlast außer Ansatz. Die Fundamenteigenlast steht mit den zugehörigen Sohldrücken im Gleichgewicht, Momente werden hierdurch nicht ausgelöst.

Bei der Querkraftbemessung gelten die im Abschn. 20.3.2 besprochenen Regeln unverändert auch für exzentrisch belastete Fundamente. Die Querkraftbeanspruchung im Bereich des kritischen Rundschnitts ist nicht rotationssymmetrisch, dies ist bei der Festlegung des Beiwerts β zu berücksichtigen ($\beta > 1{,}10$). In vielen Fällen liegt bei den meist schmalen Fundamenten unter ausmittig belasteten Stützen der kritische Rundschnitt jedoch in der Nähe des Fundamentrandes oder außerhalb des Fundamentes. Durchstanzen ist dann für den Querkraftnachweis nicht maßgebend, ausreichende Tragfähigkeit für Querkräfte wird für einachsige Querkraftbeanspruchung gem. Kapitel 7 nachgewiesen. Die einwirkende Querkraft wird über die Bodenpressungen bestimmt.

337

20.4.2 Anwendungsbeispiel

Aufgabenstellung

Für die im Abschn. 13.8 behandelte verschiebliche Hallenstütze ist die Bemessung des Fundamentes im Grenzzustand der Tragfähigkeit nach EC 2/NA. durchzuführen. Die in Abb. 20.18 angegebenen Fundamentabmessungen wurden in einer Nebenrechnung festgelegt, Nachweise gem. EC 7/DIN 1054 werden im Rahmen diese Beispiels nicht geführt. Zusätzlich zu den im Abschn. 13.8 erfassten Beanspruchungen ist bei der Fundamentbemessung die Einwirkung infolge Windsog zu berücksichtigen, hierfür wird mit 50 % der Werte für Winddruck gerechnet. Bei der gewählten Fundamentform kann sich im Bereich unter der Stütze ein annähernd rotationssymmetrischer Spannungszustand nicht einstellen. Der Tragfähigkeitsnachweis für Querkräfte erfolgt daher nicht als Durchstanznachweis sondern entsprechend den Angaben in Kapitel 7.

Baustoffe vgl. Abb. 20.18

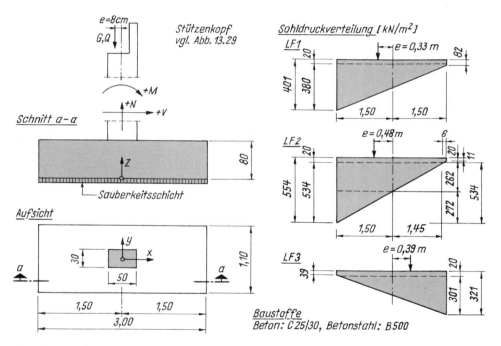

Abb. 20.18 Exzentrisch belastetes Einzelfundament: Abmessungen, Baustoffe, Sohldruckverteilung bei unterschiedlichen Einwirkungskombinationen

Durchführung

Die Teilsicherheitsbeiwerte für die Grundkombination werden gem. Abb. 2.6 angesetzt (ständige Einwirkungen $\gamma_G = 1{,}0$ bzw. 1,35, veränderliche Einwirkungen $\gamma_Q = 0$ bzw. 1,5).

Charakteristische Schnittgrößen an der Einspannstelle – Oberkante Fundament

Die Schnittgrößen werden aus Abschn. 13.8.2 übernommen, Vorzeichenfestlegung vgl. Abb. 20.18. Es wird eine Ausmitte nach Theorie II. Ordnung gem. Abb. 13.30 angesetzt, für die Fundamentbemessung wird diese Ausmitte in die Anteile „M_g^{II} infolge ständiger Last" und „M_q^{II} infolge Schneelast" aufgeteilt.

Kombinationsbeiwerte ψ bleiben im Rahmen dieses Beispiels außer Ansatz.

$$N_{k,g} \quad = \qquad\qquad = -525 \text{ kN}$$
$$M_{k,g} \quad = -506 \cdot 0{,}08 \ = -40{,}5 \text{ kNm}$$
$$N_{k,s} \quad = \qquad\qquad = -90 \text{ kN}$$
$$M_{k,s} \quad = -90 \cdot 0{,}08 \quad = -7{,}2 \text{ kNm}$$

Eigenlast Fundament

$$N_{k,Eg} = -1{,}10 \cdot 3{,}0 \cdot 0{,}8 \cdot 25{,}0 \ = -66{,}0 \text{ kN}$$

Charakteristische Momente infolge Wind bezogen auf die Fundamentsohle ($z = 0$)

Winddruck

$$M_{k,wd} = -4{,}4 \cdot 5{,}6^2 / 2 - 4{,}4 \cdot 5{,}6 \cdot 0{,}8 \ = -89{,}0 \text{ kNm}$$

Windsog

$$M_{k,ws} = -M_{k,wd} / 2 \ = +89{,}0 / 2 \ = 44{,}5 \text{ kNm}$$

Bemessungswerte der Einwirkungen

Die Bemessungswerte der Einwirkungen werden auf den Schwerpunkt der Fundamentfläche bezogen ($x = y = z = 0$).

Es werden folgende Lastfälle untersucht:

> Lastfall 1: Nur ständige Lasten
>
> Lastfall 2: Größter Sohldruck am linken Fundamentrand bei $x = -1{,}50$ m
> Maximale ständige Lasten + Schneelast + Winddruck
>
> Lastfall 3: Größter Sohldruck am rechten Fundamentrand bei $x = +1{,}50$ m
> Minimale ständige Lasten + Windsog

Moment nach Theorie II. Ordnung nach Abb. 13.30

> Angesetzt wird die Ausmitte bei Kombination 2: $e_{tot} = 29{,}1$ cm
>
> Moment nach Theorie II. Ordnung damit: $|M^{II}| = 844 \cdot 0{,}291 = 246$ kNm
>
> Einwirkende Lasten bei der im Abschn. 13.8 angesetzten Kombination 2
>
> Ständig: $g_d = 1{,}35 \cdot 525 = 709$ kN $\triangleq$ 84 %
>
> Schnee: $s_d = 1{,}5 \cdot 90 \quad = \underline{135 \text{ kN}} \triangleq \underline{16\,\%}$
>
> $$\Sigma \ = 844 \text{ kN} \ = 100\,\%$$

Damit für die Fundamentbemessung anzusetzen nach Theorie II. Ordnung:

$$M_{Ed,g}{}^{II} = \pm 0{,}84 \cdot 246 = \pm 207 \text{ kNm}$$
$$M_{Ed,s}{}^{II} = \pm 0{,}16 \cdot 246 = \pm 39 \text{ kNm}$$

Lastfall 1

$$N_{Ed} = -1{,}35 \cdot (525 + 66) = -798 \text{ kN}$$
$$M_{Ed} = -1{,}35 \cdot 40{,}5 - 207 = -262 \text{ kNm}$$

Lastfall 2

$$N_{Ed} = -1{,}35 \cdot (525 + 66) - 1{,}5 \cdot 90 \qquad\qquad = -933 \text{ kN}$$
$$M_{Ed} = -1{,}35 \cdot 40{,}5 - 1{,}5 \cdot (7{,}2 + 89) - 207 - 39 \ = -445 \text{ kNm}$$

Lastfall 3

$$N_{Ed} = -1,0 \cdot (525 + 66) \qquad\qquad = -591 \text{ kN}$$

$$M_{Ed} = -1,0 \cdot 40,5 + 1,5 \cdot 44,5 + 207 \quad = +233 \text{ kNm}$$

Ausmitte der Sohldruckresultierenden und Sohldruckverteilung in der Bodenfuge

Die Sohldrücke werden gem. den Angaben in Abb. 20.2 bestimmt, die Sohldruckverteilung für die einzelnen Lastfälle ist in Abb. 20.18 mit dargestellt. Für die *Bemessung* des Fundamentes werden die Sohldrücke um den Einfluss der Fundamenteigenlast $\Delta\sigma = 0,8 \cdot 25,0 = 20,0 \text{ kN/m}^2$ vermindert.

Lastfall 1

$$e_x = -|M_{Ed}/N_{Ed}| = -262/798 = -0,33 \text{ m}$$

$$|e_x| = 0,33 \text{ m} < 3,0/6 = 0,50 \text{ m}$$

$$\sigma = \frac{798}{1,10 \cdot 3,0} \cdot \left(1 \pm \frac{6 \cdot 0,33}{3,0}\right) = 241,8 \cdot (1 \pm 0,66)$$

$$\sigma_{max} = 401 \text{ kN/m}^2, \quad \sigma_{min} = 82 \text{ kN/m}^2$$

Lastfall 2

$$e_x = -|445/933| = -0,48 \text{ m}$$

$$|e| < 3,0/6 = 0,50 \text{ m}$$

$$\sigma = \frac{933}{1,10 \cdot 3,0} \cdot \left(1 \pm \frac{6 \cdot 0,48}{3,0}\right) = 282,7 \, (1 \pm 0,96)$$

$$\sigma_{max} = 554 \text{ kN/m}^2, \quad \sigma_{min} = 11,3 \text{ kN/m}^2$$

Lastfall 3

$$e_x = |233/591| = 0,39 \text{ m} < 3,0/6$$

$$\sigma = \frac{591}{1,10 \cdot 3,0} \cdot \left(1 \pm \frac{6 \cdot 0,39}{3,0}\right) = 179 \cdot (1 \pm 0,78)$$

$$\sigma_{max} \approx 321 \text{ kN/m}^2, \quad \sigma_{min} = 39 \text{ kN/m}^2$$

Schnittgrößen und Ermittlung der Bewehrung

Das Biegemoment in Längsrichtung wird ermittelt in Bezug auf die *y*-Achse. Eine Bemessung in Bezug auf den Stützenrand erscheint nicht sachgerecht, da die Stütze wesentlich schmaler ist als das Fundament, auf die zulässige Ausrundung der Momente gem. Gl. (3.5) wird hier verzichtet. Wegen der geringen Stützenbreite wird abweichend von Abb. 7.7 ausreichende Tragfähigkeit der Druckstreben in Bezug auf die Mitte der Stütze nachgewiesen. Die Querkraftbewehrung wird für den Stützenrand ($x = -0,25$ m) ermittelt. Maßgebend für alle Nachweise sind die für den Lastfall 2 errechneten Bodenpressungen.

Biegebemessung in *x*-Richtung

$$c_v = 20 + (15 + 20) = 55 \text{ mm (Oberfläche der Sauberkeitsschicht uneben angesetzt)}$$

$$d_1 \approx 8,0 \text{ cm}, \quad d = 80,0 - 8,0 = 72 \text{ cm}$$

$$M_x = [262 \cdot 1,50^2/2 + (534 - 262) \cdot 1,50^2/3] \cdot 1,10 = 549 \text{ kNm}$$

Mit Tafel 3, Anhang

$k_d = 72,0/\sqrt{549/1,10} = 3,22 \qquad \xi < 0,104$

$A_s = 2,40 \cdot 549/72,0 = 18,3 \text{ cm}^2$

Gewählte Längsbewehrung: $7 \varnothing 20, \quad A_s = 22,0 \text{ cm}^2$

Bewehrung in y-Richtung

Die Beanspruchung in Querrichtung ist gering, ein rechnerischer Nachweis erübrigt sich.

Gewählte Querbewehrung

Unter der Stütze: $6 \varnothing 12, \quad s = 15 \text{ cm}$ (Bügel)

Im übrigen Fundamentbereich: $\varnothing 10, \quad s = 30 \text{ cm}$ (Bügel)

Bemessung für Querkräfte

Querkraft bei $x = 0$:

$V_{Ed} = 262 \cdot 1,50 \cdot 1,10 + 272 \cdot 1,50 \cdot 1,10/2 = 657 \text{ kN}$

Querkraft bei $x = -0,25$:

$V_{Ed} \approx 657 - 262 \cdot 0,25 \cdot 1,10 \approx 590 \text{ kN}$

Es ist Querkraftbewehrung erforderlich.

Zulässige Druckstrebenneigung gem. Gl. (7.17) + (7.18):

$V_{Rd,c} = 0,24 \cdot 25^{1/3} \cdot 1,10 \cdot 0,9 \cdot 0,72 = 0,50 \text{ MN}$

$\cot \Theta = \dfrac{1,2}{1 - 0,50/0,657} = 5,02 > 3,0$

Gewählt wird $\cot \Theta = 3,0$, Neigung der Querkraftbewehrung (Bügel) $\alpha = 90°$

Druckstrebentragfähigkeit mit Abb. 7.16

$V_{Rd,max} = 1,10 \cdot 0,72 \cdot 14,17 \cdot 0,202 = 2,27 \text{ MN} > V_{Ed} = 0,657 \text{ MN}$

Erforderliche Querkraftbewehrung mit Abb. 7.17

$a_{sw} = \dfrac{0,590}{0,72} \cdot \dfrac{1}{391,3} \cdot 0,334 \cdot 10^4 = 7,0 \text{ cm}^2/\text{m}$

Mindestbügelbewehrung mit Gl. (7.33)

$a_{s,bü} = 100 \cdot 0,00082 \cdot 110 = 9,02 \text{ cm}^2/\text{m}$

Gewählte Bügelbewehrung

Es ist $V_{Ed} = 657 \text{ kN} < 0,30 \, V_{Rd,max} = 0,3 \cdot 2270 \text{ kN} = 681 \text{ kN}$

Zulässiger Bügelabstand gem. Abb. 7.25:

In Längsrichtung: $s_w \leqq 300 \text{ mm}$, in Querrichtung $s_w \leqq 800 \text{ mm}$

Gewählt auf ganzer Fundamentlänge (außerhalb der Stützenbewehrung)

Vierschnittige Bügel $\varnothing 10, \quad s_w = 30 \text{ cm}$

$a_{sw} = (1/0,30) \cdot 4 \cdot 0,785 = 10,46 \text{ cm}^2/\text{m}$

Im Bereich der Stütze werden Außenbügel $\varnothing 12, \, s = 15 \text{ cm}$ statt $\varnothing 10, \, s = 30 \text{ cm}$ eingebaut, um eine sichere Lastabtragung in y-Richtung zu gewährleisten.

Nachweise im Grenzzustand der Gebrauchstauglichkeit werden im Rahmen dieses Beispiels nicht geführt.

Die Konstruktion des Fundamentes ist in Abb. 20.19 skizziert.

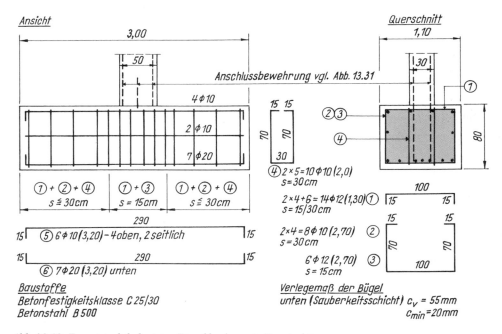

Abb. 20.19 Exzentrisch belastetes Einzelfundament: Konstruktion

20.5 Sonstige Fundamentformen

In Abb. 20.20 sind einige Möglichkeiten der Fundamentgestaltung unter Streifen- und Einzellasten zusammengestellt. Bei Stützen ist eine Lastabtragung in den Baugrund durch Einzelfundamente die wirtschaftlichste Lösung, soweit möglich, wird man bei Einzellasten daher auch Einzelfundamente wählen.

Bei Wänden mit höherer Belastung können unbewehrte Fundamente wegen der großen Bauhöhe h rasch unwirtschaftlich werden. Man führt die Gründung dann als bewehrte Streifenfundamente aus, die Bemessungsmomente werden sinngemäß zu (20.3) bestimmt. Die Bemessung erfolgt wie bei einachsig bewehrten Platten, die Bauhöhe wird so festgelegt, dass Querkraftbewehrung nicht erforderlich ist. Im Bereich von Türöffnungen sollte eine obere und untere Längsbewehrung unter der Wand angeordnet werden, vgl. hierzu Abb. 20.20.

Bei Wänden mit größerer Belastung an Wandenden wird häufig eine Fundamentverbreiterung nach Abb. 20.20 erforderlich. Man ordnet dann ein Einzelfundament unter der Stütze an und bemisst es für die Stützenlast und die anteilige Wandlast. Für Querkräfte erfolgt der Durchstanznachweis wie im Abschn. 20.3.2 beschrieben. Wichtig ist, dass für die Ausbildung des angesetzten Tragverhaltens beim Durchstanzen eine Biegezugbewehrung in zwei Richtungen erforderlich ist. Wenn die Biegezugbewehrung nur in einer Richtung eingelegt wird, ist ein Nachweis der Querkrafttragfähigkeit gem. den im Kapitel 7 besprochenen Regeln zu führen [80.6].

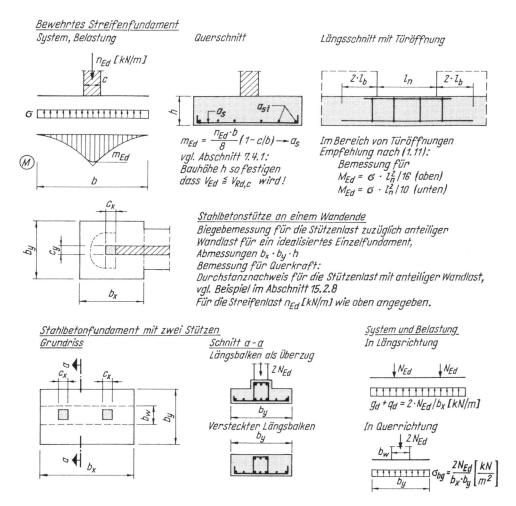

Abb. 20.20 Besondere Fundamentformen

Wenn zwei Stützen so nahe beieinander stehen, dass Einzelfundamente nicht ausgeführt werden können, ist die Gründung auf einem gemeinsamen Fundament möglich. Die Ermittlung der Schnittgrößen erfolgt an idealisierten Systemen, Abb. 20.20 zeigt hierzu Möglichkeiten. Durchstanzen ist nicht maßgebend, der Tragfähigkeitsnachweis für Querkräfte wird für einachsige Beanspruchung gem. Kapitel 7 geführt.

Fundamente an Grundstücksgrenzen sind fast immer ausmittig belastet. Fundamente unter größeren Einzellasten an Grundstücksgrenzen werden vermieden, wenn einwirkende Stützenlasten des Erdgeschosses über die Kellergeschosswand auf größere Längen verteilt werden. In Abb. 20.21 sind Konstruktionsmöglichkeiten von Streifenfundamenten an Grundstücksgrenzen skizziert. Die Verteilung der Bodenpressungen ist sehr stark von der Steifigkeit des Fundamentes und der jeweils vorliegenden Bodenart abhängig. Die angegebene konstante Bodenpressung σ ist nur bei einer sehr steifen Gründung eine zulässige Annahme, bei weicheren Konstruktionen kommt es zu einer Spannungskonzentration am belasteten Rand. Einzelheiten der anzusetzenden Verteilung sollten mit einem Baugrundsachverständigen abgeklärt werden.

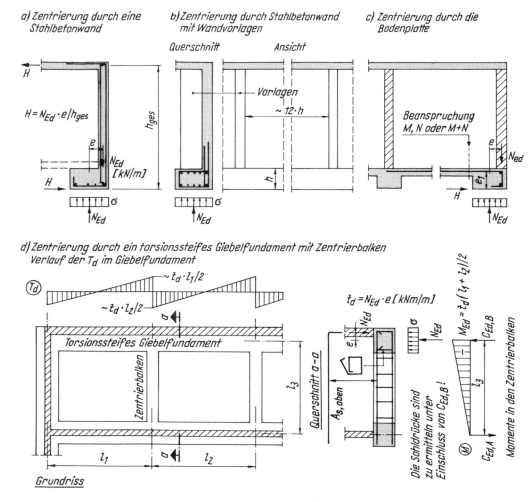

a) Zentrierung durch eine Stahlbetonwand

$H = N_{Ed} \cdot e / h_{ges}$

h_{ges}

e

N_{Ed} [kN/m]

H

σ

N_{Ed}

b) Zentrierung durch Stahlbetonwand mit Wandvorlagen

Querschnitt   Ansicht

Vorlagen

~ 12·h

h

σ

N_{Ed}

c) Zentrierung durch die Bodenplatte

Beanspruchung M, N oder M+N

e

N_{Ed}

H

e_1

N_{Ed}

d) Zentrierung durch ein torsionssteifes Giebelfundament mit Zentrierbalken
Verlauf der T_d im Giebelfundament

T_d

~ $t_d \cdot l_1/2$

~ $t_d \cdot l_2/2$

$t_d = N_{Ed} \cdot e$ [kNm/m]

Torsionssteifes Giebelfundament

Zentrierbalken

l_3

l_1 l_2

a

Querschnitt a–a

$A_{s,\,oben}$

e

N_{Ed}

σ

N_{Ed}

Die Sohldrücke sind zu ermitteln unter Einschluss von $C_{Ed,B}$!

$M_{Ed} \approx t_d \cdot (l_1 + l_2)/2$

$C_{Ed,B}$

l_3

$C_{Ed,A}$

M

Momente in den Zentrierbalken

Grundriss

Abb. 20.21 Fundamente an Grundstücksgrenzen

Wenn eine Stahlbeton-Kellerwand an der Grundstücksgrenze vorhanden ist, kann das Moment aus Lastexzentrizität von der Wand aufgenommen werden (Abb. 20.21a). Eine wesentlich steifere Gründung ergibt sich bei Anordnung von Wandvorlagen (nach [20]), die Nutzungsmöglichkeiten im Kellergeschoss werden durch die Vorlagen jedoch eingeschränkt (Abb. 20.21b). Auch eine Zentrierung durch die Bodenplatte ist möglich, vgl. Abb. 20.21c. Nach [70.5] entstehen bei Ansatz der Reibung in der Bodenfuge Biegemomente *und* Normalkräfte in der Bodenplatte. Die Größe dieser Schnittkräfte ist abhängig von der Steifigkeit der Betonkonstruktion und des Steifemoduls E_s des Bodens. Eine Aufnahme des Moments aus Lastexzentrizität nur durch ein Kräftepaar, gebildet aus einer Zugkraft in der Bodenplatte und einer Reibungskraft in der Gründungsebene ist nach [36] ebenfalls möglich. Nach Auffassung des Verfassers sollte ein Ansatz von Reibungskräften zur Herstellung des Gleichgewichts nur mit Zustimmung eines Bodengutachters erfolgen.

Bei gemauerten Kellerwänden ist nach Abb. 20.21d auch eine Gründung mit torsionssteifen Giebelfundamenten möglich. Die Torsionsmomente werden über Biegung durch Querbalken (Zentrierbalken) abgetragen.

Wenn ein Giebelfundament neben dem Fundament eines bestehenden Gebäudes erstellt werden muss, sind entweder Unterfangungsarbeiten am bestehenden Gebäude erforderlich oder die Fundamente des Neubaus müssen nacheinander in kurzen Abschnitten (Länge etwa 1,0 m ... 1,25 m) ausgeführt werden. Fundamentkonstruktionen mit durchgehender statisch erforderlicher Längsbewehrung sind dann kaum ausführbar. Die Gründung eines Neubaus unterhalb der Gründungsebene eines benachbarten, vorhandenen Gebäudes, erfordert stets Unterfangungsarbeiten.

Die Bodenplatte wird sehr häufig in einem zweiten Arbeitsgang nach Herstellung der Fundamente eingebracht. Die statisch ansetzbare Bauhöhe h muss dann bei bewehrten Fundamenten vollständig unterhalb der Bodenplatte vorhanden sein. Ein Zusammenwirken von Platte und Fundament darf nur angesetzt werden, wenn ein Nachweis der Schubkraftübertragung in der Arbeitsfuge gem. Abschn. 9.5 erfolgt. Man sollte hierbei die fast unvermeidliche Verschmutzung der Fundamentoberfläche beachten.

20.6 Köcherfundamente, Blockfundamente

Die Einspannung von Stahlbetonfertigteilstützen in Fundamente kann in Köchern, die oberhalb der Fundamentplatte angeordnet sind, erfolgen. Die Köcherinnenseiten sowie die Stützenaußenseiten im Einspannbereich werden profiliert, um eine schubfeste Verbindung zwischen Stütze und Köcherwandung herzustellen. Das grundsätzliche Tragverhalten ist in Abb. 20.22 dargestellt, ausführlichere Hinweise hierzu findet man bei *Schlaich / Schäfer* [1.11].

Aus wirtschaftlichen Gründen werden heute Blockfundamente mit eingelassenem Köcher bevorzugt. Hierbei ergeben sich geringere Gründungstiefen, und das aufwändige Herstellen des Köchers in einem zweiten Arbeitsgang nach dem Betonieren der Fundamentplatte entfällt. Im Einspannbereich erfolgt eine Profilierung wie bei Köcherfundamenten, hierfür stehen industriell gefertigte Schalungselemente zur Verfügung. Durch diese Profilierung wird ein vollständiges Zusammenwirken zwischen Stütze und Fundament erreicht. Die Bemessung des Fundamentes kann daher für Biegung und Durchstanzen wie bei einem Fundament mit Ortbetonstütze erfolgen. Die zusätzlich zu führenden Nachweise sind von der Art der Beanspruchung der Stütze abhängig. Bei überwiegender Normalkraftbeanspruchung stellt sich nach Abb. 20.23a ein Tragverhalten wie bei einem Fundament für eine zentrisch belastete Ortbetonstütze ein. Nachzuweisen ist eine ausreichende Verankerung der Stützenbewehrung innerhalb der Einbindetiefe. Falls erforderlich, darf hierbei mit erhöhten Verbundspannungen gem. EC 2/NA., Tab. 8.2 gearbeitet werden, da eine allseitige Betondeckung $\geqq 10 \cdot d_s$ vorhanden ist, vgl. auch Abschn. 7.8.2. Der Vergussbeton muss mindestens die Festigkeit des Fundamentbetons haben, für die Fertigteilstütze werden meist höhere Betonfestigkeiten vorliegen.

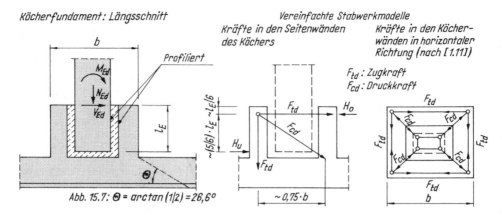

Köcherfundament: Längsschnitt

Vereinfachte Stabwerkmodelle
Kräfte in den Seitenwänden des Köchers
Kräfte in den Köcherwänden in horizontaler Richtung (nach [1.11])

F_{td}: *Zugkraft*
F_{cd}: *Druckkraft*

Abb. 15.7: $\Theta = \arctan (1|2) = 26,6°$

Abb. 20.22 Köcherfundamente

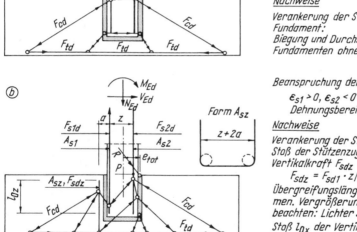

(a)

Beanspruchung der Stütze
Sehr geringe Ausmitte: $\varepsilon_{s1} < 0$
Dehnungsbereich 5, vgl. Abb. 12.22

Nachweise

Verankerung der Stützenbewehrung
Fundament:
Biegung und Durchstanzen wie bei Fundamenten ohne Köcher.

(b)

Form A_{sz}

Beanspruchung der Stütze
$\varepsilon_{s1} > 0$, $\varepsilon_{s2} < 0$
Dehnungsbereich 3 oder 4, vgl. Abb. 12.22

Nachweise

Verankerung der Stützenbewehrung
Stoß der Stützenzugkraft F_{s1d} *mit der Vertikalkraft* F_{sdz} *im Fundament:*
$F_{sdz} = F_{sd1} \cdot z/(z+a)$, $A_{sz} = F_{sdz}/f_{yd}$
Übergreifungslänge l_{0z} *gem. (7.48) bestimmen. Vergrößerung gem. Abschnitt 7.8.6 beachten: Lichter Stababstand* $> 4 d_s$
Stoß l_{0x} *der Vertikalbewehrung* A_{sz} *mit der Biegezugbewehrung des Fundaments*
Fundament: Bemessung wie bei einem Fundament ohne Köcher.

Abb. 20.23 Blockfundament mit Köcher: Tragsystem, Nachweismodell (nach [7.1])

Wenn die Stütze neben Druck-Normalkräften auch durch größere Biegemomente beansprucht wird, muss nach Abb. 20.23b die Zugkraft der einzuspannenden Stütze durch einen Übergreifungsstoß in das Fundament übertragen werden. Wir nehmen an, dass der Schnittpunkt der Resultierenden der Stützendruckkraft mit der Resultierenden R der einwirkenden Kräfte im Punkt P liegt (nach [7.1]). Aus der Gleichgewichtsbedingung $\Sigma M = 0$ in Bezug auf diesen Punkt ermitteln wir die in z-Richtung im Fundament anzusetzende Zugkraft F_{sdz}, vgl. Abb. 20.23.

$$F_{sdz} \cdot (a + z) - F_{s1d} \cdot z = 0$$

$$F_{sdz} = F_{s1d} \cdot z / (a + z) \qquad\qquad (20.16)$$

Für die im Fundament anzuordnende Anschlussbewehrung gilt dann

$$A_{sz} = F_{sdz} / f_{yd} \qquad\qquad (20.17)$$

Die Zugkraft der Stütze wird durch einen Übergreifungsstoß in die lotrechte Bewehrung A_{sz} geleitet. Beim Nachweis der Übergreifungslänge l_{0z} mit (7.48) ist zu beachten, dass der Abstand der zu stoßenden Stäbe größer ist als $4 \cdot d_s$. Die errechnete Übergreifungslänge ist daher gem. EC 2/NA., 8.4.4 zu vergrößern, um den Betrag $a - (d_{sz} + d_{s1}) / 2 - 4 \, d_s$. Hierbei ist d_{sz} der Durchmesser der Fundamentbewehrung A_{sz}, d_{s1} der Durchmesser der Stützenbewehrung. Die Bewehrung A_{sz} wird wie bei einer Rahmenecke (vgl. z. B. Abb. 16.8) an die Biegebewehrung des Fundamentes mit der Übergreifungslänge l_{0x} angeschlossen. Die Bewehrung A_{sz} wird zweckmäßig symmetrisch zur Stützenachse in Form von offenen Bügeln ausgeführt.

Das in Abb. 20.23 angesetzte Stabwerkmodell gilt für eine voll überdrückte Bodenfuge. Bei teilweise klaffender Fuge kann ein geändertes Modell erforderlich werden, die Nachweise des Köcherbereiches bleiben jedoch unverändert.

Für die Ermittlung der maßgebenden Schnittgrößen gelten die im Abschn. 20.1 angegebenen grundsätzlichen Regeln. Für Köcher- und Blockfundamente folgt hieraus im Einzelnen:

– Köcherbewehrung

Bei der Bestimmung der Kräfte F_{td} und F_{cd} in Abb. 20.23 sowie für die Ermittlung der Zugbewehrung A_{sz} in Abb. 20.23 ist diejenige Kombination anzusetzen, die zum größten Moment um den Punkt P in Abb. 20.23 führt. Im Regelfall wird dies die Kombination sein, die auch für die Stützenbemessung maßgebend ist.

– Bemessung der Fundamentplatte

Ermittlung der Bodenpressungen unter Ansatz der maßgebenden Kombination nach Theorie II. Ordnung, die zur größten Biegebeanspruchung des Fundamentes führt. Anzusetzen sind die Ausmitten e_0, e_i, e_2, $e_{2,c}$, vgl. Abschn. 13.4.6 und 13.7. Durch die Fundamenteigenlast entstehen keine für die Fundamentbemessung relevanten Biegemomente, die Fundamenteigenlast bleibt daher bei der Ermittlung der Schnittgrößen außer Ansatz.

– Nachweis der Bodenpressungen

Anzusetzen ist die maßgebende Kombination gem. EC 7/105 ff.

Ein ausführliches Berechnungsbeispiel für ein Blockfundament ist in der Beispielsammlung [7.1] enthalten.

21 Unbewehrte Bauteile

21.1 Grundlagen

Die gem. EC 2/NA., 12 für unbewehrte Querschnitte geltenden Annahmen und Grundsätze wurden bereits im Abschn. 20.2 (unbewehrte Fundamente) zusammengestellt. Ergänzend hierzu ist anzumerken:

– Zur Sicherstellung eines duktilen Bauteilverhaltens ist gem. EC 2/NA., 12.6.2 bei Rechteckquerschnitten im Grenzzustand der Tragfähigkeit die Ausmitte auf $e_d / h < 0{,}4$ zu beschränken:

$$e_d / h < 0{,}4 \tag{21.1}$$

Hierin ist für e_d die Gesamtausmitte $e_{tot} = e_0 + e_i$ zu setzen.

Unbewehrte Bauteile haben ein geringeres Verformungsvermögen als bewehrte Bauteile. In EC 2/NA. wurden daher die Vorwerte zur Bestimmung des Bemessungswertes der Betondruckfestigkeit $f_{cd,pl}$ und des Bemessungswertes der Betonzugfestigkeit $f_{ctd,pl}$ bei unbewehrtem Beton geringer als bei bewehrtem Beton festgelegt. Gemäß EC 2/NA.,12.3.1 gilt:

$$\alpha_{cc,pl} = 0{,}7 \quad \text{und} \quad \alpha_{ct,pl} = 0{,}7$$

Index pl: **pl**ain concrete (unbewehrter Beton)

Wegen der begrenzten Duktilität von Bauteilen aus unbewehrten Beton dürfen zur Schnittgrößenermittlung Verfahren mit Umlagerung der Schnittgrößen oder Verfahren nach der Plastizitätstheorie gem. EC 2, 12.5 nicht angewendet werden. Betonzugspannungen dürfen im Allgemeinen nicht angesetzt werden. Rechnerisch darf keine höhere Festigkeitsklasse des Betons als C 35/45 angesetzt werden (EC 2/NA., 12.6). Als unbewehrt gelten Bauteile ohne Bewehrung sowie Bauteile, bei denen die erforderliche Mindestbewehrung, z. B. gem. (12.6), nicht eingelegt wird. Wenn bei unbewehrten Bauteilen im Grenzzustand der Tragfähigkeit ein Nachweis ausreichender Querkrafttragfähigkeit erforderlich wird, muss nachgewiesen werden, dass keine Querschnittsteile infolge Rissbildung ausfallen. Für unbewehrte Bauteile unter Wirkung von Normalkräften und Querkräften dürfen die Bemessungswerte der Spannungen nach den in EC 2, 12.6.3 angegebenen Ausdrücken bestimmt werden, auf eine Wiedergabe wird hier verzichtet, vgl. auch die Ansätze bei (7.1). Wenn wesentliche Querkräfte abzutragen sind, wird man stets eine Konstruktion mit bewehrtem Beton bevorzugen. Wenn die Betonzugspannungen den Grenzwert $f_{ctd,pl}$ überschreiten, darf nicht von einem ungerissenen Querschnitt ausgegangen werden. Der Bemessungswert der Querkrafttragfähigkeit ist dann am ungerissenen Restquerschnitt zu ermitteln (EC 2/NA., 12.6.3). Für $f_{ctd,pl}$ gilt gem. EC 2, 12.3.1 der Ansatz

$$f_{ctd,pl} = \alpha_{ct,pl} \cdot f_{ctk; 0{,}05}/\gamma_C$$

21.2 Querschnittsbemessung für Biegung mit Normalkraft (GZT)

Die im Kapitel 5 für bewehrte Querschnitt dargestellten Zusammenhänge zwischen den einwirkenden Schnittgrößen $N_{Ed} + M_{Ed}$ und den Bauteilwiderständen gelten sinngemäß auch für unbewehrte Betonquerschnitte. Das grundsätzliche Nachweisformat (2.1) gilt unverändert, es ist nachzuweisen, dass die einwirkenden Schnittgrößen nicht größer sind als die Bauteilwiderstände:

$$N_{\mathrm{Ed}} \leqq N_{\mathrm{Rd}}, \quad M_{\mathrm{Ed}} \leqq M_{\mathrm{Rd}}, \quad V_{\mathrm{Ed}} \leqq V_{\mathrm{Rd}}$$

Gemäß EC 2, 12.6.1 darf die aufnehmbare Normalkraft eines unbewehrten Rechteckquerschnitts mit einachsiger Lastausmitte e über folgenden Ansatz ermittelt werden:

$$N_{\mathrm{Rd}} = \eta \cdot f_{\mathrm{cd,pl}} \cdot b \cdot h_{\mathrm{w}} \cdot (1 - 2 \cdot e/h_{\mathrm{w}}) \tag{21.2}$$

Hierin ist, vgl. auch Abb. 21.1:

$\eta \cdot f_{\mathrm{cd,pl}}$	die wirksame Bemessungsdruckfestigkeit
b	die Breite des Querschnitts
h_{w}	die Gesamthöhe des Querschnitts
e	die Lastausmitte in Richtung der Gesamthöhe

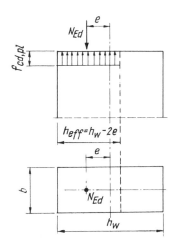

$$N_{Rd} = f_{cd,pl} \cdot b \cdot h_w \cdot k$$

Bemessungswerte $f_{cd,pl}$ [MN/m²] mit γ_c = 1,5

Beton C	12/15	16/20	20/25	25/30	30/37	35/45
$f_{cd,pl}$	5,6	7,46	9,33	11,67	14,0	16,35

Faktoren k und Abstände h_{eff}/h_w

e/h_w =	0	0,1	0,2	0,3	0,4
k	1,0	0,80	0,60	0,40	0,20
h_{eff}/h_w	1,0	0,80	0,60	0,40	0,20

Abb. 21.1 Rechteckquerschnitt aus unbewehrtem Beton

Die wirksame Betondruckfestigkeit wird über den Spannungsblock gem. Abb. 5.2 bestimmt. Hierfür ist $\eta = 1,0$, weil rechnerisch keine höhere Betonfestigkeitsklasse als C 35/45 angesetzt werden darf. Damit ergibt sich für die wirksame Bemessungsdruckfestigkeit

$$f_{\mathrm{cd,pl}} = 1,0 \cdot \alpha_{\mathrm{cc,pl}} \cdot f_{\mathrm{ck}}/\gamma_{\mathrm{C}}$$

Mit $\gamma_{\mathrm{C}} = 1,5$ für die Grundkombination und $\alpha_{\mathrm{cc,pl}} = 0,7$ folgt

$$f_{\mathrm{cd,pl}} = 0,7 \cdot f_{\mathrm{ck}}/1,5 \tag{21.3}$$

Für die aufnehmbare Normalkraft kann auch geschrieben werden

$$N_{\mathrm{Rd}} = f_{\mathrm{cd,pl}} \cdot b \cdot h_{\mathrm{w}} \cdot (1 - 2 \cdot e/h_{\mathrm{w}})$$
$$N_{\mathrm{Rd}} = f_{\mathrm{cd,pl}} \cdot b \cdot h_{\mathrm{w}} \cdot k \tag{21.4}$$

Hierin ist $k = 1 - 2\,e/h_{\mathrm{w}}$.

Der überdrückte Teil des Rechteckquerschnitts wird begrenzt durch den Abstand $h_{\mathrm{eff}} = h_{\mathrm{w}} - 2\,e$ vom gedrückten Rand. In Abb. 21.1 sind die Werte k und h_{eff} in Abhängigkeit von der bezogenen Ausmitte e/h_{w} mit eingetragen.

21.3 Druckglieder aus unbewehrtem Beton

Unabhängig vom Schlankheitsgrad λ sind Druckglieder aus unbewehrtem Beton als schlanke Bauteile zu betrachten (EC 2/NA., 12.6.5.1). Für Druckglieder mit Schlankheiten $l_{col}/h_w < 2,5$ ist jedoch eine Schnittgrößenermittlung nach Theorie II. Ordnung nicht erforderlich. Mit der im Abschn. 13.4.3 gewählten Bezeichnungsweise kann geschrieben werden

$$\lambda_{max} = l_{col}/h_w < 2,5 \tag{21.5}$$

Für Schlankheiten $\lambda < \lambda_{max}$ ist keine Untersuchung nach Theorie II. Ordnung erforderlich. Unbewehrte Stützen sollten in verschieblichen Tragwerken nicht eingesetzt werden, die Grenzschlankheit von unbewehrten Stützen und Wänden ist gem. EC 2, 12.6.5.1 (4) zu beschränken auf

$$\text{grenz } \lambda = l_0/i = 86 \tag{21.6}$$

Statt grenz $\lambda = l_0/i = 86$ kann auch geschrieben werden grenz $\lambda = l_0/h_w = 25$, vgl. hierzu EC 2, 12.6.5.1 (5).

In (21.6) ist:

$l_0 = \beta \cdot l$ (Knicklänge)

l Stützenlänge zwischen den Einspannstellen, hierfür kann vereinfacht die Geschosshöhe angesetzt werden.

i Trägheitsradius, bei Recheckquerschnitten $i = (1/\sqrt{12}) \cdot h_w$

Die Beiwerte β werden für Stützen mit den Angaben im Abschn. 13.4.1 und für Wände gem. den Hinweisen in Abb. 17.2 bestimmt.

Statt einer Rechnung nach Theorie II. Ordnung darf die Tragfähigkeit schlanker, unbewehrter Bauteile in *unverschieblich ausgesteiften Tragwerken* gem. EC 2/NA., 12.6.5.2 durch den Ansatz eines Abminderungsbeiwertes θ berücksichtigt werden. Für den Bemessungswert der aufnehmbaren Längskraft N_{Rd} darf gesetzt werden:

$$N_{Rd} = b \cdot h_w \cdot f_{cd,pl} \cdot \theta \tag{21.7}$$

mit

$$\left. \begin{aligned} \theta &= 1,14 \cdot (1 - 2 \cdot e_{tot}/h_w) - 0,02 \cdot l_0/h_w \\ &\leq 1 - 2 \cdot e_{tot}/h_w \end{aligned} \right\} \tag{21.8}$$

In (21.7) und (21.8) ist

l_0	Knicklänge der Stütze oder der Wand
N_{Rd}	Bemessungswert der aufnehmbaren Längskraft
b	Breite des Querschnittes
h_w	Höhe des Querschnittes in der betrachteten Richtung
$e_{tot} = e_0 + e_i$	Gesamtausmitte
$e_0 = \lvert M_{Ed}/N_{Ed}\rvert$	Ausmitte nach Theorie I. Ordnung
e_i	ungewollte zusätzliche Lastausmitte gem. Abschn. 13.4.2. Hierfür darf vereinfachend gesetzt werden: $e_i = l_0/400$

Eine Zusatzausmitte infolge des Betonkriechens darf bei unbewehrten Bauteilen gem. EC 2/NA., 12.6.5.2 vernachlässigt werden.

In Abb. 21.2 sind die Abminderungsfaktoren θ in Abhängigkeit von der bezogenen Ausmitte e_{tot}/h und der Schlankheit λ aufgetragen. Der große Einfluss einer Rechnung nach Theorie II. Ordnung und der Einfluss zunehmender Exzentrizitäten ist gut zu erkennen. Für Ausmitten $e_{\text{tot}}/h = 0$ und Schlankheiten $\lambda \leqq 25$ ist $\theta = 1{,}0$, für den Bauteilwiderstand erhält man N_{Rd} gem. (21.4).

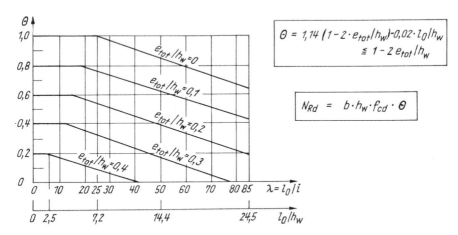

Abb. 21.2 *Abminderungsbeiwerte θ gem. EC 2/NA., 12.6.5.2 in Abhängigkeit von Schlankheit und bezogener Ausmitte (nach [9])*

21.4 Anwendungsbeispiele

21.4.1 Zentrisch belastete Stütze

Aufgabenstellung

Eine unbewehrte Stütze mit den Abmessungen $b/h = 40/50$ cm wird durch eine zentrisch angreifende Last beansprucht. Ausreichende Tragfähigkeit ist nachzuweisen. Die Stützenenden sind horizontal unverschieblich gehalten.

Gemäß EC 2/NA., 6.1 (4) sind Querschnitte, die durch eine zentrische Drucknormalkraft beansprucht werden, für eine Mindestausmitte $e_0 = h/30 \geqq 20$ mm zu bemessen. Diese Mindestausmitte ist nur bei planmäßig zentrisch belasteten Bauteilen zu berücksichtigen. Mit dieser Mindestausmitte sollen unvermeidliche Exzentrizitäten, z. B. infolge leicht exzentrischer Lasteinleitung, erfasst werden. Bei Bauteilen, bei denen ein Nachweis nach Theorie II. Ordnung erfolgen muss und bei Biegebauteilen ist diese Mindestausmitte nicht anzusetzen.

Hier erfolgt ein Stabilitätsnachweis gem. EC 2, 12.6.5.1:

Charakteristische Lasten: $G_{\text{k}} = 910$ kN, $Q_{\text{k}} = 390$ kN

Betonfestigkeitsklasse C 25/30

Geschosshöhe $h_{\text{col}} = 3{,}30$ m

Durchführung:

Einwirkende Schnittgrößen

$$N_{Ed} = (\gamma_G \cdot G_k + \gamma_Q \cdot Q_k) = (1{,}35 \cdot 910 + 1{,}50 \cdot 390) = 1814 \, kN$$

$$M_{Ed} = 0$$

Ersatzlänge und Schlankheit, vgl. Abschn. 13.4.1

$$l_0 = \beta \cdot l_{col} = 1{,}0 \cdot 3{,}30 = 3{,}30 \, m$$

$$\lambda = l_0 / i = 330 / (0{,}289 \cdot 40) = 29$$

$$\lambda = 29 < grenz\, \lambda = 86 \quad (vgl.\ (21.6))$$

Ermittlung des Beiwertes θ gem. (21.8)

$$\theta = 1{,}14 \cdot (1 - 2 \cdot e_{tot} / h_w) - 0{,}02 \cdot l_0 / h_w$$

$$e_{tot} = e_0 + e_i = 0 + 330 / 400 = 0{,}825 \, cm$$

$$\theta = 1{,}14 \cdot (1 - 2 \cdot 0{,}825 / 40) - 0{,}02 \cdot 330 / 40$$

$$= 0{,}928 < 1 - 2 \cdot 0{,}825 / 40 = 0{,}959$$

Bemessungswert der aufnehmbaren Drucknormalkraft mit (21.3) und (21.7)

$$f_{cd,pl} = 0{,}7 \cdot 25{,}0/1{,}5 = 11{,}66 \, MN/m^3$$

$$N_{Rd} = b \cdot h_w \cdot f_{cd,pl} \cdot \theta$$

$$N_{Rd} = 0{,}40 \cdot 0{,}50 \cdot 11{,}67 \cdot 0{,}928 = 2{,}16 \, MN$$

Vergleich

Es ist $|N_{Ed}| = 1814 \, kN < |N_{Rd}| = 2160 \, kN$

Hinweis:

Ein Nachweis mit Ausmitte e_i in Richtung der größeren Querschnittsseite erübrigt sich bei zentrischer Belastung.

21.4.2 Ausmittig belastete Stütze

Aufgabe

Für die in Abb. 21.3 dargestellte unbewehrte Stütze sind die erforderlichen Nachweise im Grenzzustand der Tragfähigkeit zu führen. Abmessungen, charakteristische Lasten, Ausmitte am Stützenkopf und Betonfestigkeitsklasse vgl. Abb. 21.3.

Durchführung:

Einwirkende Schnittgrößen (Stützenkopf)

$$N_{Ed} = (\gamma_G \cdot G_k + \gamma_Q \cdot Q_k) = (1{,}35 \cdot 630 + 1{,}50 \cdot 270) = 1256 \, kN$$

$$M_{Ed} = |N_{Ed}| \cdot e = 1256 \cdot 0{,}40 / 6 = 83{,}7 \, kNm$$

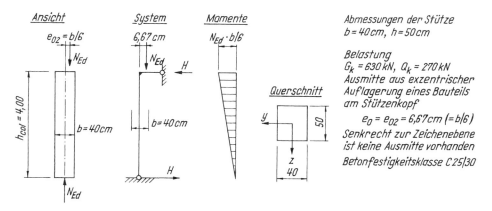

Abb. 21.3 System, Querschnitt, Betonfestigkeitsklasse und Belastung

Knicklänge und Schlankheit

$$l_0 = \beta \cdot l_{col} = 1{,}0 \cdot 4{,}0 = 4{,}00\,\text{m}$$

$$\lambda_y = l_0/i_y = 400/(0{,}289 \cdot 40) = 35$$

$$\lambda_z = l_0/i_z = 400/(0{,}289 \cdot 50) = 28$$

$$\lambda_y = 35 < \text{grenz}\,\lambda = 86$$

Die folgenden Nachweise werden nur für die stärker beanspruchte y-Richtung geführt.

Nachweis als Druckglied (Theorie II. Ordnung)

Ermittlung des Beiwertes Θ

$$\theta = 1{,}14 \cdot (1 - 2 \cdot e_{tot}/h_w) - 0{,}02 \cdot l_0/h_w$$

$$\leqq 1 - 2 \cdot e_{tot}/h_w$$

$$e_{tot} = e_0 + e_i$$

Ausmitte e_0 gem. (13.19), vgl. auch Abb. 13.18

$$e_0 = 0{,}6 \cdot e_{02} = 0{,}6 \cdot 40{,}0/6 = 4{,}00\,\text{cm}$$

Ausmitte e_i vgl. Legende zu (21.8)

$$e_i = l_0/400 = 400/400 = 1{,}00\,\text{cm}$$

$$e_{tot} = 4{,}00 + 1{,}00 = 5{,}00\,\text{cm}$$

Querschnittshöhe $h = 40\,\text{cm}$ (!)

$$\theta = 1{,}14 \cdot (1 - 2 \cdot 5{,}0/40{,}0) - 0{,}02 \cdot 400/40 = 0{,}655 \quad \text{(vgl. auch Abb. 21.2)}$$

$$< 1 - 2 \cdot 5{,}0/40 = 0{,}75$$

Bemessungswert der aufnehmbaren Druckkraft gem. (21.7)

$$f_{cd,pl} = 0{,}7 \cdot 25{,}0/15 = 11{,}67\,\text{MN/m}^2$$

$$N_{Rd} = b \cdot h \cdot f_{cd} \cdot \theta = 0{,}40 \cdot 0{,}50 \cdot 11{,}67 \cdot 0{,}655 = 1{,}53\,\text{MN}$$

$$N_{Ed} = 1{,}256\,\text{MN} < N_{Rd} = 1{,}53\,\text{MN}$$

Nachweis für Querkräfte

Vom Querschnitt ist aufzunehmen

$$V_{\mathrm{Ed}} = N_{\mathrm{Ed}} \cdot e_2 / h_{\mathrm{col}} = 1256 \cdot (0{,}40 / 6) / 4{,}00$$

$$V_{\mathrm{Ed}} = 20{,}9\,\mathrm{kN} \; (V_{\mathrm{Ed}} = H, \text{ vgl. Abb. 21.3})$$

V_{Ed} ist sehr gering, ein Nachweis ist entbehrlich.

21.5 Unbewehrte Wände

Für unbewehrte, druckbeanspruchte Wände ohne wesentliche Querbelastung gelten für die Bemessung die Hinweise im Abschn. 21.1 und in EC 2/NA., 12.6.3. Angaben über die anzusetzenden Knicklängen bei drei- und vierseitig gelagerten, unbewehrten Wänden sind in EC 2, Tabelle 12.1 enthalten, sie entsprechen im Wesentlichen den Angaben in Abb. 17.2. Die Streifen zwischen Öffnungen in Wänden sollten als zweiseitig gehalten betrachtet werden. Wenn die unbewehrte Wand monolithisch mit bewehrten Anschlussbauteilen verbunden ist und wenn diese Anschlussbauteile entsprechend bewehrt sind, darf nach EC 2, 12.6.5.1 (4) für die Ersatzlänge der Wand mit $l_0 = 0{,}85\,l_{\mathrm{col}}$ gerechnet werden. Eine Rissbildung in unbewehrten Wänden kann nur durch lotrechte Fugen in engen Abständen verhindert werden, vgl. hierzu Abschn. 6.3.11.

Unbewehrte Kelleraußenwände werden gem. Abb. 21.4 durch Biegemomente infolge des einwirkenden Erddrucks und zusätzlich häufig durch eine am Wandkopf ausmittig angreifende Normalkraft beansprucht. Der Bauteilwiderstand N_{Rd} ist gem. (21.7) nachzuweisen, zur Beschränkung der zulässigen Ausmitte auf $e_{\mathrm{d}} / h \leqq 0{,}4$ ist eine bestimmte Mindestauflast N_{min} erforderlich. In [60.24] findet man ergänzende Hinweise und Bemessungsdiagramme, mit denen der Standsicherheitsnachweis und die Ermittlung der Mindestauflast sehr einfach zu führen ist, vgl. hierzu auch die Erläuterungen zu EC 2, 12.6.5.2 in [9].

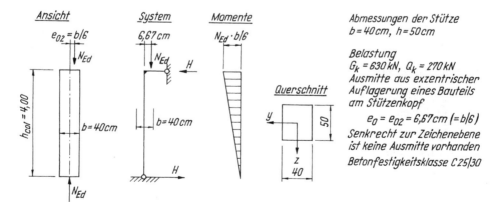

Abb. 21.4 *Unbewehrte Kelleraußenwände*

Literaturverzeichnis

[1]   Betonkalender 2012, Berlin: Ernst & Sohn
         (Die folgenden Literaturhinweise gelten auch für die entsprechenden Beiträge, die in früheren Jahrgängen des „Betonkalender" enthalten sind.)

[1.1]   Hosser/Richter: Konstruktiver Brandschutz im Übergang von DIN 4102 zu den Eurocodes
[1.2]   Fingerloos: Normen und Regelwerke
[1.3]   Müller/Reinhardt: Beton
[1.4]   Grünberg/Vogt: Teilsicherheitskonzept für Gründungen im Hochbau
[1.5]   Zilch/Rogge: Bemessung der Stahlbeton- und Spannbetonbauteile nach DIN 1045-1
[1.5.1] Zilch/Rogge: Bemessung von Stahlbeton- und Spannbetonbauteilen im Brücken- und Hochbau
[1.6]   Kordina/Quast: Bemessung von schlanken Bauteilen für den durch Tragwerksverformungen beeinflussten Grenzzustand der Tragfähigkeit – Stabilitätsnachweis
[1.6.1] Quast: Stützenbemessung
[1.7]   Stiglat/Wippel: Massive Platten
[1.8]   Duddeck/Ahrens: Statik der Stabtragwerke
[1.10]   Czerny: Tafeln für Rechteckplatten
[1.11]   Schlaich/Schäfer: Konstruieren im Stahlbetonbau
[1.12]   Bachmann/Steinle/Hahn: Bauen mit Betonfertigteilen im Hochbau
[1.13]   König/Liphardt: Hochhäuser aus Stahlbeton
[1.14]   Leonhardt: Das Bewehren von Stahlbetontragwerken (1979)
[1.15]   Paschen: Das Bauen mit Beton-, Stahlbeton- und Spannbetonfertigteilen
[1.16]   Bergmeister/Kaufmann: Tragverhalten und Modellierung von Platten
[1.17]   Köseôglu: Treppen (1980)
[1.19]   Duddeck: Traglasttheorie der Stabtragwerke
[1.20]   Fuchssteiner: Treppen
[1.21]   Schmidt/Seitz: Grundbau
[1.23]   Reineck: Modellierung der D-Bereiche von Fertigteilen
[1.24]   Fingerloos/Litzner: Erläuterungen zur praktischen Anwendung der neuen DIN 1045
[1.25]   Fingerloos/Stenzel: Konstruktion und Bemessung von Details nach DIN 1045
[1.26]   Hegger/Roeser/Beutel/Kerkeni: Konstruktion und Bemessung von Industrie- und Gewerbebauten nach DIN 1045-1
[1.27]   Kemmler/Ramm: Modellierung mit der Methode der Finiten Elemente

[3]   Stahlbetonbau aktuell, Praxishandbuch 2011, Bauwerk Verlag – Berlin
         (Die folgenden Literaturhinweise beziehen sich auch auf die entsprechenden Abschnitte in früheren Jahrgängen des Buches.)

[3.1]   Brameshuber/Raupach/Leißner: Baustoffe Beton und Betonstahl
[3.2]   Schmitz: Statik
[3.3]   Goris/Müermann/Voigt: Bemessung von Stahlbetonbauteilen nach Eurocode 2
[3.4]   Geistefeldt: Konstruktion von Stahlbetontragwerken
[3.5]   Krüger/Mertzsch: Verformungsnachweise – Erweiterte Tafeln zur Begrenzung der Biegeschlankheit
[3.6]   Hosser/Richter: Brandschutz nach Eurocode (DIN EN 1992-1-2)

[3.7]   Hegger/Siburg: Hintergründe und Nachweise zum Durchstanzen nach Eurocode 2-NAD

[3.8]   Kempfert: Geotechnik-Bemessung nach neuen Normen DIN 1054/EC 7-1

[4]   Schmitz/Goris: Bemessungstafeln nach DIN 1045-1, Düsseldorf: Werner Verlag, 2001

[5]   DBV-Merkblatt-Sammlung. Herausgeber: Deutscher Beton- und Bautechnik-Verein, Berlin 2006

[6]   DIN-Fachbericht 102 – Betonbrücken, Fassung 2003

[7.1]   Beispiele zur Bemessung nach Eurocode 2, Band 1: Hochbau. Herausgeber: Deutscher Beton- und Bautechnik-Verein. Verlag Ernst & Sohn, Berlin 2011

[8]   Goris (Herausgeber): Schneider Bautabellen, 19. Auflage, Köln: Werner Verlag, 2010

[9]   Fingerloos/Hegger/Zilch: Eurocode 2 für Deutschland – Kommentierte Fassung, 1. Auflage, Berlin/Wien/Zürich: Beuth-Verlag und Berlin: Verlag W. Ernst & Sohn: 2011

[10]   Kordina/Meyer-Ottens: Beton-Brandschutz-Handbuch, Beton-Verlag, Düsseldorf 1981

[20]   Leonhardt: Vorlesungen über Massivbau, Teil 1 bis 4, Berlin/Heidelberg/New York: Springer Verlag, 1988

[21]   Franz: Konstruktionslehre des Stahlbetons, Band I und Band II, Berlin/Heidelberg/New York: Springer Verlag, 1980 und 1988

[22]   Pflüger: Stabilitätsprobleme der Elastostatik, Berlin/Göttingen/Heidelberg: Springer Verlag, 1950

[23]   Zilch/Zehetmaier: Bemessung im konstruktiven Betonbau, 2. Auflage, Berlin/Heidelberg/New York: Springer-Verlag, 2010

[24]   Meyer: Rissbreitenbeschränkung nach DIN 1045, 2. Auflage, Düsseldorf: Beton Verlag, 1989

[25]   König/Tue: Grundlagen des Stahlbetonbaus. 2. Auflage, Stuttgart: Teubner 2003

[26]   Hartmann/Katz: Statik mit finiten Elementen, 1. Auflage. Springer-VDI-Verlag, 2002

[27]   Barth/Rustler: Finite Elemente in der Baustatik-Praxis, 1. Auflage, Berlin, Bauwerk-Verlag, 2010

[28]   Werkle: Finite Elemente in der Baustatik, 3. Auflage, Verlag Vieweg + Teubner, 2008

[29.1]   Goris: Stahlbetonbau-Praxis nach Eurocode 2, Band 1, 4. Auflage, Berlin: Bauwerk-Verlag mit Beuth-Verlag, 2011

[29.2]   Goris: Stahlbetonbau-Praxis nach Eurocode 2, Band 2, 4. Auflage, Berlin: Bauwerk-Verlag mit Beuth-Verlag, 2011

[30]   Albert/Denk/Mertens/Nitsch: Spannbeton, Köln: Werner Verlag, 2008

[31]   Bruckner: Elastische Platten, Braunschweig: Verlag Vieweg & Sohn, 1977

[32]   Rosmann: Berechnung gekoppelter Stützensysteme im Hochbau, Berlin/München/Düsseldorf: Verlag Ernst & Sohn, 1975

[33]   Hahn: Durchlaufträger, Rahmen, Platten und Balken auf elastischer Bettung, 14. Auflage, Düsseldorf: Werner Verlag

[35]   Petersen: Statik und Stabilität der Baukonstruktionen, 2. Auflage, Braunschweig/Wiesbaden: Friedr. Vieweg & Sohn, 1952

[36]   Hettler: Gründung von Hochbauten, Berlin: Verlag Ernst & Sohn, 2000

[37]   Rombach: Anwendung der Finite-Elemente-Methode im Betonbau, 2. Auflage, Verlag Ernst & Sohn, 2006

[60]   Beton- und Stahlbetonbau, Berlin: Verlag Ernst & Sohn
[60.1]   Schenkel/Vogel: Längsrissbildung in der Betondeckung von Stahlbetontragwerken: Heft 6, 1999
[60.2]   Fingerloos: Erläuterungen zu einigen Auslegungen der DIN 1045-1: Heft 4, 2006
[60.3]   Fingerloos/Richter: Nachweis des konstruktiven Brandschutzes bei Stahlbetonstützen: Heft 4, 2007
[60.4]   Fingerloos/Zilch: Einführung in die Neuausgabe von DIN 1045-1: Heft 4, 2008
[60.5]   Mark/Birtel/Stangenberg: Bemessungshilfen und Konstruktion bei geneigten Querkräften: Heft 5, 2007
[60.6]   Eichstaedt: Einspanngrad – Verfahren zur Berechnung der Feldmomente durchlaufender, kreuzweise bewehrter Platten: Heft 1, 1963
[60.7]   Pieper/Martens: Durchlaufende, vierseitig gestützte Platten: Heft 6, 1966
[60.8]   Franz: Um eine Ecke laufende Kragplatten: Heft 3, 1968
[60.9]   Beck/König: Haltekräfte im Skelettbau: Heft 1 + 2, 1967
[60.10]   Leonhardt/Walther: Schubprobleme im Stahlbetonbau: 1961 bis 1968
[60.11]   Nguyen Viet Tue/Pierson: Ermittlung der Rissbreite und Nachweiskonzept nach DIN 1045-1: Heft 5, 2001
[60.12]   Hobst: Methode der Finiten Elemente im Stahlbetonbau: Heft 10, 2000
[60.13]   Kofler/Andreatta: Tragfähigkeit von Einzelstützen nach Eurocode 2 mit besonderem Bezug auf das Verfahren mit Nennsteifigkeiten: Heft 4, 2009
[60.15]   Leonhardt: Über die Kunst des Bewehrens von Stahlbetontragwerken: Heft 8 und 9, 1965
[60.16]   Hegger/Ricker/Häußler: Zur Durchstanzbemessung von ausmittig beanspruchten Stützenknoten und Einzelfundamenten nach Eurcode 2: Heft 11, 2008
[60.17]   Brandt: Zur Beurteilung der Gebäudestabilität nach DIN 1045: Heft 7, 1976
[60.18]   Fingerloos: Der Eurocode 2 für Deutschland – Erläuterungen und Hintergründe: Hefte 6–9, 2010
[60.19]   Kordina: Über das Verformungsverhalten von Stahlbetonrahmenecken und Rahmenknoten: Heft 8 und 9, 1997
[60.20]   Schnellenbach-Held/Ehmann: Stahlbetonträger mit großer Öffnung: Heft 3, 2002
[60.21]   Krüger/Mertzsch: Beitrag zur Verformungsberechnung von Stahlbetonbauten: Heft 10 und 11, 1998
[60.22]   Krüger/Mertzsch: Zur Verformungsberechnung von überwiegend auf Biegung beanspruchten Stahlbetonquerschnitten: Heft 11, 2002
[60.23]   Vocke/Eligehausen: Durchstanzen von Flachdecken im Bereich von Rand- und Eckstützen: Heft 2, 2003
[60.24]   Hegger/Nieweis/Dreßen/Will: Zum statischen System von Kellerwänden aus unbewehrtem Beton unter Erddruck: Heft 5, 2007
[60.25]   Müller/Kvitsel: Kriechen und Schwinden von Beton: Heft 1, 2002
[60.26]   Sint: Duktilität von Biegebauteilen bei Versagen der Betondruckzone: Heft 5, 2003
[60.27]   Schleeh: Zwängspannungen in einseitig festgehaltenen Wandscheiben: Heft 3, 1962
[60.28]   Hegger/Walraven/Häußler: Zum Durchstanzen von Flachdecken nach Eurocode 2: Heft 4, 2010
[60.29]   Fehling/Leutbecher: Beschränkung der Rissbreite bei kombinierter Beanspruchung aus Last und Zwang: Heft 7, 2003
[60.30]   Beutel/Hegger/Lingemann: Stahlbetonflachdecke nach DIN 1045-1: Heft 9, 2004
[60.31]   Roeser/Hegger: Zur Bemessung vom Konsolen gemäß DIN 1045-1 und Heft 525: Heft 5, 2005
[60.32]   Ehringsen/Quast: Knicklängen, Ersatzlängen und Modellstützen: Heft 5, 2003
[60.33]   Reineck/Fitik: Zur Bemessung von Konsolen mit Stabwerkmodellen: Heft 6, 2005

[60.34] Stiglat: Zur Näherungsberechnung der Kipplasten von Stahlbeton- und Spannbeton-
        trägern über Vergleichsschlankheiten: Heft 10, 1991
[60.35] Stiglat: Kippnachweis bei niedrigen Vergleichsschlankheiten: Heft 12, 1996
[60.36] König/Pauli: Ergebnisse von sechs Kippversuchen an schlanken Fertigteilträgern
        aus Stahlbeton und Spannbeton: Heft 10, 1990
[60.37] König/Pauli: Nachweis der Kippstabilität von schlanken Fertigteilträgern aus Stahl-
        beton und Spannbeton: Heft 5 und 6, 1992
[60.38] Backes: Überprüfung der Güte eines praxisgerechten Näherungsverfahrens zum
        Nachweis der Kippsicherheit schlanker Stahlbeton- und Spannbetonträger: Heft 7
        und 8, 1995
[60.39] Deneke/Holz/Litzner: Übersicht über praktische Verfahren zum Nachweis der Kipp-
        sicherheit schlanker Stahlbeton- und Spannbetonträger: Heft 9, 10 und 11, 1985
[60.40] Mann: Kippnachweis und Kippaussteifung von schlanken Stahlbeton- und Spannbe-
        tonträgern: Heft 2, 1976
[60.41] Steiner/Fricke: Durchbiegungsberechnung an Stahlbetonträgern oder Schlankheits-
        nachweis?: Heft 6, 2005
[60.42] Hegger/Roeser/Lotze: Kurze Verankerungslängen mit Rechteckankern: Heft 1,
        2004

[70.1]   Bischoff: Statik am Gesamtmodell – Modellierung, Berechnung und Kontrolle, Der
        Prüfingenieur (Hamburg): Heft 36, 2010
[70.2]   Reineck: Hintergründe zur Querkraftbemessung in DIN 1045-1 für Bauteile mit
        Querkraftbewehrung, Der Bauingenieur (Berlin): Band 76, April 2001
[70.3]   VPI-Richtlinie für das Aufstellen und Prüfen EDV-unterstützter Standsicherheits-
        nachweise, Der Prüfingenieur (Hamburg): Heft 18, 2001
[70.4]   Hegger/Roeser: Versuche an Rahmenendknoten ohne Schrägbewehrung, Die Bau-
        technik: Heft 7, 2002
[70.5]   Watermann: Zur Berechnung ausmittig belasteter Streifenfundamente, Die Bautech-
        nik (Berlin): Heft 2, 1967
[70.6]   Allgöver/Avak: Bemessung von Stahlbetondruckgliedern unter zweiachsiger Bie-
        gung, Die Bautechnik (Berlin): Heft 8, 2002
[70.7]   Krüger/Mertzsch: Die Verformung von Stahlbetonbauteilen im Zustand II, Der Prüf-
        ingenieur (Hamburg): Heft 20, 2002
[70.8]   Hegger/Beutel: Durchstanzen – Versuche und Bemessung, Der Prüfingenieur (Ham-
        burg): Heft 15, 1999
[70.9]   Hegger/Beutel: Hintergründe und Anwendungshinweise zur Durchstanzbemessung
        nach DIN 1045-1, Der Bauingenieur (Berlin): Band 77, November 2002
[70.10] Stiglat: Näherungsberechnung der kritischen Kipplasten von Stahlbetonbalken, Die
        Bautechnik: Heft 3, 1971
[70.11] Rafla: Näherungsverfahren zur Berechnung der Kipplasten von Trägern mit in
        Längsrichtung beliebig veränderlichem Querschnitt, Die Bautechnik: Heft 8, 1975
[70.12] Streit/Mang: Überschlägiger Kippsicherheitsnachweis für Stahlbeton- und Spann-
        betonbinder (mit in Längsrichtung konstantem Querschnitt), Der Bauingenieur:
        Band 59, 1984
[70.13] Streit/Gottschalk: Überschlägige Bemessung von Kipphalterungen für Stahlbeton-
        und Spannbetonbinder, Der Bauingenieur: Band 61, 1986

[80]   Hefte des Deutschen Ausschusses für Stahlbeton: Berlin/Wien/Zürich: Beuth Verlag

[80.1]   Heft 370: Einfluss von Rissen auf die Dauerhaftigkeit von Stahlbetonbauteilen
[80.2]   Heft 400: Erläuterungen zu DIN 1045 und weitere Arbeiten
[80.3]   Heft 425: Bemessungshilfsmittel zu Eurocode 2

[80.4]   Heft 466: Grundlagen und Bemessungshilfen für die Rissbreitenbeschränkung im Stahlbeton und Spannbeton

[80.5]   Heft 459: Bemessen von Stahlbetonbalken und -wandscheiben mit Öffnungen

[80.6]   Heft 525: Erläuterungen zu DIN 1045-1, 2. Auflage, 2010

[80.6a]   Heft 525: Erläuterungen zu DIN 1045-1, 1. Auflage, 2003

[80.7]   Heft 106: Berechnungstafeln für rechteckige Fahrbahnplatten, 7. Auflage, 1981

[80.8]   Heft 300: Erläuterungen zu den Bewehrungsrichtlinien

[80.9]   Heft 320: Erläuterungen zu DIN 4227 – Spannbeton

[80.10]   Heft 346: Untersuchungen über in Beton eingelassene Scherbolzen

[80.11]   Heft 368: Fugen und Aussteifungen im Stahlbetonbau

[80.12]   Heft 388: Wandartige Träger mit Auflagerverstärkungen

[80.13]   Heft 407: Zwang und Rissbildung in Wänden auf Fundamenten

[80.14]   Heft 240: Hilfsmittel zur Berechnung der Schnittgrößen und Formänderungen von Stahlbetontragwerken

[80.15]   Heft 220: Bemessung von Beton- und Stahlbetonbauteilen

[80.16]   Heft 387: Tragverhalten quadratischer Einzelfundamente aus Stahlbeton

[80.17]   Heft 411: Untersuchungen über das Tragverhalten von Köcherfundamenten

[80.18]   Heft 354: Bewehrungsführung in Ecken und Rahmenendknoten

[80.19]   Heft 532: Bemessung und Konstruktion von Rahmenknoten – Grundlagen und Beispiele gemäß DIN 1045-1

[80.20]   Heft 371: Tragfähigkeit durchstanzgefährdeter Stahlbetonplatten

[80.21]   Heft 239: Torsionsversuche an Stahlbetonbalken

[80.22]   Heft 526: Erläuterung zu den Normen DIN EN 206-1, DIN 1045-2, DIN 1045-3, DIN 1045-4 und DIN 4226

[80.23]   Heft 566: Untersuchung des Trag- und Verformungsverhaltens von Stahlbetonbalken mit großen Öffnungen

[80.24]   Heft 533: Rechnerische Untersuchung der Durchbiegung von Stahlbetonplatten unter Ansatz wirklichkeitsnaher Steifigkeiten und Lagerungsbedinungen und unter Berücksichtigung zeitabhängiger Verformungen – Zum Trag- und Verformungsverhalten bewehrter Querschnitte im Grenzzustand der Gebrauchstauglichkeit.

[80.25]   Heft 600: Erläuterungen zu Eurocode 2 (DIN EN 1992-1-1)

[90.1]   Rostocker Berichte aus dem Fachbereich Bauingenieurwesen.
           Krüger/Mertzsch: Beitrag zum Trag- und Verformungsverhalten bewehrter Betonquerschnitte im Grenzzustand der Gebrauchstauglichkeit

[90.2]   Zur Bemessung von Rahmenknoten aus Stahlbeton.
           Heft 14 der Schriftenreihe „Lehrstuhl und Institut der Rheinisch-Westfälischen Technischen Hochschule Aachen", Aachen, 2002

[90.3]   Zilch/Donaubauer:
           Rechnerische Untersuchung der Durchbiegung von Stahlbetonplatten unter Ansatz wirklichkeitsnaher Steifigkeiten und Lagerungsbedingungen und unter Berücksichtigung zeitabhängiger Verformungen. Lehrstuhl für Massivbau der Technischen Universität München, Forschungsbericht, Dezember 2001

[90.4]   Fingerloos: Neuausgabe DIN 1045-1 – Erläuterung zu den Änderungen: Schriftenreihe Deutscher Beton- und Bautechnik-Verein: Heft 14, 2007: Brennpunkt: Aktuelle Normung

Gesamtstichwortverzeichnis

Arabische Seitenzahlen beziehen sich auf ein Stichwort im Teil 2. Auf Stichwörter im Teil 1 wird durch „I" hingewiesen, die entsprechenden Seitenzahlen sind im Stichwortverzeichnis zu Teil 1 (10. Auflage) angeführt.

Anhang: Bemessungstafeln

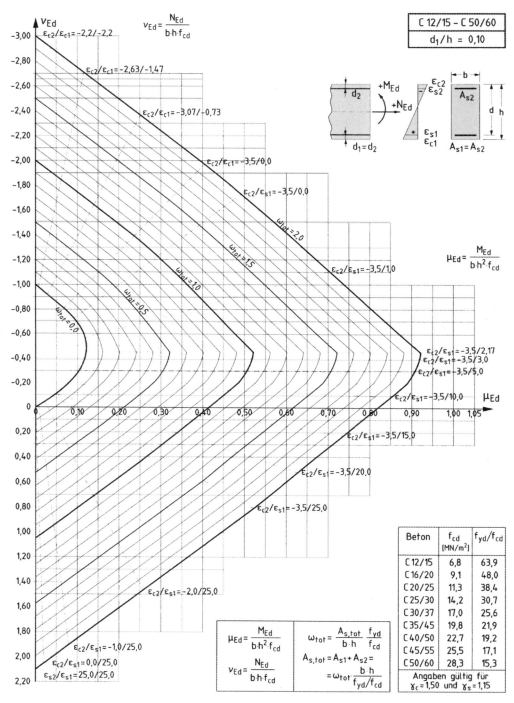

Tafel 7   Interaktionsdiagramm für Rechteckquerschnitte mit symmetrischer zweiseitiger Bewehrung
          (aus [4])

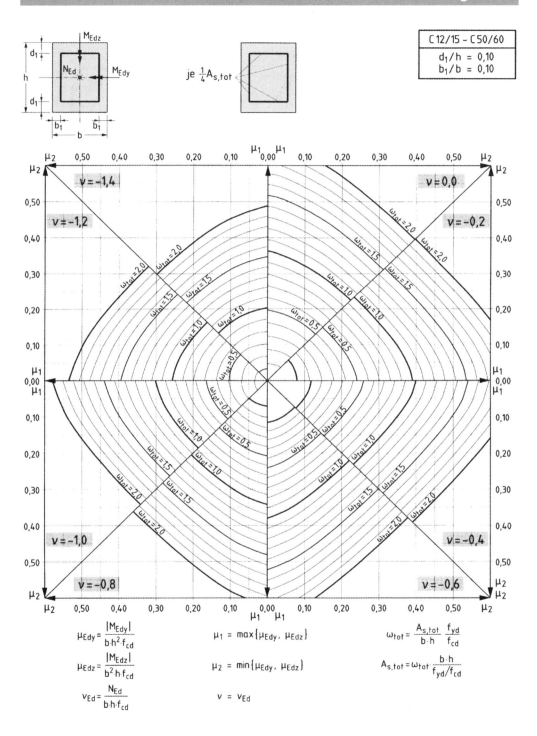

$$\mu_{Edy} = \frac{|M_{Edy}|}{b \cdot h^2 \cdot f_{cd}}$$

$$\mu_{Edz} = \frac{|M_{Edz}|}{b^2 \cdot h \cdot f_{cd}}$$

$$\nu_{Ed} = \frac{N_{Ed}}{b \cdot h \cdot f_{cd}}$$

$$\mu_1 = \max\{\mu_{Edy}, \mu_{Edz}\}$$

$$\mu_2 = \min\{\mu_{Edy}, \mu_{Edz}\}$$

$$\nu = \nu_{Ed}$$

$$\omega_{tot} = \frac{A_{s,tot}}{b \cdot h} \cdot \frac{f_{yd}}{f_{cd}}$$

$$A_{s,tot} = \omega_{tot} \cdot \frac{b \cdot h}{f_{yd}/f_{cd}}$$

Tafel 8   Interaktionsdiagramm für schiefe Biegung mit Längsdruckkraft (aus [4])

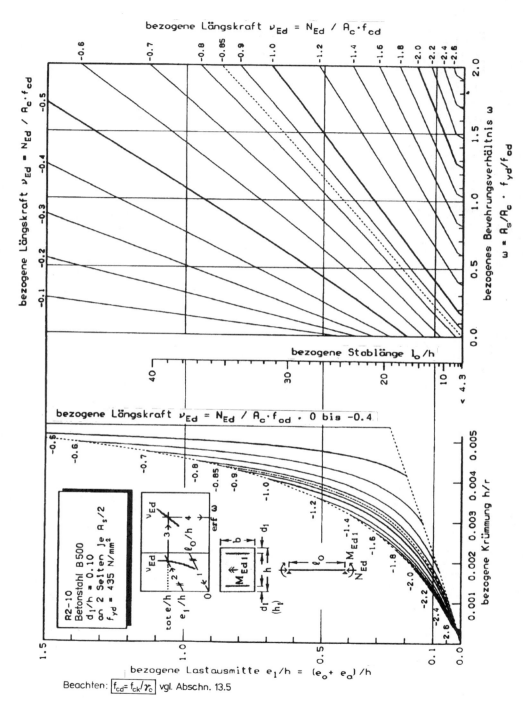

Tafel 9   Bemessungsdiagramm für das Verfahren mit Nennkrümmung (Modellstützenverfahren) (e/h-Diagramm) im Druckbruchbereich (nach [8], 13. Auflage)

$$A_s = \frac{\omega}{f_{yd}/f_{cd}} \cdot A_c \qquad f_{cd} = f_{ck}/\gamma_c$$

Betonfestig-keitsklasse C	16/20	20/25	25/30	30/37	35/45	40/50	45/55	50/60
f_{yd}/f_{cd}	40.8	32.6	26.1	21.7	18.6	16.3	14.5	13.0

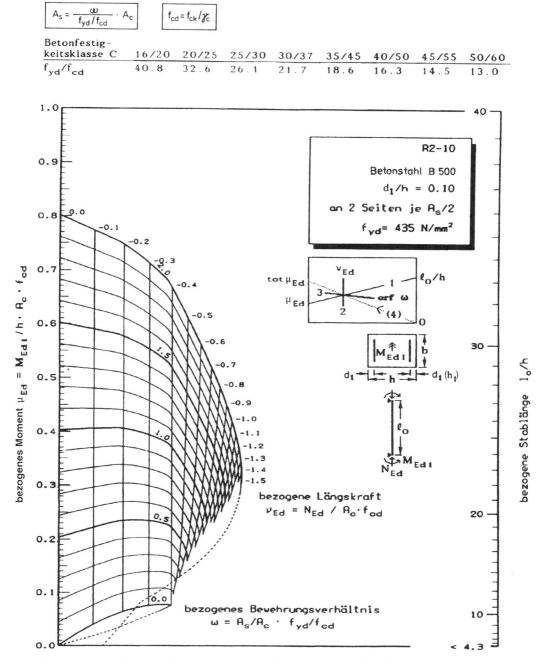

Tafel 10   Bemessungsdiagramm für das Verfahren mit Nennkrümmung (Modellstützenverfahren) (μ-Nomogramm) im Zugbruchbereich (nach [8], 13. Auflage)

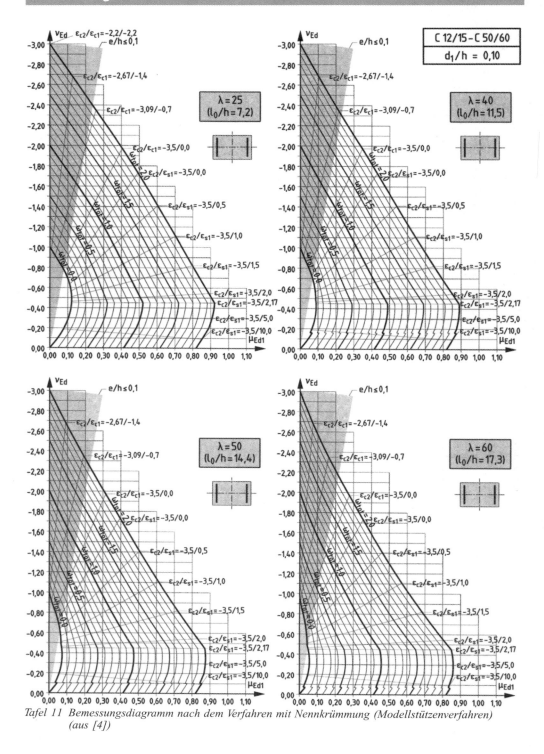

Tafel 11 Bemessungsdiagramm nach dem Verfahren mit Nennkrümmung (Modellstützenverfahren) (aus [4])